基于 Revit 的 BIM 设计实务及管理

——土建专业

天津市建筑设计院 BIM 设计中心　编著

中国建筑工业出版社

图书在版编目(CIP)数据

基于Revit的BIM设计实务及管理——土建专业/天津市建筑设计院BIM设计中心编著. —北京：中国建筑工业出版社，2017.9

ISBN 978-7-112-20947-7

Ⅰ.①基… Ⅱ.①天… Ⅲ.①建筑设计-计算机辅助设计-应用软件 Ⅳ.①TU201.4

中国版本图书馆CIP数据核字(2017)第156680号

本书从BIM设计工作需求出发，结合Revit实际应用及管理经验，系统介绍了BIM的设计模式，以及在概念及方案设计、扩初设计、施工图设计等阶段如何有效利用BIM开展设计工作，并最终利用Revit模型生成二维图纸，以满足各阶段设计成果要求。此外，本书针对设计单位如何组建BIM团队、如何开展BIM设计工作给予了合理建议。

不同于其他BIM相关的基础培训教材单一讲软件操作或是BIM理念，本书的特色在于，将两者有机结合，并融入管理经验，力图在不借助任何插件的情况下，帮助读者建立适合的BIM设计生产线。

本书由天津市建筑设计院一线的工程师编写，以天津院众多BIM设计项目的实践积累为基础，将诸多设计经验毫无保留地凝结于本书，以期为读者提供借鉴和参考。

责任编辑：刘婷婷 刘文昕
责任设计：李志立
责任校对：焦 乐 刘梦然

基于Revit的BIM设计实务及管理
——土建专业
天津市建筑设计院BIM设计中心 编著

*

中国建筑工业出版社出版、发行(北京海淀三里河路9号)
各地新华书店、建筑书店经销
北京红光制版公司制版
北京云浩印刷有限责任公司印刷

*

开本：787×1092毫米 1/16 印张：28¼ 字数：699千字
2017年11月第一版 2017年11月第一次印刷
定价：**76.00**元
ISBN 978-7-112-20947-7
(30585)

本书编委会

主　　编：张津奕

执行主编：卢琬玫

副 主 编：刘　欣　张　骋

主要成员：唐小云　孙晓翔　童　茜　冯　佳　马　辰　杨　佳
常　菁　王敬怡　行　敏　冯蕴霞　周国民　刘水江
白学晖　于万新　崔　彦　吕婷婷　纪晓磊　张　乾
阎子鑫　黄　谦　杨　珣　聂智勇　严　涵　李隆健

编　　辑：张丽丽　张　曦

前　言

近年来，信息技术在我国快速发展。建筑业作为国民经济的支柱产业之一，也面临着升级转型。建筑产业信息化不但与“中国制造 2025”理念吻合，也是我国利用信息技术整合产业链资源、实现产业链协同作业的关键所在。在“市场有需求，政府提要求”的背景下，我国围绕住房和城乡建设部关于《推进建筑信息模型应用指导意见》，在政策层面对以 BIM 技术为代表的信息技术进行强力推动。

当前，包括 EPC、建筑师负责制在内的创新建设管理模式不断涌现。建筑设计作为建筑全生命期的信息源头，设计成果承载信息的质量优劣与数量多少是后续建设行为能够顺利实施的关键。BIM 技术因其在信息采集、分类、存储、分析、传输等方面的优势，越来越成为各种建设管理模式得以成功的基石和保证。然而，经过多年“BIM 热”的沉淀，尽管业内普遍认为 BIM 技术具备实现建筑信息化、数据化的能力，但因其信息整合模式与我国传统建筑运作流程的巨大差异以及信息流转过程不畅等原因，无法发挥其功能和优势。科学、合理地应用 BIM 技术进行建筑设计，不仅能够提升设计质量，也是数据信息能否被施工、运维各方有效利用的保证。

天津市建筑设计院是国内最早开展 BIM 技术研究的团体之一。近年来，利用 BIM 技术完成的项目获得了 AEC Excellence Awards“全球 BIM 大奖赛”慈善大奖等国际奖项、“创新杯”“龙图杯”等全国性奖项以及“海河杯”等天津市级奖项，合计二十余项；完成天津市建委课题《建筑信息模型（BIM）在设计中应用研究》并获得了天津市科技进步二等奖等科研奖项；主编了天津市建委《天津市民用建筑信息模型（BIM）设计技术导则》并于 2016 年 9 月 1 日正式实施。2015 年我们启动了对此书的编写工作，本书是我们通过几十个项目实践总结，梳理形成的一套利用 BIM 技术进行建筑设计的方法与模式，其中包含了在当前软硬件条件下我们利用 BIM 技术参与建筑设计全过程的经验总结，穿插了一些在科研、培训过程中发现的问题及应对方法，也包含了与国内外专家学习交流的心得体会，最主要的是提出了 BIM 技术应用于设计全过程的流程、模式、协同方法等实际操作内容。我们希望本书能为国内的设计企业在项目操作层面上提供借鉴和参考，也期望本书能得到更多业内同仁指正，共同推动 BIM 技术在设计企业率先落地，进而作为提高施工、运维的 BIM 应用水平的基础条件。

在本书的撰写过程中，我们还得到了很多行业专家的鼎力支持和直接帮助。天津市勘察设计协会王修武秘书长、AUTODESK 公司葛芬女士、天津大学张金月博士均对本书的完成给予了大力的帮助，对本书内容提出很多宝贵的意见，在此对他们致以诚挚的感谢！

张津奕
2017 年 6 月

目 录

第1章　BIM设计的模式及流程

1.1　BIM设计相关概念

1.1.1　什么是BIM

BIM技术是一种应用于工程设计建造管理的数据化工具，通过参数模型整合各种项目的相关信息，在项目策划、运行和维护的全生命周期过程中进行共享与传递，使工程技术人员对各种建筑信息做出正确理解和高效应对，为设计团队以及包括建筑运营单位在内的各方建设主体提供协同工作的基础，在提高生产效率、节约成本和缩短工期方面发挥重要作用。

对于使用BIM技术从事设计工作的人员来说，BIM的涵义可以从以下三个方面来认知：

1. BIM是一种数字化产品

BIM技术是以三维数字技术为基础，将实体建筑物变成了结构化的数据集合，集成了建筑工程项目各种相关信息的工程数据模型，将建筑物的物理特性和功能特性的进行数字化的表达，由于其巨大的信息容纳量，从项目的生命周期伊始，它就是能够进行可靠的决策基础信息的共享知识存储平台。BIM模型的形成是各种软件作用下的结果，而不是各种软件的集合。

2. BIM是一种过程

BIM技术是一个分享项目的有关信息的过程。在这个过程中，相关各方通过在BIM模型中插入、提取、更新和修改信息的方法，以支持和反映其各自职责的协同作业，使得模型中包含的信息自规划、勘察、设计、施工直至运维阶段逐步丰富。完整的信息为该项目从建设到拆除的全生命周期中的所有决策提供可靠依据的过程。

同时，这是也是一个从无到有建立项目模型的协作过程。是在项目设计、建造、使用过程中以数字化方式对其关键物理特性和功能特性进行探索的综合过程，可以帮助提高项目交付速度、减少成本，并降低环境影响。借助BIM，设计人员可在整个过程中使用协调、一致的信息调整项目，可以更准确地查看并模拟项目在现实世界中的外观、性能和成本，还可以创建出更准确的施工图纸。

3. BIM是一种管理系统

BIM模型虽然集成了大量的信息，但这不意味着仅是简单地将数字信息进行集成存储，而是一种对支持对数字信息进行有效、有目的的组织管理技术；是一种可以用来支持于设计、建造、管理行业的数据管理方法；可以在可视化、工程分析、冲突分析、规范标准检查、工程造价、竣工的产品、预算编制等其他用途提供数据分析、整理、对比等支持。这种系统极大地强化了建筑工程的集成管理程度，可以使建筑工程在其整个进程中显著提高效率、大量减少风险。

全方面对 BIM 技术的了解与思考，是可应用 BIM 技术的前提。从理论上来讲，BIM 技术在设计阶段可以应用在如下领域：

（1）提高项目工程量估算精度；

（2）提高设计图纸质量；

（3）按照实际情况模拟承包商提供的施工方案，校核施工方案的合理性；

（4）快速甚至实时得到变更对成本的影响；

（5）动态记录、跟踪所有变更，得到一个和竣工建筑物实际情况一致的建筑信息模型，便于用于未来的运营维护；

（6）在不同阶段随时对投资方和客户进行项目的可视化介绍和分析；

（7）用真实的、未经修饰的效果图、动画、虚拟现实技术等真实反映建设项目。

对于 BIM 设计完成后需要交付的成果，可以从《美国国家 BIM 标准》中的“最小 BIM（minimum BIM）”的定义，来判定成果是否符合 BIM 应用项目。

该定义包括了 11 个特性：

- 数据丰富度（data richness）
- 生命周期的视野（lifecycle views）
- 角色或专业（roles or disciplines）
- 变更管理（change management）
- 业务流程（business process）
- 及时/相应（timeliness/response）
- 提交方式（delivery method）
- 图形信息（graphical information）
- 空间能力（spatial capability）
- 信息准确性（information accuracy）
- 互操作性/工业基础类支持（interoprability）

从这 11 方面不仅可以综合评价项目应用 BIM 的程度的高低，还可以较为直观地看到 BIM 技术在项目中的具体应用与操作过程。

1.1.2　什么是 BIM 设计

BIM 的含义可以从不同的方面对其进行诠释，对于设计阶段而言，主要的就是信息化建模过程。在 BIM 设计过程中，首先强调的是可以共享的数字化表达；其次，强调了在数字化模型建立过程中，各参与方可以根据各自职责对模型进行提取、建立、修改、更新，实现了信息的不断丰富与完善，有力增强了协同和统一性；再次，强调了这种信息应用的可持续性，将设计、建造与管理运营连接起来。BIM 设计是为了营造一个平台，跨越时间与空间，将不同角色的人群汇集起来，同说一种语言并随时沟通，很大程度上提高了工作效率与准确性。BIM 设计使建筑在全生命期以数据的形式与各类团队形成了有效的沟通。

BIM 在现阶段的应用效果可以表现在以下方面：

1. 辅助建筑设计人员更高效地控制设计

在总图概念设计阶段，利用BIM软件建立真实地形，进行竖向设计，计算土方平衡，推导设计标高。根据项目任务书，划分总图功能体量与楼层，提取楼层面积、用地面积等指标，列出经济技术指标表格，伴随设计的不断深化更改，指标时时可见。

在单体设计阶段，利用各种软件（SU、CAD、RHINO、GRASSHOPPER、REVIT、FORMIT、DYNAMO等）进行造型推敲与平面设计，最终用Revit建立土建模型，利用模型深入推敲空间组合、空间形式、空间序列、空间光影、表皮与室内空间的相互关系、视线关系等等，并利用Revit渲染或结合3D等工具做效果图、分析图、视频，丰富表达设计理念与效果。

从方案阶段到扩初阶段和施工图阶段，可以以模型的方式更好对接，有利于提前确定扩初施工设计难点和重点、与其他专业结合的重难点、深化设计的难点等，帮助工程主持人更好地把控项目进度。

2. 更好地与参数设计对接

Rhino、Grasshopper等参数设计可以有效帮助方案优化比选，这些数据信息可以更加完整、准确地传递到BIM模型中，使设计不断深化。

3. 与设计真实贴切的建筑物理环境模拟分析

绿色建筑概念与节能减碳议题的兴起，使设计师与使用者越来越重视建筑设计的合理性与经济性。在方案阶段建立的BIM模型，可以转换传递到不同分析软件中，用于设计体量的分析评估，或是验证设计体量的合理性。BIM可以与CFD模拟、日照模拟、能耗模拟、采光模拟等软件对接，辅助分析建筑的物理性能，使建筑设计更为舒适、节能。同时，协助在方案设计时确认效能结果，减少后期调整时间，降低工程风险，缩短建造工期与成本。

BIM技术可进行的建筑物理环境的模拟分析具体如下：

（1）日照模拟分析

（2）室内舒适度模拟分析

（3）二氧化碳排放计算模拟分析

（4）室内外自然通风系统仿真分析

（5）通风设备及控制系统仿真分析

（6）采光模拟分析

（7）室内声学模拟分析

（8）建筑能耗模拟分析

4. 动线虚拟现实系统

模拟建筑物的三维空间；以漫游、动画的形式提供身临其境的室内视觉和空间感受。基于准确数据的建筑模型，结合相关的人车数据，可以以各种角度观察建筑物与周围环境的关系，以及人车行动线与空间关系规划的检查校核：

（1）建筑物外部及环境：分为建筑物与环境的可视化关系呈现、建筑基地周边之人车行动线平面模拟、可视化模拟。

（2）建筑物内部：配合建筑物的各种系统，以可视化的方式模拟呈现人车在建筑物内行走的状况，并可搭配管线碰撞检查校核、室内净高度检查校核，以及车道净高及宽度模拟等。

5. 防灾与逃生模拟及分析防灾逃生

对于建筑设计，其后续使用的安全性是相当重要的，面对建筑设计越来越宏大的规模和复杂功能空间的组合，防火设计需要更加重视。BIM 的模型内含许多空间及建材的信息，将此信息加以整合应用即可对防逃生做模拟与分析，估算疏散时间，检验防火性能设计，具体包括以下各种模拟：

（1）排烟流动模拟。

（2）热辐射及温度仿真。

（3）避难及逃生动线、时间模拟。

（4）一氧化碳浓度模拟。

6. 三维空间设计的核查

在 BIM 这个三维平台，设计师能够直观地、量化地推敲方案：建筑、结构、机电都存在于一个空间中，错、漏、碰、缺的问题可以得到有效避免。

进行三维管线综合设计，实施碰撞检查，完成各种管线的布设，同时对空间层高进行合理性优化，并且给出可行的最大净空高度。

7. 更便捷的图纸生成及管理

使用 BIM 软件绘制的 3D 建筑模型是直接设计的，系统将能够直接从任何视角、高度剖切出其 2D 视图，辅以二维绘图修正，辅助设计师快速实现平、立、剖等二维绘图，满足规范的各种图纸表达。快捷的图纸生成，可以帮助设计人员将精力更多地投入到细部的修改，而不是系统地去拼凑 2D 图面。

如果修改了模型，这些视图也将随之变更。在设计的过程当中修改某项数据，软件将能够自动改变与其数据有相关性的其他数据，而且自动去做协调以及检查。例如，综合管线图、综合结构留洞图、预埋套管图由于准确性的提高，将提升这类图纸的实用价值。

在此基础上，对于复杂节点还可以辅以三维轴侧图，有效表达设计内容。

8. 工程算量与成本控制

BIM 技术把建筑物的二维构件，以三维的立体实物图形展示，能够有效地计算出构件的数量、空间面积以及材料数量等数据，使得在设计阶段就能够以较高的精度、较快的速度获知建设成本，并依照这些数据资料作出更明智、更节省成本的设计。

9. 建筑生命期的数据协同与利用

在建筑模型建立完成之后，可将模型传输至各个不同的承包商进行深化设计，使得各个设计领域的设计者能够了解自己工作的内容对整个项目中的影响，尽早提出自己的配合要求，并协同其他承包商作业，此部分将能够有效地提高二次深化设计部分的效率。

施工过程中通过提取三维模型和构件信息等，组织施工现场、消除对图纸的误解、控制材料成本、模拟工期排布、减少施工中的浪费。

运维阶段，利用模型记录建筑能耗并进行智能控制，检查维护管道，不断利用并丰富数据。

1.1.3 BIM 为设计带来了什么

BIM 技术的应用带来了设计过程与模式的改变，设计工作进化为信息化建筑设计，模拟了建造过程。信息成了设计过程中最核心的部分，对其的开发利用不断创造新的价值。信息化所产生的大量数据，使得设计过程趋于精细化、深度化；设计过程中的交流更加便捷、直观；而各种模拟提升了校验查错的精度。

BIM设计的成果，所见即所得的模型，其直观的特性降低了不同专业水平的工程参与者的准入门槛，使得各参与者对该建筑的认识趋同，减少了因理解不同造成的误差，也提高了沟通的质量及效率，除减少了工程失误造成的经济损失外，也节约了大量的社会资源与工期成本，具有积极的社会效应。

在传统的工作流程中，各专业间工作空间相对独立，使得专业间沟通、信息间的交流比较孤立，信息交流频率靠制度、信息交流质量靠人员素养导致了专业间配合、协调不好。因为这些问题存在，反倒形成了速度快的特征。而BIM设计，由于各专业紧密结合在中心文件这个平台上高度协同，尤其是机电专业，不得不捆绑在同一个文件内，导致了信息流的紧凑，且由于模型的直观性，减少了解释的时间、强化了沟通的效果、减少了沟通交流的环节、确保了信息的稳定准确，但是由于沟通的频率频繁，信息交换量增大，导致了设计时间的增加，但是也提升了设计品质。

BIM没有改变我们的核心业务内容、程序（比如围绕项目建造的开发报建、设计、施工、运维等）、员工岗位的基本归属和职责划分（预算、技术、设计、开发、营销、财务、人资等等），但是BIM技术改变了：

1. 员工的知识和技能构成（掌握BIM的专业技能）；

2. 使用的工作平台和软件工具；

3. 工作的方法和流程（比如原来是EXCEL，现在是模型，原来是纸质沟通，现在是协同平台，原来是串联沟通，现在是各方协同合作）。

4. 交付的成果形式、内容、质量（基于模型的材料表，三维交底方案，碰撞检测报告等）。

总而言之，BIM的优势可总结如下：

1. BIM提供全信息模型，使我们完整全面地进行设计和设计交付，真正提高设计质量，还使设计可以三维检验与应用。还可以清晰地体现各专业的工作量，为各单位细化工作量考核提供依据，提高管理水平。

2. 从传统业务来看，70%的工作量是重复的。通过BIM模型的使用，可以减少不必要的重复劳动，更多聚焦设计问题本身，提升企业工程水平，合理控制成本投入，提升企业利润率。

3. 工程进度管理

利用BIM对建设项目的施工过程进行仿真模拟，建立包含时间与造价的5D模型，进行施工冲突分析，完善管理系统，实时管控施工人员、材料、机械等各项资源，避免出现返工、拖延进度现象。

通过建筑模型，直观展现建设项目的进度计划并与实际完成情况对比分析，了解实际施工与进度计划的偏差，合理纠偏并调整进度计划。BIM模型使管理者对变更方案带来的工程量及进度影响一目了然，是进度调整的有力工具。

4. 成本管理

传统的工程造价管理是造价员基于二维图纸手工计算工程量，过程存在很多问题：无法与其他岗位进行协同办公；工程量计算复杂、费时；设计变更、签证索赔、材料价格波动等等造价数据时刻变化难以控制；多次性计价很难做到；造价控制环节脱节；设计专业之间冲突，项目各方之间缺乏行之有效的沟通协调。BIM模型很大程度上提升了算量精度、缩短算量时间，帮助协调各参与方，帮助合理安排资金、人员、材料和机械台班等各项资源使用计划，做好实施过程成本控制，并可有效控制设计变更，将变更导致的造价变化结果直接呈现在设计师面前，有利于设计师确定最佳设计方案。

5. 变更和索赔管理

工程变更对合同价格和合同工期具有很大破坏性，成功的工程变更管理有助于项目工期和投资目标的实现。BIM技术通过模型碰撞检查工具尽可能完善设计施工，从源头上减少变更的产生。

将设计变更内容导入建筑信息模型中，模型支持构建几何运算和空间拓扑关系，快速汇总工程变更所引起的相关的工程量变化、造价变化，进度影响也会自动反映出来。项目管理人员以这些信息为依据及时调整人员、材料、机械设备的分配，有效控制变更所导致的进度、成本变化。最后，BIM技术可以完善索赔管理，相应的费用补偿或者工期拖延可以一目了然。

6. 安全管理

许多安全问题在项目的早期设计阶段就已经存在，最有效的处理方法是通过从设计源头预防和消除。基于该理念，Kamardeen提出一个通过设计防止安全事件的方法——PtD（Prevention through Design），该方法通过BIM模型构件元素的危害分析，给出安全设计的建议。对于那些不能通过设计修改的危险源，进行施工现场的安全控制。

应用BIM技术对施工现场布局和安全规划进行可视化模拟，可以有效地规避运动中的机具设备与人员的工作空间冲突。

应用BIM技术还可以对施工过程自动安全检查，评估各施工区域坠落的风险，在开工前就可以制定安全施工计划，何时、何地、采取何种方式来防止建筑安全事故，还可以对建筑物的消防安全疏散进行模拟。

7. 运营维护管理

BIM技术在建筑物使用寿命期间可以有效地进行运营维护管理，BIM技术具有空间定位和记录数据的能力，将其应用于运营维护管理系统，可以快速、准确定位建筑设备组件。对材料进行可接入性分析，选择可持续性材料，进行预防性维护，制定行之有效的维护计划。

BIM营造了巨大的数据信息，对于数据的分析应用可以衍生出许多其他价值，比如对于建造供应链的管理等等。

此外，对于设计、施工企业，在BIM的应用过程中，可以积累企业整体知识库，建立可多次利用的数据库和工作流程，提高企业运营效率，这对于企业的未来发展是一个很重要的基础。

1.1.4　BIM设计目前的问题

当前，欲推进BIM存在几大问题：第一个是观念问题，传统设计采用二维，而BIM采用三维的平台，由于操作不适应，所以带来阻力；第二是现阶段BIM软件还需不断完善，不断简化操作，逐渐适应设计人员的使用习惯，不断本土化，并在三维模型转二维图纸过程中完善相关功能，使出图更加便捷；第三设计相关软件接口不完善，影响了工作效率；第四是标准体系尚未健全，要建立一个统一的BIM标准来规范市场；第五是人才培养的匮乏；第六是相应政策未能及时跟进，导致BIM设计在法律、管理、市场方面都受到不同程度的限制。BIM技术的出现，不仅仅是设计技术的改良，而是全行业的一次变革，对行业的生态环境、企业的管理方法、项目的运行规则都形成了挑战，加之BIM技术还很新，还处在一个不断完善、扩张、深化的过程，在不同方面、不同行业角色面前，受到质疑及抵触这都是正常的。

科技是发展的、时代是进步的，正如我们之前不能预料到手机从可防身的通话设备，演变成了现在的个人数据处理移动终端一样，BIM技术会慢慢进化、会逐步地颠覆传统设计的行业地位。我们各位仍在传统设计链中的工程设计人员应保持对BIM技术足够的敏感，逐步接受变革，避免因不能适应技术而被淘汰。

在BIM推广应用过程中，各个企业都应当转变观念，提高认识。

1.2　BIM的设计内涵

1.2.1　BIM设计的特点

现今尽管协同的理念已经被广大设计人员接受，但是在传统设计方式的实际工作中，协同仅以定期更新CAD图形的参照使用、远程、视频会议、互相提资、会审的方式存在。某些CAD协同平台，也仅仅是记录数据的流向，没有数据分析、协调的功能（图1.2-1)。在传统的工作流程中，各专业间工作空间相对独立，使得专业间沟通、信息间的

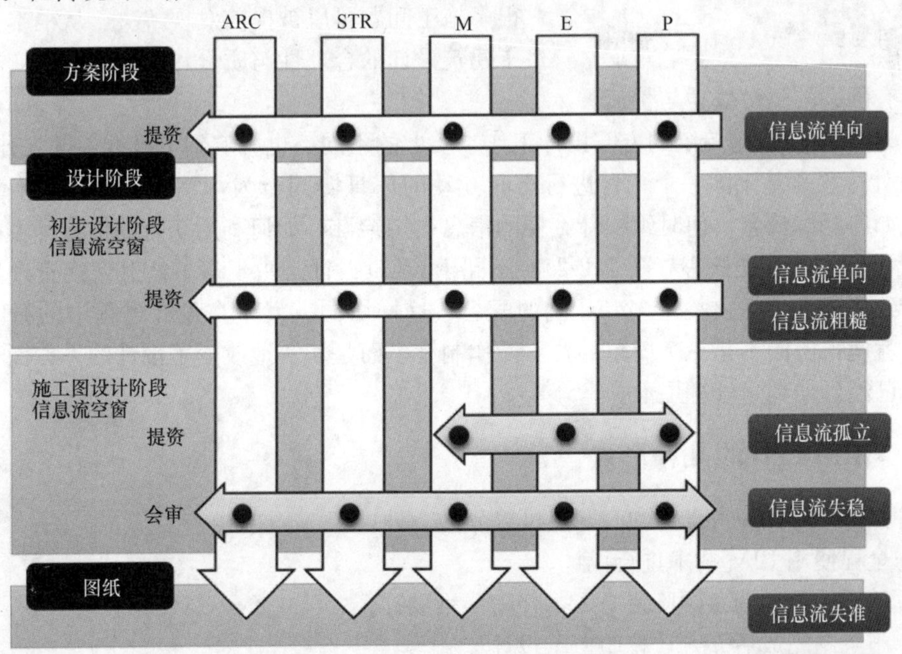

图1.2-1　传统设计模式简图

交流比较孤立，信息交流频率靠制度、信息交流质量靠人员素养导致了专业间配合、协调不好。因为这些问题存在，反倒形成了速度快的特征。

以数据传递的角度观察传统设计模式中常见的问题如下：

1. 信息流单向：是指数据仅向建筑一个专业汇聚，各专业间没有数据交换。

2. 信息流粗糙：是指各专业所提供的资料不够精确，提资深度不确定，提出的要求落实情况不透明。

3. 信息流孤立：是指信息只在特定的专业间流动，其他联系稍弱的专业得不到该信息。

4. 信息流失稳：是指信息流流向不确定，是否接收到不确定，是否验证不确定，是否需要反馈不确定。

5. 信息流失准：是指信息流里包含大量的错误数据。

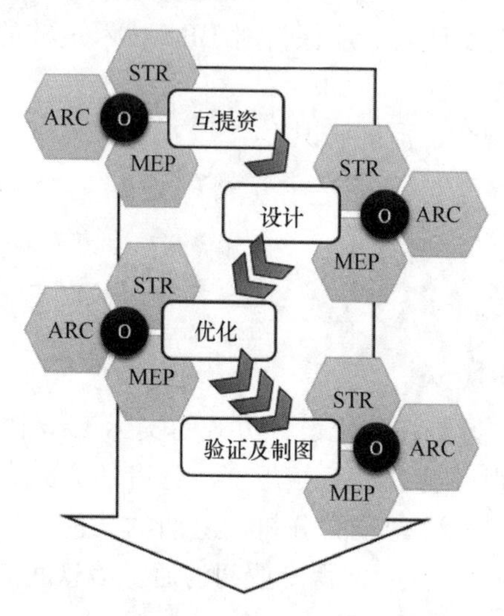

图 1. 2-2　BIM 设计模式简图

而 BIM 设计，由于各专业紧密结合在中心文件这个平台上，尤其是机电专业，不得不捆绑在同一个文件内，导致了信息流的紧凑，而且由于模型的直观性，减少了解释的时间、强化了沟通的效果、减少了交流的环节、确保了信息的稳定性和准确性，但是由于沟通的频率频繁，信息交换的容量增大，导致了设计时间的增加，同时也提升了设计品质。BIM 的三维模拟工作模式真实反映了建筑建造的情况，并记录相关翔实的数据信息，并将设计问题完全暴露出来，将很多问题透明化，这使得很多施工问题可以被提前发现解决，从根本上提高了建筑设计的合理性与质量，这与后期的变更比起来，具有巨大的经济效益与价值。

因为 BIM 技术与传统的方案设计工作本质上的不同，也影响到了设计人的工作流程。BIM 设计过程是基于同一个平台进行实时互动的信息协同行为，整个过程会产生大量的信息，如何组织信息，何时组织什么样的信息提供给谁，如何利用获得的信息等实际上是 BIM 设计工作的管理核心（图 1. 2-2）。不同于 CAD 设计，由于多了信息交换管理这一环节，导致在流程中必须关注多专业间的配合，这样协同就发生在设计过程中的时时刻刻了，这就使得协同不是一个简单的技术操作制度，而是切实地改变了设计的方方面面，协同实际已经延伸到了管理层面。

1. 2. 2　BIM 设计的几种形式

现阶段，BIM 介入设计的时间点可以分为三种：

1. 全程使用 BIM 技术进行设计；

2. 从开始绘制施工图阶段介入，伴随二维设计；

3. 施工图完成后介入，校验二维设计。

第一种情况是 BIM 发展的趋势，也是本书所述之根本；

第二种情况是一种过渡状态，伴随二维设计下，存在 BIM 与 CAD 的协同问题。可分为两个小组：BIM 组和 CAD 组，两组相互配合工作。首先，由 CAD 设计人给出设计方案，同时进行平面图的绘制工作，BIM 建模深化并同时校验，随时告知 CAD 设计人需要修改的地方；同时，按约定的重点部位进行细化，形成 CAD 设计中所需要的剖面、大样或是门窗表等，以后作为补充图纸添加进 CAD 图纸中。这种方法是缺乏 BIM 平台人员的团队进行队伍锻炼、人才培养的一种方法。最终，应成为全程 BIM 设计的状态；

第三种情况是一种特殊情况，严格意义上已经脱离了设计的范畴。这种方式普遍应用于各类建模公司、咨询公司和建设单位。由于这种方式并没有在设计阶段对设计师进行辅助设计，而是"事后补救"的方式影响整个项目，而且因建模质量参差不齐、所建模型不能准确体现设计师想法，建模时间较长，对于业主而言还会产生额外的费用等因素，这样的方法性价比并不高。这种情况的存在可以视作 BIM 技术在充分融合进建筑设计行业期间的一种暂时形态，会随 BIM 技术的深度融合而消失。

1.2.3　BIM 设计过程的组织

BIM 模型基于统一的数据源，为达到信息数据的高度共享，实现对信息的充分利用，需要保持数据良好的关联性和一致性。因此，BIM 的工作模式中对数据的存储与管理的要求比传统方式的要求更高，依靠传统的人工管理、简单的设计流程无法达到效果。BIM 设计过程组织有别于传统的设计过程组织。

BIM 设计过程中，核心组织管理涉及两部分六个子项，其内部关系如图 1.2-3 所示。

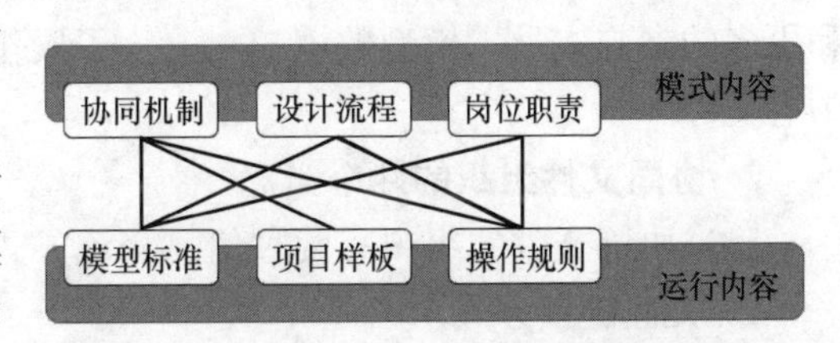

图 1.2-3　BIM 设计过程的组织

协同机制为协同平台；设计流程为运行机制；岗位职责为设计内容、校验机制；模型标准及项目样板为标准化作业机制。其中运行内容部分将在第 2、3 章中详细介绍，本章中主要介绍模式内容。

在工作开始时，首先建立协同平台，各专业选择适合项目特点的项目样板，为各专业提供统一的工作环境，通过内置各种设计标准与流程，提高各专业的配合效率。在整个过程中以协同机制为纲，按协同机制规定的时间点及内容与其他专业进行信息交流。设计人在规定的阶段，按操作规则完成满足模型标准的模型。其余各岗位人员按岗位职责完成设计内容的校审、按模型深度要求校验模型完成度。在设计流程中，制订 BIM 设计目标和内容，要明确设计过程中协同策略、协作沟通行为及 BIM 工作内容分解和 BIM 过程记录等；在设计交付阶段，要协作交付管理，落实交付设计内容审核、模型构件文件审核等行为。

在设计环节中，BIM 的协同机制是重要组成部分，是整个设计流程中的"润滑剂"，其本质为对各种数据实施有效控制管理及协调，协同机制应依据企业内部的设计管理特点来制订。需要注意的是，BIM 的协同设计虽然是基于同一 BIM 数据模型，但是也需要根据项目的实际情况、设计需求，分阶段、分专业选取相应的协同策略。而且，BIM 协同机制不但要考虑到各专业之间的相对独立性，还要考虑到相关专业间便于交换模型信息，使各专业间保持既独立又统一的状态。

1.3 BIM设计协同机制

1.3.1 协同文件的组织构架

1. 综述

BIM协同工作在设计过程中，所有专业都可以通过同一BIM模型，随时了解整体的空间布置情况，及时发现并解决与专业内其他成员或与其他专业之间的冲突。对于空间、结构体系复杂的建筑，更容易发现各专业间的碰撞问题。从而减少发生设计冲突等问题的可能性，提升设计质量。

BIM设计协同主要针对BIM团队在工作中的专业内与专业间协同，需要搭建统一平台以保证模型的无缝衔接和及时沟通、实现各专业设计的实时或适时互动，设定工作标准、模板、文件命名规则等，以保证数据的互通性，选择文件的组织构件以方便专业内与专业间的同步协调。同时，文件的同步时间应当合理设置，既要不干扰各专业人的建模设计工作，又要保证信息的及时互通。

BIM设计协同主要体现在各设计人需要通过与中心文件的同步和更新链接文件来更新自己的数据信息并知晓同伴的数据变化。但是针对项目的规模大小、复杂程度以及难点，可以选择相应的中心文件组织方式。规模大复杂程度高的项目，需要较长的设计周期和更多的参与人员，模型数据较大。为了操作方便，便于各专业的设计需要，分立不同的中心文件。

2. 协同文件组织的几个概念

（1）协同文件的组织有两种信息交流方式

① 文件链接方式

文件链接方式类似于AutoCAD中通过CAD文件之间的外部参照，使得专业间的数据得到可视化共享，在此模式中，相互链接的模型只有读取信息的权限，不能修改链接模型中的构件，但是可以通过Revit中“复制”功能转化链接文件中的构件为本地构件，通过“监视”、“协调查阅”功能来实现识别链接模型信息的变化。所有数据流均为单向。

② 工作集方式

工作集是项目中的构件按设计人制定的规则而形成集合。实质上是利用工作集的形式对中心文件进行工作范围的划分，工作组成员在属于自己的工作集中进行设计工作，设计的内容可以按时在本地文件与中心文件间进行同步，成员间可以相互借用属于对方构件图元的权限进行交叉设计，实现了信息的实时沟通。

（2）中心模型和本地模型

① 中心模型

这是项目的主模型。中心模型将存储项目中所有图元及其所有权信息，并且进行各副本文件同步时的协调、数据比较、权限划拨等工作。所有用户将保存各自的中心模型成为本地副本，在本地进行工作。然后，与中心模型进行同步，以便其他用户可以看到他们的工作成果。

② 本地模型

这是项目模型的副本，保存在该模型的团队成员的本地计算机上。团队成员定期将各自的修改同步到中心模型中，以便其他人可以看到这些修改，并使用最新的项目信息更新各自的本地模型。

（3）同步

同步是将来自本地模型的更改载入中心文件，然后将其他人的本地模型保存到中心模型的更改更新到自己的本地模型上。

在软件内部同步过程如下：

① 查询更改：确定自本地文件上次更新以来，中心文件是否已更改。

② 更新本地文件：更新项目文件的本地副本，以匹配最新版本的中心文件。

③ 使用“与中心文件同步”操作保存更改：将对项目文件的本地副本所做的更改保存到中心文件。

④ 保存本地文件（可选）：如果该选项在启动“与中心文件同步”操作时被用户选中，则会将更改保存到文件的本地副本。

如果多个用户大约同时启动“与中心文件同步”操作，Revit 软件将会尽可能地交错执行每个用户的“与中心文件同步”步骤。但是，不能保证先到先得的完成顺序。例如，在某些情况下，第一个启动“与中心文件同步”操作的用户可能会最后完成。此外，一个用户的“与中心文件同步”操作完成后，必须重新启动其他并发的“与中心文件同步”操作。Revit 软件将自动管理该进程。

3. 协同文件的组织

中心模型＋工作集的构架和链接模型构架的比较如表 1.3-1 所示。

中心模型＋工作集的构架和链接模型构架的比较 **表 1.3-1**

	中心模型＋工作集	链接模型
项目文件	一个中心文件，多个本地文件	多个文件相互链接
同步	双向、自动更新	单向同步，手动更新
数据流	双向	单向
共享构件	通过借用后编辑	不可以
模板	同一模板	可采用不同模板
性能	大模型时速度慢，对硬件要求高	大模型时速度相对较快
稳定性	目前版本在多专业共存时有不稳定现象，概率较小	稳定
权限管理	较为复杂，需制定管理制度	简单

“中心模型＋工作集”和“链接模型”两种构架方式各有优点和缺点。这两种方式的区别是：“工作共享”允许多人同时编辑、共享一个项目模型，而“模型链接”是独享模型，在链接模型的状态下我们只能对链接到主项目的模型进行复制/监视、协调/查阅的功能，而不能对模型进行更改，要实现编辑功能需要对链接模型进行绑定、解组操作。与此同时，绑定进来的构件失去了与原文件间的数据关联，变成了本地自有构件。同时，源文件依旧留存于链接文件中，没有进行任何修改。

理论上讲，“工作共享”是最理想的协同工作方式，既解决了一个大型模型多人同时分区域建模的问题，又解决了同一模型可被多人同时编辑的问题。但由于“工作共享”方式在软件实现上比较复杂，Revit 软件目前在工作共享的协同方式下大型模型的性能稳定性和速度上都存在一些问题。

而“链接模型”无法实现多人同时编辑同一模型。但是，“模型链接”性能稳定，尤其是对于大型模型在协同工作时，性能表现优异，占用的硬件资源相对于“共享工作”模式小很多。

在了解 Revit 平台下提供的两种协同方式的特点和区别后，我们可以根据项目的复杂程度、项目团队的人员结构、硬件平台的优劣等实际情况，灵活地制定合适的协同设计工作机制。在实际项目设计中，上述两种协同方式往往需要结合使用。一般需要根据项目的不同类型、不同规模不同难度、不同人员团队等情况进行综合评估后选择合理的协同设计方式。

依据项目的特点，有以下三种构架形式：

(1) 五个专业共用一个中心文件，每次更新都可以看到其他专业的设计进程与变更。这种形式适合于规模小，较为简单的项目。

(2) 以包含轴网标高信息的文件分别建立建筑、结构、机电中心文件，各专业间通过轴网进行定位，实现专业间的“无缝对接”。不同专业分别与自己的中心文件同步更新，按照项目进度需求，在约定的时间节点链接或更新链接其他专业的中心文件。这种形式适合规模大、较复杂的项目，方便专业内与专业间的操作与协调，是较为推荐的一种形式。

(3) 以包含轴网标高信息的文件分别分离建立建筑、结构、水、暖、电中心文件。这种形式与前一种相比，机电专业可以独立处理各自的设计问题，但是不利于管线综合的操作。适用于管综难度小的大型项目。

经实践，目前以第二种构架最为适宜，详述如下：

采用的协同方式是利用企业局域网络在中心服务器上采用统一标准创建中心文件，各专业设计人员分别在个人终端进行设计建模。由于终端计算机的运算性能局限了数据模型的承载力，在初期中心文件划分了建筑专业、结构专业和设备专业三个中心文件，三个中心文件可通过“复制监视”的方式达到实时协同（图 1.3-1）。复制监视是 BIM 软件提供

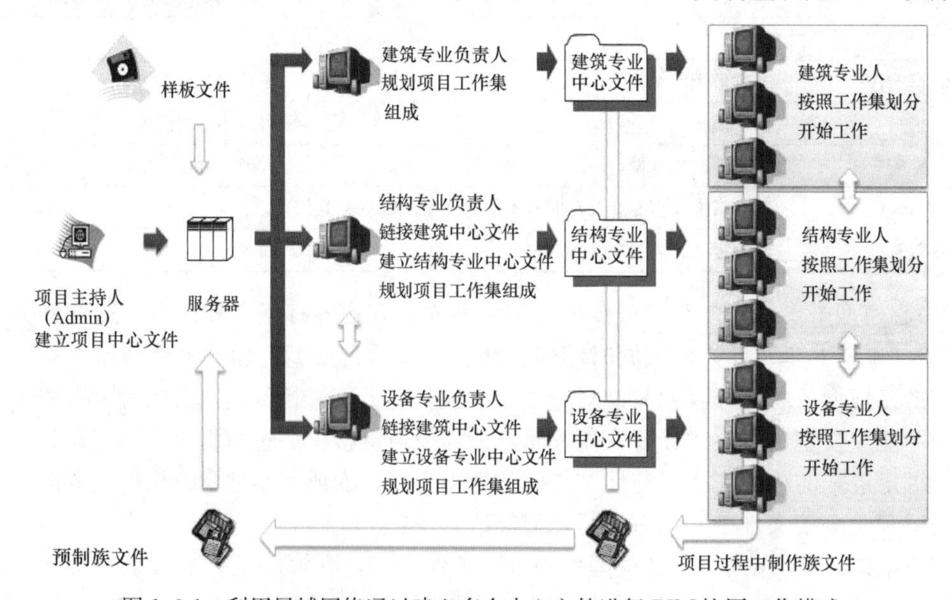

图 1.3-1　利用局域网络通过建立多个中心文件进行 BIM 协同工作模式

的一种软件功能，可以及时地发现被复制监视的文件中的各种改动变化，达到信息共享，数据传递的关联性、及时性和一致性。一个中心文件按照不同的规则进行工作集的划分，从而确保项目中的内容被分配到合适的工作集中。工作集保证项目组员同步工作的同时通过权限管理保证每个组员处理自己权限内的工作内容。

1.3.2 协同工作标准及项目样板

1. BIM设计协同应遵循一定的工作标准，标准应至少包括建模标准、模型深度、构件类型、命名规则等。

2. BIM设计协同并采用统一的样板，项目样板应定义图形基本构成元素以及配置原则、视图样板、项目信息、标注标记注释式样、图框图签信息、明细表样式等。

3. 模型中的构件应进行统一命名管理，应根据不同模型深度的规定深度绘制构件。

4. 模型中构件的应用应规范化管理，应通过企业或第三方构件库系统充分发挥既有资源的有效利用。

必须要使用项目样板来建立新的项目。项目样板为新项目制定了统一的格式，包括视图样板、已载入的族、已定义的设置（如单位、填充样式、线样式、线宽、视图比例等）和几何图形。这样可以达到良好的协同效果，可以建立统一的表达方式来规范模型信息。

以上四点所包括的详细内容及设置原则将在第2章详细介绍。

1.3.3 协同的适时性

由于在推荐的协同模式中使用了“模型链接”部分，这就使得各专业间存在不同步的可能，因此需要建立相应的制度，规定同步的时间、次数，来保证所链接的模型的时效性。需要注意的是，链接模型的重新载入（链接模型间的同步）次数不是越多越好，这样会使载入方频繁地去复查变更的部分而降低设计效率，建议依据项目的进程安排适时进行。

1.3.4 协同中的相对独立性

在建筑的全生命周期内，BIM模型作为一个数据和信息的共享平台，需要为工程项目的业主、设计单位、施工单位、顾问公司、供应商等提供协同工作环境，实现相关数据存储的完整性和信息传递的准确性、安全性。因此，要考虑各方权限的划分，通过各自明确的权限满足本方数据需求的同时又不干扰其他各方的数据使用，这样可以保证相关方数据和信息的准确、统一。

在BIM设计中，并不是只强调协同、共享，由于各专业间的既有交叉覆盖，也有自己独立的工作内涵，所以适当的、相对的独立性是有必要坚持的。在交叉覆盖区域，有必要用制度的形式确认各专业的负责范围，以占用构件方式进行的协同工作，对构件所属的各类规程及命名要加以严格控制，便于协同结束后构件回归确认。在专业内部，建议根据不同的系统划分不同的工作内容，必须减少交叉的部分，不同系统需用同类构件，需按系统需求复制后另行建立，不得共用。各系统应有自己的颜色标识，便于区别。

以上仅是举例说明相对独立性的重要性，提醒读者不要过于追求共享和配合而使得模型的权属方面发生问题，使得模型内部关系混乱。

1.4 BIM 设计流程

BIM 技术是通过建立模型来表达设计思路，为了查看而生成指定的图纸，其表现的根基是模型。直观的模型，所见即所得的成果使得建设项目的各方理解趋同。信息直接注入模型内的构件而不是材料表设备表，使得设计信息统一、一致，各专业设计进程可随时查看。

而传统的设计是通过图纸来表达，其表现的根基是设计人的绘图手法。对绘图技巧的掌握和理解，造就了建设项目各方的各种认识深度，甚至有时会背道而驰。由于图纸上不体现其他专业的设计，只要自己专业不出问题就不会显示问题，这样导致专业间的交流可多可少，当自己专业内部沟通少，信息交流差，相互配合不默契，则会导致错漏碰缺多。

这是 BIM 技术与传统的方案设计工作本质上的不同。这种不同也间接影响了设计人的工作流程。

1.4.1 流程特点

1. 前置

BIM 是一种新的工作方法及组织形式，相比较传统的工作方式，专业间的交流更为频繁，专业间协作更为密切。为了下一步工作顺利，往往需要前置一部分工作。使其他专业了解到本专业下一步动向。

2. 协作与协调

在 BIM 技术支持下，传统的水、暖、电被整合在一个文件内工作，机电、建、结专业通过同一个平台进行实时互动的信息协同，使得沟通更为高效。因此，在工作过程中，协作与协调的意识应贯穿全过程。

3. 容错能力小

BIM 技术使得数据传递直观、高效、准确，各专业间矛盾无法被掩盖及忽略，应提前规划，及时解决、不要拖延。

4. 信息量大

BIM 技术支持大数据，更要注重避免带入过多的冗余数据。

BIM 设计是集中在一个文件内完成，所以整个过程视作为土建与机电专业间的工作流程。其间的关系可以用图 1.4-1 表述。详细的操作流程将会在第 3 章结合实例详细说明。

1.4.2 工作内容

1. 概念及方案阶段

（1）概念设计阶段：设计人员要对拟建项目的诸多问题做出正确的决策，例如选址、外形、结构形式、节能以及可持续发展与运营概算等，因此我们可以在设计初期就应用 BIM 技术，对用地周围环境的影响和与周边其他建筑的关系进行场地规划设计分析，利用分析软件对不同模型进行采光、日照、风环境、声环境等进行初步模拟。根据分析结果，及时对设计方案进行合理调整，选择合适的朝向、布局形式、建筑形体等，使建筑能

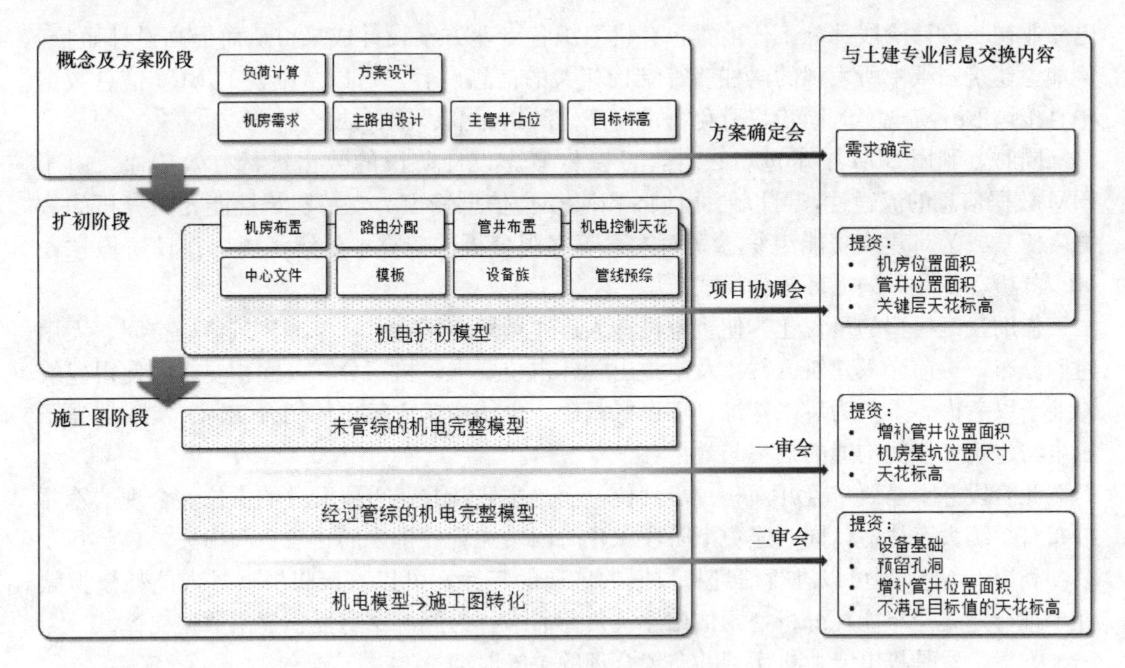

图 1.4-1　土建机电间协作流程

耗最小化，自然采光和通风潜力最大化等，以获得最佳方案。

在概念设计阶段，利用 BIM 技术进行设计，始终应用 BIM 模型进行信息和数据的传递，在概念设计阶段提早将建筑的信息提交给结构、机电专业，更多信息的汇入前置，使设计效率和设计质量明显提高；同时，利用 BIM 的模型交互和传递支持场地的相关分析，并对设计提出建议作为后续优化的指导性意见。

而采用 BIM 的方式进行设计的同时，也需要满足传统的各阶段的成果交付形式，通过深化模型，使其满足二维传统输出标准。

(2) 方案设计阶段：采用 BIM 技术的设计方式与传统的方案设计工作不同，可以有效地提升方案设计的效率。设计师可以将更多的精力投入到设计创意中，平、立、剖等二维视图通过 BIM 模型自动生成。同时，面对复杂的建筑形体设计，采用 BIM 技术，结合各相关设计软件特色，可使建筑师更加自由、充分地表达其设计意图，通过三维模型的可视化，能够更理想地表达建筑师的意愿及方案本身的特性，这也提高了与政府、业主等相关方的沟通效率，使设计师创意表达方式更多样。

另外，基于参数化的 BIM 模型，可使设计师快速创建多个方案设计模型，通过初步的建筑性能和环境分析对设计方案进行调整、优化，并可通过对于多个方案的比选，获得最优的设计方案，将可持续发展的理念与低能耗的理念通过运用能耗分析软件加入到设计中，并利用专业软件实现与 BIM 模型的互动性。传统的二维技术只能在设计完成之后利用单一的节能分析软件进行处理，这就使通过修改设计来满足节能要求变得不可能，无法支持越来越精细的低能耗与可持续发展设计。应用 BIM 技术创建的建筑信息模型，包含了必要的几何和参数等属性信息，这些信息可以被用于各类分析软件中，为方案设计阶段的比选和优化提供了数据基础和量化依据。

在方案设计阶段应用 BIM 技术作为手段，实现对传统设计流程的优化，将结构和机电专业初步设计阶段部分工作前置，有机组织各专业方案设计成果，从而提高设计质量。例如，建筑图纸中所表现的梁柱墙等结构相关的信息内容，可以从结构的 BIM 信息数据中直接调取并实现实时同步，避免了重复工作和错、漏、碰、缺。

同时，利用 BIM 技术进行设计，可以将概念设计阶段的数据进行有效传递，由于 BIM 数据信息的流通性，可以便捷地将 BIM 模型信息输出为支持建筑性能相关分析的数据，使其成为对建筑功能组织、立面方案等客观分析的依据，延续了概念设计阶段“设计、分析、优化”的循环工作模式。

借助三维模型的可视化，使机电设计人迅速理解空间特点，掌握建筑消极空间、无用空间分布，提前介入建筑方案，及早提出管井占位要求，机房分布及面积要求，使得建筑专业予以考虑，不仅为后来管综打下良好基础，也使建筑方案更加切合实际。实际加强了机电与建筑专业间沟通的效率与效果。

此阶段并不是要求管井面积一步到位，而是主要管井、重要管井的占位。合理的管井分布对系统大有裨益，同时避免下阶段深化时因增加管井带来的建筑空间损失。

利用 BIM 模型可以进行信息和数据的传递的特性，可以直接将模型导入能耗模拟软件中进行建筑全年能耗分析，预估出建筑负荷需求，为能源站房面积提出数据支撑。

方案阶段是机电专业机房管井布置合理的关键时期。

2. 扩初阶段

此阶段是设计师对方案设计的进一步深化，其目的是论证拟建工程项目的技术可行性和经济合理性。此时，需要拟定设计原则、标准和重大技术问题等，详细考虑和研究结构和机电专业的设计方案，协调各专业方案的技术矛盾，并合理地确定总投资和经济技术指标等。

相比于传统二维工作模式的图纸数据不一致、各专业无法进行有效的数据关联、二维图纸不能直接用于建筑分析等问题，采用 BIM 技术的建筑设计方式将基于 BIM 模型进行，出图过程依据 BIM 模型直接生成各类视图，并能够保证其与模型的关联性、一致性。此方式能够直观、全面地表达建筑构件空间关系，真正实现专业内及专业间的综合协调，在初步设计过程中可以避免或解决大量的设计冲突问题，大幅提升设计质量。

此外，基于 BIM 技术的设计模式下，施工图设计阶段的大量工作前移到了初步设计阶段。这在设备专业方面尤为明显，原来在施工图设计阶段的深化内容也增加到此时完成，工作量明显增加，但由于 BIM 可以将各阶段的模型信息进行有效传递，扩初阶段建立的 BIM 模型和二维图纸将作为阶段交付物，传递到施工图设计阶段使用，避免了重复工作，在整个设计过程中并未增加工作量。

与此同时，再加入一些能和 BIM 模型联系起来的分析软件，就可以跟着设计的进度，对建设项目的结构是否合理、空气是否流通、光照是否达标、温度是否可控、材料是否隔声及隔热、给水排水是否正常等诸多方面进行判断，并依据分析的结果反作用于 BIM 模型，将其不断地完善。

在初步设计阶段时，建立协同工作平台、实现各专业设计的实时互动。从 BIM 的构架中直接提取方案阶段我们所关注的信息进行数据传递，节省了二次建模时间。建筑专业也可以直接将在初步设计阶段细化的内容通过文件互导方式直接交付分析，保障了分析结果的精确程度，提高了分析效率。

扩初阶段是机电模型的雏形阶段，下阶段管综的品质取决于本阶段的工作深度。在本阶段内，暖通专业人员要配合管综设计人并与其他机电专业协调、合理规划系统管线，划定路由，分配走廊内空间；要尽可能地发现管综节点、难点位置，解决不是目的，避免出现才是重点。遇到不可避免的节点时，需提请建筑注意此处标高。

扩初阶段是模型的雏形阶段，模型在此阶段初步搭建起来，初始的设置要尽可能的周全，避免下一阶段有较大的调整。

3. 施工图模型阶段

施工图设计是建筑设计的最后阶段。该阶段要解决施工中的技术措施、工艺做法、用料等，要为施工安装、工程预算、设备及配件的安放和制作等提供完整的图纸依据，有一整套对于图纸内容和深度的要求。

在应用BIM技术后，许多原来需要在传统模式下的施工图阶段完成的工作都前置到了初步设计阶段，因此在基于BIM技术的施工图设计阶段，实际的工作量大幅降低。但是，因为要适应传统的制图规范，而外国BIM软件的本土化无法满足需要，所以现阶段需要对BIM模型生成的二维视图进行大量的细节修改和深化设计，并进行节点详图的设计等补充工作。相信随着软件技术的发展，政府审批流程及交付方式的更新，施工图设计阶段与初步设计阶段将进一步融合。

在运用传统的二维设计模式时，不同专业之间经常会出现极难解决的矛盾，建筑、结构、水、暖、电等专业之间冲突不断，应用BIM技术，通过建立统一的协同标准，可以有效地协调各专业的设计方案。在此过程中，所有专业都可以通过统一的或链接的BIM模型，随时了解整体的空间布置情况，从而大大减少了发生设计冲突等问题的可能性，同时还可以随时发现并及时解决与专业内其他成员或与其他专业之间的冲突。同时通过三维模型直接生成二维图纸的成果输出方式，也大大提高了设计效率，减少了设计中的错、漏、碰、缺。BIM模型运用其自身特有的自动更新法则可以灵活应对不同变化，在设计中任何一个小变动，BIM模型软件都可以自动在立、剖面图、3D图、图纸目录表、工期以及预算等相关地方做出迅速的修改，提高了设计的效率和质量。

机电设计中，由于传统二维图纸中采用示意符号、局部夸张等手法进行表达，且后期进入施工阶段会有施工人员对该部分进行实际细化，在工地现场进行实际安装测试，并进行修正，故机电CAD图纸深度和正确性不高，设计人员和现场施工人员经常在此类问题上发生分歧。但在BIM设计中，没有足够深度的细节，模型就不能够完成，部分施工中的细部做法被要求在设计阶段就得精确地表达，这部分工作内容被提前至设计阶段。对于设计人员而言，对现场施工工艺应有一定的了解，所设计的管线路由等，应有一定的可实施性和操作空间，由于近些年建筑设计市场的大跃进式发展，很多设计师、工程师能完成设计任务就不错，更无暇关注这些细节问题，很多问题都是留待现场去发现去处理。这不是也不应是一种正常的状态。

在BIM设计中模型的完整搭建，细节处理的到位，验证了未来施工中的技术措施、工艺做法的可行性，为设备及配件的安放和制作等提供完整的图纸依据，为工程量的统计、预算的精度提供了数据基础。总而言之，提高了机电工作的深度和精度。本阶段是整个BIM设计中最为精确的一环节，各专业间的配合程度，各设计人、专业负责人的责任心，决定了设计的品质。本阶段也是管综专业最关键的阶段。

4. 施工图出图阶段

在施工图阶段BIM可以直接继承初步设计阶段成果。需要通过对现有BIM信息模型的默认图纸样板进行调整，并将三维成果通过简单的修正转化为可以提供传统二维图纸的文件。由于传统二维图纸中采用示意符号、局部夸张等手法进行细部表达，且后期进入施工阶段会由施工人员对该部分进行实际细化，但在三维设计中，施工中的细部做法被精确地表达，所以导致传统二维图纸和模型导出图纸产生差异，并且因软件自身的不足及中国本土化程度不够，更加深了这种差异。此步骤需要将模型的样板根据施工图出图标准，调整线型、线宽，补充图例、填充符号等，以满足出图需求。

Revit作为BIM的基础工具之一，功能最为强大的是数据管理和三维模型工具，但是国内目前没有相应管理、认可三维模型的法规，使得Revit模型不得不避长扬短地进行二维图纸的处理，三维图元转换成二维图元，这就导致机电的二维图纸图面不如CAD图面美观，处理起来也稍显笨拙。再加之CAD平台上的机电图纸是用符号来示意设计师的思路，并不是真正意义上的施工图纸，图元可以没有比例的夸张，不用思考过多的施工细节，所以绘制速度比较快，由于BIM模型写实性，这些"优点"统统被抹杀，这也是目前大部分机电工程师对BIM设计没有兴趣的主因。

在机电专业就制图而言，如果客观地来看，CAD和Revit是互补的，CAD强于复杂管线的平面简化表达，而Revit强于剖面和各种三维大样及管线间的空间相对关系的直观表达。两者不可以取其短而弃其所长，而且有一点观念是不可取的，即：必须用Revit达到CAD出图的效果，否则没有使用Revit的意义。这样的观点使讨论实际又回到原点，使用BIM、使用Revit的初衷是什么？是为了补全设计文件的信息量，提高设计文件的便携性、可传递性，减少错、漏、碰、缺，提高设计质量，强化设计文件的可视性，减少因图纸理解带来的偏差。如果将Revit视作一种新型的绘图软件，那确实是没有推广的必要。

对于Revit出图中的不足，建议采取灵活的处理方式，如系统流程图、主要设备的表格与说明等，仍由擅长处理此类图纸的CAD平台绘制，和Revit模型采取链接关系，修改时在CAD中进行，在模型中更新即可。在平面中应多设置剖面、大样，来对平面进行详细的补充。即使在大样图上，机电专业也是用符号来示意，而在Revit中可以直接生成直观、真实的三维大样，各阀件、部件可用汉字直接注释，管综复杂节点可按各专业进行拆解展示其内部之间的配合。所做的所有工作，均基于将图纸解释清楚这一原则进行。不必拘泥于完整的依赖于某个平台完成，这样的行为与BIM自身的主旨也不符合。

1.4.3 工作流程

BIM设计过程是基于同一个平台进行实时互动的信息协同行为，整个过程会产生大量的信息，如何组织信息，何时组织什么样的信息提供给谁，如何利用获得的信息等实际上是BIM设计工作的管理核心。不同于CAD设计，由于多了信息交换管理这一环节，导致在流程中必须关注多专业间的配合，其主要特点是部分设计工作前置。

结合我院多个项目的运行管理经验，归纳出一般项目设计工作流程：将整个设计工作分为四个阶段，每个阶段由不同的时间节点控制，建议在规定的时间内，各专业各岗位的人员完成规定的工作内容，以此作为五个专业间的协同基础，工作流程全过程如图1.4-2所示。

在BIM设计中，BIM模型也在跟随设计阶段进行流转，如图1.4-3所示。

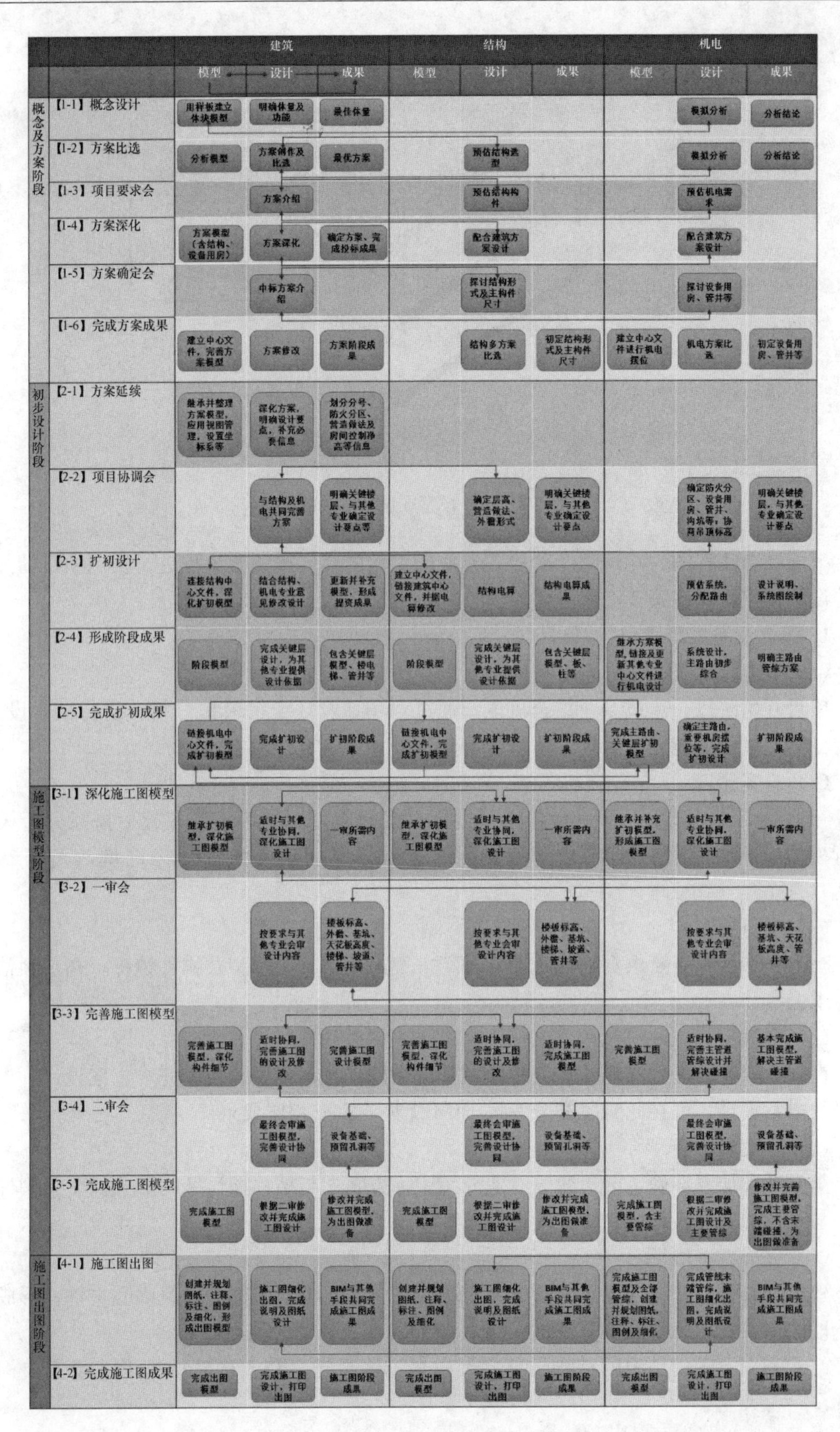

图 1.4-2 BIM工作流程全过程

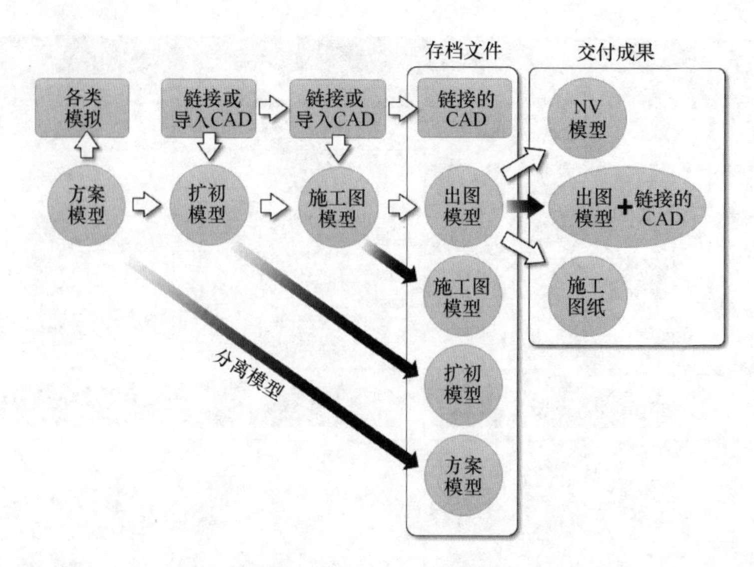

图 1.4-3　BIM 模型在设计阶段的流转

下面结合流程图，简述每个阶段各专业的工作内容。按照此流程进行实例项目的全过程的设计工作，将在第 3 章展开讲述。

1. 概念及方案阶段

（1）概念设计

项目开始阶段，建筑专业结合机电，通过对场地及环境等模拟分析，进行概念设计，确定方案体量及功能分区，搭建体量模型。

（2）方案比选

在概念设计基础上，继承最佳体量进行方案创作，在体块模型基础上搭建分析模型进行模拟分析，通过分析数据及综合因素进行方案比选，预估结构选型，确定最优方案。

（3）项目要求会

全专业参加项目要求会，建筑专业介绍方案，预估结构选型及构件情况，初步预估机电需求。

（4）方案深化

设计人对方案进行深化，在分析模型基础上建立方案模型，初步完成方案设计。投标阶段的方案设计，可在此阶段充分发挥 BIM 优势，完成相应成果。

（5）方案确定会。

全专业参加方案确定会，建筑专业介绍中标方案，与结构探讨结构形式及主要构件尺寸，与设备探讨设备用房、管井的位置及面积。

（6）完成方案成果

建筑结合各专业设计成果进行方案修改，完善方案模型并建立建筑中心文件，形成方案阶段成果。

结构利用方案模型中的结构构件，经过多方案比选，初步确认结构形式及主要构件尺寸。

设备建立机电中心文件，形成方案模型，经方案比选及初步摆位，初步确定设备用房、管井的位置及面积等。

2. 扩初阶段

（1）方案延续

建筑专业继承方案阶段成果，创建扩初模型，补充必要信息，为项目协调会做准备。

① 继承方案模型，根据项目规模及分期建设等因素进行分号、模型范围等划分，应用视图管理，划分工作集等，形成扩初模型。

② 根据地形建立场地模型，对建筑物进行初步定位。链接原始地形图，根据测量坐标将地形场地正确定位，设置坐标系，明确正北及项目北。

③ 明确设计参数及要求。对方案的层高、房间功能、防火分区、基本营造做法、屋面做法、房间控制净高等进行确认，统一墙体、面层等材料选型。

（2）项目协调会

全专业参加项目协调会。为满足协同设计，提前机电专业介入时间，会议需明确关键楼层位置，各专业优先进行关键层设计。

建筑与结构明确建筑营造做法、初步确定外檐形式、地下室顶板标高和覆土情况以及房间等。

建筑与机电明确设备用房及管井位置及要求等；各专业协商吊顶标高，排水沟、集水坑位置等。

（3）扩初设计

结合项目协调会意见，结构建立中心文件，结合结构电算进行模型修改。

建筑链接结构中心文件，进行扩初模型深化，设计人根据设计要点替换方案模型的墙体、面层及屋面等构件的族，也可根据情况重新搭建。

机电专业预估系统并分配路由，同时进行系统图的绘制及说明的初步编写。

（4）形成阶段成果

建筑、结构完成关键层及必要节点设计，形成阶段模型，提供给机电专业进行机电模型依据。

机电专业继承方案阶段成果，链接其他专业中心文件，进行机电扩初设计。完善系统设计，进行中路由初步综合。

（5）完成扩初成果

建筑、结构链接机电中心文件，进行协同设计，完善扩初模型，完成扩初成果。

机电与其他专业进行协同设计，确定主路由走向及重要机房摆位等，完成主路由及关键层扩初模型，完成扩初成果。

3. 施工图模型阶段

（1）深化施工图模型

继承扩初模型，适时载入其他专业中心文件模型，进行协同设计，完善设计节点及构件细节等施工图设计，对施工图模型进行深化。按照一审内容完成本专业工作。

（2）一审会

全专业参加一审会，各专业会审并对以下内容进行确认核对：

楼板标高变化、悬挑部位和主要外檐做法、基坑位置、天花板高度、楼梯、坡道，各专业管井位置。

(3) 完善施工图模型

各专业结合一审意见，深化施工图设计，适时载入其他专业中心文件模型进行协同设计。对施工图模型进行完善，满足施工图出图需求。

机电基本完成施工图模型，完成主管道管综设计并解决碰撞问题。

(4) 二审会

全专业参加二审会，通过会审与各专业对以下内容进行确认核对：

设备基础的位置、尺寸、标高，各专业剪力墙、承重墙预留孔洞位置及尺寸，如：新风、排风、排烟口、消火栓等。

(5) 完成施工图模型

此阶段各专业协同设计基本完成，建筑、结构完成施工图模型修改，机电完成施工图模型建立，并完成主要管综（不含末端），为模型出图做准备。

4. 施工图出图阶段

(1) 施工图出图

建筑、结构深化施工图图纸设计，利用施工图模型直接生成图纸，并进行注释，标注等图纸细化工作，形成出图模型。同时进行图纸规划，利用多种手段完成全部施工图说明、计算及图纸成果。

机电专业完成管线末端管综，完成施工图模型修改并深化施工图图纸设计，利用施工图模型直接生成图纸，并进行注释、标注等图纸细化工作，形成出图模型。同时，进行图纸规划，利用多种手段完成全部施工图说明、计算及图纸成果。

(2) 完成施工图成果

各个专业将模型与图纸进行最终的整理，出图打印，完成施工图阶段成果。

1.5　BIM 设计岗位职责

1.5.1　协同中的岗位职责

参照天津建院岗位划分，分为工程主持人、机电综合负责人、专业负责人、设计人、制图人、校正人、审核人七类。根据 BIM 协同工作的需求，不同岗位应承担不同的责任，具体如下：

1.5.2　工程主持人

按照《TADI-BIM 操作手册》、《TADI-BIM 设计手册》组织各专业按贯标管理程序要求，制定工程设计各阶段进度控制计划并协调实施。协调统筹本项目与外部主管部门、职能部门的沟通与交流。协调统筹本项目内部各专业之间沟通、配合等工作。控制各专业设计过程的策划、方案评审、提资、验证、会审会签等关键设计环节。组织召开各阶段的全专业会议，控制各阶段进度计划并协调实施。组织设计过程中各专业的技术协调及管线综合设计。

1.5.3 机电综合负责人

按照《TADI-BIM操作手册》、《TADI-BIM设计手册》协助工程主持人控制机电专业设计进度，协调统筹机电三个专业的设计工作，并负责与土建专业的沟通和整合。协助工程主持人做好与外部主管部门、职能部门的沟通与交流。负责与工程主持人沟通整合，并协调统筹机电三个专业设计工作及管线综合工作。确定项目样板文件建立中心文件，建立视图目录树，链接其他专业中心文件。控制各阶段进度计划、控制关键层并协调管线综合设计并指导实施。每阶段结束后及会审会议前应从中心文件分离文件备份以保证数据安全。会审后重新载入其他专业中心文件，适时更新其他专业中心文件。

1.5.4 专业负责人

1. 按照《TADI-BIM操作手册》、《TADI-BIM设计手册》，协助工程主持人控制各专业设计进度。

2. 建筑、结构专业负责人确定项目样板文件建立中心文件，建立视图目录树，链接其他专业中心文件。每阶段结束后及会审会议前应从中心文件分离文件备份，以保证数据安全。会审后重新载入其他专业中心文件，适时更新其他专业中心文件。

3. 各专业负责人选用视图样板，把控目录树，建好图纸目录，并在管理选项卡中录入项目信息，负责落实对所有工作流程进行把控。组织完成各阶段前期的工作，划分工作集、划分工作区域，负责本专业模型深度及质量，选择标准层调整模型显示样式及视图深度，与其他专业沟通，在每阶段会议前核对本专业提资内容，保证提资模型准确性。负责族的应用及收集。

1.5.5 设计人

按照《TADI-BIM操作手册》、《TADI-BIM设计手册》正确建立BIM设计文件。按本专业国家和地方有关规范、标准、规程，应用Revit做好工程设计，把握设计原则，设计无违法强制性条文问题，做到设计、计算文件依据正确，参数合理。负责本专业各阶段模型搭建，同时做好与专业负责人沟通。根据不同分工建立工作集，根据阶段选择视图样板形成目录树。按院相关规定完成族的使用及统计。按院相关规定建立图纸编号并满足图纸命名规则。对制图人交底清楚并负责核查所绘模型、图纸，确保模型内容明确表达设计意图，图纸符合制图标准，并进行模型构件的统计。

1.5.6 制图人

按照《TADI-BIM操作手册》正确建立BIM设计文件。完善各阶段图纸，保证成果输出。做到图幅大小适当、图面清晰、布局合理。图纸、说明、计算中的注释、文字、标注、索引、选用标准图及绘制图例等设计内容表达正确、完整，符合制图规定。

1.5.7 校正人

1. 二审阶段后校正模型构件深度，查看模型中命名规则、颜色规则、目录树、工作集等应符合《TADI-BIM操作手册》、《TADI-BIM设计手册》的要求。复查其他专业提资内容反应情况。消除模型中的错、漏、碰、缺等问题。

2. 出图阶段确保设计图纸质量，校正图幅适当、图面清晰、布局合理，模型、图纸内容详尽完善，图标签署齐全。校正图纸、说明、计算中的画法、写法、标注、索引、选用标准图及绘制图例等表达正确、完整、交待清楚，无错漏，符合统一制图标准。校正图纸与计算、说明等一致性。

3. 校正提出问题以条款形式填写《校审（验证）记录单》。

1.5.8 审核人

1. 二审阶段确保设计模型的深度和质量，避免出现原则性问题及违反强制性条文问题。审核各项命名规则的落实，保证方案的合理性、参数合理准确、经济指标符合有关规定，负责综合后审核各专业模型的合理性。

2. 出图后审核图纸的深度和质量，图纸、说明、计算书内容齐全，计算公式及参数选用正确合理。

3. 审核提出问题以条款形式填写《校审（验证）记录单》。

1.6 BIM设计软硬件平台要求

1.6.1 软件平台

BIM常用的软件分为平台软件、建模软件及专业分析软件等，企业应根据自身特点合理选择一种建模软件体系和多种专业软件（表1.6-1）。建模软件与专业软件应具有完善的数据接口，并注重与平台软件的对接，保证信息传递的一致性与完善性。专业软件宜具备剥离冗余信息的功能，保证信息利用的效率。

BIM常用软件 表1.6-1

<table>
<tr><th colspan="2">软件分类</th><th>软件功能</th><th>软件名称</th></tr>
<tr><td colspan="2">平台软件</td><td></td><td>MicroStation、Naviswork、达索SIMULIA SLM等</td></tr>
<tr><td rowspan="2">建模软件</td><td>BIM建模软件</td><td>用于建立信息模型</td><td>Revit、ArchiCAD、CATIA、PBIMS等</td></tr>
<tr><td>几何造型软件</td><td>用于形体表达</td><td>Rhino、Sketchup、FormZ等</td></tr>
<tr><td rowspan="6">专业分析软件</td><td>可持续设计软件</td><td>参与可持续设计中的分析、比对</td><td>Ecotect，EcoDesigner Star、IES、Green Building Studio、starccm+、simulation、Xflow等</td></tr>
<tr><td>机电分析软件</td><td>参与机电设计中的分析</td><td>Trane Trace、Design Master、IES Virtual Environment、博超、鸿业等</td></tr>
<tr><td>结构分析软件</td><td>参与结构设计中的分析</td><td>PKPM、盈建科、ETABS、Tekla Structure、SAP2000、MIDAS等</td></tr>
<tr><td>造价软件</td><td>用于工程算量，设计产品概预算分析</td><td>广联达、鲁班、清华斯维尔等</td></tr>
<tr><td>可视化软件</td><td>用于浏览、渲染等一系列可视化操作</td><td>3DS MAX、Lightscape、Artlantis、Lumion、Accurender等</td></tr>
<tr><td>模型检查软件</td><td>用于模型比对、检查及纠错</td><td>Navisworks、Projectwise Navigator、Solibri、fuzor等</td></tr>
</table>

1.6.2 硬件平台

硬件配置应随同软件发展一同提升。从事 BIM 设计的团队应最少配置一台服务器，每位设计人应配置一台客户端。宜配置一台渲染和可视化工作站。

BIM 技术是基于三维的工作方式，对硬件的浮点运算能力和图形、图像处理能力都有较高的要求，相比较传统二维 CAD 软件，在运行的计算机配置方面，需要较高的 CPU、内存和显卡的配置。CPU 应该配置较高的主频及高速缓存；内存容量应尽可能选用上限，并最好采取多通道配置；显卡应选取较大缓存的独立专业显卡，宜使用高速硬盘，以满足三维模型较大数据的处理速度。

如果操作系统占用过多的内存资源，程序的响应就会急剧下降，就会降低项目操作效率，而且如果软件达到寻址空间的可用内存上限，程序和能够寻址的最大内存操作系统就会冻结或者崩溃。为了减少这类问题，应使用 64 位系统，在符合性价比的条件下，使计算机内存容量最大化。

Revit 的多核多线程的支持做得不好，目前使用的 2016 版，仅仅是对单核双线程进行优化，在此之前，大部分操作都是单核单线程运行。所以配置 Revit 客户端时，要重视 CPU 的主频而不是计算核心的数量。

从建模过程中显卡的使用来看，更关注构件间的空间关系，曲线的平滑显示。材质多用于区分各类系统，且直接将 Revit 用于大场景的渲染情况较少，多是导出模型进入其他专业渲染软件进行后期处理，再者由于 Revit 使用 Direct3D 来进行硬件加速，使得在建模方面，游戏卡优于专业显卡，NVIDIA 显卡和 AMD 显卡性能相近。显卡选择的关键参数是 GPU 频率和显存。

Revit 模型数据交换量比较大，大内存和数据传输快的硬盘，会直接提升模型的读取、缩放、旋转、存储的速度。

（1）固态硬盘（SSD）比机械硬盘性能有明显的提升；

（2）SATA3 接口 SSD 速度低于 NVMe 协议下的 PCIE-SSD；

（3）使用两块不同品牌性能的 SSD 构建 RAIDO，较相等容量的单块 SSD 连续读写速度会提升，但是随机读写受制于 RAIDO 中最慢的那块，性能提升有限。建议采用性能更好的单块 SSD 进行提升；

（4）如果两块同品牌同型号的 SSD，性能优异，建议组成 RAIDO 使用；

（5）优秀的 SSD 能适当补偿内存不足的短板；

（6）电源供电稳定。

就建模工作而言，CPU 可以采用风冷散热，但是至少采用 4 热管和 12cm 散热风扇。水冷组件散热性能优于风冷，但是需要考虑维修保养的时间、费用成本。

机箱建议至少选用中塔机箱，在机箱顶部、后部加设机箱风扇，便于空气流通及时带走热量。空间条件能满足的，建议使用静音全塔式机箱。

1. 服务器最低配置

服务器最低配置应符合下列要求：

（1）应作为中央数据库专机专用，可多项目共用一台；

（2）服务器应注重数据交换、存贮的速度以及安全性。

建议配置为：

(1) 双通路主板；

(2) 4核CPU，CPU主频不应小于2.0GHz；

(3) 四通道内存64G，服务器操作系统；

(4) 千兆内网连接，终端能够实时访问服务器；

(5) 存储硬盘为机械硬盘，容量不应少于1T，转速不应低于7200转，极其重要的项目，建议选用企业级数据硬盘构建raid1存储数据；

(6) 系统盘宜选用SSD固态硬盘；

(7) 显卡无特殊要求。

2. 客户端最低配置

客户端最低配置应符合下列要求：

(1) 客户端配置应与BIM软件要求相适应，并应保证数据输入的方便性、快捷性；

(2) 应便于BIM模型可视化信息的实时比对、检查。

详细指标为：

(1) 客户端配置应不低于4核CPU，CPU主频应大于3.0GHz；

(2) 内存不低于16Gb；

(3) 建议使用性能不低于SATA3的固态硬盘；

(4) 机械硬盘容量不应少于500G，若软件系统安装在机械磁盘上，则剩余空间不应少于100Gb，转速不应低于7200转；

(5) 宜采用双显示器，显示器分辨率不应低于1280×1024；分辨率宜选用1920×1024；

(6) 显卡显存不应低于2G。

3. 渲染和可视化工作站

渲染和可视化工作站最低配置应符合下列要求：

(1) 渲染和可视化工作站配置应与相应的渲染及后期编辑软件要求相适应；

(2) 应便于针对BIM模型进行快速渲染与视频编辑。

详细指标为：

(1) 渲染和可视化工作站CPU至少为4核8线程主频3.0以上处理器；

(2) 宜使用双CPU通路构架主板；

(3) 四通道内存不应低于32Gb；

(4) 硬盘容量不应少于1T，转速不应低于7200转；

(5) 显示屏幕分辨率不应低于1280×1024；

(6) 显卡不低于2Gb显存。

1.6.3　Revit的优化

1. 综述

未经任何优化过的Revit在打开模型后，会有锯齿、颜色亮度过高、线条过细、旋转卡顿等症状。将Revit加载进显卡驱动程序中，可以有效地改善这些症状。因为Revit是单核程序，正好适合睿频技术要求，可以在系统电源选项里将“自定义电源计划”改为

“高性能”，再点击“更改计划设置”→“更改高级电源计划”→“处理器电源管理”→最小、最大处理器均改为100%（图1.6-1）。

此方法也适用于Navisworks的优化。

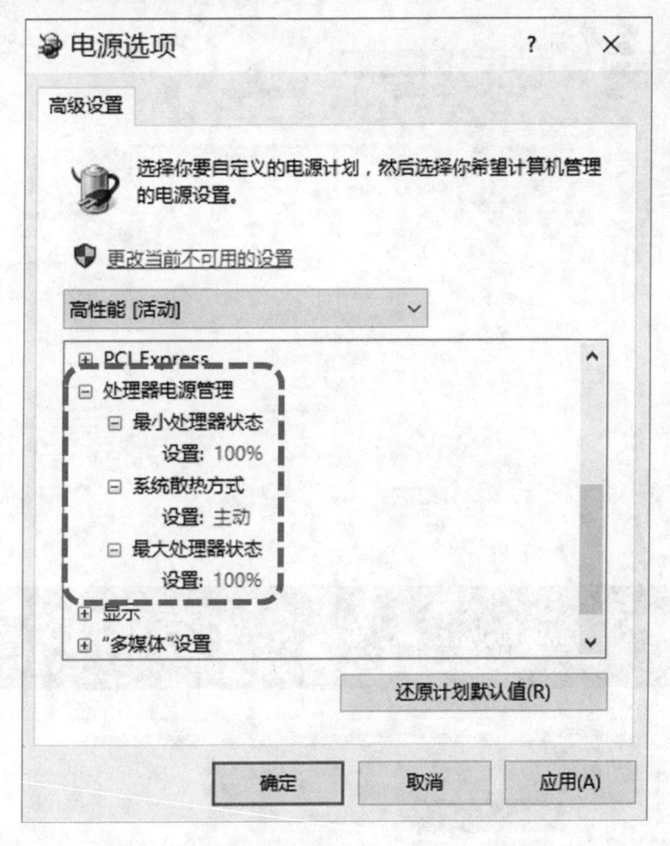

图1.6-1

2. AMD专业显卡优化

在桌面点击右键，选择AMD FirePro Contral Center（图1.6-2），在弹出的界面下点击“AMD FirePro”展开的菜单中选择3D应用程序设置，在右侧弹出的界面内选择“+添加”，选择Revit安装目录下的Revit运行图标，打开，添加后，对Revit程序进行优化修改（图1.6-3）。

Revit的设置需要根据显卡自身的性能来调节，需要注意的“形态过滤”选项不要打开（图1.6-4），打开会使菜单栏的文字模糊。

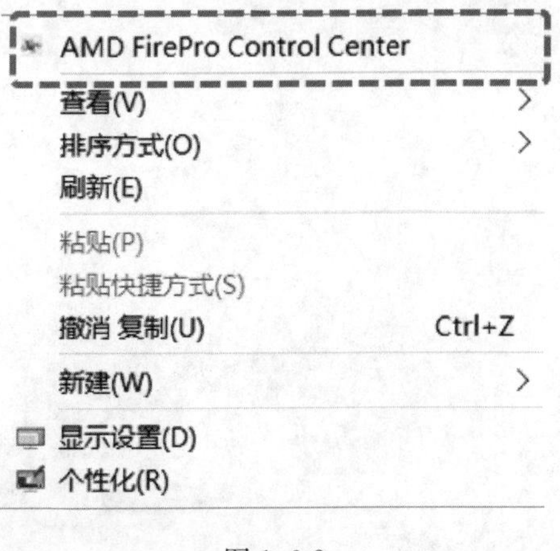

图1.6-2

3. NVIDIA显卡优化

NVIDIA优化操作同AMD优化一样，先在驱动程序中点击“管理3D设置”加入Revit，再对软件针对显卡自身情况进行设置。NVIDIA专业显卡和游戏显卡界面类似，不再赘述，如图1.6-5～图1.6-7所示。

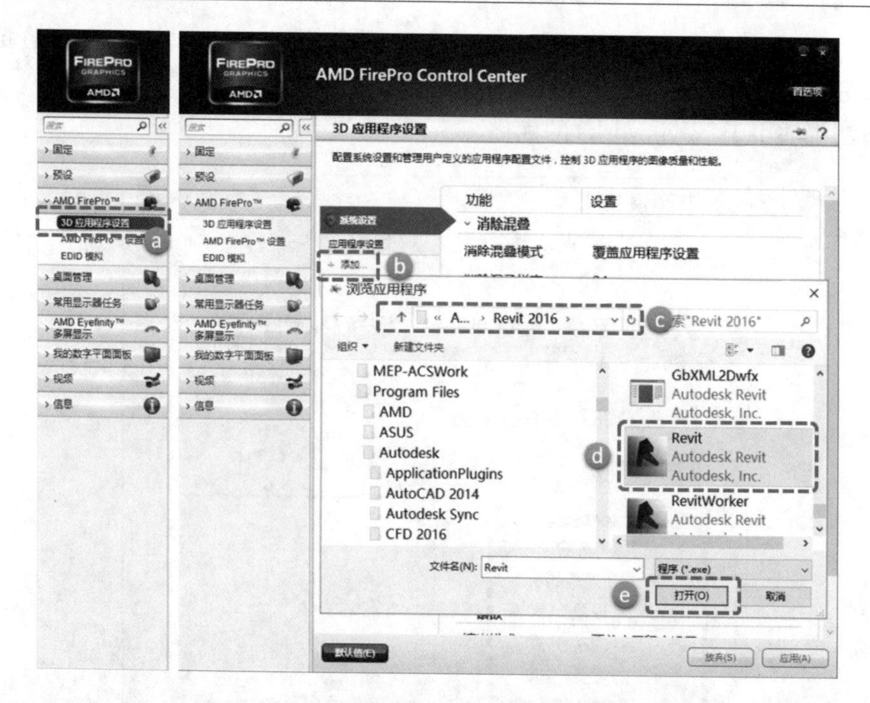
AMD FirePro Control Center
首选项
3D 应用程序设置
配置系统设置和管理用户定义的应用程序配置文件，控制 3D 应用程序的图像质量和性能。
固定
预设
AMD FirePro™
3D 应用程序设置
AMD FirePro™ 设置
EDID 模拟
桌面管理
常用显示器任务
AMD Eyefinity™ 多屏显示
我的数字平面面板
视频
信息
系统设置
应用程序设置
添加...
功能
设置
消除混叠
消除混叠模式
覆盖应用程序设置
浏览应用程序
Revit 2016
组织
新建文件夹
MEP-ACSWork
Program Files
AMD
ASUS
Autodesk
ApplicationPlugins
AutoCAD 2014
Autodesk Sync
CFD 2016
GbXML2Dwfx
Autodesk Revit
Autodesk, Inc.
Revit
Autodesk Revit
Autodesk, Inc.
RevitWorker
Autodesk Revit
文件名(N): Revit
程序 (*.exe)
打开(O)
取消
默认值(E)
放弃(S)
应用(A)
a
b
c
d
e

图 1.6-3

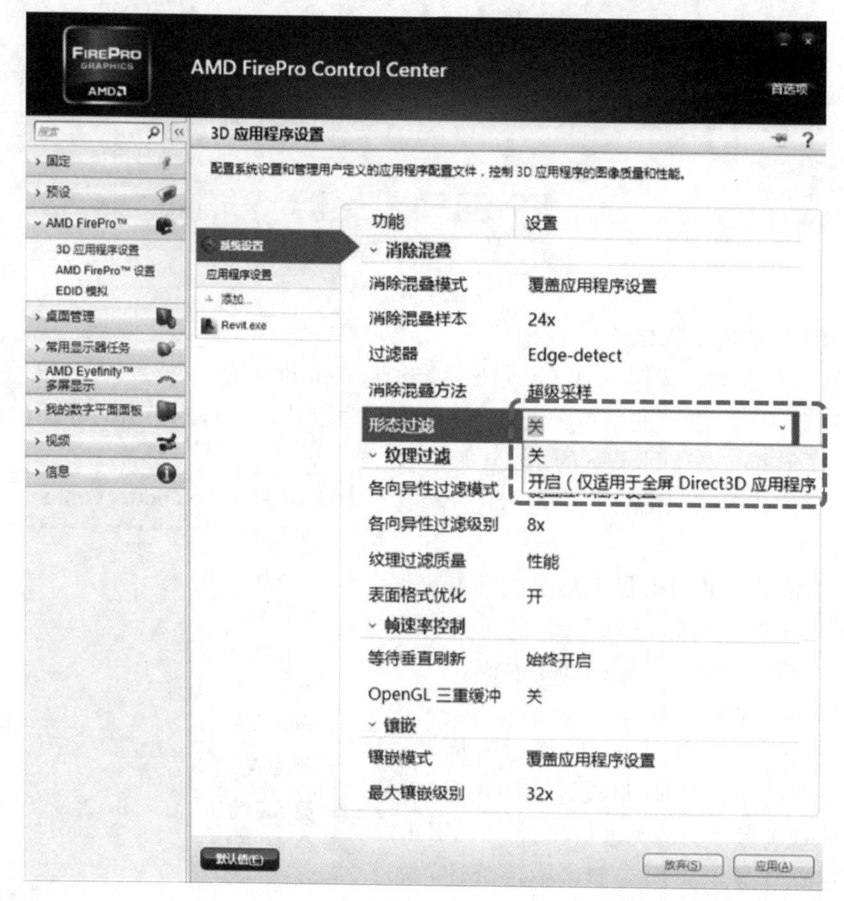
AMD FirePro Control Center
首选项
3D 应用程序设置
配置系统设置和管理用户定义的应用程序配置文件，控制 3D 应用程序的图像质量和性能。
固定
预设
AMD FirePro™
3D 应用程序设置
AMD FirePro™ 设置
EDID 模拟
桌面管理
常用显示器任务
AMD Eyefinity™ 多屏显示
我的数字平面面板
视频
信息
系统设置
应用程序设置
添加...
Revit.exe
功能
设置
消除混叠
消除混叠模式
覆盖应用程序设置
消除混叠样本
24x
过滤器
Edge-detect
消除混叠方法
超级采样
形态过滤
关
纹理过滤
关
开启（仅适用于全屏 Direct3D 应用程序
各向异性过滤模式
各向异性过滤级别
8x
纹理过滤质量
性能
表面格式优化
开
帧速率控制
等待垂直刷新
始终开启
OpenGL 三重缓冲
关
镶嵌
镶嵌模式
覆盖应用程序设置
最大镶嵌级别
32x
默认值(E)
放弃(S)
应用(A)

图 1.6-4

查看(V)
排序方式(O)
刷新(E)
粘贴(P)
粘贴快捷方式(S)
撤消 新建(U)
Ctrl+Z
NVIDIA 控制面板
新建(W)
nView Desktop Manager
显示设置(D)
个性化(R)

图 1.6-5

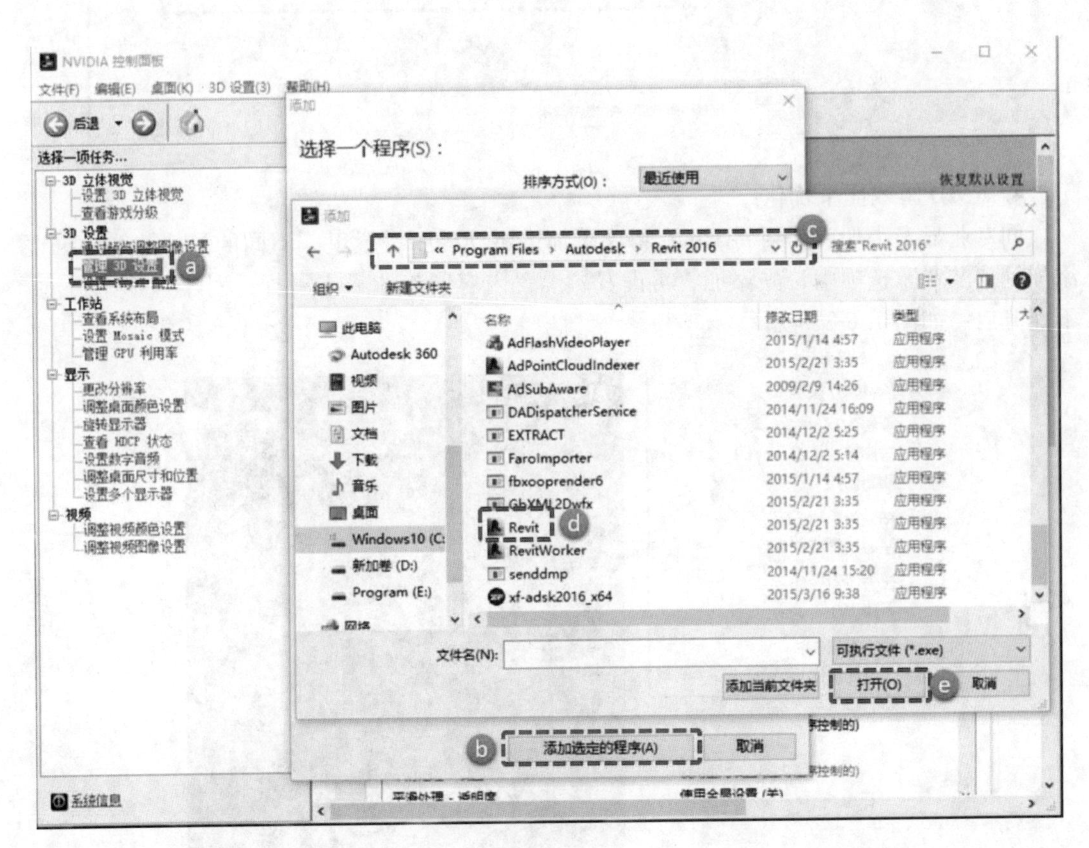
NVIDIA 控制面板
文件(F)
编辑(E)
桌面(K)
3D 设置(3)
帮助(H)
后退
选择一项任务...
3D 立体视觉
设置 3D 立体视觉
查看游戏分级
3D 设置
管理 3D 设置
a
工作站
查看系统布局
设置 Mosaic 模式
管理 GPU 利用率
显示
更改分辨率
调整桌面颜色设置
旋转显示器
查看 HDCP 状态
设置数字音频
调整桌面尺寸和位置
设置多个显示器
视频
调整视频颜色设置
调整视频图像设置
系统信息
添加
选择一个程序(S)：
排序方式(O)：
最近使用
恢复默认设置
添加
c
Program Files
Autodesk
Revit 2016
搜索"Revit 2016"
组织
新建文件夹
此电脑
Autodesk 360
视频
图片
文档
下载
音乐
桌面
Windows10 (C:
新加卷 (D:)
Program (E:)
名称
修改日期
类型
AdFlashVideoPlayer
AdPointCloudIndexer
AdSubAware
DADispatcherService
EXTRACT
FaroImporter
fbxooprender6
GbXML2Dwfx
Revit
d
RevitWorker
senddmp
xf-adsk2016_x64
2015/1/14 4:57
2015/2/21 3:35
2009/2/9 14:26
2014/11/24 16:09
2014/12/2 5:25
2014/12/2 5:14
2015/1/14 4:57
2015/2/21 3:35
2015/2/21 3:35
2015/2/21 3:35
2014/11/24 15:20
2015/3/16 9:38
应用程序
文件名(N):
可执行文件 (*.exe)
添加当前文件夹
打开(O)
e
取消
b
添加选定的程序(A)
取消

图 1.6-6

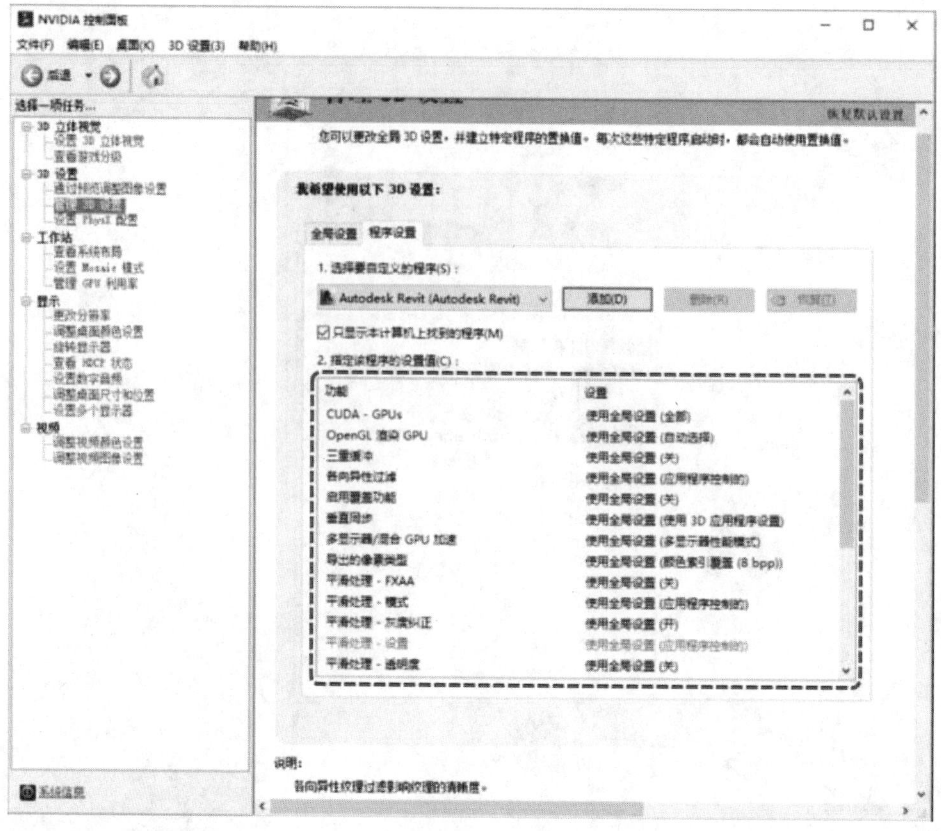

图 1.6-7

4. AMD 游戏显卡优化

同专业显卡类似，需要将 Revit 程序添加进驱动程序设置里。不同的是，游戏显卡要添加到“游戏”选项中，先添加、再设置。设置内容同专业显卡一样，对于“形态过滤”不能开启。如图 1.6-8 所示。

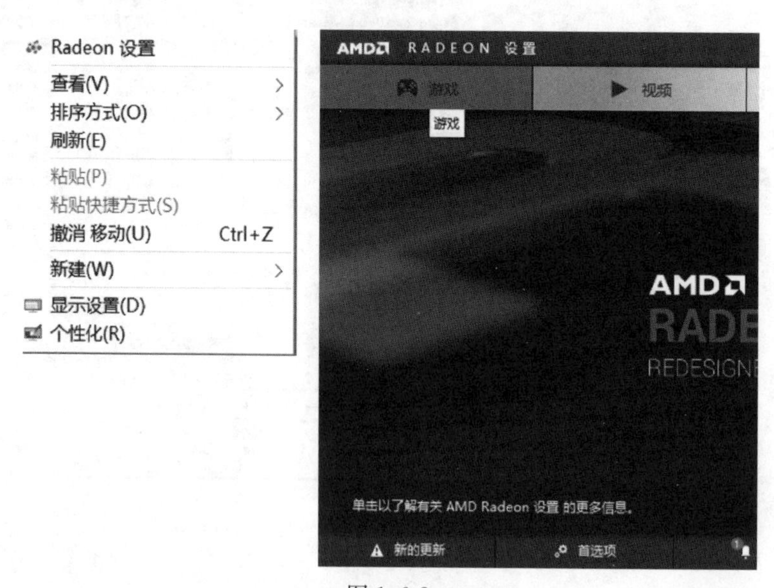

图 1.6-8

5. Revib 软件的优化

如果硬件条件较好，但是在 Revit 软件使用中，经常发生卡顿现象，可以检查一下项目，在 Revit 启动界面下点击图标，点击“选项”按钮，点击在“图形”按钮，弹出如图 1.6-9 所示界面。

（1）此处是 Revit 对显卡的识别。如果识别出型号如图中的 V5900，或者是显卡芯

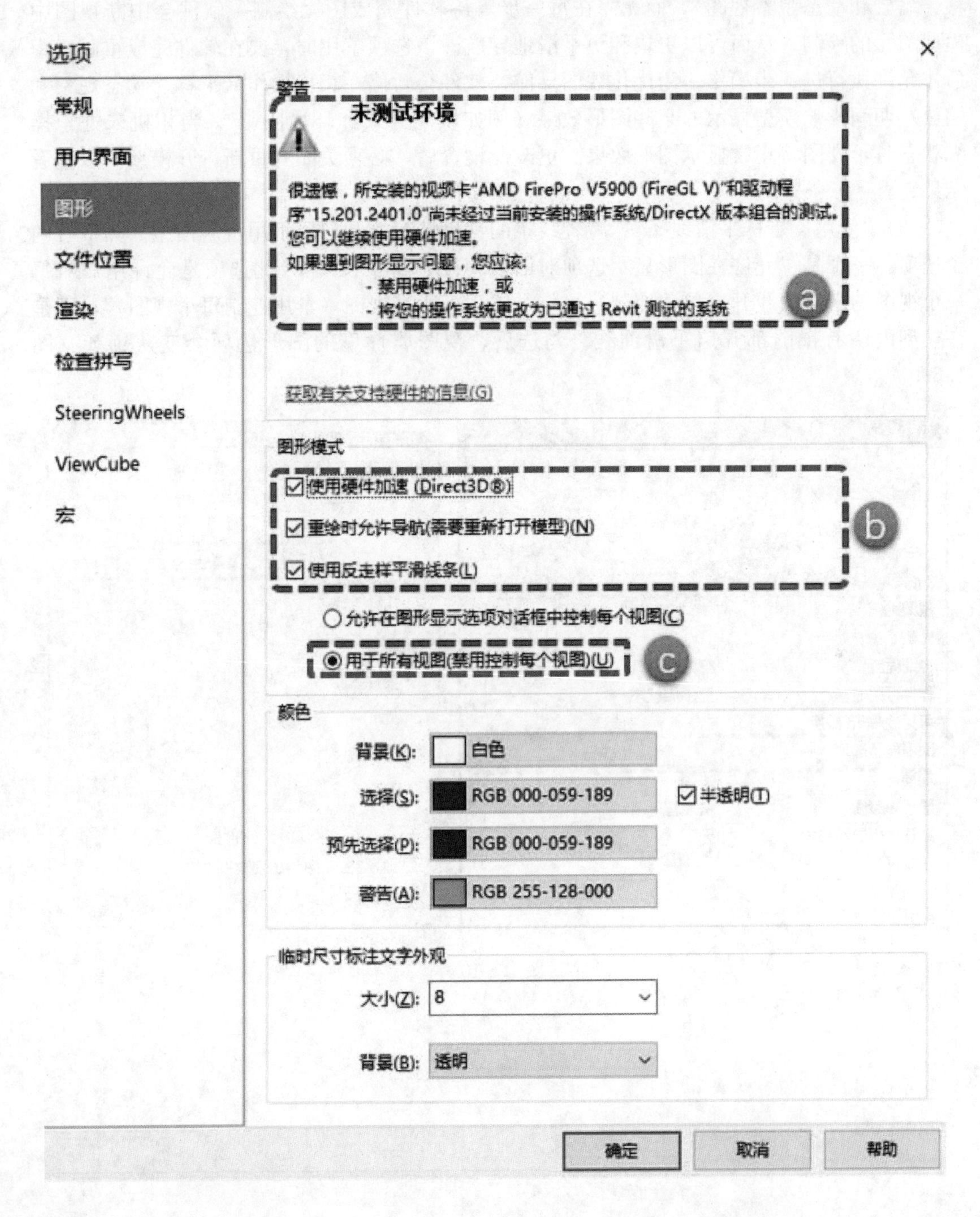

图 1.6-9

片系列如 AMD7000 系列等，都表明当前显卡是对优化起作用的。图中显示的驱动程序未经过认证的情况，不影响显卡的性能，仅表明显卡的驱动程序版本未在 Revit 认证的库里。

（2）“使用硬件加速”：简单的解释为是开启显卡和 CPU 一起工作的开关，此开关的打开可有效地改善卡顿情况。“重绘时允许导航”：可以在二维或三维视图中导航模型（平移、缩放和动态观察视图），而无需在每一步等待软件完成图元绘制。软件会中断视图中模型图元的绘制，从而可以更快和更平滑地导航。该选项禁用时，要在软件完成重画过程后才允许执行进一步操作。为优化视图导航，软件会暂停在相机操作（平移、动态观察和缩放）期间影响模型显示的某些图形效果（例如填充样式和环境阴影）。当相机未处于操纵状态时，视图将正常显示图形效果。更改此设置后，必须关闭并重新打开模型，以查看结果。

（3）“使用反走样平滑线条”：减轻线条的锯齿情况，开启后不用重启模型。其下有两个选项：一个是“允许在图形显示选项对话框中控制每个视图”，此选项是允许用户对每一个视图的平滑曲线开启单独控制，另一个“用于所有视图（禁用控制每个视图）”，则是在模型内所有视图都开启平滑曲线。勾选后，视图属性里的图形选项会变灰锁死（图 1.6-10）。

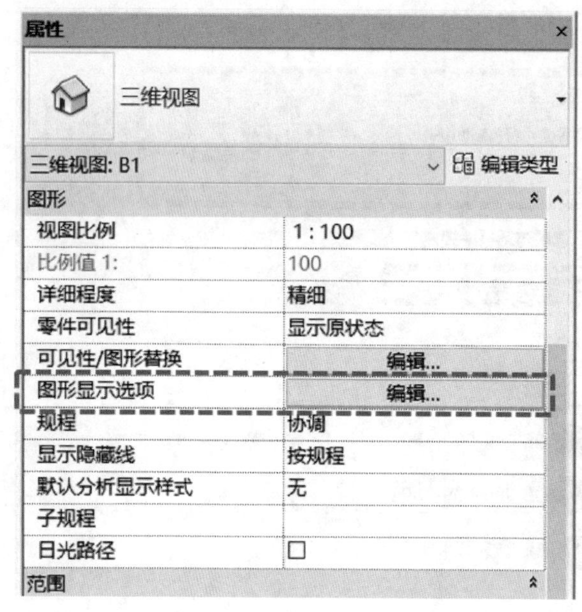

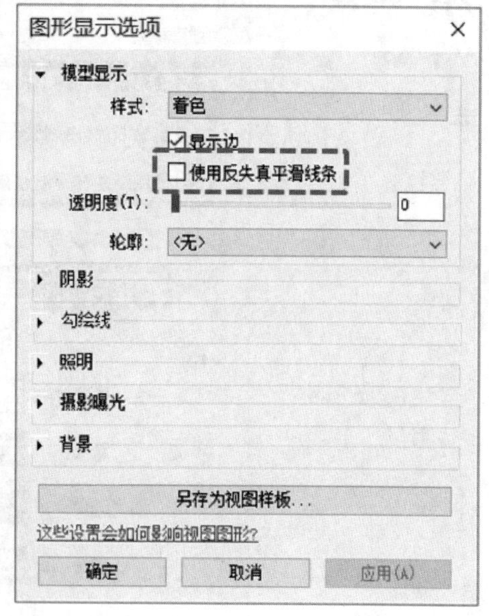

图 1.6-10

第 2 章　BIM 设计的规则及管理

在 BIM 设计的工作过程中，为了有效地执行统一协同工作模式，需要统一的工作标准及模板，即大家“同说一种话，共办一件事”。这就需要在设计工作前制定设计规则，并进行严格、有序地管理。项目负责人首先要明确软件操作的规则与禁令，避免由于软件误操作带来的严重后果。其次，要对项目中构件、视图的命名规则，图元的显示方式和明细表样式等方面进行统一要求，以保证整个设计团队在同一工作环境下进行工作。通过制作各专业的项目样板可有效实现项目负责人对建模与出图等工作的统一管理与组织，避免了在工作开始之前繁琐的参数设置工作，也便于后期对视图和图纸的查找。本章主要介绍在工作过程中，设计团队由建模到出图全周期需要遵循的软件的操作规则、禁令，以及本书光盘中土建专业项目样板中各个内容的设置方法与规则。

2.1　操作禁令

（1）禁止打开中心文件后不另存本地文件，就进行其他操作。

（2）禁止删除不是自己创建的视图。

（3）禁止用高于创建文件的 Revit 版本打开文件。

（4）禁止长时间不同步。

2.2　命名规则

统一的命名规则是开展协同工作的基础，也是规范搭建模型的首要工作，规范命名有利于模型的搭建和修改分析，同时也为工程量统计工作奠定基础。构件、视图等元素命名要能反映元素的基本信息，可以通过命名进行细致的筛分取量和进行查找，为后续的模型应用提供资源与便利。

2.2.1　命名禁令

所有的命名均不应出现特殊字符（如 * ＃@等），否则会影响文件后续导出及使用。

2.2.2　用户名命名

按“专业代码-人名或人名代号”（如：A-zhangsan、A-01；S-liwei、S-01）命名。

其中，专业代码：A 为建筑，S 为结构。

用户名是项目建立时关联的标识符，用户在建立项目之前，须根据本节介绍的命名规则修改用户名。用户名和本地文件存在校验机制，当使用用户名 A 将中心文件保存至本地时，用户仅在使用用户名 A 打开此本地文件时才可以进行编辑操作。否则，对本地文件只能进行查看，不能进行同步和保存。若需要使用其他用户名对项目中的图元进行编辑操作时，只能打开中心文件重新另存为本地文件，才可以进行存盘同步操作。禁止两个（或两个以上）处于活动状态的本地模型（或者本地模型和中心模型）在同一用户名下进行编辑，否则将导致本地模型与中心模型不兼容。

在“选项”—“常规”栏中修改用户名（图 2.2-1）。

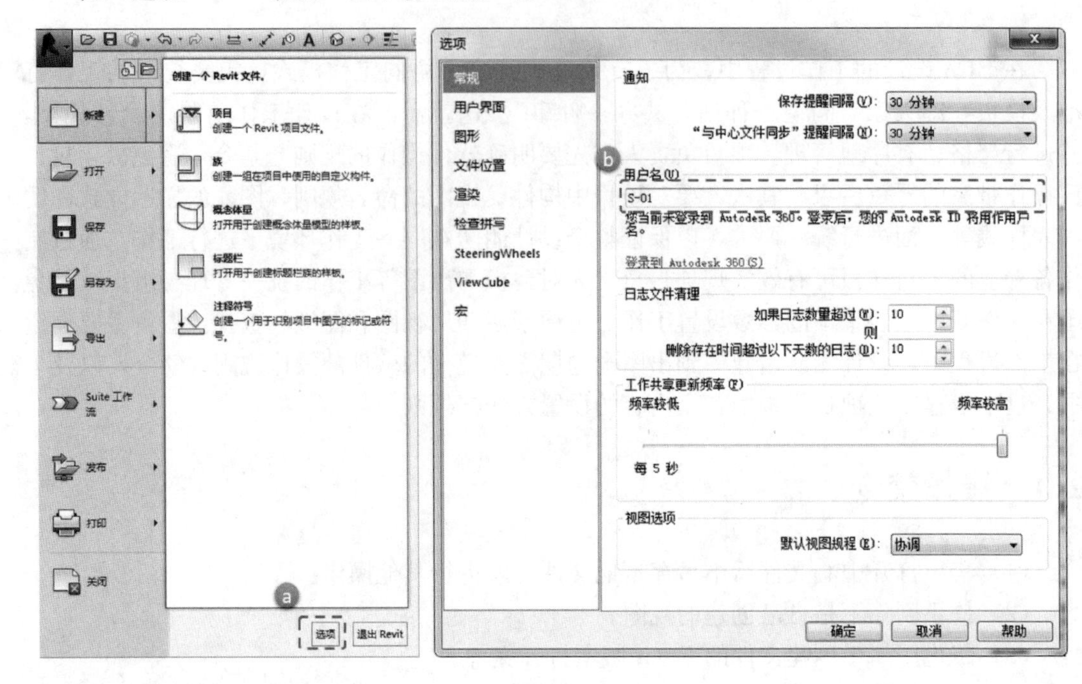

图 2.2-1

2.2.3　工作集命名

Revit 模型是由各种不同的族组合成的，工作集是对某种 Revit 模型的元素的特定归集。类似 CAD 的基本构成是各种线，图层可以看成是对特定线的归集。从便于分类和管理的角度上看，工作集和图层管理器是一致的。

1. 工作集的划分及命名

（1）工作集的划分原则

① 各专业的工作集的划分由各专业负责人确定。

② 由于工作集有独占性，同一个工作集尽量不要分配给不同设计人使用。

③ 工作集的划分建议按系统来分，对于较大的模型，可以先按区域划分再按系统划分。

④ 模型构件需按本专业各设计人的工作内容归属到各自工作集中，工作集宜少不宜多。

（2）工作集的命名

建筑专业：工作集的划分建议按照楼层来区分，并将内墙、外墙及楼板构件分为不同的工作集，方便查看。对于规模较大的模型，可以先按区域划分，再按楼层、构件划分。

建筑工作集的命名规则为："专业一区域系统一楼层/构件"，例如："A-8 区-F1-10"。

结构专业：工作集的划分建议按楼层或构件来分，对于较大的模型，可以先按区域划分再按楼层/构件划分。结构工作集的命名规则为"专业一区域及内容"如："S-A 区结构基础"、"S-A 区 3～6 层结构框架"。

2. 操作

单击菜单栏中"协作"选项卡，点击"工作集"按钮；或是单击操作界面最下方状态栏中部与图 2.2-2 中 b 处一样的图标。

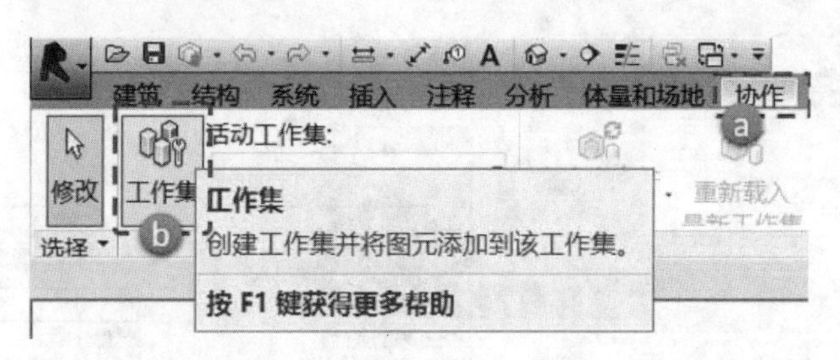

图 2.2-2

在"工作集"选项一"新建"中添加新工作集名，如图 2.2-3 所示。

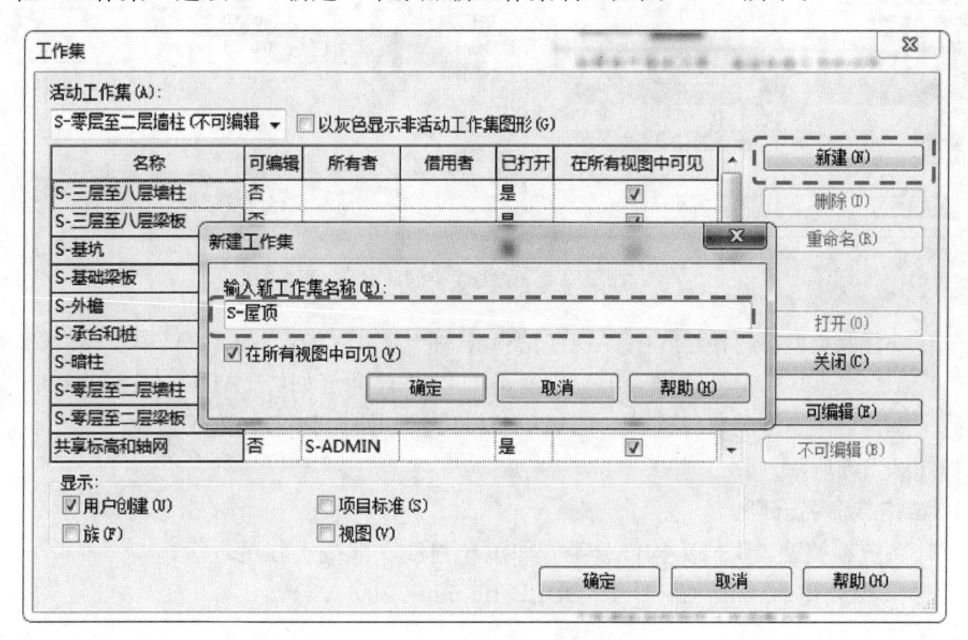

图 2.2-3

2.2.4　族命名

族是构成 Revit 模型的基本元素，族有所有权归属的特性。模型中所使用的族的数量种类都很繁杂。族的命名实际上是订制一套规则将族分类管理。一个严谨的族的命名规则能够将族管理有序，避免使用者误操作，提高建模效率。

为了区分新建族，便于查找、标识，可以在族命名中加入本企业的缩写。构件按命名规则进行命名可通过复制现有族类型的方式实现，具体操作方法详见 2.4.9 与 2.4.10 部分。

1. 建筑族命名规则

以我院天津市建筑设计院（简称 TADI）为例，为保证统一，凡由我院设计人员新建族的命名均冠以“TADI-XXX”前缀。

（1）系统族类型：TADI-构件分类-材质含参数（如：TADI-内墙-蒸压加气混凝土砌块 200；TADI-实体坡道-花岗岩 8%），如图 2.2-4 所示。

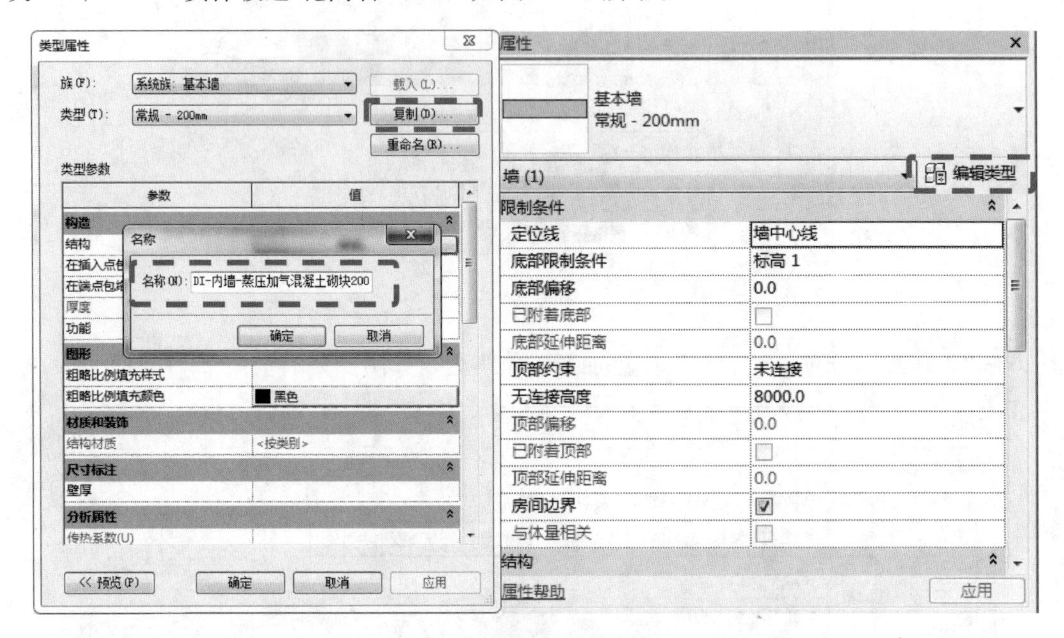

图 2.2-4　系统族类型命名

（2）外建族类型：门外建族：TADI-门类型名称—尺寸（如：TADI-FM 甲 1-1200x2200）

窗外建族：TADI-窗类型名称-尺寸（如：TADI-C1-1200x2200）

洞口外建族：TADI-洞口尺寸（如：TADI-1200x2200）

如图 2.2-5 所示。

2. 结构族命名规则

（1）系统族类型：TADI-构件分类及厚度－材质（混凝土强度等级）

（如：TADI-Q-200mm-C40；TADI-LB-100mm-C30）

如图 2.2-6 所示。

（2）外建族类型：TADI-构件分类及截面-材质（混凝土标号）

（如：TADI-KZ-600X600mm-C40；TADI-KL-300X700mm-C35）

如图 2.2-7 所示。

2.2.5　视图命名

Revit 中任何元素命名均具有唯一性，视图命名规则是模型管理中的一个重要方法，规范的命名原则可以避免混乱。该规则的使用，使得通过视图的名字就可以直接判断该视

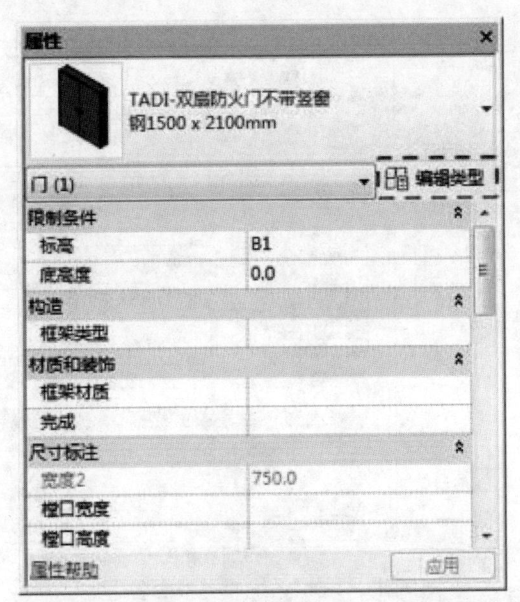

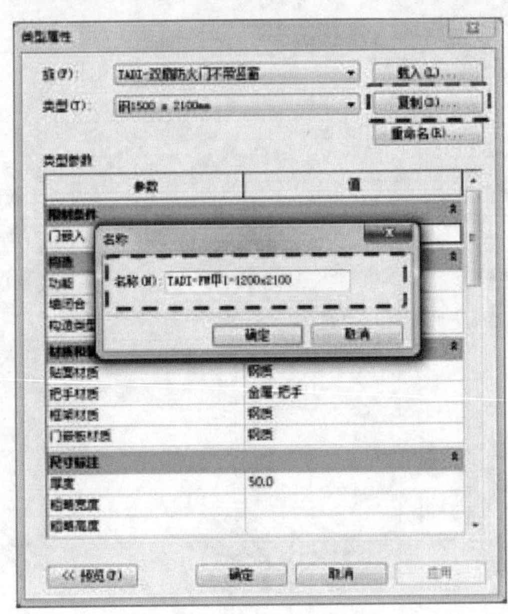

图 2.2-5 外建族类型命名

图所属模型阶段，如果视图在放置过程中操作失误，也可根据其命名特性重新放回原位。而且视图命名直接关系到视图浏览器的组织。

视图间有所有权联动特性，出于减少工作时各专业间干扰的考虑，将视图分用途进行分类放置管理。此管理通过视图目录树来进行，详见 2.4.5 节。

在随后章节中，详细阐述视图组织的方法，在本节中，仅对命名规则进行要求。

1. “查看模型”视图集中：01＋“楼层”构成。如：01－首层。

2. “工作模型”视图集中：02＋“楼层”＋“备注”构成。如：02－首层，或02－首层－01（01 为专业负责人或设计人代号）。

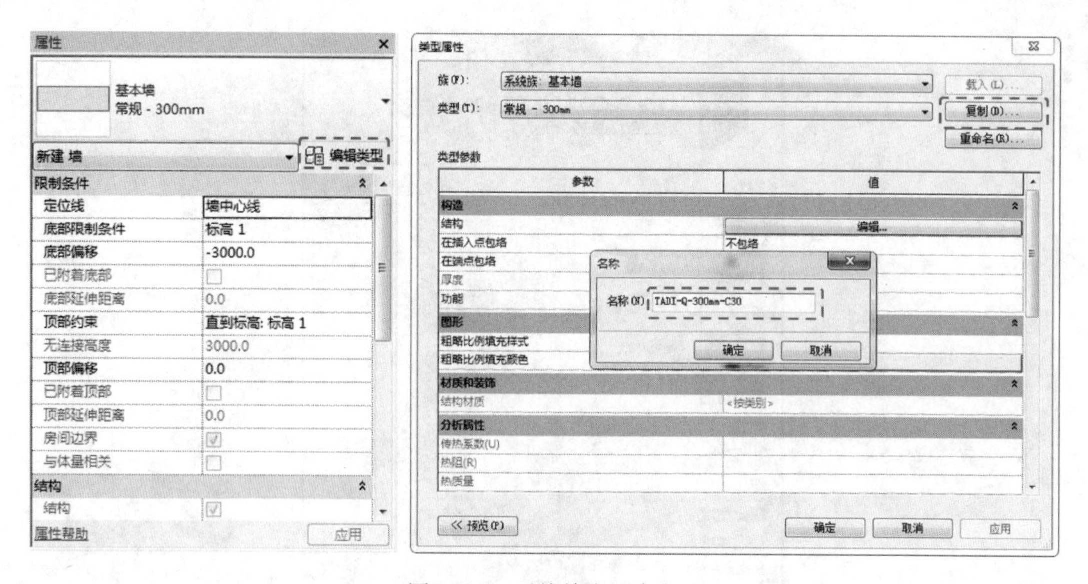

图 2.2-6　系统族类型命名

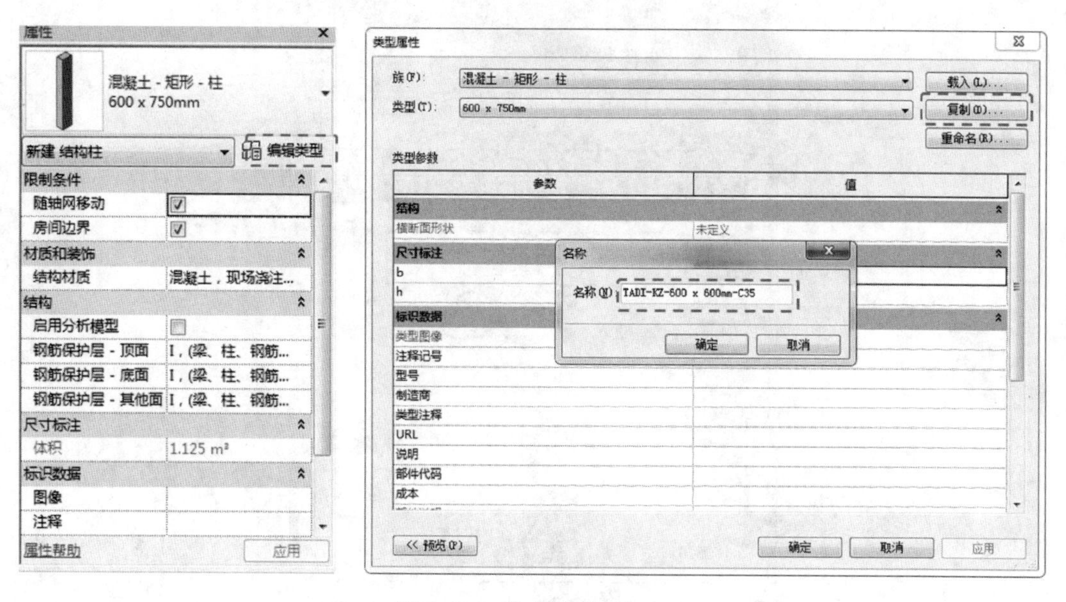

图 2.2-7　外建族类型命名

3. “出图模型”视图集中：“图名”。如“首层结构平面布置图”，可直接在图纸中利用视图标题标识图名。

4. “补充文件”视图集中：“图名”。如“结构设计总说明”、“节点详图”。

2.2.6　视图样板命名

视图样板是一系列视图属性如：视图比例、规程、详细程度以及可见性设置。不同阶段有不同的样板使用，统一的、明确的视图样板命名规则，便于减少内容重复的样板，方便选取，提高协同工作效率，便于模型的传递。

1. 命名

命名按：企业缩写-专业-内容及视图比例（如：TADI-A-平面图 1∶100）。

2. 操作

在“视图样板”工具栏中，选中要制作的视图样板类型，点击“复制”添加视图样板并修改名称。如图 2.2-8 所示。

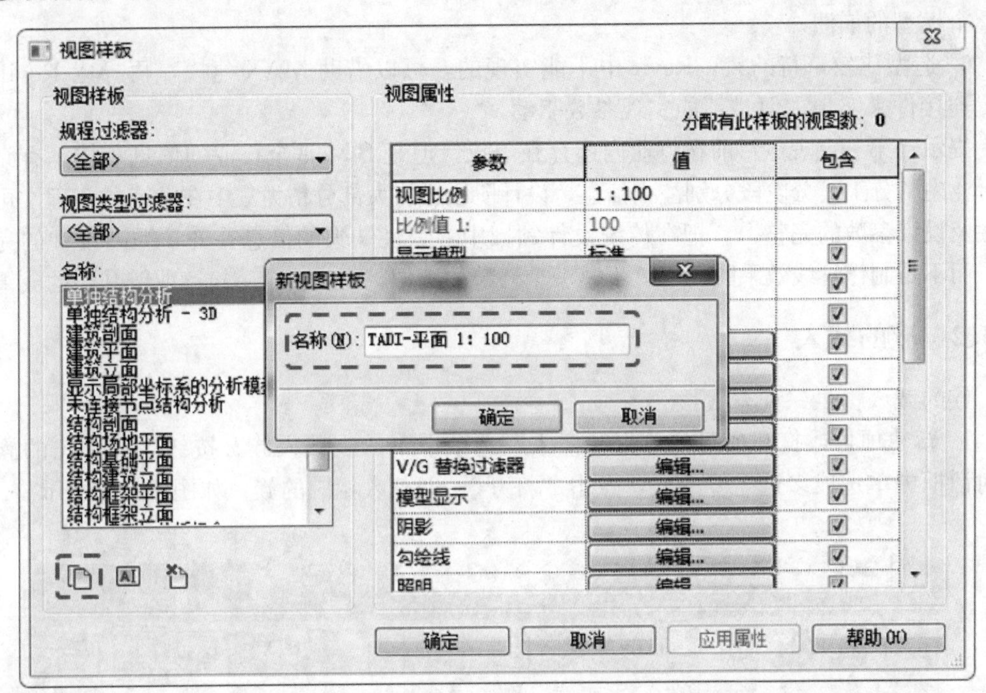

图 2.2-8

2.2.7 图纸命名

可按常规命名，命名中必须含有专业名称、阶段、图纸编号及图名，如“结施 1-01 桩位平面图”。

2.3 族的使用规则及管理

2.3.1 族的概念

1. 族是具有相同类型属性的类的集合，Revit 模型由各种族组合而成，除常见的墙、楼板等，轴网、注释、文字、详图索引、标记等也都是族。族是 Revit 模型的基本元素，族的完善和质量决定所建立模型的品质，族也是企业标示的载体。

2. 族是信息的载体，外形尺寸、性能参数、材质等都是必要的信息。

3. 族的好坏不应以是否精致来评判，对于设计阶段，族应该承载大量的设计信息，有典型特征的外形，普适性的外形尺寸，关键、灵活的参数驱动。BIM 模型是建造流程的信息集合平台，设计院做出的模型的质量，决定整个 BIM 流程中的信息流转的效率，而且具有良好的信息兼容性才具有向下传递的意义。因此有必要对族的信息定制进行适当地规则，规定必填和必删的内容，对其所含的信息进行适当地筛分，不仅提高了设计速度，强化了设计阶段所关注信息的注入，也使得平台更易于向下游传递。

4. 适当地减少、简化族的类型和外形，也可以降低模型的复杂程度，提高运行速度。

5. 在网上能找到很多的外建族，在使用时要小心，不恰当的参数约束及关联，会导致整个模型的崩溃。

6. 造型比较奇特的族，Revit 中不能实现的，可以借助 MAX 建模，再导入 Revit 中设置连接件来实现，但是不能实现参数驱动。

提示：第三点观点目前在行业内还存在争议，但是 BIM 是全行业的信息载体，有必要按行业内的分工，分阶段分别注入信息，设计阶段应将大部分精力集中在系统的合理、可实施性及设计参数的完整上。把在传统设计领域中习惯性缺失的信息补齐，提高设计的完成度，而不是制作管线效果图。BIM 不是一个环节的工作，而是整个建筑产业链共同的成果。

2.3.2　族的载入

族的载入提供三种方式：

1. 新建项目或打开项目，单击“插入”选项卡下的“载入族”按钮，在弹出的族文件对话框中单选或多选需要的族，点击“打开”，即载入相应的族。如图 2.3-1 所示。

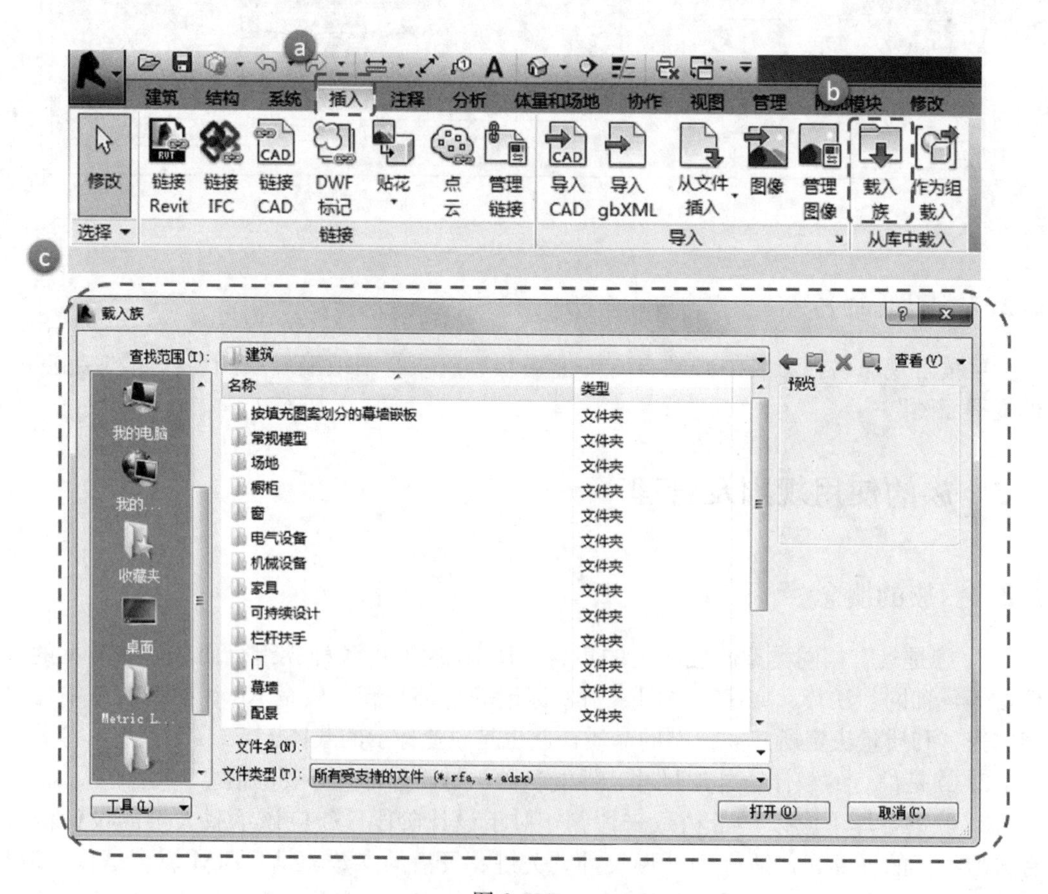

图 2.3-1

2. 新建或打开项目后，再打开族文件（.rfa 格式），在打开的族文件中，单击“创建”选项卡下的“载入到项目中”（图 2.3-2），即被载入到项目中。

图 2.3-2

3. 新建或打开项目后，将族文件夹打开，直接将文件夹内的族拖拽至 Revit 项目绘图区，此族即被载入。如图 2.3-3 所示。

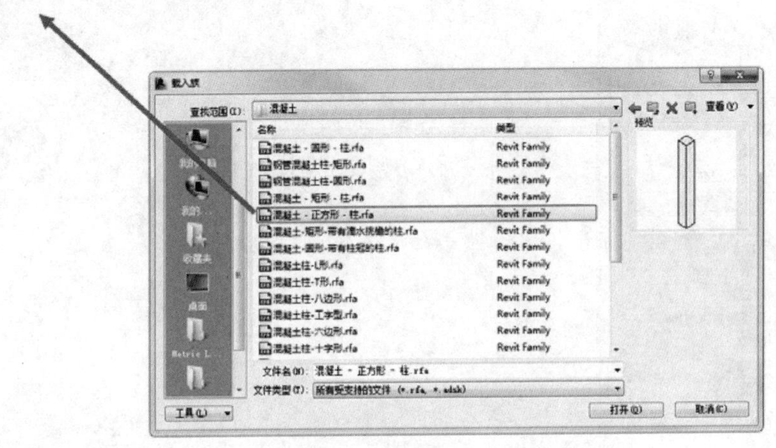

图 2.3-3

2.3.3　族的放置

按照上述族的载入方式所载入的族会按照族的类型显示在“族”下拉菜单中。族的放置方式分为两种。

1. 在“项目浏览器”窗口中“族”目录树中，选择所需的族，直接拖至绘图区即可。如图 2.3-4 所示。

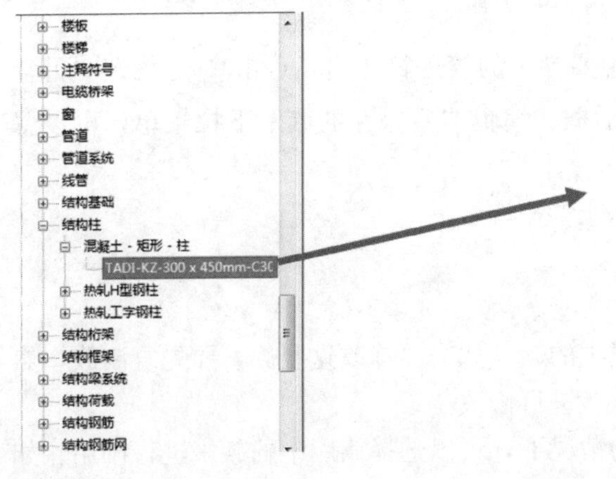

图 2.3-4

2. 在“建筑”或“结构”选项卡中点选相应族类别，在左侧“属性”面板中点选相应的族类型，放置在绘图区即可。如图 2.3-5 所示。

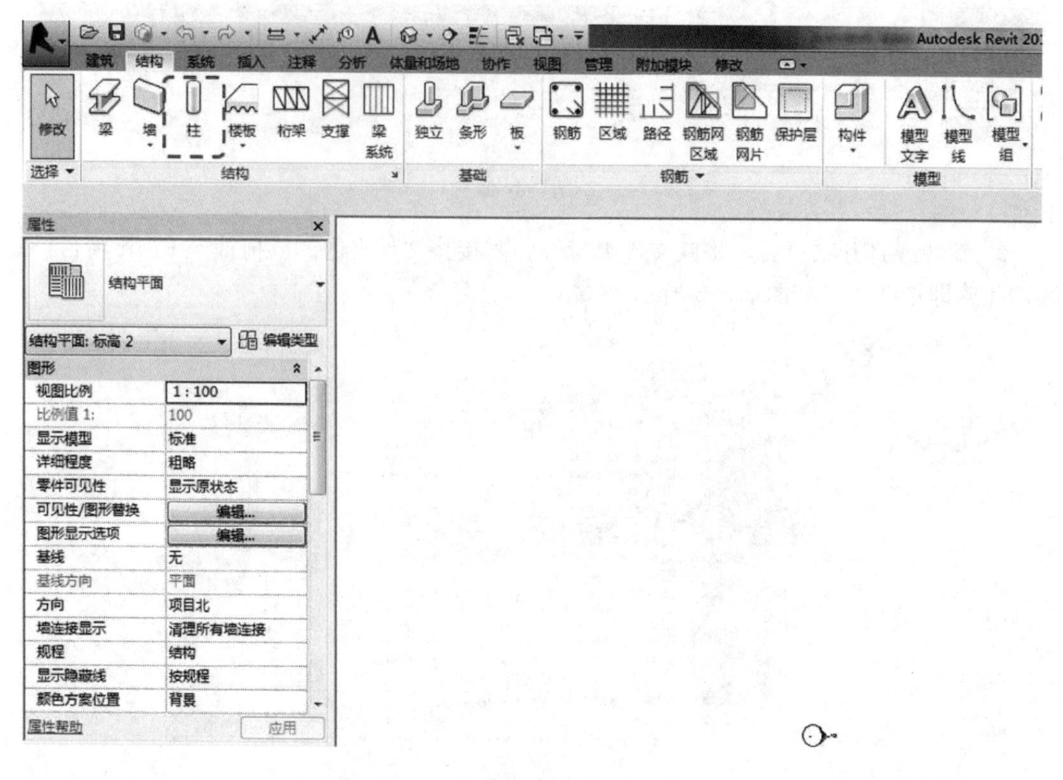

图 2.3-5

2.3.4　族的提取

项目完成后可以通过两种方法对项目中族进行提取保存（内建族不可提取，且只属于本项目），以便族的二次利用。

1. 第一种方法是将新制作或修改过的族在 Revit 中打开，点击另存为新的族文件。如图 2.3-6 所示。

2. 第二种方法是打开项目，将项目中想要导出的族进行导出，点击，找到“另存为”—“库”—“族”，弹出“保存族”对话框，编辑“要保存的族”下拉菜单，可设置导出所有族或单个族。如图 2.3-7 所示。

2.3.5　族的管理

1. 族的使用管理

（1）在项目中最优先使用样板文件中提供的族，如需要修改这些族，要先复制族，然后再根据系统族命名规则进行重命名，对新族进行修改。

（2）如样板中的族无法满足使用需求的情况下，可以选择族库中的族来进行调用。如需修改，可以重命名后进行修改。

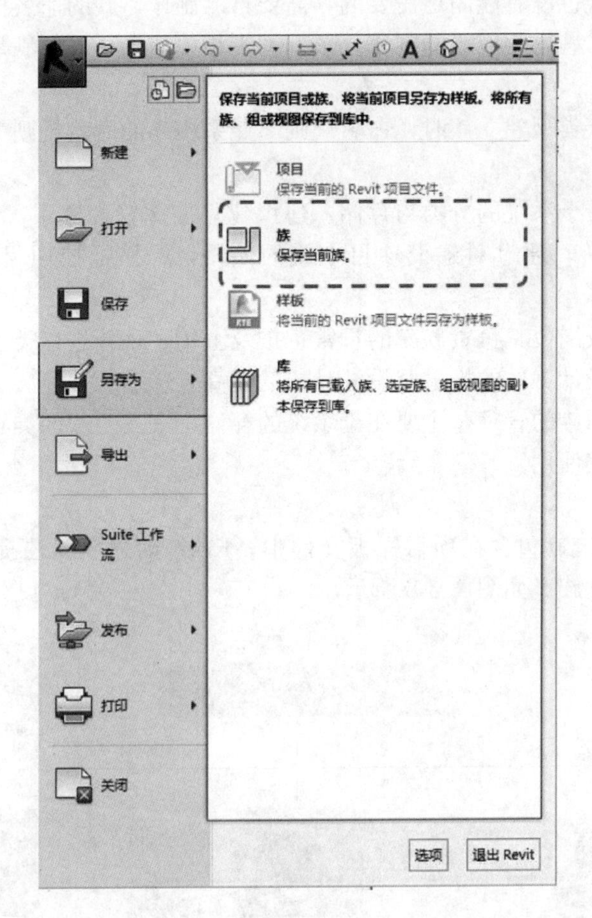
保存当前项目或族。将当前项目另存为样板。将所有族、组或视图保存到库中。
新建
打开
保存
另存为
导出
Suite 工作流
发布
打印
关闭
项目
保存当前的 Revit 项目文件。
族
保存当前族。
样板
将当前的 Revit 项目文件另存为样板。
库
将所有已载入族、选定族、组或视图的副本保存到库。
选项
退出 Revit

图 2.3-6

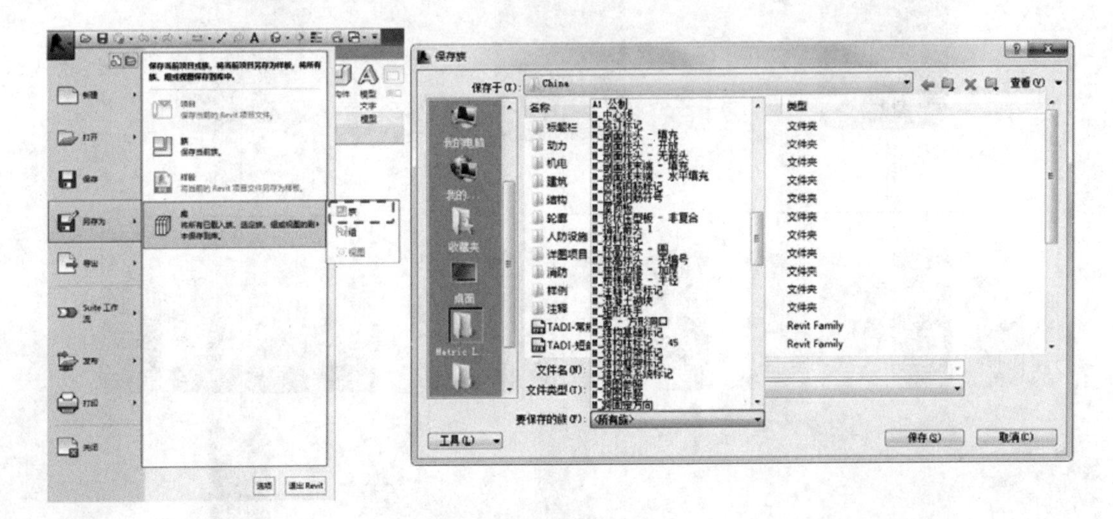
保存族
保存于(I):
名称
类型
文件夹
Revit Family
文件名(N):
文件类型(T):
要保存的族(F):
工具(L)
保存(S)
取消(C)

图 2.3-7

（3）族库中的族也没有能满足需要的，需要自己制作，族的命名按照族命名规则的要求执行，族的制作需满足相应族的制作要求，携带相关信息，以便满足后续项目应用期间信息的读取。

（4）使用内建族类型建立族时，命名规则参照系统族的命名规则。

2. 族库管理

族的管理关键在于系统的分类与存储，建议建立族库管理体系，对族信息进行梳理，规范族的调取及上传，通过对建设项目中族的使用，严格把控项目整体模型的深度及品质。

设置族库管理员岗位，负责族库的日常维护及上传整理新进族类型的工作，规范系统的族库管理有利于设计工作的推进及设计品质的提高。

提示：对于普通族的管理，主要在于系统的存储，宜按照族的类别和类型进行分类保存，方便日后的查找使用。

3. 族库结构

注意：Revit 系统族包含在项目样板文件中，Revit 内建族无法提取储存，故族库所收录族均为标准构件族。如图 2.3-8 所示。

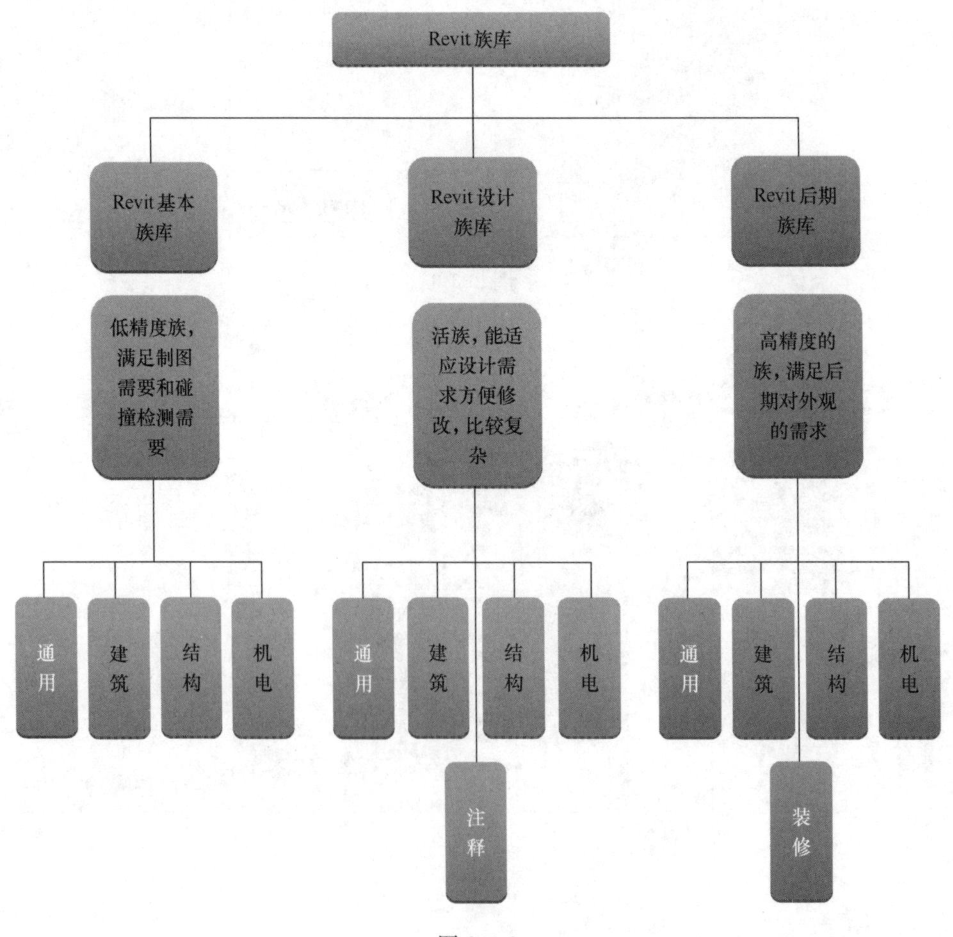

图 2.3-8

4. 各层级族的基本要求

(1) Revit 基本族库

本层级族库的建立目的是满足项目最基本制图需要，可以进行碰撞检测等分析工作。适用于已有图纸的项目翻模，有确定的尺寸依据，并且要求项目展示流畅，不会大量地占用系统资源。

本层级族库所要达到的成果为：本层级族库中的族要达到本层级族库的模型要求。族分类存储明确有序，文件完整，查找方便。

本层级族库族应满足以下要求：

① 族应为低精度族。

② 族外观要满足制图基本需要，尺寸符合实际，能够得到正确的碰撞检测结果。

③ 死族与活族分开存储，活族参数数值正确，并且逻辑关系正确。

④ 机电专业族连接件设置正确，要求有明确的连接件说明。

⑤ 族中不同位置模型材质要进行区分，但不要求达到展示的要求。

族模型制作具体要求应符合企业内部标准。

(2) Revit 设计族库

本层级族库的建立目的是满足项目设计和施工图绘制的需要，可以根据设计的需要快速修改尺寸大小和参数，二维表现完善，方便在设计过程中快速将模型转化为图纸成果。本层级适用于设计并出图的项目。

本层级族库所要达到的成果为：本层级族库中的族要达到本层级族库的模型要求。族分类存储明确有序，文件完整，查找方便。本层级包含注释族分类明确，满足施工图出图基本样式。

本层级族库族应满足以下要求：

① 族包含低精度和中等精度的族。

② 族外观要满足制图基本需要，尺寸符合实际，能够根据设计变化改变尺寸参数，二维表示符合出图要求。

③ 本层级均为活族，参数数值正确，并且逻辑关系正确。

④ 机电专业族连接件设置正确，要求有明确的连接件说明。

⑤ 注释族满足出图需要，格式样式正确，能够正确读取图纸信息并正确显示。

⑥ 族中不同位置模型材质要进行区分，但不要求达到展示的要求。

族模型制作具体要求应符合企业内部标准。

(3) Revit 后期族库

本层级族库的建立目的是满足项目后期展示的制作需要，模型力求贴近实物，材质正确、美观，可以快速得到用于渲染的模型场景，适用于所有项目的后期制作。

本层级族库所要达到的成果为：模型能够满足后期渲染和浏览的需求，主要考虑表现效果。模型为最复杂，最接近实物。材质需按要求进行设置且分类正确，调整好尺寸大小并且设置好参数。

本层级族库族应满足以下要求：

① 本层级族均是高精度的族。

② 族外观要满足渲染展示需要，尺寸符合实际，满足尺度，有细节上的表现，有良

好的观感。

③ 族的材质要正确区分，并且设置好材质参数。材质的命名要考虑到导入其他后期制作软件时，能够正确地被识别。

族模型制作具体要求应符合企业内部标准。

注意：各层级中相同族的族命名要求一致，方便需要出效果图或视频时批量替换。

5. 族库日常管理

（1）族库设专用路径存放，设专人管理，上传更新。

（2）族库管理人员职责：

① 族库管理人员要负责对需要入库的族进行校审和检查，是否满足该层级族库对族的要求，如有问题，需要进行修改后再进行上传。

② 族库管理人员要建立族库更新手册，负责记录族库的一切修改和更新，包括新族上传、族库中族的更新修改。

③ 族库管理人员要根据族库的实际变化，进行族库目录的更新与修改。

④ 建立详细的族库目录，族库目录要求分类明确，便于查找，每个族都要添加图片和说明。族库目录中的链接位置正确。

⑤ 族库的管理和更新都由族库管理员来进行，其他人不得修改和更新族库。

2.4　项目样板的创建及管理

不同的国家、不同的领域、不同的设计院设计的标准以及设计的内容都不一样，虽然 Revit 软件提供了若干样板用于不同的规程和建筑项目类型，但是仍然与国内各个设计院标准相差较大，所以每个设计院都应该在工作中定制适合自己的项目样板文件。

项目样板中统一标准的设定不仅可以使设计标准得到满足，而且还会为设计提供便利，减少重复劳动，大大提高设计师的效率。每当进入一个新项目，项目样板就为项目设计提供初始状态，项目整个设计过程也将在样板提供的平台上进行。通过对项目样板的定制，可以实现 BIM 设计满足中国标准和设计院内部标准，且满足特定设计领域的特定的需要及特定的习惯，并确保遵守设计标准。

2.4.1　综述

在 Revit 中，项目样板的建立为后续模型的搭建提供了便利。用户可使用软件自带的项目样板，也可应用自定义样板创建项目。由于使用的族种类及注释类型较多，项目样板的内容要蕴含所需要的各个方面，标准规范的样板可以大大提高人员的工作效率，缩短模型搭建的时间。项目样板也使得各设计人以相同的标准进行模型的搭建、绘制施工图图纸等工作，便于项目负责人与专业负责人的管理。项目开始之初，相关人员应根据项目的不同对项目样板进行制作和修改。在同一项目中，不同专业的样板也有所不同，需要根据各专业的需求进行项目样板的制作。在项目的搭建过程中，可能会根据项目的实际需求修改样板中预设的内容，项目负责人要及时根据修改内容更新样板。本节将介绍项目样板中各项内容的设置方法。

1. 项目样板的内容

项目样板基于 Revit 基本元素（如单位、填充样式、线样式、线宽、视图比例、几何图形等）构成，由视图样板、预置族、项目设置、浏览组织四个功能集合组成。

（1）视图样板是显示样式及显示内容的控制。

（2）预置族是模型建立的最基本的族，便于快速开展工作及统一建模标准。

（3）项目设置是模型整体的、笼统的设置，其中共享参数和项目参数是用活 Revit 族的关键。

（4）浏览组织是对视图、图纸、图纸列表的管理。项目样板中的元素及其分级方式如图 2.4-1 所示。

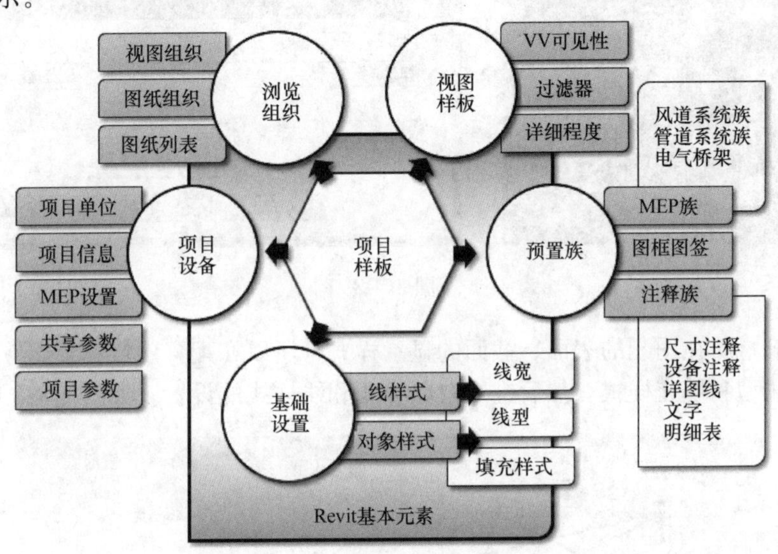

图 2.4-1

2. 创建及完善样板文件的方法

（1）新建一个样板文件或打开 Revit 软件提供的样板文件，在此文件内根据需要修改设置，导入本小节中所涉及所有设置，再保存为样板文件（rte）。

打开 Revit 软件后，在主界面中点击“新建”按钮，在弹出的“新建项目”对话框中选择所需修改的默认样板（建筑专业选择建筑样板，结构专业选择结构样板）。在“新建”栏目中选择“项目样板”，点击“确定”按钮，即可进入项目样板的界面并对其中的内容进行修改。如图 2.4-2 所示。

（2）还可以用以前的模型项目文件，开始删除文件中模型对象，为该文件定义所有设置，然后将其保存为 .rte 文件。

（3）在项目之间进行项目标准的传递，此部分详见 2.4.14 节。

3. 项目样板的构成元素的分级

在项目样板中，除了需载入本专业在建模过程中所使用的族，还需针对模型搭建工作与后期出图的需求进行图元样式的设定。在项目样板中，应设置线宽、线型、填充样式、线样式、对象样式等内容。在这些内容的分级关系上，线宽、线型与填充样式属于图形基本的构成元素。它们影响着图形元素的配置原则，即对象样式和线样式的呈现方式。由于对象样式和线样式是基于线型和线宽设置的，其中对象样式中还可以对材质进行设置，而

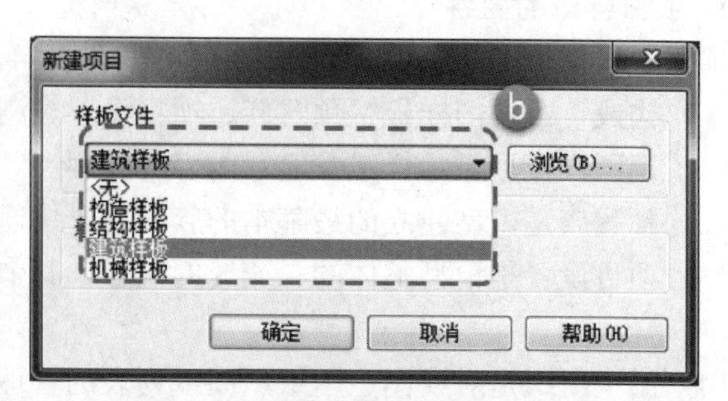

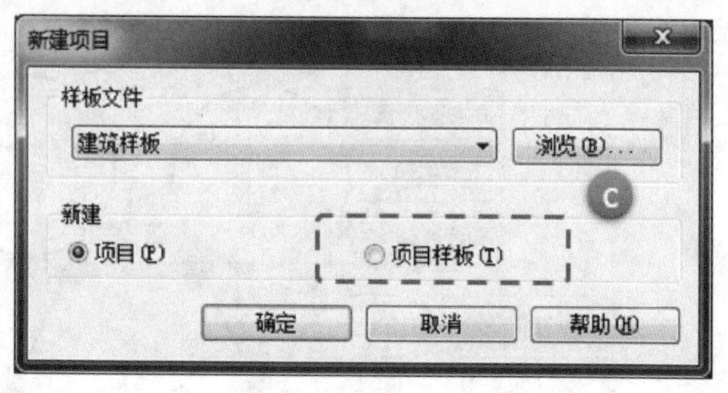

图 2.4-2

填充样式影响材质在图元的表面、截面的显示样式，所以在配置项目样板文件时，需先设定好线宽、线型和填充样式，然后进行对象样式和线样式的设置。如图 2.4-3 所示。

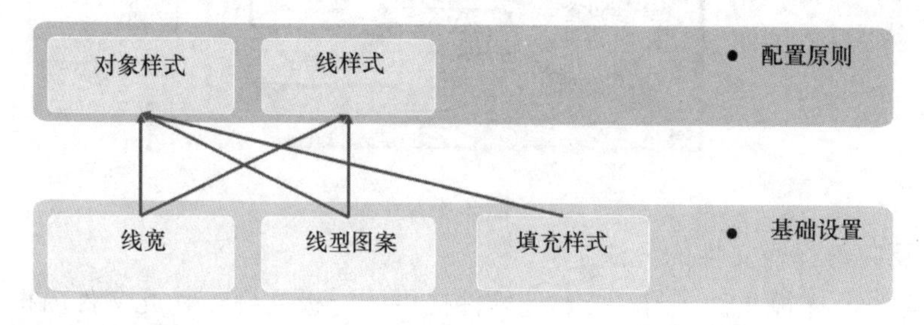

图 2.4-3

2.4.2　图形基本构成元素

在 Revit 显示中，图形基本构成元素为线宽、线型和填充样式。在本节介绍的工作中，需要首先完成这三部分的设置。设置完毕后，会直接影响之后线样式与对象样式的设置。如果在后面的工作中再次修改这些内容，相关的线样式和对象样式会自动修改，用户需注意自动修改后的线样式与对象样式是否符合要求。

1. 线宽

线宽表示在图纸及视图中出现的所有构件轮廓线的宽度，不同构件的轮廓在施工图中呈现的粗细程度也会根据出图需求而有所不同。设置图元的线宽时，需要选择线宽表中的线宽号进行设置，而非直接输入线宽尺寸，所以需先设置好线宽表。在 Revit 中可设置模型线宽、透视视图线宽和注释线宽三方面的线宽。对于模型线宽，可以根据不同比例视图的需求单独设置对应的线宽，且可以对线宽表中包含的视图比例种类进行添加或删除。线宽可以设定 16 种，不可添加或删除。

点击“管理”选项卡中“其他设置”按钮，在下拉菜单中选择“线宽”，弹出“线宽”对话框（图 2.4-4）。

在“线宽”对话框中，若需要修改某个线宽，可用鼠标点击相应位置文本框，修改其中的数值，点击回车，即可完成线宽的修改（图 2.4-5）。

若需要添加其他比例视图的线宽设置，可点击线宽表右侧“添加”按钮，弹出“添加比例”对话框。在添加比例对话框中可选择需要添加的比例（图 2.4-6*a*）。如果需要删除某个比例，可点击需要删除比例的标签，再点击“删除”按钮删除比例（图 2.4-6*b*）。

透视视图的线宽和注释线宽的设置方法与模型线宽相同。根据专业的不同，对线宽的设置也有所不同。在本书光盘中的建筑和结构专业项目样板的线宽设置如图 2.4-7 所示。

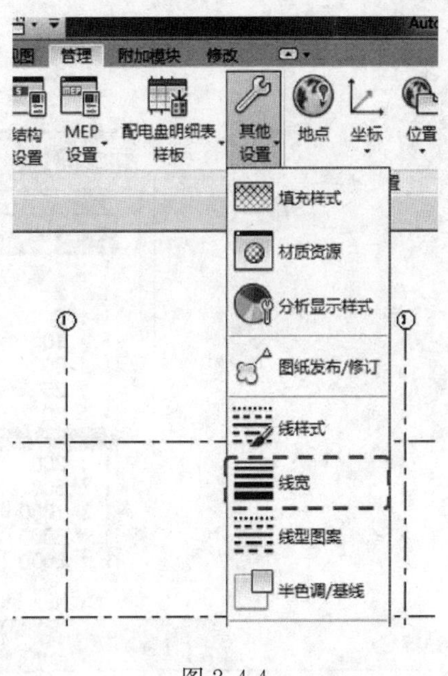

图 2.4-4

2. 线型

线型表示在所有图纸及视图中的形式，如实线、虚线、点划线等。用户可新建线型，自行定义线型图案进行使用。

点击“管理”选项卡中“其他设置”按钮，在下拉菜单中选择“线型图案”，弹出“线型图案”对话框（图 2.4-8）。

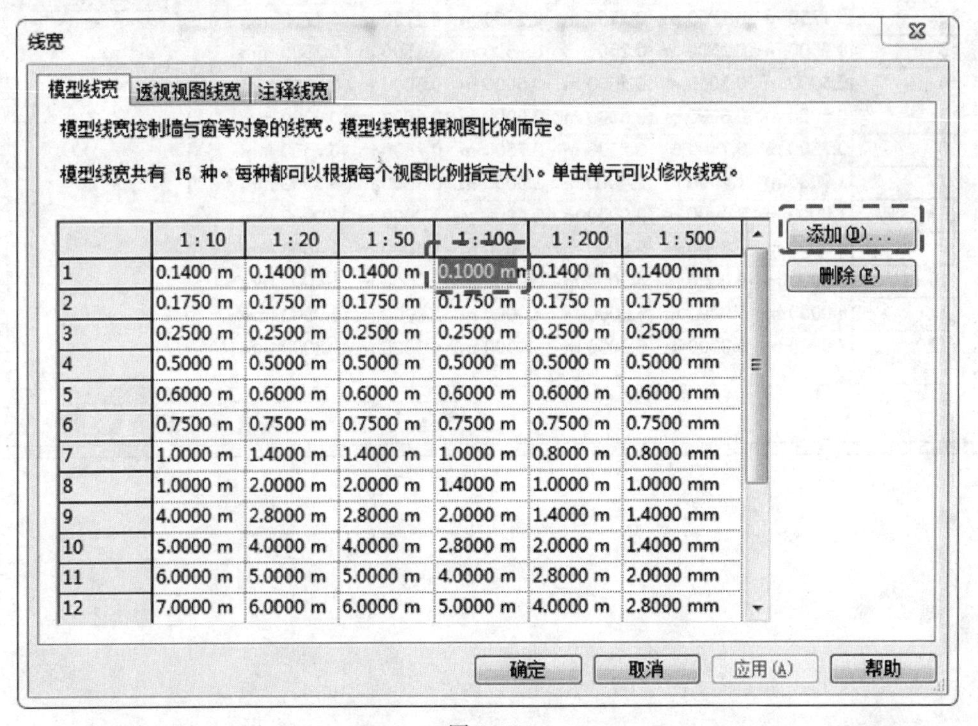

	1 : 10	1 : 20	1 : 50	1 : 100	1 : 200	1 : 500
1	0.1400 m	0.1400 m	0.1400 m	0.1000 m	0.1400 m	0.1400 mm
2	0.1750 m	0.1750 m	0.1750 m	0.1750 m	0.1750 m	0.1750 mm
3	0.2500 m	0.2500 m	0.2500 m	0.2500 m	0.2500 m	0.2500 mm
4	0.5000 m	0.5000 m	0.5000 m	0.5000 m	0.5000 m	0.5000 mm
5	0.6000 m	0.6000 m	0.6000 m	0.6000 m	0.6000 m	0.6000 mm
6	0.7500 m	0.7500 m	0.7500 m	0.7500 m	0.7500 m	0.7500 mm
7	1.0000 m	1.4000 m	1.4000 m	1.0000 m	0.8000 m	0.8000 mm
8	1.0000 m	2.0000 m	2.0000 m	1.4000 m	1.0000 m	1.0000 mm
9	4.0000 m	2.8000 m	2.8000 m	2.0000 m	1.4000 m	1.4000 mm
10	5.0000 m	4.0000 m	4.0000 m	2.8000 m	2.0000 m	1.4000 mm
11	6.0000 m	5.0000 m	5.0000 m	4.0000 m	2.8000 m	2.0000 mm
12	7.0000 m	6.0000 m	6.0000 m	5.0000 m	4.0000 m	2.8000 mm

图 2.4-5

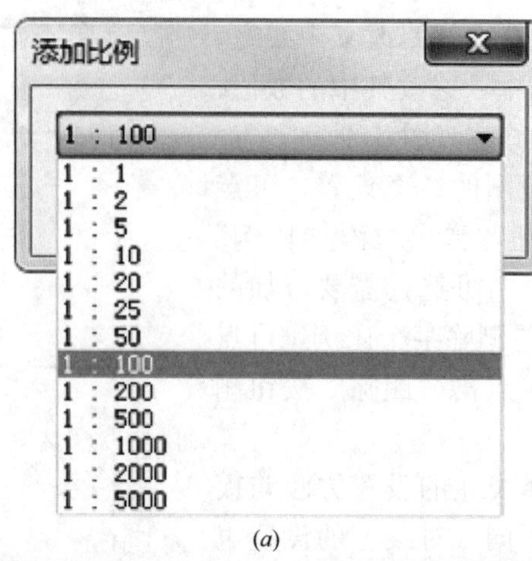

(a)

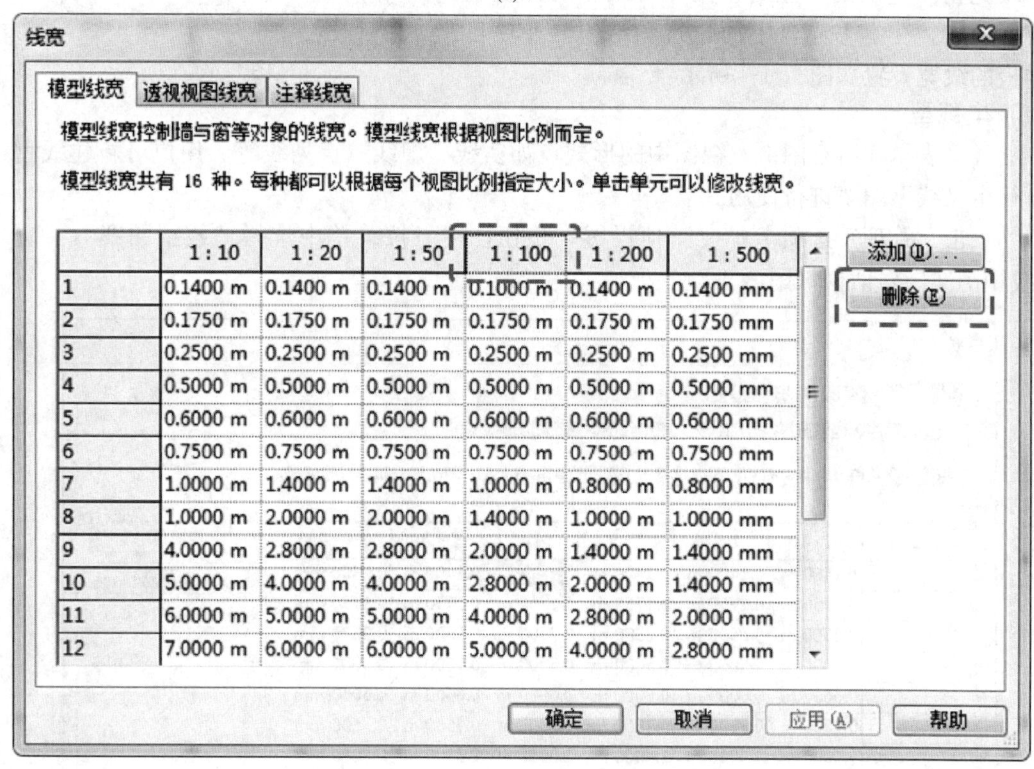

	1 : 10	1 : 20	1 : 50	1 : 100	1 : 200	1 : 500
1	0.1400 m	0.1400 m	0.1400 m	0.1000 m	0.1400 m	0.1400 mm
2	0.1750 m	0.1750 m	0.1750 m	0.1750 m	0.1750 m	0.1750 mm
3	0.2500 m	0.2500 m	0.2500 m	0.2500 m	0.2500 m	0.2500 mm
4	0.5000 m	0.5000 m	0.5000 m	0.5000 m	0.5000 m	0.5000 mm
5	0.6000 m	0.6000 m	0.6000 m	0.6000 m	0.6000 m	0.6000 mm
6	0.7500 m	0.7500 m	0.7500 m	0.7500 m	0.7500 m	0.7500 mm
7	1.0000 m	1.4000 m	1.4000 m	1.0000 m	0.8000 m	0.8000 mm
8	1.0000 m	2.0000 m	2.0000 m	1.4000 m	1.0000 m	1.0000 mm
9	4.0000 m	2.8000 m	2.8000 m	2.0000 m	1.4000 m	1.4000 mm
10	5.0000 m	4.0000 m	4.0000 m	2.8000 m	2.0000 m	1.4000 mm
11	6.0000 m	5.0000 m	5.0000 m	4.0000 m	2.8000 m	2.0000 mm
12	7.0000 m	6.0000 m	6.0000 m	5.0000 m	4.0000 m	2.8000 mm

(b)

图 2.4-6

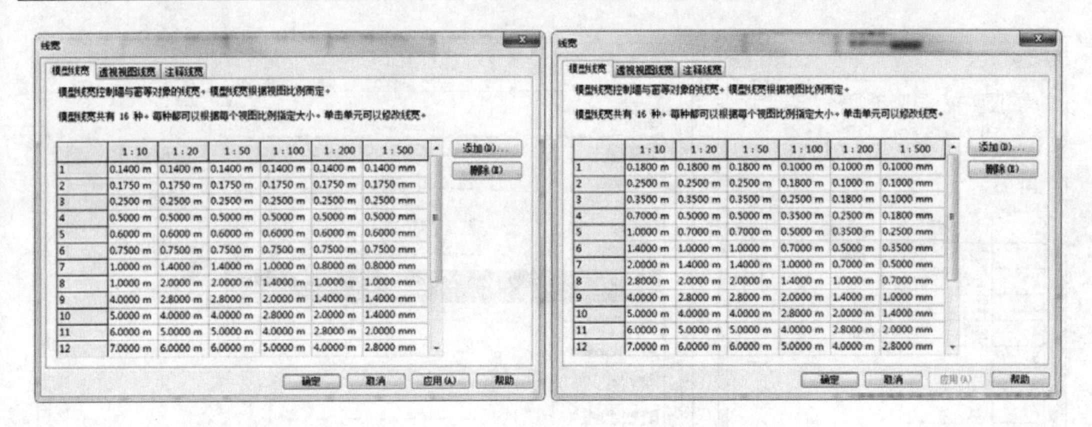

图 2.4-7

在“线型图案”对话框中，列举了样板中所有的线型图案（图 2.4-9）。用户可根据需要新建线型图案，或对现有的线型图案进行编辑、删除和重命名操作。

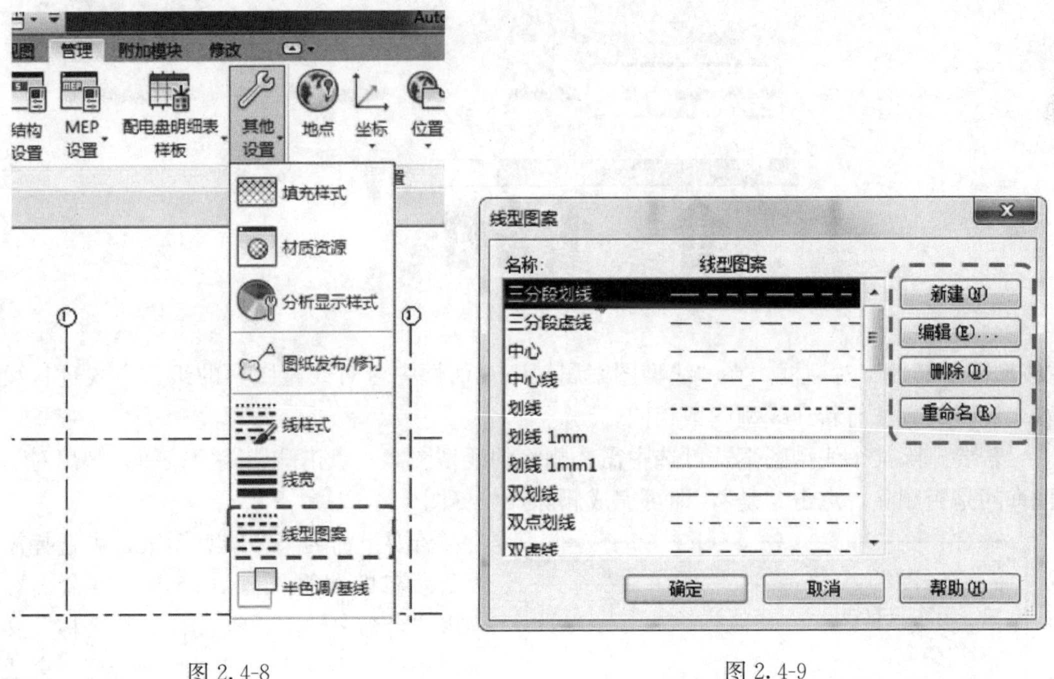

图 2.4-8　　图 2.4-9

若需新建线型图案，可点击“新建”按钮，弹出“线型图案属性”对话框，在“名称”文本框中输入新建线型图案的名称，如“注释线”（图 2.4-10）。在名称文本框下方的表格中，可通过设置划线、点和空间的组合方式生成所需的线型图案。在表格的奇数行可设置划线或圆点，对于划线，可在“值”一栏中输入划线的长度。在偶数行可设置空间，即上一个与下一个点或划线的距离。如新建线型图案“注释线”以一条划线和一个点组成，划线长度为 12mm，划线末端与点的距离为 6mm，则可如图 2.4-11 进行设置，设置完毕后，生成新的线型图案“注释线”。

若要对线型图案进行编辑，可选中需要编辑的线型图案，点击“编辑”按钮，弹出

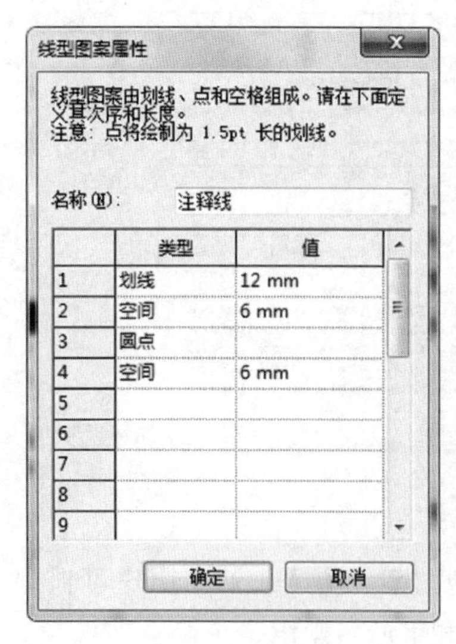

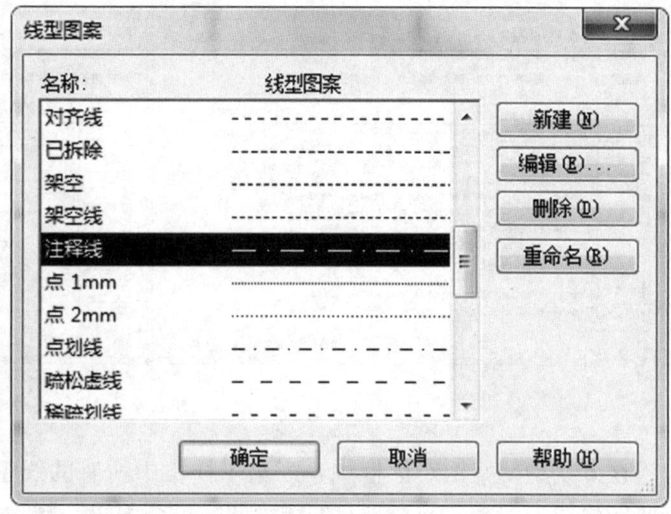

图 2.4-10

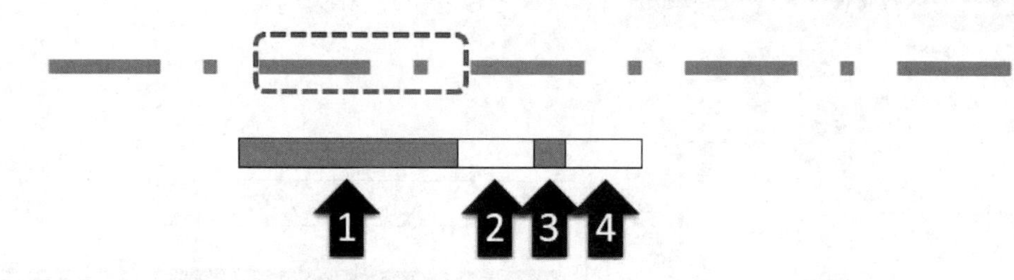

图 2.4-11

“线型图案属性”对话框。在“线型图案属性”对话框中可对线型图案的组合方式进行设置，设置的方法与新建线型图案相同。

若要删除某个线型图案，可选中需要删除的线型图案，点击“删除”按钮，弹出对话框询问是否删除，点击“是”，即可完成删除操作（图 2.4-12）。

图 2.4-12

若要重命名某个线型图案，可选择需要重命名的线型图案，点击“重命名”，弹出“重命名”对话框，在“新名称”文本框中输入新名称，点击“确定”，完成线型图案的重命名操作（图 2.4-13）。

提示：在新建和编辑线型图案的设置中，点或划线之后必须设置“空间”并赋予大于 0.5292mm（圆点的长度）的值。否则会弹出报错对话框。如图 2.4-14 所示。

在删除线型图案之前，建议整理与其相关的对象样式和线样式，为其赋予其他的线型，以免在项目搭建过程中出现图元显示上的错误。

根据专业的不同，线型图案的类型也有所不同，本书光盘中提供的部分建筑专业和结构专业所需的线型图案如图 2.4-15 所示。

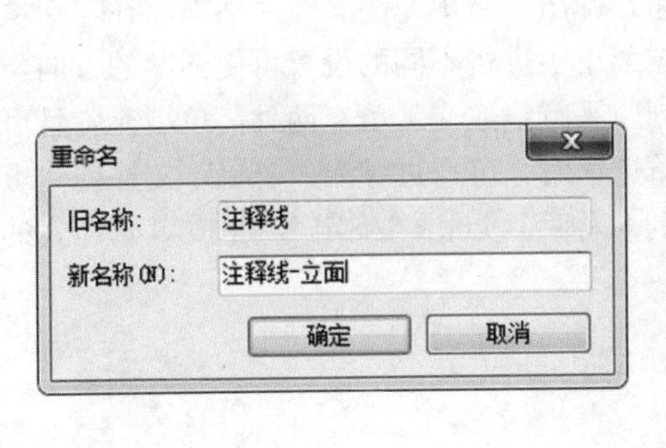

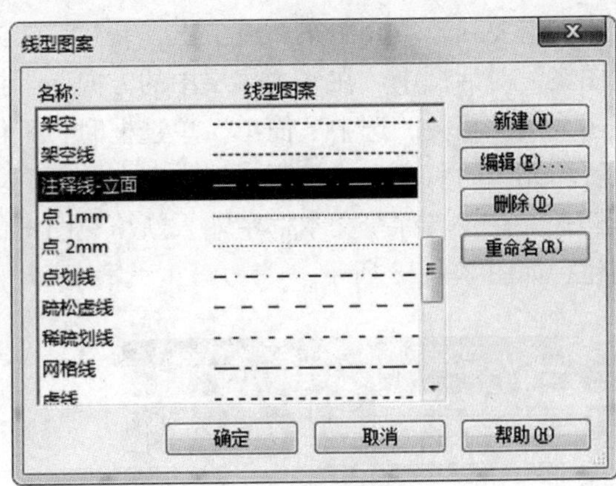

图 2.4-13

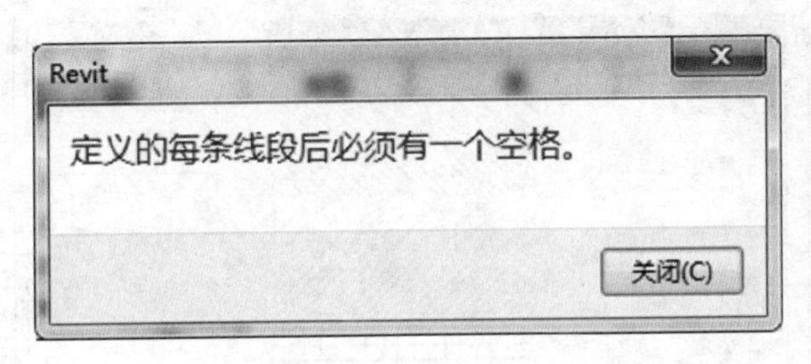

图 2.4-14

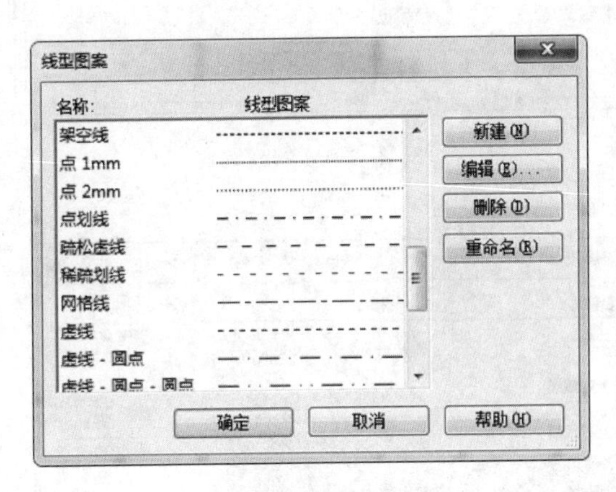

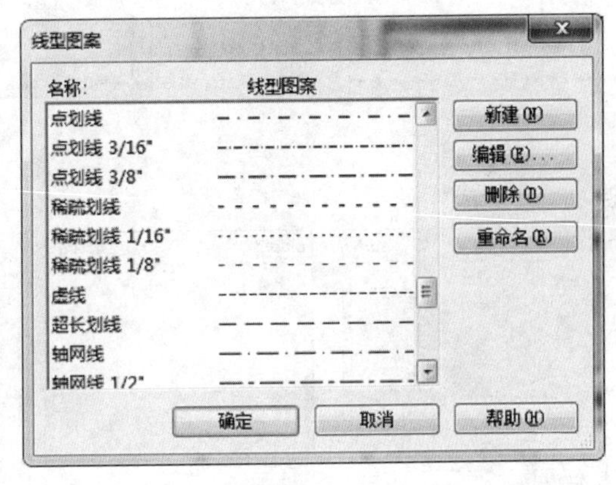

图 2.4-15

3. 填充样式

填充样式是在模型中所有的构件的表面及剖面的二维表达以及二维修饰中的填充覆盖图案的表达。填充样式主要应用于设定图元材质的显示外观、注释填充区域的样式等操作中。

点击“管理”选项卡中“其他设置”按钮，在下拉菜单中选择“填充样式”，弹出“填充样式”对话框（图 2.4-16）。

与线型相同，填充图案可以进行新建、编辑和删除等操作（图 2.4-17）。还可将现有填充样式进行复制并进行自定义。

如需要新建填充图案，可点击“新建”按钮，弹出“新填充图案”对话框。在“新填充图案”对话框中，在“主体层中的方向”下拉菜单中进行不同的设置可使图案的方向与视图或图元相关。选中“简单”单选框时，可创建平行线或交叉填充两种简单填充，且可设置填充线的角度和线间距；选中“自定义”单选框时，可通过导入“. pat”文件创建填充样式。在“名称”文本框中输入新填充图案的名称后，点击“确定”，完成填充样式的创建。如图 2.4-18 所示。

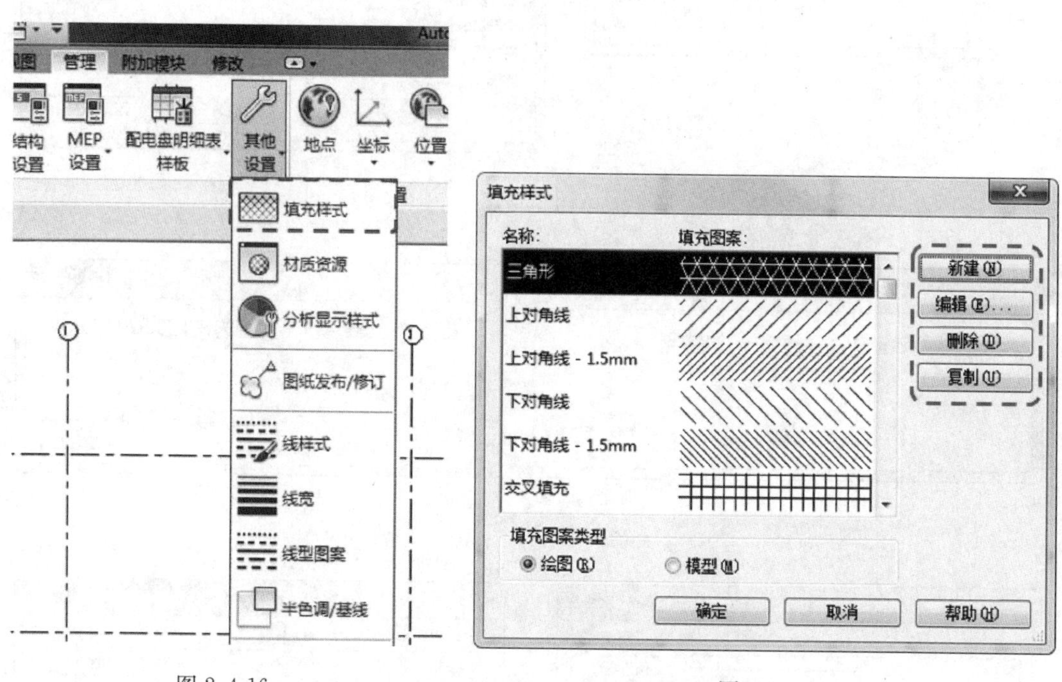

图 2.4-16　　　　　　　　　　　　图 2.4-17

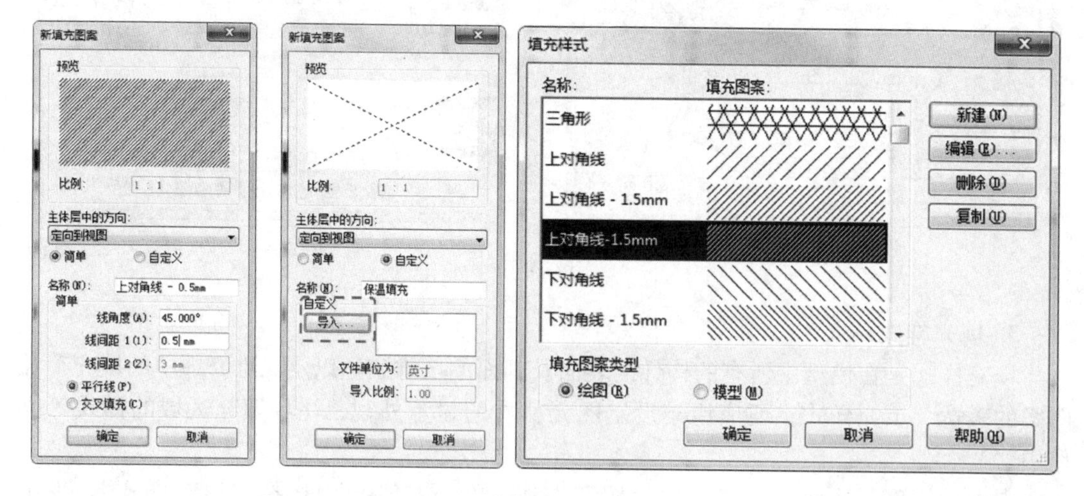

图 2.4-18

若需要编辑或复制现有填充样式，可点击需要编辑或复制的填充样式，点击“编辑”或“复制”，在弹出的对话框中可重设填充图案，操作方法与创建填充样式相同。

Revit 中提供了“绘图”与“模型”两种填充图案类型。绘图类填充图案的密度与图纸比例相关；模型类填充图案与模型相关，模型类填充图案可以进行移动、旋转等操作，图案中的线条还可作为参照进行尺寸标注。模型填充图案表示图元真实的纹理，如石材的错缝等。

根据专业的不同，填充样式的类型也有所不同，如建筑专业中需要保温等填充样式，结构专业需要后浇带的填充样式等。部分建筑专业和结构专业所需的填充样式如图 2.4-19 所示。

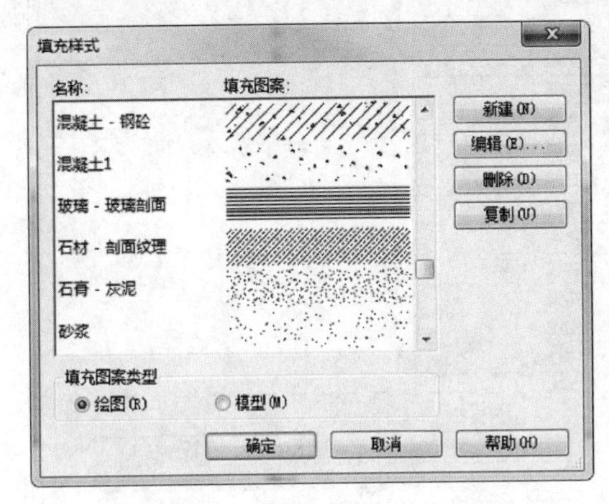

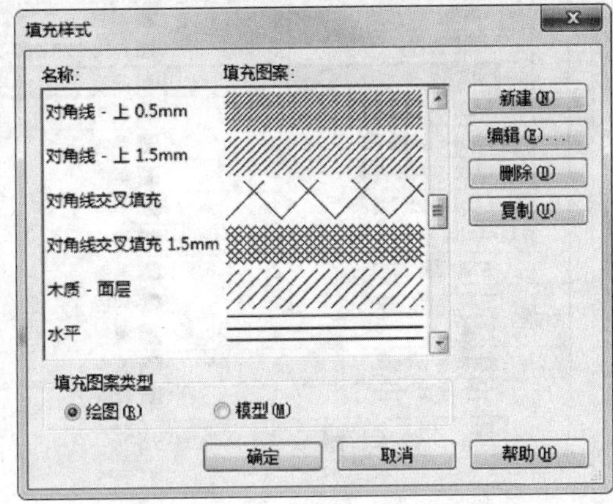

图 2.4-19

2.4.3　图形元素配置原则

图形元素的配置原则包括线样式与对象样式，它们是在线宽、线型和填充样式的基础上确定的。这两个部分与施工图中图元的显示方式密切相关，用户需根据出图规范进行设置，以保证绘制的施工图符合出图标准。

1. 线样式

线样式是在模型中出现的所有二维修饰项的表达形式，规定了不同的虚拟二维线使用哪种线宽和线型。除了线宽和线型，还可以进行线颜色的设定。线样式可在视图中单独设置，未设置的线将使用本部分介绍的全局线样式。

点击“管理”选项卡中“其他设置”按钮，在下拉菜单中选择“线样式”，弹出“线样式”对话框（图 2.4-20）。

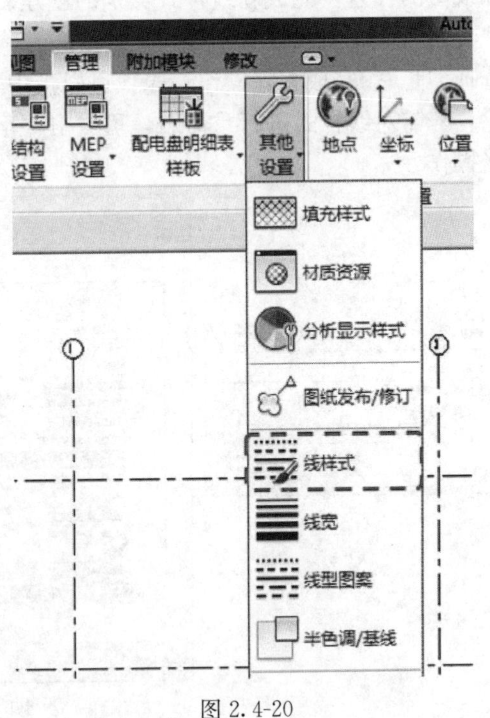

图 2.4-20

在“线样式”对话框中，点击“线”旁边的“+”，可列出样板中所有的线样式，用户可编辑每种线的线宽、颜色和线型设定。在“修改子类别”中用户可以进行线样式的新建、删除和重命名操作。如图 2.4-21 所示。

若要新建线样式类别，可点击“修改子

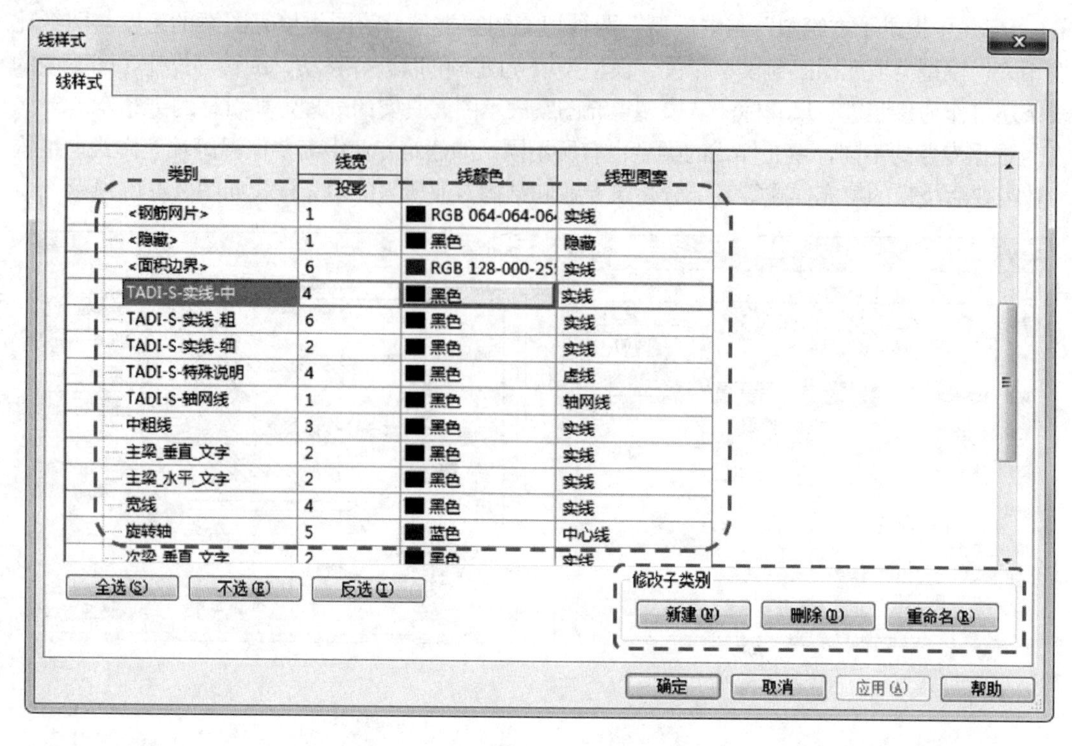

图 2.4-21

类别”中“新建”按钮，弹出“新建子类别”对话框，输入新的线样式名称，点击“确定”，返回“线样式”对话框（图 2.4-22）。用户可对新建的线样式类别进行线宽、颜色和线型的设置，完成新线样式类别的创建。

若需要删除线样式，可点击需要删除的线样式类别，点击“删除”，在弹出的对话框选择“是”，完成删除操作。原项目样板中默认自带的线样式类别（如〈中心线〉）无法删除。若需对线样式进行重命名，可点击“重命名”按钮，在对话框中输入新名称完成重命名操作。

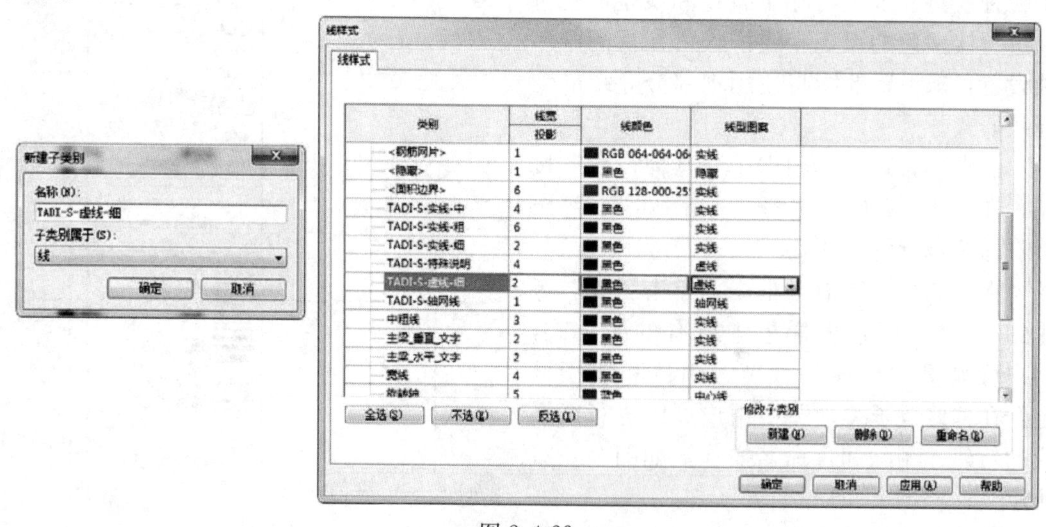

图 2.4-22

完成线样式的编辑后，可在绘制线的操作中选择需要的线样式。例如使用“详图线”时，可根据需要选择详图线的线样式（图 2.4-23）。具体操作详见第 3 章中绘制施工图的部分。

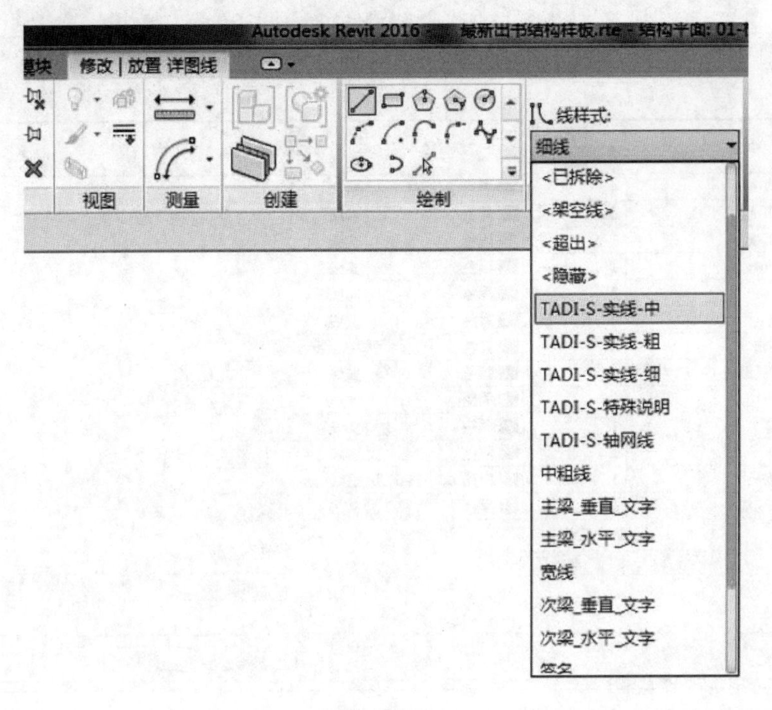

图 2.4-23

根据专业的不同，线样式的类型也有所不同，本书光盘中提供的部分建筑专业和结构专业所需的线样式如图 2.4-24 所示。

提示：在创建线样式时，建议在命名时加上前后缀，以便与默认线样式类型区分。

2. 对象样式

对象样式是在模型中所有构件对象的表达形式，规定了所有三维构件所对应的投影线宽、线型及剖切面的二维表达以及二维修饰中的填充覆盖图案的表达。对象样式可为项目中不同类别和子类别的模型对象、注释对象和导入对象指定线宽、线颜色、线型图案和材质。

对象样式是 Revit 中最底层的设置，对显示的控制权限最低，使用范围最广，在对象样式中设置好的线型、线宽可以应用到整个项目。

每个视图可通过视图可见性单独针对某种构件进行显示样式的设置，这种设置仅对当前视图起作用。对于未替代的类别，将使用本部分中的全局对象样式。各专业负责人应根据制图标准确定各图元的样式并进行对象样式的配置。

点击“管理”选项卡中“对象样式”按钮，弹出“对象样式”对话框（图 2.4-25）。

在“对象样式”对话框中，包含“模型对象”“注释对象”“分析模型对象”“导入对象”四个选项卡。模型对象主要用于设置各种构件图元的样式，如墙、板；注释对象用于设置注释图元的样式，如剖面和各种图元标记；分析模型对象用于设置结构专业中分析模型的样式，如分析梁、分析柱等。导入对象用于设置导入的图元的样式，如导入的 CAD 等。

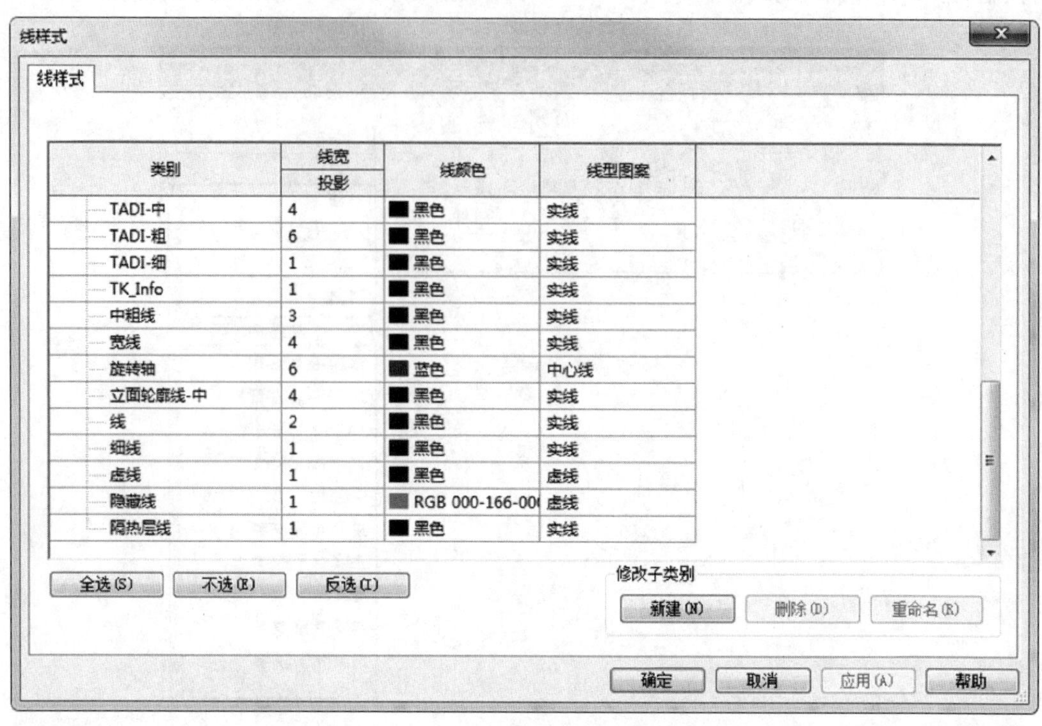
线样式
线样式
类别
线宽
投影
线颜色
线型图案
TADI-中 4 黑色 实线
TADI-粗 6 黑色 实线
TADI-细 1 黑色 实线
TK_Info 1 黑色 实线
中粗线 3 黑色 实线
宽线 4 黑色 实线
旋转轴 6 蓝色 中心线
立面轮廓线-中 4 黑色 实线
线 2 黑色 实线
细线 1 黑色 实线
虚线 1 黑色 虚线
隐藏线 1 RGB 000-166-00 虚线
隔热层线 1 黑色 实线
全选(S)
不选(E)
反选(I)
修改子类别
新建(N)
删除(D)
重命名(R)
确定
取消
应用(A)
帮助

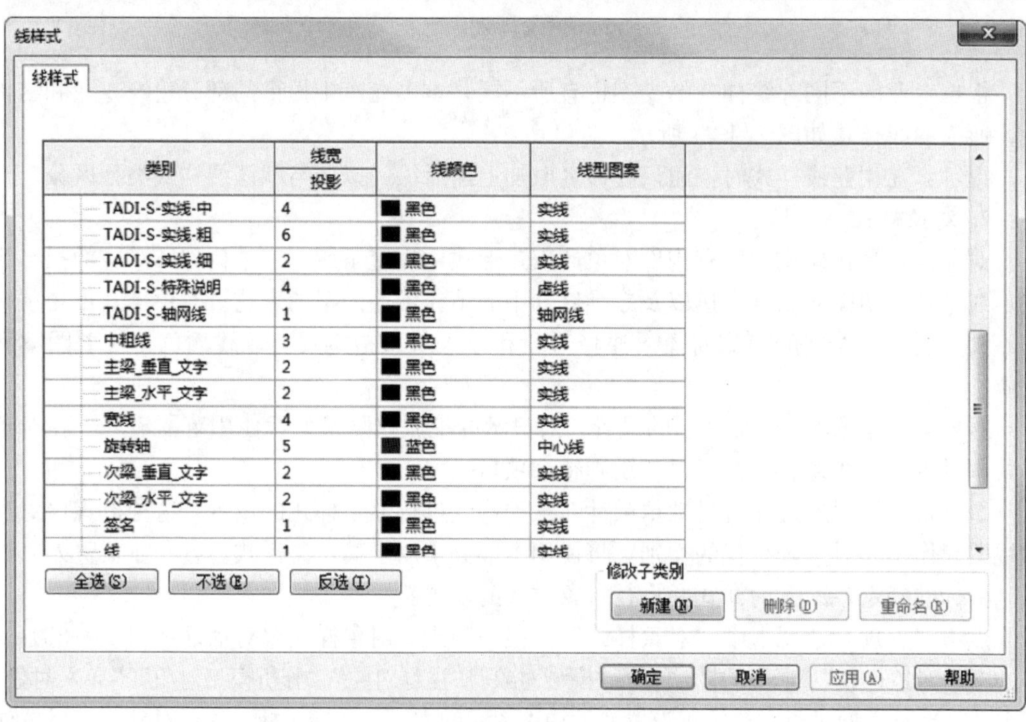
线样式
线样式
类别
线宽
投影
线颜色
线型图案
TADI-S-实线-中 4 黑色 实线
TADI-S-实线-粗 6 黑色 实线
TADI-S-实线-细 2 黑色 实线
TADI-S-特殊说明 4 黑色 虚线
TADI-S-轴网线 1 黑色 轴网线
中粗线 3 黑色 实线
主梁_垂直_文字 2 黑色 实线
主梁_水平_文字 2 黑色 实线
宽线 4 黑色 实线
旋转轴 5 蓝色 中心线
次梁_垂直_文字 2 黑色 实线
次梁_水平_文字 2 黑色 实线
签名 1 黑色 实线
全选(S)
不选(E)
反选(I)
修改子类别
新建(N)
删除(D)
重命名(R)
确定
取消
应用(A)
帮助

图 2.4-24

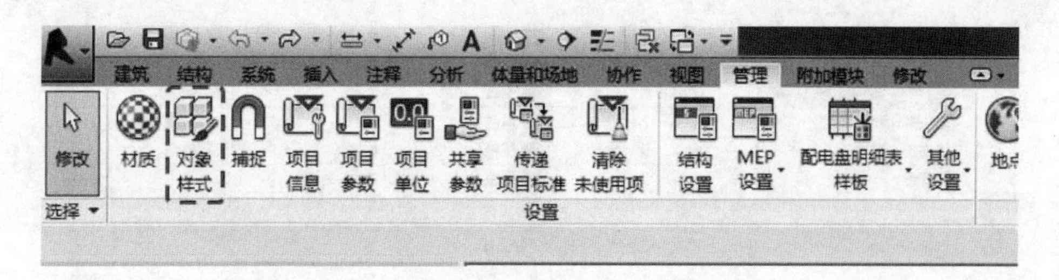

图 2.4-25

对象样式

模型对象 | 注释对象 | 分析模型对象 | 导入对象

过滤器列表（F）：〈多个〉

类别	线宽 投影	线宽 截面	线颜色	线型图案	材质
专用设备	1		黑色	实线	
体量	1	2	黑色	实线	默认形状
停车场	1		黑色	实线	
卫浴装置	1		黑色	实线	
地形	1	6	黑色	实线	场地 - 土壤
场地	1	2	黑色	实线	
坡道	1	1	黑色	实线	
墙	3	3	黑色	实线	默认墙
公共边	3	3	黑色	实线	
墙饰条 - 檐口	1	2	黑色	实线	默认墙
墙饰条 - 贴面	1	5	黑色	实线	默认墙
隐藏线	2	2	黑色	实线	
天花板	2	2	黑色	实线	
公共边	2	2	黑色	实线	

全选（S） 不选（E） 反选（I）

修改子类别：新建（N） 删除（D） 重命名（R）

确定 取消 应用（A） 帮助

图 2.4-26

在“修改子类别”中用户可以点击“新建”、“删除”和“重命名”按钮进行对象样式的新建、删除和重命名操作（图 2.4-26）。在创建新的对象样式时，除了需要输入新的对象样式的名称外，还需要设置子类别。例如，在“新建子类别”对话框“子类别属于”下拉菜单中选择“墙”（图 2.4-27），点击“确定”，则新建的对象样式归入“墙”类别（图 2.4-28）。

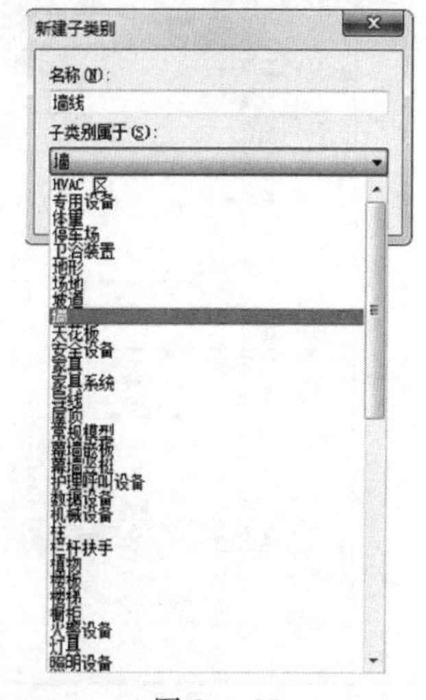

图 2.4-27

若需要编辑对象样式，可点击需要编辑的类别，可修改其线宽、线颜色、线型图案和材质。对于模型对象，可单独设置图元投影和截面的线宽。

根据专业的不同，对象样式的类型也有所不同，本书光盘中提供的部分建筑专业和结构专业所需的对象样式如图：

建筑专业（图 2.4-29～图 2.4-33）

结构专业（图 2.4-34～图 2.4-38）

墙	3	3	黑色	实线	默认墙
公共边	3	3	黑色	实线	
墙线	1	1	黑色	实线	
墙饰条 - 檐口	1	2	黑色	实线	默认墙
墙饰条 - 贴面	1	5	黑色	实线	默认墙
隐藏线	2	2	黑色	实线	

图 2.4-28

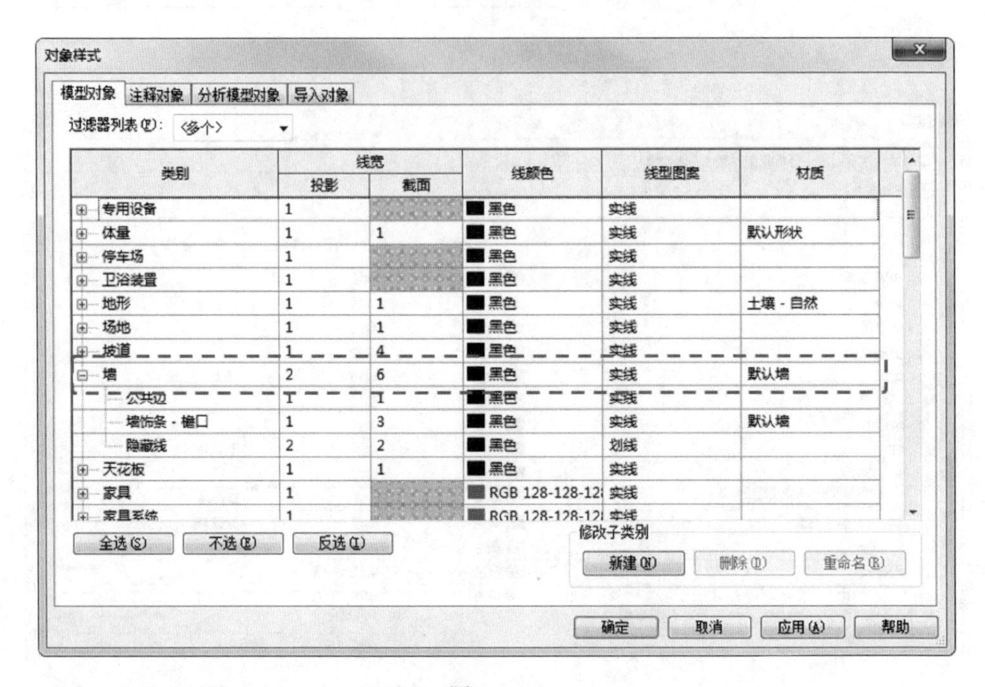

图 2.4-29

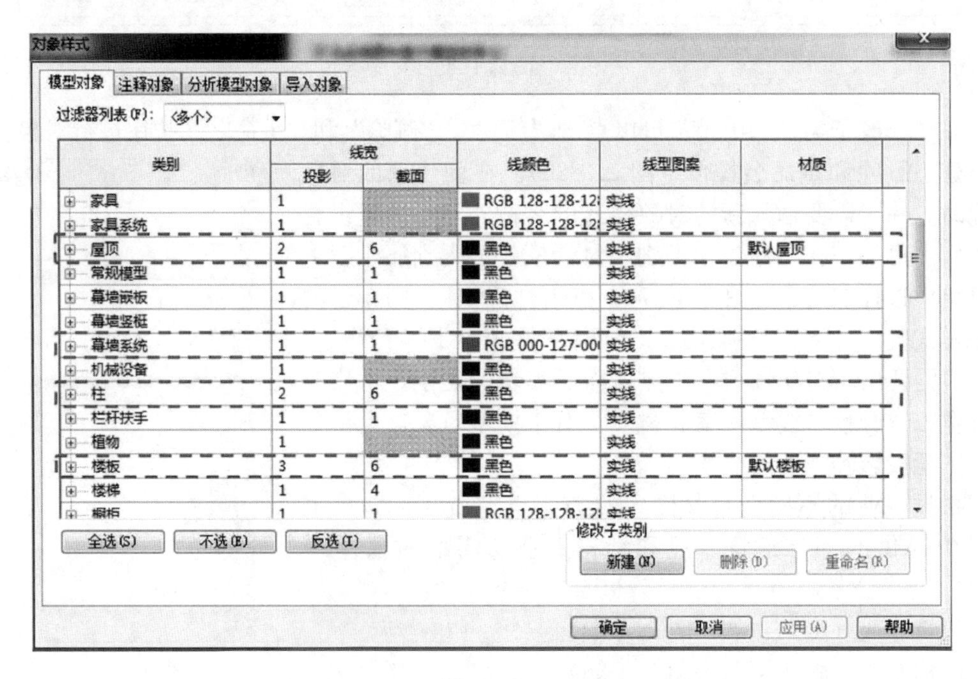

图 2.4-30

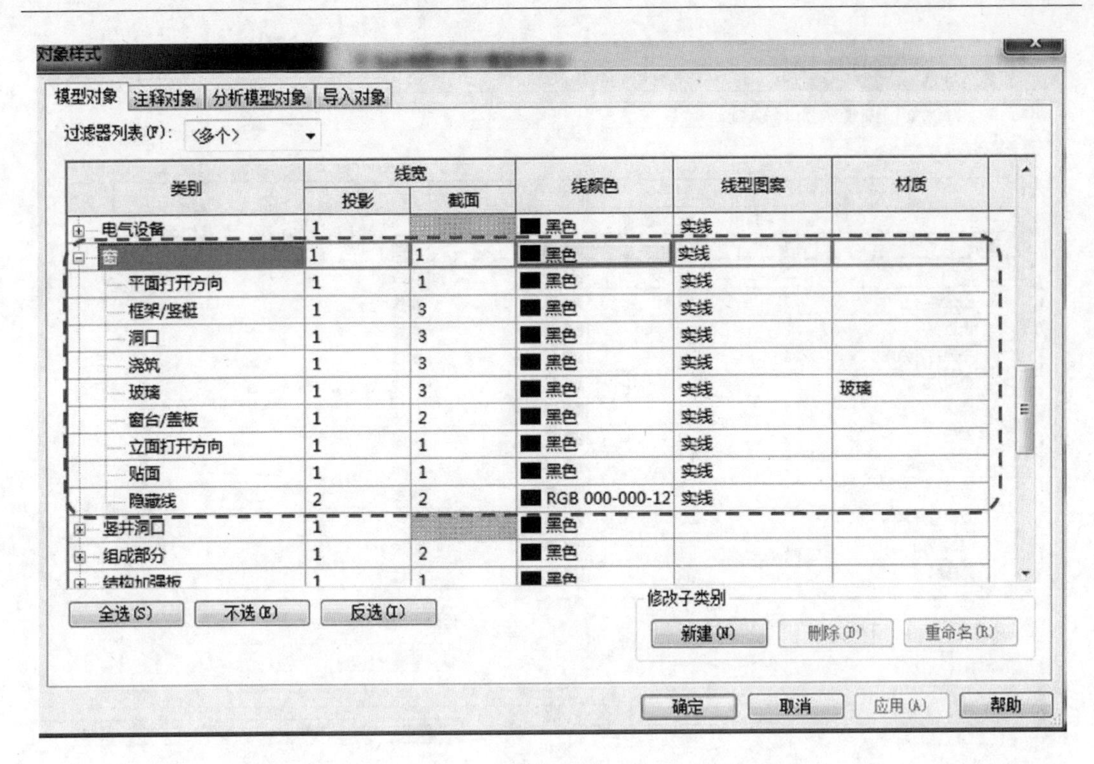
对象样式
模型对象
注释对象
分析模型对象
导入对象
过滤器列表(F): <多个>
类别
线宽
投影
截面
线颜色
线型图案
材质
电气设备 1 黑色 实线
窗 1 1 黑色 实线
平面打开方向 1 1 黑色 实线
框架/竖梃 1 3 黑色 实线
洞口 1 3 黑色 实线
浇筑 1 3 黑色 实线
玻璃 1 3 黑色 实线 玻璃
窗台/盖板 1 2 黑色 实线
立面打开方向 1 1 黑色 实线
贴面 1 1 黑色 实线
隐藏线 2 2 RGB 000-000-127 实线
竖井洞口 1 黑色
组成部分 1 2 黑色
全选(S)
不选(E)
反选(I)
修改子类别
新建(N)
删除(D)
重命名(R)
确定
取消
应用(A)
帮助

图 2.4-31

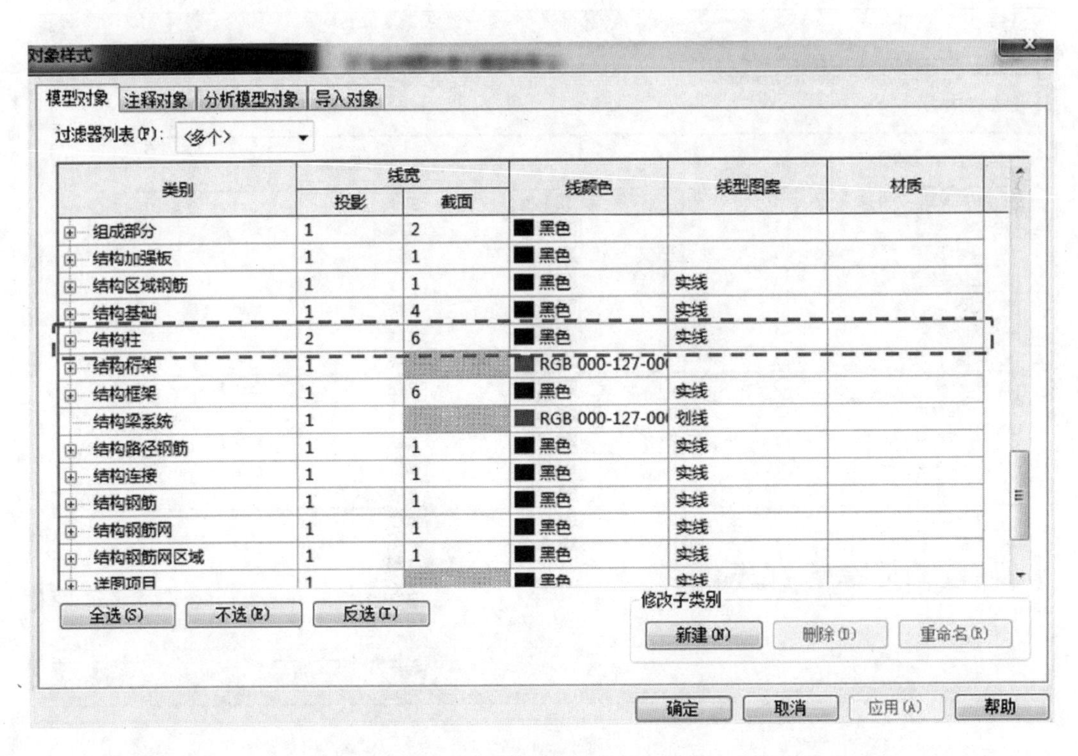
对象样式
模型对象
注释对象
分析模型对象
导入对象
过滤器列表(F): <多个>
类别
线宽
投影
截面
线颜色
线型图案
材质
组成部分 1 2 黑色
结构加强板 1 1 黑色
结构区域钢筋 1 1 黑色 实线
结构基础 1 4 黑色 实线
结构柱 2 6 黑色 实线
结构桁架 1 RGB 000-127-00
结构框架 1 6 黑色 实线
结构梁系统 1 RGB 000-127-00 划线
结构路径钢筋 1 1 黑色 实线
结构连接 1 1 黑色 实线
结构钢筋 1 1 黑色 实线
结构钢筋网 1 1 黑色 实线
结构钢筋网区域 1 1 黑色 实线
全选(S)
不选(E)
反选(I)
修改子类别
新建(N)
删除(D)
重命名(R)
确定
取消
应用(A)
帮助

图 2.4-32

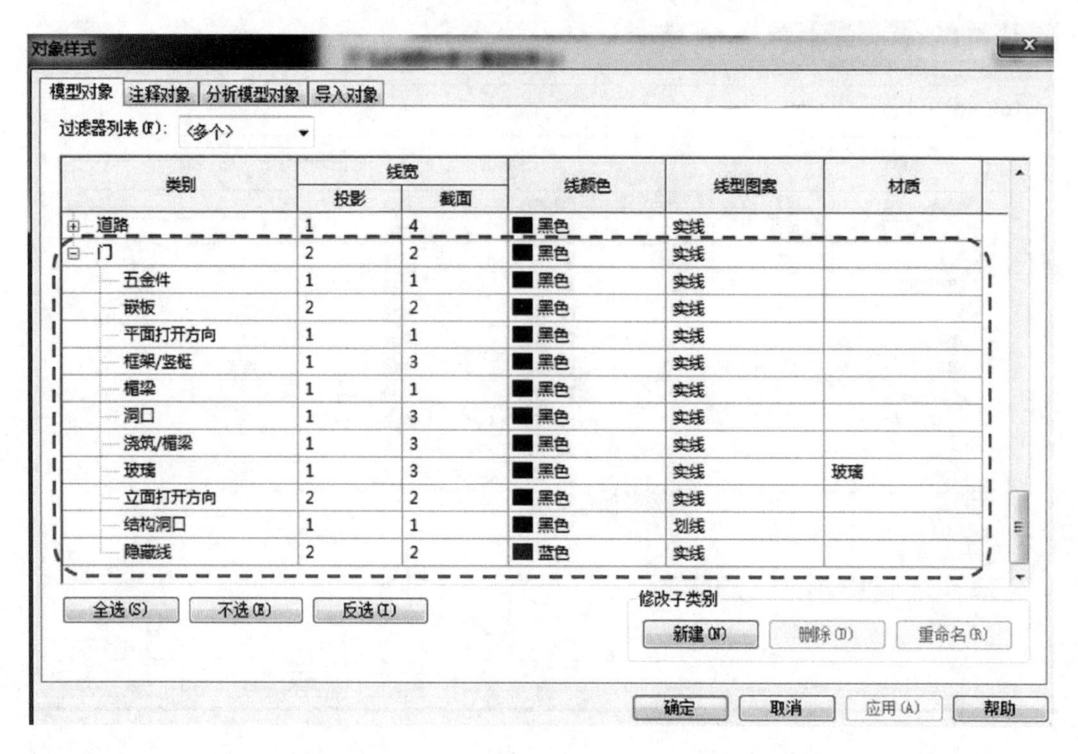

类别	线宽 投影	线宽 截面	线颜色	线型图案	材质
道路	1	4	黑色	实线	
门	2	2	黑色	实线	
五金件	1	1	黑色	实线	
嵌板	2	2	黑色	实线	
平面打开方向	1	1	黑色	实线	
框架/竖梃	1	3	黑色	实线	
楣梁	1	1	黑色	实线	
洞口	1	3	黑色	实线	
浇筑/楣梁	1	3	黑色	实线	
玻璃	1	3	黑色	实线	玻璃
立面打开方向	2	2	黑色	实线	
结构洞口	1	1	黑色	划线	
隐藏线	2	2	蓝色	实线	

图 2.4-33

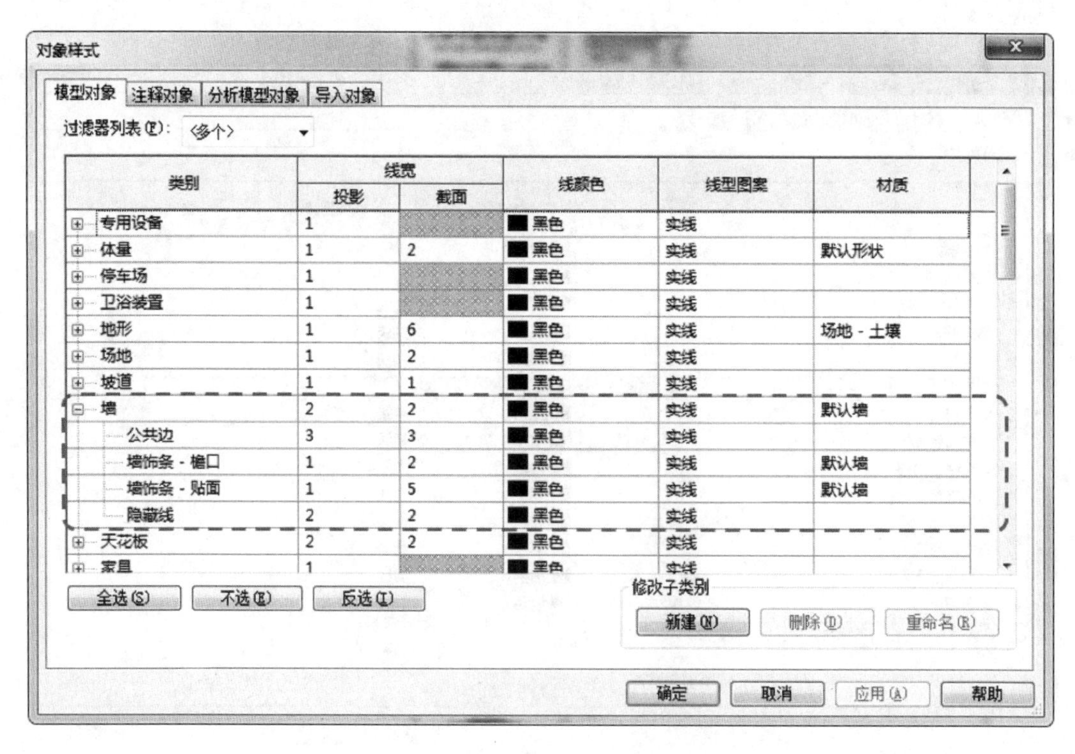

类别	线宽 投影	线宽 截面	线颜色	线型图案	材质
专用设备	1		黑色	实线	
体量	1	2	黑色	实线	默认形状
停车场	1		黑色	实线	
卫浴装置	1		黑色	实线	
地形	1	6	黑色	实线	场地 - 土壤
场地	1	2	黑色	实线	
坡道	1	1	黑色	实线	
墙	2	2	黑色	实线	默认墙
公共边	3	3	黑色	实线	
墙饰条 - 檐口	1	2	黑色	实线	默认墙
墙饰条 - 贴面	1	5	黑色	实线	默认墙
隐藏线	2	2	黑色	实线	
天花板	2	2	黑色	实线	
家具	1		黑色	实线	

图 2.4-34

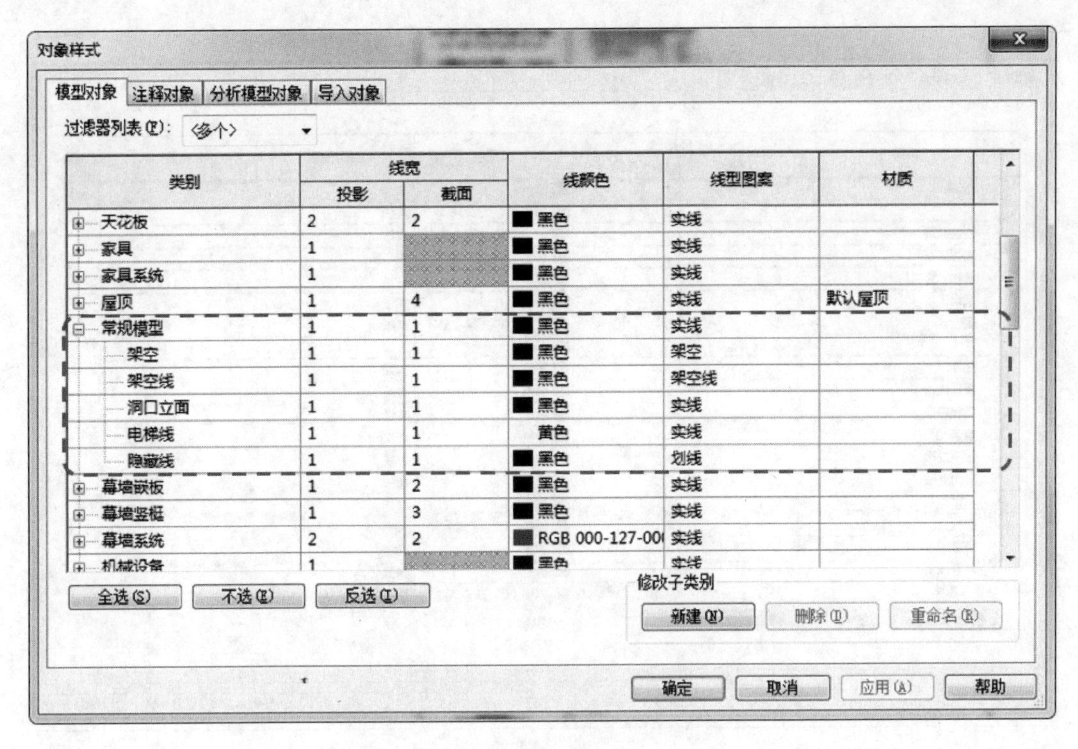
对象样式
模型对象 注释对象 分析模型对象 导入对象
过滤器列表(F): <多个>
类别 | 线宽 投影 截面 | 线颜色 | 线型图案 | 材质
天花板 2 2 黑色 实线
家具 1 黑色 实线
家具系统 1 黑色 实线
屋顶 1 4 黑色 实线 默认屋顶
常规模型 1 1 黑色 实线
架空 1 1 黑色 架空
架空线 1 1 黑色 架空线
洞口立面 1 1 黑色 实线
电梯线 1 1 黄色 实线
隐藏线 1 1 黑色 划线
幕墙嵌板 1 2 黑色 实线
幕墙竖梃 1 3 黑色 实线
幕墙系统 2 2 RGB 000-127-00 实线
全选(S) 不选(E) 反选(I)
修改子类别
新建(N) 删除(D) 重命名(R)
确定 取消 应用(A) 帮助

图 2.4-35

对象样式
模型对象 注释对象 分析模型对象 导入对象
过滤器列表(F): <多个>
类别 | 线宽 投影 截面 | 线颜色 | 线型图案 | 材质
柱 1 1 黑色 实线
栏杆扶手 1 1 黑色 实线
植物 1 黑色 实线
楼板 2 2 黑色 实线 默认楼板
公共边 2 1 黑色 实线
内部边缘 2 2 黑色 实线
楼板边缘 2 2 黑色 实线 默认楼板
隐藏线 2 2 黑色 实线
楼梯 1 1 黑色 实线
橱柜 1 1 黑色 实线
照明设备 1 黑色 实线
环境 1 黑色 实线
电气装置 1 黑色 实线
全选(S) 不选(E) 反选(I)
修改子类别
新建(N) 删除(D) 重命名(R)
确定 取消 应用(A) 帮助

图 2.4-36

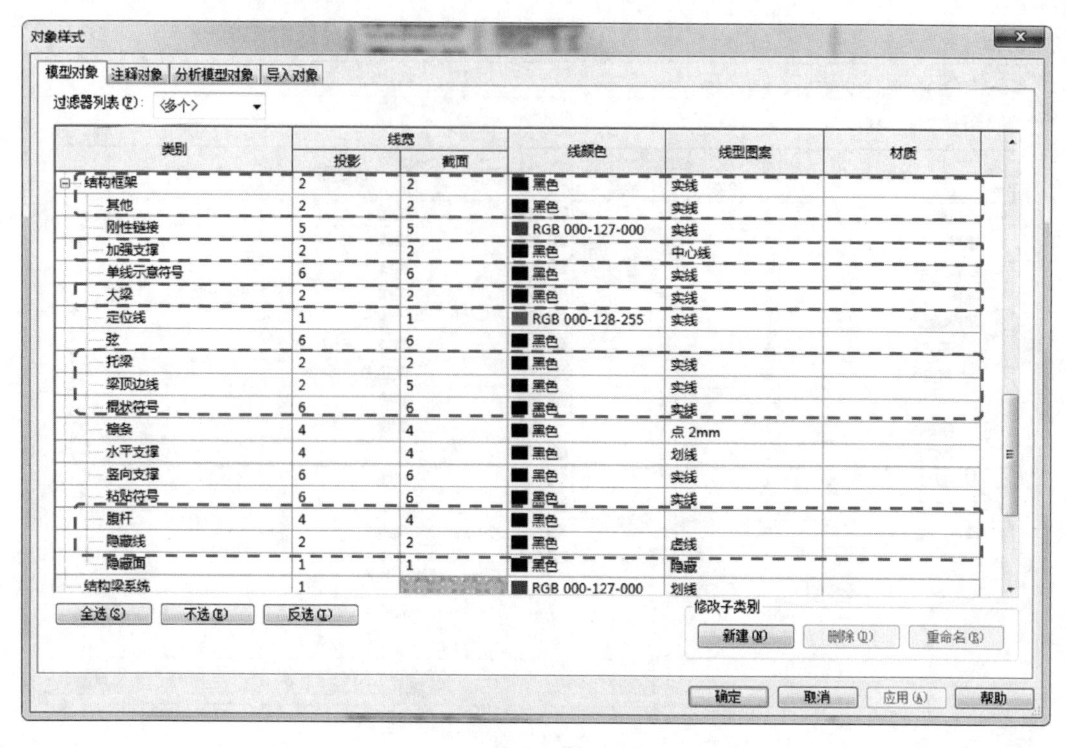
对象样式
模型对象 注释对象 分析模型对象 导入对象
过滤器列表(F): <多个>
类别 线宽 投影 截面 线颜色 线型图案 材质
结构框架 2 2 黑色 实线
其他 2 2 黑色 实线
刚性链接 5 5 RGB 000-127-000 实线
加强支撑 2 2 黑色 中心线
单线示意符号 6 6 黑色 实线
大梁 2 2 黑色 实线
定位线 1 1 RGB 000-128-255 实线
弦 6 6 黑色
托梁 2 2 黑色 实线
梁顶边线 2 5 黑色 实线
棍状符号 6 6 黑色 实线
檩条 4 4 黑色 点 2mm
水平支撑 4 4 黑色 划线
竖向支撑 6 6 黑色 实线
粘贴符号 6 6 黑色 实线
腹杆 4 4 黑色
隐藏线 2 2 黑色 虚线
隐藏面 1 1 黑色 隐藏
结构梁系统 1 RGB 000-127-000 划线
全选(S) 不选(E) 反选(I)
修改子类别
新建(N) 删除(D) 重命名(R)
确定 取消 应用(A) 帮助

图 2.4-37

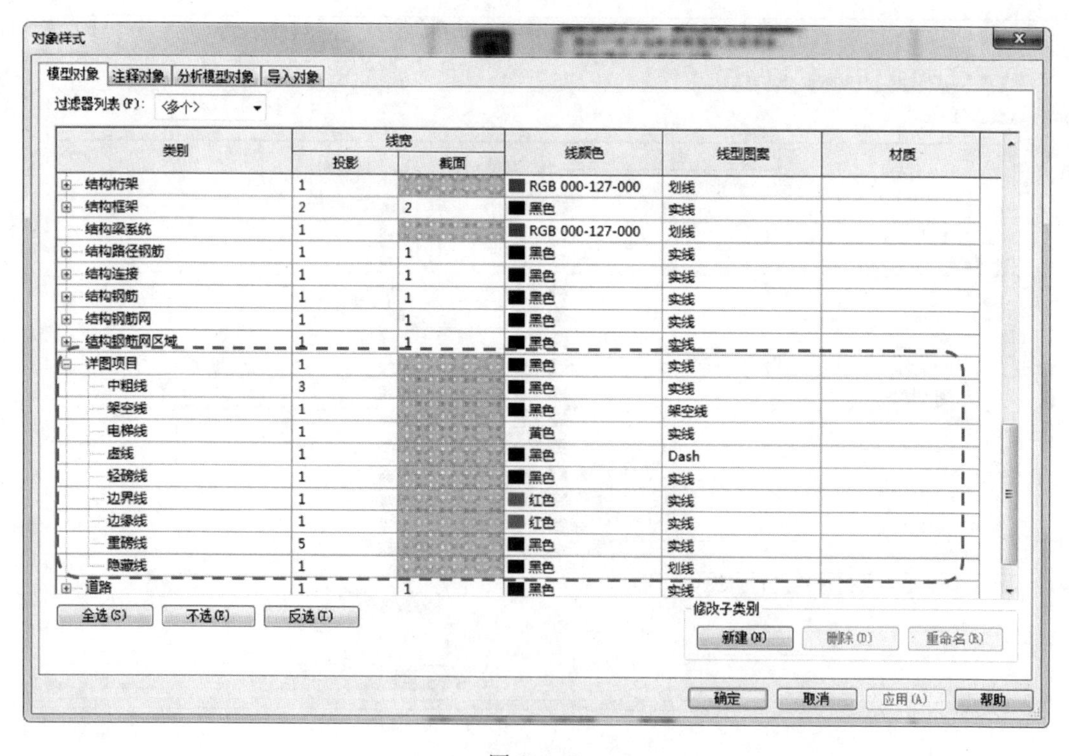
对象样式
模型对象 注释对象 分析模型对象 导入对象
过滤器列表(F): <多个>
类别 线宽 投影 截面 线颜色 线型图案 材质
结构桁架 1 RGB 000-127-000 划线
结构框架 2 2 黑色 实线
结构梁系统 1 RGB 000-127-000 划线
结构路径钢筋 1 1 黑色 实线
结构连接 1 1 黑色 实线
结构钢筋 1 1 黑色 实线
结构钢筋网 1 1 黑色 实线
结构钢筋网区域 1 1 黑色 实线
详图项目 1 黑色 实线
中粗线 3 黑色 实线
架空线 1 黑色 架空线
电梯线 1 黄色 实线
虚线 1 黑色 Dash
轻磅线 1 黑色 实线
边界线 1 红色 实线
边缘线 1 红色 实线
重磅线 5 黑色 实线
隐藏线 1 黑色 划线
道路 1 1 黑色 实线
全选(S) 不选(E) 反选(I)
修改子类别
新建(N) 删除(D) 重命名(R)
确定 取消 应用(A) 帮助

图 2.4-38

2.4.4 图形视图表现原则

视图是模型切割后的产物，模型中所有的构件在剖切处都予以显示。为了便于显示，使用者需要对视图比例、规程、详细程度以及可见性等进行设置。这些显示规则可以作为模板存储起来，套用到其他显示要求一致的视图上，这样针对视图显示设定的模板就是视图样板。

视图样板是将视图中图素显示方式标准化的模板。视图样板规定了在不同视图下，需要显示、隐藏或替换的构件内容及二维表达方式，需要在线宽、线型、线样式、对象样式、填充样式设置完成后进行确定的图形视图表现原则，这些内容根据建筑、结构、设备的不同专业规程进行修改。

视图样板分为楼层平面、天花板平面、三维漫游与立面剖面四种，不同种类的视图样板中包含的参数也不同。某一种视图只能使用对应种类的视图样板，对于同一种视图，根据视图的不同比例也需要创建多个视图样板。视图样板中图元显示样式的优先级高于对象样式和线样式。在创建项目样板之前，专业负责人需根据出图标准进一步确定各类型图纸中图元的显示方式。创建项目样板的人员应严格按照标准进行样板中显示参数的设定。

视图样板可按照规程（建筑、结构等）与种类（平面、立面等）进行过滤（图 2.4-39），方便用户的查找与使用。

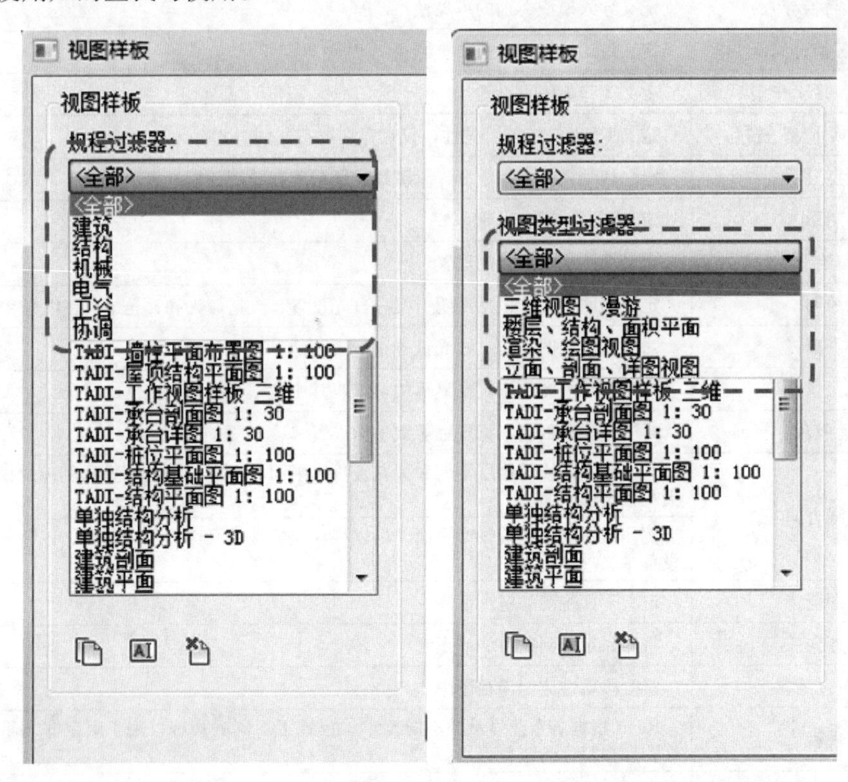

图 2.4-39

1. 视图样板的创建与应用

视图样板可使用当前视图的图元显示方式直接创建，也可复制已有的视图样板，重新定义样板内容的方式创建。视图样板只能在相同种类中进行复制。

在项目初始状态，可通过视图直接创建视图样板。例如，若需要创建平面视图的视图样板，可选择某一平面视图作为范本，将比例、视图可见性、规程和详细程度等参数设定完毕后，点击“视图”选项卡下“视图样板”按钮，在下拉菜单中选择“从当前视图创建样板”命令，弹出“新视图样板”对话框，输入新视图样板的名称，点击“确定”，完成新视图样板的创建。如图 2.4-40 所示。视图样板中各参数的意义如表 2.4-1 所示。

视图样板中的参数说明　　表 2.4-1

名　称	说　明
视图比例	1：100
比例值	数值锁定不可选
显示模型	标准
详细程度	中等
零件可见性	显示原状态
V/G 替换模型	定义模型中族类别的可见性
V/G 替换注释	定义模型中注释族的可见性
V/G 替换分析模型	定义分析模型类别的可见性
V/G 替换导入	定义导入模型类别的可见性
V/G 替换过滤器	定义过滤器的可见性
V/G 替换工作集	定义工作集的可见性
V/G 替换 RVT 链接	定义 RVT 链接的可见性，仅在存在链接文件时才有此选项
模型显示	定义视觉样式：如线框、隐藏线、透明度和轮廓的模型显示选项
阴影	定义视图的阴影设置
勾绘线	定义视图中勾绘线的设置
照明	定义照明设置，包括照明方案、日光设置、人造灯光和日光量、环境光和阴影
摄影曝光	对于三维视图，定义曝光设置来渲染图像
背景	对于三维视图，指定要显示的背景，其中包括天空、渐变色或图像
远剪裁	对于立面和剖面，指定远剪裁平面设置
基线方向	对于使用基线的楼层平面和天花板投影平面，指定基线是否显示相应的楼层平面或天花板投影平面
	例如，对于天花板投影平面，可以将相应的楼层平面显示为基线，以便于放置照明设备
视图范围	定义平面视图的视图范围
方向	将项目定向到项目北或正北
阶段过滤器	将阶段属性应用于视图中
规程	Revit 根据各专业显示的不同要求，预置了不同的规程，用于限定非承重墙的可见性和规程特定的注释符号
颜色方案位置	指定是否将颜色方案应用于背景或前景
颜色方案	指定应用到视图中的房间、面积、空间或分区的颜色方案
阶段分类 所有者	这两个参数是由设定的项目参数生成的，用于控制视图的组织使用，在视图样板没有意义，因此必须将“包含”的选项“√”去掉

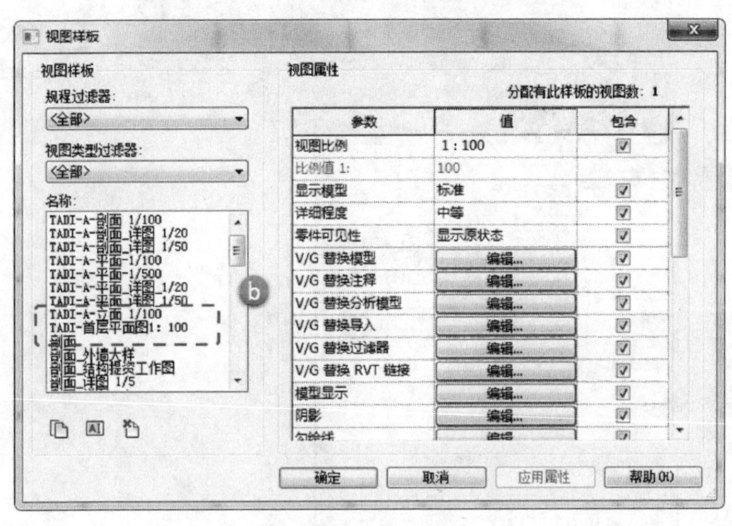

图 2.4-40

若需要使用复制方法创建视图样板，为了减少工作量，可复制与新视图样板在参数上相似的样板。例如，要创建二层平面图，可点击“视图”选项卡下“视图样板”按钮，在下拉菜单中选择“管理视图样板”命令，进入“视图样板”对话框，点击现有视图样板，再点击“复制”按钮，弹出“新视图样板”对话框，输入新视图样板名称，如“TADI-二层平面图 1∶100”，点击“确定”，再根据要求设置新视图样板中的参数，完成新视图样板的创建（图 2.4-41）。

其他类型的视图样板也可参照此方法进行创建。创建视图样板后，可将视图样板应用于对应视图。

以本书光盘中结构专业实例模型的首层结构平面图为例，切换到项目浏览器中“首层结构平面图”视图，点击“视图”选项卡中“视图样板”按钮，在下拉菜单中选择“将样板属性应用于当前视图”，弹出“应用视图样板”对话框。如图 2.4-42 所示。

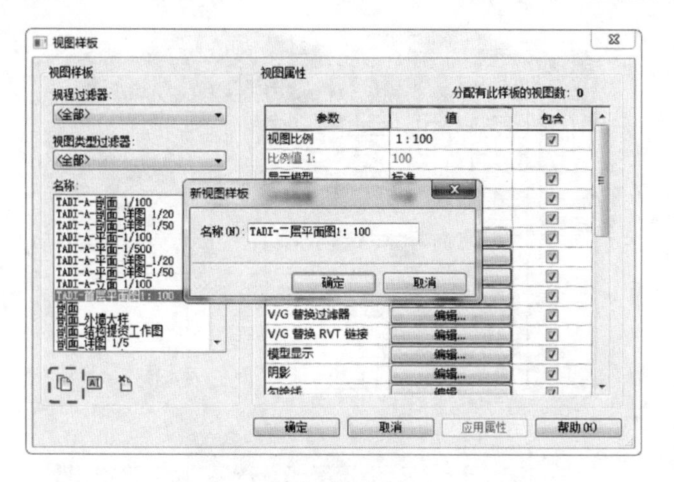
视图样板
视图样板
规程过滤器:
<全部>
视图类型过滤器:
<全部>
名称:
视图属性
分配有此样板的视图数: 0
参数
值
包含
视图比例
1 : 100
比例值 1:
100
新视图样板
名称(N): TADI-二层平面图1: 100
确定
取消
V/G 替换过滤器
V/G 替换 RVT 链接
模型显示
阴影
编辑...
确定
取消
应用属性
帮助(H)

图 2.4-41

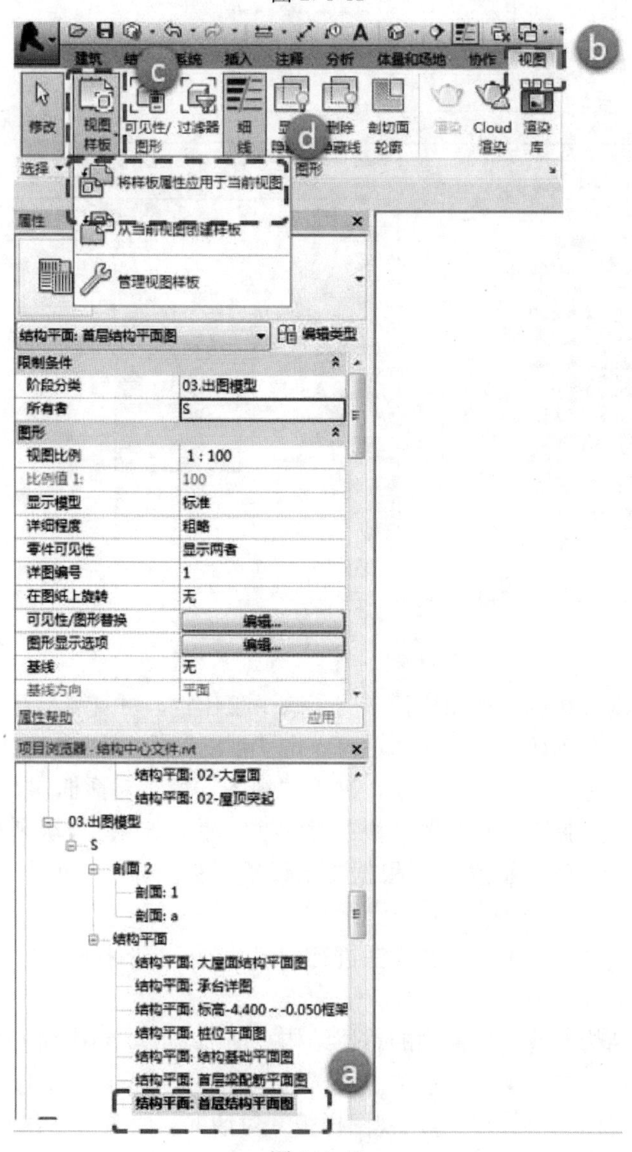
b
c
d
a
建筑
插入
注释
分析
体量和场地
协作
视图
修改
视图样板
可见性/图形
过滤器
细线
剖切面轮廓
渲染
Cloud 渲染
渲染库
将样板属性应用于当前视图
从当前视图创建样板
管理视图样板
属性
结构平面: 首层结构平面图
编辑类型
限制条件
阶段分类
03.出图模型
所有者
S
图形
视图比例
1 : 100
比例值 1:
100
显示模型
标准
详细程度
粗略
零件可见性
显示两者
详图编号
1
在图纸上旋转
无
可见性/图形替换
图形显示选项
编辑...
基线
无
基线方向
平面
属性帮助
应用
项目浏览器 - 结构中心文件.rvt
结构平面: 02-大屋面
结构平面: 02-屋顶突起
03.出图模型
S
剖面 2
剖面: 1
剖面: a
结构平面
结构平面: 大屋面结构平面图
结构平面: 承台详图
结构平面: 标高-4.400～-0.050框架
结构平面: 桩位平面图
结构平面: 结构基础平面图
结构平面: 首层梁配筋平面图
结构平面: 首层结构平面图

图 2.4-42

在“应用视图样板”对话框中，在“视图样板”中“名称”栏目下，选择“TADI-结构平面图－1：100”，点击“确定”，即可将视图样板应用于当前视图（图 2.4-43）。

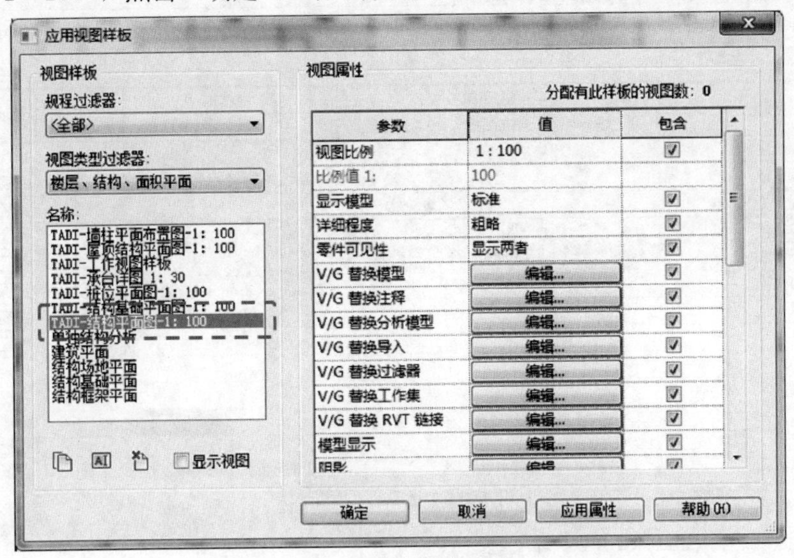

图 2.4-43

应用视图样板时，还可以在“属性”窗口中点击“视图样板”右侧的按钮（图 2.4-44），同样可以弹出“应用视图样板”对话框，用户可选择需要的视图样板并使用。但是这种方法会使视图样板中的参数（如可见性/图形替换）无法直接修改（图 2.4-45），导致视图调整的灵活性变差，故不建议用此方法应用视图样板。

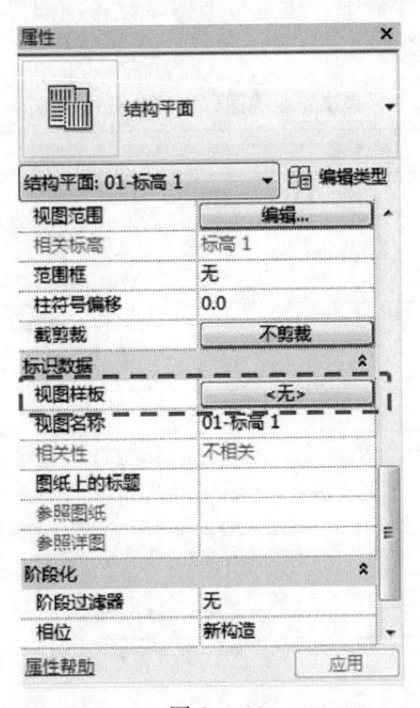

图 2.4-44

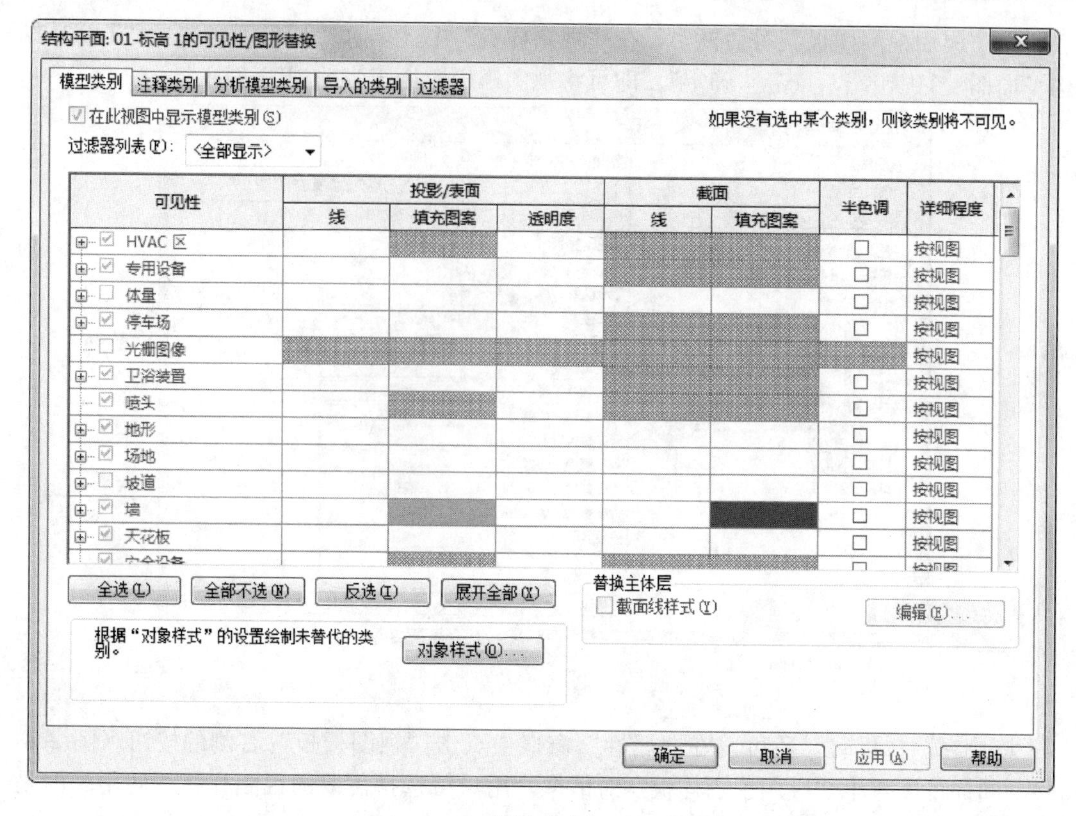

图 2.4-45

2. 本书建筑与结构专业视图样板内容

在本书光盘提供的项目样板中，建筑与结构专业各视图样板的参数设置如下：

（1）建筑专业（表 2.4-2）

建筑专业视图样板的参数设置　　**表 2.4-2**

名称	说明
TADI-A-平面图-1∶100	
视图比例	1∶100
比例值	数值锁定不可选
显示模型	标准
详细程度	中等
零件可见性	显示两者
V/G 替换模型	勾选截面线样式：设置功能结构【1】线宽为 6，功能保温层/空气层【3】线宽为 1；不勾选天花板、楼板；结构基础：投影/表面填充图案为实体填充、颜色为 RGB 128-128-128；柱、结构柱：截面填充图案为实体填充、颜色为黑色
V/G 替换注释	不勾选参照平面、参照点、参照线
V/G 替换分析模型	全关
V/G 替换导入	勾选需要显示的导入的图元
V/G 替换过滤器	维持原状

续表

名称	说明
V/G 替换工作集	维持原状
V/G 替换 RVT 链接	勾选需要显示的 RVT 链接
模型显示	隐藏线
阴影	维持原状
勾绘线	维持原状
照明	维持原状
摄影曝光	维持原状
基线方向	平面
视图范围	视平面情况调整
方向	项目北
阶段过滤器	全部显示
规程	协调
显示隐藏线	按规程
颜色方案位置	背景
颜色方案	无
系统颜色方案	维持原状
截剪裁	不剪裁
阶段分类	维持原状，将“包含”选项的“√”去掉
所有者	维持原状，将“包含”选项的“√”去掉
系统名称	维持原状
专业及所有者	维持原状
TADI-A-立面图-1：100	
视图比例	1：100
比例值	数值锁定不可选
显示模型	标准
详细程度	中等
零件可见性	显示两者
V/G 替换模型	维持原状
V/G 替换注释	不勾选参照平面、参照点、参照线
V/G 替换分析模型	全关
V/G 替换导入	勾选需要显示的导入的图元
V/G 替换过滤器	维持原状
V/G 替换工作集	维持原状
V/G 替换 RVT 链接	勾选需要显示的 RVT 链接
模型显示	隐藏线
阴影	维持原状

续表

名称	说明
勾绘线	维持原状
照明	维持原状
摄影曝光	维持原状
背景	维持原状
远剪裁	不剪裁
阶段过滤器	全部显示
规程	协调
显示隐藏线	按规程
颜色方案位置	背景
颜色方案	无
阶段分类	维持原状，将“包含”选项的“√”去掉
所有者	维持原状，将“包含”选项的“√”去掉
系统名称	维持原状
专业及所有者	维持原状
TADI-A-剖面图-1：100	
视图比例	1：100
比例值	数值锁定不可选
显示模型	标准
详细程度	中等
零件可见性	显示两者
V/G替换模型	勾选截面线样式：设置功能结构【1】线宽为6，功能保温层/空气层【3】线宽为1；柱、结构柱、楼板、结构框架：截面填充图案为实体填充、颜色为黑色
V/G替换注释	不勾选参照平面、参照点、参照线
V/G替换分析模型	全关
V/G替换导入	勾选需要显示的导入的图元
V/G替换过滤器	维持原状
V/G替换工作集	维持原状
V/G替换RVT链接	勾选需要显示的RVT链接
模型显示	隐藏线
阴影	维持原状
勾绘线	维持原状
照明	维持原状
摄影曝光	维持原状
背景	维持原状
远剪裁	剪裁时无截面线
阶段过滤器	全部显示

续表

名称	说明
规程	协调
显示隐藏线	按规程
颜色方案位置	背景
颜色方案	无
阶段分类	维持原状，将“包含”选项的“√”去掉
所有者	维持原状，将“包含”选项的“√”去掉
系统名称	维持原状
专业及所有者	维持原状
TADI-A-卫生间详图-1：50	
视图比例	1：50
比例值	数值锁定不可选
显示模型	标准
详细程度	精细
零件可见性	显示两者
V/G 替换模型	勾选截面线样式：设置功能结构【1】线宽为 6，功能保温层/空气层【3】线宽为 1；不勾选天花板、楼板
V/G 替换注释	不勾选参照平面、参照点、参照线
V/G 替换分析模型	全关
V/G 替换导入	勾选需要显示的导入的图元
V/G 替换过滤器	维持原状
V/G 替换工作集	维持原状
V/G 替换 RVT 链接	勾选需要显示的 RVT 链接
模型显示	隐藏线
阴影	维持原状
勾绘线	维持原状
照明	维持原状
摄影曝光	维持原状
基线方向	平面
视图范围	视平面情况调整
方向	项目北
阶段过滤器	全部显示
规程	协调
显示隐藏线	按规程
颜色方案位置	背景
颜色方案	无
系统颜色方案	维持原状
截剪裁	不剪裁

续表

名称	说明
阶段分类	维持原状，将“包含”选项的“√”去掉
所有者	维持原状，将“包含”选项的“√”去掉
系统名称	维持原状
专业及所有者	维持原状
TADI-A-楼梯间详图（平面）-1∶50	
视图比例	1∶50
比例值	数值锁定不可选
显示模型	标准
详细程度	精细
零件可见性	显示两者
V/G 替换模型	结构框架：截面实体填充 RGB 128-128-128 勾选截面线样式：设置功能结构【1】线宽为 6，功能保温层/空气层【3】线宽为 1；不勾选天花板、楼板
V/G 替换注释	不勾选参照平面、参照点、参照线
V/G 替换分析模型	全关
V/G 替换导入	勾选需要显示的导入的图元
V/G 替换过滤器	维持原状
V/G 替换工作集	维持原状
V/G 替换 RVT 链接	维持原状
模型显示	隐藏线
阴影	维持原状
勾绘线	维持原状
照明	维持原状
摄影曝光	维持原状
基线方向	平面
视图范围	视平面情况调整
方向	项目北
阶段过滤器	全部显示
规程	协调
显示隐藏线	按规程
颜色方案位置	背景
颜色方案	无
系统颜色方案	维持原状
截剪裁	不剪裁
阶段分类	维持原状，将“包含”选项的“√”去掉
所有者	维持原状，将“包含”选项的“√”去掉
系统名称	维持原状
专业及所有者	维持原状

续表

名称	说明
TADI-A-楼梯间详图（剖面）-1∶50	
视图比例	1∶100
比例值	数值锁定不可选
显示模型	标准
详细程度	精细
零件可见性	显示两者
V/G 替换模型	勾选截面线样式：设置功能结构【1】线宽为 6，功能保温层/空气层【3】线宽为 1
V/G 替换注释	不勾选参照平面、参照点、参照线
V/G 替换分析模型	全关
V/G 替换导入	勾选需要显示的导入的图元
V/G 替换过滤器	维持原状
V/G 替换工作集	维持原状
V/G 替换 RVT 链接	勾选需要显示的 RVT 链接
模型显示	隐藏线
阴影	维持原状
勾绘线	维持原状
照明	维持原状
摄影曝光	维持原状
背景	维持原状
远剪裁	剪裁时无截面线
阶段过滤器	全部显示
规程	协调
显示隐藏线	按规程
颜色方案位置	背景
颜色方案	无
阶段分类	维持原状，将“包含”选项的“√”去掉
所有者	维持原状，将“包含”选项的“√”去掉
系统名称	维持原状
专业及所有者	维持原状
TADI-A-外檐详图-1∶20	
视图比例	1∶20
比例值	数值锁定不可选
显示模型	标准
详细程度	精细
零件可见性	显示两者
V/G 替换模型	勾选截面线样式：设置功能结构【1】线宽为 6，功能保温层/空气层【3】线宽为 1

续表

名称	说明
V/G 替换注释	不勾选参照平面、参照点、参照线
V/G 替换分析模型	全关
V/G 替换导入	勾选需要显示的导入的图元
V/G 替换过滤器	维持原状
V/G 替换工作集	维持原状
V/G 替换 RVT 链接	勾选需要显示的 RVT 链接
模型显示	隐藏线
阴影	维持原状
勾绘线	维持原状
照明	维持原状
摄影曝光	维持原状
背景	维持原状
远剪裁	剪裁时无截面线
阶段过滤器	全部显示
规程	协调
显示隐藏线	按规程
颜色方案位置	背景
颜色方案	无
阶段分类	维持原状，将“包含”选项的“√”去掉
所有者	维持原状，将“包含”选项的“√”去掉
系统名称	维持原状
专业及所有者	维持原状

（2）结构专业（表 2.4-3）

结构专业视图样板的参数设置　　**表 2.4-3**

名称	说明
TADI-结构平面图-1：100	
视图比例	1：100
比例值	数值锁定不可选
显示模型	标准
详细程度	粗略
零件可见性	显示两者
V/G 替换模型	墙：2 号黑色实线 实体填充 RGB 120-120-120 结构柱：2 号黑色实线 黑色实体填充 结构框架中的“其他”子类别：6 号黑色实线 关闭结构框架中“定位线”子类别
V/G 替换注释	维持原状

续表

名称	说明
V/G 替换分析模型	全关
V/G 替换导入	勾选需要显示的导入的图元
V/G 替换过滤器	维持原状
V/G 替换 RVT 链接	维持原状
模型显示	隐藏线
阴影	维持原状
勾绘线	维持原状
照明	维持原状
摄影曝光	维持原状
基线方向	平面
视图范围	视平面情况调整
方向	项目北
阶段过滤器	全部显示
规程	结构
显示隐藏线	按规程
颜色方案位置	背景
颜色方案	无
系统颜色方案	维持原状
截剪裁	不剪裁
阶段分类 所有者	维持原状，将“包含”选项的“√”去掉
TADI-墙柱平面布置图-1：100	
视图比例	1：100
比例值	数值锁定不可选
显示模型	标准
详细程度	中等
零件可见性	显示两者
V/G 替换模型	墙：投影/表面 实体填充 RGB 180-180-180 截面：实体填充 RGB 120-120-120 结构柱：黑色实体填充 仅显示墙、结构柱、详图项目与线
V/G 替换注释	维持原状
V/G 替换分析模型	全关
V/G 替换导入	勾选需要显示的导入的图元
V/G 替换过滤器	维持原状
V/G 替换 RVT 链接	维持原状
模型显示	隐藏线

续表

名称	说明
阴影	维持原状
勾绘线	维持原状
照明	维持原状
摄影曝光	维持原状
基线方向	平面
视图范围	视平面情况调整
方向	项目北
阶段过滤器	全部显示
规程	结构
显示隐藏线	按规程
颜色方案位置	背景
颜色方案	无
系统颜色方案	维持原状
截剪裁	不剪裁
阶段分类 所有者	维持原状，将“包含”选项的“√”去掉
TADI-结构基础平面图-1：100	
视图比例	1：100
比例值	数值锁定不可选
显示模型	标准
详细程度	中等
零件可见性	显示两者
V/G 替换模型	墙：实体填充 RGB 90-90-90 结构柱：黑色实体填充 关闭结构框架中“定位线”子类别
V/G 替换注释	维持原状
V/G 替换分析模型	全关
V/G 替换导入	勾选需要显示的导入的图元
V/G 替换过滤器	维持原状
V/G 替换 RVT 链接	维持原状
模型显示	隐藏线
阴影	维持原状
勾绘线	维持原状
照明	维持原状
摄影曝光	维持原状
基线方向	平面

续表

名称	说明
视图范围	视平面情况调整
方向	项目北
阶段过滤器	全部显示
规程	结构
显示隐藏线	按规程
颜色方案位置	背景
颜色方案	无
系统颜色方案	维持原状
截剪裁	不剪裁
阶段分类 所有者	维持原状，将“包含”选项的“√”去掉
TADI-屋顶结构平面图-1：100	
视图比例	1∶100
比例值	数值锁定不可选
显示模型	标准
详细程度	中等
零件可见性	显示两者
V/G 替换模型	墙、柱：6 号黑色实线 关闭结构框架中“定位线”子类别
V/G 替换注释	维持原状
V/G 替换分析模型	全关
V/G 替换导入	勾选需要显示的导入的图元
V/G 替换过滤器	维持原状
V/G 替换 RVT 链接	维持原状
模型显示	隐藏线
阴影	维持原状
勾绘线	维持原状
照明	维持原状
摄影曝光	维持原状
基线方向	平面
视图范围	视平面情况调整
方向	项目北
阶段过滤器	无
规程	结构
显示隐藏线	按规程
颜色方案位置	背景

续表

名称	说明
颜色方案	无
系统颜色方案	维持原状
截剪裁	不剪裁
阶段分类 所有者	维持原状，将“包含”选项的“√”去掉
TADI-桩位平面图-1：100	
视图比例	1：100
比例值	数值锁定不可选
显示模型	标准
详细程度	粗略
零件可见性	显示原状态
V/G 替换模型	仅显示线、结构基础和详图项目
V/G 替换注释	维持原状
V/G 替换分析模型	全关
V/G 替换导入	勾选需要显示的导入的图元
V/G 替换过滤器	维持原状
V/G 替换 RVT 链接	维持原状
模型显示	隐藏线
阴影	维持原状
勾绘线	维持原状
照明	维持原状
摄影曝光	维持原状
基线方向	平面
视图范围	视平面情况调整
方向	项目北
阶段过滤器	全部显示
规程	结构
显示隐藏线	全部
颜色方案位置	背景
颜色方案	无
系统颜色方案	维持原状
截剪裁	不剪裁
阶段分类 所有者	维持原状，将“包含”选项的“√”去掉
TADI-承台详图 1：30	
视图比例	自定义

续表

名称	说明
比例值	1∶30
显示模型	标准
详细程度	粗略
零件可见性	显示两者
V/G 替换模型	仅显示结构柱、结构基础和线 结构柱白色实体填充
V/G 替换注释	维持原状
V/G 替换分析模型	全关
V/G 替换导入	勾选需要显示的导入的图元
V/G 替换过滤器	维持原状
V/G 替换 RVT 链接	维持原状
模型显示	隐藏线
阴影	维持原状
勾绘线	维持原状
照明	维持原状
摄影曝光	维持原状
基线方向	平面
视图范围	视平面情况调整
方向	项目北
阶段过滤器	全部显示
规程	结构
显示隐藏线	按规程
颜色方案位置	背景
颜色方案	无
系统颜色方案	维持原状
截剪裁	不剪裁
阶段分类 所有者	维持原状，将“包含”选项的“√”去掉
TADI-剖面图 1∶20	
视图比例	1∶20
比例值	数值锁定不可选
显示模型	标准
详细程度	中等
零件可见性	显示两者
V/G 替换模型	楼板白色实体填充 结构钢筋 5 号黑色实线

续表

名称	说明
V/G 替换注释	维持原状
V/G 替换分析模型	全关
V/G 替换导入	勾选需要显示的导入的图元
V/G 替换过滤器	维持原状
V/G 替换 RVT 链接	维持原状
模型显示	隐藏线
阴影	维持原状
勾绘线	维持原状
照明	维持原状
摄影曝光	维持原状
背景	维持原状
远剪裁	剪裁时无截面线
阶段过滤器	全部显示
规程	结构
显示隐藏线	按规程
颜色方案位置	背景
颜色方案	无
阶段分类 所有者	维持原状，将“包含”选项的“√”去掉
TADI-承台剖面图 1∶30	
视图比例	自定义
比例值	1∶30
显示模型	标准
详细程度	粗略
零件可见性	显示原状态
V/G 替换模型	仅显示线、结构基础、结构柱和结构钢筋 结构钢筋 5 号黑色实线
V/G 替换注释	维持原状
V/G 替换分析模型	全关
V/G 替换导入	勾选需要显示的导入的图元
V/G 替换过滤器	维持原状
V/G 替换 RVT 链接	维持原状
模型显示	隐藏线
阴影	维持原状
勾绘线	维持原状
照明	维持原状

续表

名称	说明
摄影曝光	维持原状
背景	维持原状
远剪裁	剪裁时无截面线
阶段过滤器	全部显示
规程	结构
显示隐藏线	按规程
颜色方案位置	背景
颜色方案	无
阶段分类 所有者	维持原状，将“包含”选项的“✓”去掉
TADI-工作视图样板-三维	
视图比例	1：100
比例值	数值锁定不可选
详细程度	精细
零件可见性	显示两者
V/G 替换模型	楼板 实体填充 RGB 128-128-255 透明度 23% 结构基础 实体填充 RGB 255-128-064 结构柱 黑色实体填充 结构框架 青色实体填充
V/G 替换注释	维持原状
V/G 替换分析模型	全关
V/G 替换导入	勾选需要显示的导入的图元
V/G 替换过滤器	暗柱过滤器 实体填充 RGB 255-128-255 基础底板过滤器 实体填充 RGB 128-128-255 基坑过滤器 实体填充 RGB 128-000-064 外檐过滤器 实体填充 RGB 255-128-128 桩过滤器 实体填充 RGB 000-128-128
V/G 替换 RVT 链接	维持原状
模型显示	隐藏线
阴影	维持原状
勾绘线	维持原状
照明	维持原状
摄影曝光	维持原状
背景	维持原状
阶段过滤器	全部显示
规程	协调

续表

名称	说明
显示隐藏线	按规程
渲染设置	维持原状
阶段分类 所有者	维持原状，将“包含”选项的“√”去掉

提示：“V/G 替换工作集”与“V/G 替换 RVT 链接”选项仅在项目中存在链接文件及工作集时才会显示，用户可在完成链接文件及创建工作集的操作之后对其中的参数进行设置。

2.4.5　视图组织管理

1. 视图目录树的相关事项和视图目录树的建立

在工作过程中，会根据视图的阶段、不同使用者而产生大量的视图。视图过多会造成组织混乱、不易管理等弊端。所以有必要对视图进行分类，便于查看和管理。本项目样板中的视图目录树分为两级，第一级为阶段分类，第二级为所有者。

阶段分类包含“01. 查看模型”，“02. 工作模型”，“03. 出图模型”，“04. 补充文件”四个阶段，专业负责人与设计人必须严格将视图归于指定阶段分类下。

“01. 查看模型”：用于存放土建各专业校审人员及各专业间查看的图纸。

“02. 工作模型”：用于各专业设计人建立模型使用。设计人可在此视图中进行编辑图元的操作。由于软件的限制，为确保工作中不相互占用工作视图，此视图集禁止非本人访问及在视图中进行添加、删除或编辑图元等操作。

“03. 出图模型”：用于存放各专业已完成、等待拼图的视图，进行标注、注释等工作。图中应包含所有图元及相应的标注、注释和图纸标题，图纸说明文字应在出图时以图例的方式插入图纸，不可直接放入出图模型中。此阶段模型须完成视图样板的应用，若需要裁剪视图，必须将裁剪框隐藏。

“04. 补充文件”：用于存放链接文件、导入文件的视图，如 DWG 格式说明、流程、图片、PDF 等非 Revit 文件。

“01. 查看模型”中的视图仅用于查看模型与进行视图复制，严禁在视图中进行编辑操作，包括图元和视图可见性的编辑。如需对视图中的图元进行编辑，需将“01. 查看模型”中的视图复制并归入“02. 工作模型”目录下。

“所有者”参数根据工作前专业负责人与设计人的商定分为 A，A-01，A-02……（结构为 S，S-01，S-02……），每位设计人必须牢记自己的代号，并在复制查看视图中工作所需视图后，将视图归入自己代号下的子目录中。“01. 查看模型”，“03. 出图模型”与“04. 补充文件”中视图的所有者均为“S”。“02. 工作模型”中根据所有者对视图进行二级分类。

视图目录树是通过视图的项目参数与视图浏览器组织结合建立的。首先要完成视图项目参数的定义（见 2.4.8 节），使项目参数成为视图的限制条件，然后在浏览器组织方式中根据项目参数中的关键字进行逐级分组。

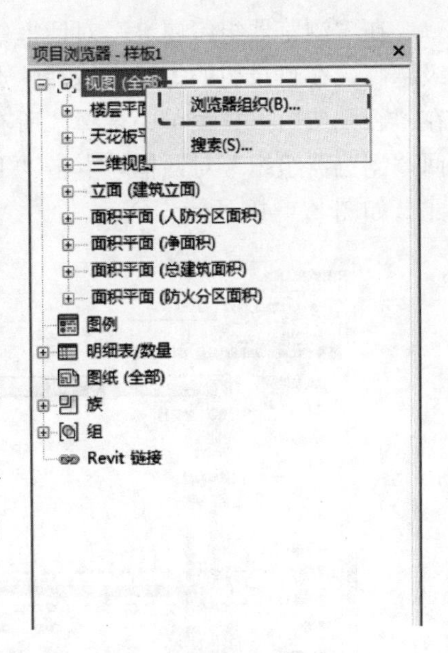

图 2.4-46

视图要在正确设置限制条件的情况下才能正确进行归类，在确定阶段分类后，严禁在“阶段分类”参数中添加新的项目。“所有者”项目参数可以根据设计人人数的调整进行项目数的更改。若复制已经定义好参数的视图，则复制视图与被复制视图的参数相同。若视图是软件自动生成的（如剖面图、详图等），则所有限制条件均默认为空，并归入“???”目录，用户需要手动设置限制条件并归入相应的目录中。

完成视图归类后，对视图也要以“阶段-视图名称-备注”的规则进行命名，其中“备注”一项可选填。Revit 中视图不能出现重名的现象，例如当不同设计人需要使用同一视图时，“备注”可填写设计人的代号。

2. 视图目录树的创建

（1）建立视图浏览器

完成相关项目参数的设置，右键点击“项目浏览器”中“视图（全部）”，点击“浏览器组织”，弹出“浏览器组织”对话框（图 2.4-46）。

在“浏览器组织”对话框中，点击“视图”选项卡下的“新建”按钮，弹出“创建新的浏览器组织”对话框。输入浏览器组织名称 TADI-A（结构专业为 TADI-S），点击“确定”，弹出“浏览器组织属性”对话框，如图 2.4-47 所示。

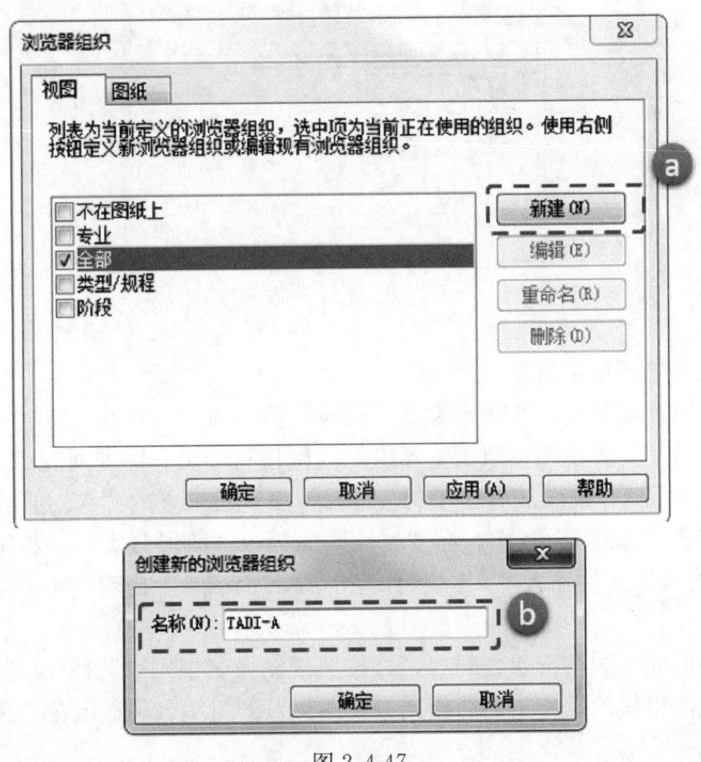

图 2.4-47

在“浏览器组织属性”对话框中，切换至“成组和排序”选项卡。在成组条件中的等级越高，在目录树的等级也越高。点击“成组条件”右侧的下拉菜单，选择“阶段分类”；在“否则按”下拉菜单中选择“所有者”，点击“确定”，完成浏览器组织属性的配置，返回“浏览器组织”对话框，点击“TADI-A”复选框，点击“确定”完成浏览器组织的创建。如图 2.4-48 所示。

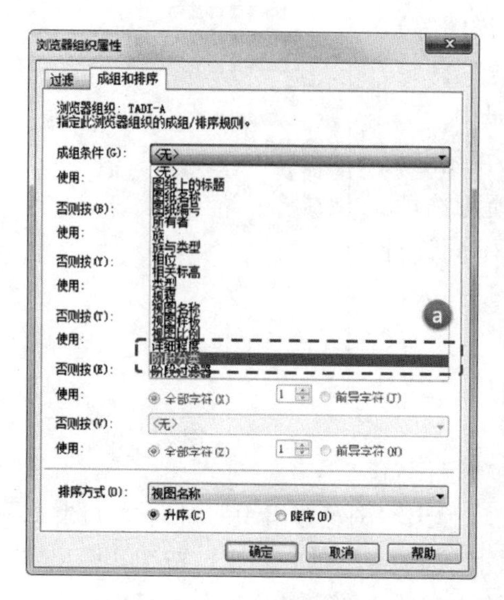

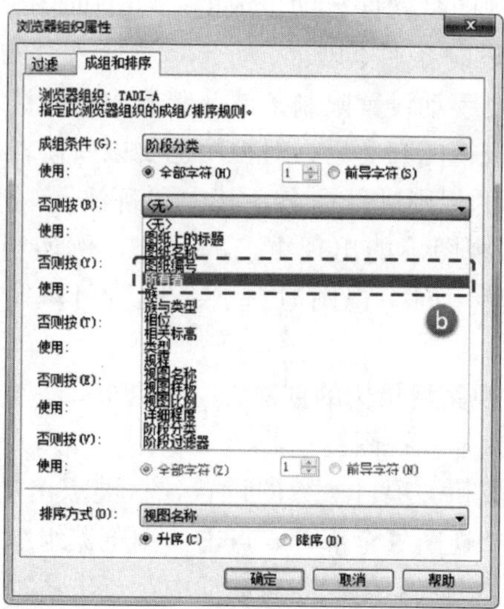

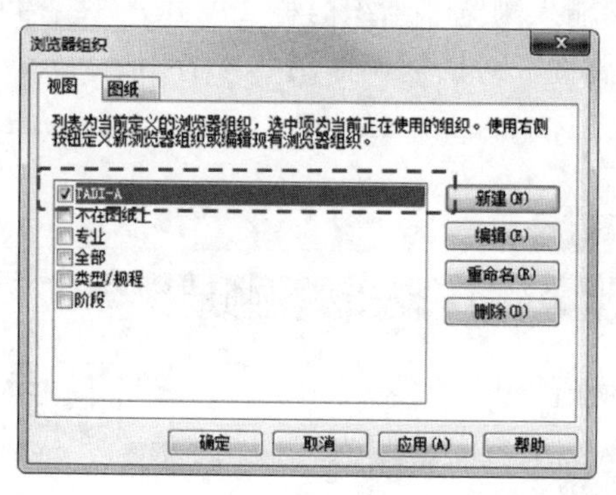

图 2.4-48

（2）将视图放置于指定目录

完成视图浏览器配置后，所有未定义“阶段分类”和“所有者”参数的视图都被归于“???”目录下。若需要将视图按照浏览器组织规则进行分类，需要对视图参数进行设置。例如，需要把“标高 1”视图放置于“01. 查看模型”目录下的“A”子目录中，在“项目浏览器”中点选“标高 1”视图，在“属性”面板中“阶段分类”一栏输入“01. 查看模型”，在“所有者”一栏输入“A”，操作完毕后，“标高 1”自动归入所需目录下。如图 2.4-49 所示。

将其他视图以此方法进行参数配置，并按照视图命名规则“阶段-视图名称-备注”进行命名，完成视图组织的操作，当前使用的视图浏览器组织名称显示在“视图”字段的右侧（图 2.4-50）。

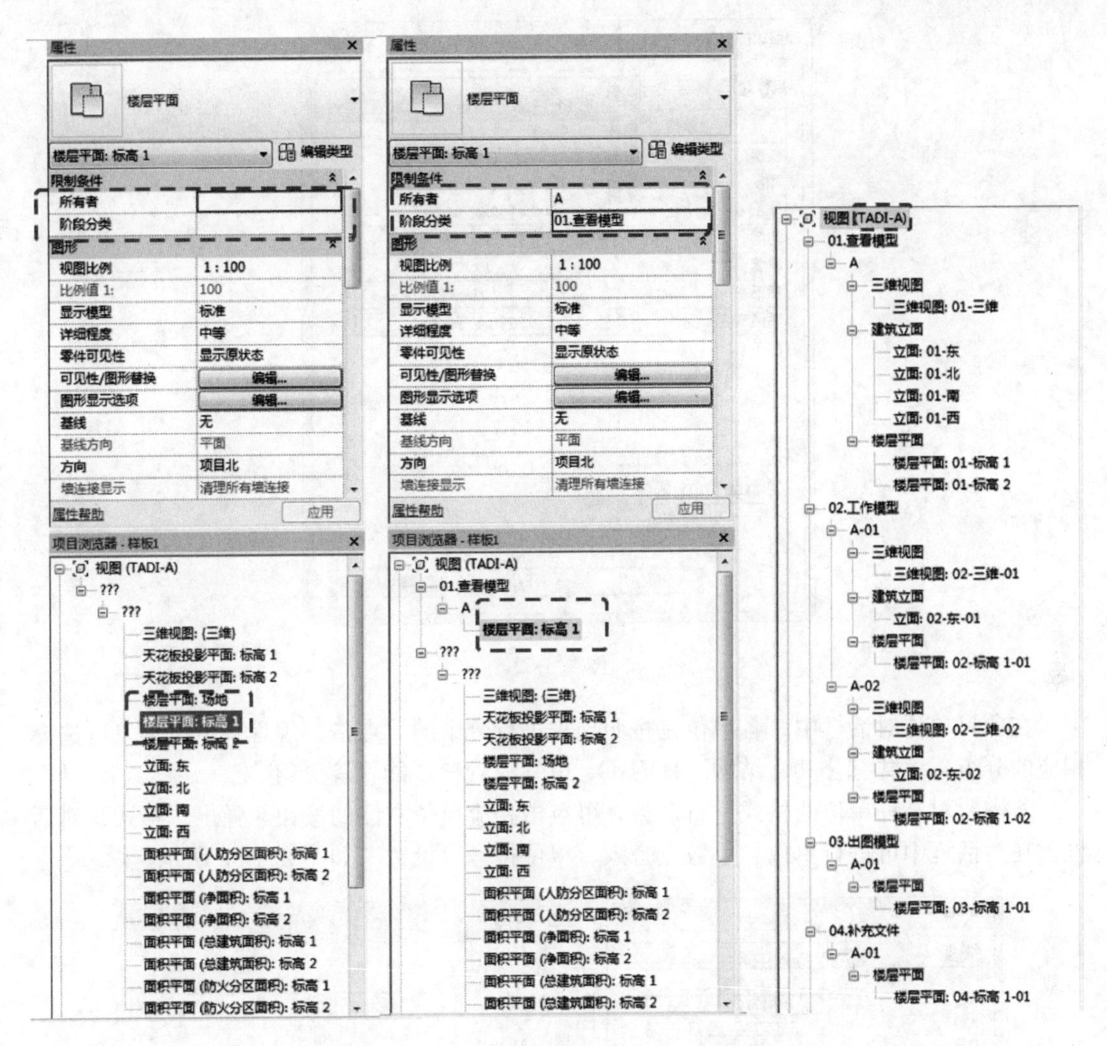

图 2.4-49　　　　图 2.4-50

2.4.6　项目单位

项目单位规定了项目中使用的统一单位，如公制：米，厘米，毫米；英制：英寸、英尺等，用户可根据需要使用“项目单位”命令进行设置。

点击“管理”选项卡下的“项目单位”按钮（图 2.4-51），弹出“项目单位”对话框（图 2.4-52）。

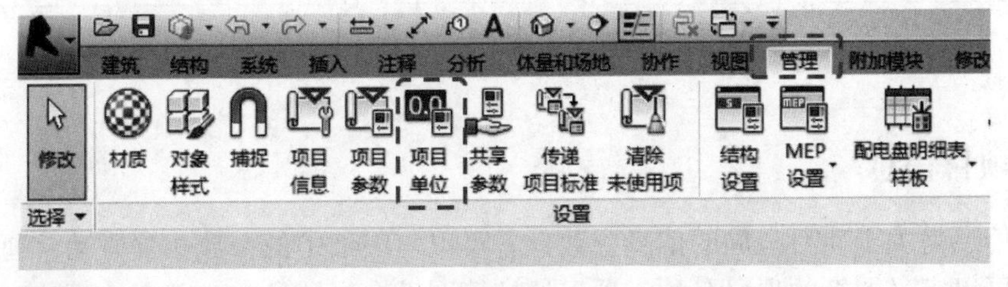

图 2.4-51

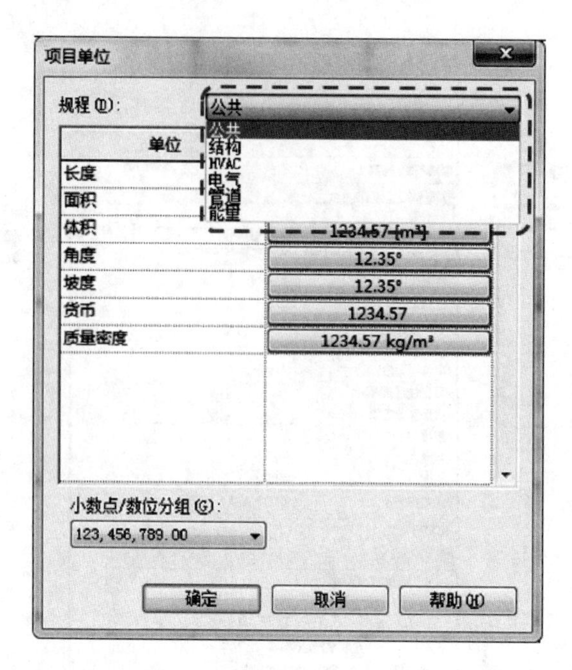

图 2.4-52

在项目单位对话框中，各单位是按照规程进行分组的。点击“规程”下拉菜单可选择相应的分组，一共有公共、结构、HVAC、电气、管道、能量等分组。

若需要对某种单位的格式进行调整，可点击相应单位右侧的按钮，弹出“格式”对话框。在对话框中可进行单位、小数点舍入、单位符号等设置。如图 2.4-53 所示。

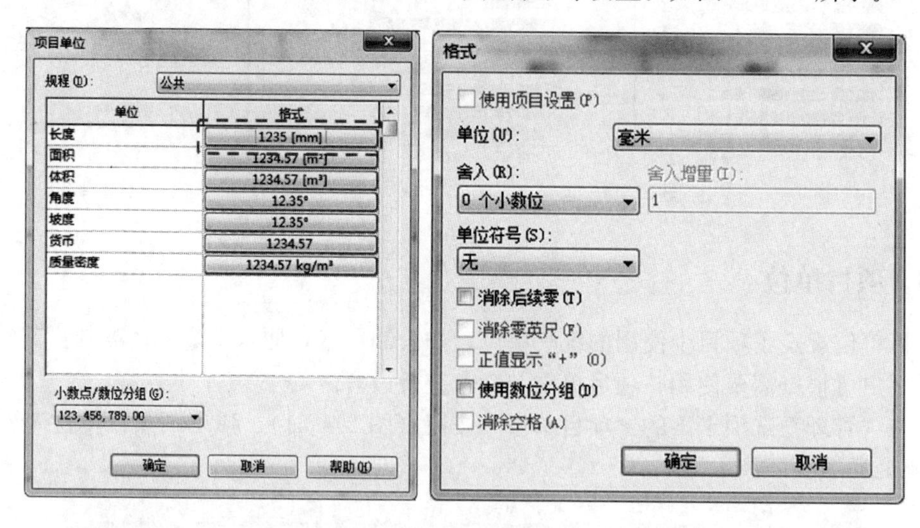

图 2.4-53

2.4.7　项目信息

项目信息是关于项目全局的信息参数，它可以与图纸中的参数相互联动。通过修改项目信息，可以定义图纸的项目名称、项目地址等图纸全局性参数，并直接反映到图纸图签上。用户可以使用默认的项目信息参数，也可以添加自定义的项目信息参数。

若需要查看项目信息，可点击“管理”选项卡下的“项目信息”按钮，在“项目属性”对话框中查看。如图 2.4-54 所示。

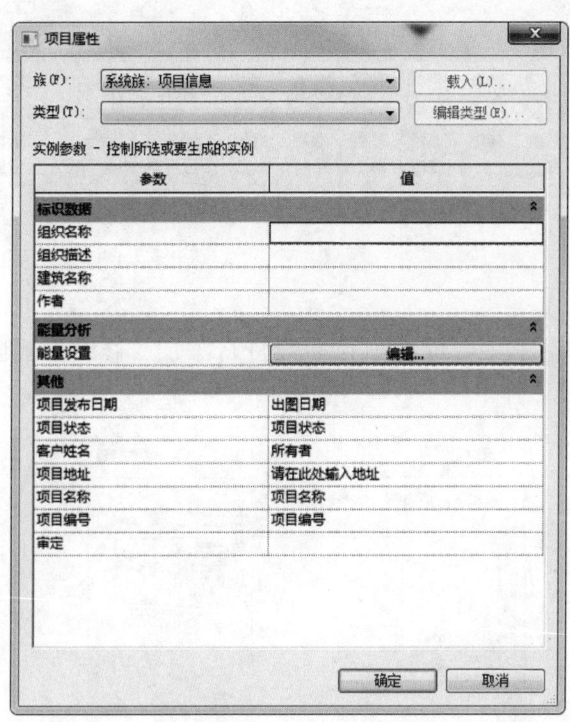

图 2.4-54

项目信息中的内容可以通过设置参数与图纸中的图签进行联动，具体详见 2.4.12 节图框与图签部分。

2.4.8　项目参数及共享参数

1. 项目参数及共享参数的意义

项目参数是图元的信息容器，通过定义项目参数可以定义图元的各种特性。这些特性可以应用于图纸图框的联动以及项目浏览器的组织。定义项目参数可以使用户按照自己的计划对视图、图纸等图元进行管理，增加了项目管理的灵活性。

项目信息和项目参数是针对项目本身的特定管理信息进行组织和记录的设置，其中的内容包含了项目发布日期、项目状态、客户信息、项目地址、项目名称、项目编号、项目负责人、审核、校正等信息。

项目参数只能应用于项目内部，若想将参数应用于多个项目，可将参数定义为共享参数。其他项目可将该共享参数导入并进行自定义，实现参数的共享。

2. 项目参数的创建和定义

在项目参数的定义过程中，需要设置参数的名称、类型和类别等条件，且可以为项目参数选择多个类别。本部分以本书项目样板中视图的“所有者”项目参数为例，介绍创建项目参数的操作过程。

若要创建项目参数，点击“管理”选项卡中“项目参数”按钮（图2.4-55），弹出“项目参数”对话框。

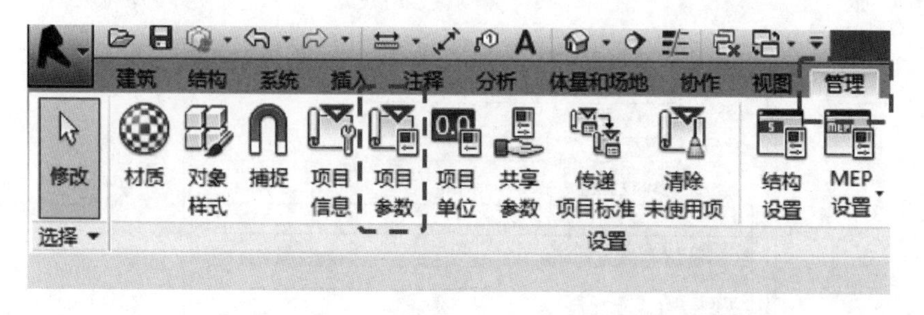

图2.4-55

在“项目参数”对话框中，可对项目参数进行添加、修改和删除等操作（图2.4-56）。点击“添加”按钮，弹出“参数属性”对话框（图2.4-57）。

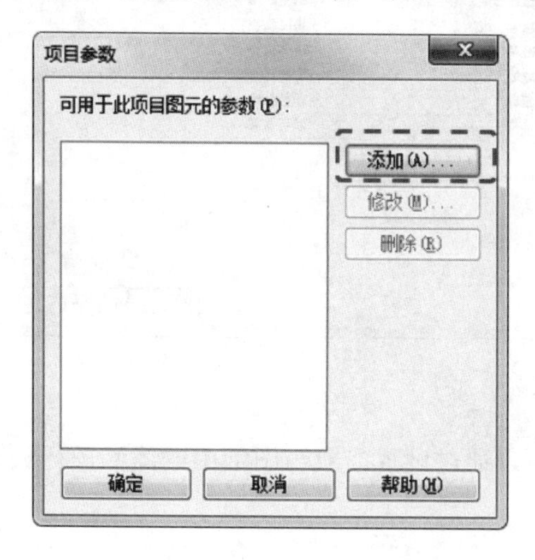

图2.4-56

在“参数属性”对话框中，可以定义项目参数的各种条件。在“参数类型”栏目中选择“项目参数”，“名称”栏目可输入参数的名称，如“所有者”。由于此参数与专业无关，所以规程选择“公共”，参数类型选择“文字”，参数分组方式为参数所在组的标题，选择“限制条件”。“类别”为项目参数限制的图元的类别，由于“所有者”是视图的项目参数，所以找到“视图”并勾选复选框。由于不同视图拥有不同的所有者，故选择“实例”前的单选框。选择“按组类型对齐值”单选框。点击“确定”，完成参数属性的定义，返回“项目参数”对话框。如图2.4-57所示。

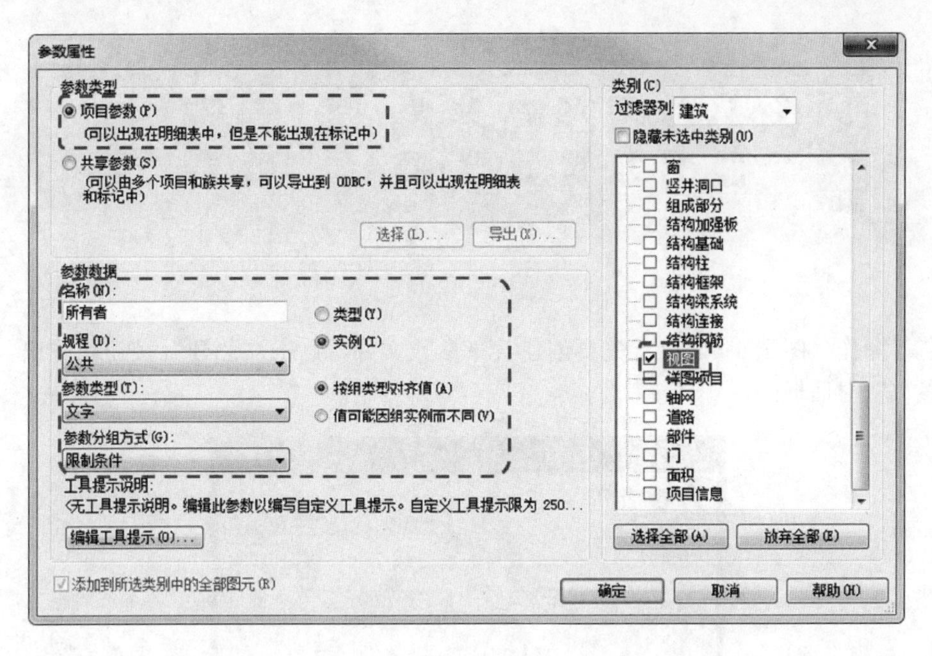

图 2.4-57

此时生成了“所有者”项目参数，用户可对参数的名称进行修改。再点击确定按钮，此时在视图的“属性”窗口中显示“所有者”项目参数（图 2.4-58），用户可在文本框中输入自行定义所有者的名称，如 A-01 等。本书光盘中的项目样板对于视图提供了“阶段分类”与“所有者”两个项目参数，对门、窗提供了“传热系数”、“气密性等级”、“抗结露因子”等项目参数，结合项目浏览器组织可实现视图和图纸的分类管理，此具体操作详见第 2.4.12 与 2.4.13 节。

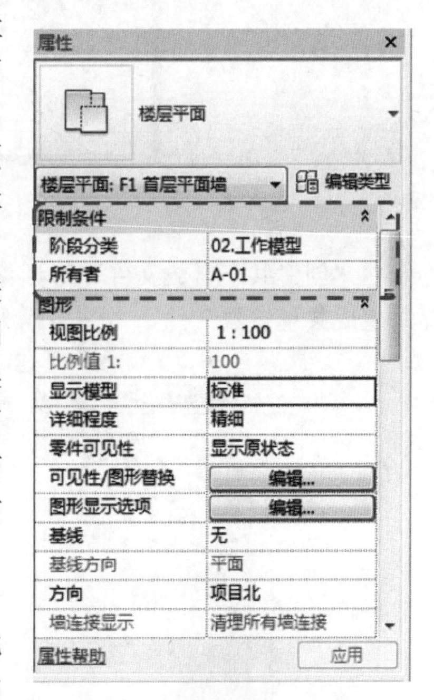

图 2.4-58

对于与图纸相关的项目参数可使用相同的方法进行创建。如果需要将参数加入至“项目信息”中，则可在类型选择中勾选“项目信息”前的复选框。如果某个参数需要同时关联“图纸”与“项目信息”，可在参数的类型选择中同时勾选“图纸”与“项目信息”前的复选框，即可将此参数设置为图纸与项目信息的参数并显示在相应位置。

3. 共享参数的创建与定义

若需要使不同项目都可以共享某一参数，可将此参数设为共享参数，再通过共享参数文件进行参数的导入操作，实现参数的共享。

点击“管理”选项卡“共享参数”按钮（图 2.4-59），弹出“编辑共享参数”对话框。

在“编辑共享参数”对话框中，可对共享参数与共享参数组的属性进行新建、删除和

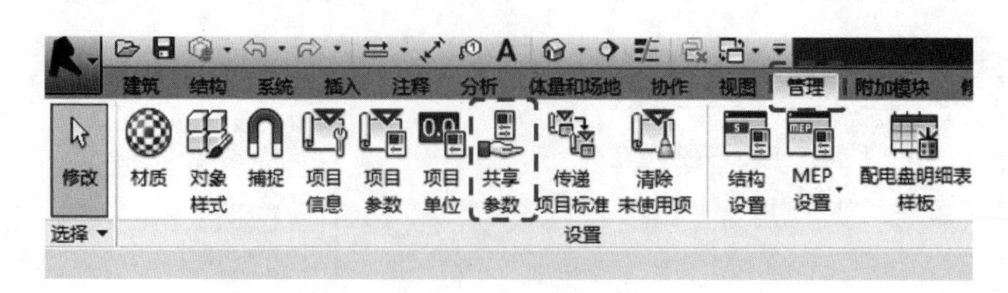

图 2.4-59

重命名等操作（图 2.4-60）。首先要创建共享参数文件，点击“创建”按钮，弹出“创建共享参数”对话框。

图 2.4-60

在“创建共享参数文件”对话框中，定义好共享参数文件的路径和文件名，点击“保存”生成共享参数文件，文件格式为 txt 格式（图 2.4-61）。

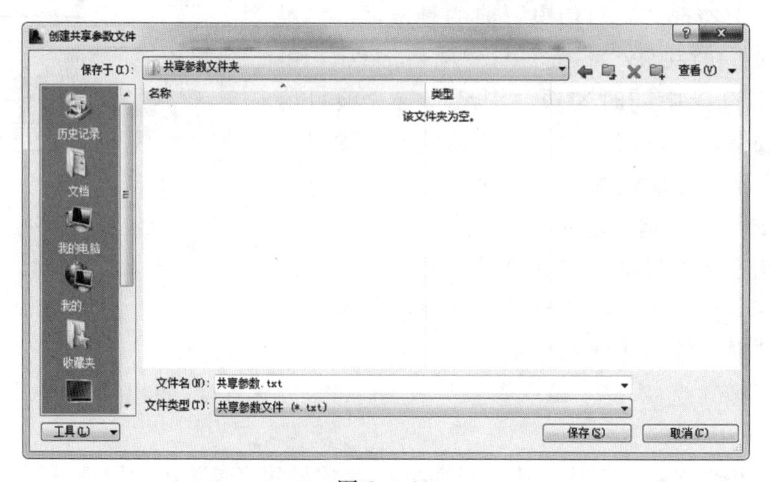

图 2.4-61

返回“编辑共享参数”对话框，创建共享参数组。点击“组”栏目下的“新建”按钮，弹出“新参数组”对话框，输入共享参数的组名，如“共享参数组”，点击“确定”（图 2.4-62）。

图 2.4-62

点击“参数”栏目下的“新建”按钮，弹出“参数属性”对话框，输入共享参数名称，如“新共享参数”，规程选择“公共”，参数类型选择“文字”，点击“确定”。再点击“确定”，退出“编辑共享参数”对话框。如图 2.4-63 所示。

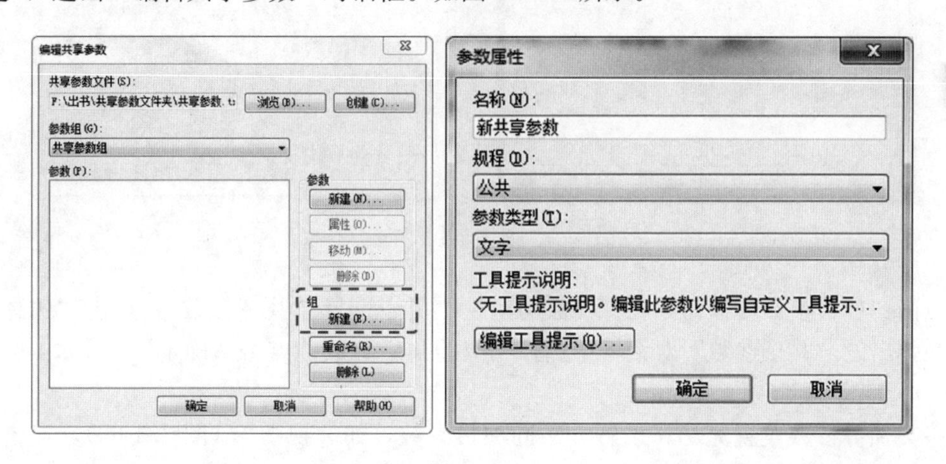

图 2.4-63

至此完成共享参数的定义，如果需要将此共享参数移至其他组，可点击“移动”按钮并选择目标组的名称（图 2.4-64）。

如需要将此参数应用于其他项目中，可在新的项目中点击共享参数按钮，在“编辑共享参数”对话框中选择“浏览”，在“创建共享参数”对话框中选择相应的共享参数文件，则其中的共享参数将会在列表中列出。如图 2.4-65 和图 2.4-66 所示。

图 2.4-64

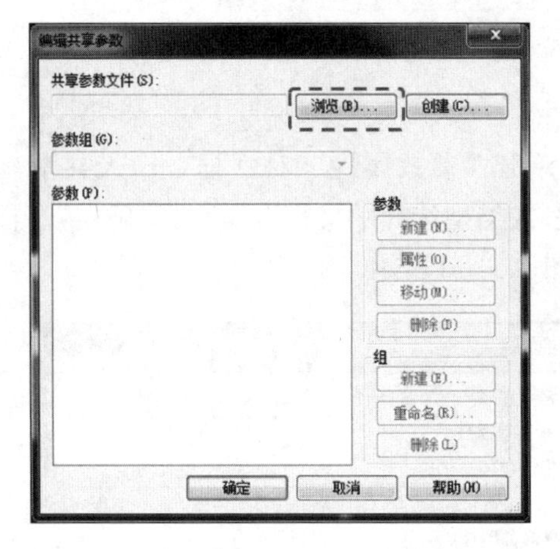

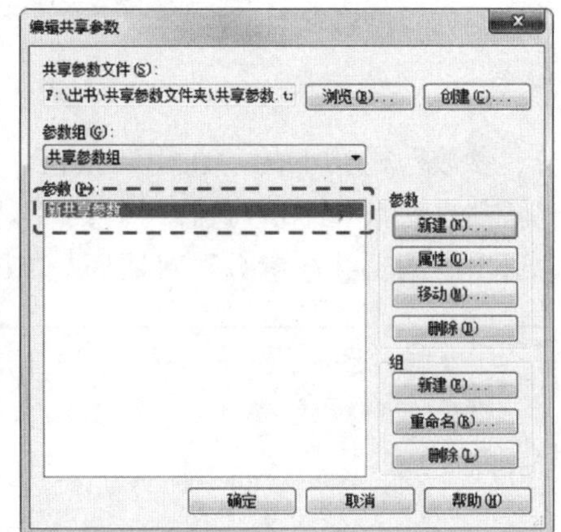

图 2.4-65

点击“项目参数”按钮，在“参数类型”栏目中选择“共享参数”，点击“选择”按钮，在弹出的“共享参数”对话框中选择相应的共享参数，点击“确定”(图 2.4-67，图 2.4-68)。

将类别等参数设置完毕，设置方法同项目参数，如“视图”(图 2.4-69)，点击“确定”，完成共享参数的应用，此参数显示在新项目视图属性窗口中(图 2.4-70)。

使用共享参数可以有效地减少参数定义的工作量，而且对于图框等外建族，还可以实现参数联动的效果。本书光盘中为图框提供了“TADI-分号”与“TADI-工程项目”两个共享参数，如果修改这两个参数，图框上相应位置的文字也会同时改变，其中“TADI-分号”参数也会与视图浏览器组织结合，实现对图纸的分类管理。此部分具体见 2.4.11 与 2.4.12 节。

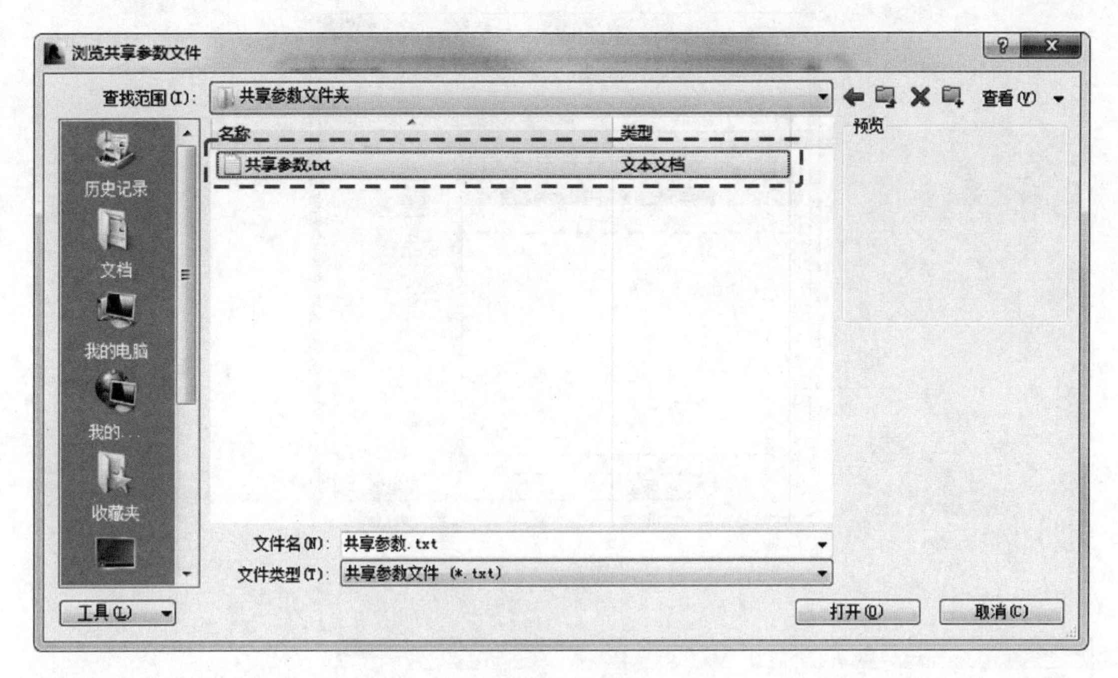
浏览共享参数文件
查找范围(I): 共享参数文件夹
查看(V)
名称
类型
共享参数.txt
文本文档
预览
历史记录
文档
我的电脑
我的...
收藏夹
文件名(N): 共享参数.txt
文件类型(T): 共享参数文件 (*.txt)
工具(L)
打开(O)
取消(C)

图 2.4-66

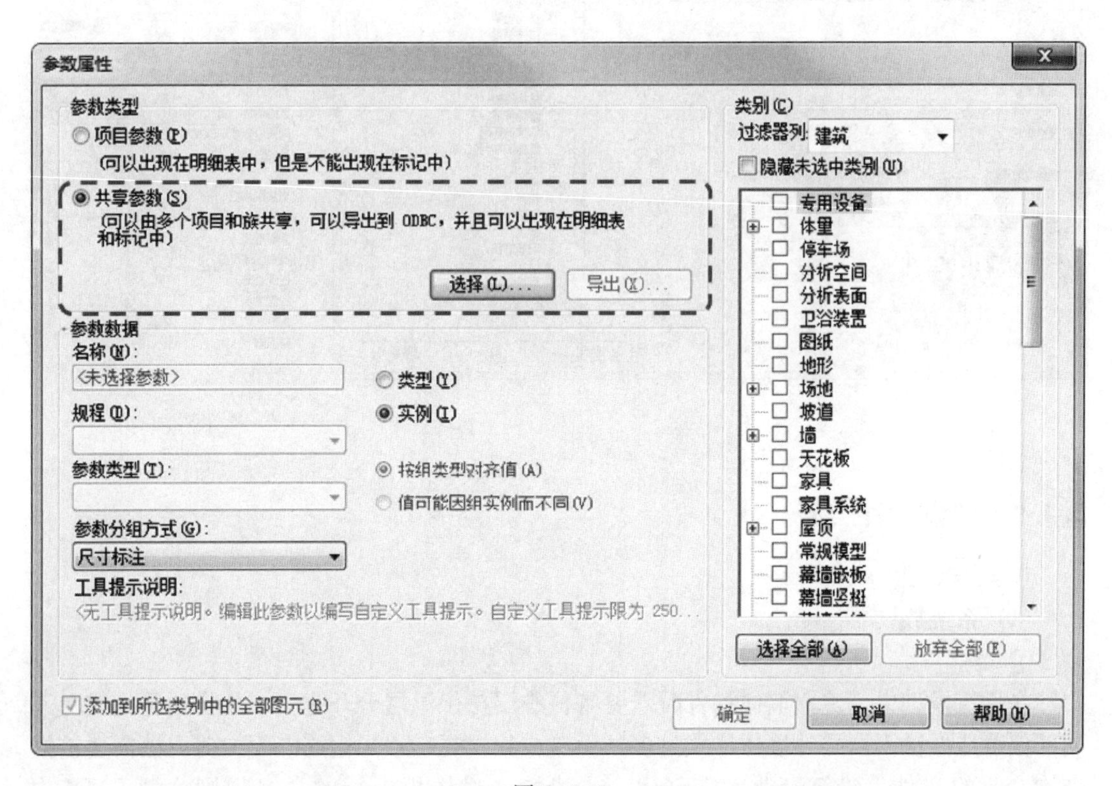
参数属性
参数类型
项目参数(P)
(可以出现在明细表中，但是不能出现在标记中)
共享参数(S)
(可以由多个项目和族共享，可以导出到 ODBC，并且可以出现在明细表和标记中)
选择(L)...
导出(X)...
参数数据
名称(N):
<未选择参数>
类型(Y)
实例(I)
规程(D):
参数类型(T):
按组类型对齐值(A)
值可能因组实例而不同(V)
参数分组方式(G):
尺寸标注
工具提示说明:
<无工具提示说明。编辑此参数以编写自定义工具提示。自定义工具提示限为 250...
添加到所选类别中的全部图元(R)
类别(C)
过滤器列: 建筑
隐藏未选中类别(U)
专用设备
体量
停车场
分析空间
分析表面
卫浴装置
图纸
地形
场地
坡道
墙
天花板
家具
家具系统
屋顶
常规模型
幕墙嵌板
幕墙竖梃
选择全部(A)
放弃全部(E)
确定
取消
帮助(H)

图 2.4-67

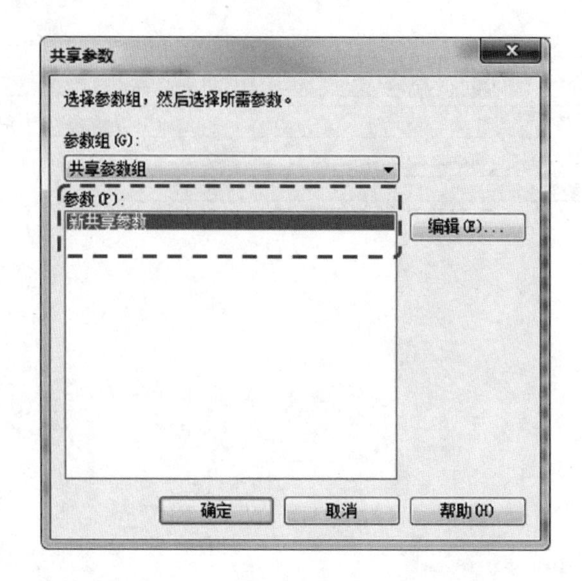

图 2.4-68

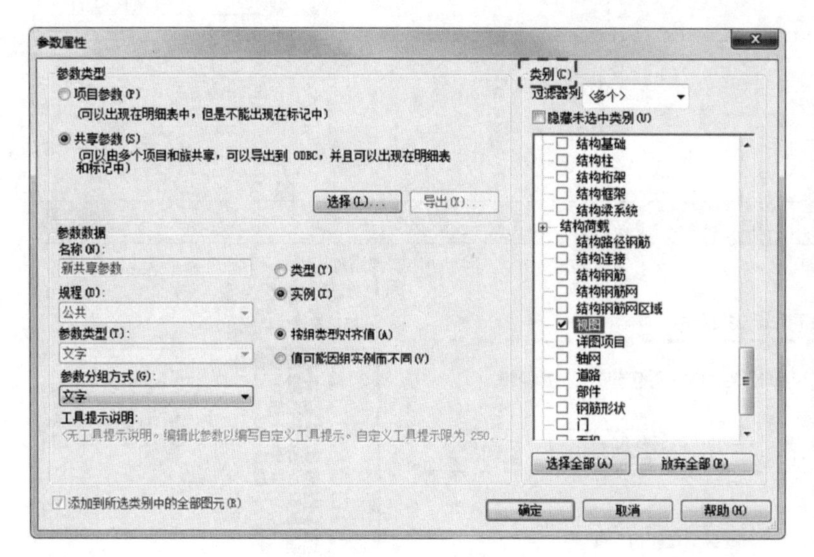

图 2.4-69

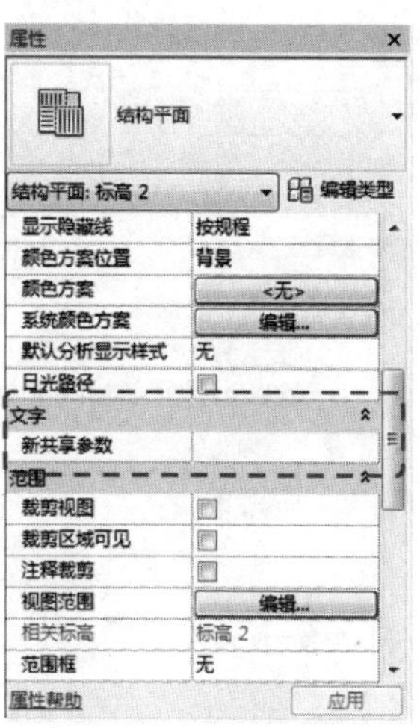

图 2.4-70

2.4.9　预设构件类族

1. 建筑专业

(1) 系统族

① 墙

在建筑模型中，建立墙体构件时需要将核心层与保温层分开建立，其目的是为避免不同部位营造做法不同导致墙体样式过多，而造成编辑复杂，且钢筋混凝土剪力墙需要链接结构专业的文件，建筑专业无需创建，本建筑项目样板中墙的命名规则为“TADI-内（外）墙-材质厚度”。遇到与结构柱相交的情况需将墙体延伸到柱子边缘，不得将墙体穿过柱子。

若要在项目样板制作过程中自定义墙系统族，可点击“建筑”选项卡下“墙”按钮，在下拉菜单中选择“墙：建筑”（图 2.4-71）。

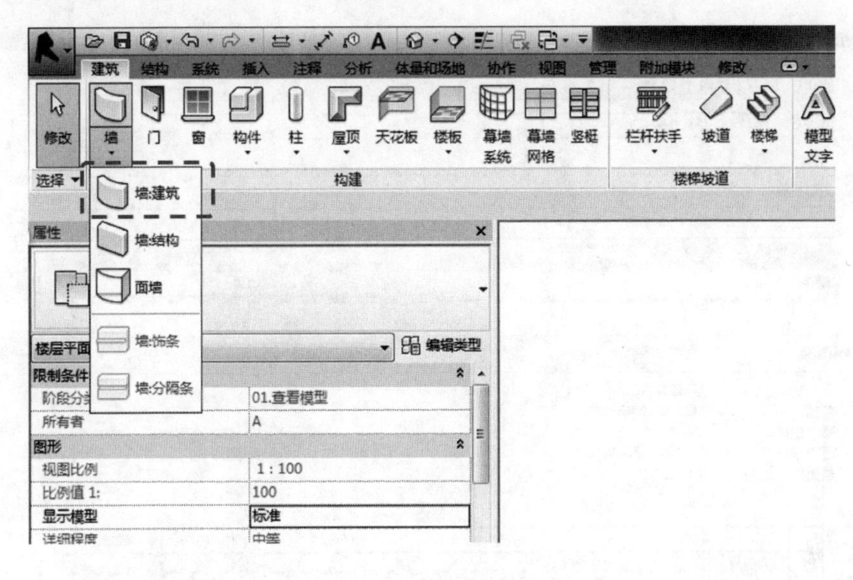

图 2.4-71

点击“属性”面板中“编辑类型”按钮（图 2.4-72），弹出“类型属性”对话框。点击“复制”按钮，弹出“名称”对话框。在对话框中输入自定义墙类型的名称，如“TA-DI-内墙-蒸压加气混凝土砌块 200”，点击“确定”，返回“类型属性”对话框。如图 2.4-73所示。

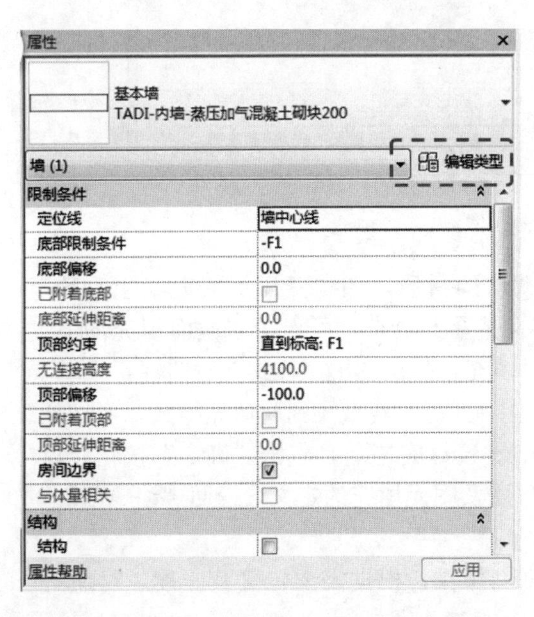

图 2.4-72

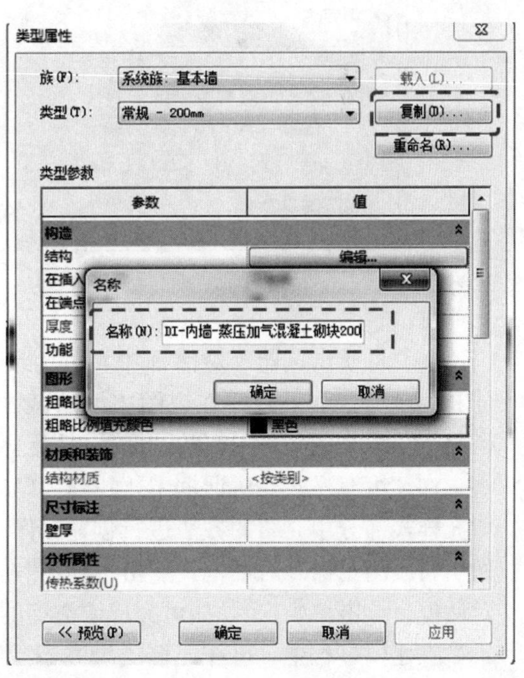

图 2.4-73

点击“类型参数”栏目中“建筑”一栏的“编辑”按钮，弹出“编辑部件”对话框（图2.4-74）。在“编辑部件”对话框中，编辑“厚度”的值为200。点击“材质”栏目中“<按类别>”右侧的“…”按钮，弹出“材质浏览器”对话框。

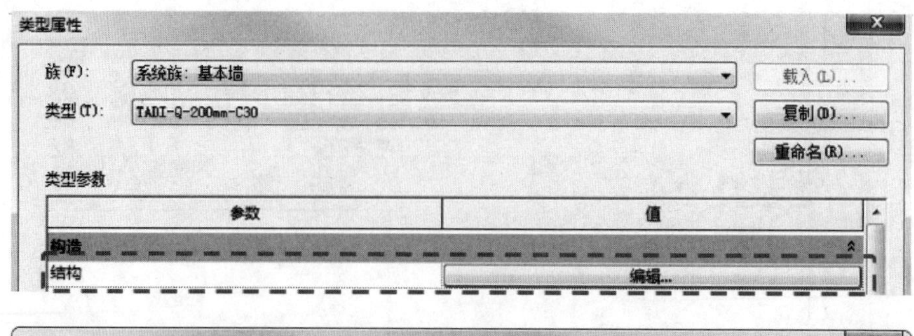

图2.4-74

在“材质浏览器”对话框中，可为墙选择默认的材质，如“蒸压加气混凝土砌块”（图2.4-75）。如果需要在视图中墙的截面上显示混凝土填充，可点击“截面填充图案”栏目下“填充图案”右侧的“砌体-混凝土砌块”填充，弹出“填充样式”对话框。

在“填充样式”对话框中，找到“砌体-混凝土砌块”，若未找到此填充样式，可按照填充样式部分中介绍的方法进行创建（图2.4-76）。选择完毕后，点击“确定”按钮，返回“材质浏览器”对话框，点击“确定”，完成材质及图元填充的定义，返回“编辑部件”对话框。点击“确定”，即可完成墙类型的定义。

在建模过程中，可在此墙类型基础上进行复制操作，根据需要定义其厚度、材质等参数。

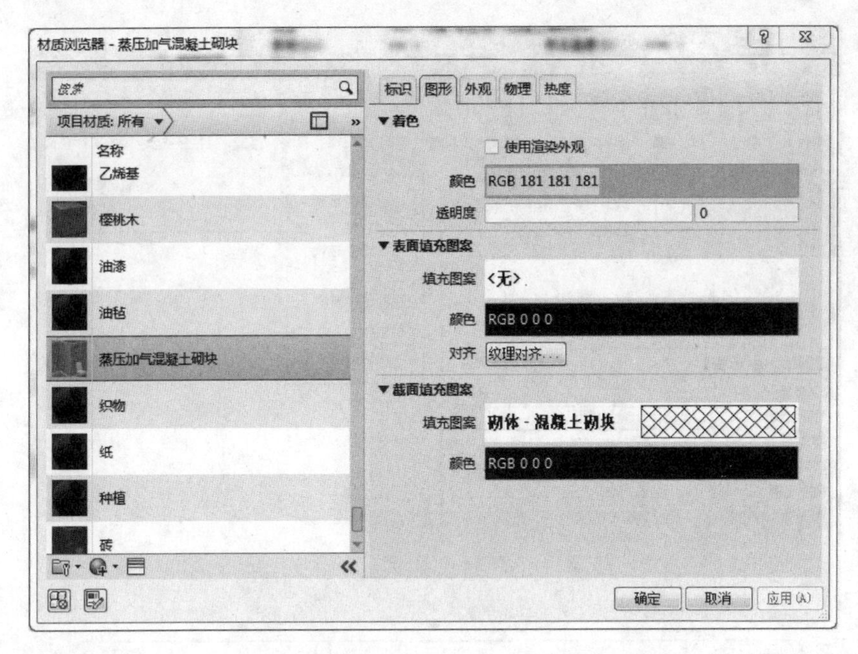

图 2.4-75

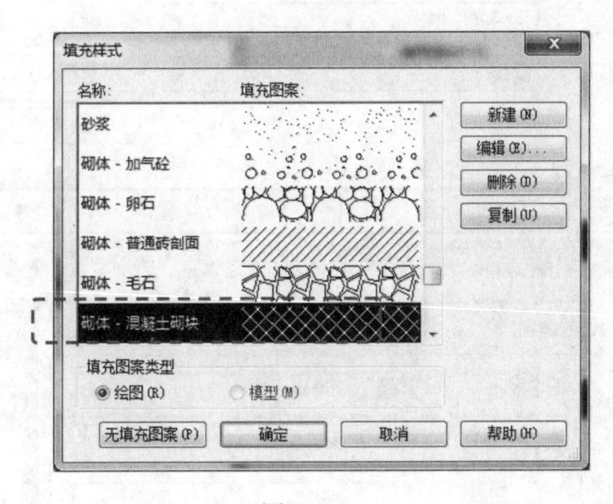

图 2.4-76

② 楼板面层

楼板系统族主要应用于建筑楼板面层的搭建。在本项目样板中，楼板的命名规则为“TADI-A-材质-厚度”。若要自定义楼板系统族，点击“建筑”选项卡下“楼板”按钮，在下拉菜单中选择“楼板：建筑”。如图 2.4-77 所示。

点击“属性”面板中“编辑类型”按钮，弹出“类型属性”对话框。点击“复制”按钮，弹出“重命名”对话框。在对话框中输入自定义楼板类型的名称，如“TADI-A-面砖楼板-50”，点击“确定”，返回“类型属性”对话框。如图 2.4-78 所示。

点击“类型参数”栏目中“结构”一栏的“编辑”按钮图 2.4-79，弹出“编辑部件”对话框。在“编辑部件”对话框中，编辑“厚度”的值为 300。点击“材质”栏目中“＜按类别＞”右侧的“…”按钮，可对楼板的材质进行编辑，编辑的方法与墙系统族相

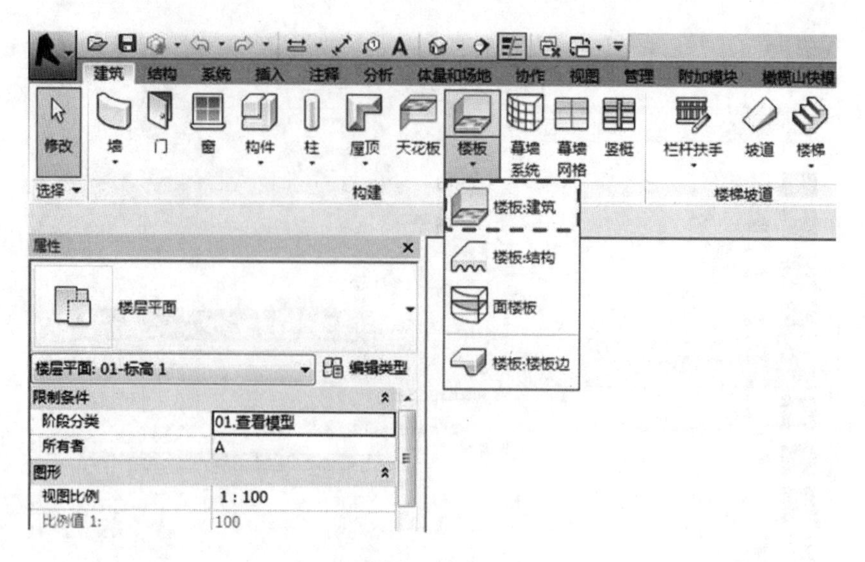
建筑
结构
系统
插入
注释
分析
体量和场地
协作
视图
管理
附加模块
橄榄山快模
修改
墙
门
窗
构件
柱
屋顶
天花板
楼板
幕墙系统
幕墙网格
竖梃
栏杆扶手
坡道
楼梯
选择
构建
楼梯坡道
楼板:建筑
楼板:结构
面楼板
楼板:楼板边
属性
楼层平面
楼层平面: 01-标高 1
编辑类型
限制条件
阶段分类
01.查看模型
所有者
A
图形
视图比例
1 : 100
比例值 1:
100

图 2.4-77

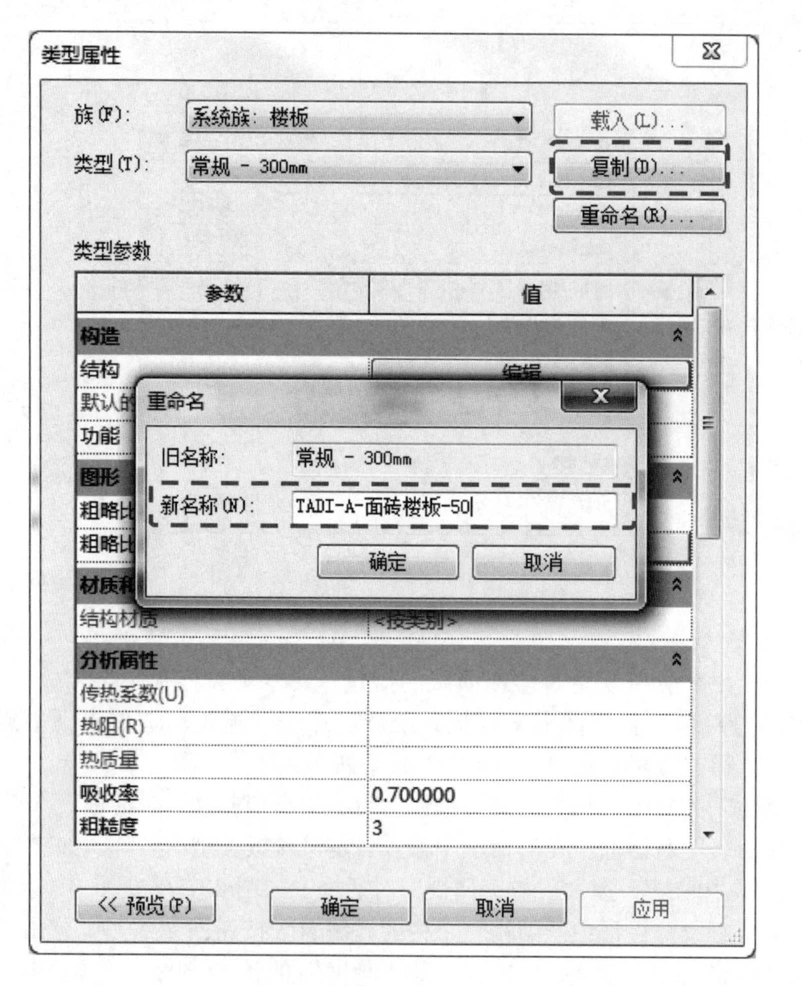
类型属性
族(F):
系统族: 楼板
载入(L)...
类型(T):
常规 - 300mm
复制(D)...
重命名(R)...
类型参数
参数
值
构造
结构
编辑
功能
图形
材质和
结构材质
<按类别>
分析属性
传热系数(U)
热阻(R)
热质量
吸收率
0.700000
粗糙度
3
重命名
旧名称:
常规 - 300mm
新名称(N):
TADI-A-面砖楼板-50
确定
取消
<< 预览(P)
确定
取消
应用

图 2.4-78

同，本项目样板中将材质设置为“TADI-A-面砖楼板-50”。点击各层对话框的“确定”按钮，完成楼板类型的定义。如图 2.4-80 所示。

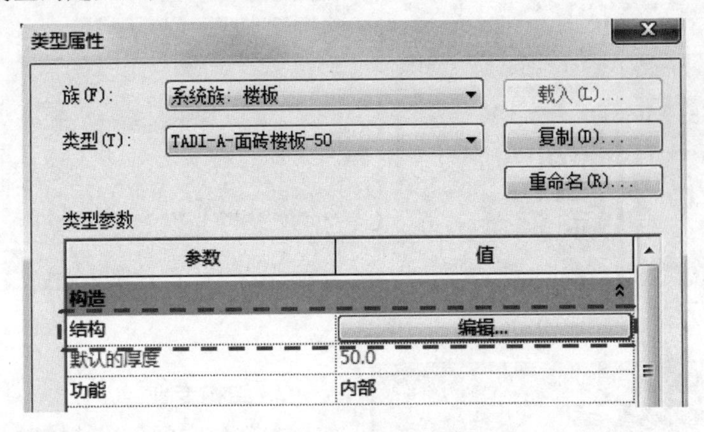

图 2.4-79

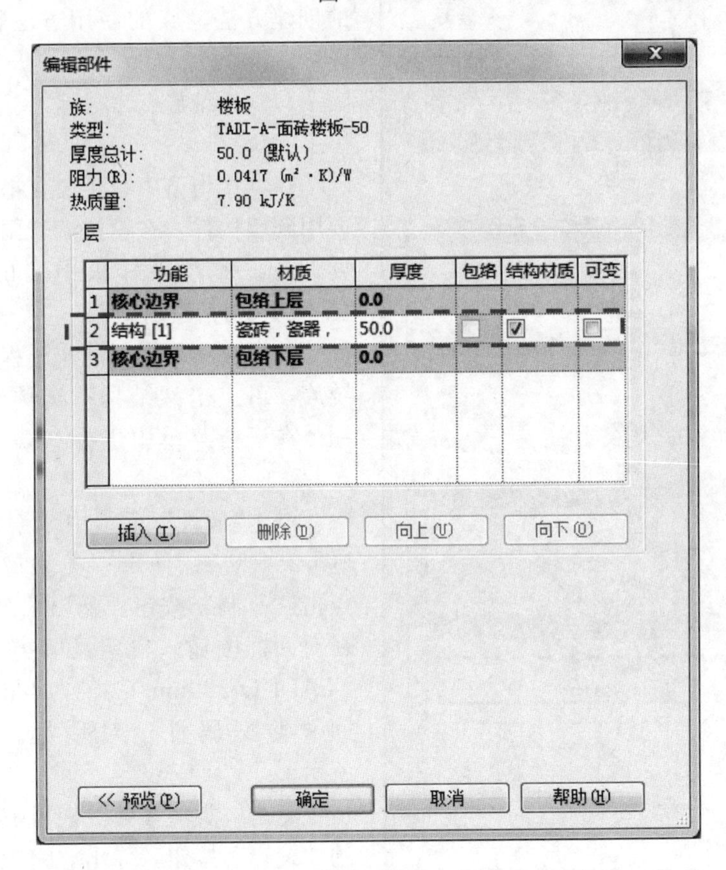

图 2.4-80

（2）外建族

本项目样板中添加的门、窗外建族是通过复制建筑默认样板中的族创建的，方法与系统族相同，且根据要求在族类型属性中添加了材质、传热系数、气密性等级等项目参数。如图 2.4-81，图 2.4-82 所示。

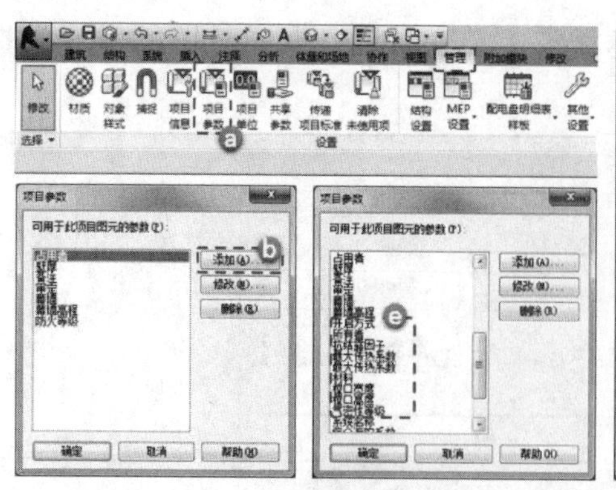

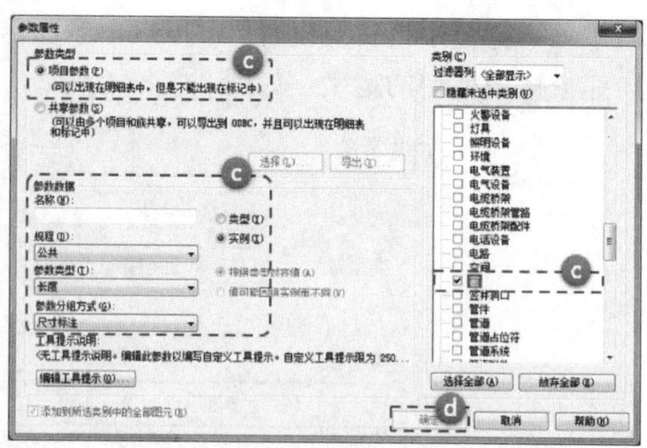

图 2.4-81

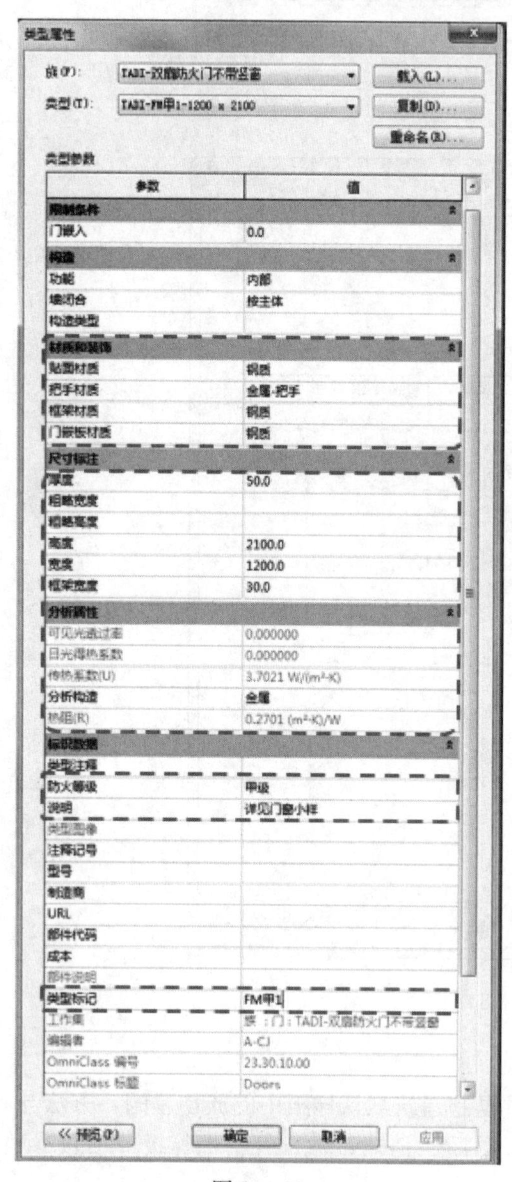

图 2.4-82

2. 结构专业

本部分主要介绍结构专业预设构件类族的创建方法，族的使用方法详见第 3 章的内容。

(1) 系统族

① 墙

在结构模型中，主要在搭建剪力墙时需要用到墙构件，在窗槛墙、雨棚卷板处也需要使用。本项目样板中墙的命名规则为“TADI-Q-厚度-材质”。

若要在项目样板制作过程中自定义墙系统族，可点击“结构”选项卡下“墙”按钮，在下拉菜单中选择“墙：结构”（图 2.4-83）。

点击“属性”面板中“编辑类型”按钮（图 2.4-84），弹出“类型属性”对话框。点击“复制”按钮，弹出“名称”对话框。在对话框中输入自定义墙类型的名称，如“TADI-Q-200mm-C30”，点击“确定”，返回“类型属性”对话框。如图 2.4-85 所示。

点击“类型参数”栏目中“结构”一栏的“编辑”按钮，弹出“编辑部件”对话框（图 2.4-86）。在“编辑部件”对话框中，编辑“厚度”的值为 200。点击“材质”栏目中“＜按类别＞”右侧的“…”按钮，弹出“材质浏览器”对话框。

在“材质浏览器”对话框中，可为墙选

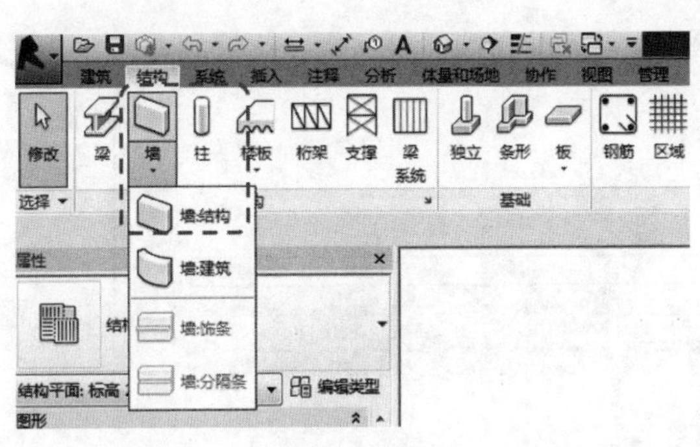

图 2.4-83

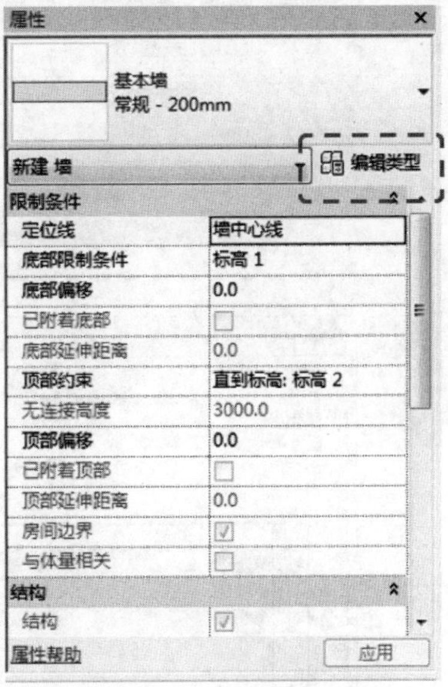

图 2.4-84

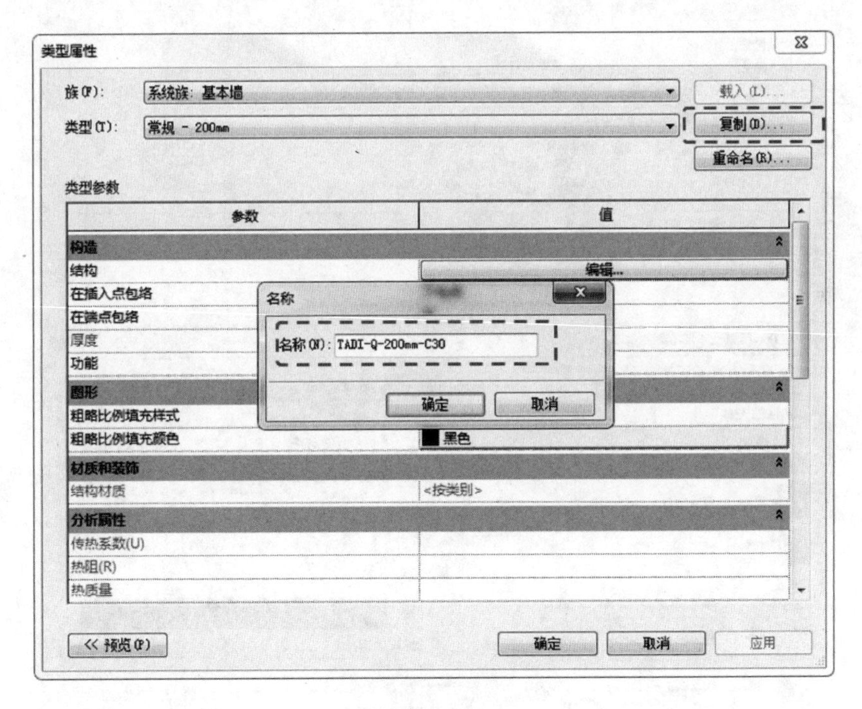

图 2.4-85

择默认的材质，如“混凝土—现场浇注 C30”（图 2.4-87）。如果需要在视图中墙的截面上显示钢筋混凝土填充，可点击“截面填充图案”栏目下“填充图案”右侧的“混凝土”填充，弹出“填充样式”对话框。

在“填充样式”对话框中，找到“混凝土-钢混凝土”，若未找到此填充样式，可按照填充样式部分中介绍的方法进行创建（图 2.4-88）。选择完毕后，点击“确定”按钮，返

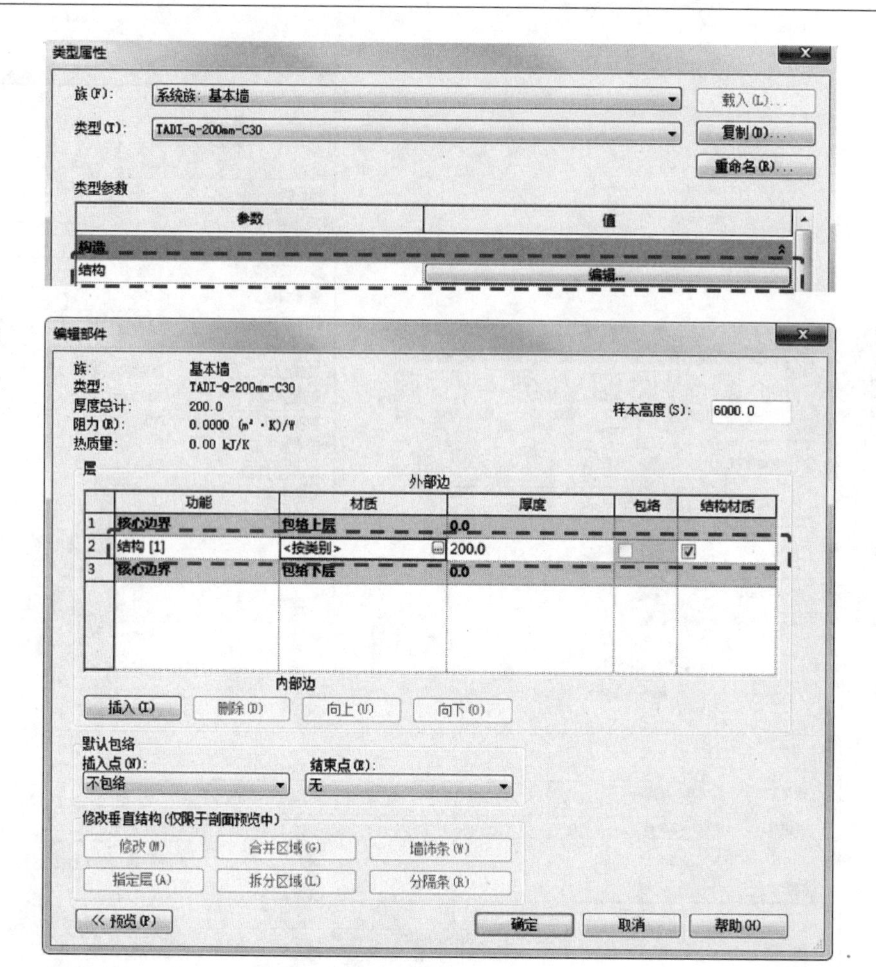
类型属性
族(F):
系统族: 基本墙
载入(L)...
类型(T):
TADI-Q-200mm-C30
复制(D)...
重命名(R)...
类型参数
参数
值
构造
结构
编辑...
编辑部件
族:
基本墙
类型:
TADI-Q-200mm-C30
厚度总计:
200.0
阻力(R):
0.0000 (m²·K)/W
热质量:
0.00 kJ/K
样本高度(S):
6000.0
层
外部边
功能
材质
厚度
包络
结构材质
1
核心边界
包络上层
0.0
2
结构 [1]
<按类别>
200.0
3
核心边界
包络下层
0.0
内部边
插入(I)
删除(D)
向上(U)
向下(O)
默认包络
插入点(N):
不包络
结束点(E):
无
修改垂直结构(仅限于剖面预览中)
修改(M)
合并区域(G)
墙饰条(W)
指定层(A)
拆分区域(L)
分隔条(R)
<< 预览(P)
确定
取消
帮助(H)

图 2.4-86

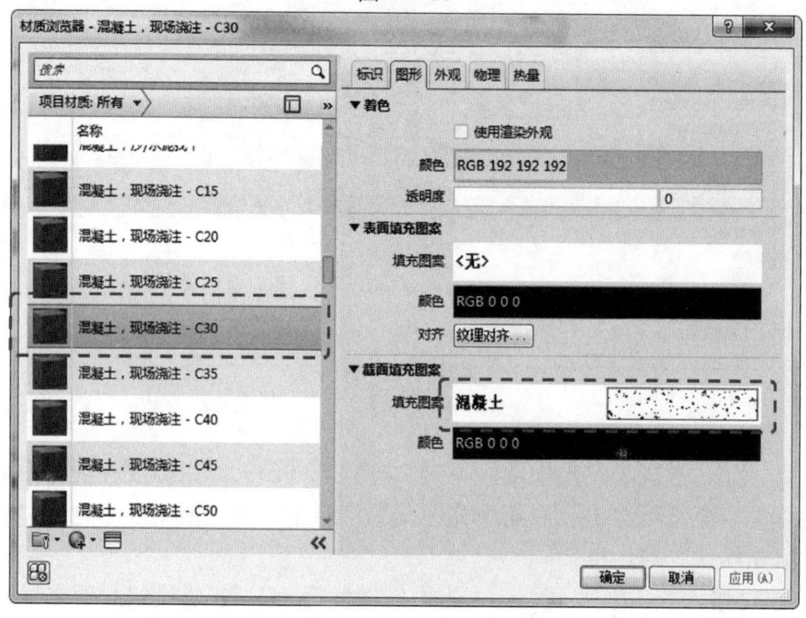
材质浏览器 - 混凝土，现场浇注 - C30
搜索
项目材质: 所有
名称
混凝土，现场浇注 - C15
混凝土，现场浇注 - C20
混凝土，现场浇注 - C25
混凝土，现场浇注 - C30
混凝土，现场浇注 - C35
混凝土，现场浇注 - C40
混凝土，现场浇注 - C45
混凝土，现场浇注 - C50
标识
图形
外观
物理
热量
着色
使用渲染外观
颜色
RGB 192 192 192
透明度
0
表面填充图案
填充图案
<无>
颜色
RGB 0 0 0
对齐
纹理对齐...
截面填充图案
填充图案
混凝土
颜色
RGB 0 0 0
确定
取消
应用(A)

图 2.4-87

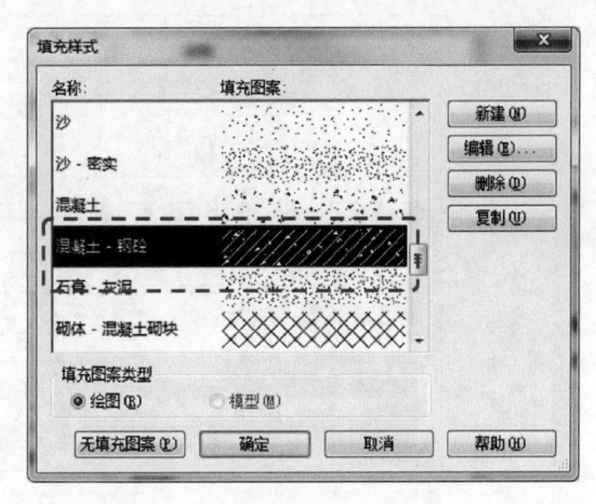

图 2.4-88

回“材质浏览器”对话框，点击“确定”，完成材质及图元填充的定义，返回“编辑部件”对话框。点击“确定”，即可完成墙类型的定义。

在建模过程中，可在此墙类型基础上进行复制操作，根据需要定义其厚度、材质等参数。

② 板

板系统族主要应用于结构楼板的搭建，在雨棚底板以及梁上挑板等外檐构造中同样需要使用板系统族。板分为楼板和基础底板。楼板命令主要应用于上层结构楼板的搭建，基础底板主要应用于地下室底板以及承台的搭建。在本项目样板中，楼板的命名规则为“TADI-LB-厚度-材质”。

若要自定义楼板系统族，点击“结构”选项卡下“楼板”按钮，在下拉菜单中选择“楼板：结构”（图 2.4-89）。

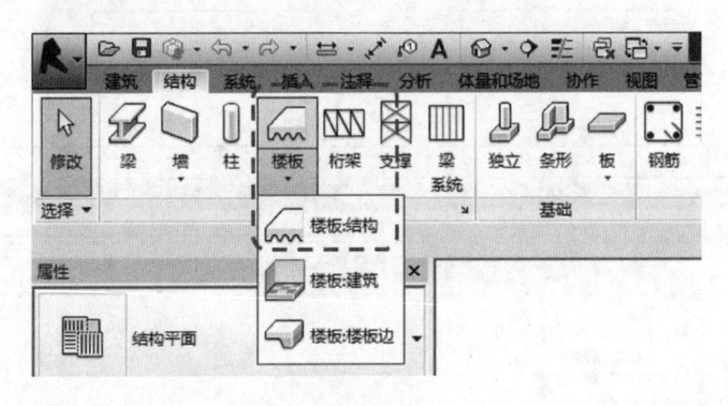

图 2.4-89

点击“属性”面板中“编辑类型”按钮，弹出“类型属性”对话框（图 2.4-90）。点击“复制”按钮，弹出“名称”对话框。在对话框中输入自定义楼板类型的名称，如“TADI-LB-300mm-C30”，点击“确定”，返回“类型属性”对话框。

点击“类型参数”栏目中“结构”一栏的“编辑”按钮，弹出“编辑部件”对话框（图 2.4-91）。在“编辑部件”对话框中，编辑“厚度”的值为 300。点击“材质”栏目中“＜按类别＞”右侧的“…”按钮，可对楼板的材质进行编辑，编辑的方法与墙系统族相同，本项目样板中将材质设置为“混凝土—现场浇注 C30”。点击各层对话框的“确定”按钮，完成楼板类型的定义。

若需要自定义基础底板和承台的族类型，可点击“结构”选项卡下“基础”栏目中“板”按钮，在下拉菜单中选择“结构基础：底板”命令。自定义基础底板的方法与楼板相同，基础底板的命名规则为“TADI-DB-厚度-材质”（图 2.4-92）。由于承台的长与宽是通过草图控制的，而基础底板中的族参数仅有“厚度”一项，故承台在项目样板中的命名

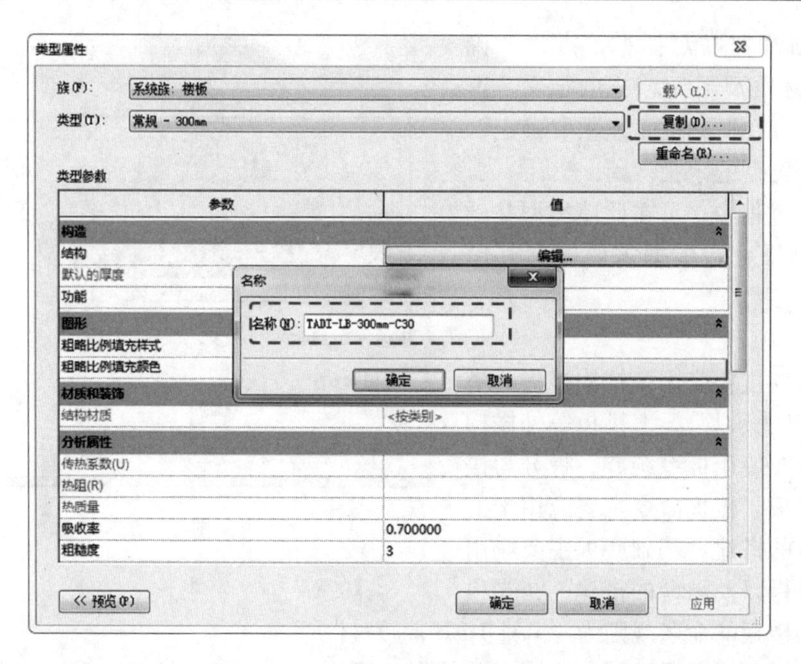
类型属性
族(F):
系统族：楼板
载入(L)...
类型(T):
常规 - 300mm
复制(D)...
重命名(R)...
类型参数
参数
值
构造
结构
编辑...
默认的厚度
功能
图形
粗略比例填充样式
粗略比例填充颜色
材质和装饰
结构材质
<按类别>
分析属性
传热系数(U)
热阻(R)
热质量
吸收率
0.700000
粗糙度
3
名称
名称(N)：TADI-LB-300mm-C30
确定
取消
<< 预览(P)
确定
取消
应用

图 2.4-90

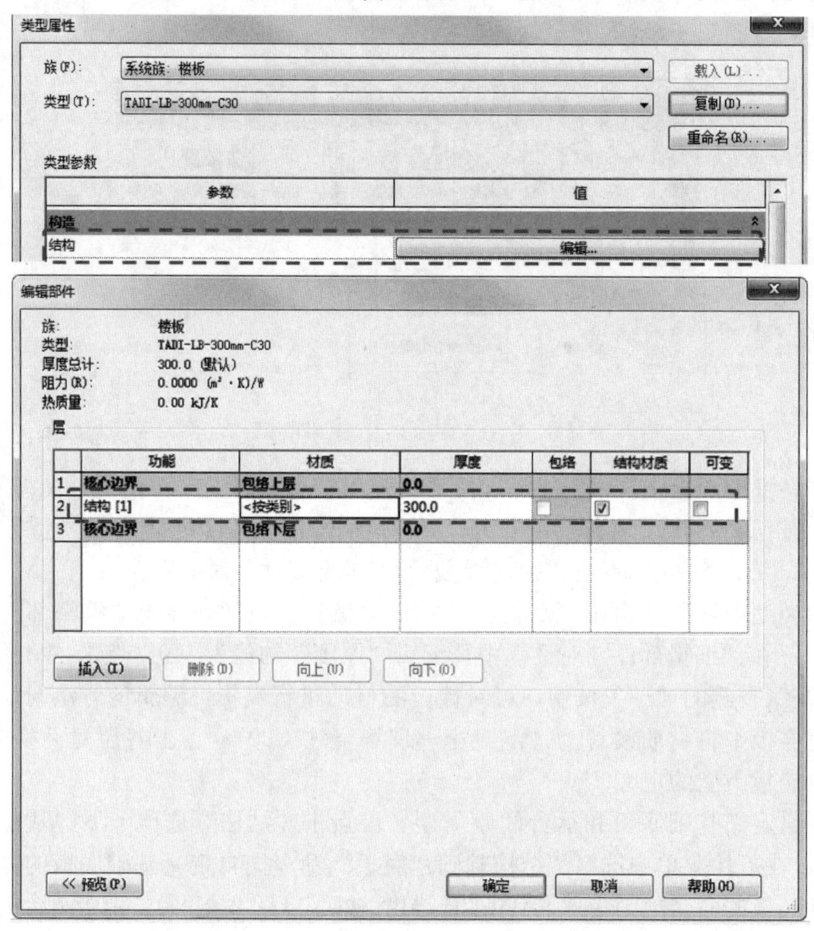
类型属性
族(F):
系统族：楼板
载入(L)...
类型(T):
TADI-LB-300mm-C30
复制(D)...
重命名(R)...
类型参数
参数
值
构造
结构
编辑...
编辑部件
族：楼板
类型：TADI-LB-300mm-C30
厚度总计：300.0 (默认)
阻力(R)：0.0000 (m²·K)/W
热质量：0.00 kJ/K
层
功能
材质
厚度
包络
结构材质
可变
1 核心边界 包络上层 0.0
2 结构 [1] <按类别> 300.0
3 核心边界 包络下层 0.0
插入(I)
删除(D)
向上(U)
向下(O)
<< 预览(P)
确定
取消
帮助(H)

图 2.4-91

规则为“TADI-CT-厚度-材质”，在项目中搭建承台时，以“TADI-CT-长度×宽度×厚度-材质”命名。在使用基础底板族搭建承台时，需要在“类型属性”对话框中输入承台编号，如“CT1”，以便施工图阶段对承台进行自动标注，具体详第3章承台标记部分。

提示：在建模中如遇到异形承台，可自行定义命名规则中“尺寸”一项的命名方式，表达清楚即可。

（2）外建族

① 梁

梁族主要用于搭建模型中的混凝土材质和钢材质的主梁、次梁、连梁和肋梁等。在默认项目样板中Revit提供了各种形状和尺寸的钢梁与混凝土梁。若需要载入其他梁外建族，可在“插入”选项卡中点击“载入族”按钮（图2.4-93），在弹出的对话框中选择需要载入自定义的梁族或在“C：\ProgramData\Autodesk\RVT 2016\Libraries\China\结构\框架”路径中载入Revit自带的梁族（以Revit 2016为例）。

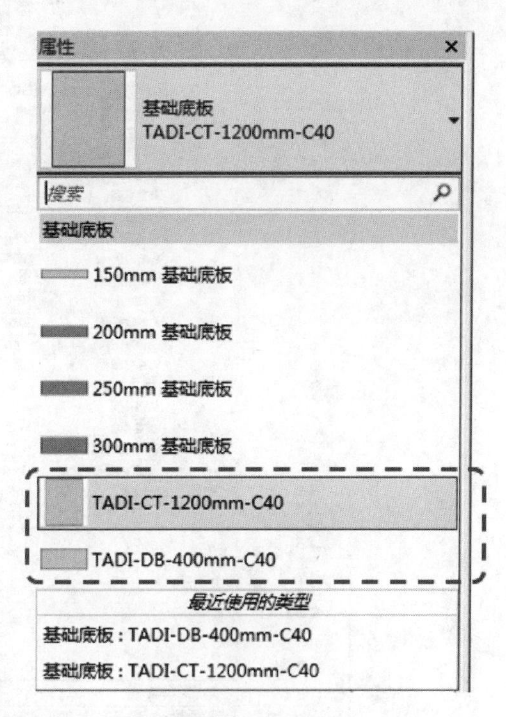

图2.4-92

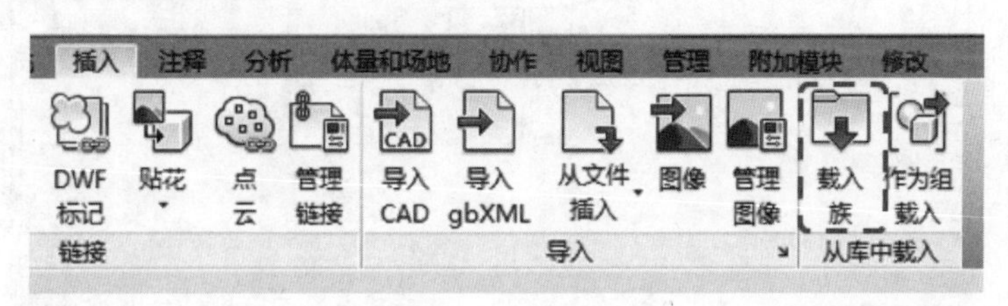

图2.4-93

若要将默认项目样板中的梁族进行自定义，以混凝土主梁为例，点击“结构”选项卡下“梁”按钮（图2.4-94）。点击“属性”面板中“编辑类型”按钮，弹出“类型属性”对话框。点击“复制”按钮，弹出“名称”对话框。在对话框中输入自定义梁类型的名称，如“TADI-KL-400×800mm-C30”，点击“确定”，返回“类型属性”对话框，将“类型参数”中尺寸标注栏目下的“b”和“h”分别修改为400与800，点击“确定”，完成梁类型命名及尺寸的定义。如图2.4-95所示。

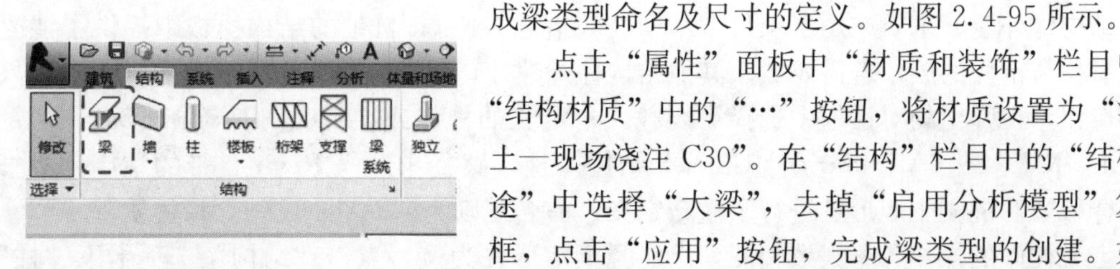

图2.4-94

点击“属性”面板中“材质和装饰”栏目中的“结构材质”中的“…”按钮，将材质设置为“混凝土—现场浇注C30”。在“结构”栏目中的“结构用途”中选择“大梁”，去掉“启用分析模型”复选框，点击“应用”按钮，完成梁类型的创建。如图2.4-96所示。

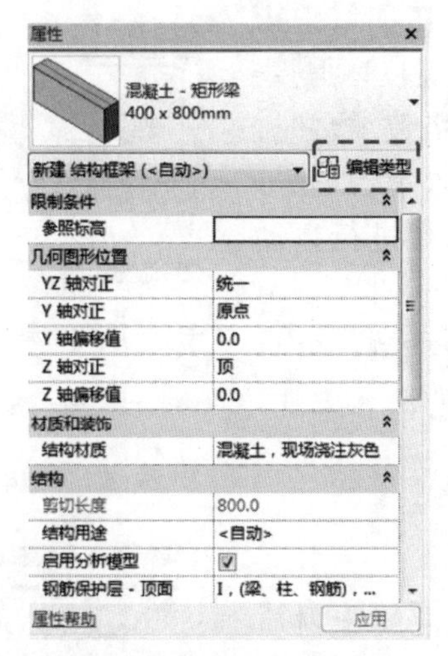

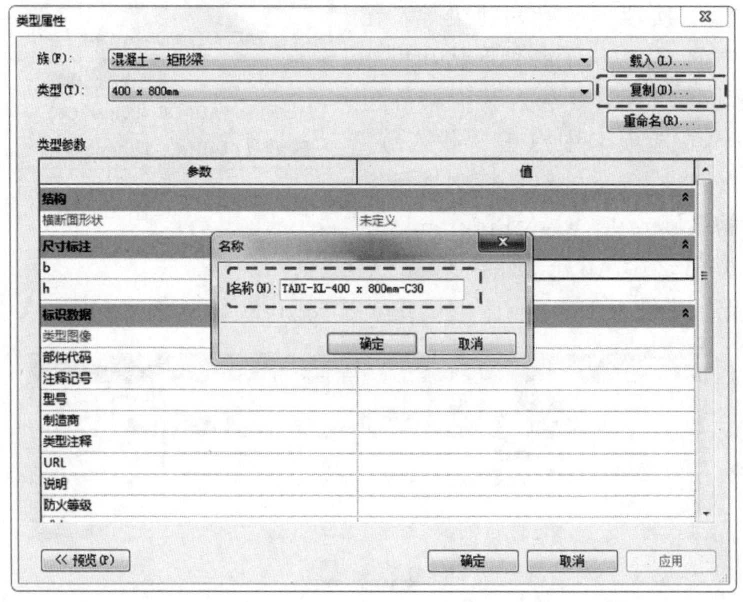

图 2.4-95

钢梁族的定义与混凝土梁相同，为了在视图样板的视图可见性中与混凝土梁进行区分，在“结构用途”中需选择“其他”。在本书项目样板中，提供了主梁、次梁、肋梁和H型钢梁四种梁的定义，命名规则为“TADI-KL/CL/L/GL-尺寸-材质”。

② 结构柱

结构柱外建族主要应用于项目中结构柱的搭建。Revit 自带的结构样板中提供了混凝土矩形柱与钢柱的族。若需要载入其他结构柱外建族，可在“插入”选项卡中点击“载入族”按钮，在弹出的对话框中选择需要载入自定义的柱族或在“C：\ ProgramData \ Autodesk \ RVT 2016 \ Libraries \ China \ 结构 \ 柱”路径中载入 Revit 自带的柱族。本书项目样板中对混凝土矩形柱进行了重新定义，命名规则为“TADI-KZ-尺寸-材质”。

定义柱族的操作与梁大致相同，以混凝土矩形柱为例，点击“结构”选项卡下“柱”按钮。点击“属性”面板中“编辑类型”按钮（图 2.4-97），弹出“类型属性”对话框。

点击“复制”按钮，弹出“名称”对话框（图 2.4-98）。在对话框中输入自定义柱类型的名称，如“TADI-KZ-300×450mm-C30”，点击“确定”，返回“类型属性”对话框，将“类型参数”中尺寸标注栏目下的“b”和“h”分别修改为 300 与 450，点击“确定”，完成柱类型命名及尺寸的定义。

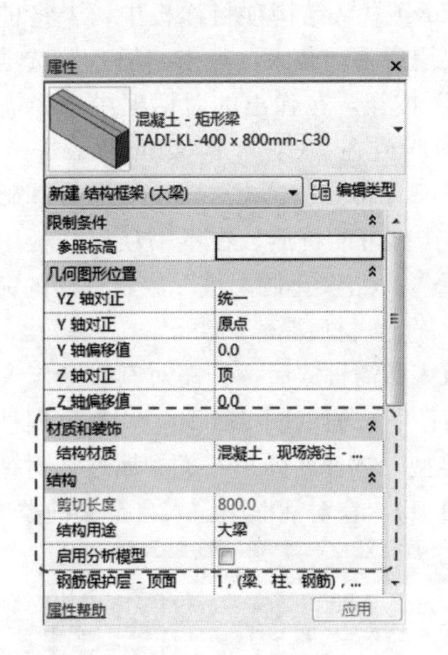

图 2.4-96

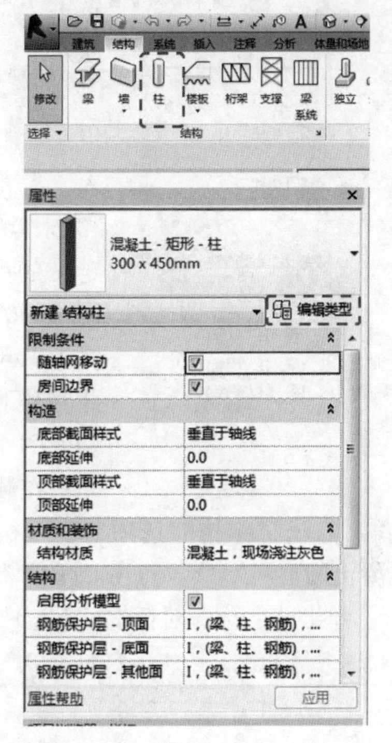

图 2.4-97

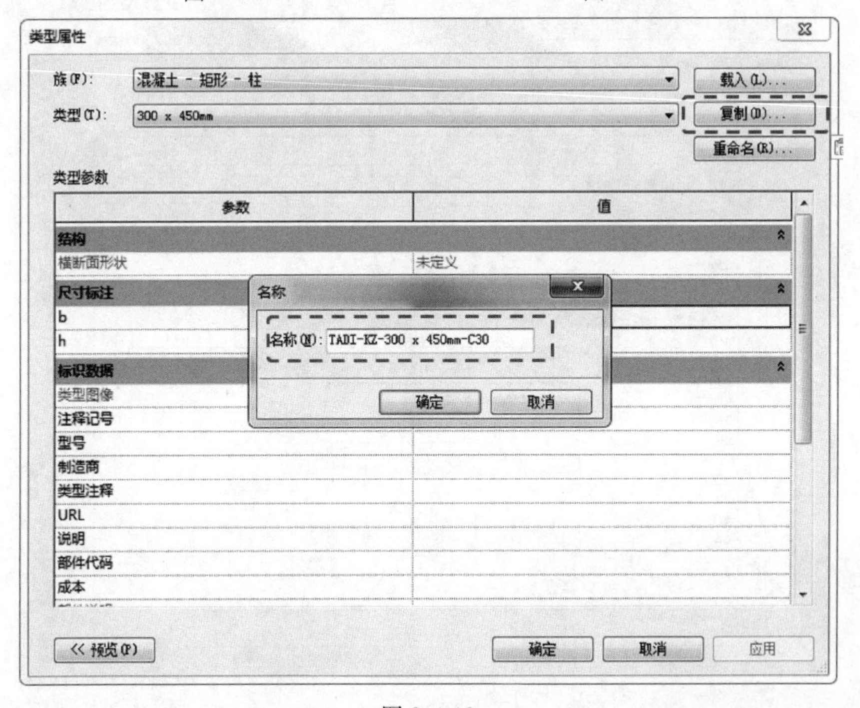

图 2.4-98

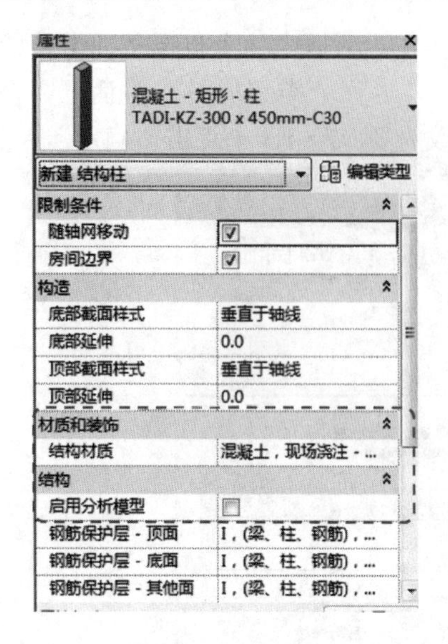

图 2.4-99

点击“属性”面板中“材质和装饰”栏目中的“结构材质”中的“…”按钮，将材质设置为“混凝土—现场浇注 C30”，去掉“启用分析模型”复选框，点击“应用”按钮，完成柱类型的创建。如图 2.4-99 所示。

③ 桩

在 Revit 默认结构项目样板中，未将桩族进行载入。需要用户手动载入，点击“插入”选项卡中点击“载入族”按钮，在弹出的对话框中选择需要载入自定义的梁族或在“C：\ ProgramData \ Autodesk \ RVT 2016 \ Libraries \ China \ 结构 \ 基础”路径中载入 Revit 自带的桩族。在本书项目样板中，已载入此路径下“桩-混凝土圆形桩”族，桩族的命名规则为“TADI-Z-直径-材质”。

在载入所需桩族后，若需对其重新定义，以混凝土圆形桩为例，点击“结构”选项卡下“构件”按钮（图 2.4-100）。在“属性”面板中找到“桩-混凝土圆形桩”族，点击“编辑类型”按钮，弹出“类型属性”对话框。点击“复制”按钮，弹出“名称”对话框(图 2.4-101)。在对话框中输入自定义桩类型的名称，

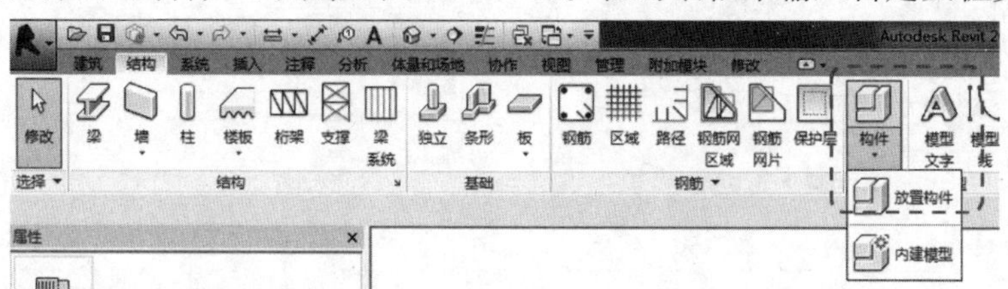

图 2.4-100

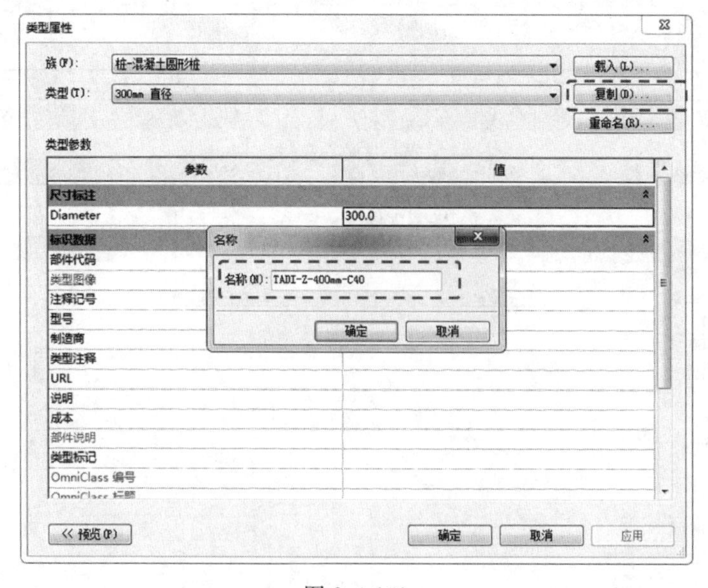

图 2.4-101

如“TADI-Z-400mm-C40”，点击“确定”，返回“类型属性”对话框，将“类型参数”中尺寸标注栏目下的“Diameter”修改为400（图2.4-102），点击“确定”，完成桩类型命名及尺寸的定义。

点击“属性”面板中“材质和装饰”栏目中的“结构材质”中的“…”按钮，将材质设置为“混凝土—现场浇注C40”，去掉“启用分析模型”复选框，将“最小预埋件”设置为0，点击“应用”按钮，完成桩类型的创建。如图2.4-103所示。

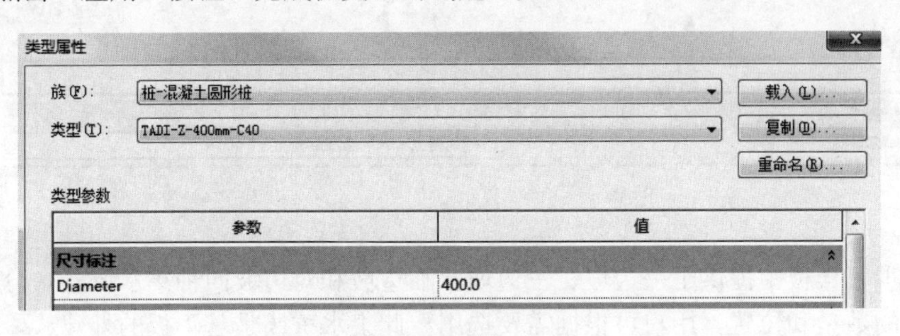

图2.4-102

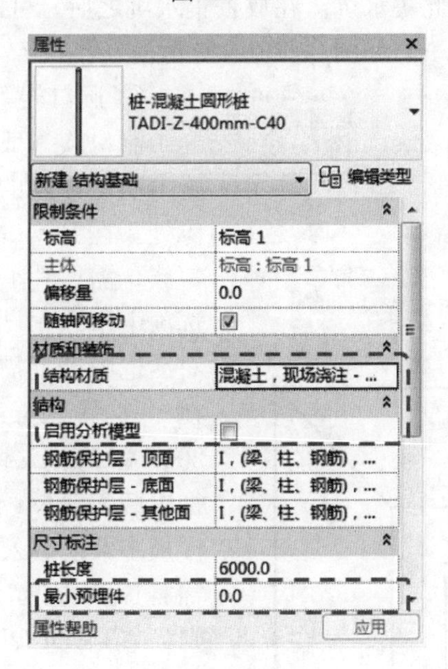

图2.4-103

④ 集水坑族

在本样板中，已载入自制的集水坑族，族中各参数的意义如表2.4-4所示。集水坑的命名规则为“TADI-JK-尺寸-材质”，其中“尺寸”建议以“b1×b2×h”表示。

表2.4-4

参数名称	意义	参数名称	意义
b1	长度	t	壁厚
b2	宽度	a	斜壁与水平面夹角
h	深度+壁厚		

集水坑的材质属于类型参数，可点击“属性”窗口中的“编辑类型”按钮，在“类型属性”的“结构材质”中进行修改（图 2.4-104）。

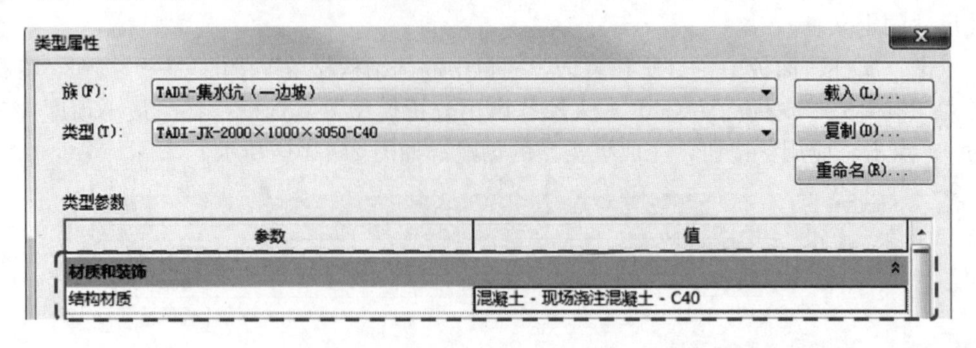

图 2.4-104

本书项目样板中提供了一边坡、三边坡、临边坡和对边坡四种集水坑族，分别对应集水坑斜壁的数量和位置，用户可根据需要选用。此集水坑族是基于板的外建族，即必须在楼板或基础底板上才能放置此集水坑。在放置集水坑之后，可以选中集水坑并通过点击⇂↾和⇆对集水坑的方向进行修改。如图 2.4-105 所示。

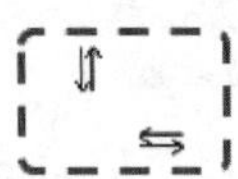

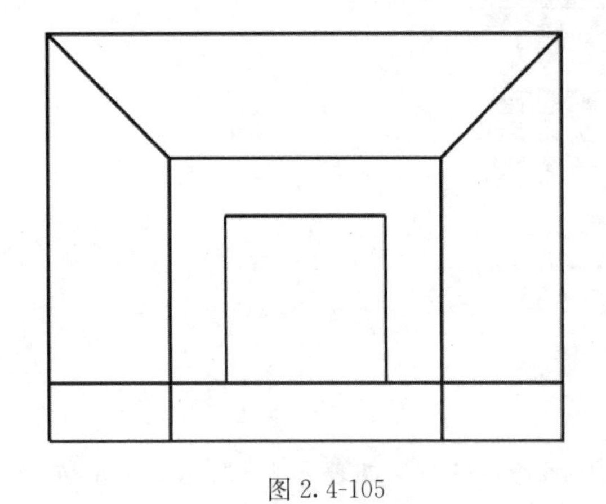

图 2.4-105

⑤ 洞口族

洞口族一般用于根据机电专业提资在剪力墙上开洞的操作，也可以用于门洞口等处。在 Revit 默认结构样板中，未载入洞口族，需要用户手动载入，点击“插入”选项卡中点击“载入族”按钮，在弹出的对话框中选择需要载入自定义的洞口族或在“C：\ProgramData\Autodesk\RVT 2016\Libraries\China\结构\洞口”路径中载入 Revit 自带的洞口族。在本书项目样板中，已载入此路径下“洞口-门”族与“洞口-窗-方形”族，方形洞口族的命名规则为“TADI-QDK-尺寸”。以及“洞口-窗-圆形”族，圆形洞口的命名规则为“TADI-QDK-直径”。

在载入所需洞口族后，若需对其重新定义，以“洞口-门”族为例，点击“结构”选项卡下“构件”按钮。在“属性”面板中找到“桩洞口-门”族，点击“编辑类型”按钮，弹出“类型属性”对话框。点击“复制”按钮，弹出“名称”对话框。在对话框中输入自定义洞口类型的名称，如“TADI-QDK-1000×1000mm”，点击“确定”，返回“类型属性”对话框，将“类型参数”中尺寸标注栏目下的“粗略高度”与“粗略宽度”均修改为 1000，点击“确定”，完成洞口类型命名及尺寸的定义。如图 2.4-106 所示。

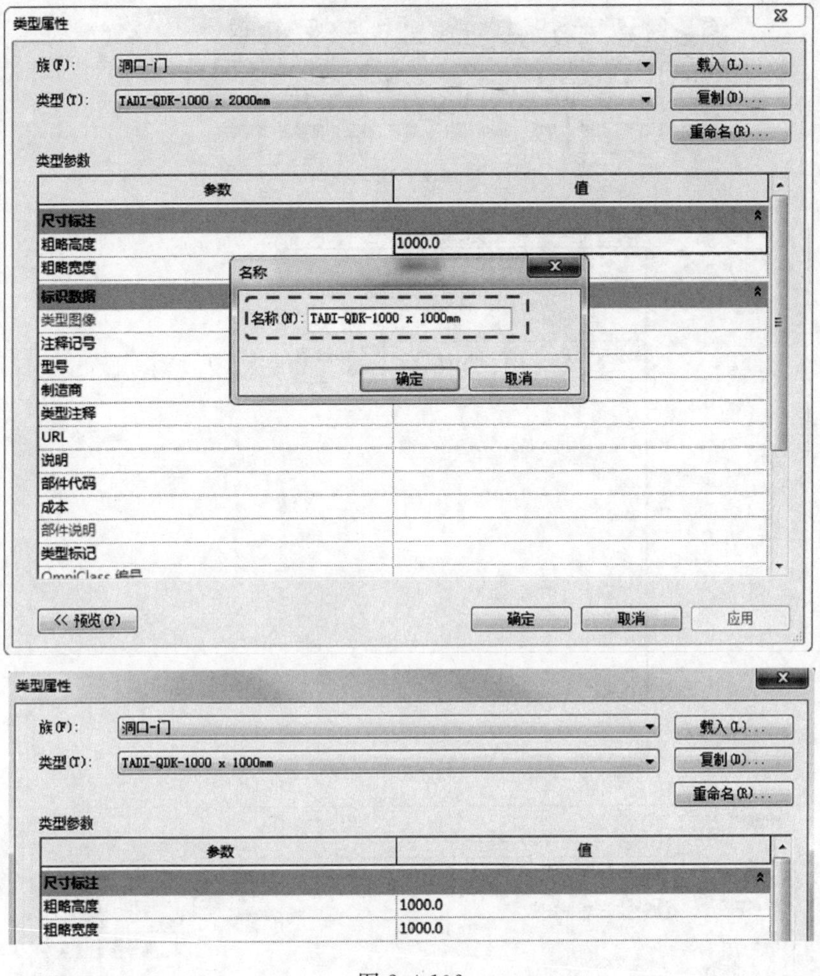

图 2.4-106

2.4.10　预设注释类族

注释类族主要包括线性标注、构件标记、文字和符号等与绘制施工图相关的符号。在使用注释类族之前，应明确各注释类族的用途，每张图纸关于注释类族的使用要有统一的标准。与构件类族相同，用户也可对注释类族进行自定义。

1. 系统族

（1）线性标注

在结构专业中，线性标注主要用于标注轴网间距，结构构件的尺寸和定位等方面。在本书的项目样板中，线性标注的文字字体和大小分别为 RomanD 和 3.5mm，命名规则为“TADI-线性标注”。

用户也可以自定义线性标注，点击“注释”选项卡中“对齐”或“线性”按钮，在“属性”面板中点击“编辑类型”按钮，弹出“类型属性”对话框。点击“复制”按钮，弹出“名称”对话框。在对话框中输入自定义线性标注类型的名称，如“TADI-线性标注”，点击“确定”，返回“类型属性”对话框。如图 2.4-107 所示。

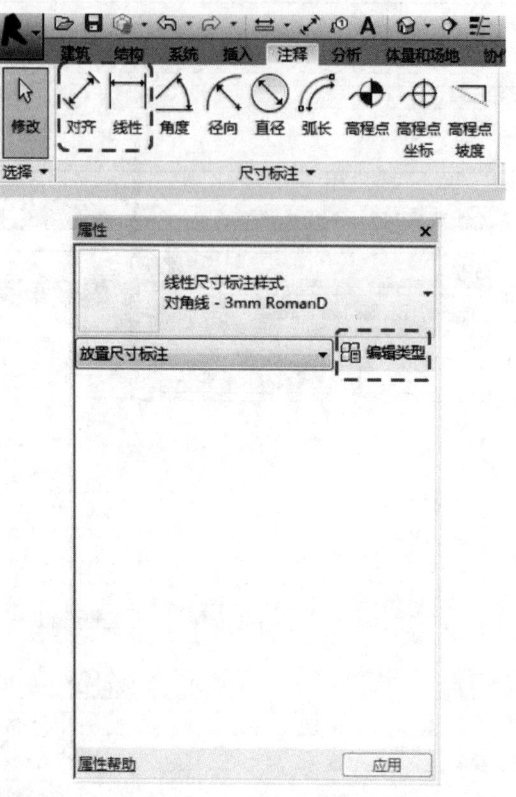
建筑
结构
系统
插入
注释
分析
体量和场地
修改
对齐
线性
角度
径向
直径
弧长
高程点
高程点坐标
高程点坡度
选择
尺寸标注
属性
线性尺寸标注样式
对角线 - 3mm RomanD
放置尺寸标注
编辑类型
属性帮助
应用

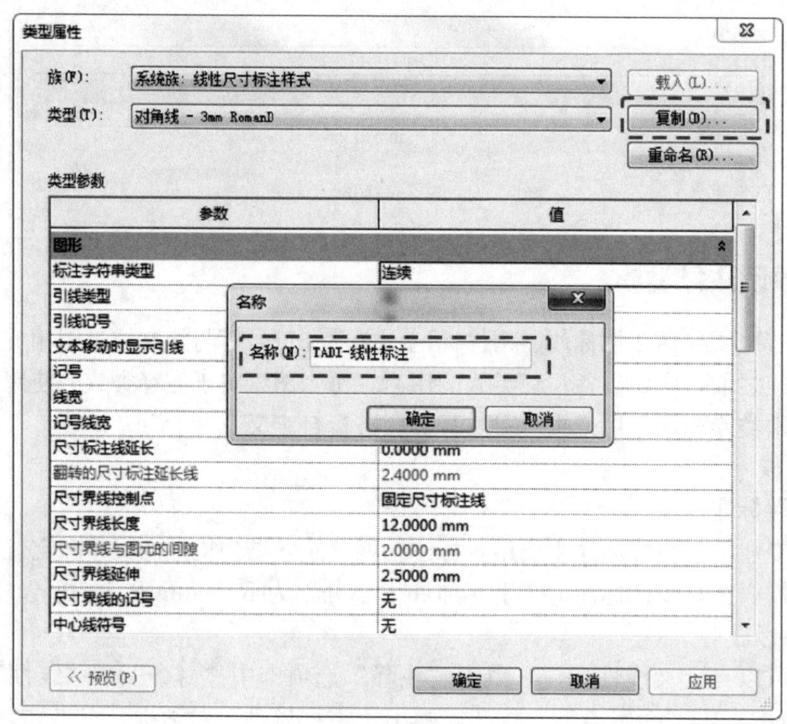
类型属性
族(F): 系统族: 线性尺寸标注样式
载入(L)...
类型(T): 对角线 - 3mm RomanD
复制(D)...
重命名(R)...
类型参数
参数
值
图形
标注字符串类型
连续
引线类型
引线记号
文本移动时显示引线
记号
线宽
记号线宽
尺寸标注线延长
0.0000 mm
翻转的尺寸标注延长线
2.4000 mm
尺寸界线控制点
固定尺寸标注线
尺寸界线长度
12.0000 mm
尺寸界线与图元的间隙
2.0000 mm
尺寸界线延伸
2.5000 mm
尺寸界线的记号
无
中心线符号
无
名称
名称(N): TADI-线性标注
确定
取消
<< 预览(P)
确定
取消
应用

图 2.4-107

在“类型属性”对话框中，可对线性标注的参数进行设置。例如本实例中提供的线性标注类“TADI-线性标注”，主要参数设置如表 2.4-5 所示。设置完毕后点击确定生成新的线性标注系统族。

表 2.4-5

参 数	意 义	设定值
图形		
标注字符串类型	定义连续尺寸标注以测量目标距上一个参照的距离还是到基点的距离	连续
记号	设置标注尺寸记号的样式	对角线 1.5mm
线宽	尺寸标注线的线宽	2
记号线宽	标注尺寸记号的宽度	6
尺寸标注线延长	尺寸标注线延伸超出尺寸界线交点的值	0
尺寸界线控制点	尺寸界线的长度为固定值或参照与图元的距离而定	固定尺寸标注线
尺寸界线长度	标注尺寸中尺寸界线的长度	8mm
尺寸界线延伸	超过记号的尺寸界线的延长线	2.5mm
颜色	尺寸标注线、引线与标注文字的颜色	黑色
文字		
宽度系数	文字字符串的延伸或收缩比率	0.7
下划线、斜体、粗体	指定文字是否带有下划线、是否应用粗体、斜体格式	无
文字大小	尺寸标注文字的尺寸	3.5mm
文字偏移	文字与尺寸线的距离	1mm
读取规则	指定文字的显示方向	向上，然后向左
文字字体	指定标注文字的字体样式	RomanD
文字背景	指定文字的背景是否为透明	透明
单位格式	设置尺寸标注的单位格式	单位为毫米，不舍入小数位，无单位符号

具体参数含义如图 2.4-108 所示。

a：尺寸标注线宽

b：记号样式及记号线宽

c：尺寸标注线延长，此处设置为 0，所以不显示

d：尺寸界线长度

e：尺寸界线延伸

在生成尺寸标注后，若移动尺寸标注文字，则在文字与尺寸线之间会生成引线，在类型属性中，"引线类型"、"水平段长度"、"引线记号"，"文本移动时显示引线"是关于引线的参数，"文字位置"指定文字置于引线之上或与引线平齐，用户可根据需要设定。若"属性"窗口中的"引线"复选框处于未选中状态时，则这些参数不起作用（图2.4-109）。第3章的实例中，选择不使用引线。

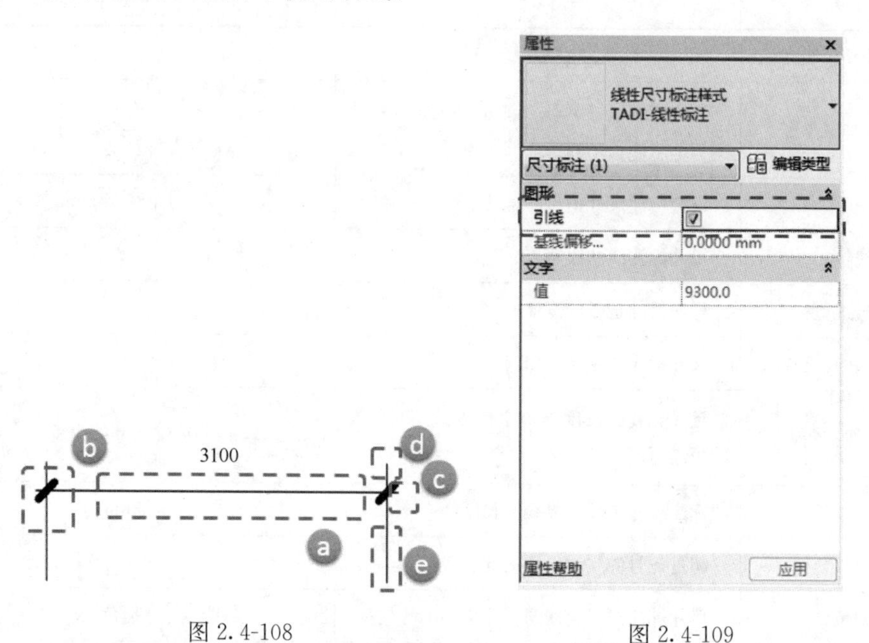

图 2.4-108　　图 2.4-109

（2）文字

文字系统族主要应用于图纸的标题、说明等方面，一些构件的标注如板、梁配筋标注也会用到相应的文字系统族。本书项目样板中预设了一些不同用途的文字系统族供用户参考使用。建筑和结构专业文字系统族及其建议用途列于表2.4-6和表2.4-7。

建筑专业文字系统族　　**表 2.4-6**

文字系统族名称	建议用途
TADI-黑体-图名-10.0mm	图纸比例
TADI-黑体-图名-7.0mm	图纸名称
TADI-宋体-注释-3.5mm	引出标注
TADI-宋体-注释-5.0mm	说明文字
TADI-标记-窗-黑体-4.0mm	门窗标记
TADI-标记_房间-无面积-宋体-4.5mm TADI-标记_房间-有面积-宋体-4.5mm	房间标记
TADI-宋体-注释-5.0mm（0.70）	图纸说明
TADI-宋体-注释-3.5mm（0.70）	预留洞口

注：括号中的数字为文字的宽度系数。

结构专业文字系统族　　表 2.4-7

文字系统族名称	建议用途
TADI-黑体-图名-5mm	图纸比例
TADI-黑体-图名-7mm	图纸名称
TADI-RomanD-图名-7mm	承台剖面图图名
TADI-宋体-注释-4.5mm	梁、柱、墙、基础等构件标注
TADI-结构文字-注释-4mm	板构件标注及梁、板配筋标注
TADI-结构文字-说明-4.5mm	图纸说明

本项目样板中文字系统族的命名规则为“TADI-用途-文字字体-文字大小”，其中结构专业中的“结构文字”对应 Revit 字体，用户需将本书附带的“Revit _ CHSRebar. ttf”字体安装至计算机中。右键点击字体文件，选择“安装”即可（图 2.4-110）。此字体中符号 $、%、&、#分别对应钢筋符号Φ、Φ、Φ、Φ。

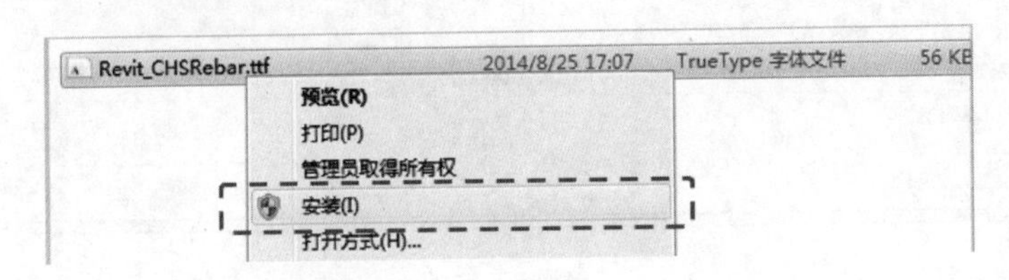

图 2.4-110

若需要自定义文字系统族，可点击“注释”选项卡中“文字”按钮（图 2.4-111），在“属性”面板中点击“编辑类型”按钮，在“类型属性”对话框中进行文字的复制与参数定义，操作方法与线性标注相同（图 2.4-112）。

图 2.4-111

2. 外建族

（1）轴网标头

在 Revit 中，用户可以对轴网的标头样式进行定义。用户可使用默认样板中自带的轴网标头族，也可以对 Revit 自带的族库中进行载入，路径为“C：\ ProgramData \ Autodesk \ RVT 2016 \ Libraries \ China \ 注释 \ 符号 \ 建筑”，也可载入自定义的轴网标头族。本项目样板中使用了自定义的轴网标头“符号 _ 单圈轴号 ：宽度系数 0.65”，若需要设置其他类型的轴网标头，可点击“结构”选项卡中轴网按钮，在“属性”面板中点击“编辑类型”按钮，在“类型属性”对话框中“符号”一栏选择需要的轴网标头族（图 2.4-113）。

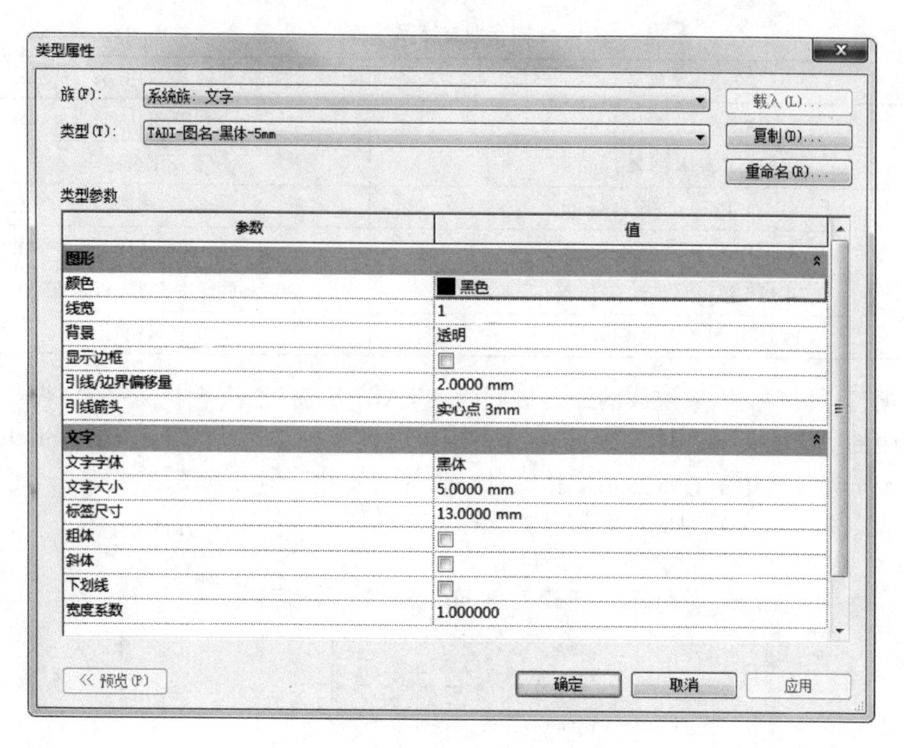

图 2.4-112

类型属性

族(F): 系统族: 轴网　　载入(L)...

类型(T): 6.5mm 编号　　复制(D)...

重命名(R)...

类型参数

参数	值
图形	
符号	符号_单圆轴号: 宽度系数 0.65
轴线中段	连续
轴线末段宽度	1
轴线末段颜色	黑色
轴线末段填充图案	轴网线
平面视图轴号端点 1 (默认)	☑
平面视图轴号端点 2 (默认)	☑
非平面视图符号(默认)	顶

<< 预览(P)　确定　取消　应用

图 2.4-113

在本书项目样板中，除轴网标头外（图 2.4-114），其他参数均与默认轴网族相同。

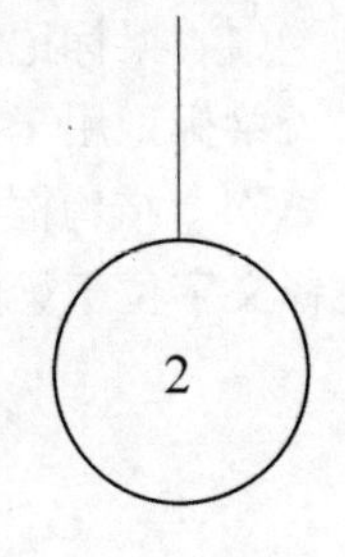

图 2.4-114

（2）剖断线符号

在详图的绘制过程中，往往需要用到剖断线。在 Revit 中可用详图线绘制剖断线，也可使用剖断线符号族。本项目样板中载入了 Revit 自带族库中的“符号 _ 剖断线”族，路径为“C：\ ProgramData \ Autodesk \ RVT 2016 \ Libraries \ China \ 注释 \ 符号 \ 建筑 \ 符号 _ 剖断线 . rfa”。用户可在绘制详图的过程中直接将此族放至相应位置，并通过参数控制剖断线的线长等几何信息。其中“W1”参数控制短斜边的长度，“虚线长度”参数控制两侧水平线的长度（图 2.4-115）。

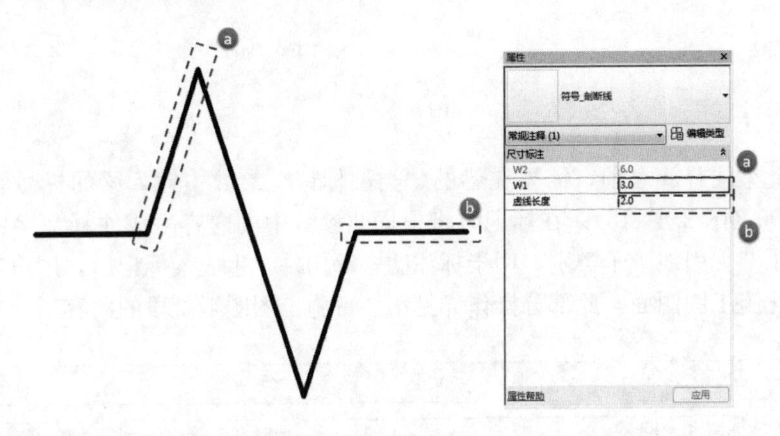

图 2.4-115

（3）门窗标记（仅建筑）

在施工图纸中，需要表示门窗编号。本项目样板中载入了自定义的门标记“TADI-标记-门-黑体-4.0mm”和窗标记“TADI-标记-窗-黑体-4.0mm”。门窗标记中标识的信息与门窗属性类别中的“类型标记”或“标记”相对应。如图 2.4-116 所示。

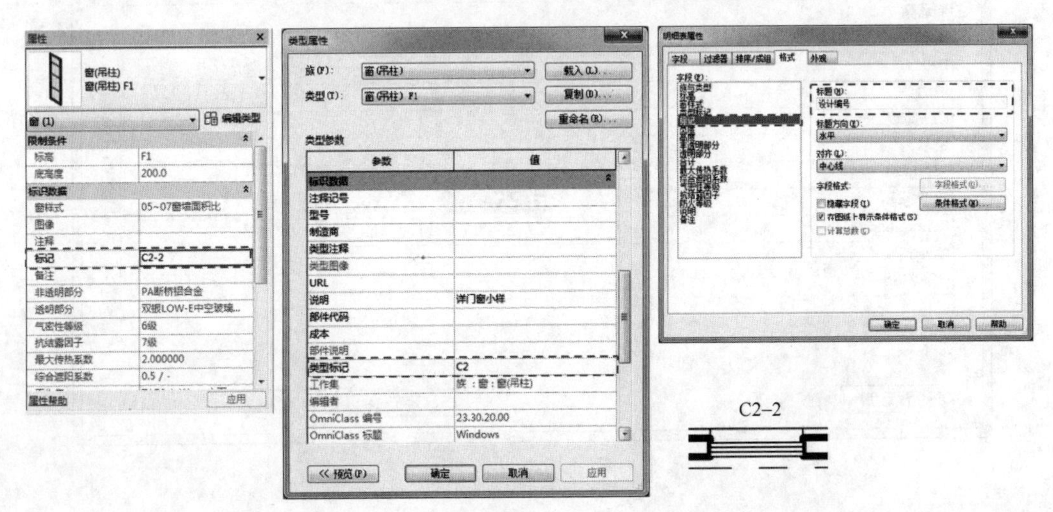

图 2.4-116

（4）梁标记（仅结构）

梁标记用于标注图纸中梁的标号和尺寸等信息。本项目样板中载入了自定义的梁标记“TADI _ 结构框架标记”与“TADI _ 结构框架标记（反向）”。两者的区别在于前者用于注释文字位于梁的上方，后者位于梁下方（图 2.4-117）。

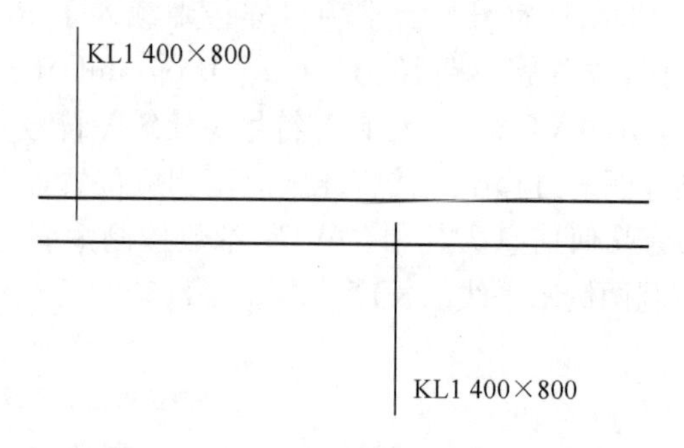

图 2.4-117

在使用此梁注释族之前，需要在梁的“类型标记”参数中输入梁的标号和尺寸，如 KL1 400×800（图 2.4-118）。在标记时将根据此参数中的内容生成注释文字。此梁标记族中还提供了“无引线”子类别，用于标注肋梁等构件。生成梁标记后，用户需对标记进行移动以美化施工图图面，此部分操作详见第 3 章施工图图纸阶段的内容。

类型属性

族(F)：混凝土 - 矩形梁　　载入(L)...

类型(T)：TADI-KL-400 x 800mm-C30　　复制(D)...

重命名(R)...

类型参数

参数	值
部件代码	
注释记号	
型号	
制造商	
类型注释	
URL	
说明	
防火等级	
成本	
部件说明	
类型标记	KL1 400X800
OmniClass 编号	23.25.30.11.14.14
OmniClass 标题	Beams
代码名称	

<< 预览(P)　　确定　　取消　　应用

图 2.4-118

(5) 柱标记（仅结构）

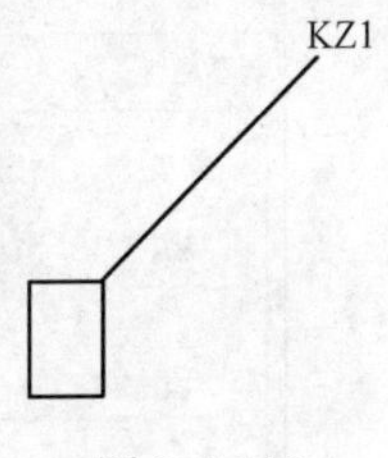

图 2.4-119

柱标记主要用于标注结构柱的标号等信息（图 2.4-119）。本项目样板中载入了自定义的柱标记“TADI-标记 _ 结构柱”。与梁标记相同，在使用柱标记之前，需要在柱的“类型标记”参数中输入柱的标号，如“KZ1”（图 2.4-120），必要时还要输入尺寸。生成柱标记后，还需将柱标记移动至所需位置。

若需对柱标记的引线长度进行编辑，可双击柱标记，编辑引线长度后重新载入项目中。

类型属性

族(F): 混凝土 - 矩形 - 柱　　载入(L)...

类型(T): TADI-KZ-300 x 450mm-C30　　复制(D)...

重命名(R)...

类型参数

参数	值
类型图像	
注释记号	
型号	
制造商	
类型注释	
URL	
说明	
部件代码	
成本	
部件说明	
类型标记	KZ1
OmniClass 编号	
OmniClass 标题	
代码名称	

<< 预览(P)　　确定　　取消　　应用

图 2.4-120

(6) 结构基础标记（仅结构）

本项目样板中结构基础标记“TADI _ 结构基础标记”主要用于标注承台的标号。此标记中提供了“无引线”、“垂直”和“倾斜”三个子类别，分别对应无引线、垂直引线和倾斜引线三种情况（图 2.4-121），用户可根据实际情况选用。在使用此结构基础标记之前，用户需要在承台的“类型标记”参数中输入承台的标号，如 CT1。如图 2.4-122 所示。生成基础标记后，用户还需将基础标记移动到合适的位置。

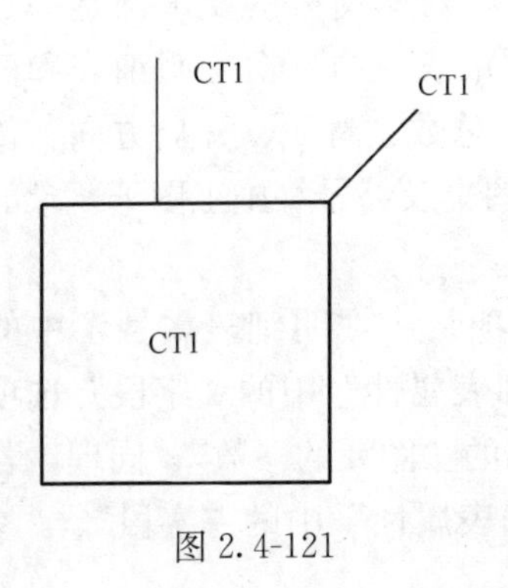

图 2.4-121

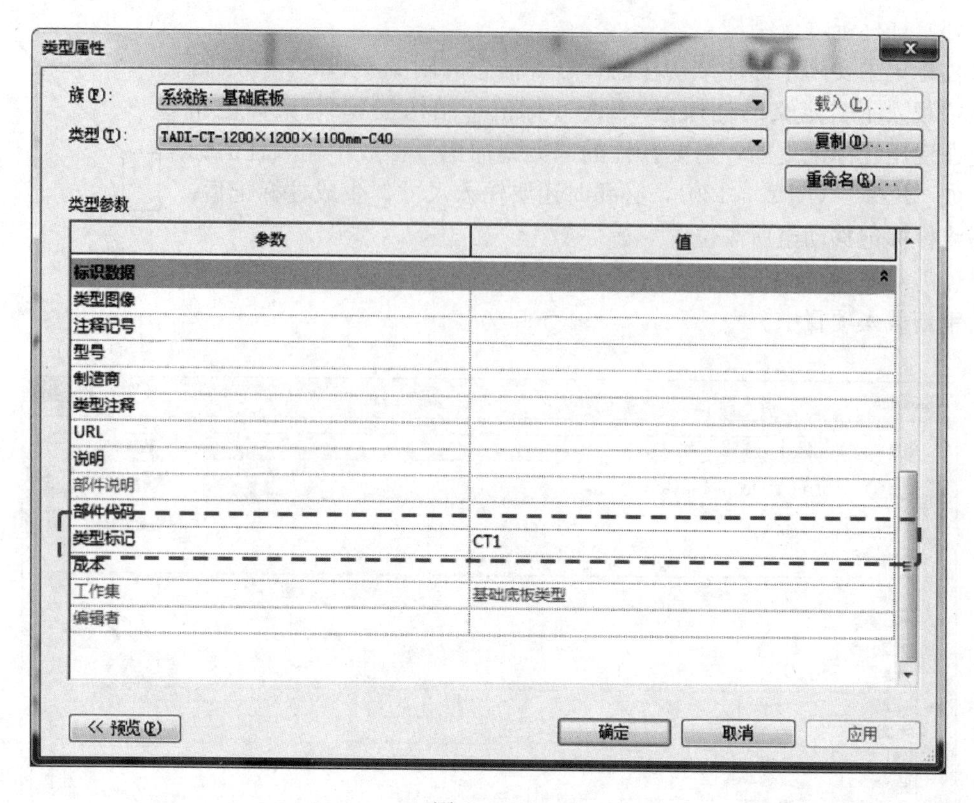

图 2.4-122

2.4.11　明细表样式

明细表用于将模型中的构件及所需的信息进行列表化，方便用户进行算量统计和构件查询。用户可根据需求自定义明细表中的内容、排序方式和过滤条件等元素。在项目样板中，可根据需求预置明细表样式，这样在模型搭建的过程中可随时查看用户关心的信息，并根据信息及时进行设计的变更、沟通等工作。

1. 建筑专业

在样板中，可创建门（窗）样式明细表、门（窗）明细表和门（窗）数量表，也可不创建，在实际项目中根据要求自行添加。但是因为每个项目，对门窗表的要求都是一致的，所以建议在样板中先添加。在样板中，门（窗）样式明细表、门（窗）明细表和门（窗）数量表需要列出门（窗）的类型、编号、尺寸、数量、总数、材质、开启方向、传热系数、遮阳因子、抗结露因子、气密性等级和采用的标准图集及编号等施工图纸要求的门（窗）信息。

在样板中的加载门窗外建族时，已添加"项目参数"。项目中"明细表属性"中的"字段"、"参数"与"项目参数"是时时对应的，若在"明细表属性"中的"字段"选项中"添加参数"，则系统在"项目参数"中会自动生成新添加的"图元的参数"；同理，若是在"项目参数"添加或修改任何"图元的参数"，则"明细表属性"中的"字段"、"参数"也会对应添加或修改。如图 2.4-123 所示。

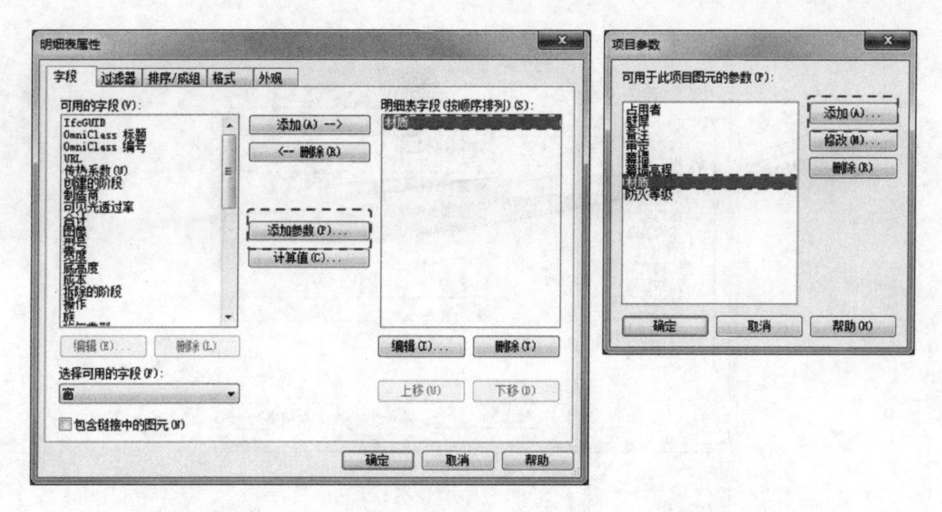

图 2.4-123

2. 结构专业

本书结构专业项目样板中预设了结构柱、梁、楼板及承台四种明细表。

(1) 结构柱明细表

本项目样板中结构柱明细表需列出所有结构柱的类型、数量、位置（底、顶标高）和体积，并统计数量和体积的总数。

点击“视图”选项卡（图 2.4-124）中“明细表”按钮，在下拉菜单中选择“明细表/数量”命令，弹出“新建明细表”对话框。

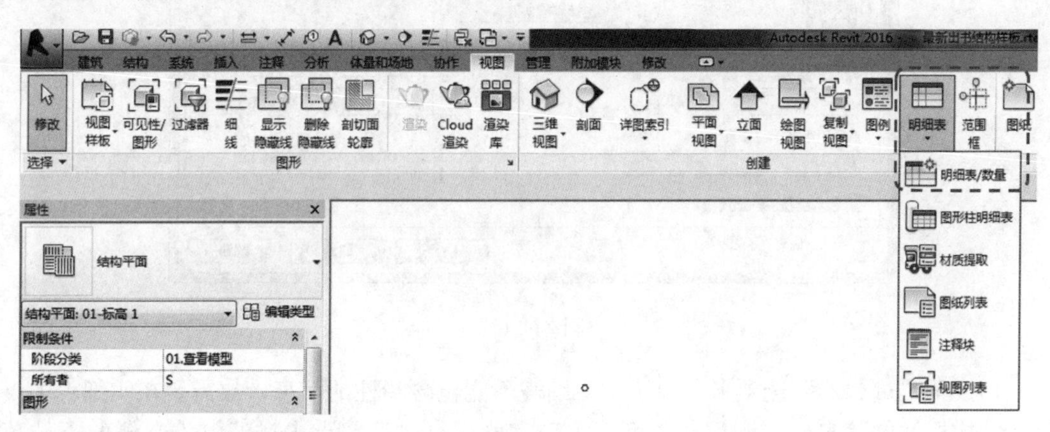

图 2.4-124

在“新建明细表”对话框中，可选择需要统计的构件类型以及对明细表进行命名。在“类别”中选择“结构柱”（图 2.4-125），名称使用默认名称“结构柱明细表”，点击“确定”，弹出“明细表属性”对话框。

在“明细表属性”对话框中，可对需要列出的字段、过滤器等明细表参数进行设定。在“字段”选项卡下，点击需要添加的字段，如“族与类型”，再点击“添加”按钮即可将字段添加至“明细表”字段，以此方法添加所有表格中需要的字段，并利用上移和下移按钮进行字段顺序的调整。如图 2.4-126 所示。

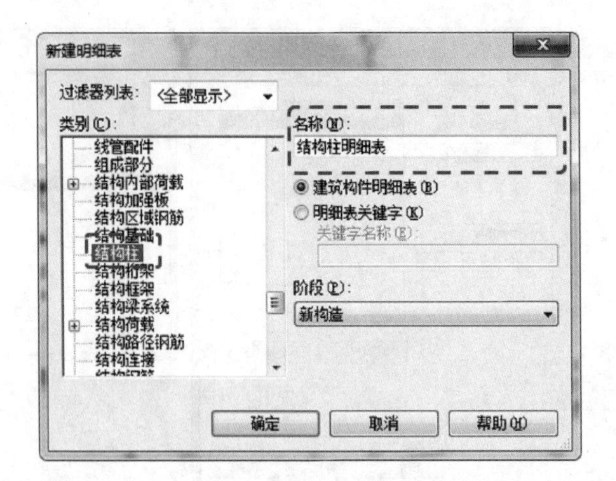

图 2.4-125

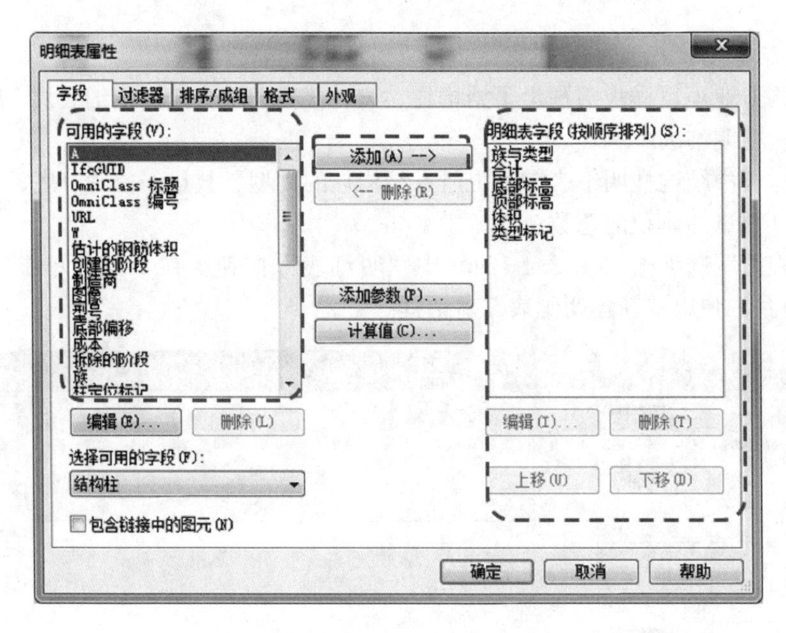

图 2.4-126

切换至“过滤器”选项卡，由于本明细表不能包含暗柱的信息，故需要在明细表中仅显示结构框柱的信息，可利用“类型标记”字段进行过滤。点击过滤条件右侧的下拉菜单，选择“类型标记”，在下一级下拉菜单中，选择“包含”，在之后的文本框中，输入“KZ”。如图 2.4-127 所示。

在新建的明细表中，各构件的信息是逐一列举的，为了使信息进行分组显示，可设定分组的字段并进行排序。切换至“排序/成组”选项卡，在“排序方式”中选择“族与类型”，在后面的“否则按”中选择“底部标高”与“顶部标高”。为了计算总计，勾选“总计”前的复选框，用户可自行定义总计的标题。去掉“逐项列举每个实例”前的复选框。如图 2.4-128 所示。

本实例中需要分别显示每条信息的数量与体积总数，可在“格式”选项卡中进行设

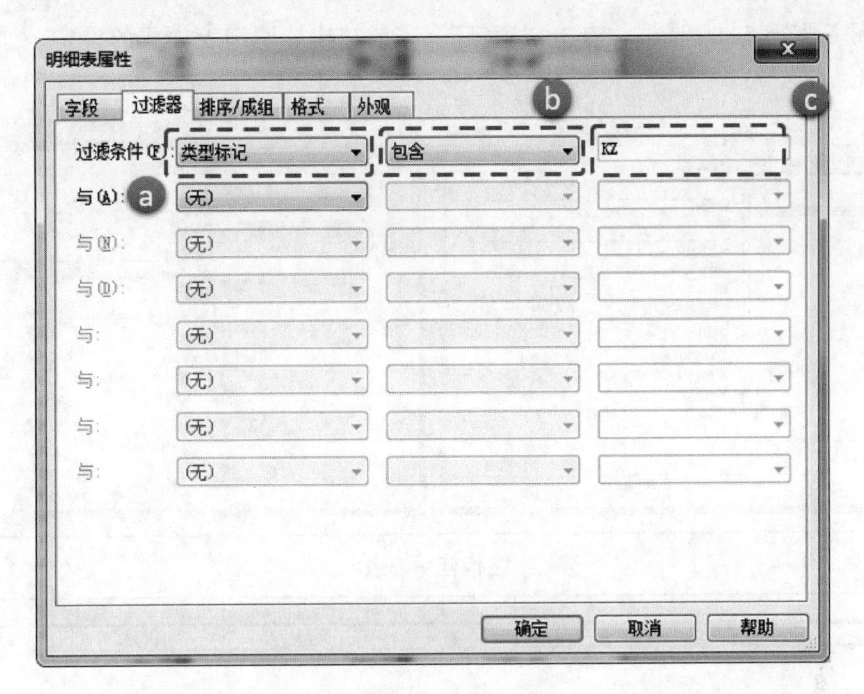

图 2.4-127

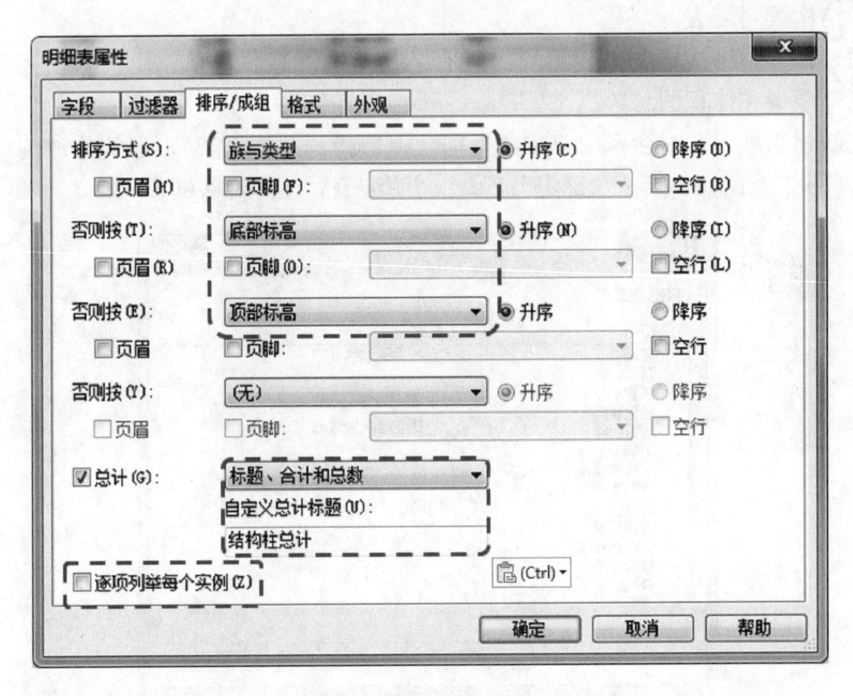

图 2.4-128

置。切换至“格式”选项卡，在“字段”栏目中点击“合计”，在本明细表中，“合计”项的名称需要显示为“数量”，可在“标题”下方的文本框中输入文字“数量”，勾选“字段格式”中“计算总数”选项前的复选框。对“体积”字段可进行相同操作。在本明细表中，“类型标记”字段用于过滤暗柱，但不在明细表中进行显示，可选择“类型标记”，勾选“隐藏字段”前的复选框，点击“确定”，完成结构柱明细表样式的设定。如图 2.4-129 所示。

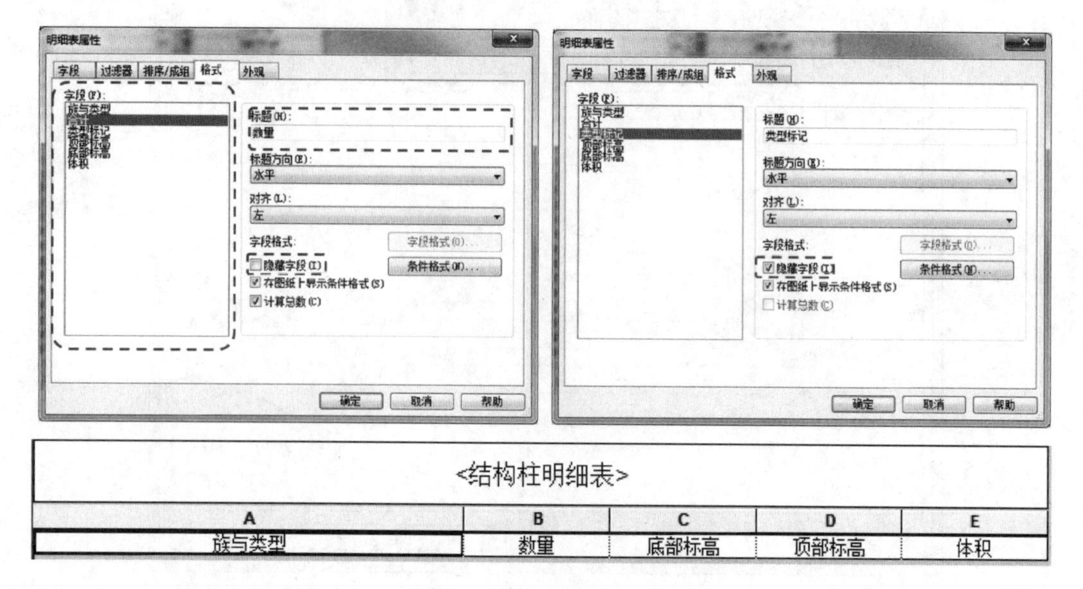

图 2.4-129

(2) 结构梁明细表

本项目样板中结构梁明细表需列出所有结构梁的类型、数量、位置（顶标高）和体积，并统计数量和体积的总数。

在“新建明细表”对话框中，在“类别”中选择“结构框架”，名称修改为“结构梁明细表”（图 2.4-130），点击“确定”，弹出“明细表属性”对话框。

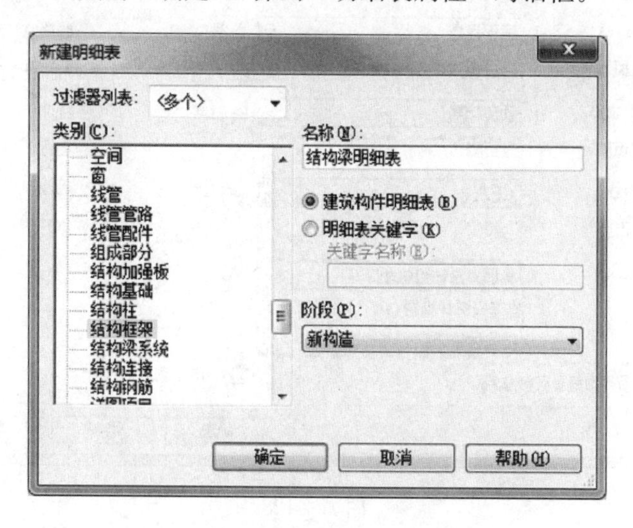

图 2.4-130

在“字段”选项卡下，添加“族与类型”、“合计”、“参照标高”、“体积”和“类型标记”字段（图 2.4-131）。

切换至“排序/成组”选项卡，在“排序方式”中选择“族与类型”，在后面的“否则

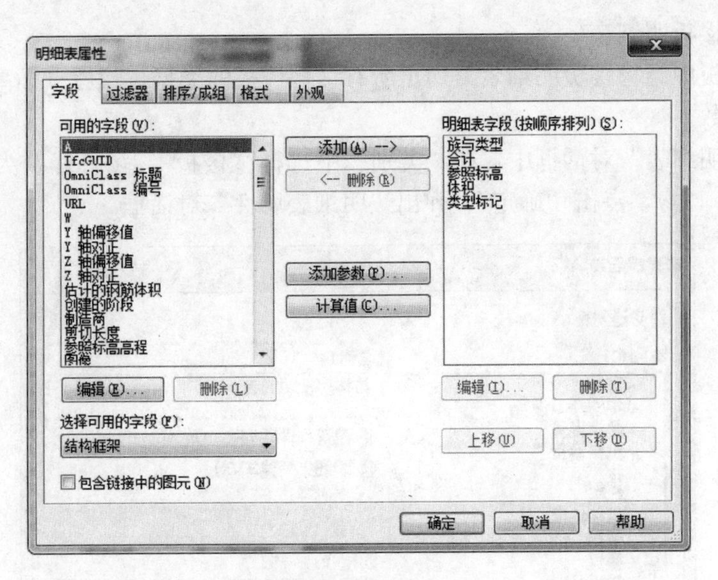

图 2.4-131

按”中选择“参照标高”。勾选“总计”前的复选框，定义总计的标题为“结构梁总计”。去掉“逐项列举每个实例”前的复选框。如图 2.4-132 所示。

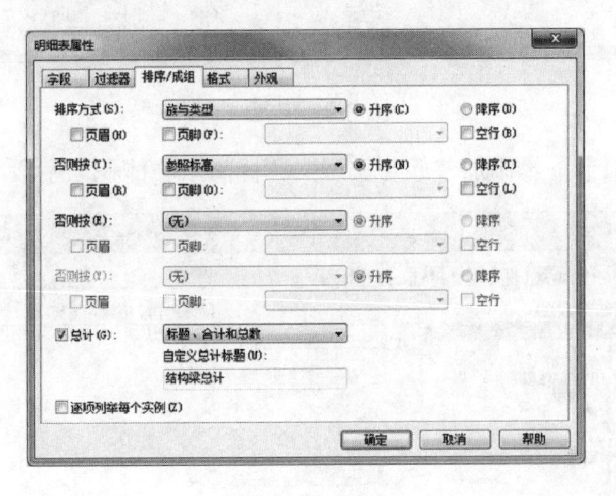

图 2.4-132

切换至“格式”选项卡，在“字段”栏目中点击“合计”，将“合计”项标题修改为“数量”，勾选“字段格式”中“计算总数”选项前的复选框。对“体积”字段，勾选“字段格式”中“计算总数”选项前的复选框，点击“确定”，完成结构梁明细表样式的配置(图 2.4-133)。

<结构梁明细表>				
A	B	C	D	E
族与类型	数量	参照标高	体积	类型标记

图 2.4-133

（3）结构楼板明细表

本项目样板中结构楼板明细表需列出所有结构楼板的类型、位置（标高）和体积，并统计体积的总数。

在“新建明细表”对话框中，在“类别”中选择“楼板”，名称修改为“结构楼板明细表”（图 2.4-134），点击“确定”，弹出“明细表属性”对话框。

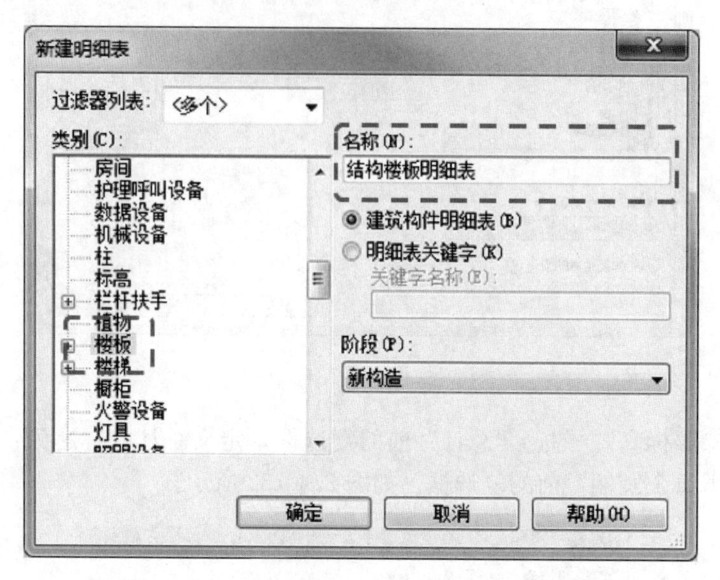

图 2.4-134

在“字段”选项卡下，添加“族与类型”、“标高”、“体积”字段（图 2.4-135）。

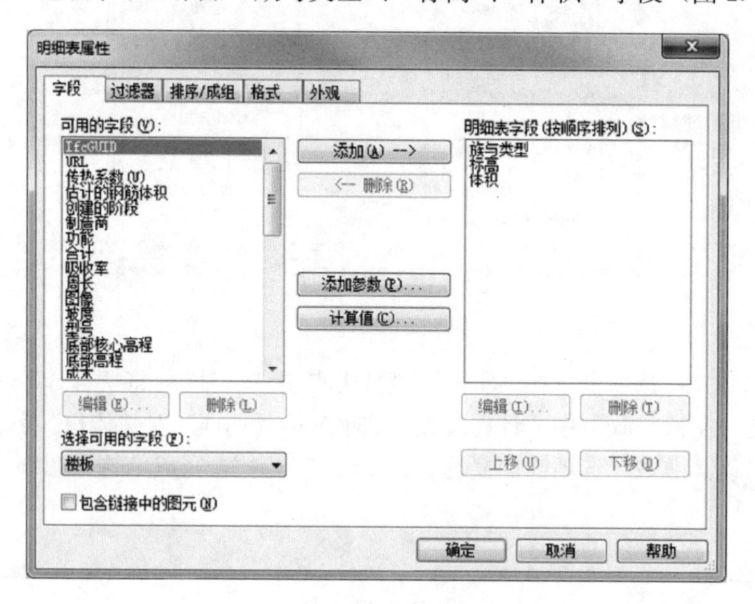

图 2.4-135

切换至“排序/成组”选项卡，在“排序方式”中选择“族与类型”，在后面的“否则按”中选择“标高”。勾选“总计”前的复选框，定义总计的标题为“结构楼板总计”。去掉“逐项列举每个实例”前的复选框。如图 2.4-136 所示。

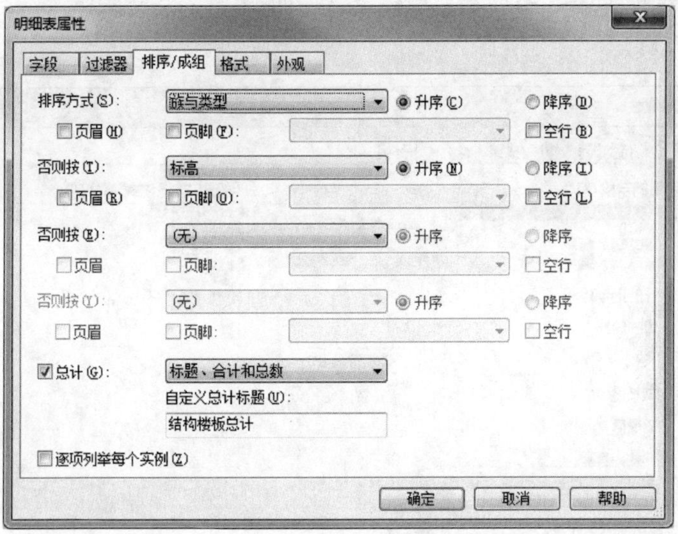

图 2.4-136

切换至“格式”选项卡，点击“体积”字段，勾选“字段格式”中“计算总数”选项前的复选框，点击“确定”，完成结构楼板明细表样式的配置（图 2.4-137）。

（4）承台配筋表

承台配筋表提供了有关承台尺寸、配筋和数量等信息，本项目样板中承台配筋表需列出所有承台的编号、面积、数量和体积，并统计体积和数量的总数。

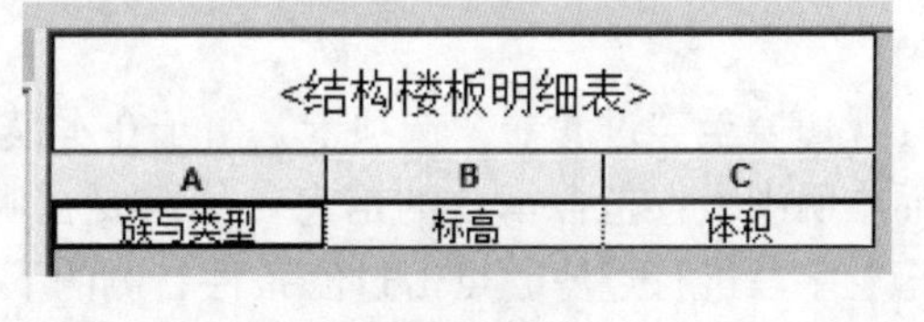

图 2.4-137

在“新建明细表”对话框中，在“类别”中选择“结构基础”，名称修改为“承台配筋表”（图 2.4-138），点击“确定”，弹出

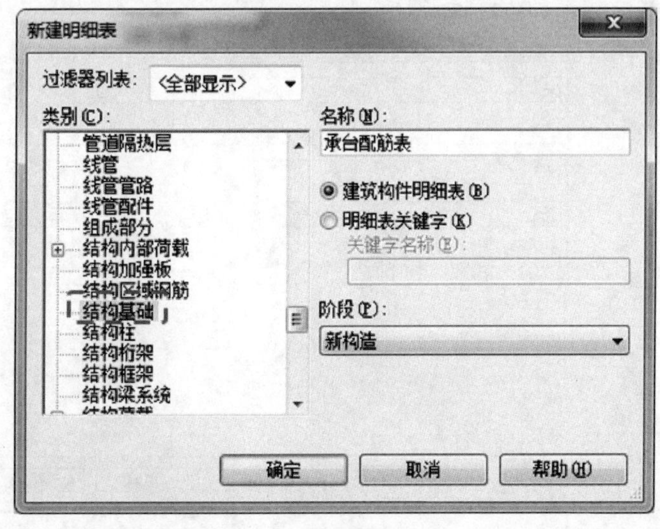

图 2.4-138

“明细表属性”对话框。

在“字段”选项卡下，添加“类型标记”、“面积”、“类型注释”、“合计”与“体积”字段（图 2.4-139）。

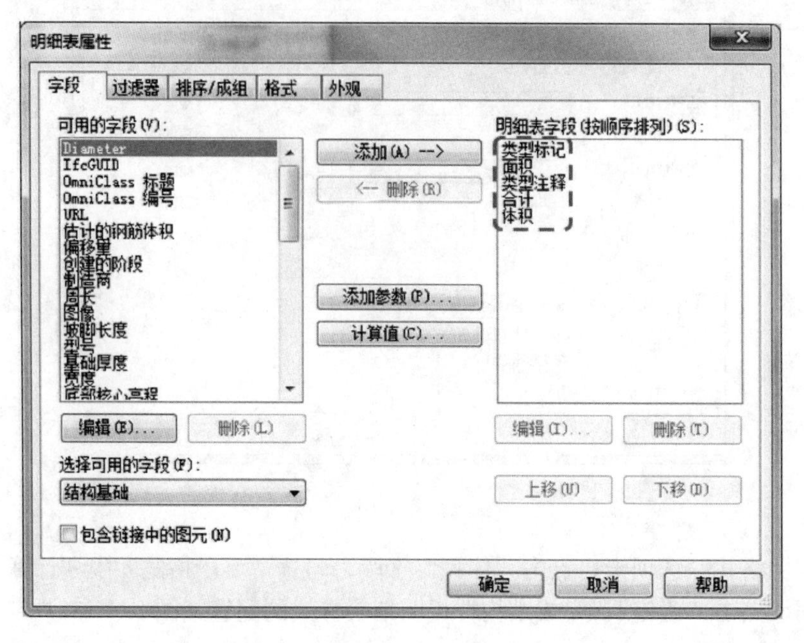

图 2.4-139

切换至“过滤器”选项卡，由于在本模型中结构基础还包含基础底板、基坑等构件，而本明细表仅包含承台的信息，故需要在明细表中仅显示承台的信息，可利用“类型标记”字段进行过滤。点击过滤条件右侧的下拉菜单，选择“类型标记”，在下一级下拉菜单中，选择“包含”，在之后的文本框中，输入“CT”。如图 2.4-140 所示。

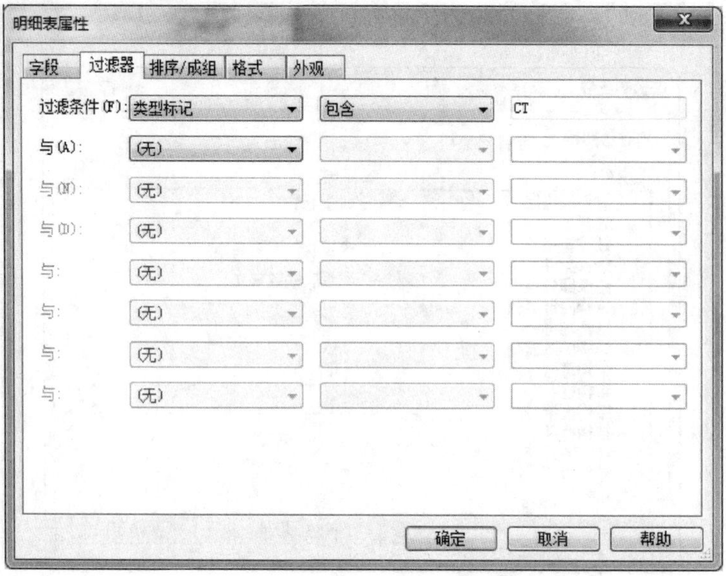

图 2.4-140

切换至“排序/成组”选项卡，在“排序方式”中选择“类型标记”。勾选“总计”前的复选框，定义总计的标题为“承台总计”。去掉“逐项列举每个实例”前的复选框。如图 2.4-141 所示。

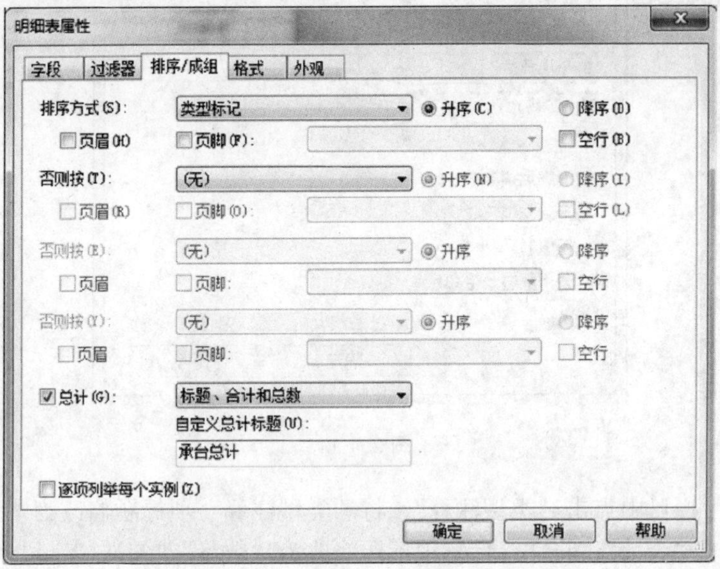

图 2.4-141

切换至“格式”选项卡，在“字段”栏目中点击“类型标记”，将“类型标记”项标题修改为“承台编号”；在“字段”栏目中点击“面积”，点击“字段格式”按钮（图 2.4-142），弹出“格式”对话框。

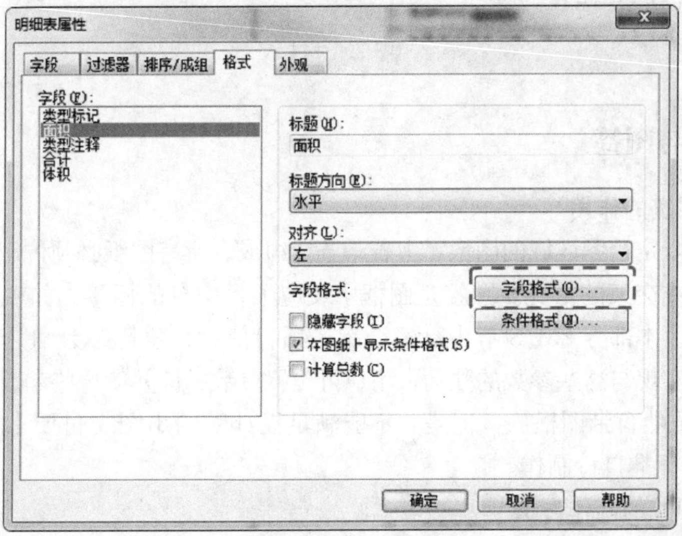

图 2.4-142

在“格式”对话框中，去掉“使用项目设置”前的复选框，点击“舍入”下拉菜单并修改为“3 个小数位”，点击“确定”退出“格式”对话框。如图 2.4-143 所示。

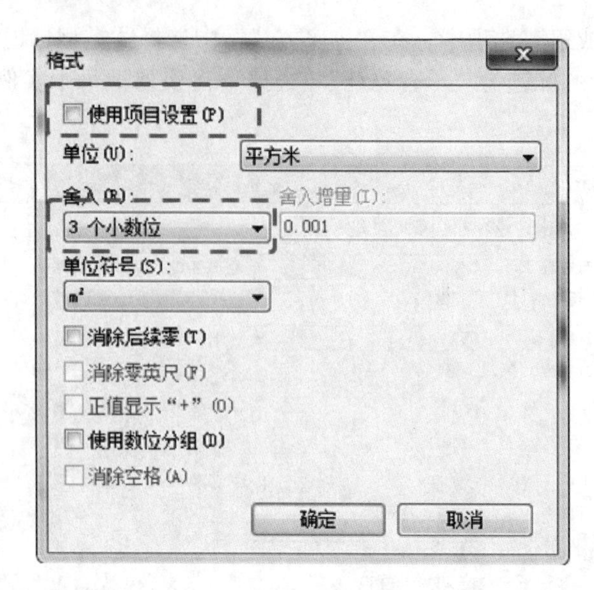

图 2.4-143

在“字段”栏目中点击“类型注释”，将“类型注释”项标题修改为“配筋”；在“字段”栏目中点击“合计”，将“合计”项标题修改为“数量”，勾选“字段格式”中“计算总数”选项前的复选框。对“体积”字段，勾选“字段格式”中“计算总数”选项前的复选框，点击“确定”，完成承台配筋表样式的配置（图 2.4-144）。

<承台配筋表>				
A	B	C	D	E
承台编号	面积	配筋	数量	体积

图 2.4-144

2.4.12　图框与图签

1. 图框与图签的作用

图框是用来限定绘图区域的图形，由若干条线组成。所有图纸必须位于图框之内，不得与图框线有接触或交叉的情况。图签是图框中反应项目信息的标签，如项目名称、工程名称、设计单位等。本部分 2.4.8 节中已经介绍了项目信息、项目参数和共享参数的创建方法。图签则可以实现与这些参数的联动，用户可设置参数的值并使这些参数反映在图签中。

Revit 软件虽然自带图框族，但是并不能满足设计院的出图交付要求，因此一般需要按照各设计院的标准自行制作。

2. 图框和图签的制作方法

（1）图框的绘制

根据设计单位要求的不同，图框与图签的样式也有所不同。在图框与图签的制作过程中，需要根据设计院传统二维图纸的图框要求进行三维图纸中生成二维图纸的图框设置。本节以本书项目样板中的图框族“TADI-图框-A1-院内”为例介绍图框和图签的制作方法。

在 Revit 主界面中点击 —新建—族，弹出“新族-选择样板文件”对话框，选择“标题栏”文件夹，文件夹中提供了不同尺寸的图框族样板，在本项目样板中，选择“A1 公制”族（路径为 C：\ProgramData\Autodesk\RVT 2016\Libraries\China\标题栏），点击确定。如图 2.4-145 所示。

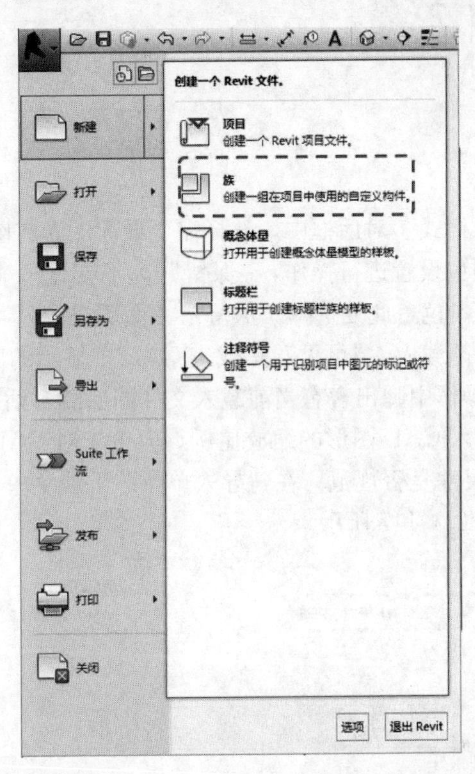

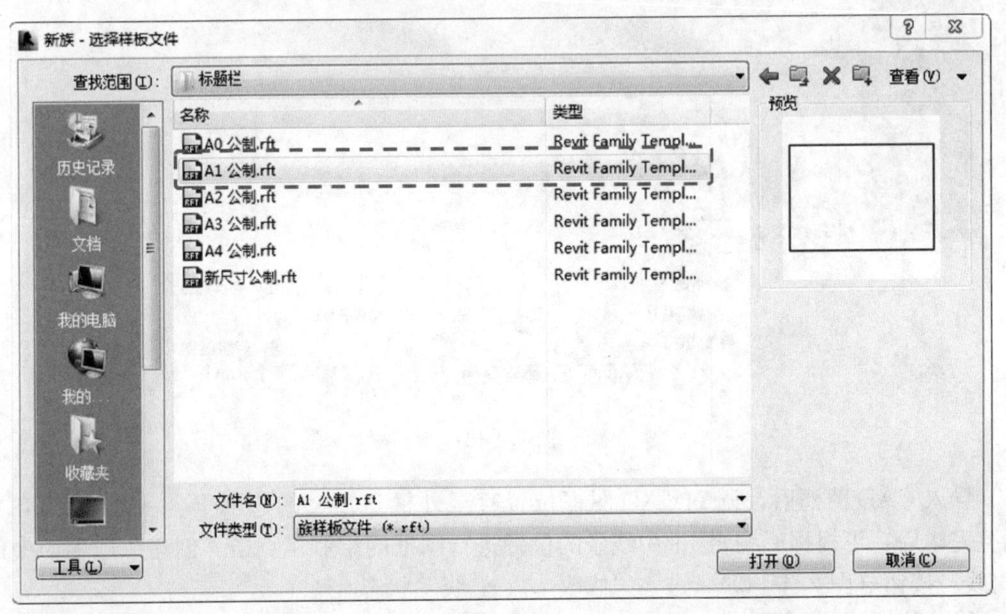

图 2.4-145

进入主界面，在主界面中已经预设好 A1 尺寸图框的外框部分，点击“插入”选项卡“导入 CAD”按钮（图 2.4-146），弹出“导入 CAD 格式”对话框。

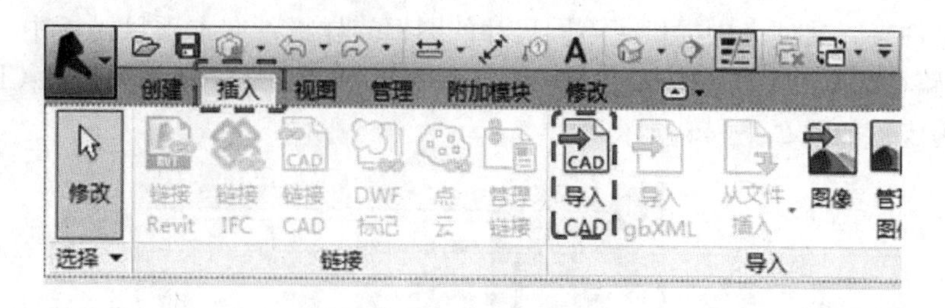

图 2.4-146

在“导入 CAD 格式”对话框中，选择需要导入的含有图框的 CAD 文件，“颜色”是对原 CAD 元素的颜色设置进行操作，“保留”为不变化，“反转”为变更颜色为对比色，“黑白”为转化为黑白色，此处选择“保留”。“图层/标高”是对 CAD 中的图层选择性的载入，“全部”是全都载入，“可见”是载入 CAD 中显示的图层，指定是载入“指定”的图层，会在下一步操作中弹出含有当前载入文件图层的对话框供选择，此处选择“全部”。“导入单位”是对导入 CAD 图形的缩放比例。应事先对 CAD 图框进行测量，确认图纸缩放比例及检验图框尺寸是否规范。在“导入单位”下拉菜单中选择“毫米”，设置完成后，点击“打开”。如图 2.4-147 所示。

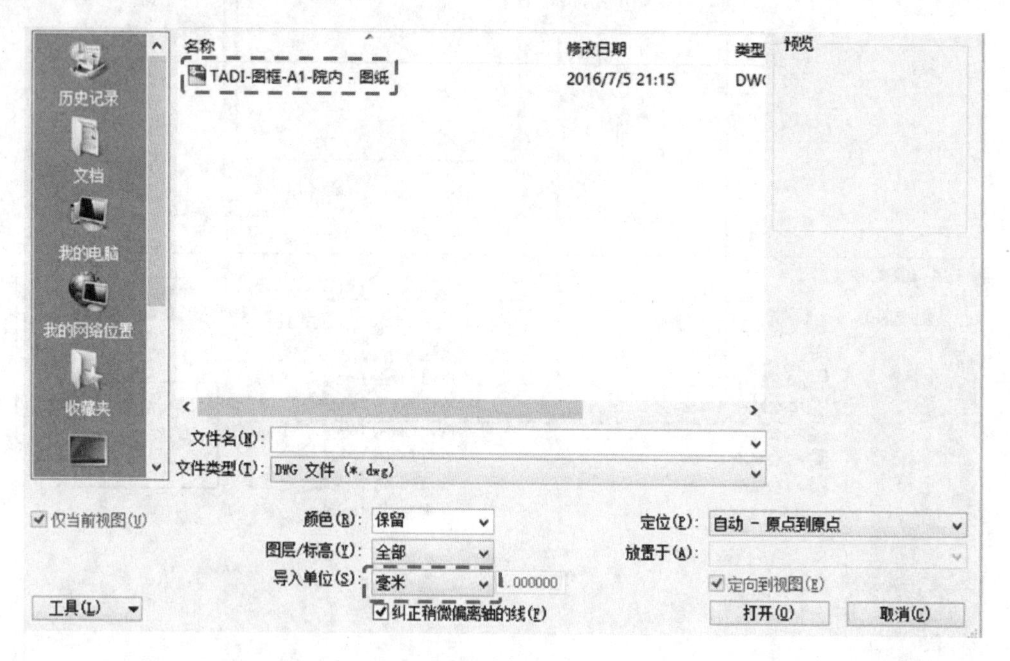

图 2.4-147

导入 CAD 图框后，调整 CAD 图框位置直至外框与预设的边框重合（图 2.4-148）。调整完毕后，可根据 CAD 图框中线条的位置进行图框的绘制。点击“创建”选项卡中的“直线”按钮（图 2.4-149），进入“修改 | 放置 线”状态。

在“修改 | 放置 线”状态中，在“子类别”下拉菜单中可选择直线的种类（图 2.4-

图 2.4-148

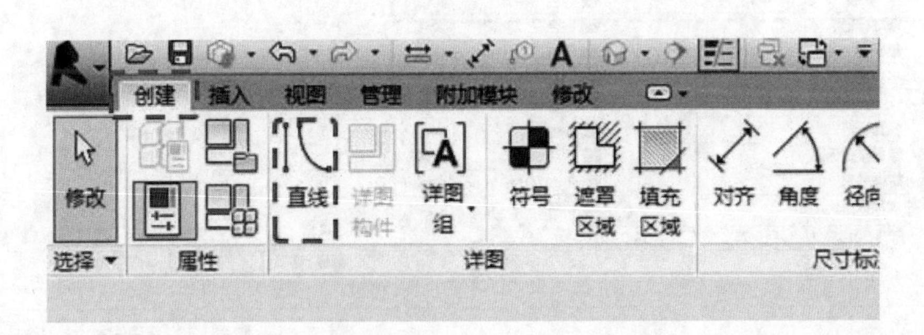

图 2.4-149

150)。在“绘制”栏目中选择“拾取线”，可通过使用鼠标指针捕捉 CAD 底图中的线条来放置直线。

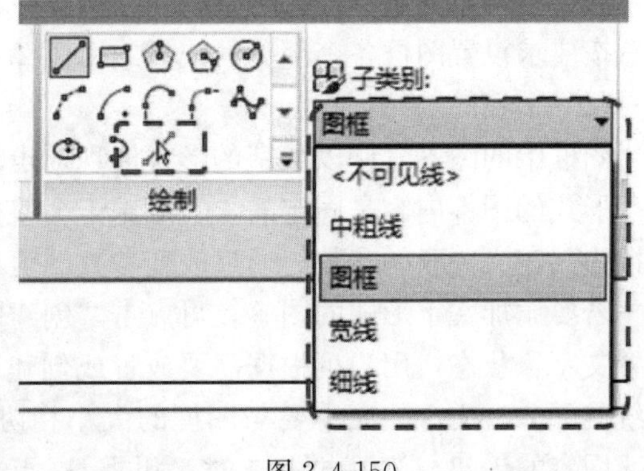

图 2.4-150

例如，绘制图框由外向内第二条边框线，可将子类别设置为“宽线”，在拾取线状态下，将鼠标指针移动至 CAD 底图的边框线上，此时线呈蓝色状态，点击鼠标左键，即可将线放置于目标位置（图 2.4-151）。

以相同的方式将图框中所有的线条绘制完毕，注意在绘制时随时根据需要改变线条的子类别，这些线的子类别的线宽等

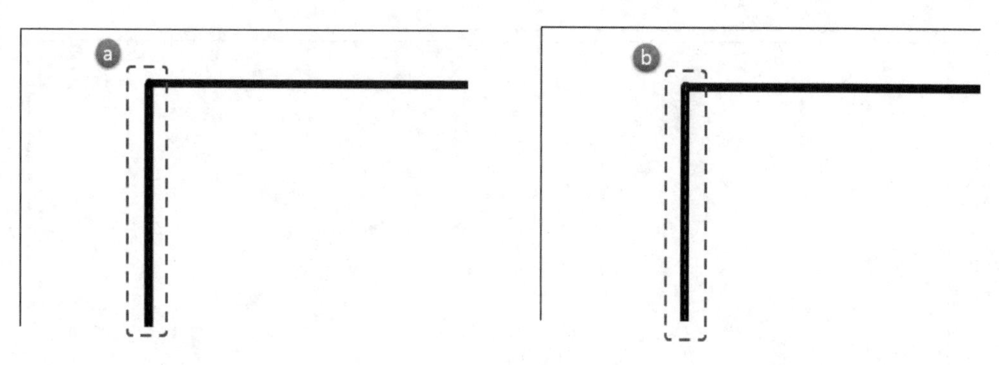

图 2.4-151

参数由项目中的“对象样式”决定（图 2.4-152）。

对象样式

模型对象 | 注释对象 | 分析模型对象 | 导入对象

过滤器列表(F)：建筑

类别	线宽 投影	线颜色	线型图案
参照线	1	RGB 000-127-00	实线
图框	1	黑色	实线
中粗线	3	黑色	实线
外框	1	黑色	实线
宽线	5	黑色	实线
细线	1	黑色	实线
场地标记	1	黑色	实线
墙标记	1	黑色	实线
多类别标记	1	黑色	实线
天花板标记	1	黑色	实线
家具标记	1	黑色	实线
家具系统标记	1	黑色	实线
导向轴网	1	PANTONE Proce	实线
屋顶标记	1	黑色	实线

全选(S)　不选(E)　反选(I)

修改子类别：新建(N)　删除(D)　重命名(R)

确定　取消　应用(A)　帮助

图 2.4-152

若需手动绘制图框，则可选择“绘制”栏目中的“直线”、“矩形”等命令。绘制时需注意按要求设置图框各个部分的线样式（图 2.4-153）。

（2）图签的制作

图框中的图签允许以文字的形式体现，也允许以标签的形式体现。在图框族使用时，文字形式的图签内容是固定的，一般用于会签栏中各专业的标题等地方。标签形式的图签可以为其定义关联的参数，通过改变参数的值进行内容的编辑。

若要添加文字形式的图签，可点击“创建”选项卡中的“文字”按钮，进入“修改｜放置文字”状态，用户可根据需要放置或创建新的文字类型，操作方法同 2.4.10 节文字系统族部分。文字的大小要与图框的大小相协调，不能出现超出图框或与图框交叉的现象。图签的创建与放置方法与文字相同，在点击“图签”按钮后，会弹出“编辑标签”对

图 2.4-153

话框，用户需要设置标签与参数的对应关系，具体操作见下节。本书项目样板中图签文字的字体与大小见图 2.4-154～图 2.4-156。

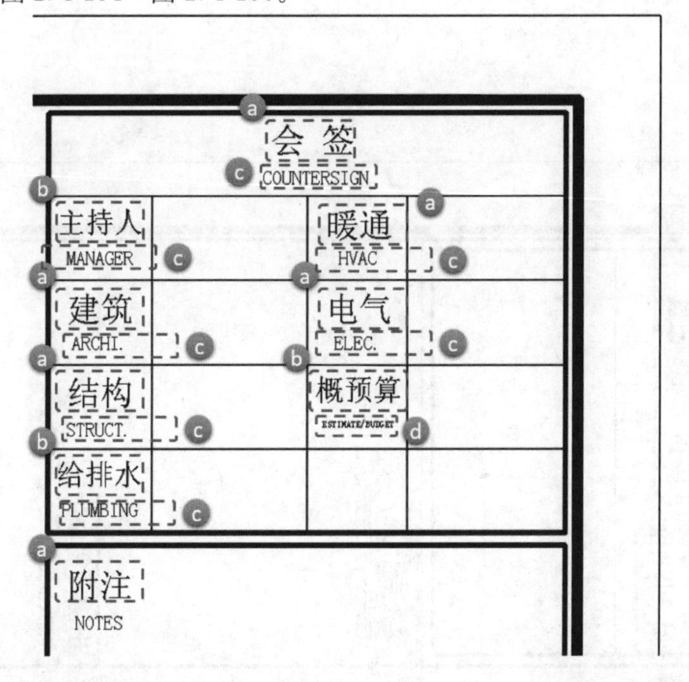

图 2.4-154

注册师用章
Chartered Architect/Engineer
注册师
一级
二级
技术专用章
Technical Management
出图专用章
Issue

a：宋体 3.5mm
b：宋体 2mm
c：宋体 5mm
d：宋体 3mm

图 2. 4-155

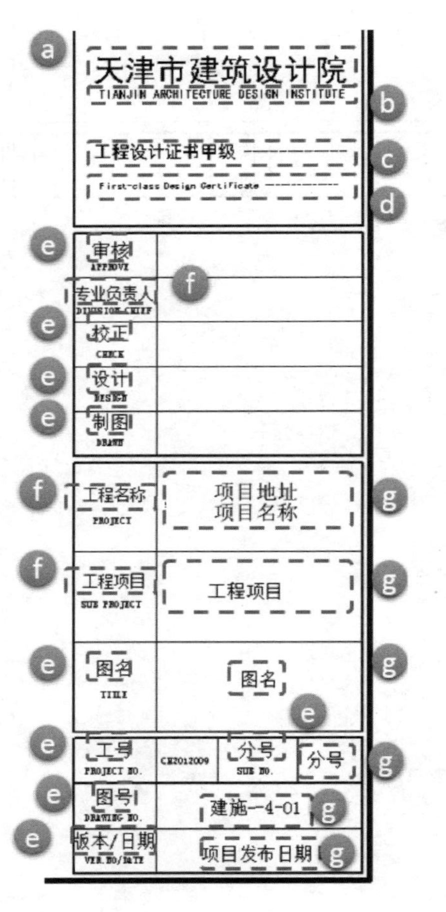

a：黑体 6mm
b：黑体 2.5mm
c：黑体 3mm
d：黑体 2mm
e：宋体 3.5mm
f：宋体 3mm
g：宋体 3.5mm 为标签形式的图签

图 2. 4-156

除 b、d 处以外的英文文字：宋体 2mm，其中“工号”内容栏中的“CH2012009”为标签形式的图签。

放置所有文字与标签形式的图签，完成图签的绘制（图 2.4-157）。

图 2.4-157

3. 标签形式图签与项目参数

在放置标签形式的图签后，可将标签图签与共享参数相关联，将项目信息或图纸信息中的参数同步到图签内容中。这样可以方便项目和图纸信息的查看与管理。

以“TADI-分号”参数为例，在本书项目样板中，“TADI-分号”参数需要实现与图纸中相应参数的联动。首先创建好含有“TADI-分号”参数的共享参数文件。点击“管理”选项卡中“共享参数”按钮，在“编辑共享参数”中选择“浏览”，选择相应的共享参数文件，导入“TADI-分号”共享参数，点击“确定”。如图 2.4-158 所示。

点击“创建”选项卡下点击“标签”按钮，在“属性”窗口中设置好标签的文字样式，点击需要放置标签的位置，弹出“编辑标签”对话框。如图 2.4-159 所示。

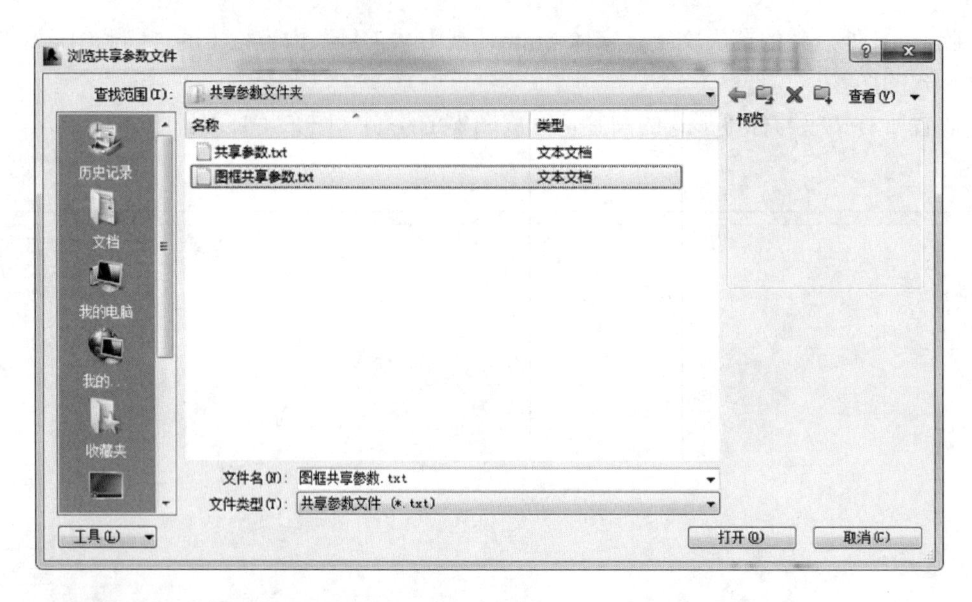

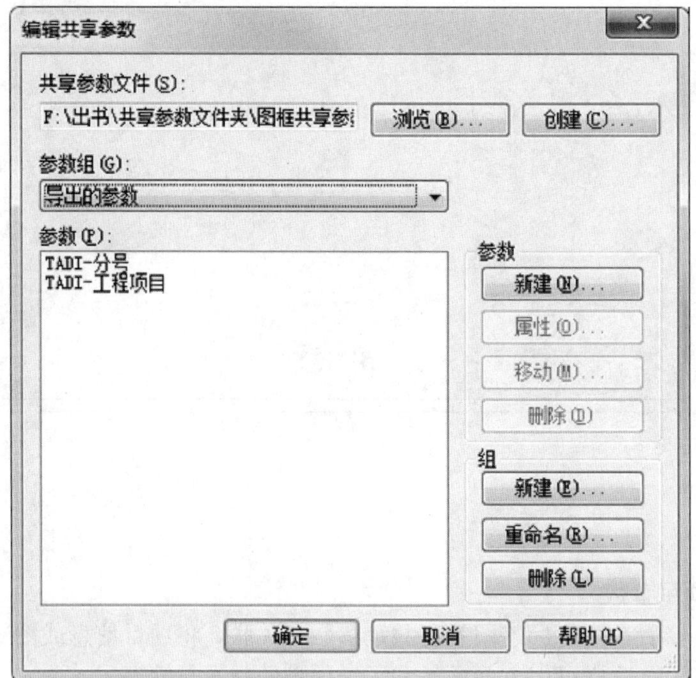

图 2.4-158

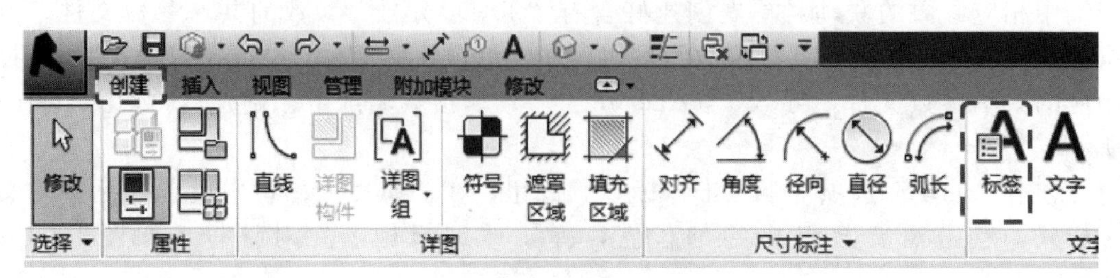

图 2.4-159

在“编辑标签”对话框中，可为标签添加关联的参数，若列表中无所需参数，用户将共享参数添加至列表中。点击“新建”按钮，弹出“参数属性”对话框。如图 2.4-160所示。

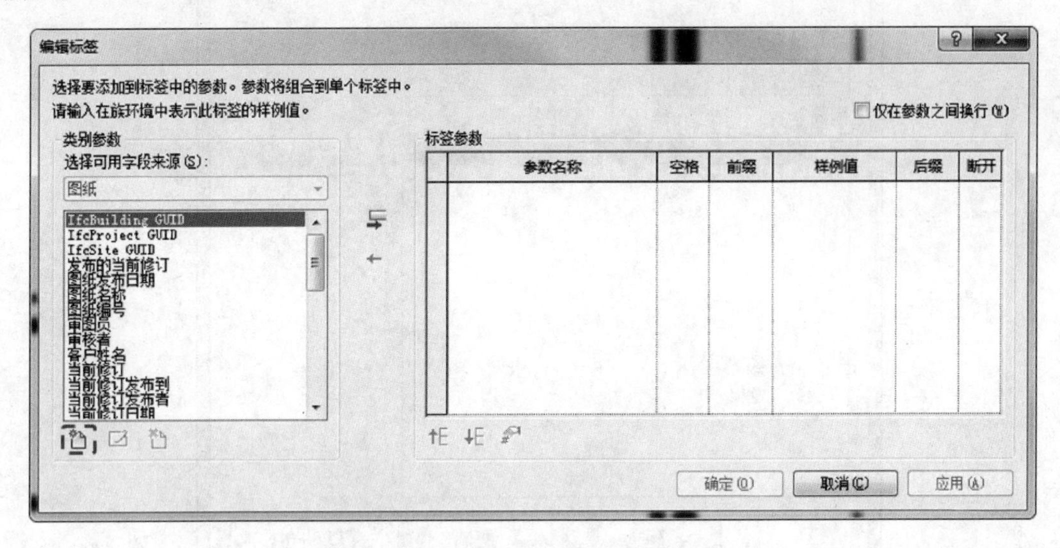

图 2.4-160

在“参数属性”对话框中（图 2.4-161），点击“选择”按钮，弹出“共享参数”对话框。

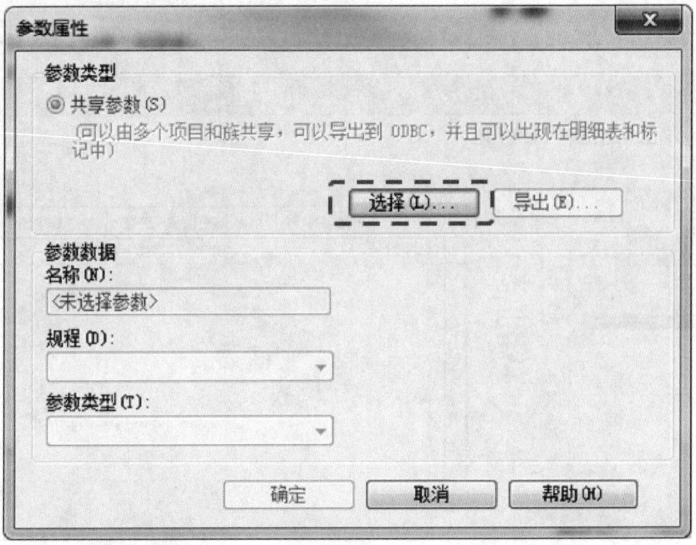

参数属性
参数类型
共享参数(S)
(可以由多个项目和族共享，可以导出到 ODBC，并且可以出现在明细表和标记中)
选择(L)...　导出(E)...
参数数据
名称(N):
<未选择参数>
规程(D):
参数类型(T):
确定　取消　帮助(H)

图 2.4-161

在“共享参数”对话框中，选择所需的参数，点击“TADI-分号”，点击“确定”（图 2.4-162），返回“参数属性”对话框，再点击“确定”，返回“编辑标签”对话框。

在“编辑标签”对话框中，点击新添加的参数，再点击按钮，可将参数添加至“标签参数”中。若需要移除参数，可点击按钮。用户可以设定标签的前缀、后缀以及

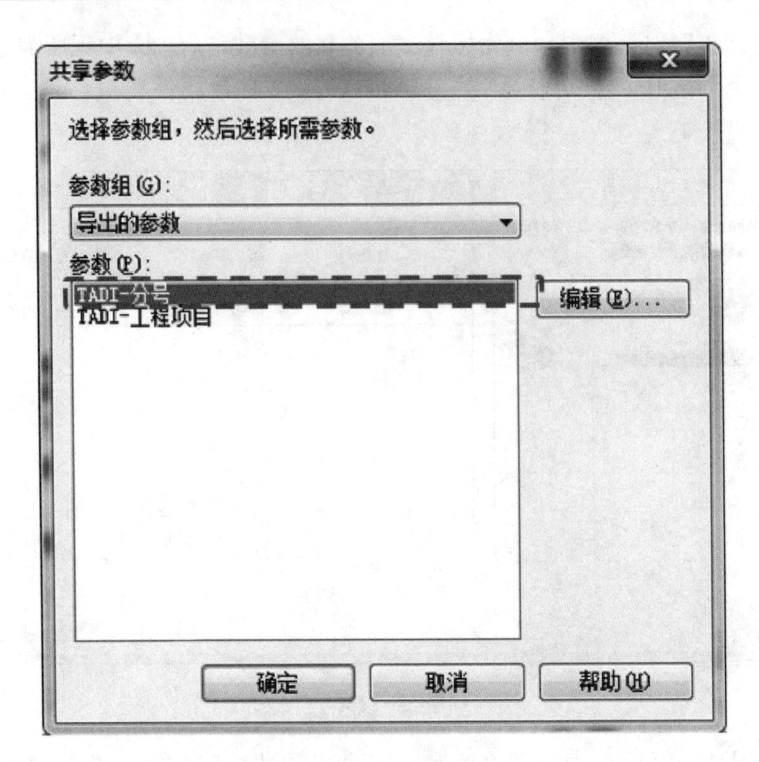

图 2.4-162

下一个参数是否转行显示。样例值作为示例表示参数用途等信息的文字，用户可自行定义，如“分号”，点击“确定”，完成标签参数的定义。如图 2.4-163、图 2.4-164 所示。

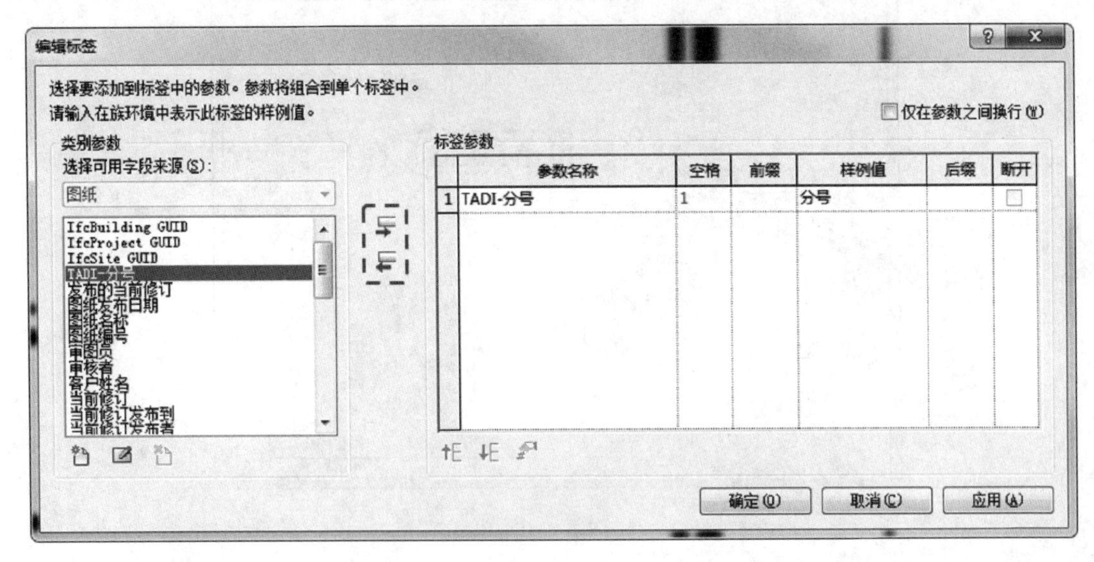

图 2.4-163

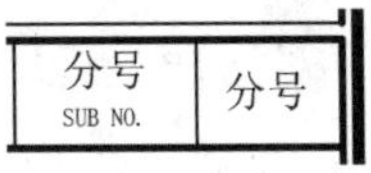

分号 SUB NO.	分号

图 2.4-164

若需要将此参数与图纸进行联动，可在项目或项目样板中为图纸添加相同的参数。将图框族载入到项目或项目样板中，在项目或项目样板中点击“管理”选项卡下的“项目参数”按钮。在“参数类型”中选择

“共享参数”，添加“TADI-分号”参数，将参数的类别设置为“图纸”（图 2.4-165）。操作方法见 2.4.8 节第 2 项。

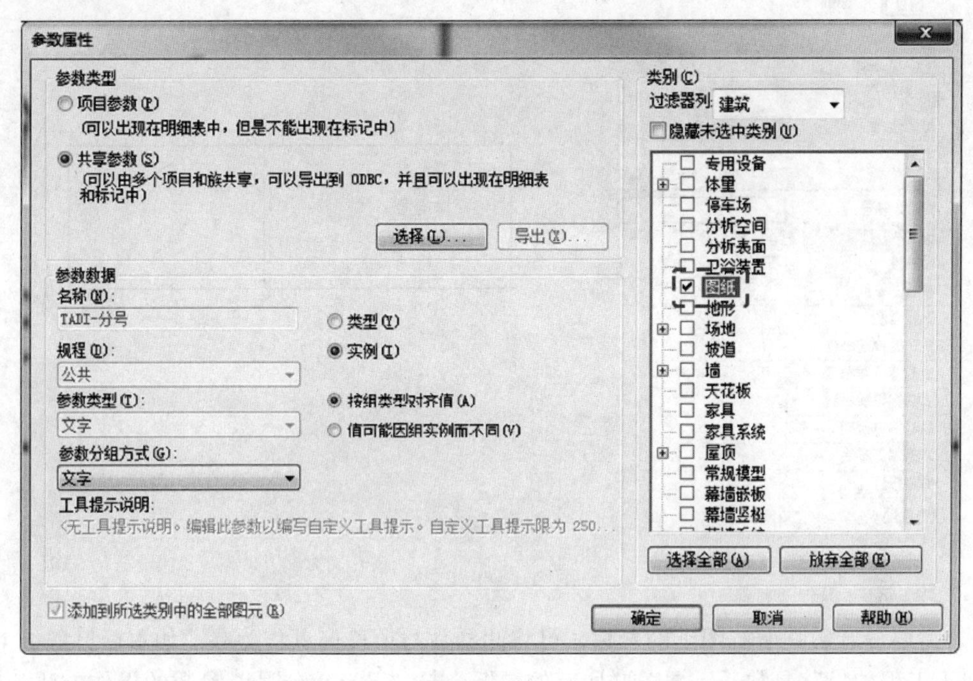

图 2.4-165

此时图纸的“属性”窗口中显示“TADI-分号”参数。新建一张图纸，选择新建的图框族，将图框族应用于图纸中。此时可实现“TADI-分号”参数的联动。如在“TADI-分号”输入“1”，则图框内“分号”部分的内容也变为“1”。如图 2.4-166 所示。

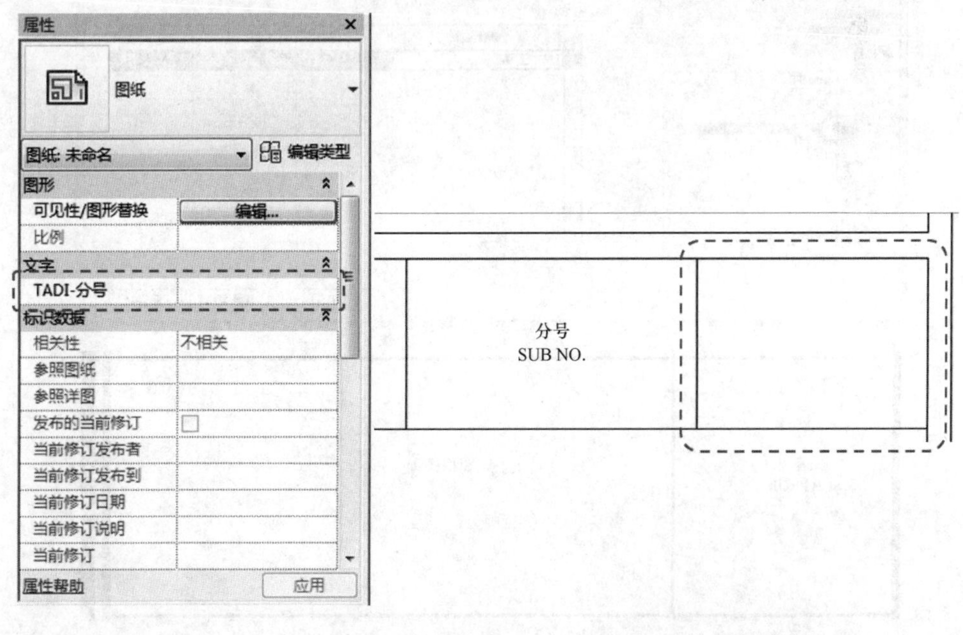

图 2.4-166（一）

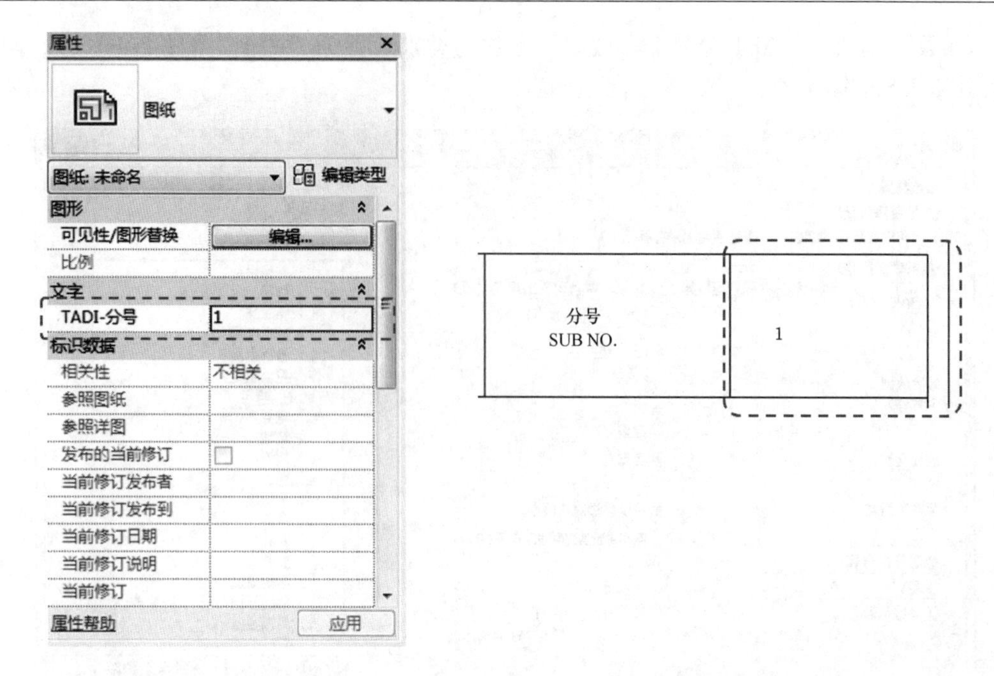

图 2.4-166（二）

若需要设置影响所有图纸的参数，可将此参数与项目信息相关联。如本项目样板中的“TADI-工程项目”参数，需要关联所有的图纸。与“TADI-分号”参数的操作方法相同，建立与“TADI-工程项目”参数相关联的标签，放置于图框中的“工程项目”栏中。如图 2.4-167 所示。

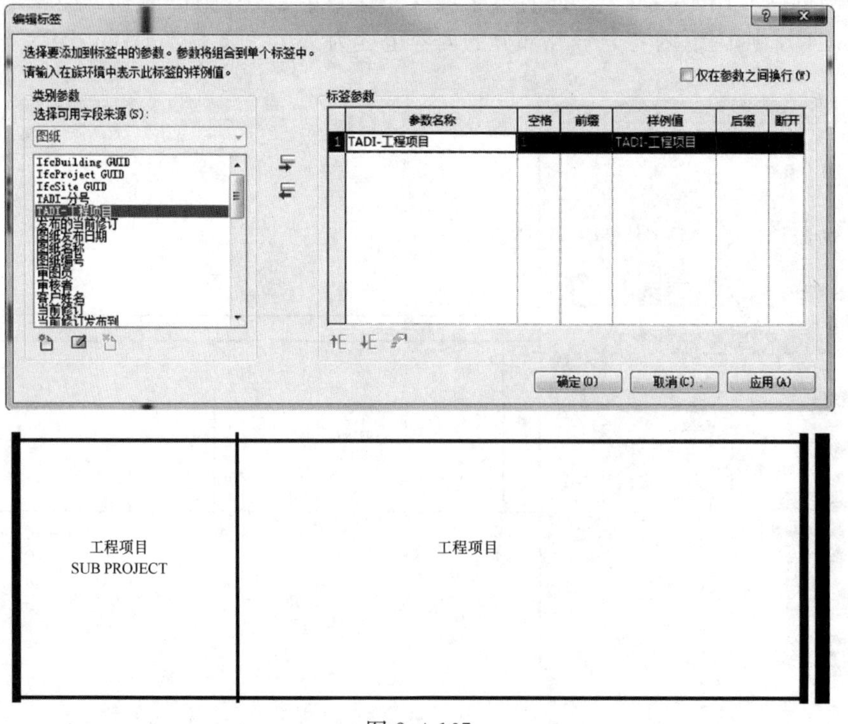

图 2.4-167

将图框族载入项目或项目样板中，在项目中创建“TADI-工程项目”参数，参数类别选择“项目信息”(图 2.4-168)。

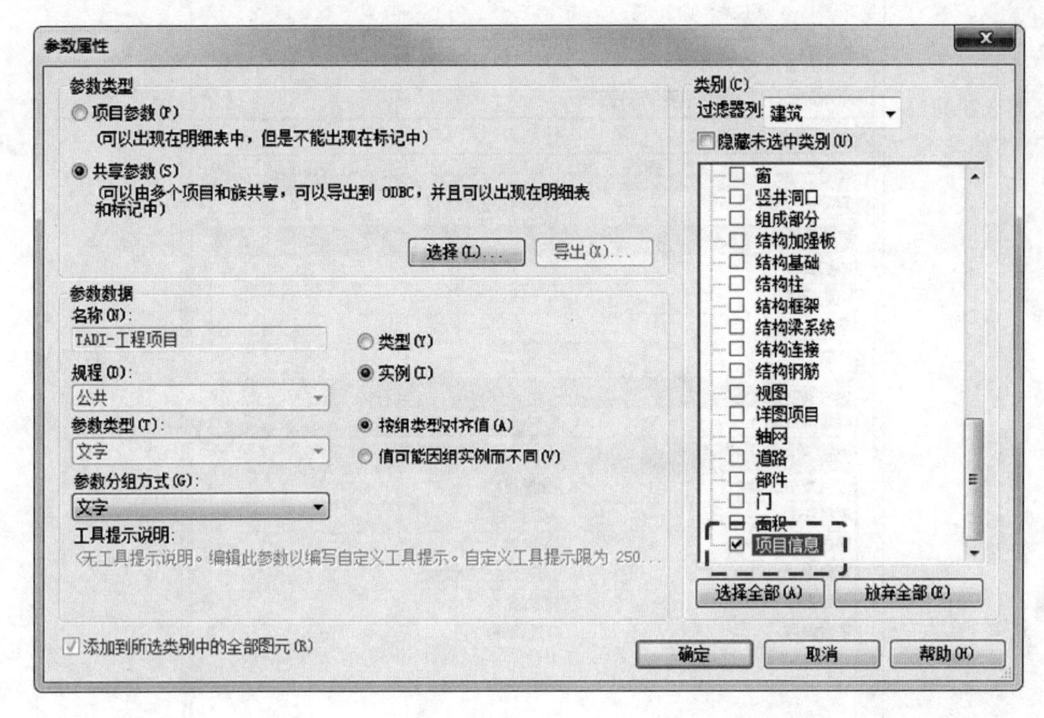

图 2.4-168

点击“管理”选项卡下的“项目信息”按钮，在“项目属性”对话框中可找到“TADI-工程项目”参数，输入工程项目名称，如“××××小区地下室”，点击“确定”。如图 2.4-169 所示。

此时在图纸中“工程项目”一栏显示“××××小区地下室”，并且所有图纸中“工程项目”栏的内容均自动设置为此内容。

以相同的方式创建所有的标签类型的图签，并根据需要关联相应的参数。本项目样板中参数与图框中内容的关联关系如表 2.4-8 所示：

表 2.4-8

图框内容	参数名称	参数类别
* 工程名称	项目地址、项目名称	项目信息
工程项目	TADI-工程项目	图纸、项目信息
* 图名	图纸名称	图纸
* 工号	项目编号	项目信息
分号	TADI-分号	图纸
* 图号	项目状态	项目信息
	图纸编号	图纸
* 版本/日期	项目发布日期	项目信息

提示：* 表示 Revit 预设参数，用户可在编辑标签过程中直接关联，无需自行创建。

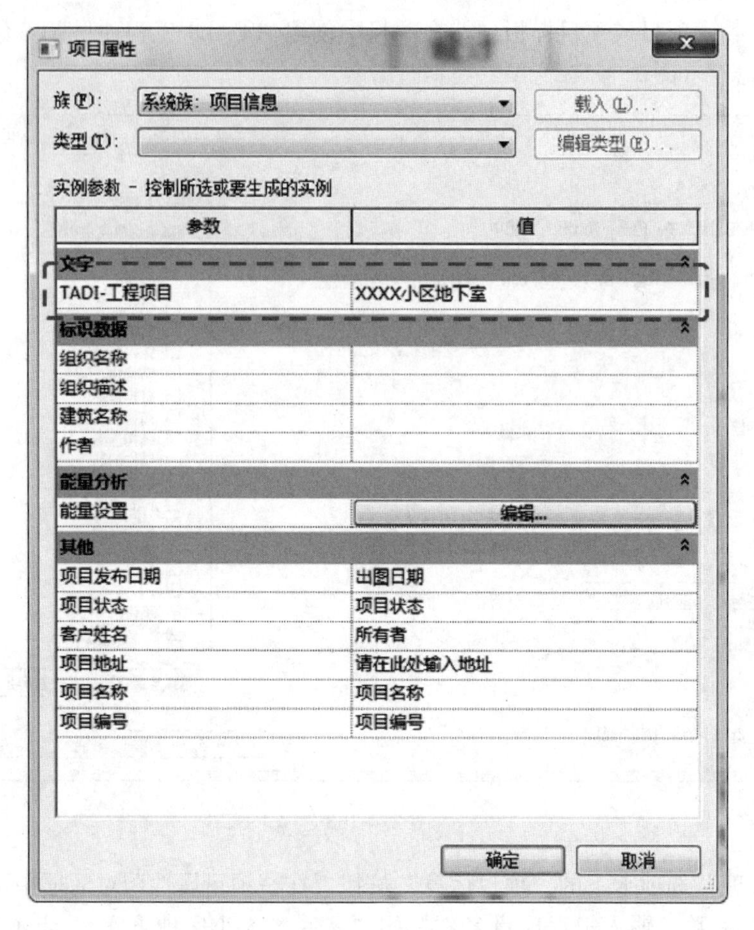

图 2.4-169

至此，图框与图签的创建操作已全部完成，用户可在项目中载入使用，也可在项目样板中进行预设。图框图签制作完成后，需要将族内导入的 CAD 底图删除。

4. 启动页的制作与设定

如果使用本书光盘中的项目样板建立项目文件，用户在以后打开文件的时候首先会显示启动页。Revit 中的“启动页”功能可以使用户在每次打开某一项目时固定首先显示某一个画面，这个画面可以是视图或图纸空间。设置启动页可以为项目添加一个封面，在封面上显示与本项目有关的一些信息，使项目文件更加完整，信息更加直观。此外，打开项目所需花费的时间与项目打开后显示的第一个视图有关，如果视图中的图元较多，则会影响模型打开的速度。设置启动页有助于用户快速打开模型，提高工作效率。

本书项目样板中以图纸空间作为启动页，启动页中的表格为图框族，用户可以任选一个图框族模板，将模板中默认的矩形框调整至合适尺寸作为表格的外框。表格中的线与文字可分别使用族编辑器里的“直线”与“文字”命令实现，此部分操作可参照 2.4.12 节第 2 项相关内容。在本书项目样板的启动页中，为了将相应事宜表达清楚，还插入了图片进行辅助说明。此部分主要介绍插入图片及将指定视图设置为启动页的方法。

将启动页的表格与文字制作完毕后，在需要插入图片的位置留出一定空间。在“插入”选项卡中点击“图像”按钮，弹出“导入图像”对话框，选择需要插入的图片，点击

"打开"按钮。如图 2.4-170 所示。

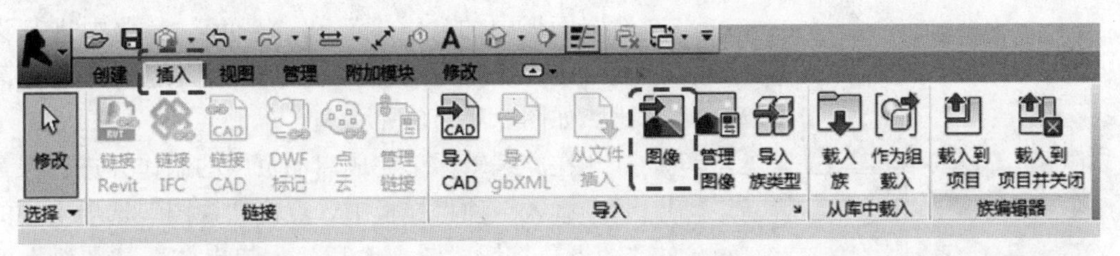

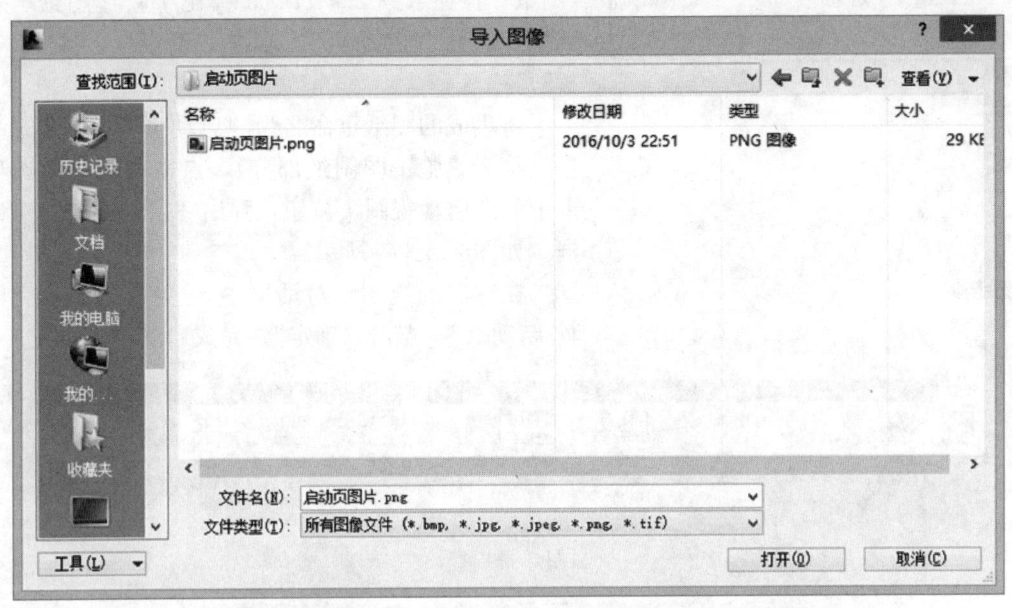

图 2.4-170

此时出现"×"符号，"×"符号的四个角分别为图片的四个角点（图 2.4-171），将移动鼠标指针至所需插入图片的位置，点击鼠标左键，完成图片的插入。如图 2.4-172 所示。

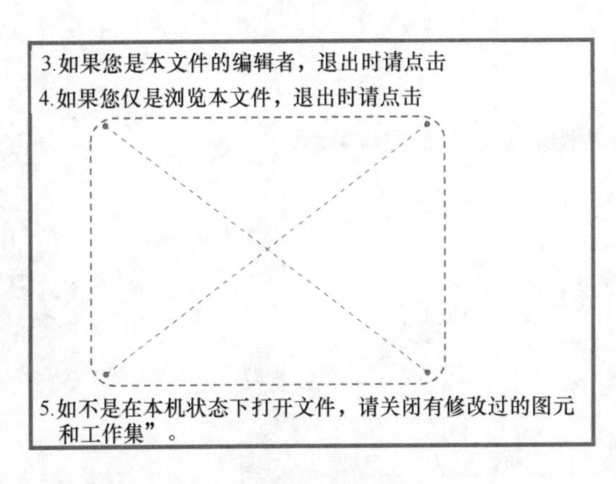

图 2.4-171

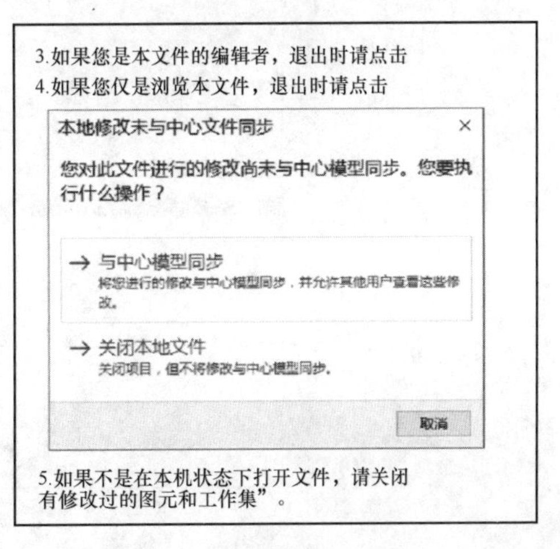

图 2.4-172

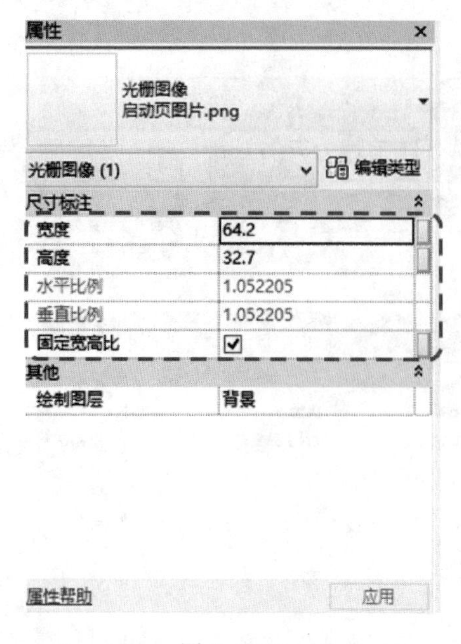

图 2.4-173

如需要调整图片的尺寸，可点击图片，在“属性”面板中的“宽度”和“高度”参数中进行设置，也可选择是否在调整过程中固定图片的宽高比。如图 2.4-173 所示。

在族编辑器里完成启动页族的制作并进行保存后，载入至项目样板中，点击“视图”选项卡中的“图纸”按钮（图 2.4-174），弹出“新建图纸”对话框，选择“启动页”，点击“确定”（图 2.4-175）。

将生成的图纸重命名为“启动页”（操作方法参见第 3 章施工图图纸部分），点击“管理”选项卡中的“启动视图”按钮，弹出“启动视图”对话框。如图 2.4-176 所示。

在“启动视图”对话框中，选择“图纸 启动页-启动页”，点击“确定”，完成启动页的设定。

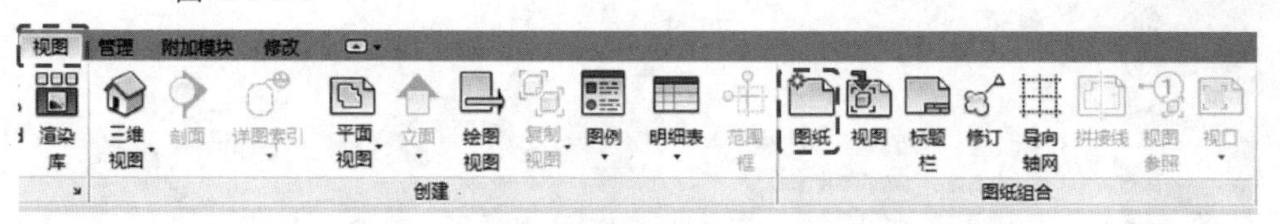

图 2.4-174

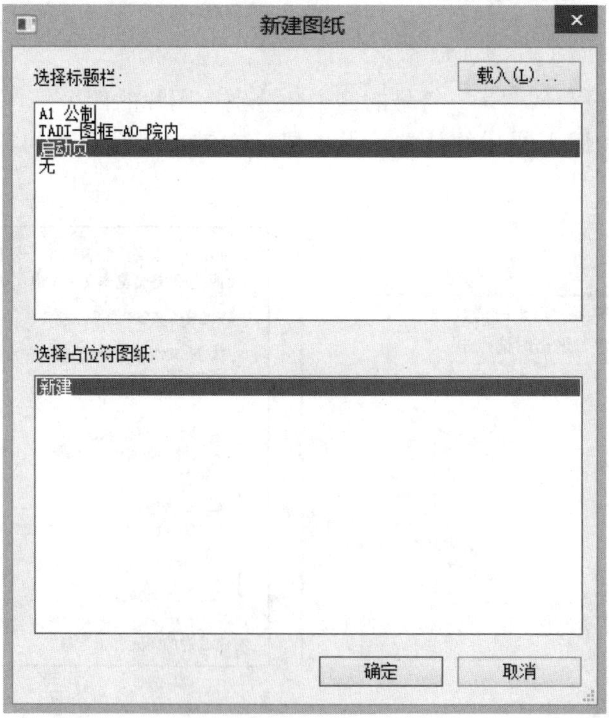

图 2.4-175

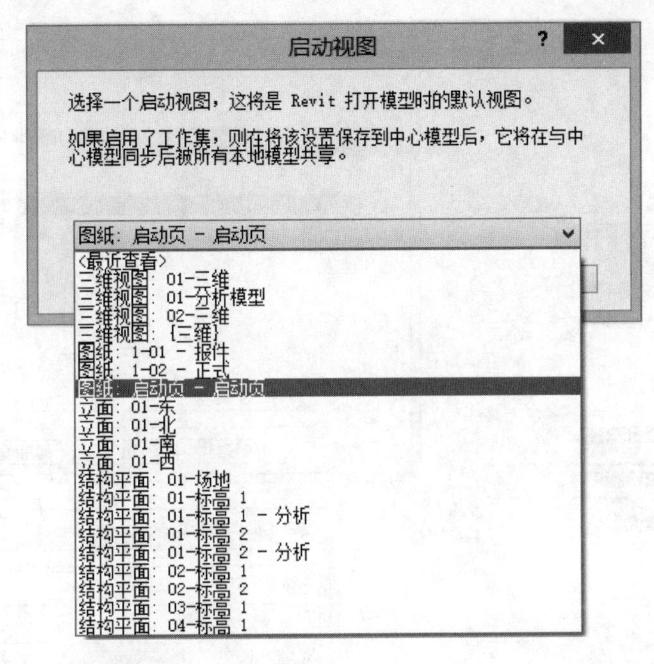

图 2.4-176

2.4.13 图纸及组织管理

1. 图纸管理的意义

视图是将模型剖切得到的产物，包含大量的数据信息，为了在二维图纸上将这些信息展示出来，需要对生成的图纸进行标注、注释、局部放样等操作，使之符合目前的出图要求。同时因为信息量大，需要对图面进行处理，避免冗余信息对图面进行干扰。

而图纸，是一种嵌套族，由图框族和插入其中的视图组合而成，图框族的信息载体为其中的“标签”。标签的内容可以手动直接输入，也可以与相关的参数联动（见 2.4.12 节）。对于需要签名的内容，可以将电子签名做成图例插入，也可以将图纸进行打印后进行签名。

对于一些较大的工程，图纸数量较多。这种情况下就需要对图纸进行分类管理，以便于进行查找等操作。图纸的分类管理主要通过项目浏览器中的“浏览器组织”功能实现。在使用此功能之前，需要完成“TADI-分号”参数的设置，设置的方法详见 2.4.8 节与 2.4.12 节。

2. 图纸目录树的创建

(1) 建立图纸浏览器

完成相关项目参数的设置，右键点击“项目浏览器”中“图纸（全部）”，点击“浏览器组织”（图 2.4-177），弹出“浏览器组织”对话框。

点击“图纸”选项卡下的“新建”按钮，弹出“创建新的浏览器组织”对话框，输入浏览器组织名称 TADI-A（结构专业为 TADI-S），点击“确定”（图 2.4-178），弹出“浏览器组织属性”对话框。

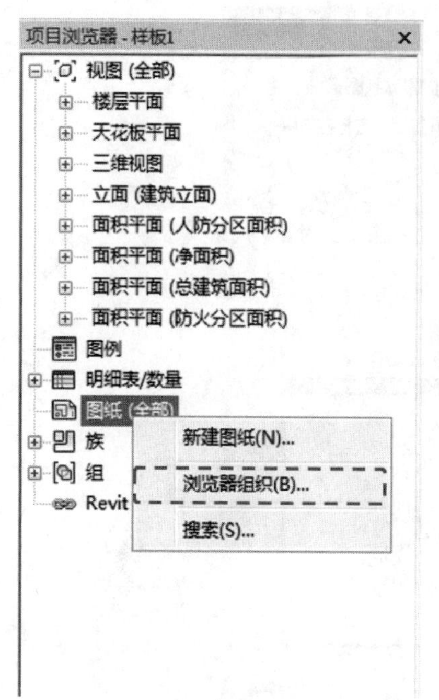

图 2.4-177

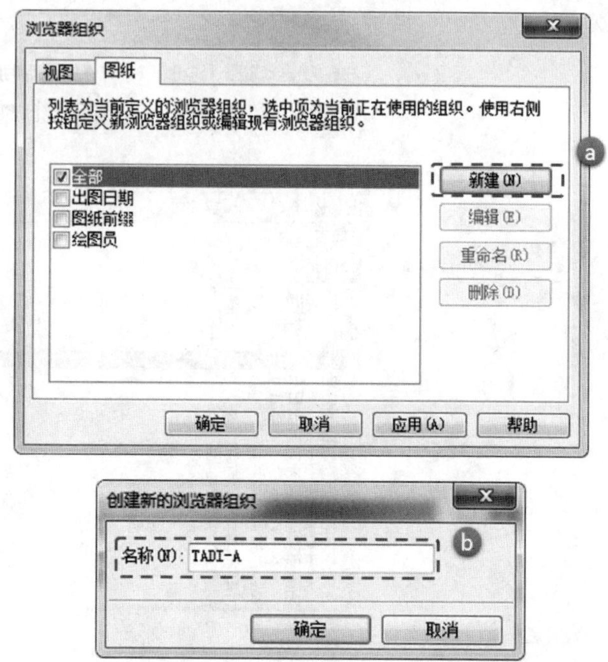

图 2.4-178

在“浏览器组织属性”对话框中，切换至“成组和排序”选项卡。在成组条件中的等级越高，在目录树的等级也越高。点击“成组条件”右侧的下拉菜单，选择“TADI-分号”；在“否则按”下拉菜单中选择“图纸编号”，点击“确定”，完成浏览器组织属性的配置，返回“浏览器组织”对话框，点击“TADI-A”复选框，点击“确定”完成浏览器组织的创建。如图 2.4-179 所示。

(2) 将图纸放置于指定目录

在 Revit 默认的项目样板中，软件没有为用户提供默认的图纸，用户可自行进行创建（创建方法详见第 3 章施工图图纸阶段的内容）。创建完毕后可进行参数的设置，使其归于相应的目录下。例如，对于“TADI-分号”参数，本书项目样板中包含“1”和“2”两个选项。

例如，设计人根据出图需要创建了分号 1 与分号 2 两个分号的图纸（图中的“启动页”为项目样板中的欢迎页）。由于“图纸编号”参数在图纸命名时已设定完毕，故不需要重新填写，软件也已经根据各图纸的图纸编号将图纸进行归类。由于尚未定义各图纸“TADI-分号”参数中的内容，故目录树的最外层显示为“???”（图 2.4-180）。

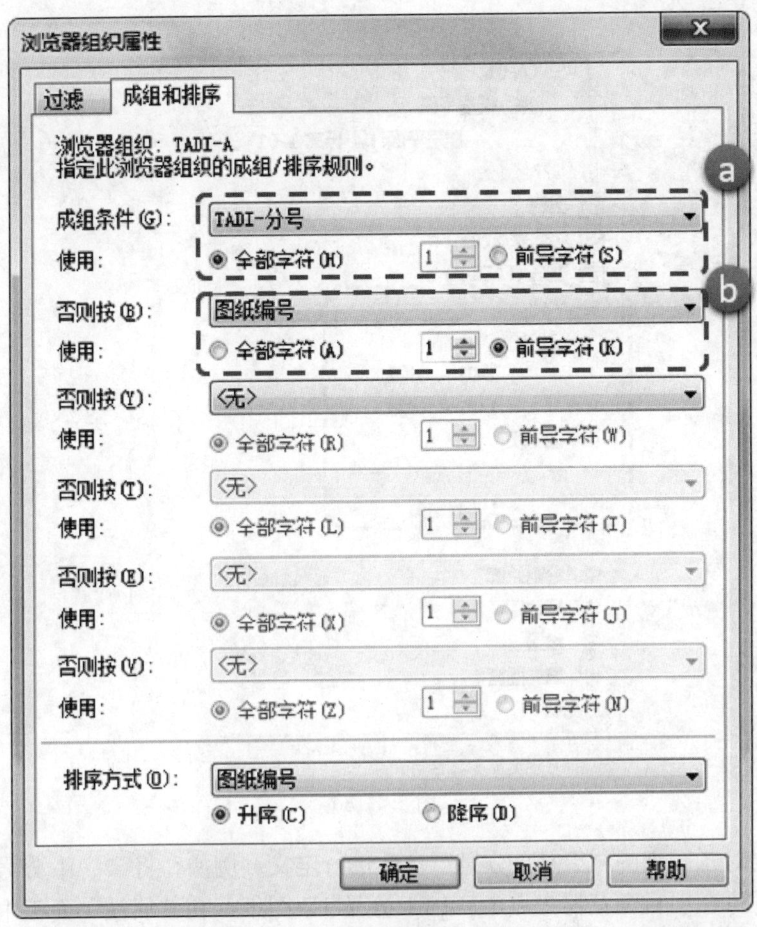
浏览器组织属性
过滤
成组和排序
浏览器组织：TADI-A
指定此浏览器组织的成组/排序规则。
a
成组条件(G)：
TADI-分号
使用：
全部字符(H)
前导字符(S)
b
否则按(B)：
图纸编号
使用：
全部字符(A)
前导字符(K)
否则按(Y)：
<无>
排序方式(O)：
图纸编号
升序(C)
降序(D)
确定
取消
帮助

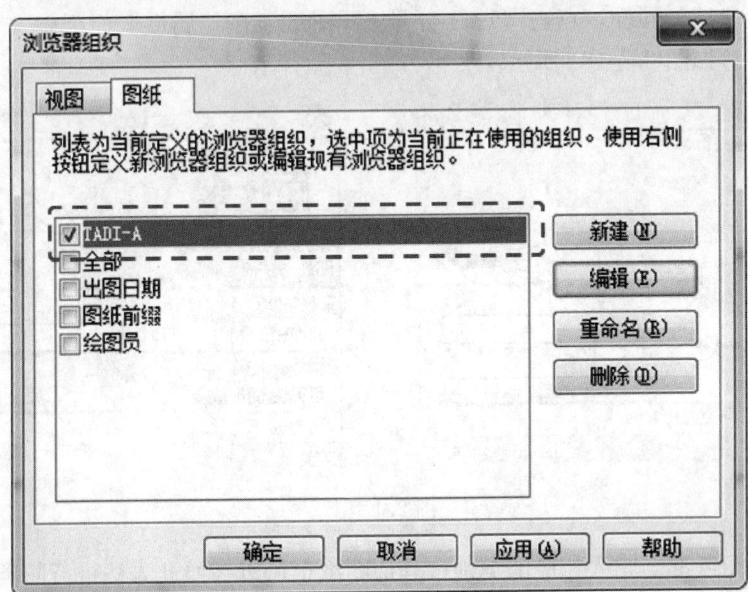
浏览器组织
视图
图纸
列表为当前定义的浏览器组织，选中项为当前正在使用的组织。使用右侧按钮定义新浏览器组织或编辑现有浏览器组织。
TADI-A
全部
出图日期
图纸前缀
绘图员
新建(N)
编辑(E)
重命名(R)
删除(D)
确定
取消
应用(A)
帮助

图 2.4-179

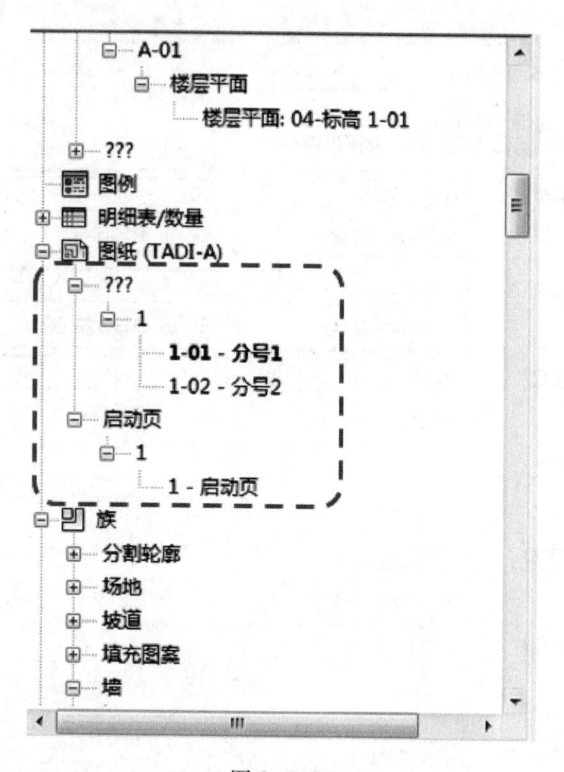

图 2.4-180

此时需要对各图纸的“TADI-分号”参数进行定义。例如，将“1-01 分号 1”放置于“1”类别中，可在项目浏览器中点击“1-01 分号 1”图纸，在“属性”面板中“TADI-分号”一栏输入“1”。同样，点击“1-02 分号 2”图纸，在“属性”面板中“TADI-分号”一栏输入“2”。如图 2.4-181 所示。

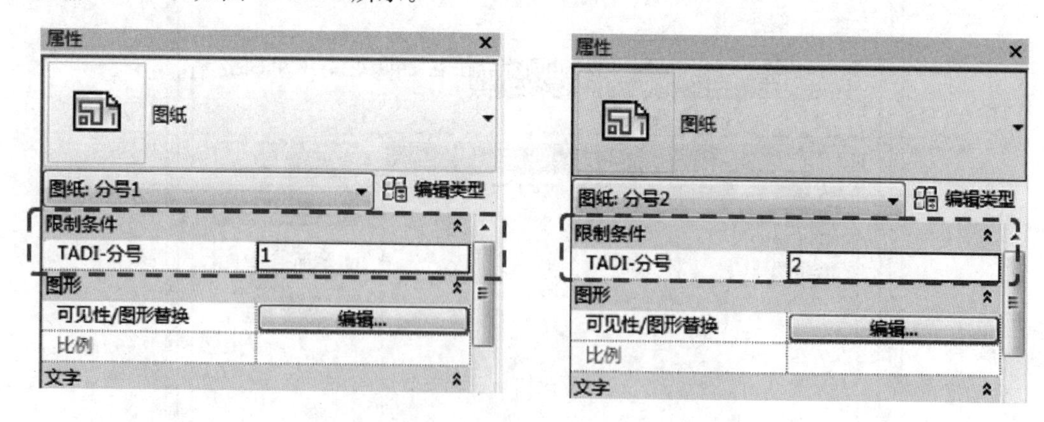

图 2.4-181

此时两张图纸都会归入相应的类别，其他图纸也可以参照此方法进行归类。在操作过程中，如果某张图纸的类别与已经创建过的图纸相同，则可直接选择此类别选项，无需重新输入。如图 2.4-182 所示。

如果需要只显示符合某个条件的图纸，可在“浏览器组织属性”中设置过滤参数（图2.4-183），实现图纸的过滤，提高图纸查找的效率。

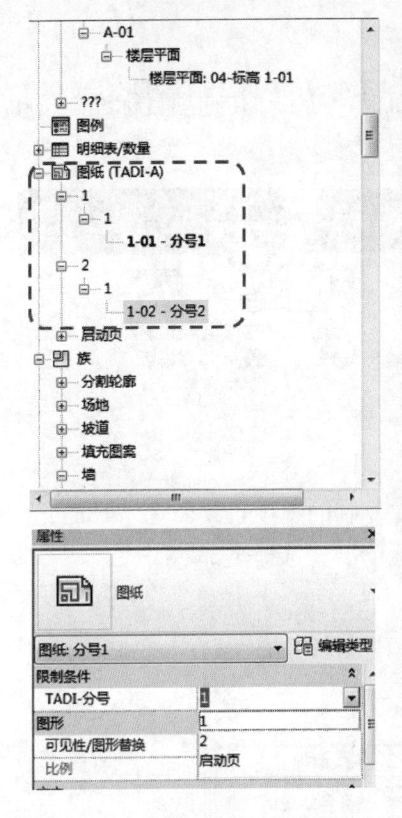

图 2.4-182

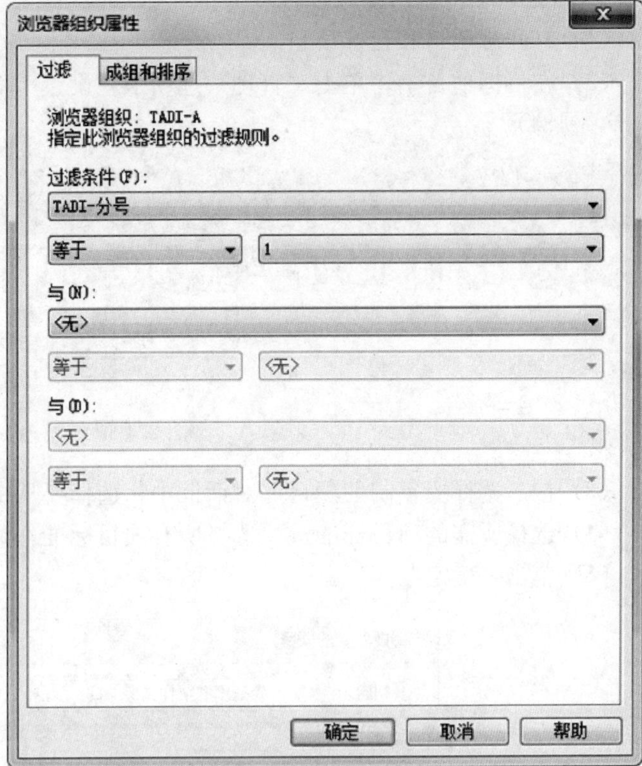

图 2.4-183

2.4.14 项目标准的传递

项目样板的传递是将一个项目的项目标准复制并覆盖到另一个项目中。

1. 项目标准传递的内容

（1）族类型（包括系统族，而不是载入的族）

（2）线宽、材质、视图样板和对象样式

（3）标注样式、颜色填充方案和填充样式

（4）打印设置

2. 项目标准传递的注意事项

（1）可以指定要复制的标准。

（2）当系统族依赖于其他系统族时，所有相关的族都必须同时传递，以便使其关系保持不变。例如，文本类型和标注样式使用箭头。因此，文本类型、标注样式和箭头必须同时传递。

（3）视图样板和过滤器必须同时传递才能保持其关系。

（4）将视图样板和过滤器从源项目传递到目标项目时，如果目标项目包含具有相同名称的视图样板和过滤器，需将其删除，然后再从源项目传递这些项目。此预防措施可以避免出现潜在问题。

(5) Revit 链接的可见性设置不在项目之间传递。

3. 项目标准传递的操作步骤

(1) 打开源项目和目标项目。

(2) 在目标项目中，单击“管理”选项卡“设置”面板，点击“传递项目标准”按钮（图 2.4-184）。

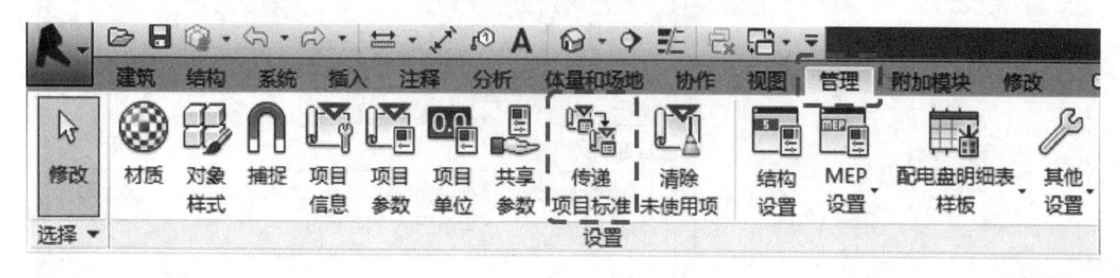

图 2.4-184

(3) 在“选择要复制的项目”对话框中，选择要从中复制的源项目（图 2.4-185）。

(4) 选择所需的项目标准。要选择所有项目标准，请单击“选择全部”。

(5) 单击“确定”。

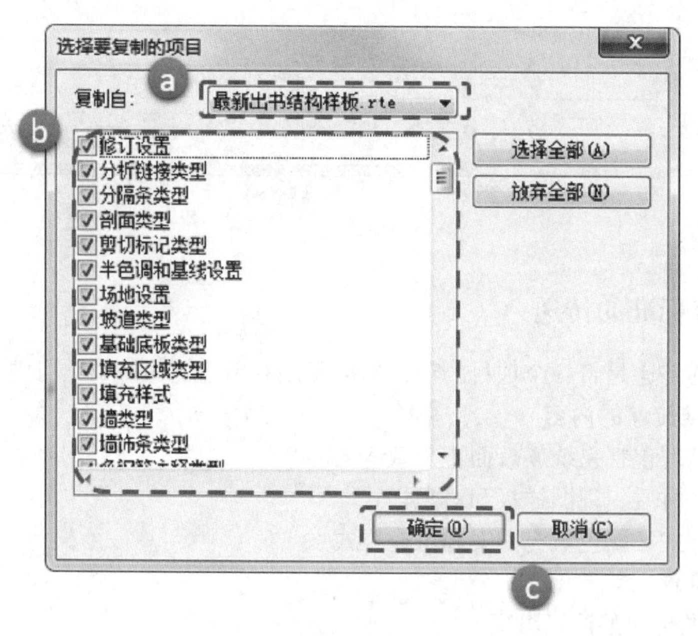

图 2.4-185

(6) 如果显示“重复类型”对话框（图 2.4-186），选择以下选项之一：

① 覆盖：传递所有新项目标准，并覆盖复制类型。

② 仅传递新类型：传递所有新项目标准，并忽略复制类型。

③ 取消：取消操作。

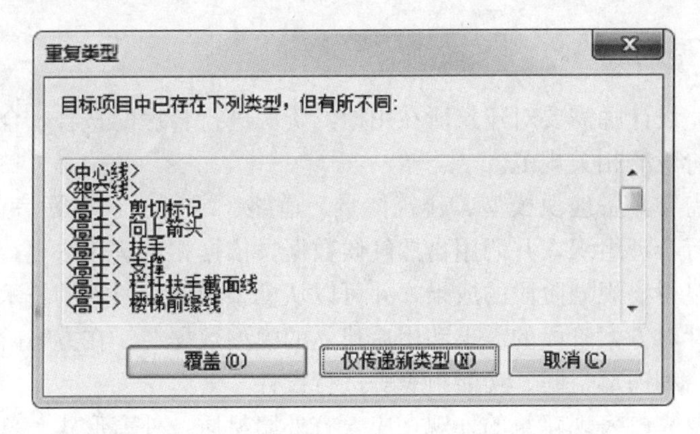

图 2.4-186

2.4.15 项目样板的管理

本节主要介绍了项目样板的创建以及其中各元素的设置方法与规则。项目样板的制作、管理及维护须由专人负责，项目样板负责人在项目样板的制作过程中须严格遵循本节介绍的命名规则对各元素进行统一地命名，对不同用途、不同版本的项目样板要严格管理并做好使用记录。严禁各设计人随意修改项目样板中设定完成的内容，如有特殊情况须与项目样板负责人沟通后方可操作。各专业设计人在建立项目文件时须使用本专业的项目样板，严禁各专业之间交叉使用。在不同的工作阶段，可能使用不同的项目样板，但在出图时须保证各项目样板中的视图样板保持一致。

2.5 模型分级管理

2.5.1 模型分级

利用 BIM 技术建立起来的动态信息模型具有很好的统一性、完整性和关联性，它作为载体集聚了不同设计阶段的信息，贯穿于整个设计过程。随着设计阶段的不断深入，BIM 的核心数据源也在不断的完善和传递。在设计过程中，设计师在不同阶段所关注的内容不同，而 BIM 的核心数据源也必须随着设计师在不同阶段的关注点而进行广度与深度的调整，从而使模型的精度和信息含量符合设计不同阶段的需要，因此引入了模型深度等级划分的规定。各专业深度等级划分时，可按需要选择不同专业和信息维度的深度等级进行组合，应注意使每个后续等级都包含前一等级的所有特征，以保证各等级之间模型和信息的内在逻辑关系。在 BIM 技术应用中，每个专业 BIM 模型都应具有一个模型深度等级编号，以表达该模型所具有的信息详细程度。同时模型深度尽可能符合我国现行的规范中的设计阶段深度要求。因此，基于不同设计阶段的需求和用途，规范了五级模型深度。

详细模型，是指包含扩初阶段构造做法，标有尺寸等信息满足初步设计深度的模型。

精细模型，是指在详细模型基础上既满足详细模型深度，又包含内部精确构造做法，满足施工图深度的模型。

2.5.2　建筑模型内容

在规划阶段，设计师需要对建筑所在用地的资源进行合理的整合，合理设计建筑的形体，并满足规划阶段的相关规范。

一级模型中需要具备地块模型、建筑体量、道路、绿化、景观等信息。通过 BIM 技术对这些信息进行合理组织，并调用自然气候数据，依据相关法律法规，进行建筑体量的合理性分析，最终得出规划阶段的成果，并可以从模型中提取所需的技术经济指标。

二级模型是针对方案阶段的需求和用途建立的模型数据源。在方案阶段，设计师需要对建筑的外形风格和内部空间、功能组织等进行设计。

二级模型需要完整表现建筑的外观，应含有外墙材质、外窗形式、幕墙形式等，从而组成完整的建筑外观表现模型；室内需要用统一的墙体对功能进行划分，合理组织垂直交通空间及其他功能房间，并在模型中通过房间标注对面积等信息进行统计，作为机电专业设备间定位、面积确定的依据。同时，可以通过将二级模型导入到分析软件进行模拟分析，依据分析结果对其进行合理优化。

三级模型需要对建筑的外形及室内功能进行细化，并与结构、机电专业工程师共同搭建协同设计平台，将建筑模型作为结构设计、机电设计的有效依据，并解决大部分技术难点。

在三级模型中，需要绘制出主要的建筑、结构构件：墙体、壁柱、门窗、幕墙、天窗、楼梯、电梯、自动扶梯、中庭及上空、夹层、平台、阳台、雨棚、台阶、坡道、散水明沟等位置。绘制出主要建筑设备：水池、卫生器具等与机电专业有关的设备的位置。同时需要保证三级模型可以输出并导入至分析软件进行相关分析验证，也可以输出作为概算依据的工程量单。对于重点、难点部位可以通过三维剖切的方式进行表达。

四级模型是继承三级模型的成果，并对模型生成的图纸加以细化及二维注释，将设计转化为最终施工图成果。在四级模型中，需要绘制出全部建筑构件，并通过二维注释可以直接通过四级模型输出施工图图纸。

五级模型是使用 BIM 技术完成传统二维图纸输出后，进一步精细化指导施工实施的模型。

五级模型需要包括二次装修深化模型、幕墙安装细部模型、所有隐藏工程，并可以从模型中直接输出工程量统计信息、工程预算信息、安装模拟。

2.5.3　结构模型内容

结构专业在概念设计阶段实体模型，结合建筑专业模型确立本专业基本设计方案。

结构专业无一级模型。

结构专业二级模型包括结构布置方案、材料信息、梁柱墙截面等。

结构专业三级模型细化结构楼板、圈梁、挑梁、楼梯、洞口、配筋信息等，进行结构设计及与各专业协同深化。

结构专业四级模型是在三级模型的基础上，增加钢筋平法标注，节点及外檐模型，进行深化设计、详细的碰撞检测与结构展示，并且达到施工图深度。

结构专业五级模型是在四级模型的基础上增加施工支护、围护结构、临时支撑、预埋件等，完成施工过程模拟以及施工过程碰撞检测。

2.5.4 各设计阶段模型深度

如表 2.5-1 所示：

表 2.5-1

分级	建筑专业		结构专业	
	模型内容	信息	模型内容	信息
一级	地块模型、建筑体量、道路、绿化、景观	概念设计表现、用地范围、地块功能划分、建筑面积、绿化面积、外部交通面积、外部交通组织、经济技术指标	无模型	结构形式与结构材料初步确定
二级	建筑外观、建筑功能划分、垂直交通模型	方案设计外观表现、建筑内部功能划分、建筑功能面积表单、建筑室内外流线组织、防火分区	主要梁、柱、墙以及楼面梁板布置	与建筑协调定位，与设备协调梁高
三级	建筑外观详细模型、建筑功能详细划分模型、垂直交通详细模型、设备房间划分细部模型	初步设计外观详细表现、建筑内部功能详细布置、建筑内部交通详细组织、重点部位二、三维详图表现	基础结构与上部结构布置、结构关键节点、结构单元划分	主要构件尺寸，分缝位置，预留孔洞位置及尺寸
四级	建筑外观精细模型、建筑功能精细模型、建筑垂直交通精细模型、设备房间划分精细模型	施工图设计阶段建筑模型精细外部表现、精细房间功能布置、外檐图、厨卫图、楼梯间等细部详图	基础、楼面、屋面精细模型，楼梯及外檐详图	楼梯详图、外檐做法等，特种结构和构筑物做法，根据项目需求表达钢筋信息
五级	二次装修深化模型、幕墙安装细部模型、所有隐藏工程	专项设计阶段工程量统计信息、工程预算信息、安装模拟	结构安装深化模型，关键节点钢筋绑扎、节点构造	结构工程量统计信息，施工模拟

第3章 BIM设计过程实例

3.1 建筑部分

3.1.1 概念及方案阶段

1. 设计要点

建筑方案设计在前期可以分为两个阶段来论述——概念设计阶段和方案设计阶段。概念设计阶段注重的是场地分析与总图布局设计，以模拟分析为基础指导总图布局，使建筑体量可以更好地回应气候、场地标高变化、场地周边环境等，用此控制体量形式并指导后续的细化设计。方案设计阶段是在前一步概念阶段设计的基础上细化建筑功能与形体，形成空间组合，最终完成建筑方案设计。对于这两个阶段的设计要点分述如下：

（1）概念设计阶段要点：在概念阶段，将BIM作为我们的分析手段，指导我们从设计之初就全面衡量场地气候等条件。一般来说，拿到基地，我们先利用infraworks来做宏观交通、区位分析，然后利用甲方提供场地Cad结合Civil3D建立场地，进行竖向分析，包括土方分析和地表径流分析，利用Ecotect等做场地其他分析，包括室外风环境分析、日照分析、当地太阳能资源分析等。在全面分析了解的基础上，结合项目要求与基地自身特点做总图设计，针对场地现存问题，可以提出不同的解决方式，从而得到多种总图体块布局，建立项目体量模型，再利用模型进行风环境等分析帮助我们比选、优化方案，得到最合适的总图布局形式，指导进一步方案设计。

（2）方案设计阶段要点：在上述总图布局的指导下进行详细功能划分与空间设计，在Revit中建立模型，利用BIM技术，对室内采光、通风进行分析，帮助多方案对比选择，同时可以利用BIM的三维设计优势，充分探究空间效果并加以表现。同时，此阶段各个专业都可以结合进来，帮助方案全面深化。投标成功后，还要根据甲方需求等进一步修改完善方案，对模型进行整理，满足延伸应用的需求。

2. 设计流程

这个阶段的流程包括：概念设计、方案比选、项目要求会、方案深化、召开方案确定会、完成方案成果。

（1）概念设计

这一阶段的设计要点主要包括总图布局、建筑主要功能体块组合、室内外空间布置，其目的是从整体环境角度把控建筑形式，为建筑日照、通风、与周边环境关系、与场地道路关系、功能体块组合关系等提供良好的设计前提。具体步骤是建立场地现状模型，输入地理信息，进行项目场地前期分析，发现日照、通风等场地问题，并在分析的基础上设计多种总图布局，分别建立项目体量模型，以分析模拟为指导，对不同总图布局进行对比选择、优化，最终得到一个最为合理的设计方向。在这个过程中利用相关的 BIM 技术来帮助分析，将一些对比指标（建筑朝向、风环境分析、日照分析、地形高差分析等）定量或定性，并且更直观地表现出来，使设计思路更加清晰。

这个阶段将会涉及的软件包括：CAD、SU、Revit、Simulation、Civil 3D、Infraworks、Ecotect、IES、Star ccm+等，软件选择是结合项目需求，根据设计关注内容来选取。

依据设计内容，本阶段的模型应该包括：场地地形、概念体量。可以利用 Infraworks 建立大范围的地形地貌和道路交通，对场地进行区域分析和交通分析，土方分析和地表径流，利用 Civil 3D 分析，指导总图竖向设计。利用 Simulation 分析场地现状风环境等，在全面了解基地后，基本确定总图场地设计标高，设计总图布局，并建立建筑主要功能体块，体块可在 Revit 里直接绘制，也可在 CAD 或 SU 中完成，再导入 Revit，在 Revit 中建立。Revit 模型数据可以通过导入导出传递到相关软件中进行分析模拟，并给予优化的信息反馈，最终确定总图布局。基于模型的模拟分析将更具说服力，使设计更加有理可依。

具体操作步骤如下：

① 打开 Infraworks，如图选取模型生成器，选择地图位置、建模区域，设定项目名称，生成区域模型，利用模型可以进行概念阶段的区位分析、道路分析等。如图 3.1-1、图 3.1-2 所示。

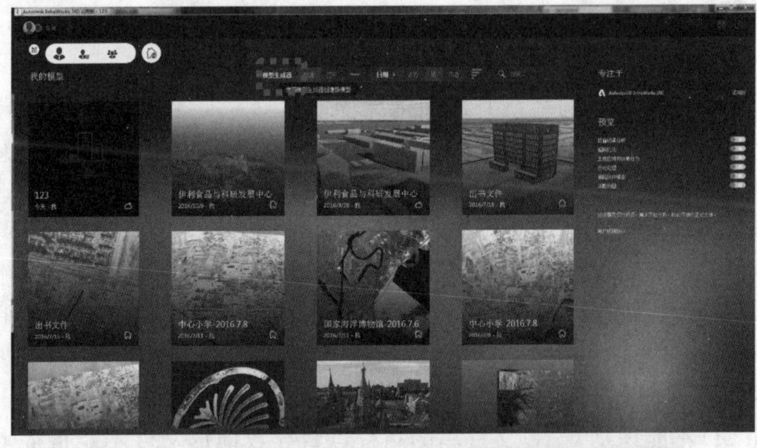

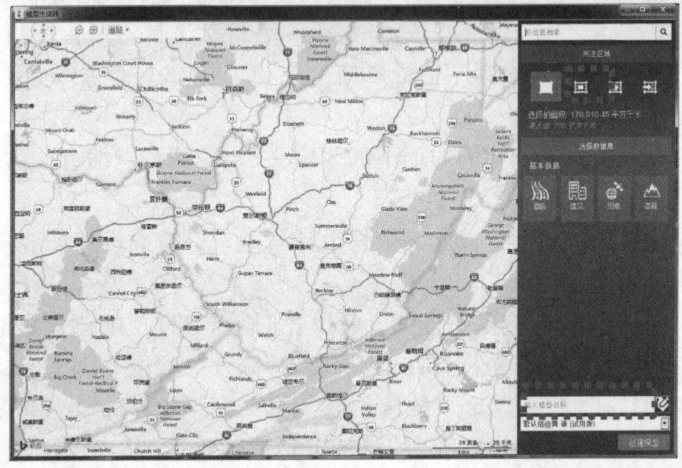

图 3.1-1

图 3.1-2

Infraworks 主要用于路桥等基础设施的方案设计，对于建筑设计而言，可以帮我们从宏观角度分析项目基地的区域、交通、城市肌理等情况。在投标后期，还可以导入建筑 Revit 模型做展示动画。

② 利用 Civil 3D 来做土方分析，进而指导场地总图竖向标高设计。具体操作如下：

Civil 3D 文件是 . dwg 文件，跟 CAD 可以无缝对接，所以它可以直接打开测绘地形文件并读取信息。土方对比要分别建立现状场地和设计场地再进行土方算量。

A. 建立现状场地

现状场地可以依靠高程点生成。依靠高程点生成操作如下：打开 CAD 测绘文件，在“工具空间”浏览器里右键单击“曲面”添加，点击新建曲面文件下拉定义里的“图形对象”，在弹出的对话框里对“对象类型”进行选取，框选高程点文件内对象后单击“确定”，能自动生成地形文件。如图 3.1-3 所示。

如果 Civil 3D 不能识别 CAD 文件里的高程点，导致地形文件不能正常生成，可用点工具自行创建地形的高程点（图 3.1-4）。操作如下：使用点工具将所提供点绘制成 Civil 3D 里的点文件，建立点文件后，选择“曲面”点击右键，创建曲面（图 3.1-5）。修改名称，单击“确定”（图 3.1-6）。

在“曲面”浏览里单击我们创建的曲面下的“定义”，找到“点编组”，右键单击“添加”，点击“所有点”确定（图 3.1-7）。

用以上两种方式建立现状地形，以此为依据设计场地，并建立设计场地模型。

B. 建立设计场地，操作如下：

Civil 3D 与 CAD 基本操作命令是一样的，所以我们用 CAD 里的创建矩形命令“rec”在地形中圈出我们实验项目的地形范围，并设置其高程高度。如图 3.1-8 所示。

在“常用”里找到“放坡”，点出“放坡创建工具”对话框，定义放坡属性及标准，单击“创建放坡”，按照提示创建你所需要的放坡（选取放坡用线，放坡依据斜率还是坡度按自身要求）。如图 3.1-9、图 3.1-10 所示。

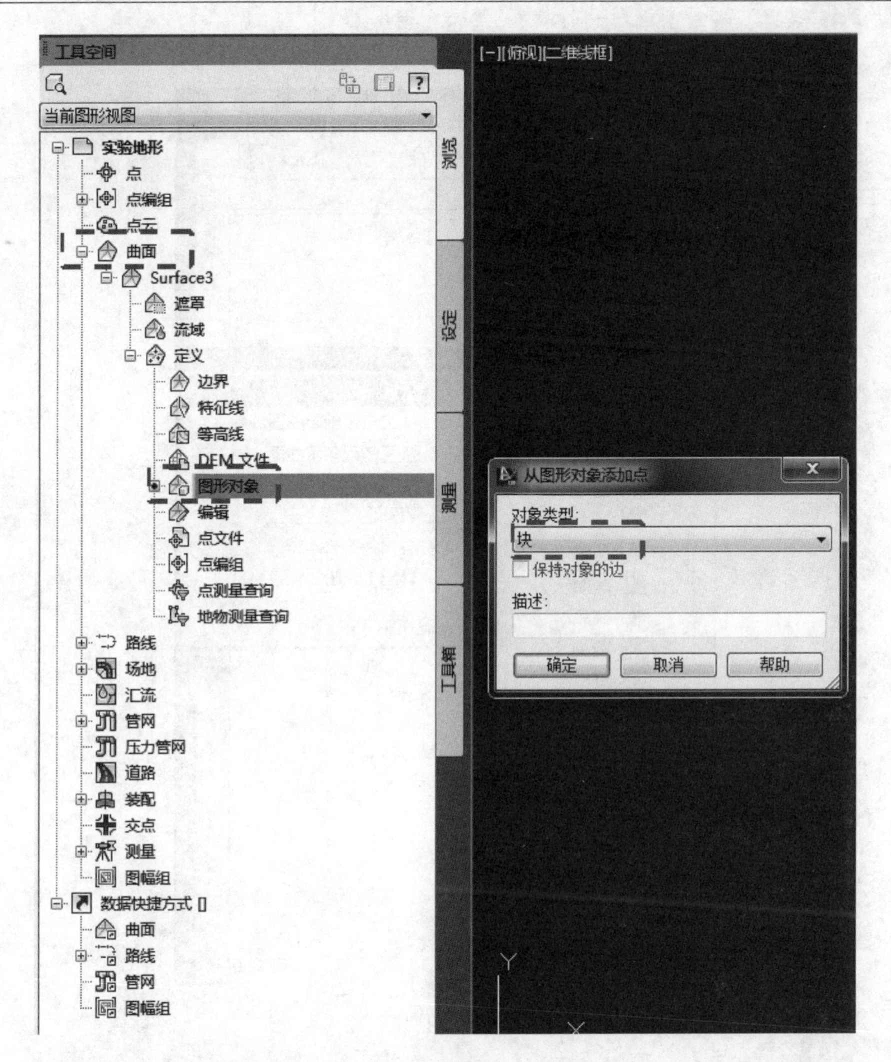
工具空间
当前图形视图
实验地形
点
点编组
点云
曲面
Surface3
遮罩
流域
定义
边界
特征线
等高线
DEM 文件
图形对象
编辑
点文件
点编组
点测量查询
地物测量查询
路线
场地
汇流
管网
压力管网
道路
装配
交点
测量
图幅组
数据快捷方式 []
曲面
路线
管网
图幅组
浏览
设定
测量
工具箱
[-][俯视][二维线框]
从图形对象添加点
对象类型:
块
保持对象的边
描述:
确定
取消
帮助

图 3.1-3

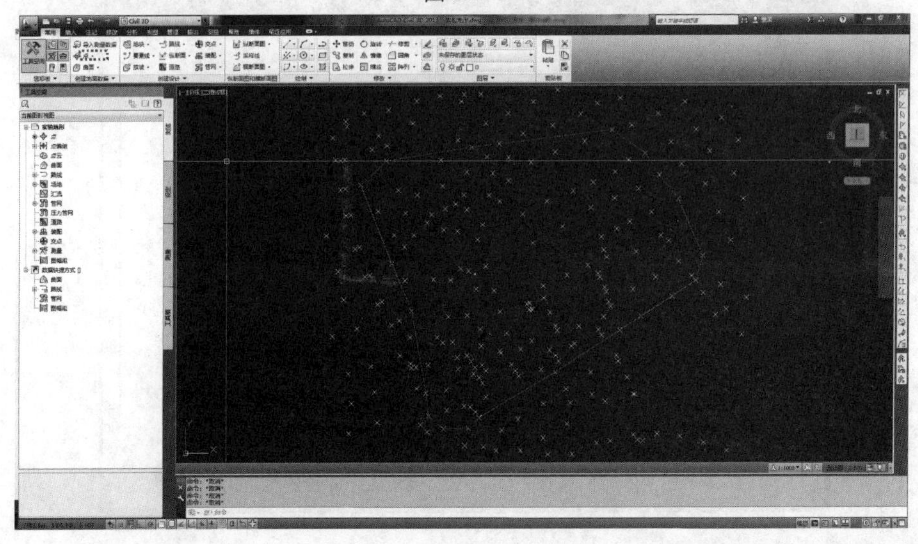

图 3.1-4

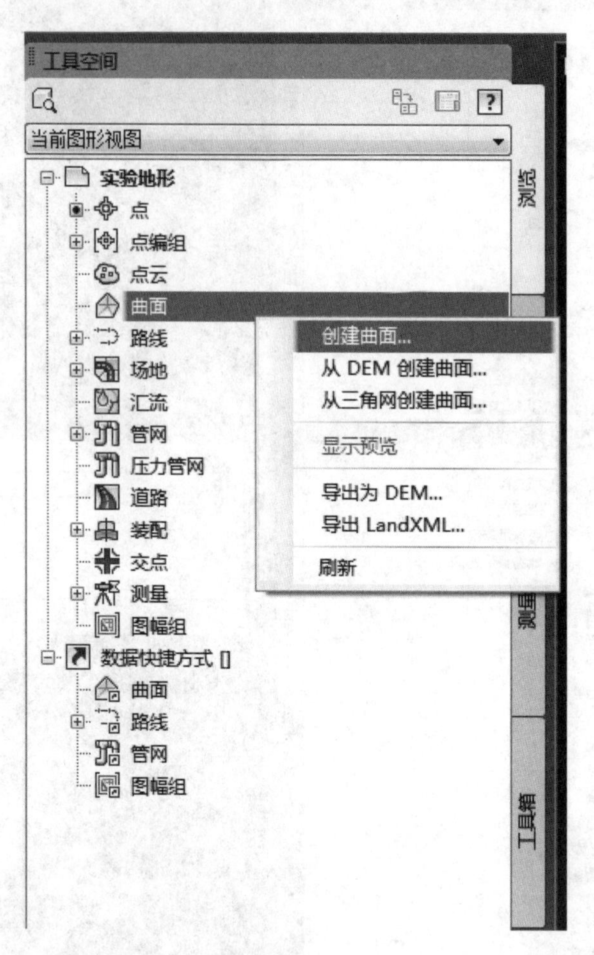
工具空间
当前图形视图
实验地形
点
点编组
点云
曲面
路线
场地
汇流
管网
压力管网
道路
装配
交点
测量
图幅组
数据快捷方式 []
曲面
路线
管网
图幅组
创建曲面...
从 DEM 创建曲面...
从三角网创建曲面...
显示预览
导出为 DEM...
导出 LandXML...
刷新
浏览
测量
工具箱

图 3.1-5

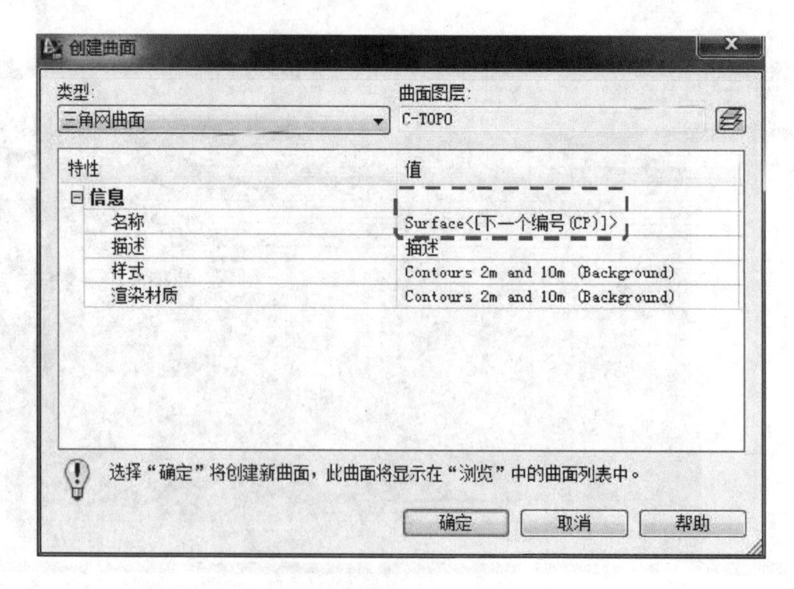
创建曲面
类型:
三角网曲面
曲面图层:
C-TOPO
特性
值
信息
名称
Surface<[下一个编号(CP)]>
描述
描述
样式
Contours 2m and 10m (Background)
渲染材质
Contours 2m and 10m (Background)
选择“确定”将创建新曲面，此曲面将显示在“浏览”中的曲面列表中。
确定
取消
帮助

图 3.1-6

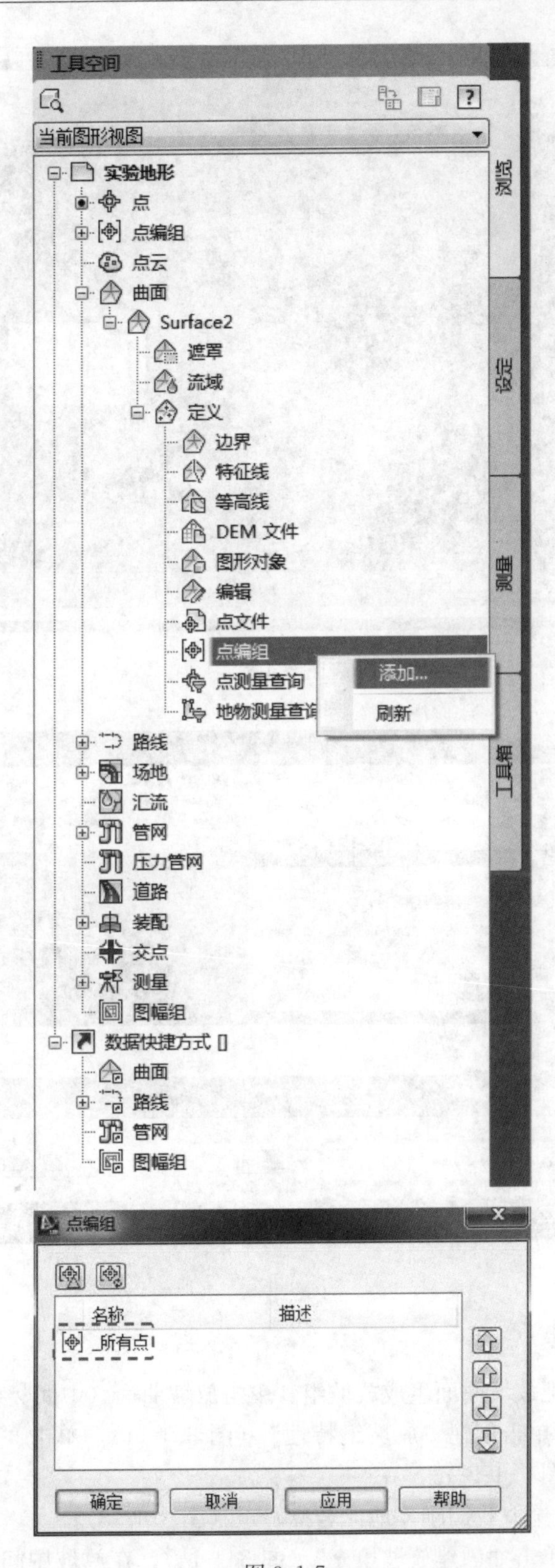
工具空间
当前图形视图
实验地形
点
点编组
点云
曲面
Surface2
遮罩
流域
定义
边界
特征线
等高线
DEM 文件
图形对象
编辑
点文件
点编组
添加...
刷新
点测量查询
地物测量查询
路线
场地
汇流
管网
压力管网
道路
装配
交点
测量
图幅组
数据快捷方式 []
曲面
路线
管网
图幅组
浏览
设定
测量
工具箱
点编组
名称
描述
_所有点
确定
取消
应用
帮助

图 3.1-7

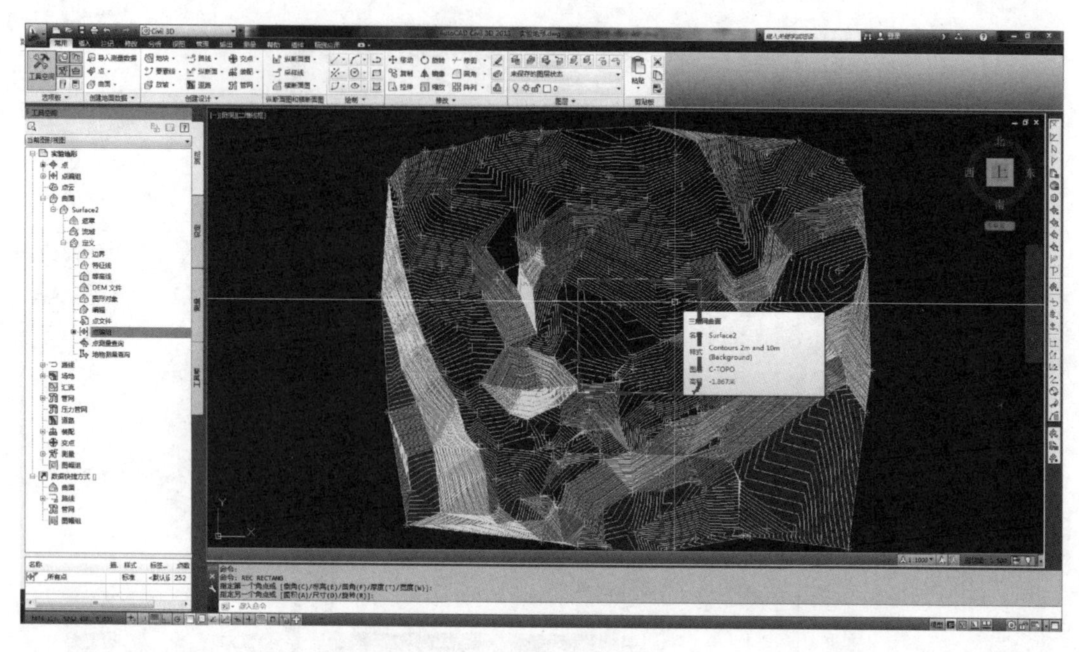

图 3.1-8

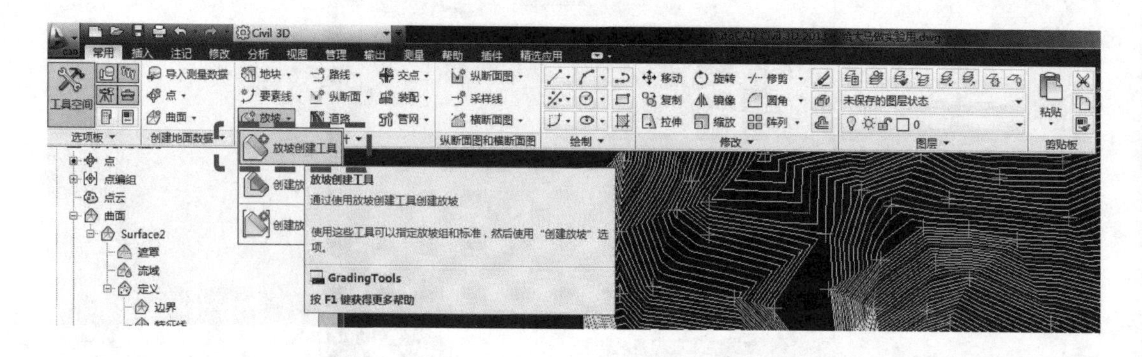

图 3.1-9

C. 计算土方

计算土方平衡需把放坡曲面生成放坡组。单击放坡曲面（中间竖线，两侧轮廓线是要素线），在“放坡”里单击创建“放坡组特性”（图 3.1-11），单击“自动创建曲面”，编辑放坡名称后确定（图 3.1-12）。

“体积基准曲面”选取我们刚才地形名称确定（图 3.1-13）。

再选中放坡曲面单击“创建放坡填充”（图 3.1-14），在放坡中间位置随意点击一下，点击“放坡体积工具”，弹出对话框选取“整个编组”（图 3.1-15）。

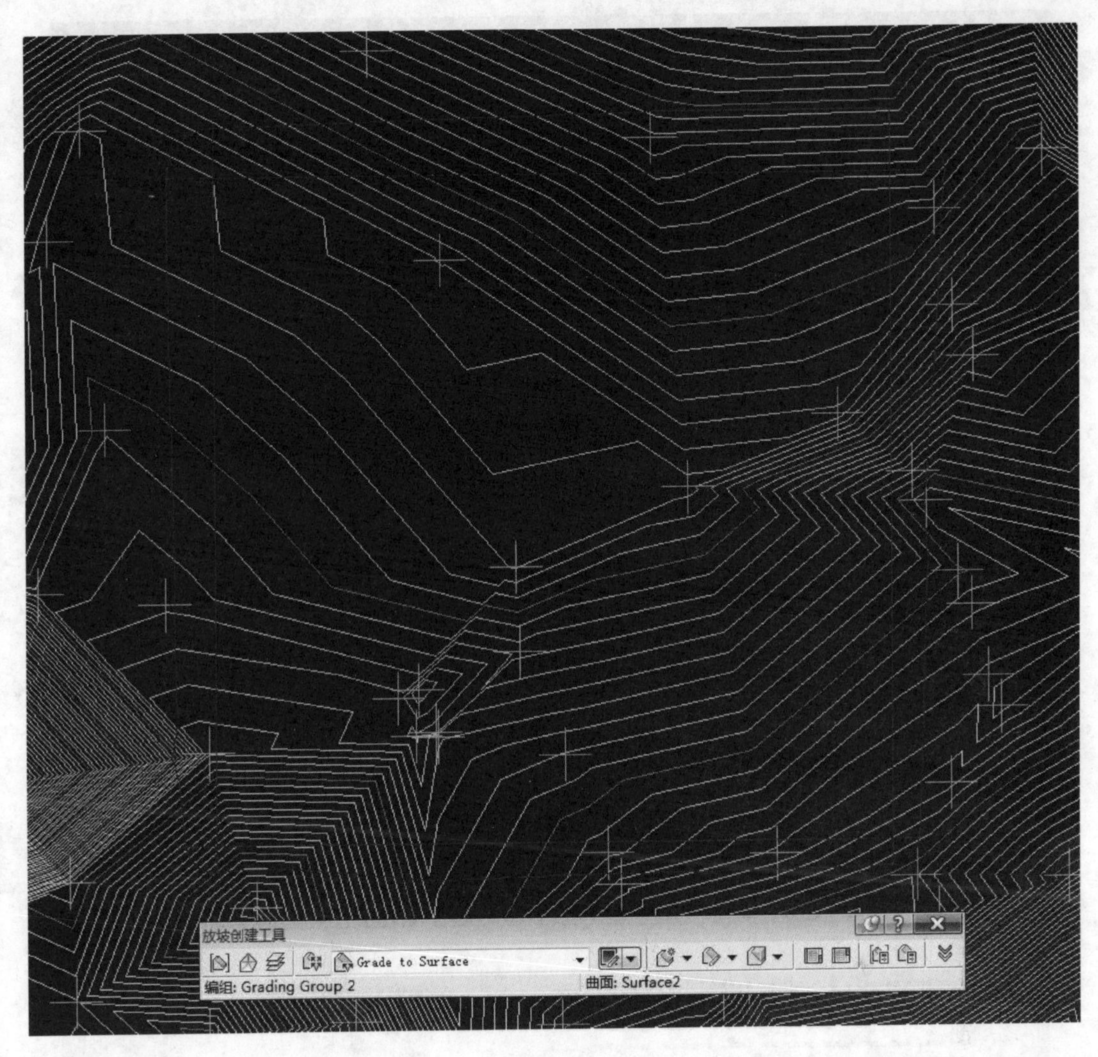

图 3.1-10

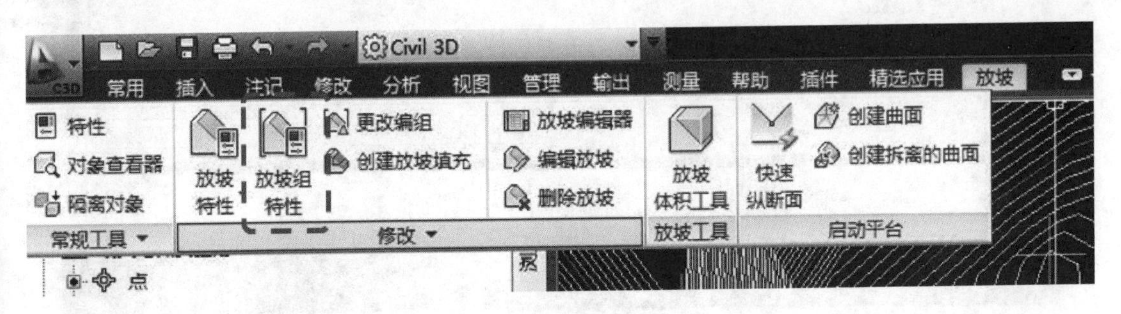

图 3.1-11

最终得到土方填挖体积（图 3.1-16）。

③ 利用 Civil 3D 来做地表径流分析，指导竖向设计，也有利于因地制宜地做场地及景观设计，使设计更加经济合理。如图 3.1-17 所示。

④ 在 Revit 里建立现状场地模型来做现状风环境分析等。

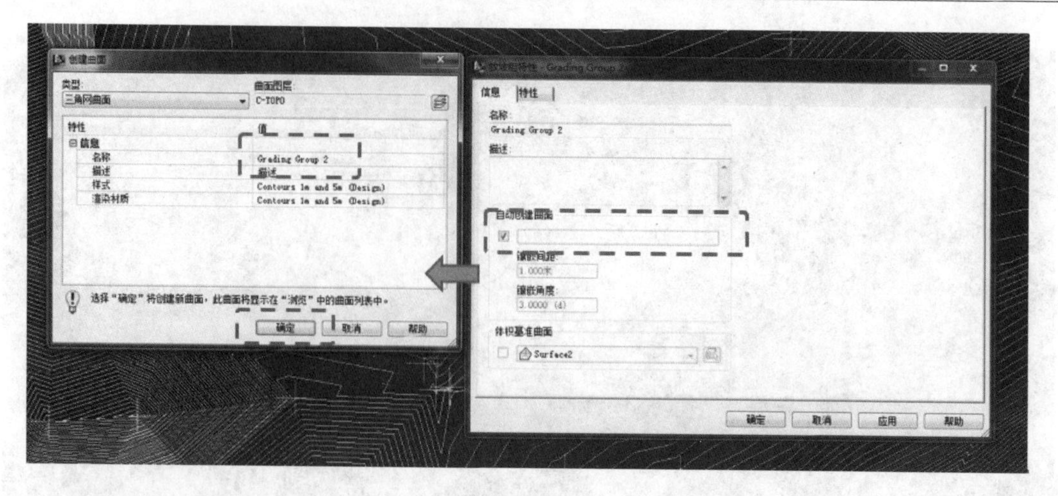

图 3. 1-12

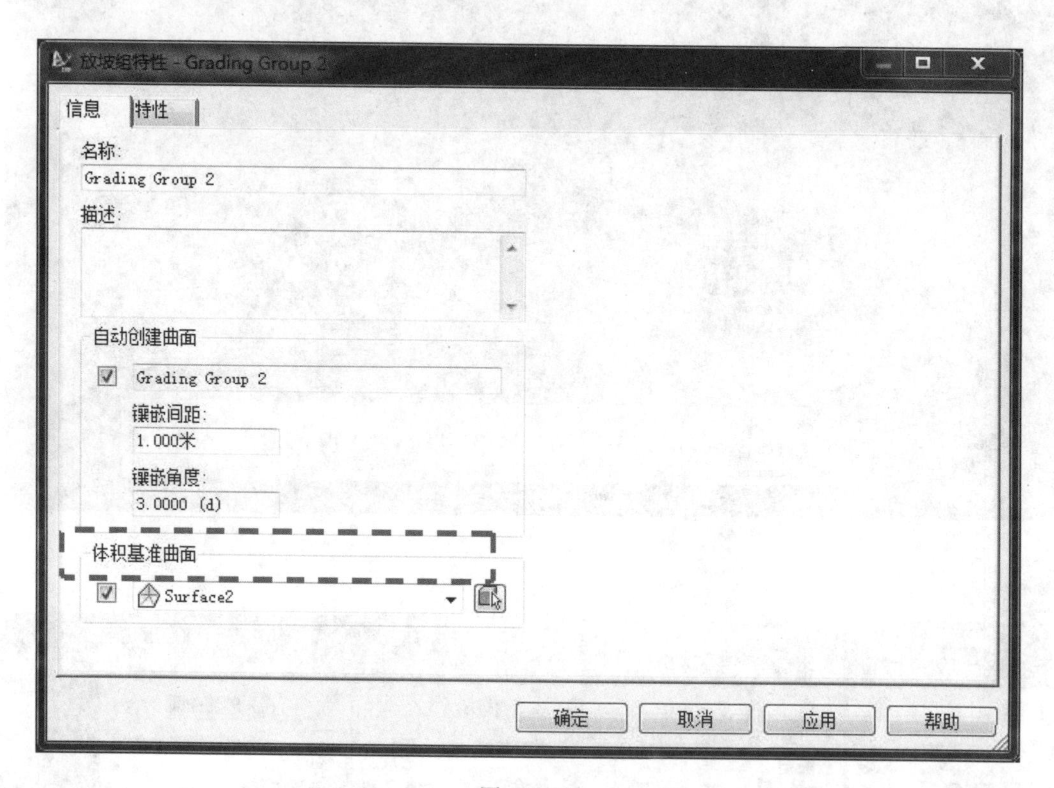

图 3. 1-13

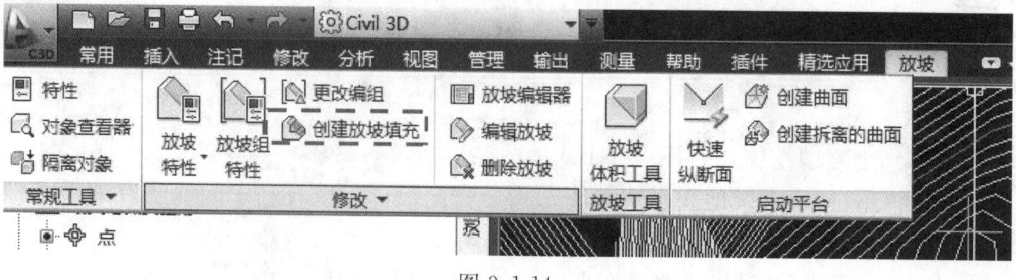

图 3. 1-14

图 3.1-15

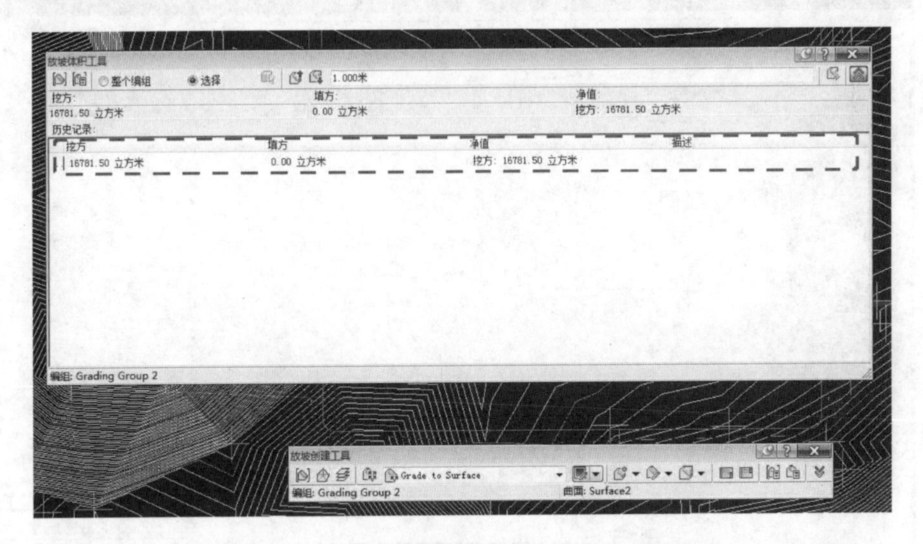

图 3.1-16

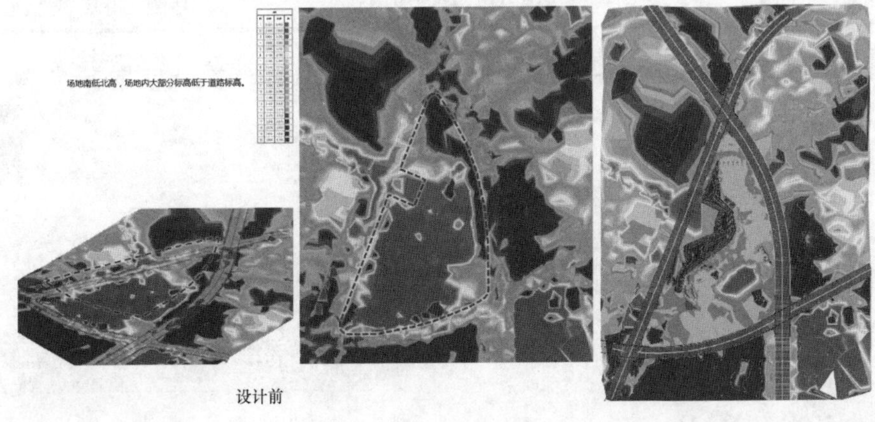

图 3.1-17

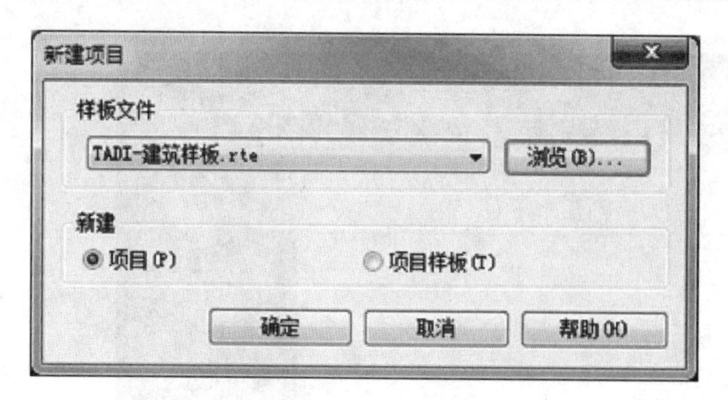

图 3.1-18

建立模型之初需要使用第 2 章所述的建筑项目样板，在浏览按钮中选择（图 3.1-18），这样可以保证模型标准在各个设计阶段的统一，又不影响模型信息的传递使用。

在 Revit 中建立场地地形、基地周边建筑体量，也可在 Revit 中链接 CAD，或者将 SU 模型导入 Revit。如图 3.1-19 所示。

在场地平面中，利用地形表面建立场地地形，利用子面域功能划分出道路与建设用地，并赋予材质。如图 3.1-20 所示。

概念体量也可以在Revit中直接建立，分为两种方法（图3.1-21）。首先可用“建

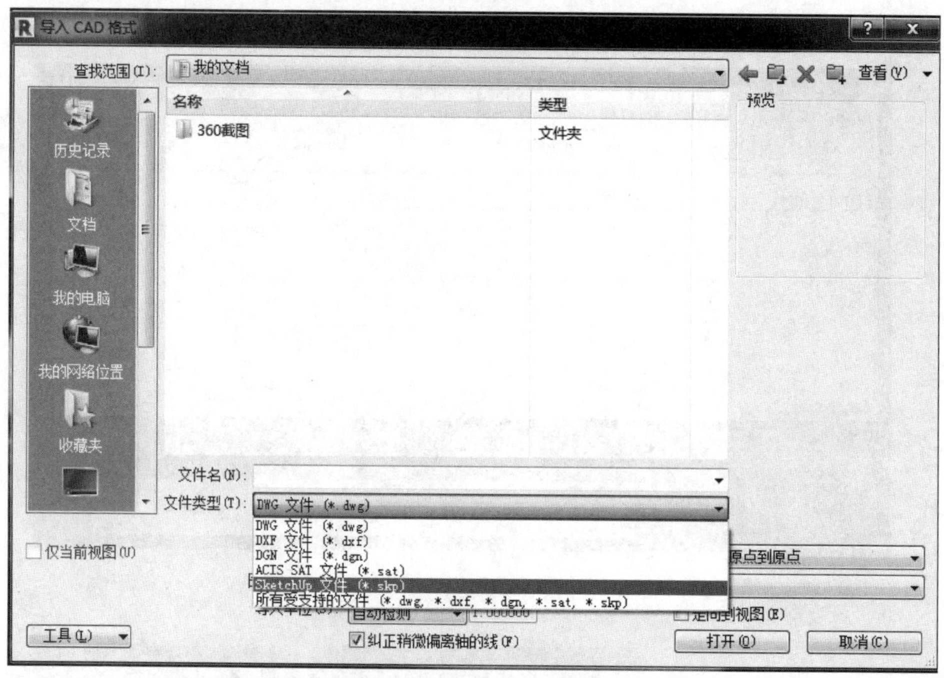

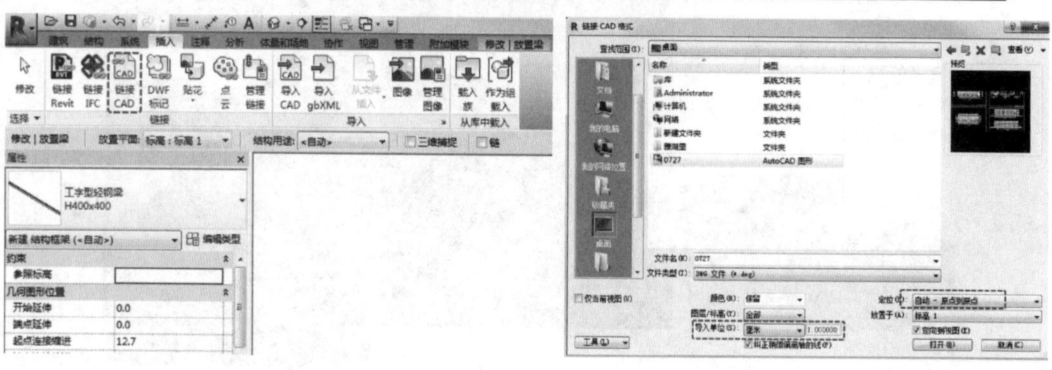

图 3.1-19

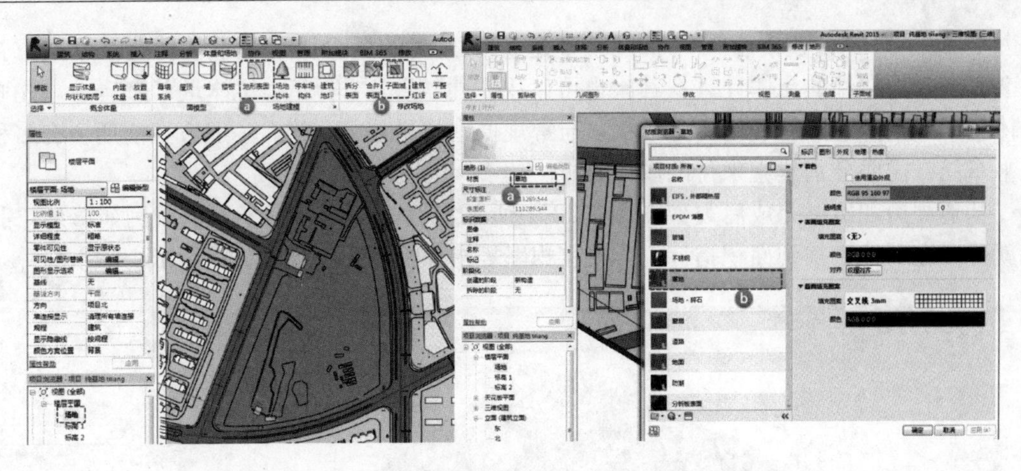

图 3.1-20

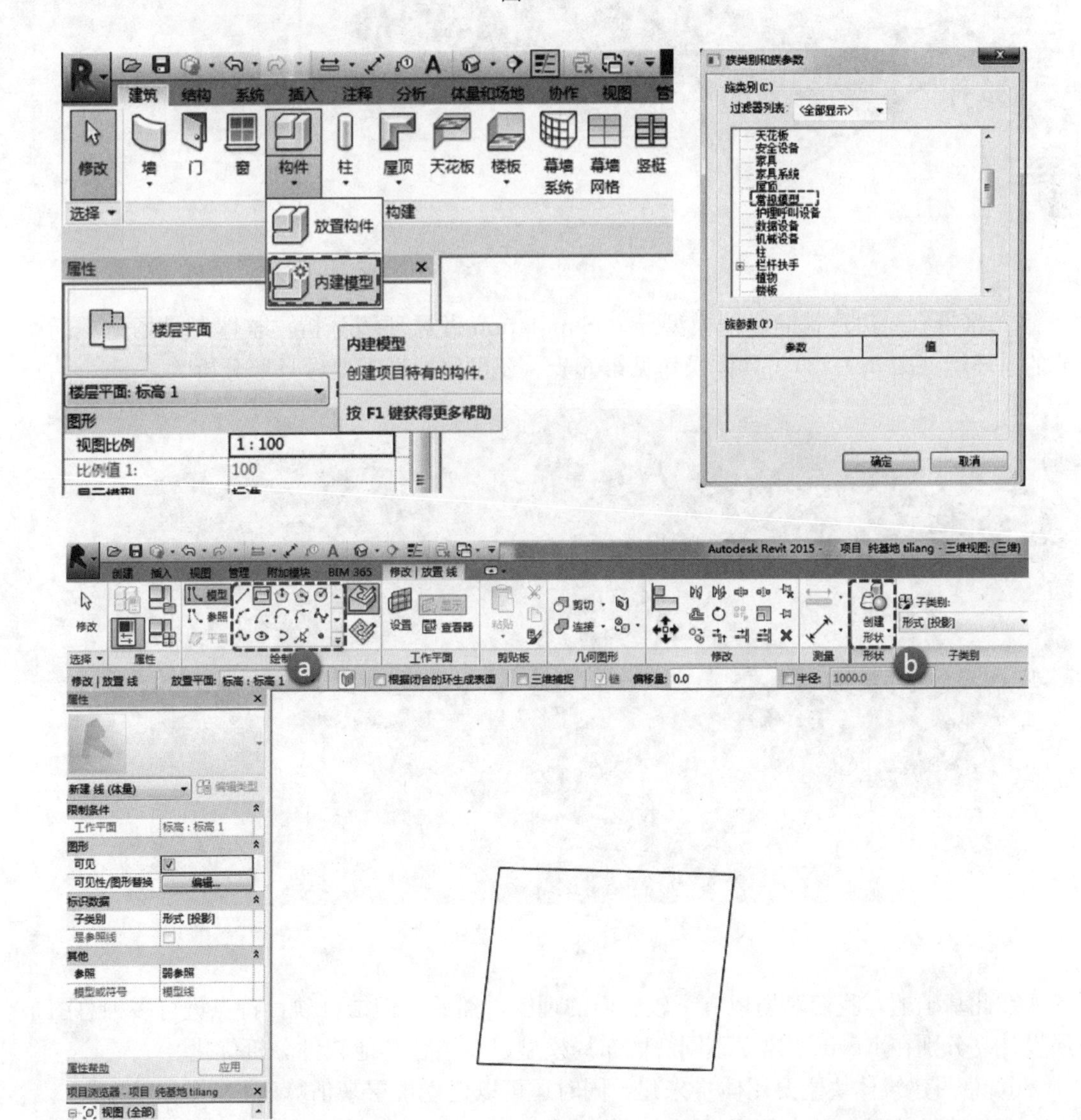

建筑
结构
系统
插入
注释
分析
体量和场地
协作
视图
修改
墙
门
窗
构件
柱
屋顶
天花板
楼板
幕墙系统
幕墙网格
竖梃
选择
构建
放置构件
内建模型
属性
楼层平面
楼层平面: 标高 1
图形
视图比例
1 : 100
比例值 1:
100
内建模型
创建项目特有的构件。
按 F1 键获得更多帮助
族类别和族参数
族类别(C)
过滤器列表:
<全部显示>
天花板
安全设备
家具
家具系统
屋顶
常规模型
护理呼叫设备
数据设备
机械设备
柱
栏杆扶手
植物
楼板
族参数(P)
参数
值
确定
取消
Autodesk Revit 2015 - 项目 纯基地 tiliang - 三维视图: {三维}
修改 | 放置 线
设置
查看器
剪切
连接
工作平面
剪贴板
几何图形
修改
测量
创建形状
形状
子类别
形式 [投影]
放置平面: 标高 : 标高 1
根据闭合的环生成表面
三维捕捉
链
偏移量: 0.0
半径:
1000.0
新建 线 (体量)
编辑类型
限制条件
工作平面
标高 : 标高 1
图形
可见
可见性/图形替换
编辑...
标识数据
子类别
形式 [投影]
是参照线
其他
参照
弱参照
模型或符号
模型线
属性帮助
应用
项目浏览器 - 项目 纯基地 tiliang
视图 (全部)

图 3.1-21

筑”-“构件”-“内建模型”-“常规模型建立”，这时的概念体量可不包含建筑细节，否则会影响分析软件的流体计算；其次也可以用“建筑”-“构件”-“体量”来建立，先画出体量平面轮廓，然后创建实心形状，与常规模型效果基本一样。一般方案前期会有多种总平布局，需要分别建立来帮助模拟分析。

基地周边和地形完成后类似图 3.1-22 中所示实例，点击每个子面域，例如草地，我们就可以在属性栏找到面积指标，方便容积率等指标控制。将模型保存为 RVT 格式。

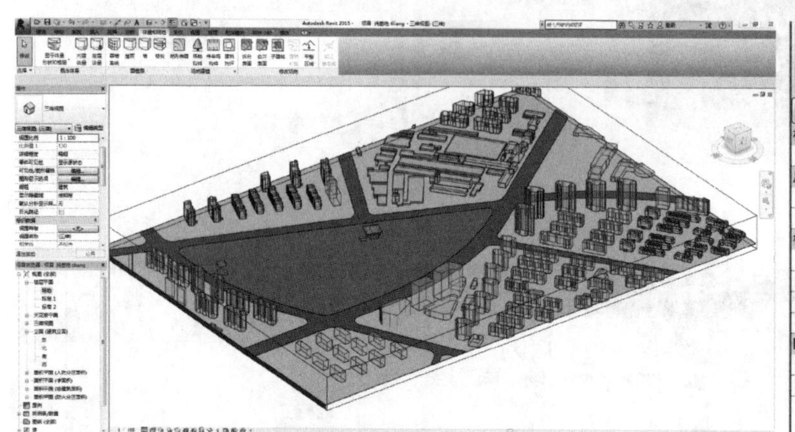

图 3.1-22

⑤ 将带有周边建筑的场地模型导入 Simulation 做风环境分析，整体考量场地不同季节的风环境（图 3.1-23）。具体操作见第⑥步。还可以根据需要做日照分析等。

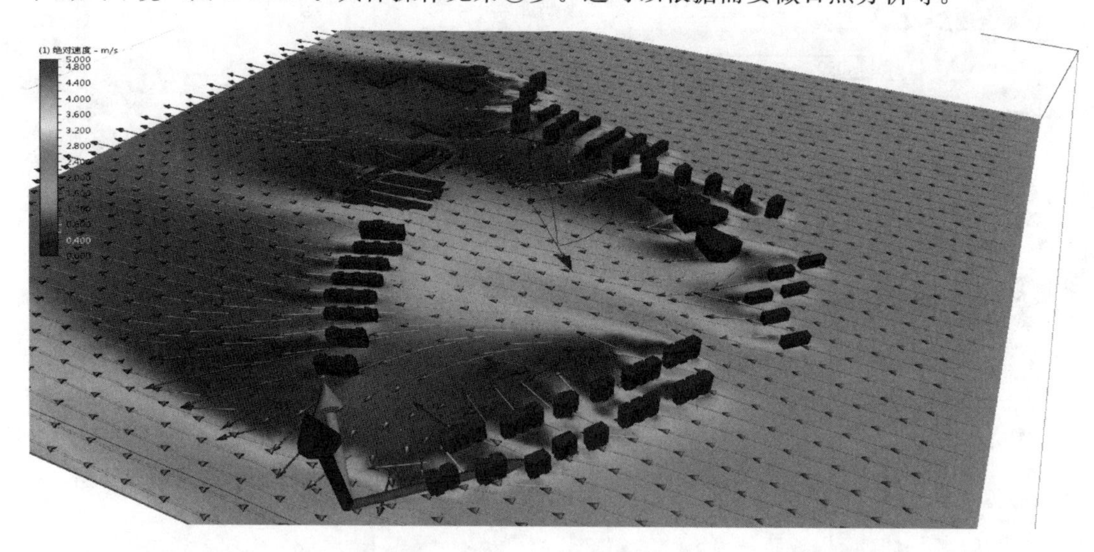

图 3.1-23

在此基础上，我们对场地有了较全面的理解，然后我们结合项目特点进行多种总图布局设计。分别在 Revit 中建立不同总图布局模型以便结合其他软件分析优化。

⑥ 总图建筑体块主要用体量来建，同时还可以建立楼层来估算面积。

项目建筑体量和基本楼层模型建立成果如图 3.1-24 所示。

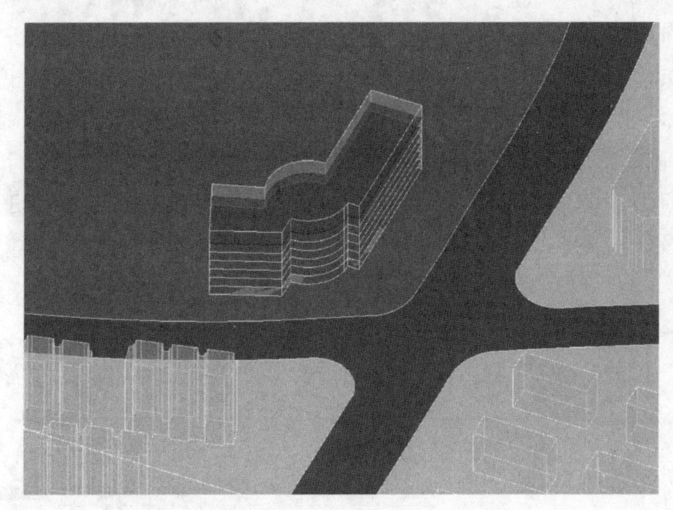

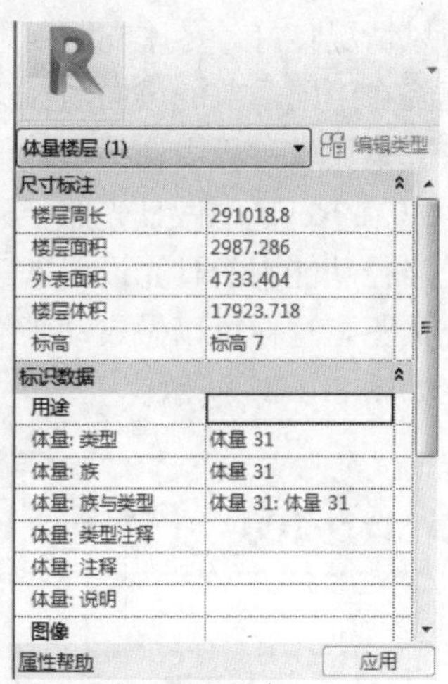

图 3.1-24

在楼层属性中，会包含其面积、体积等信息，如果有需要还可以添加参数，这些都帮助我们在设计初期控制经济技术指标。

⑦ 针对不同总图模型分别做气流组织分析来比选优化，模型数据传递分为两种方法。

A. 将 Revit 模型转换成 stl 格式，导入到 Star-ccm＋等分析软件中，分析不同季节主导方向风速和风压，比较冬季冷风渗透和夏季通风状况，帮助建筑选择最佳的朝向、合理的出入口位置以及立面的开窗形式等。如图 3.1-25 所示案例，通过风速风压对比，我们认为南偏西 10 度时，建筑冬季冷风渗透最弱，热能损失最小。

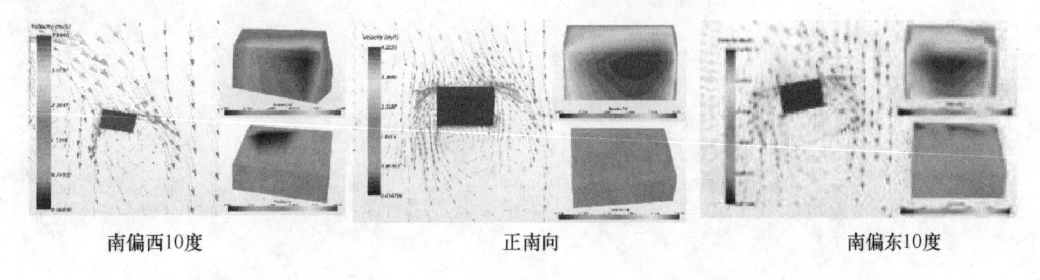

图 3.1-25

B. 启动 Revit 中的 Simulation 接口，不需再进行数据转换，可直接做气流分析，分析验证冬夏季节的风环境。图中的线条代表空气粒子流动的轨迹，分析结果可以用图片或动画的方式展示出来，使设计更加容易被理解接纳。如图 3.1-26 所示案例，可以看出夏

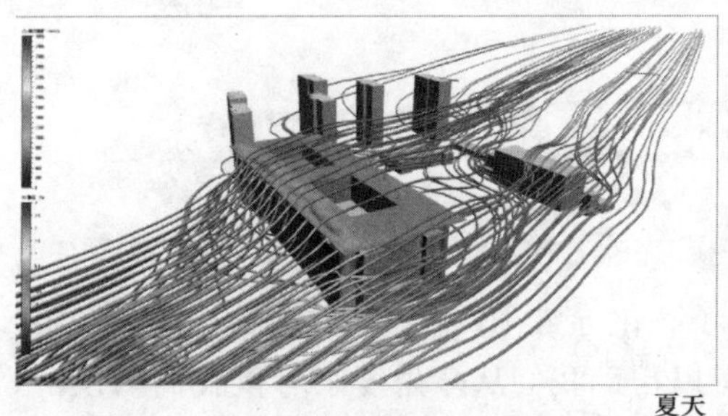

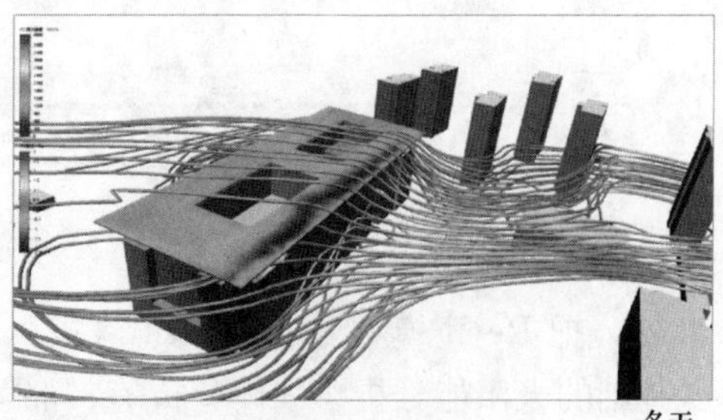

图 3.1-26

季通风情况良好，冬季在建筑迎风面的角部风压较大，开窗面积不宜过大等，还能分析室外庭院在不同季节的风向与风速。这些对风场的分析都帮助考量建筑的风环境的舒适度，在多方案比较过程中选择最佳体量。

⑧ 在 Revit 中做日光路径研究，结合天正日照来做日照模拟。首先打开阴影，然后在日光路径功能中的日光设置选项中设置地理信息和所要模拟的时段，设置完成后打开日光研究预览，这样可以做成动画播放出来，以便于清晰地看到主体建筑对周边建筑的遮挡情况。如图 3.1-27 所示。

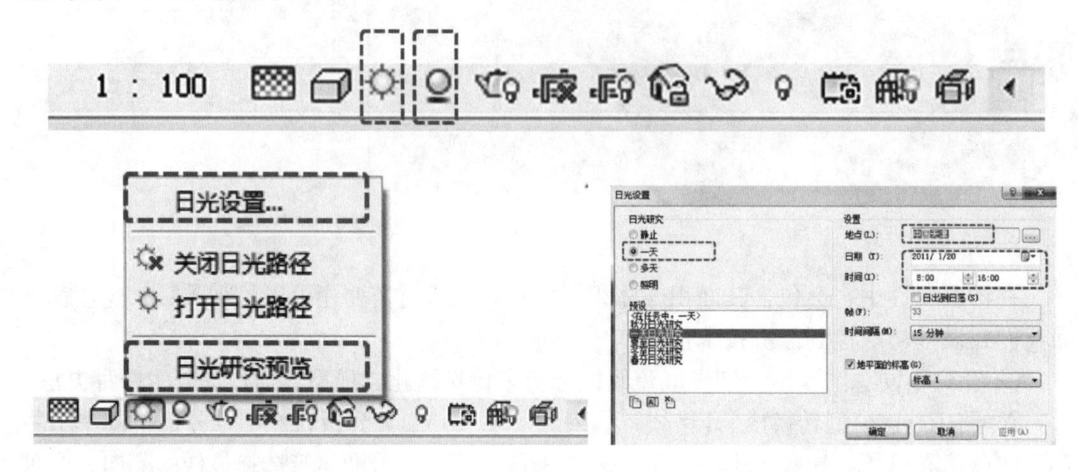

图 3.1-27

做成的效果如图 3.1-28 所示。

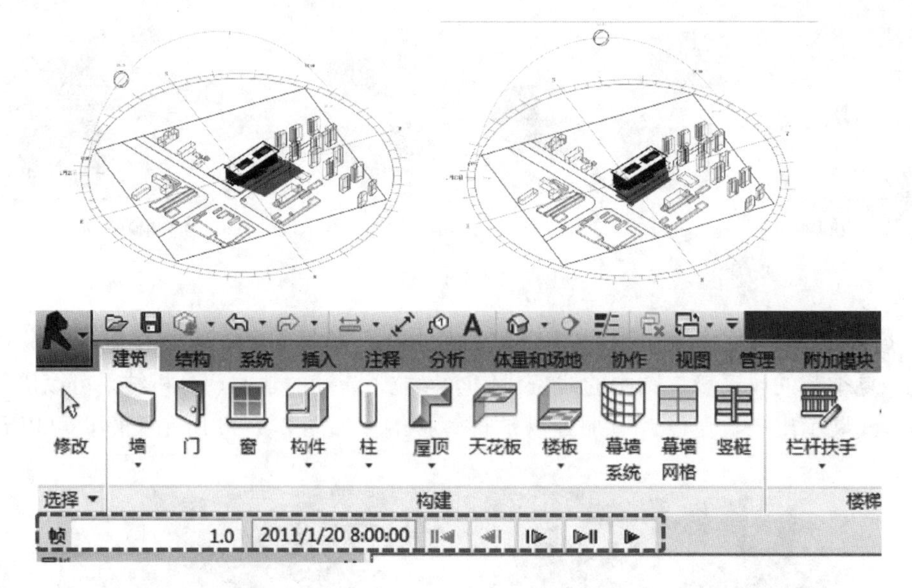

图 3.1-28

此外，把 Revit 模型导成 gbxml 格式，经简化导入 IES 做光合能源分析，结合 Ecotect 做基础的太阳能分析、气候分析等，都可以帮助我们从多角度来考量我们的设计，结合项目需求得到最合理的总图布局。

(2) 方案比选

利用BIM进行细化的方案空间设计与优化比选。建筑在这个阶段会形成初版设计，包括详细总图设计、建筑平立剖设计、主要空间设计、结构选型等。

会涉及的软件包含：CAD、Revit、Simulation、IES、Star-ccm＋等。在这个阶段，我们对建筑平面、立面、剖面进行综合设计，设计软件的选择以及应用顺序可以依据自己的习惯。

我们的做法是，依据第（1）项概念设计阶段的分析对比结果指导，在SketchUp或犀牛中进行立面造型推敲，在CAD中结合SketchUp模型进行初期的平面功能单线设计，完成主要空间组合、竖向交通与卫生间的布置，并确定层高，这样最为便捷。多数设计师习惯用SU进行建筑外立面的推敲，SU模型可以与Revit互导。如果会Formit，也可以在Formit中推敲建筑造型，Formit和Revit的衔接更为顺畅。

平立面确定后将CAD稿导入Revit中，搭建三维空间模型，这个时候可以先不分工作集，由建筑专业单独建立，包括柱，梁，墙，楼面，楼板，门窗，装饰等。建立过程中，利用三维建模的即时可视性，实时对方案在总图布局、空间效果等方面进行调整设计，最后在Revit中完成房间识别，保证每个空间的封闭性，为暖通专业气流舒适度计算奠定基础。设计模型将导入不同的分析模拟软件，指导方案的调整与完善，或验证设计的可行性。

设计与建模的过程不再赘述，期间的模拟分析具体操作步骤如下：

① 根据SketchUp和CAD，建立Revit模型。利用Revit的三维设计手段，推敲室内空间与视线关系，在三维建模过程中建筑师可以直观感受建筑空间，结合平面功能及结构选型对方案进行进一步调整。在墙、门窗、楼板、屋顶等基础构件后，还需建立房间模型（图3.1-29），具体的模型深度详见本章第3.1.1节第3项。

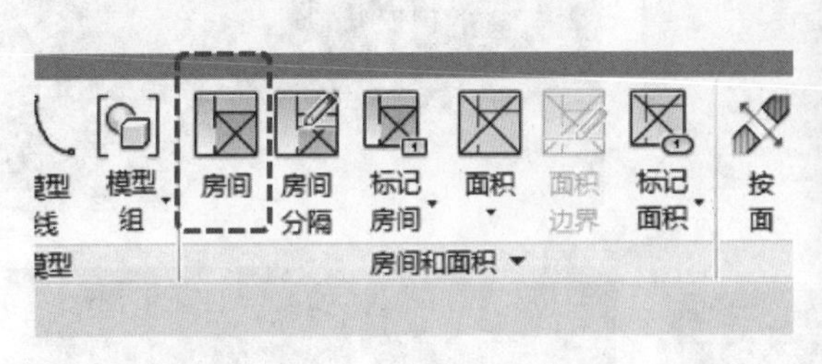

图3.1-29

② 利用Revit中附加模块的Simulation分析软件，进行空间风环境分析。图3.1-30所示这个案例是我们在设计某学校项目中，对于旱厕的气流分析，可以看到气流从粪便收集装置的排气管中抽出，以此保证了旱厕的空气质量。

③ 将Revit模型转换成gbxlm格式导入IES，分析室内采光，帮助对方案开窗面积、形式、位置等对比选择。例如图3.1-31，对室内采光形式做模拟，发现有天窗时候室内照度过大，所以在倾斜屋顶不开天窗。

④ 将Revit模型转换成xtl格式导入Star-ccm＋，做室内通风模拟，查看室内气流方向与流速，帮助确定开窗的位置、形式与面积，保证室内夏季通风效果。如图3.1-32中案例，可以看出通过立面与屋顶开窗，在夏季室内气流通畅。

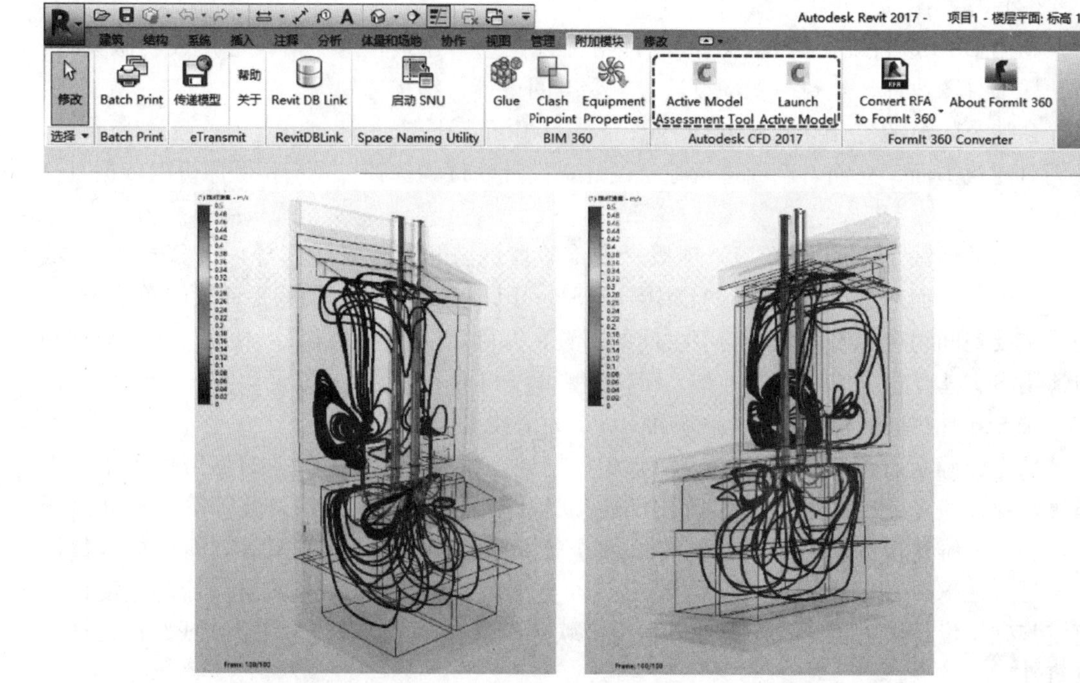

图 3. 1-30

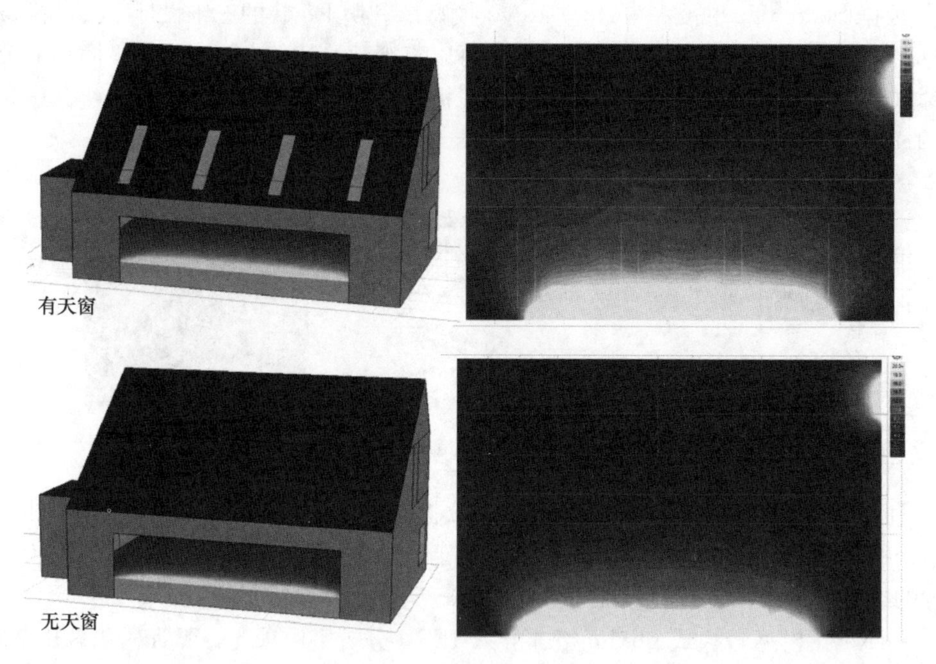

图 3. 1-31

⑤ 充分利用三维模型结合分析软件，指导建筑被动措施的使用，预估机电方案，综合提升建筑的物理性能，使设计更加绿色生态。经过上述的一些推敲与比较，方案设计经过调整完善基本确定下来。方案的优化比选可以通过图表的形式展现，使我们的设计更容

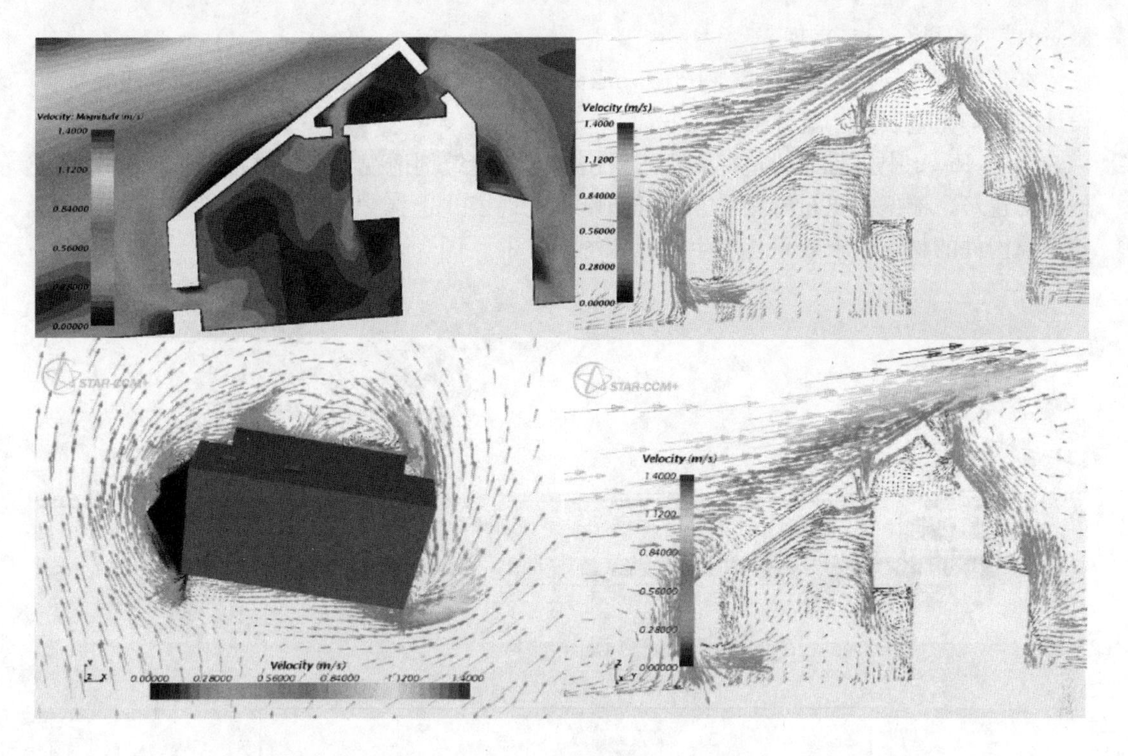

图 3.1-32

易被理解，如图 3.1-33 中示例。

比较可知，方案一冬季热能损失最小，方案最优。

	方案一	方案二	方案三
朝向	南偏西10度	正南	南偏东10度
来流风速(m/s)	3.0	3.5	3.5
迎背风面压差(Pa)	6~8	6~8	6~8
迎面风面积	最小	居中	最大
热能损耗	最小	居中	最大

图 3.1-33

所涉及的分析模拟不止这些，可按需增加。所涉及的分析模拟软件也需要暖通专业人员的辅助。

（3）项目要求会

明确方案后，召开项目要求会，建筑专业介绍方案情况及设计要求，与结构专业探讨结构选型及结构构件，预估机电需求，包括站房的大致布置位置与机房面积需求。

（4）方案深化

根据项目要求会中各专业意见修改方案，在分析模型的指导下，设计人根据调整结果修改并完善模型，并在模型里创建结构工作集，划拨结构柱、楼板与梁。同时细化站房布置。

充分利用 BIM 进行方案的表现。方案的外檐可以用 Revit 建，也可以利用 SU 模型与

Revit模型相拼合起来表现。

本步涉及的软件是3Dmax、Infraworks、Lumion等展示软件，利用多种手段将方案设计的精华完整展现。具体操作如下：

① 将Revit中进行光线追踪表现，得出真实的建筑剖透视。在三维视图中，利用剖面框剖切建筑，根据需要布置相机，打开阴影，表现模式选择“精细”、“光线追踪”，并调整建筑构件的材质以求效果真实生动。如图3.1-34、图3.1-35所示。

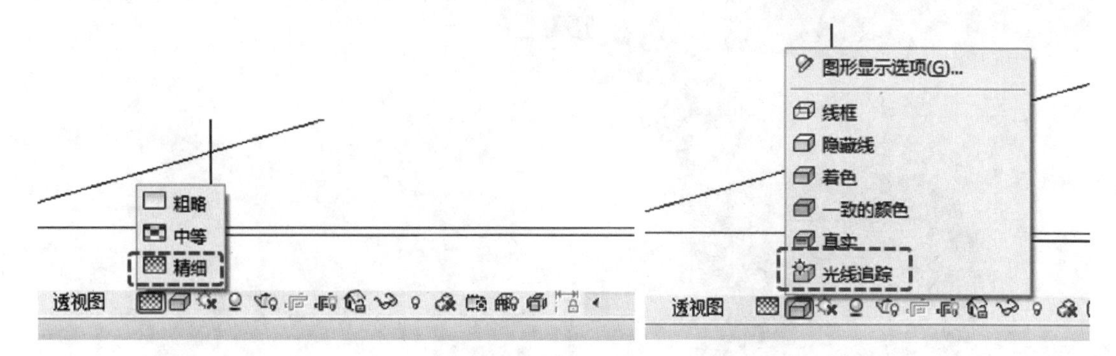

图3.1-34

图3.1-35

② 或者将Revit、SketchUp模型导入3Dmax进行渲染，还可以做动画。这样的表现准确精致，所以投标表现的形式与手段是不受限制的。如图3.1-36所示。

③ 将Revit模型导成fbx格式，再导入Infraworks（或者用SU模型导入），可以模拟项目场地环境，并完成效果图和动画。在Infraworks里可以加载地图，按照地图和甲方提供的设计文件加入道路、水系、桥梁等，使建筑环境更加真实准确。需要注意的是，建筑的材质是需要在Revit事先调好。如图3.1-37所示。

④ 将Revit/SU模型导入Lumion，在Lumion里赋予材质、选择场景、加载配景，室内还可以局部打光，根据表现需要做动画和视频，表现效果真实生动。如图3.1-38所示。

图 3.1-36

图 3.1-37

图 3.1-38

在以上的阶段，我们对模型进行充分的利用，帮助方案的优化与深化，结合多种方式来表现建筑效果，这些都提高了我们的设计质量与竞标完成深度。

到此，投标方案成果完成。

(5) 召开方案确定会

方案中标后，需要在初步设计阶段前将设计和模型进一步地完善。同时也要根据和甲方的进一步沟通修改方案，然后召开方案确定会，在会上全面介绍方案，探讨结构形式及主要构件尺寸，探讨设备的用房、管井等。

(6) 完成方案成果

在这一步，我们承接前步的方案模型，进行方案深化，为后续的扩初设计奠定基础。根据项目的性质规模等对接下来的团队协作形式做初步规划，需要进行以下一些操作：

① 建立建筑中心文件，中心文件中划分 Admin、建筑、结构工作集，放权结构工作集给结构专业做结构分析及多方案比选，初定结构形式及主要构件尺寸。

② 建筑专业完善方案模型，加入建筑外檐等未完成的构件，对建筑营造做法有基本考虑。在这个阶段，规范各族的命名，例如，建筑内墙命名为 A-内墙-材质-厚度，门命名为 A-编号-宽度 X 高度，方便后续替换。

③ 完成方案报建本册等阶段成果。

3. 模型完成标准

概念阶段：完成地形、建筑体量及楼层模型。

方案深化阶段：完成地形、轴网、层高、墙、建筑面层、结构楼板、结构柱、梁、楼电梯、扶梯、门窗、屋顶、卫生洁具、主要空间家具布置、房间等。

方案完成阶段：完成地形、标高、轴网、内墙、外檐、楼地面面层、结构楼板、结构柱、梁、房间、门窗、楼电梯、扶梯、屋顶、管井、卫生洁具、主要空间家具布置。同时，完成总图绘制。

3.1.2　初步设计阶段

1. 设计要点

此阶段是对方案设计的进一步深化。此时需要拟定设计原则、标准和重大技术问题等，详细考虑和研究结构和机电专业的设计方案，协调各专业方案的技术矛盾，并合理地确定总投资和经济技术指标等。此外，基于 BIM 技术的设计模式下，施工图设计阶段的大量工作前移到了初步设计阶段。根据项目规模合理分配人员建立扩初阶段建筑中心文件，并完成关键层模型设计，提资给结构和机电专业，并链接结构和机电专业模型中心文件。

（1）建立并组织“工作模型”阶段视图浏览器目录。

（2）输入所使用的族类别属性信息，使模型信息趋于完整。

（3）模型基本完整，主体齐全。

（4）关键层设计达到提资要求。

（5）布置卫生洁具，且保证能与设备专业管件连接。

（6）创建房间，并修改房间名称进行房间标注。

（7）通过天花板位置，向设备专业表明室内净高度控制。

（8）通过体量，向结构和设备专业提资防火分区。

（9）若有机械停车机动车位，需在模型中表达清楚。

2. 设计流程

（1）方案延续

建筑专业继承方案阶段成果，补充必要信息，为项目协调会做准备。

① 继承方案阶段模型，确定工作协调方式

在方案阶段的模型基础上，专业负责人根据项目规模及实施阶段（分期建设）等因素进行分号、建模范围等划分，决策扩初阶段建筑协同方式，是否单专业拆分为多个中心文件。若继承方案模型，建筑专业负责人则需要对模型根据分工及范围详细划分工作集，应用第 2 章所述的“项目浏览器”，对模型进行一系列的模型深化工作。

② 明确设计要求，补充必要提资信息

专业负责人根据方案阶段项目情况，明确项目协调会需要提资的设计参数及要求：在必要位置添加分轴号；对方案的层高、房间控制净高、房间功能、防火分区、基本营造做法、屋面做法、门窗样式等进行确认；统一墙体、面层等材料选型。

（2）项目协调会

建筑专业负责人召集与本项目相关的结构、机电等全专业人员进行项目协调会，介绍该阶段项目的建筑概况、特点、难点、需求和平面布置等内容。

此会议过程中需明确关键楼层，确定下一步过程中提资的详细程度。各专业优先进行关键层设计，同一位置深度同步，提前开展协同设计。

建筑专业需与结构专业明确建筑营造做法，初步确定外檐形式、地下室顶板标高和覆土情况及房间等。建筑专业需与机电专业明确设备用房及管井位置及要求等。各专业协商吊顶标高、排水沟及集水坑位置等。

最后需要确定本工程各专业 Revit 中心文件等公用文件的组织管理方式，使得本工程的文件管理工作有据可循。

（3）扩初设计

建筑专业负责人根据项目协调会的成果，开展扩初阶段模型设计工作。建筑专业负责人可以选择继承概念和方案阶段模型，按第（1）项中所述：整理工作集，根据设计要点替换方案模型的墙体、面层及屋面等构件的族，深化成为初步设计阶段建筑中心文件，或者参照概念和方案阶段模型，重新搭建扩初阶段模型两种方式，建立初步设计阶段建筑中心文件。

本实例中介绍的工作方式是：参照概念及方案阶段模型，建筑专业人以一个建筑中心文件工作方式，按照工作集协同模式，链接其他专业中心文件，重新搭建扩初阶段建筑模型。

① 打开应用程序，更改用户名

启动 Revit 应用程序，点击左上角的“应用程序菜单”按钮，点击菜单中的“选项”按钮。在“选项”对话框中，点击左侧“常规”选项卡，将用户名一栏中的文字更改为 A-ADMIN，点击“确定”。如图 3.1-39 所示。

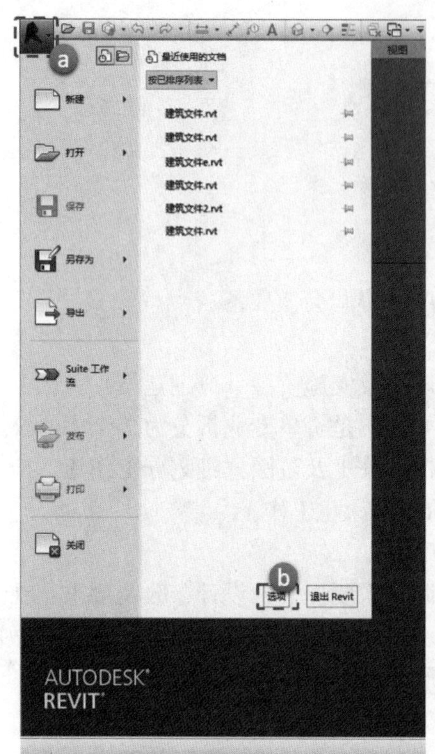

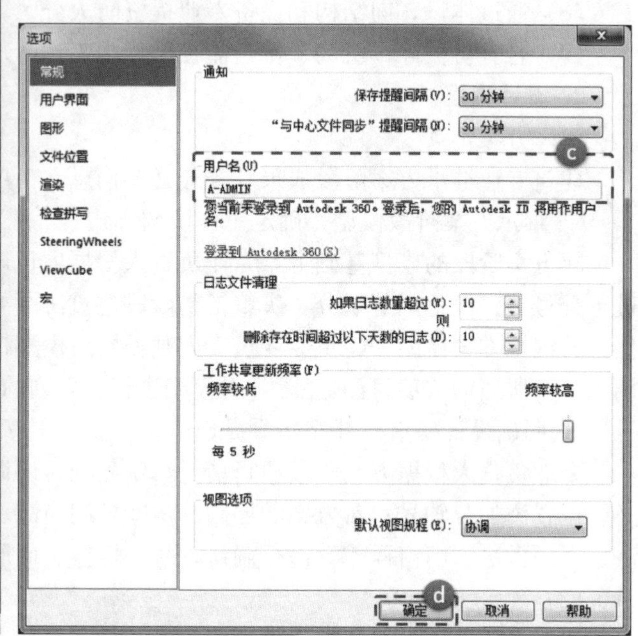

图 3.1-39

② 根据项目，添加项目样板

使用相同的方法，启动 Revit 应用程序，点击左上角的“应用程序菜单”按钮，点击菜单中的“选项”按钮。在“选项”对话框中，点击左侧“文件位置”选项卡中的按钮✚，弹出“浏览样板文件”对话框，通过路径选择添加“TADI-建筑样板 . rte”样板，点击“确定”，Revit 的应用界面“项目”一栏中就自动生成“TADI-建筑样板”。如图 3.1-40 所示。

③ 选择项目样板，新建项目文件

新建项目文件有以下三种操作方式可供参考：

A. 在“选项”对话框中添加完成“TADI-建筑样板 . rte”样板后，直接点击 Revit 的应用界面“项目”中的“TADI-建筑样板 . rte”，进入项目启动页。如图 3.1-41 所示。

B. 点击 Revit 的应用界面“项目”中“新建”命令，弹出“新建项目”对话框。若预先没有在“选项”对话框中添加“TADI-建筑样板 . rte”样板，可点击“样板文件”范

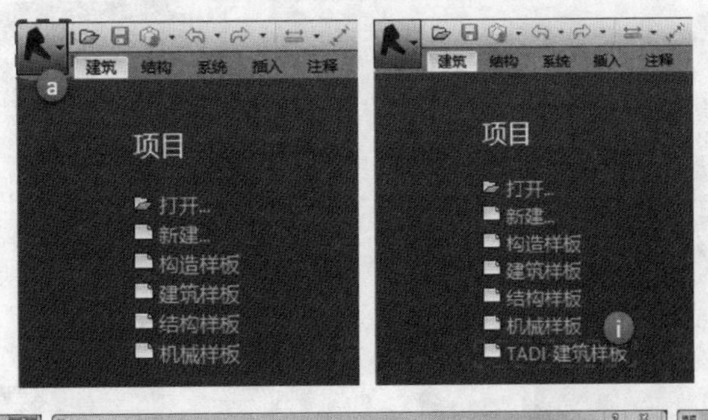

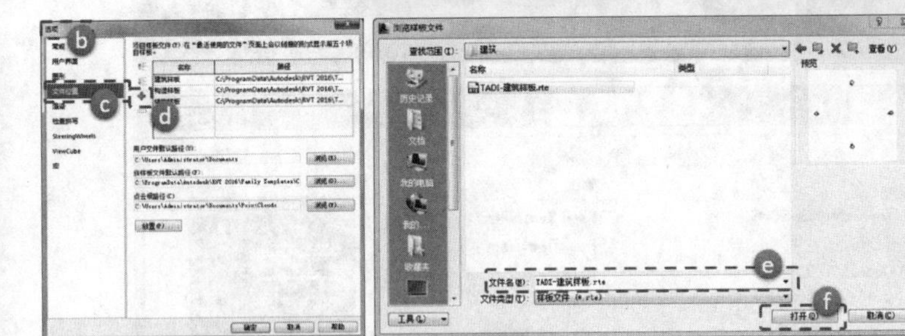

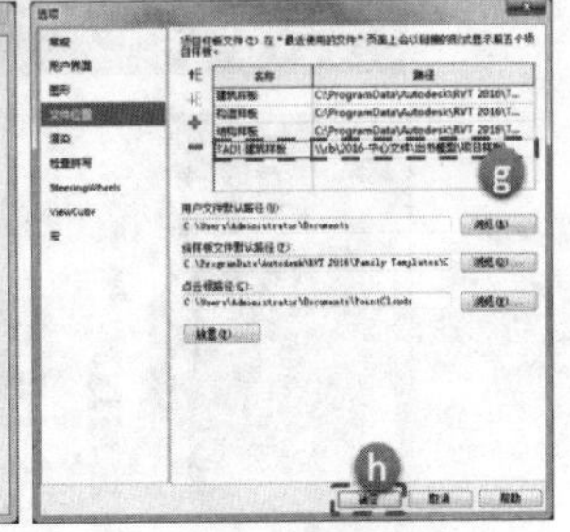

图 3.1-40

围框中的“浏览”命令，在选择样板对话框中选择光盘中的“TADI-结构样板 . rte”文件；若已经在“选项”对话框中添加完成“TADI-建筑样板 . rte”样板，则可点击下拉箭头，弹出下拉菜单，选择“TADI-建筑样板 . rte”样板。在“新建”范围框内的选择“项目”，点击“确定”按钮，进入项目启动页。如图 3.1-42 所示。

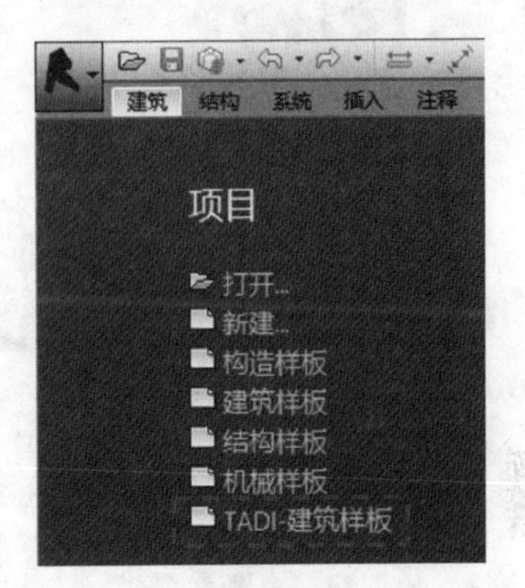

图 3.1-41

C. 打开 Revit 的应用界面，点击左上角的“应用程序菜单”按钮，点击菜单中的“新建”命令，选择“项目”，弹出“新建项目”对话框。参照（B. 项）的操作方式，在该对话框中选择“样板文件”为“TADI-建筑样板 . rte”，“新建”为“项目”，点击“确定”，即完成了新项目的建立，进入项目启动页。如图 3.1-43 所示。

提示：在选择样板文件时，可通过点击“新建项目”对话框中的“浏览”命令，选择“TADI-建筑样板 . rte”文件。通过此方法选择的项目样板不能在 Revit 的应用界面“最近使用的文件”页面上显示。但若预先在“选项”对话框中添加“TADI-建筑样板 . rte”样板，则会在 Revit 的应用界面“最近使用的文件”页面上显示。如图 3.1-44 所示。

④ 项目样板中“项目浏览器”及“视图（TADI-A）”的“限制条件”

根据第 2 章项目样板设置及命名规则的要求，本实例项目样板，设置“项目浏览器”中“视图（TADI-A）”下拉菜单下的每个视图属性分别有“阶段分类”和“所有者”两个限制条件，通过定义视图的限制条件，结合样板中的“项目浏览器”组织方式，可将不同阶段及不同所有者的视图进行分类，分为“01. 查看模型”、“02. 工作模型”、“03. 出图模型”及“04. 补充文件”四大阶段类别，以便于管理视图。

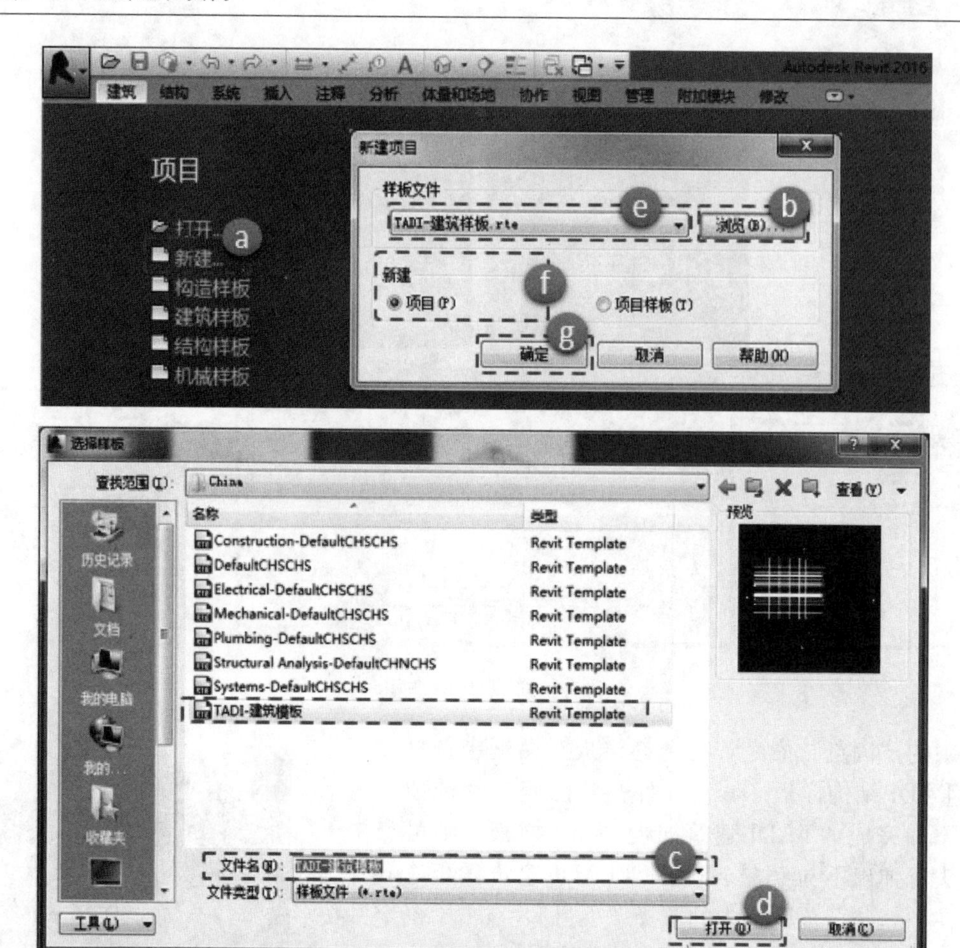
Autodesk Revit 2016
建筑
结构
系统
插入
注释
分析
体量和场地
协作
视图
管理
附加模块
修改
项目
打开...
新建...
构造样板
建筑样板
结构样板
机械样板
新建项目
样板文件
TADI-建筑样板.rte
浏览(B)...
新建
项目(P)
项目样板(T)
确定
取消
帮助(H)
a
b
e
f
g
选择样板
查找范围(I):
China
查看(V)
名称
类型
预览
Construction-DefaultCHSCHS
DefaultCHSCHS
Electrical-DefaultCHSCHS
Mechanical-DefaultCHSCHS
Plumbing-DefaultCHSCHS
Structural Analysis-DefaultCHNCHS
Systems-DefaultCHSCHS
TADI-建筑模板
Revit Template
历史记录
文档
我的电脑
我的...
收藏夹
文件名(N):
文件类型(T):
样板文件 (*.rte)
工具(L)
打开(O)
取消(C)
c
d

图 3. 1-42

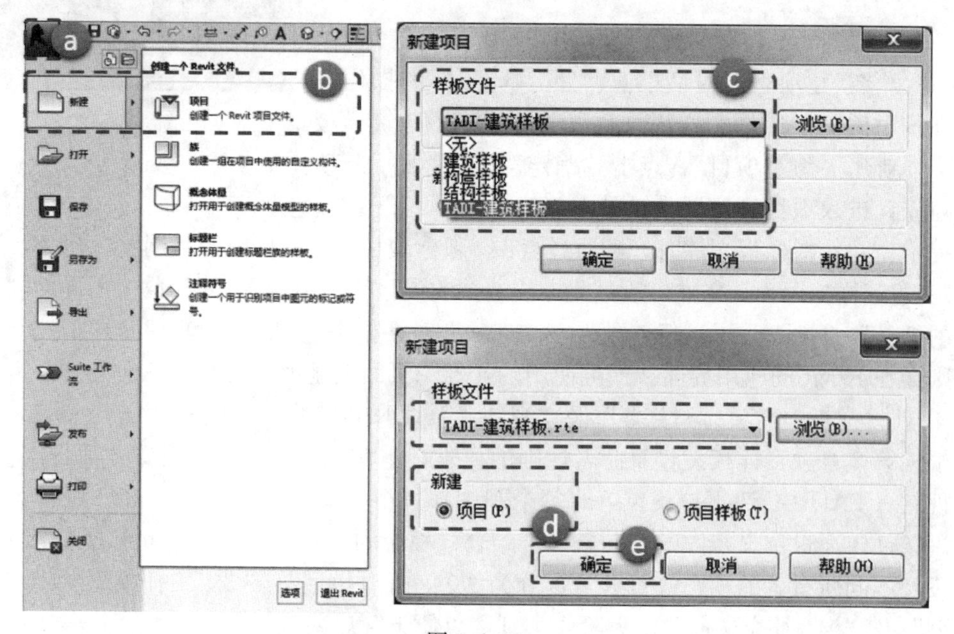
a
b
c
d
e
创建一个 Revit 文件。
新建
项目
创建一个 Revit 项目文件。
族
创建一组在项目中使用的自定义构件。
概念体量
打开用于创建概念体量模型的样板。
标题栏
打开用于创建标题栏族的样板。
注释符号
创建一个用于识别项目中图元的标记或符号。
打开
保存
另存为
导出
Suite 工作流
发布
打印
关闭
选项
退出 Revit
新建项目
样板文件
TADI-建筑样板
〈无〉
建筑样板
构造样板
结构样板
TADI-建筑样板
浏览(B)...
确定
取消
帮助(H)
TADI-建筑样板.rte
新建
项目(P)
项目样板(T)

图 3. 1-43

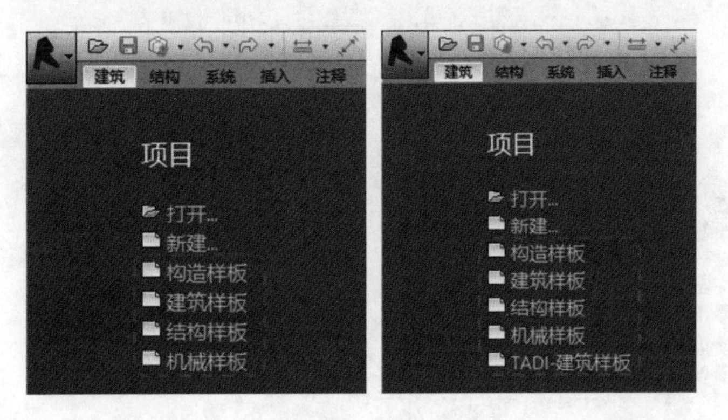

图 3.1-44

因此，当视图属性中的“阶段分类”和“所有者”两个“限制条件”均为空白时，这些视图会自动被归到“???”阶段类别中。放置的新标高生成的楼层平面系统默认“限制条件”为空白，所以均被自动归到“???”阶段类别中。如图 3.1-45 所示。

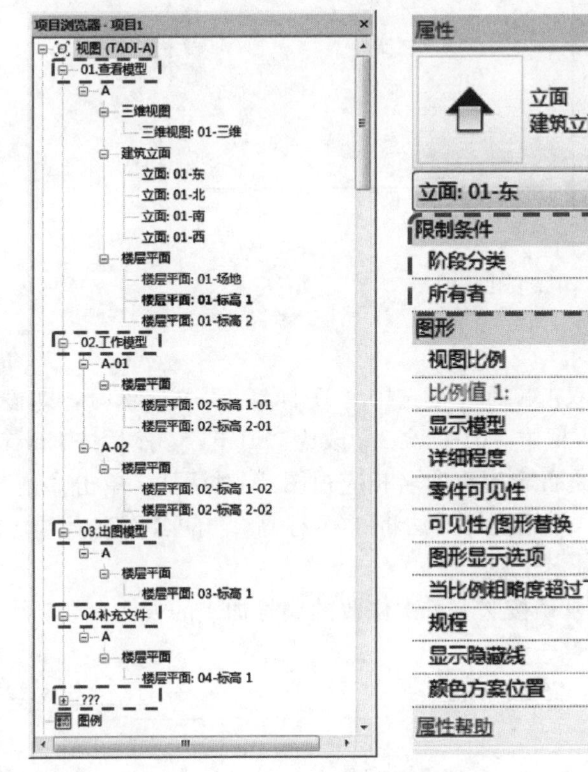

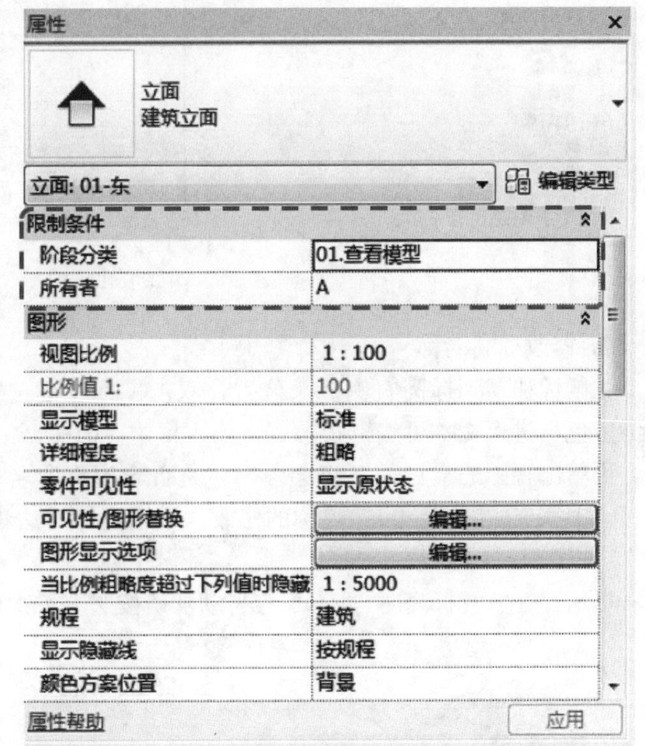

图 3.1-45

⑤ 创建项目标高，生成楼层平面

绘图区域默认将打开“在项目浏览器”中“01. 查看模型”目录下“A”-“楼层平面”-“楼层平面：01-标高 1”楼层平面视图。“在项目浏览器”中点击展开“01. 查看模型”中“建筑立面”，双击“立面：01-东”视图名称，切换至东立面视图。在东立面视图中，项目样板中默认设置了两个标高：“01-标高 1”和“01-标高 2”，且“01-标高 1”的标高为±0.000m，“01-标高 2”的标高为 4.000m。如图 3.1-46 所示。

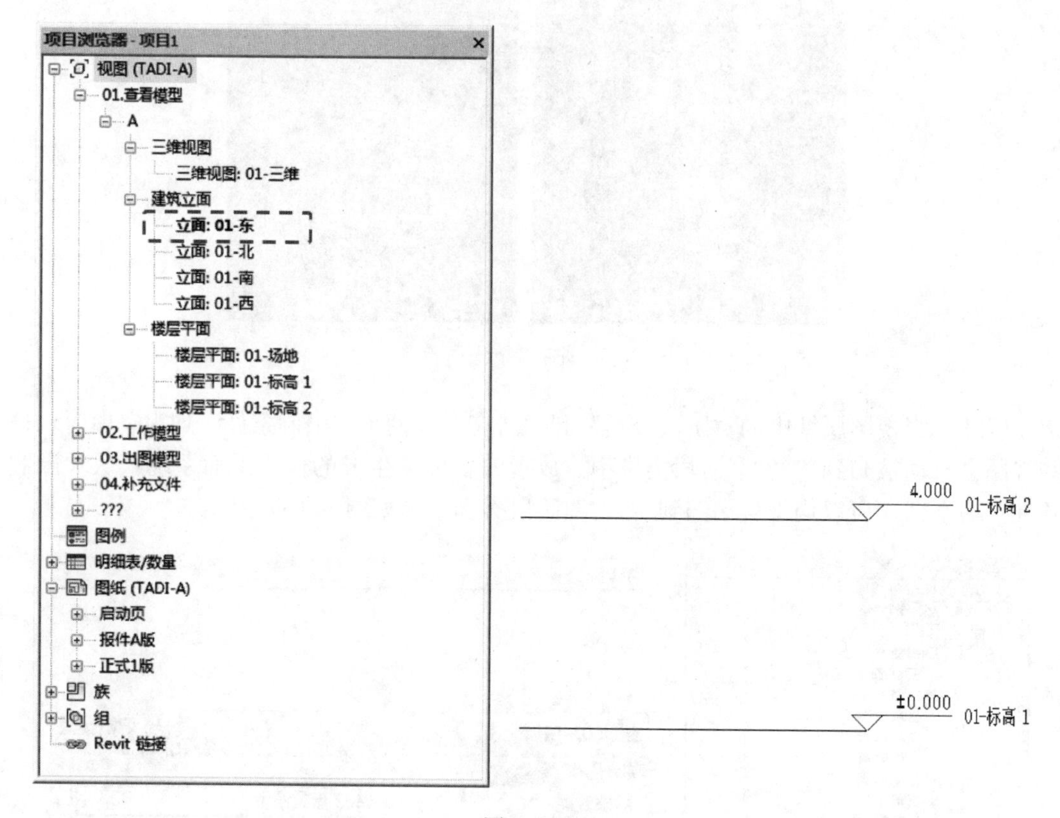

图 3.1-46

A. 修改标高名称

将鼠标移动到标高右侧标头位置，双击鼠标左键选中“01-标高 1”文字部分，即显示为蓝色，进入文本可编辑状态，将输入框中“01-标高 1”改为“01-F1”，然后按 Enter 键，再单击视图的空白处，将会弹出“是否希望重命名相应视图?”对话框，单击“是”按钮，即完成“01-标高 1”名称的修改。采用同样方法将“01-标高 2”的名称改为“01-F2”。如图 3.1-47 所示。

提示：在放置标高时，Revit 会自动默认按照上一次修改的编号加 1 的方式命名新生

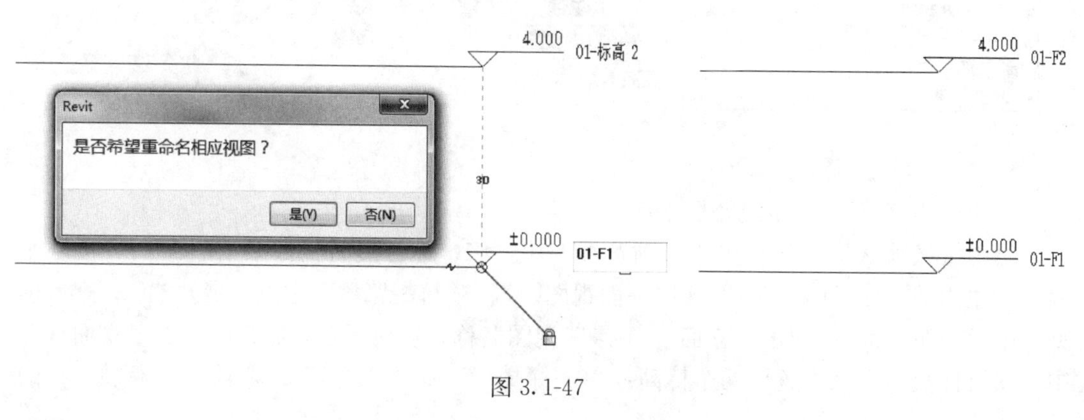

图 3.1-47

成的标高编号。所以，在放置标高前，先修改系统打开时默认的标高名称，再进行其他标高的放置。在 Revit 中要先创建标高，再创建轴网，否则不能保证每个楼层平面均能显示出轴网。

B. 调整标高高度值

调整标高高度值有以下三种操作方式可供参考：将鼠标移动到标高“01-F2”位置，单击标高，即显示为蓝色，弹出临时尺寸线，调整临时尺寸线高度为 4500；或将鼠标移动到标高右侧标头位置，双击鼠标左键选中“4.000”标高值部分，进入标高可编辑状态，将输入框中的“4.000”修改为“4.500”后按 Enter 键确认修改；或者调整属性栏中“限制条件”下的“立面”高度为 4500m。如图 3.1-48 所示。

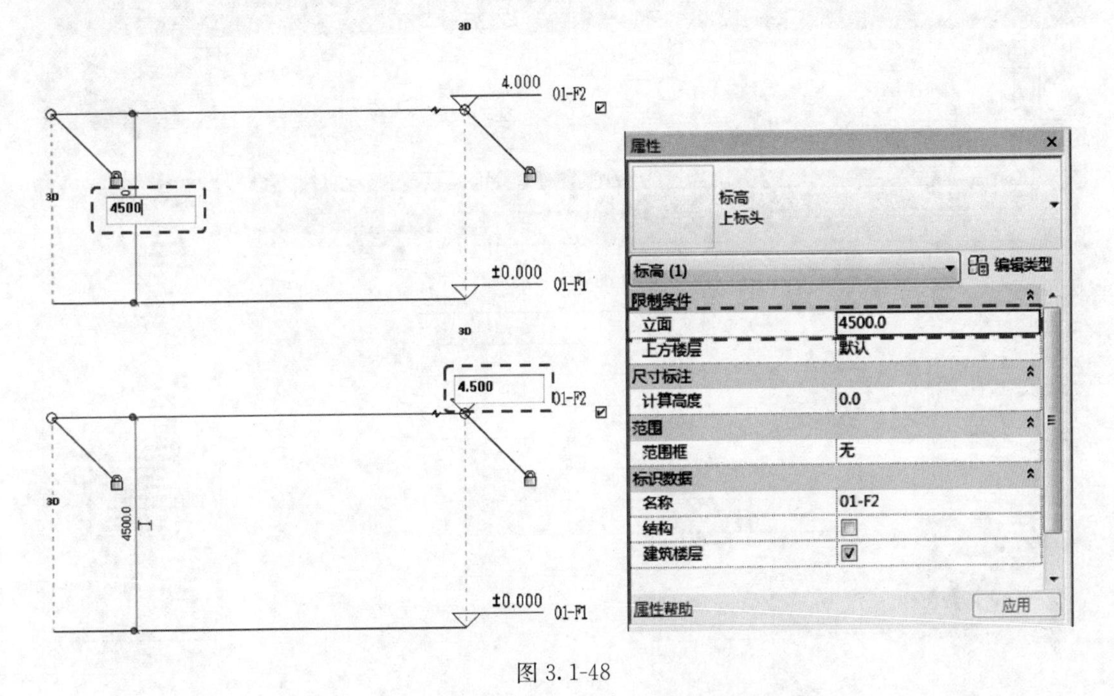

图 3.1-48

提示：如果点中临时尺寸右边的蓝色图标⊢⊣，临时尺寸将变成尺寸标注。如图 3.1-49 所示。

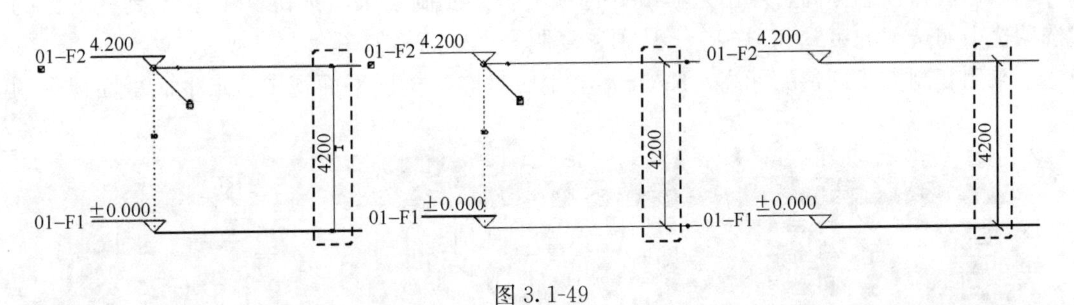

图 3.1-49

C. 添加项目标高

添加项目标高有以下两种操作方式可供参考：

(a) 绘制标高

鼠标单击“建筑”选项卡中“基准”面板的“标高”工具按钮，弹出“放置标高”上下文选项卡，进入放置标高模式绘制标高，从左向右移动鼠标进行绘制，并根据要求修改标高属性。当用“标高”工具按钮绘制标高时，Revit会对应建立的每一个标高自动生成对应的楼层平面视图。如图3.1-50所示。

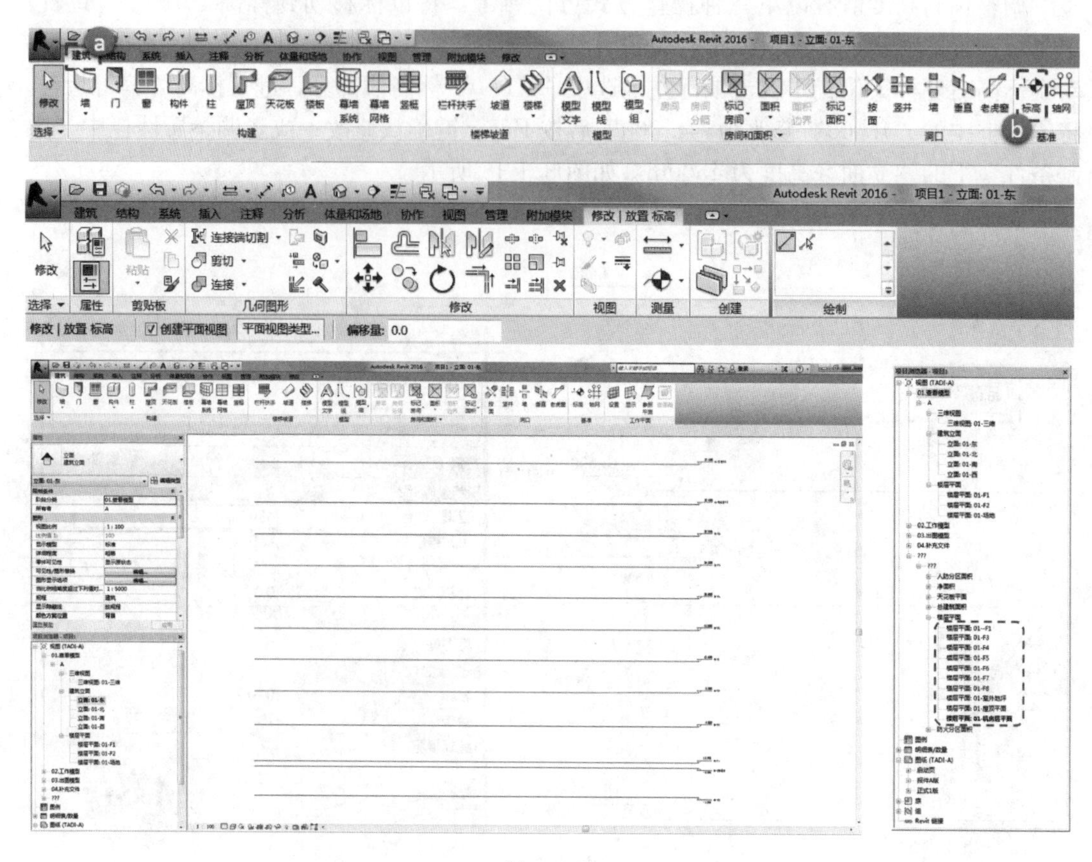

图3.1-50

(b) 复制标高

鼠标选择任意标高，点击“修改”选项卡中“复制”工具按钮，在工具栏下方的选项栏中勾选“约束”和“多个”选项，复制多个标高。如图3.1-51所示。

采用复制方式创建的标高，Revit不会生成对应的楼层平面视图。未生成平面视图的

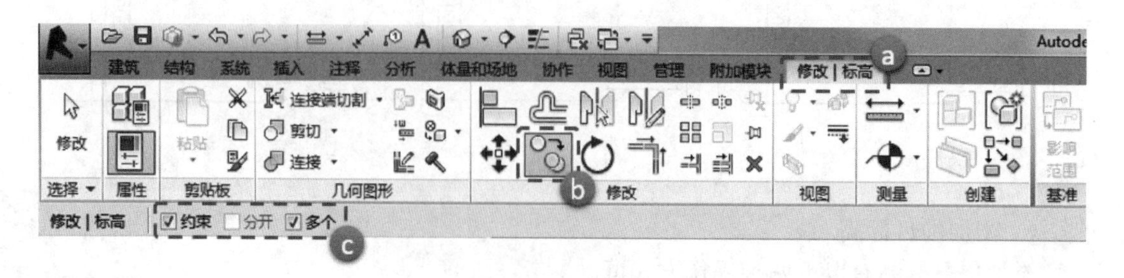

图3.1-51

标高标头在立面视图中显示为黑色，生成了平面视图的标高标头显示为蓝色。如图 3.1-52 所示。

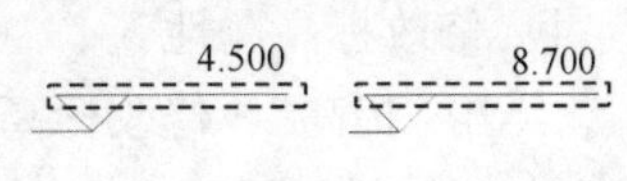

图 3.1-52

若要添加楼层平面，在“项目浏览器”目录下“楼层平面”视图中显示未生成的平面视图，可鼠标单击“视图”选项卡中“平面视图”下拉菜单的“楼层平面”命令，弹出“新建楼层平面”对话框。在“新建楼层平面”对话框中，点击选择需要创建的标高，按住“ctrl”键或“shift”键，可以同时选择多个标高，点击“确定”，项目浏览器中的视图列表显示与相对应标高同名的楼层平面视图。如图 3.1-53，图 3.1-54 所示。

图 3.1-53

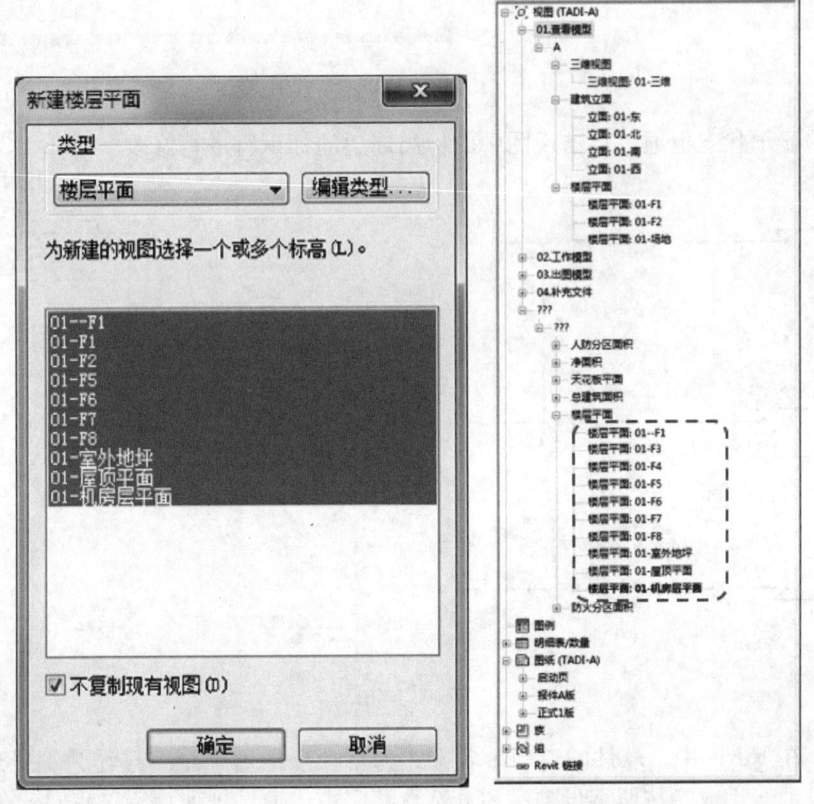

图 3.1-54

D. 修改标高属性

点击“标高”，修改标高属性栏对话框“类型选择器”，并点击“编辑类型”，修改标高参数（图 3.1-55）。

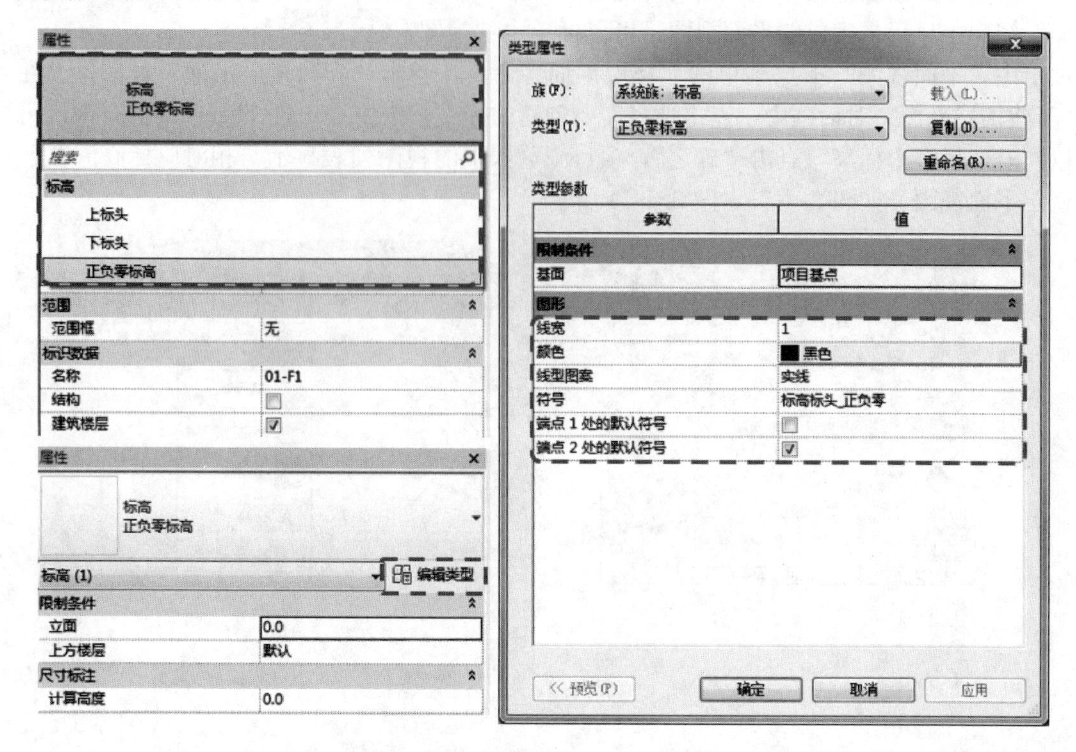

图 3.1-55

标高的显示状态也通过点击视图中的标高周边的标识符进行修改（图 3.1-56）。

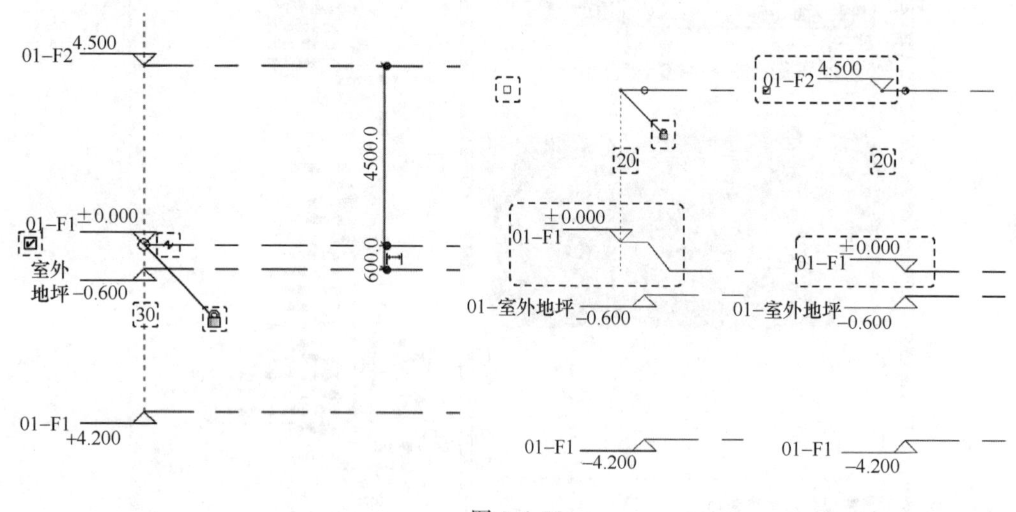

图 3.1-56

提示：在 Revit 中，软件的自动命名方式为自动以最后一个字符作为编号递增依据，如在标高或轴线生成时按照字母顺序和自然数顺序进行轴号排列。所以我们若在文件中设置标高为 1F，则后绘制的标高将以 1G、1H 递增的命名方式自动生成。因此在 Revit 中标高以 F1、F2 的递增方式进行标高命名。

⑥ 定义楼层平面视图的限制条件

创建项目标高后，系统“项目浏览器”中“视图（TADI-A）”目录“???”阶段类别下自动生成楼层平面。根据第 2 章项目样板设置及命名规则的要求：设计人需要根据项目情况事先创建所需的视图，并全部放于“项目浏览器”中“视图（TADI-A）”下的“01. 查看模型”阶段中，再重新命名视图名称，每个阶段目录下的视图名称前缀与阶段对应。因此，本案例中“01. 查看模型”阶段下的视图名称前缀加“01”。以平面图为例，在“项目浏览器”中选择“???”阶段里的“楼层平面”视图，点击“属性”窗口中“限制条件”标签下“阶段分类”选项的下拉菜单，选择“01. 查看模型”，点击“所有者”选项的下拉菜单，选择“A”，“???”阶段里的“楼层平面”视图就自动移动到“01. 查看模型”阶段中。如图 3.1-57 所示。

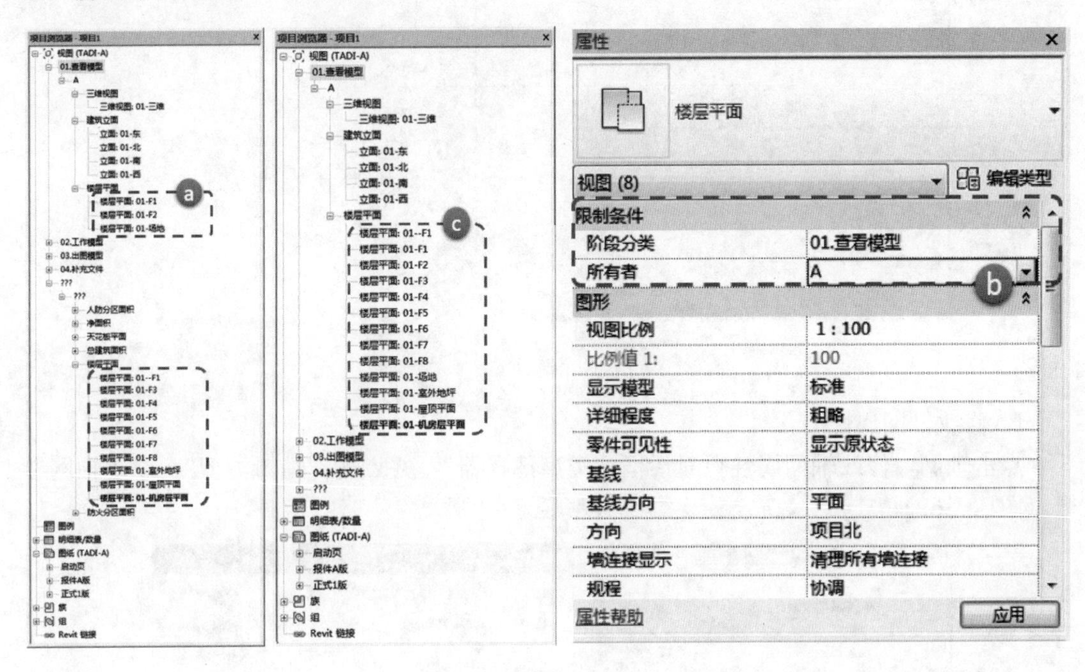

图 3.1-57

⑦ 创建项目轴网

Revit 中的轴网是有空间概念的，一般在其中一个平面视图中绘制的轴网会出现在其他楼层平面中。但是若在画好轴网之后再创建新的标高，则轴网不能在后绘制生成的楼层平面中显示。因此一般在用 Revit 创建模型初期，先创建标高，后绘制轴网。

A. 创建轴网：

打开“项目浏览器”中“视图（TADI-A）”下拉菜单下任意一个“楼层平面”，单击“建筑”选项卡中“基准”面板的“轴网”工具按钮，弹出“放置轴网”上下文选项卡，进入放置轴网模式绘制轴网。移动光标到视图中，单击捕捉任意一点作为轴线的起点，然后从下向上垂直移动光标一段距离后再次单击，即创建完成第一条轴线。放置完一根轴网后，也可以通过“复制”命令复制创建其他轴网，并根据要求修改轴号端点名称等属性。如图 3.1-58 所示。

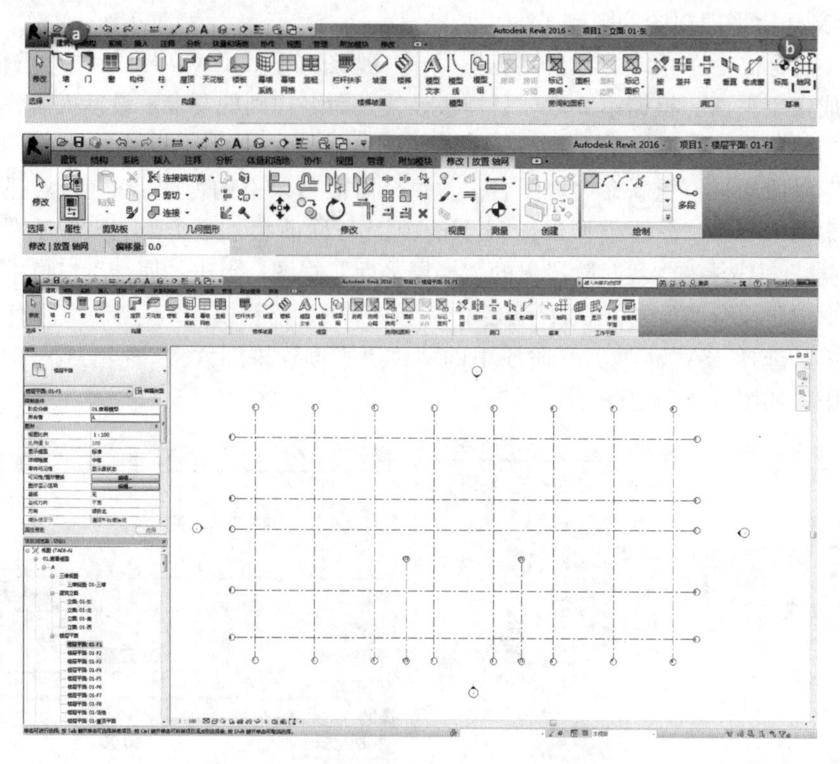

图 3.1-58

B. 修改轴网属性

点击轴网，修改轴网属性栏对话框“类型选择器”，并点击“编辑类型”，修改轴网参数（图 3.1-59）。

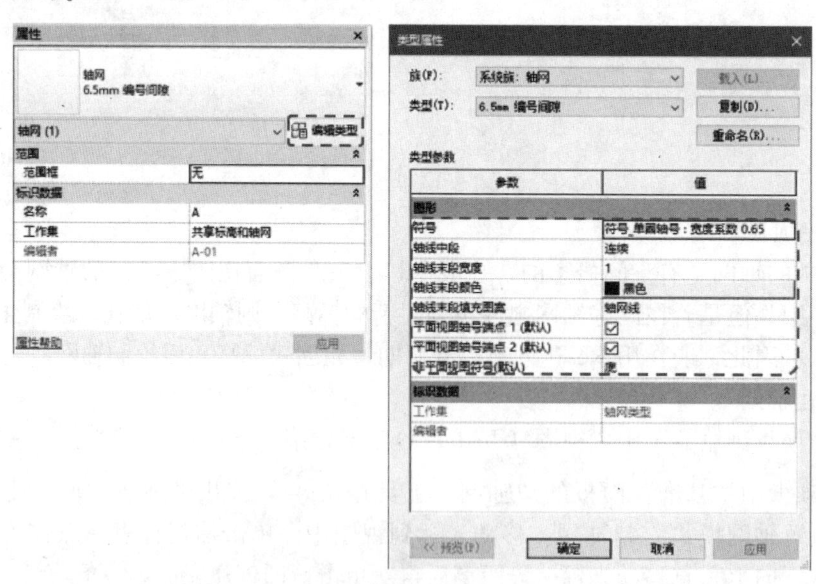

图 3.1-59

轴网的显示状态的修改操作和标高一样，也通过点击视图中的轴网周边的标识符进行修改（图 3.1-60）。

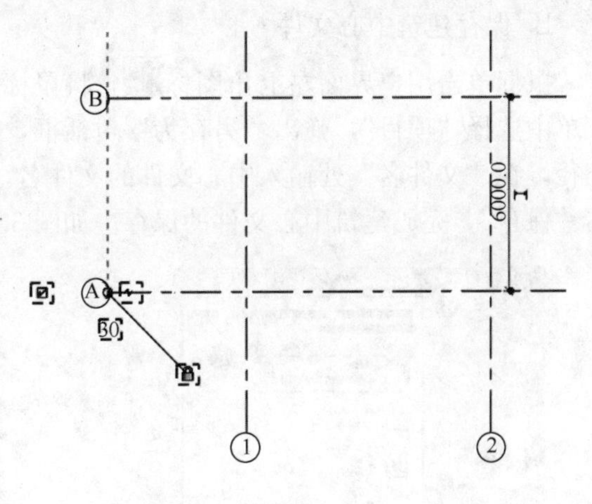

图 3.1-60

Revit 中标高、轴网都默认为 3D 模式。点击标高，会在旁边出现一个“3D”标识符，点击此符号，就可以在“3D”和“2D”之间进行切换。若轴线处于“2D”状态，则此轴线所做的修改只影响本视图，不影响其他视图；相反，若处于“3D”状态，则此轴线所做的修改会影响全部“3D”状态下的其他视图。

当轴线变成“2D”模式时，它与其他“3D”轴线标头的位置锁定会自动解除，并自动与相邻的“2D”轴线的标头位置锁定。

提示：用 Revit 绘制轴网时，先绘制垂直方向轴网，再绘制水平方向轴网。在绘制时按住键盘 shift 键，可将光标锁定在水平或垂直方向。Revit 会自动默认按照上一次修改的编号加 1 的方式命名新生成的轴网编号，所以，可以先复制生成 1、2、3、4（或 A、B、C、D）……轴号后，再复制生成各分轴轴网。

⑧ 创建 ADMIN 工作集，保存建筑中心文件

A. 创建 ADMIN 工作集

鼠标单击“协作”选项卡中的“工作集”按钮，或单击用户界面下方状态栏中的按钮 ，弹出“工作共享”对话框，保持默认设置，点击“确定”并弹出“工作集”对话框。在弹出的“工作集”对话框中，“共享标高与轴网”和“工作集 1”两个工作集的所有者自动生成为 A-ADMIN，其他设置保持不变，点击“确定”。如图 3.1-61 所示。

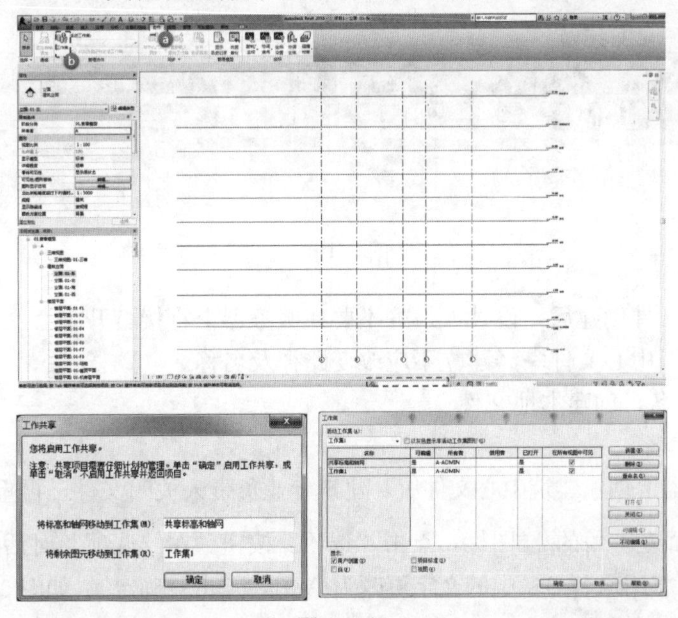

图 3.1-61

B. 保存建筑中心文件

鼠标单击用户界面左上角图标，将鼠标置于“另存为”按钮上，在弹出的下一级菜单中选择“项目”，弹出“另存为”对话框，手动输入保存建筑中心文件的共享服务器路径，在“文件名”处输入中心文件的文件名，本实例中文件名为“建筑中心文件”。点击“保存”，完成建筑中心文件的保存。如图 3.1-62 所示。

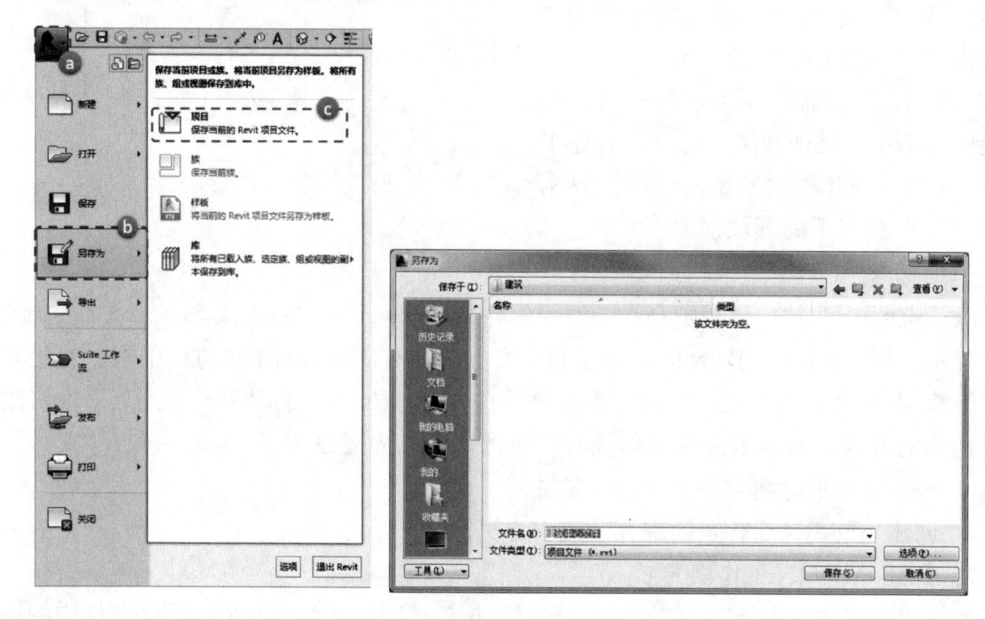

图 3.1-62

建筑中心文件保存后，用户界面上方快速访问工具栏中的“同步并修改设置”按钮由灰显变为彩显，即表示中心文件创建成功。“保存”按钮仍显示为灰显状态。如图 3.1-63 所示。

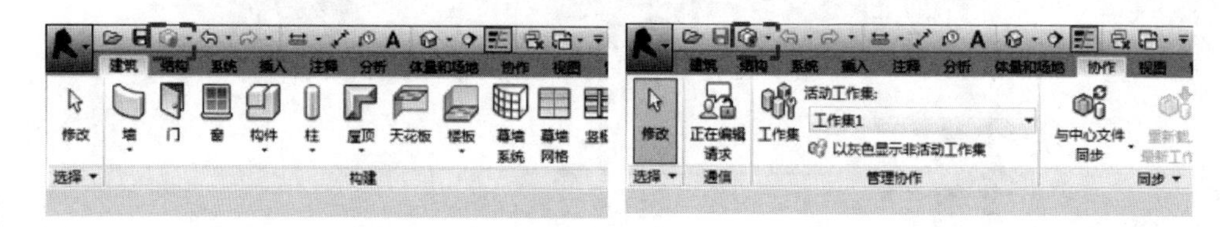

图 3.1-63

提示：中心文件创建后，设计人最好不要在服务器上直接打开中心文件，会增加中心文件损坏的概率。中心文件一经建立不应改变路径及名称。

⑨ 更改用户名，创建本地文件

A. 修改用户名

在共享服务器上创建建筑中心文件后，建筑专业负责人关闭文件，再重新启动 Revit 应用程序，点击画面左上角的图标，点击“选项”按钮。在“选项”对话框中，点击左侧“常规”选项卡，将用户名一栏中的文字更改为 A-01，点击“确定”。如图 3.1-64 所示。

B. 创建本地文件

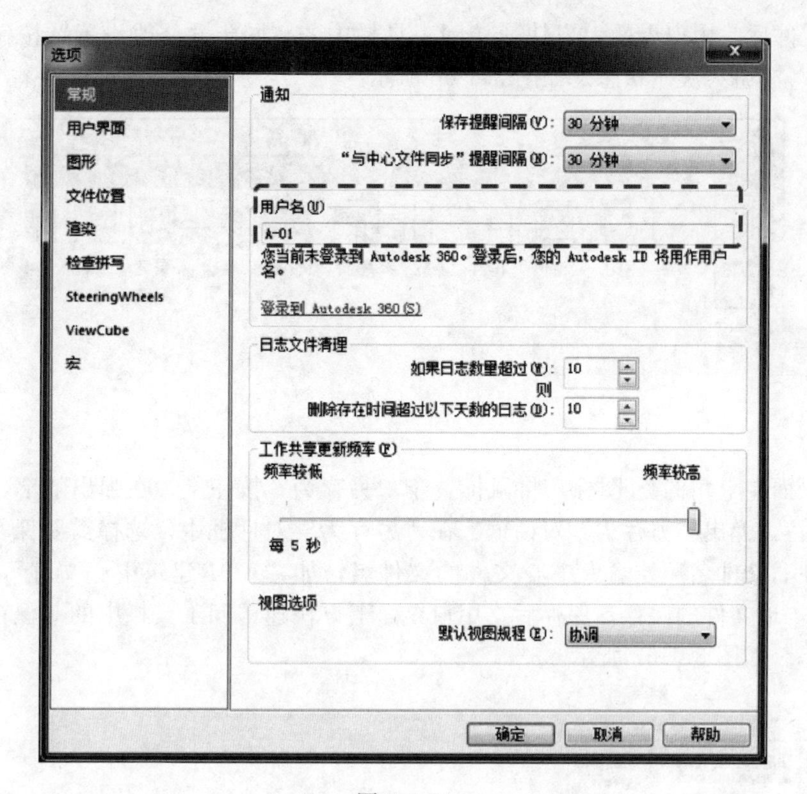

图 3.1-64

回到 Revit 的应用界面，点击“项目”中的“打开”命令；或点击左上角的“应用程序菜单”按钮，点击菜单中的“打开”命令，弹出“打开”对话框，手动输入共享服务器上建筑中心文件路径位置，打开建筑中心文件，不勾选“工作共享”中的“从中心分离”和“新建本地文件”两个复选框，点击“打开”。如图 3.1-65 所示。

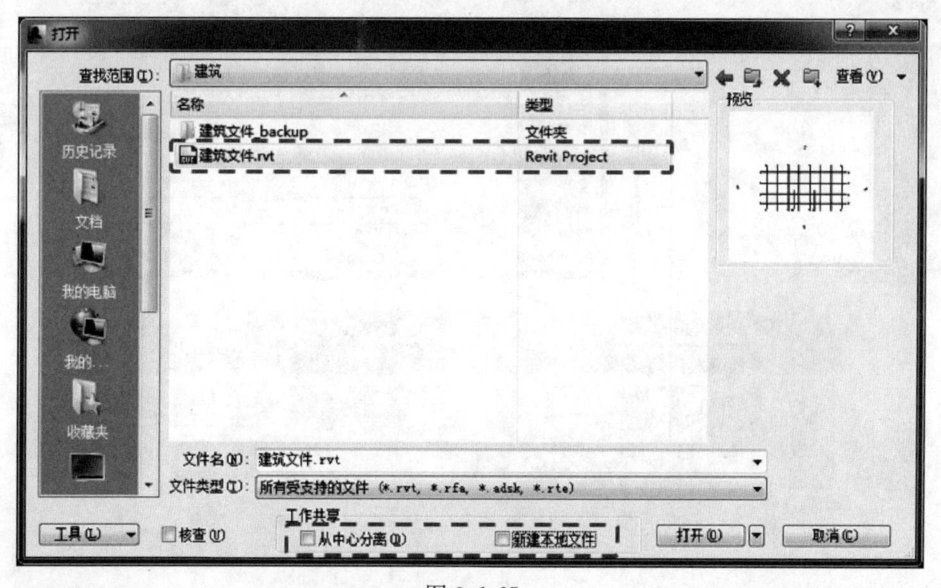

图 3.1-65

打开文件后，用户界面上方快速访问工具栏中的“同步并修改设置”按钮为彩显状态，“保存”按钮为灰显状态。如图 3.1-66 所示。

图 3.1-66

点击画面左上角的图标，将鼠标置于“另存为”按钮上，在弹出的下一级菜单中选择“项目”，弹出“另存为”对话框。在“另存为”对话框中，选择需要保存本地文件的路径，在“文件名”处输入中心文件的文件名，如“A-01 建筑中心文件”，点击“保存”，完成本地文件的保存。保存后，用户界面上方快速访问工具栏中的“保存”按钮变为彩显状态。如图 3.1-67 所示。

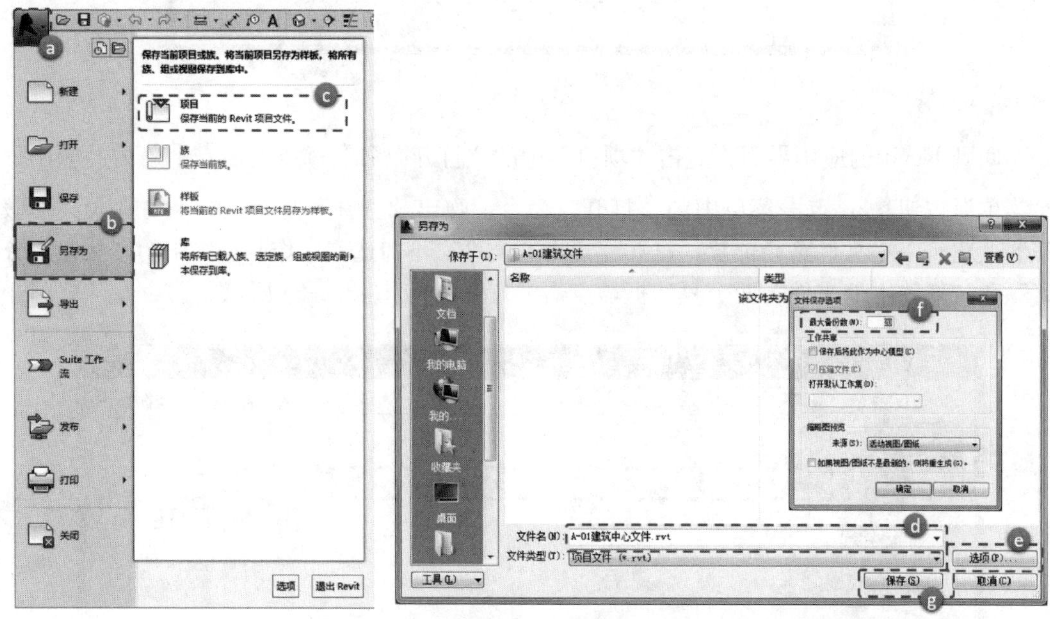

图 3.1-67

提示：当本地文件生成后，建筑中心文件将自动生成“Revit _ temp”文件夹。本地文件生成后，设计人再次打开建筑模型文件的时候，不用打开共享服务器上的建筑中心文件，而是直接打开保存在本地的建筑文件即可。如图 3.1-68 所示。

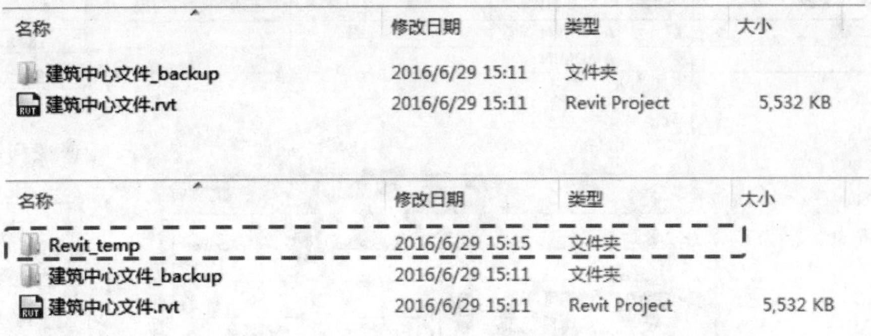

名称	修改日期	类型	大小
建筑中心文件_backup	2016/6/29 15:11	文件夹	
建筑中心文件.rvt	2016/6/29 15:11	Revit Project	5,532 KB

名称	修改日期	类型	大小
Revit_temp	2016/6/29 15:15	文件夹	
建筑中心文件_backup	2016/6/29 15:11	文件夹	
建筑中心文件.rvt	2016/6/29 15:11	Revit Project	5,532 KB

图 3.1-68

“保存”按钮是将文件保存在本地，但是并没有和中心文件发生信息互传；“同步并修改设置”按钮是将本地文件与中心文件信息互传，但是还需要本地保存。设计人要养成经常与中心文件同步的好习惯。若设计人长时间只单纯本地保存文件，而不与中心文件同步，中心文件一旦损坏，设计人所绘制的模型信息在中心文件或其他设计人的文件中无法找到，则会造成工作量的损失。

⑩ 建立工作集，安排建模分工

工作集主要是提供一种工作共享方式，是 Revit 协同工作模式，可以使多个设计人员同时在一个中心文件上工作，而不相互影响。设计人如果需要对其他设计人的工作集中的图元进行编辑时，需要向拥有该工作集的设计人申请权限并成为工作集的借用者，工作集的拥有者有权同意或拒绝申请者的权限申请。当设计人员放弃自己的工作集权限时（简称“放权”），则其他设计人员可拾取工作集或借用编辑此设计人员的模型信息。

建立建筑中心文件后，可通过建筑专业负责人一次性建立全部工作集的方式，或建筑专业负责人分工各设计人按命名规则各自建立工作集的方式，进行工作集建立及建模分工。本实例中介绍的工作方式是：建筑专业人按命名规则建立全部工作集。

A. 建筑专业负责人以用户名“A-01”打开本地文件，点击“协作”选项卡中的“工作集”按钮，在弹出的“工作集”对话框中，点击对话框右侧“新建”按钮，弹出“新建工作集”对话框，输入新工作集的名称，点击“确定”（图 3.1-69）。本案例中，为了方便与其他专业区分，所以在各工作集名称前均加上“A”。

本案例中工作集设置按命名规则分为以下几类：“A—F1”、“A—F1”、“A—F2”、“A—F3-F8”、“A—机房层”、“A—外墙”、“A—楼板”、“A—天花”、“A—场地”、“A—卫生间”、“A—楼梯间”、“A—楼梯间梯柱”、“A—楼梯间梯梁”、“A—自行车坡道”、“A—栏杆”及“链接文件”。

B. 建筑专业负责人在创建完所有工作集之后，选择需要设计人使用的工作集，点击“不可编辑”；或者点击“可编辑”下拉菜单，选择“否”，进行权限的放弃（简称“放权”）。如图 3.1-70 所示。

提示：为了方便与其他专业协同工作，建议单独创建“链接文件”工作集。为了方便

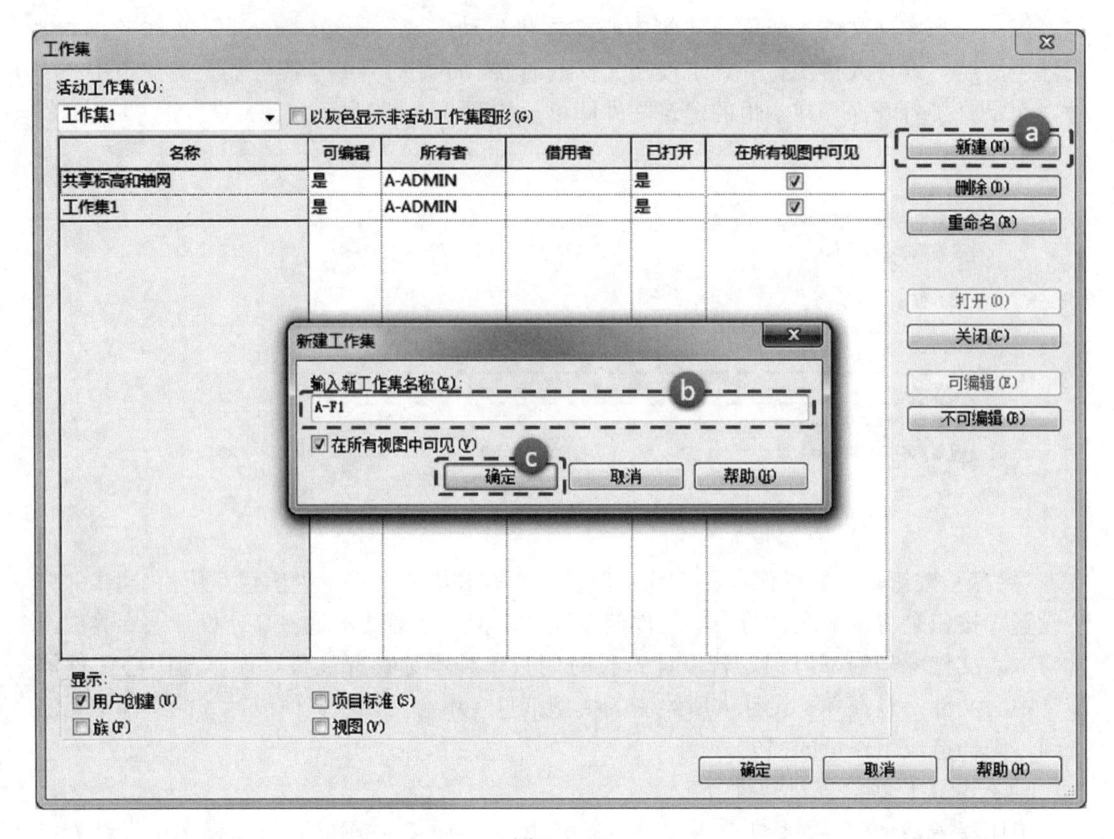

图 3.1-69

图 3.1-70

管理及与其他工作集区分，故“链接文件”工作集前不加前缀“A”，其权限归于建筑专业负责人。

C. 工作集划分放权后，建筑专业负责人点击“协作”选项卡中的“与中心文件同步”按钮，在下拉菜单中选择“同步并修改设置”；或点击用户界面上方快速访问工具栏中的“同步并修改设置”按钮，弹出“与中心文件同步”对话框，保持默认设置，点击“确定”(图 3.1-71)。完成同步后即可实现工作集的放权，为设计人可以领取并编辑工作集

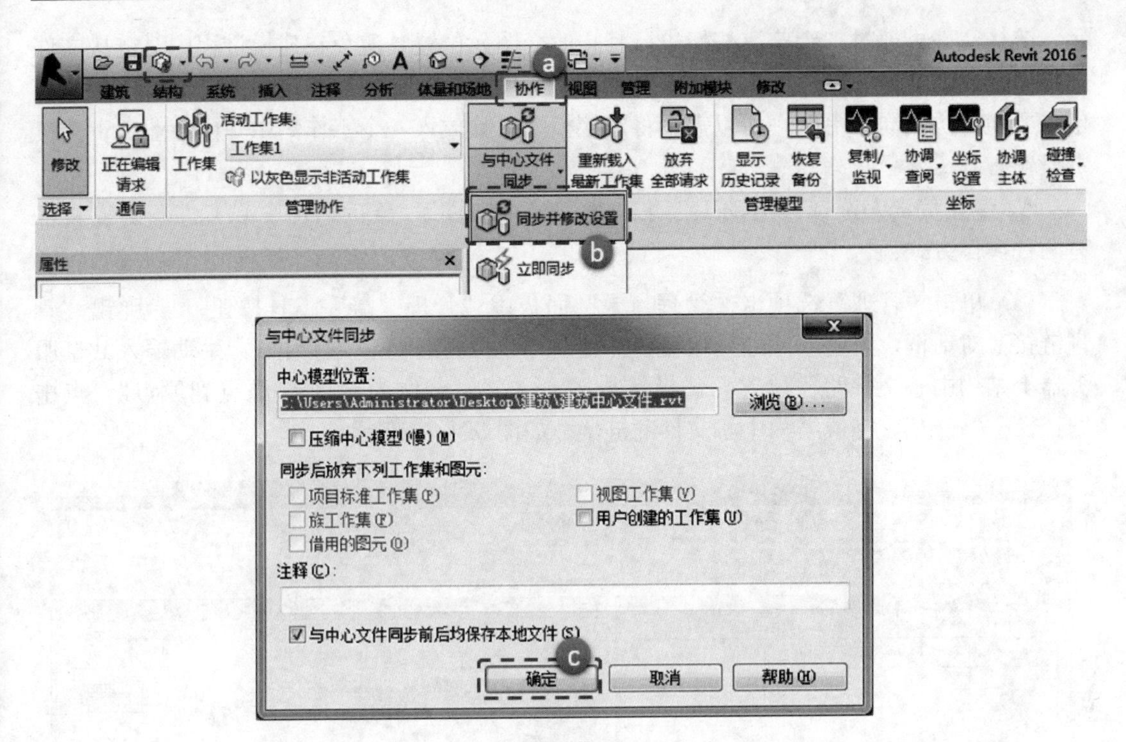

图 3.1-71

做准备。

提示：在与中心文件同步时，可钩选“压缩中心模型（慢）”选项（图 3.1-72），以减少文件大小，节约空间。但是压缩过程比常规的保存更耗时，所以建议只在可以中断工作时，执行此操作。

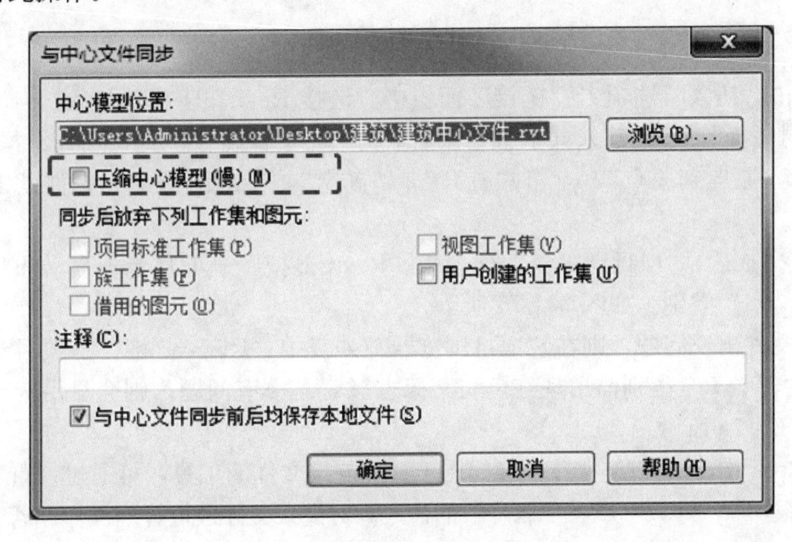

图 3.1-72

⑪选择“链接文件”工作集，链接结构中心文件

在建筑模型的搭建过程中，设计人需要参照结构和机电专业的 Revit 中心文件中的图

元。链接文件可通过“锁定”按钮进行禁止改变图元位置，避免在建模过程中对链接文件进行不必要的拖拽、卸载等误操作，导致带来如尺寸标注丢失等不良后果。但是链接文件也需要随时协同同步更新，所以需要将链接模型单独放入一个工作集中并由专业负责人负责操作。

A. 专业负责人选择“活动工作集”为“链接文件”，链接结构中心文件。链接文件有两种操作方式：

(a) 单击“管理”选项卡“管理目录”面板中“管理链接”工具按钮，弹出“管理链接”对话框，点击“添加”按钮，弹出“导入/链接 RVT 对话框”，手动输入共享服务器上结构中心文件路径位置，选择结构中心文件，定位为“自动-原点到原点”，点击“打开”、“确定”，完成结构中心文件的链接。如图 3. 1-73 所示。

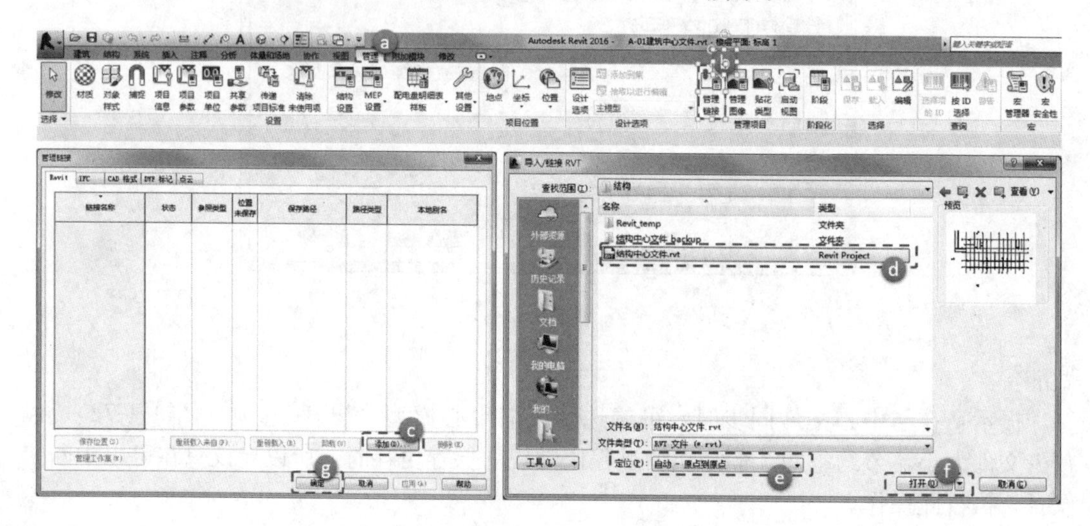

图 3. 1-73

(b) 单击“插入”选项卡“链接”面板中“链接 Revit”工具按钮，弹出“导入/链接 RVT 对话框”，手动输入共享服务器上结构中心文件路径位置，选择结构中心文件，定位为“自动-原点到原点”，点击“打开”、“确定”，完成结构中心文件的链接。如图 3. 1-74 所示。

B. 链接完成后，“项目浏览器”列表中“Revit 链接”一项目录下自动添加生成“结构中心文件 . rvt”类别。如图 3. 1-75 所示。

若链接文件出现问题，则在“项目浏览器”列表中“Revit 链接”一项目录下生成的“结构中心文件 . rvt”类别前出现红色实叉标志✖，若没有问题，则会显示为蓝色箭头标志⬇。如图 3. 1-76 所示。

C. 在 Revit 中，“管理链接”是专门用于管理链接文件的工具，可通过“重新载入来自…”、“重新载入”、“卸载”或者“删除”的命令，对链接文件进行管理操作。若需要更新结构中心文件，可在“管理”选项卡中点击“管理链接”按钮，弹出“管理链接”对话框，选择“结构中心文件”，点击“重新载入”按钮，点击“确定”，即可完成链接文件的更新。

在链接文件管理中，链接文件的“参照类型”分为“附着”和“覆盖”两种方式。建议使用“覆盖”参照类型，防止多次链接时形成循环嵌套的问题。

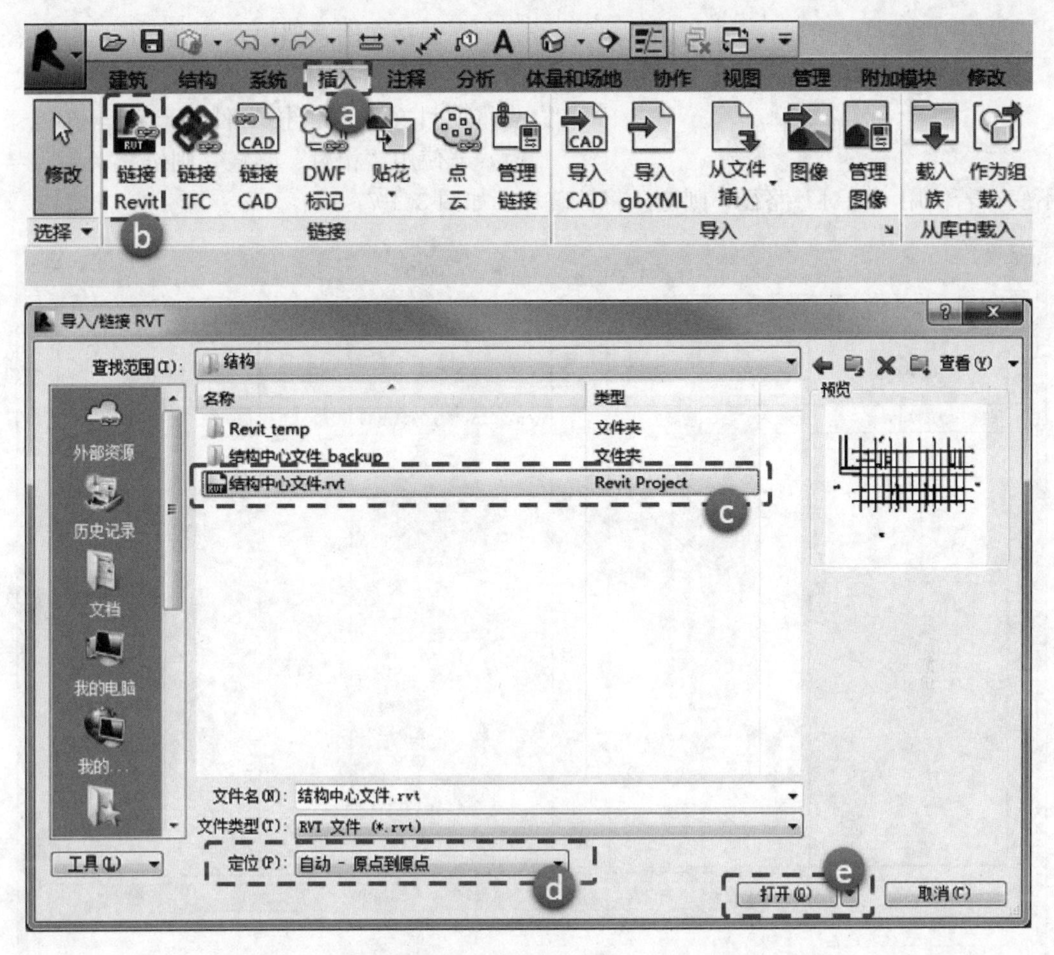
建筑
结构
系统
插入
注释
分析
体量和场地
协作
视图
管理
附加模块
修改
修改
链接 Revit
链接 IFC
链接 CAD
DWF 标记
贴花
点云
管理链接
导入 CAD
导入 gbXML
从文件插入
图像
管理图像
载入族
作为组载入
选择
链接
导入
从库中载入
a
b
导入/链接 RVT
查找范围(I):
结构
名称
类型
Revit_temp
文件夹
结构中心文件_backup
文件夹
结构中心文件.rvt
Revit Project
c
预览
外部资源
历史记录
文档
我的电脑
我的...
文件名(N): 结构中心文件.rvt
文件类型(T): RVT 文件 (*.rvt)
定位(P): 自动 - 原点到原点
d
e
打开(O)
取消(C)
工具(L)

图 3.1-74

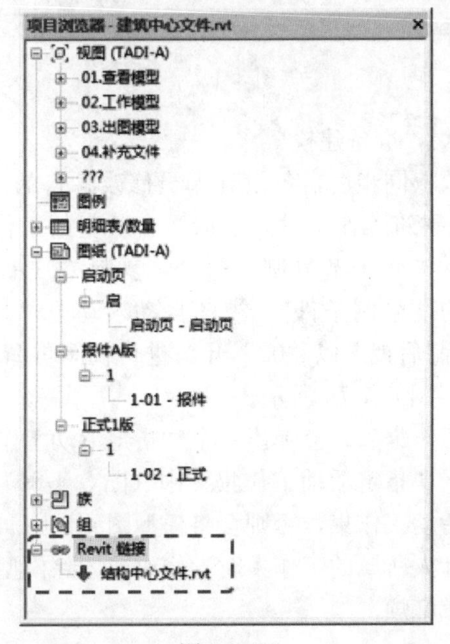
项目浏览器 - 建筑中心文件.rvt
视图 (TADI-A)
01.查看模型
02.工作模型
03.出图模型
04.补充文件
???
图例
明细表/数量
图纸 (TADI-A)
启动页
启
启动页 - 启动页
报件A版
1
1-01 - 报件
正式1版
1
1-02 - 正式
族
组
Revit 链接
结构中心文件.rvt

图 3.1-75

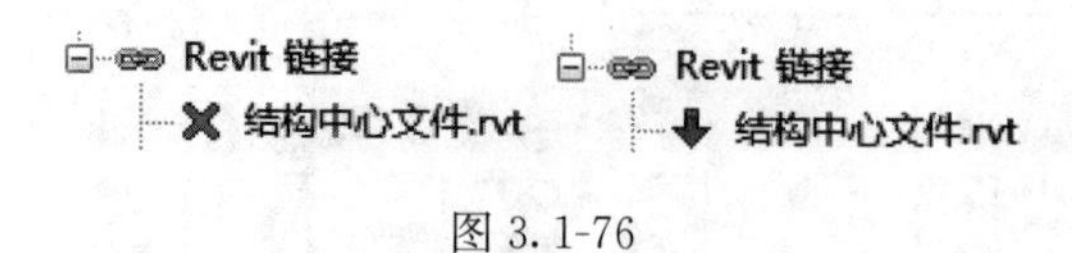

图 3.1-76

在链接文件管理中，链接文件的“路径类型”分为“相对”和“绝对”两种方式。当将项目文件和链接文件一起移至新目录时，若使用“相对”路径，则链接关系保持不变；若使用“绝对”路径，则链接将被破坏。如图 3.1-77 所示。

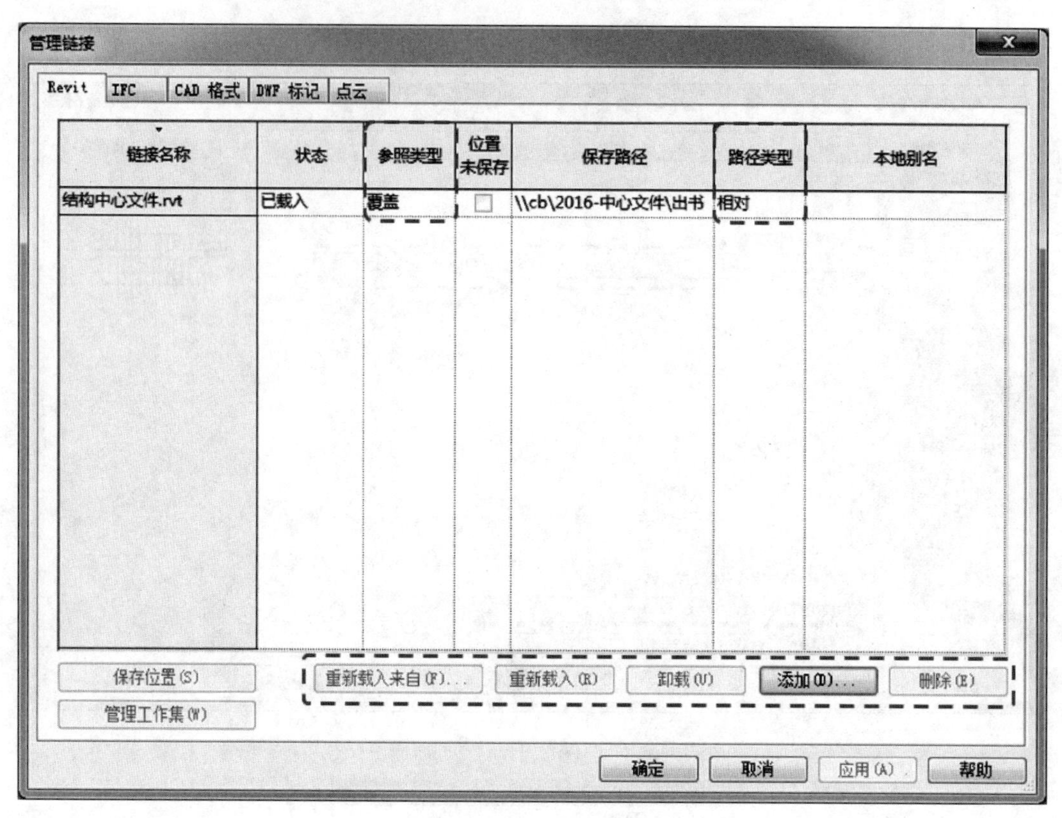

图 3.1-77

⑫ 按照分工拾取工作集，准备建模

建筑负责人将工作集放权同步后，各设计人员修改各自的“用户名”（A-02、A-03、A-04……），并在本地创建建筑工作文件，领取各自负责的工作集。通过右键所选视图，选择“复制视图”选项中的“带细节复制”命令，复制“01 查看模型”阶段中的视图。修改复制后的视图属性中的“限制条件”，视图自动移动至“02 工作模型”阶段各自的“所有者”类别中，并对复制后视图以“02”开头进行视图重命名，按照要求开始搭建扩初阶段模型。如图 3.1-78，图 3.1-79 所示。

提示：各设计人领取工作集后，会弹出一个“指定活动工作集”对话框，设计人操作的所有模型图元都将归属于“指定活动工作集”中（图 3.1-80）。所以各设计人在操作模型前，一定要指定对应的活动工作集，否则会将模型图元误归属到其他工作集中。若不慎将模型图元绘制至其他设计人所属的工作集时，修改或删除模型图元则需要向工作集权限所有者申请权限，容易造成麻烦。

⑬ 搭建扩初阶段模型

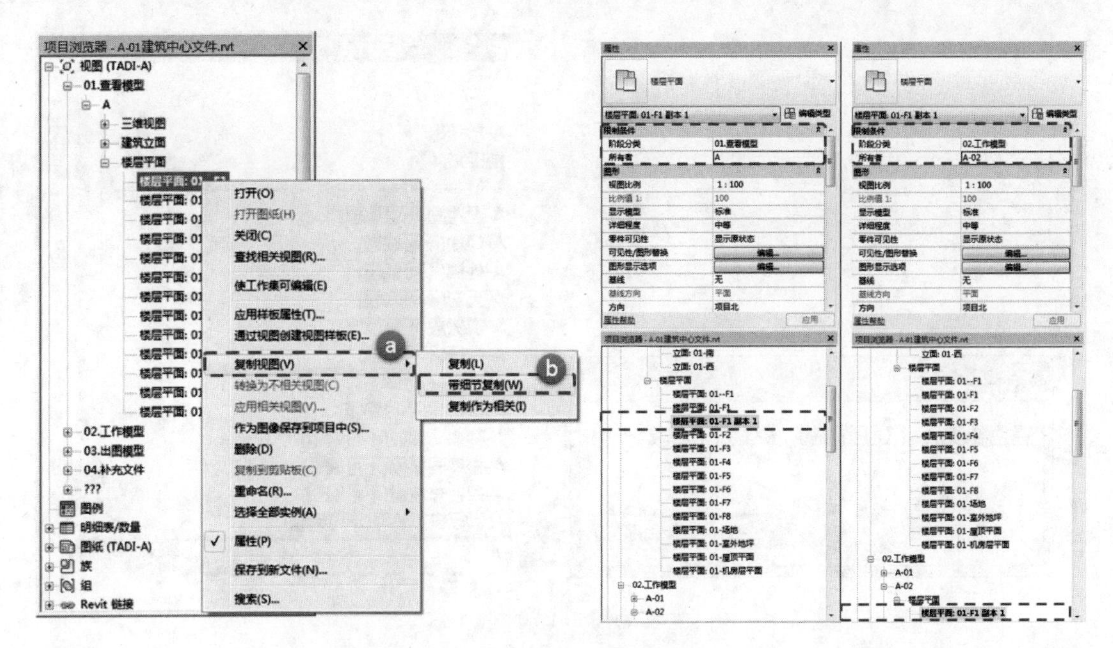

图 3.1-78

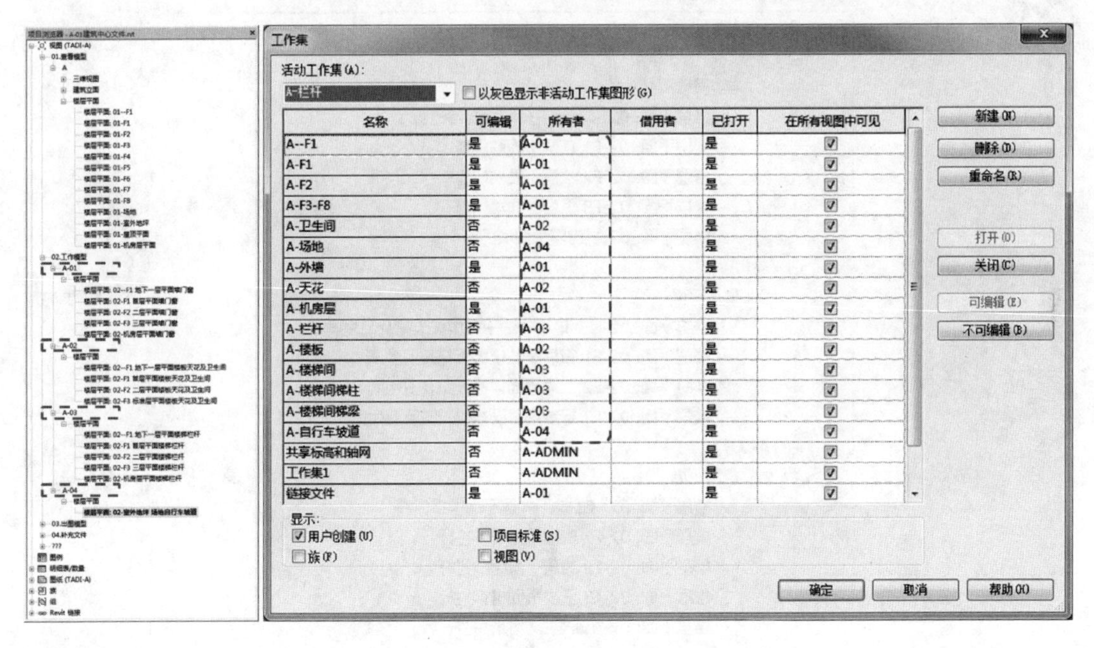

图 3.1-79

搭建模型基本要求：利用 Revit 项目样板中已有的实例或类型，按照第 2 章提供的样板制作方式，通过“复制”“重命名”等方法，创建出适用于本项目中的实例或类别。

本案例中，以首层平面为例，讲解建筑模型搭建基本操作。

各设计人领取各自的工作集完成操作：“A-01”负责搭建墙体及门窗，“A-02”负责搭建楼板、天花及卫生间，“A-03”负责搭建楼梯和栏杆，“A-04”负责搭建场地及自行车坡道。如图 3.1-81 所示。

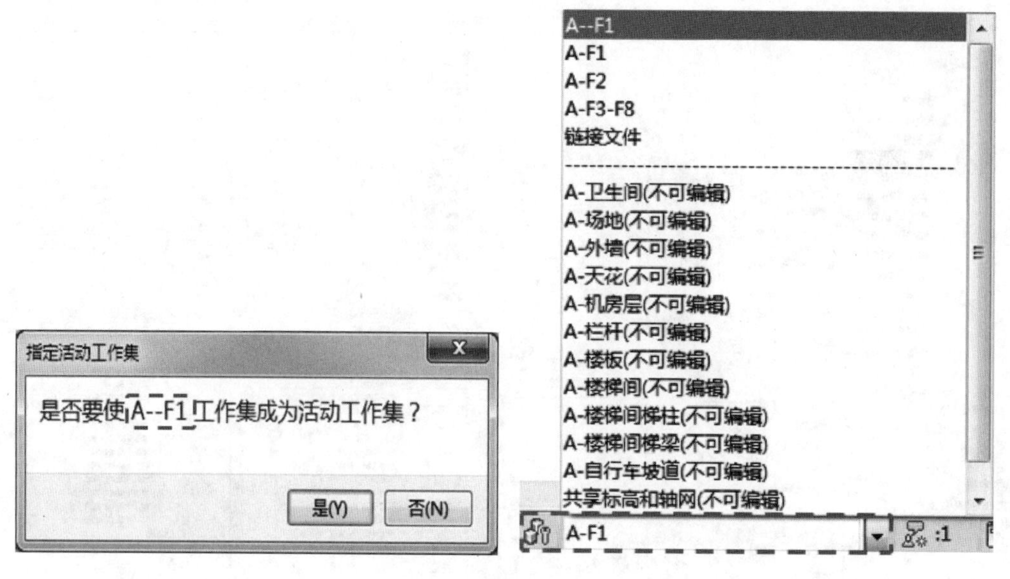

图 3.1-80

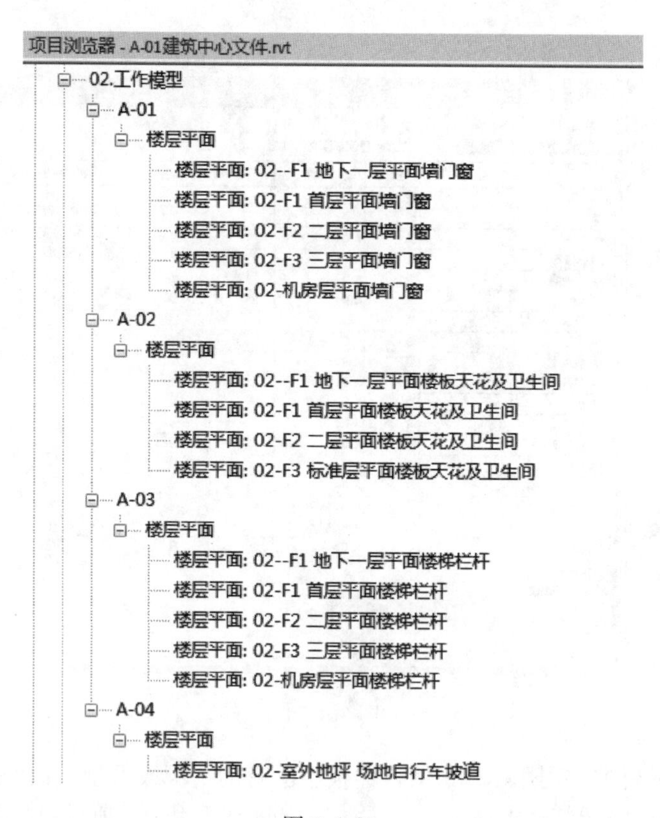

图 3.1-81

A. 创建主体墙体

在 Revit 中，墙属于系统族，分为基本墙、叠层墙和幕墙三种不同形式的墙。进行墙体绘制时，需要根据墙的用途及功能构造，分别创建不同的墙类型。在本案例中，我们将介绍基本墙（内、外墙）和幕墙的创建绘制。

（a）Revit 基本墙

在 Revit 中，基本墙分为结构层和面层（非结构层）两大功能。我们在创建墙体时，若选择将面层与结构层放在一起，能产生联动，也合乎墙的内外属性。但是在结构层材质厚度相同，面层材质厚度不同时，会组合出很多种不同墙的族。因此我们建议在创建墙体时，将墙体面层与结构层分离，按照真实工序建模，这样既有利于模型信息传递，也有利于模型修改，还有利于算量统计，更有利于分专业出图。所以在本案例中，我们在建筑项目样板中事先设置了项目中所需的墙体类型，结构层与面层分离，并根据基本墙不同功能、材质及厚度对墙体进行命名。如图 3.1-82 所示。

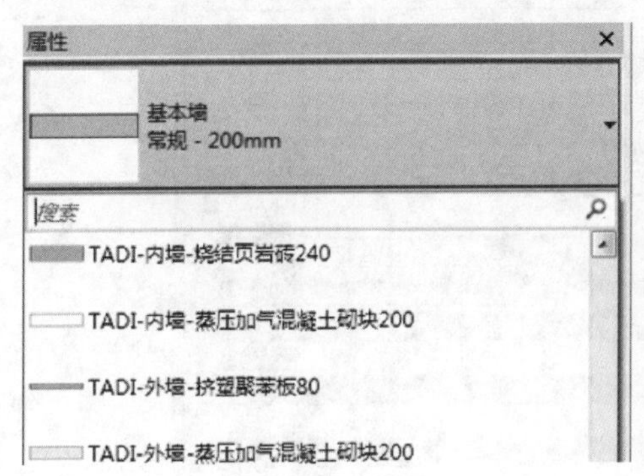

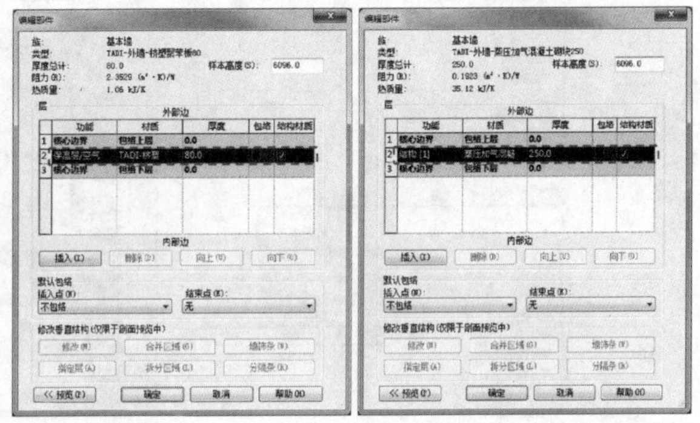

图 3.1-82

在本案例中，设计人“A-01”负责搭建墙体，在绘制首层平面内墙时选择“A-F1”为“活动工作集”；在绘制外墙时选择“A-外墙”工作集。以内墙为例，设计人“A-01”鼠标双击“项目浏览器”“视图（TADI-A）”目录下“02 工作模型”中的“A-01”类别下“楼层平面：02-F1 首层平面墙门窗”，打开首层平面视图，将活动工作集切换至“A-F1”。创建新的内墙墙体类型：单击“建筑”选项卡“构建”面板中“墙”下拉菜单“墙：建筑”工具按钮，系统自动切换至“修改｜放置 墙”上下文选项卡。放置建筑墙时，系统默认用户界面上方生成的选项栏中显示为高度；放置结构墙时，系统默认显示为深度。如图 3.1-83 所示。

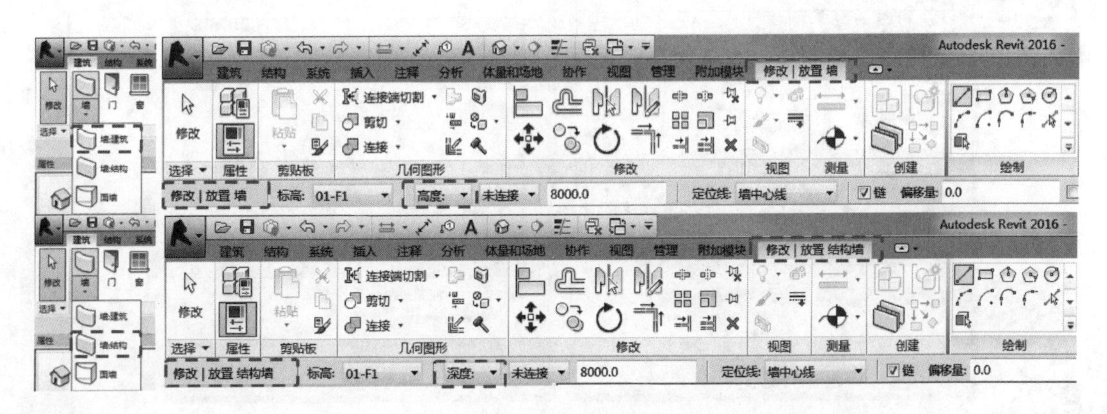

图 3.1-83

在属性栏对话框“类型选择器”中选择“基本墙 TADI-内墙-蒸压加气混凝土砌块200”，点击“编辑类型”，弹出“类型属性”对话框，点击“复制”按钮，在弹出的“名称”对话框中输入“TADI-内墙-蒸压加气混凝土砌块100”，点击“确定”，完成创建。属性栏中自动生成“基本墙 TADI-内墙-蒸压加气混凝土砌块 100”基本墙类型。如图 3.1-84所示。

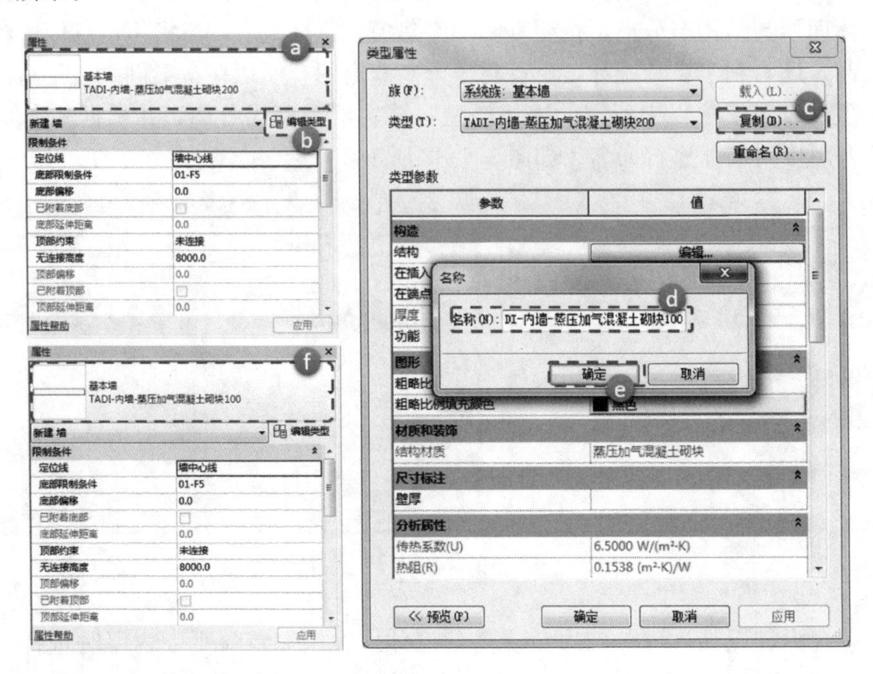

图 3.1-84

返回“基本墙 TADI-内墙-蒸压加气混凝土砌块 100”的“类型属性”对话框，点击“构造”目录下的“结构”“编辑”命令，弹出“编辑部件”对话框，将厚度改为 100，点击“确定”，完成厚度修改（图 3.1-85）。因为建筑项目样板已经对墙体材质进行了正确

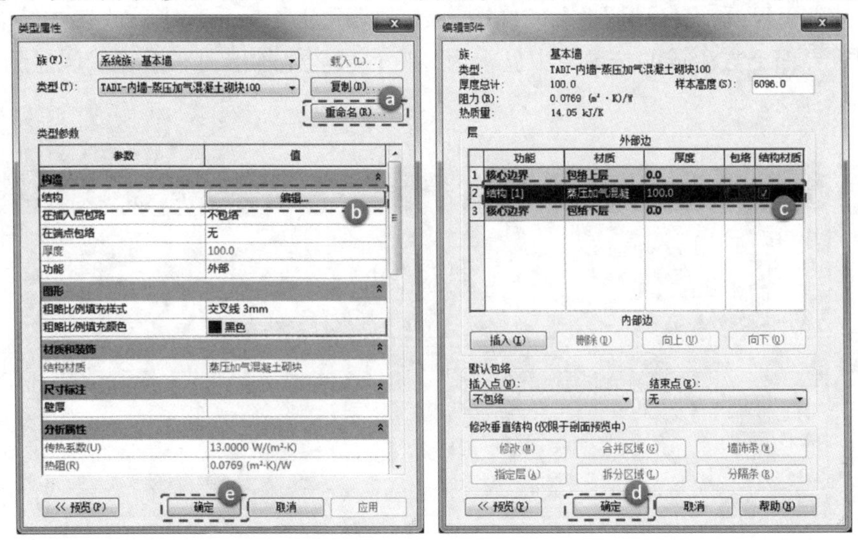

图 3.1-85

设置，所以此阶段不修改墙体材质，使用样板中设置。

选择“直线”绘制方式放置墙体的时候应该注意修改墙体的高度，以及定位线等限制条件。在放置内墙时定位线为“墙中心线”；放置外墙时，定位线设置为“面层面：外部”。如图 3.1-86 所示。

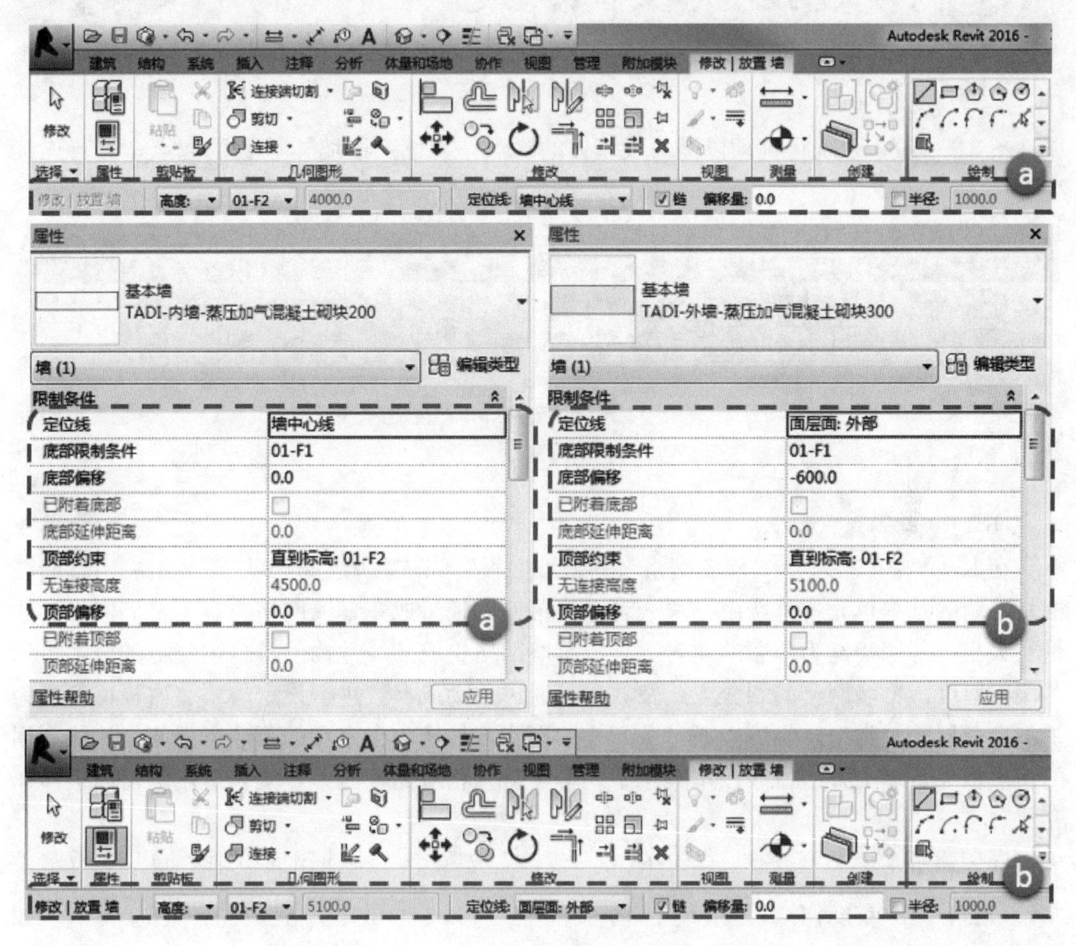

图 3.1-86

按键盘的空格键，或鼠标点击墙体旁边的反转符号⇆和⇅，可修改墙体的内/外侧方向（图 3.1-87）。

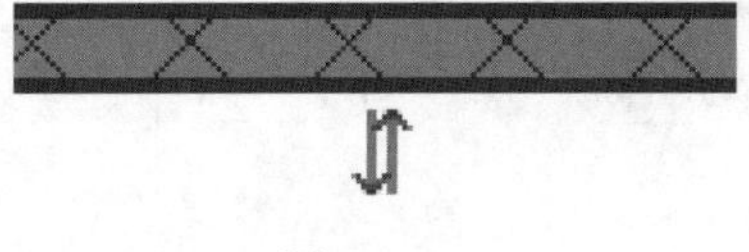

图 3.1-87

放置墙体之后，可通过鼠标单击“修改”选项卡“修改”面板的工具，对墙体进行修剪、打断、对齐等修改编辑；或点击需要修改的墙体，通过“修改 | 墙”选项卡“模式”面板的“编辑轮廓”命令对墙体轮廓形状进行修改编辑（图 3.1-88）。

提示：在放置墙体时，用户界面上方生成的选项栏中有“链”选项，若勾选“链”选

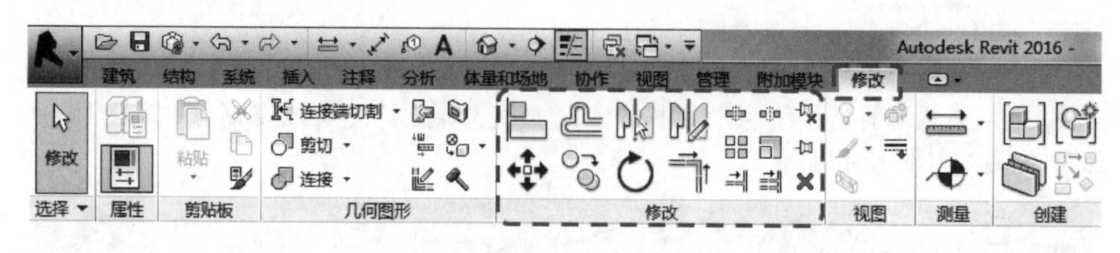

图 3. 1-88

项（图 3. 1-89），系统将自动以上一段墙体的终点作为下一段墙体放置的起点，进行连续绘制。

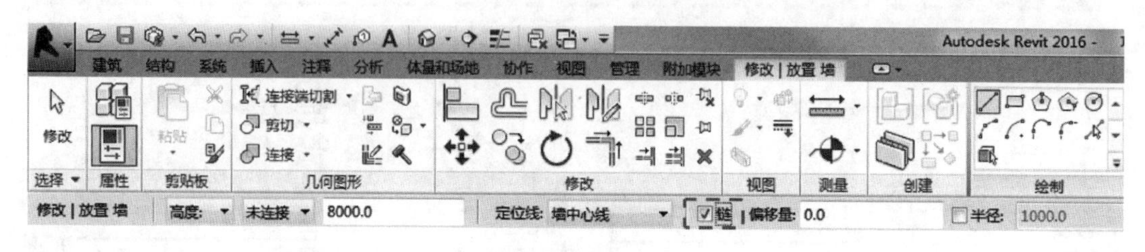

图 3. 1-89

（b）Revit 幕墙

在 Revit 中，幕墙由“幕墙网格”、“幕墙嵌板”和“幕墙竖挺”三部分组成。幕墙嵌板是幕墙的基本单元，幕墙由一块或者多块幕墙嵌板组成；幕墙网格决定了幕墙嵌板的数量及大小；幕墙竖挺为幕墙的龙骨，是沿幕墙网格生成的线性构件。幕墙竖挺的厚度决定幕墙的厚度。幕墙网格的划分方式及数量可通过手动或参数进行设定。幕墙嵌板可替换为基本墙或层叠墙类型，也可以通过载入族的形式，替换为自定义的幕墙嵌板族，比如利用门窗嵌板在幕墙上开门窗。在本案例中，幕墙造型相对比较简单，主要运用门窗嵌板操作完成。

同创建基本墙类型操作一样，单击“建筑”选项卡“构建”面板中“墙”下拉菜单“墙：建筑”工具按钮，系统自动切换至“修改 | 放置 墙”上下文选项卡。如图 3. 1-90所示。

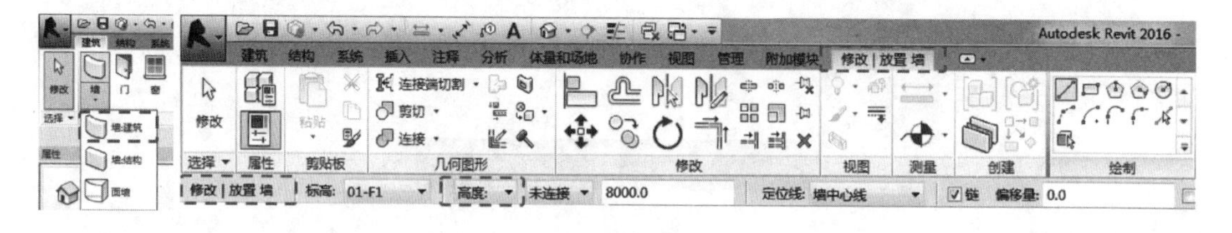

图 3. 1-90

在属性栏对话框“类型选择器”中选择“幕墙”，“编辑类型”，弹出“类型属性”对话框，点击“复制”按钮，在弹出的“名称”对话框中输入“TADI-幕墙”，点击“确定”，完成创建。属性栏中自动生成“幕墙 TADI-幕墙”幕墙类型。返回“幕墙 TADI-幕墙”的“类型属性”对话框，勾选“构造”目录下的“自动嵌入”选项，不修改其他默认属性参数，点击“确定”，完成幕墙属性设置。如图 3. 1-91 所示。

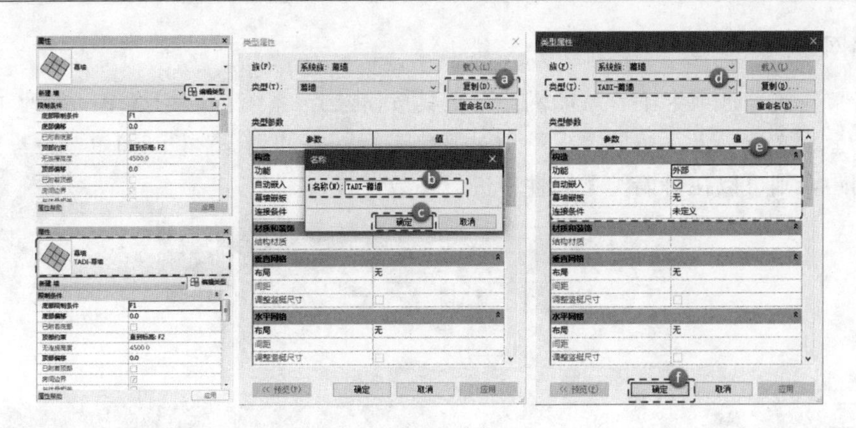

图 3.1-91

放置幕墙的时候应该注意修改墙体的高度，以及定位线等限制条件。Revit 默认幕墙的定位线为“墙中心线”。按键盘的空格键，或鼠标点击墙体旁边的反转符号⇆和⥮，可修改幕墙的内/外侧方向。如图 3.1-92 所示。

图 3.1-92

在幕墙“类型属性”对话栏中，可通过修改编辑“垂直网格”、“水平网格”、“垂直竖挺”、“水平竖挺”选项，对幕墙网格及竖挺进行整体统一设置。如图 3.1-93 所示。

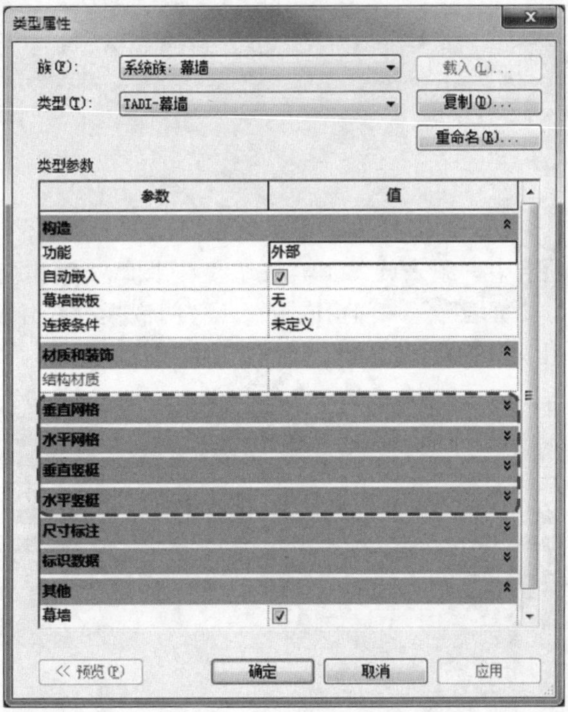

图 3.1-93

幕墙网格：

单击“建筑”选项卡中“幕墙网格”工具按钮，系统自动切换至“修改 | 放置 幕墙网络”上下文选项卡。按照要求手动对幕墙进行网格的划分（图 3.1-94）。若幕墙网格是固定间距，则可以在幕墙类型属性中进行参数设置。

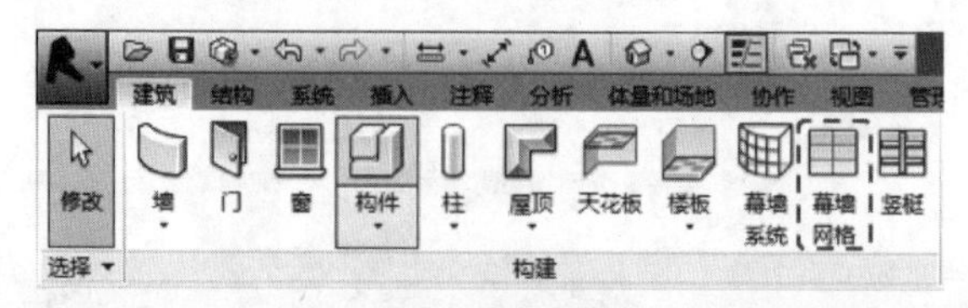

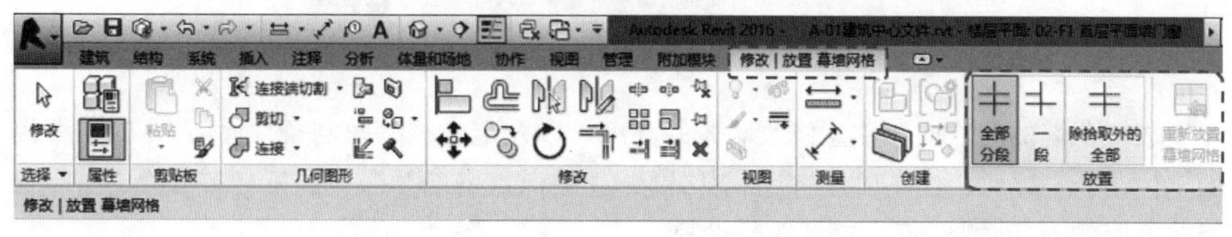

图 3.1-94

若绘制幕墙网格后，需要对幕墙网格进行修改，可点击需要修改的幕墙网格线，系统自动切换至“修改 | 幕墙网络”上下文选项卡，通过“添加/删除线段”命令对幕墙网格进行修改编辑（图 3.1-95）。

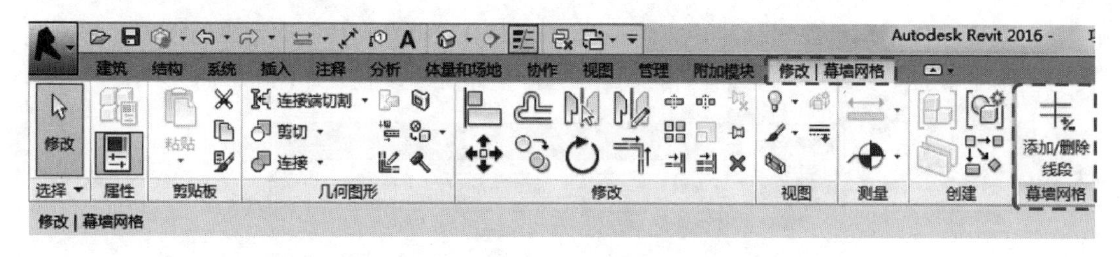

图 3.1-95

幕墙嵌板：

单击“插入”选项卡中“载入族”工具按钮（图 3.1-96），弹出“载入族”对话框，浏览至“建筑”\“幕墙”\“门窗嵌板”\“门嵌板 _ 双开门 3.rfa”文件，点击“打开”，载入此族（图 3.1-97）。

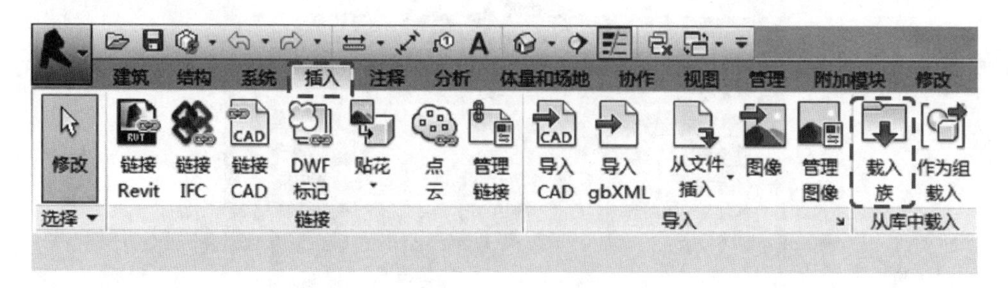

图 3.1-96

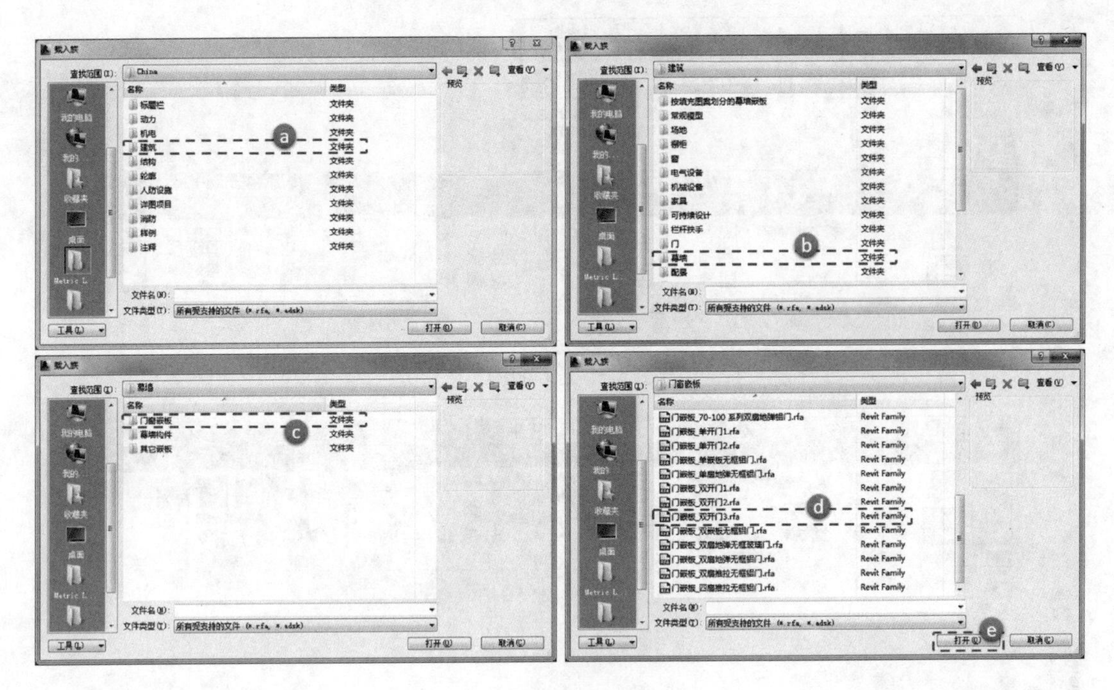

图 3.1-97

将视图转换到三维视图中，鼠标放置在幕墙嵌板边缘，键盘点击“Tab”，选中幕墙嵌板，弹出属性栏。在属性栏对话框“类型选择器”选择已载入的“嵌板门_双开门 3”族，对幕墙嵌板进行替换（图 3.1-98）。

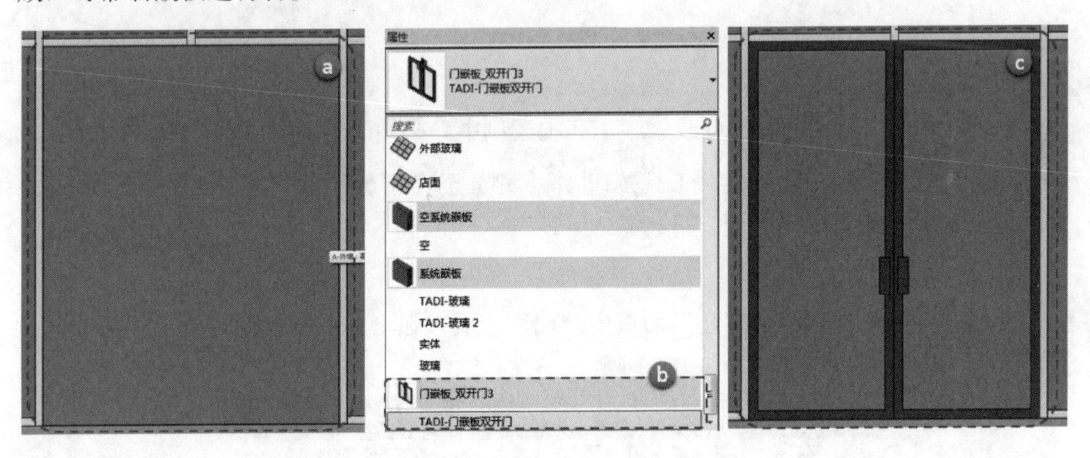

图 3.1-98

幕墙竖挺：

单击“建筑”选项卡中“竖挺”工具按钮，系统自动切换至“修改 | 放置 竖挺”上下文选项卡（图 3.1-99）。按照要求手动对幕墙进行竖挺的添加；也可以选择“全部网格线”全部生成“竖挺”，再选择不需要添加“竖挺”位置，进行删除。若幕墙竖挺是固定形式，则可以在幕墙类型属性中进行参数设置。

点击需要修改的幕墙竖挺，系统自动切换至“修改 | 幕墙竖挺”上下文选项卡，通过“结合”或“打断”命令对相交的幕墙竖挺连接方式进行修改编辑（图 3.1-100）。

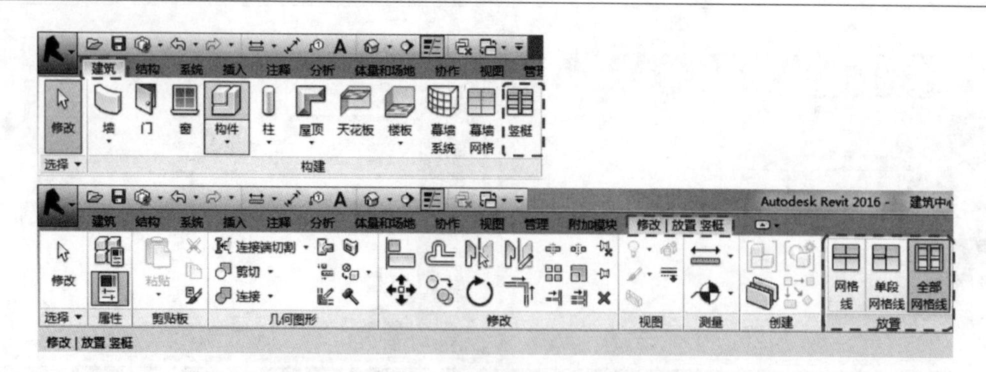

图 3. 1-99

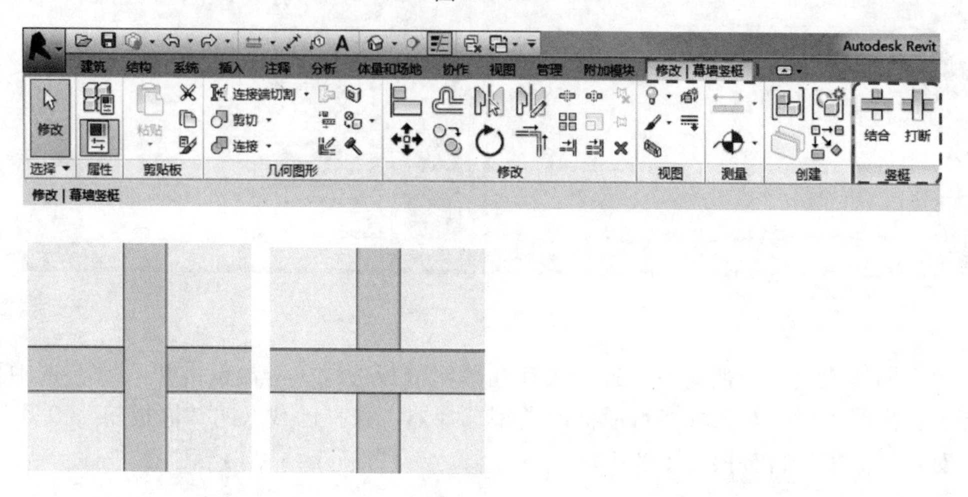

图 3. 1-100

B. 添加门、窗

在 Revit 中，门、窗属于可载入族。在本案例中，必须先将其载入到当前项目中。单击“插入”选项卡中“载入族”工具按钮，浏览至“建筑”\“门”（或“窗”）文件夹，框选案例中所需的门窗族，进行载入。

(a) 门

单击“建筑”选项卡“构建”面板中“门”工具按钮，系统自动切换至“修改 | 放置门”上下文选项卡。如图 3. 1-101 所示。

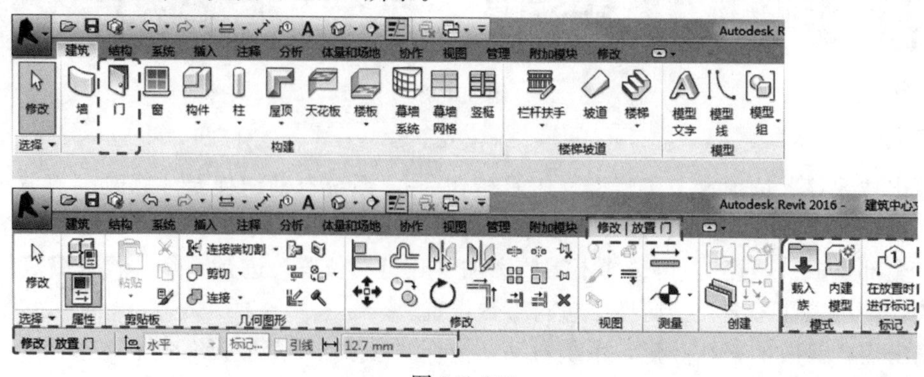

图 3. 1-101

在门属性栏对话框“类型选择器”中选择刚刚载入的门族类型。以“TADI-双扇平开夹板门”为例，点击“编辑类型”，弹出“类型属性”对话框，点击“复制”按钮，在弹出的“名称”对话框中输入“TADI-1800×2100mm”，点击“确定”，完成创建，属性栏中自动生成“TADI-1800 ×2100mm”门类型。

通过修改属性栏中“底高度”数值，设置门槛高度（图 3.1-102）。

按键盘的空格键，或鼠标点击门旁边的反转符号⇆ ⇅，可修改门的开启方向（图 3.1-103）。

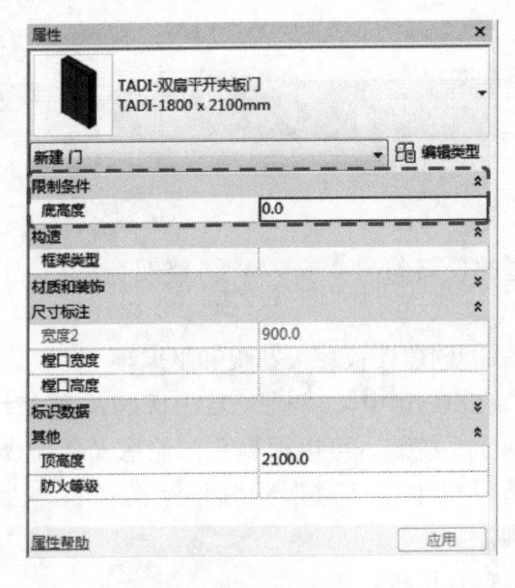

图 3.1-102

图 3.1-103

(b) 窗

单击“建筑”选项卡“构建”面板中“窗”工具按钮，系统自动切换至“修改 | 放置窗”上下文选项卡（图 3.1-104）。

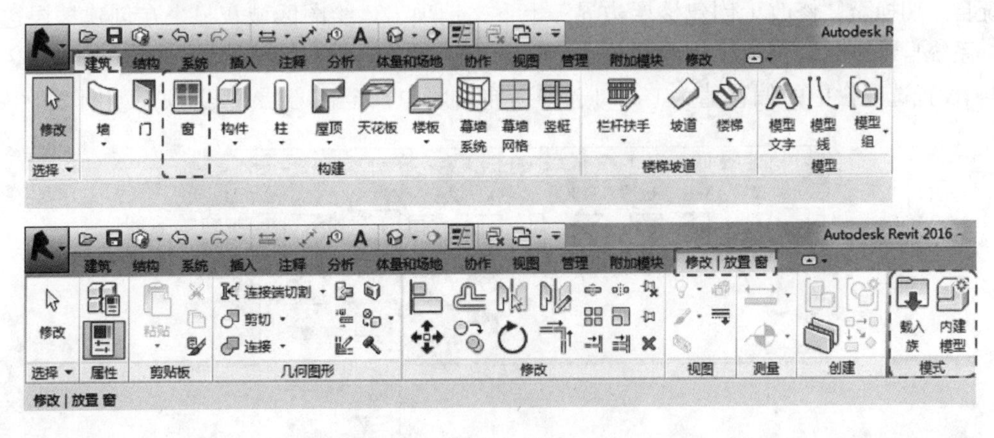

图 3.1-104

在窗“属性”栏对话框“类型选择器”中选择样板中自带的窗族类型，并通过修改其“限制条件”，设置窗底高度，在平面视图中进行放置。如图 3.1-105 所示。

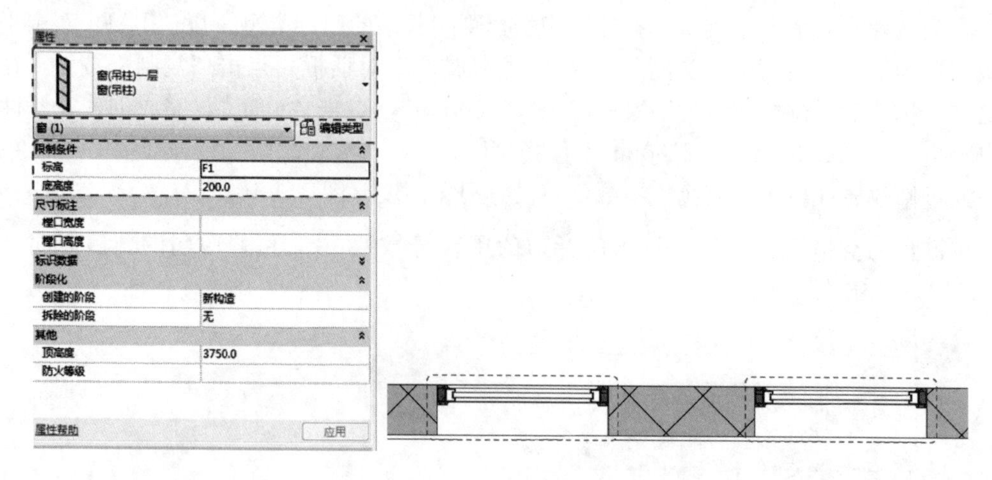

图 3.1-105

按键盘的空格键，或鼠标点击窗旁边的反转符号⇅或⇆，可修改窗的内/外侧方向（图 3.1-106）。

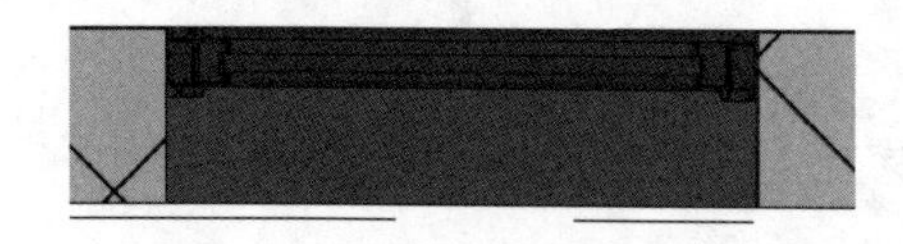

图 3.1-106

C. 创建楼板、天花板和平屋顶

在 Revit 中，楼板、天花板和屋顶与墙类似，都属于系统族。可以根据草图轮廓及类型属性中的构造设置生成任意形状和构造的楼板、天花板和屋顶。

(a) 楼板

在 Revit 中，楼板分为“楼板：建筑”、“楼板：结构”及“面楼板”三种创建方式，其中“面楼板”用于从体量创建楼板，“楼板：建筑”与“楼板：结构”的创建编辑方法没有任何区别，均通过草图方式创建。

单击“建筑”选项卡“构建”面板中“楼板”下拉菜单“楼板：建筑”工具按钮，系统自动切换至“修改｜创建楼层边界”上下文选项卡，绘图区域灰显。在创建楼层边界时，系统自动默认“修改｜创建楼层边界”上下文选项卡中以“拾取墙”方式创建“边界线”，设置选项栏中的偏移值为 0，勾选“延伸到墙中（至核心层）”选项。如图 3.1-107，

图 3.1-107

图 3.1-108所示。

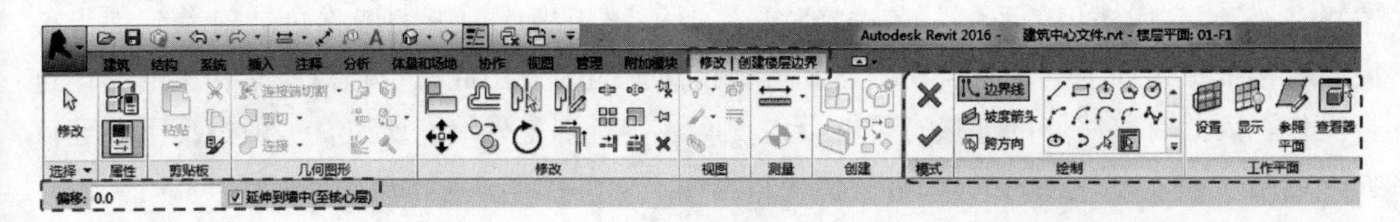

图 3.1-108

在属性栏对话框“类型选择器”中选择项目样板中自带的楼板类型“楼板 TADI-面砖楼板-50”，进行楼板绘制（图 3.1-109）。因为建筑项目样板已经对楼板材质、厚度等构造参数进行了正确设置，所以此阶段直接使用样板中设置。

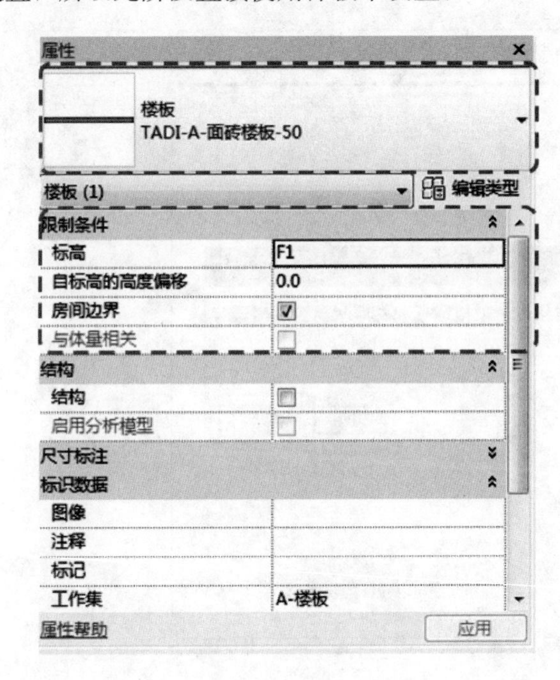

图 3.1-109

将鼠标移至外墙位置，墙将高亮显示。单击鼠标左键，沿建筑外墙核心层外表面生成粉红色楼板边界线（图 3.1-110）。

依次绘制其他楼层边界线，使所有楼层边界线形成闭合轮廓，点击“模式”中的“完成编辑模式”按钮✔，弹出询问对话框“是否希望将高达此楼层标高的墙附着到此楼层

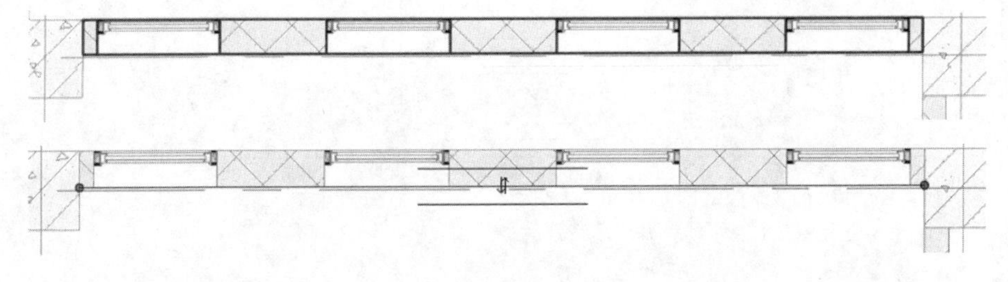

图 3.1-110

的底部?”若选择“是”，则 Revit 将去除楼板与墙重合的部分，将墙顶附着于板底。此时选择“否”，完成楼板的绘制。若选择“是”时，楼板板底面下的墙将自动附着到楼板板底面，楼板板顶面上的墙将自动附着到楼板顶面。因为使用此命令将对所有相关的墙体进行操作，因此有些墙体的连接有可能会出现问题，特别是外墙。所以在一般情况下，建议大家选择命令“否”，不建议楼板与墙体自动附着。如图 3. 1-111 所示。

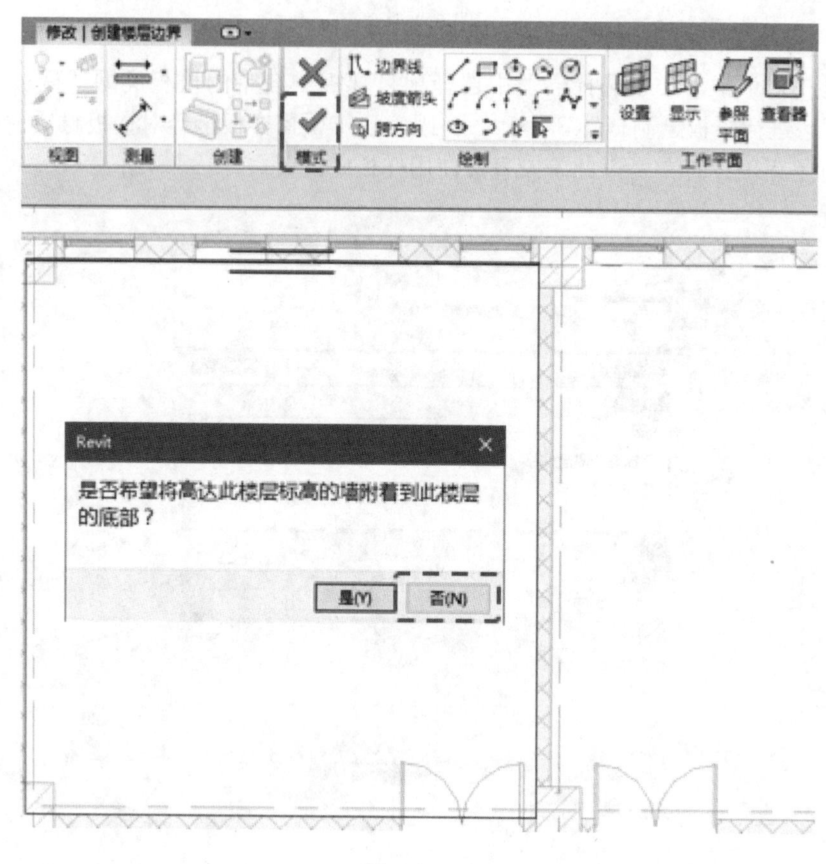

图 3. 1-111

除此以外，用户也可以通过手动绘制“边界线”的方式绘制楼层边界。

通过“拾取墙”命令生成楼层边界时，单击反转符号⇅或⇆，可实现边界线沿墙核心层外表面边缘的切换（图 3. 1-112)。

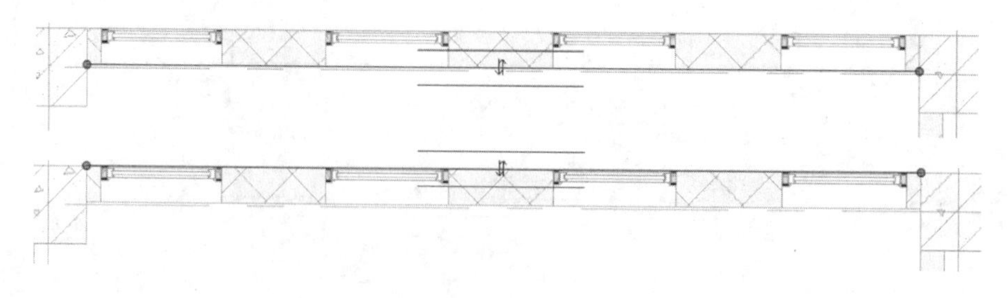

图 3. 1-112

绘制楼板边界时，可通过鼠标单击“修改”选项卡“修改”面板的工具，对楼板边界进行修剪、打断、对齐等修改编辑（图 3.1-113）。

图 3.1-113

(b) 楼板开洞

楼板开洞可以通过在楼板封闭边界中，创建新的封闭边界实现。此外，还可以通过“竖井”命令进行开洞。本部分介绍通过“编辑边界”实现楼板开洞的操作。

以首层平面图中 2 轴与 E 轴交点处楼梯间为例，在“02-F1 首层平面楼板天花及卫生间”视图中，点击楼板“TADI-面砖楼板-50”，系统自动切换至“修改 | 楼板”选项卡上下文选项卡，点击“修改 | 楼板”选项卡中“模式”栏目下的“编辑边界”按钮（图 3.1-114），进入“修改 | 楼板>编辑边界”状态，绘图区域灰显。

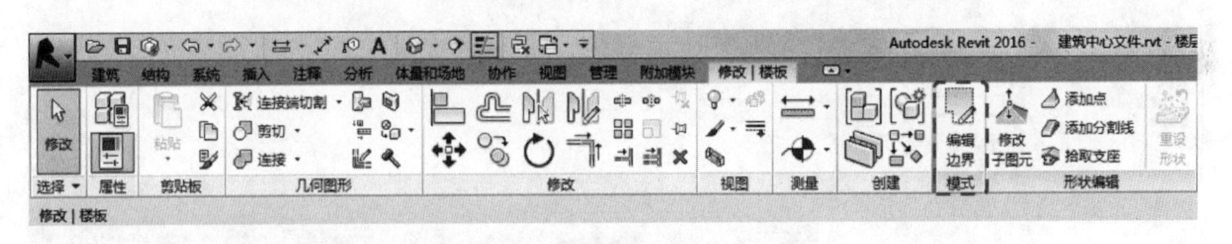

图 3.1-114

找到需要开洞的区域，本实例中楼梯间洞口为矩形。选择“绘制”栏目下的“矩形”命令，在矩形区域的左上角与右下角分别点击鼠标左键，完成开洞区域的绘制，点击“模式”中的“完成编辑模式”按钮✔（图 3.1-115），完成楼板开洞操作。用相同的方法，可完成其他楼梯间与电梯间洞口的开洞操作。

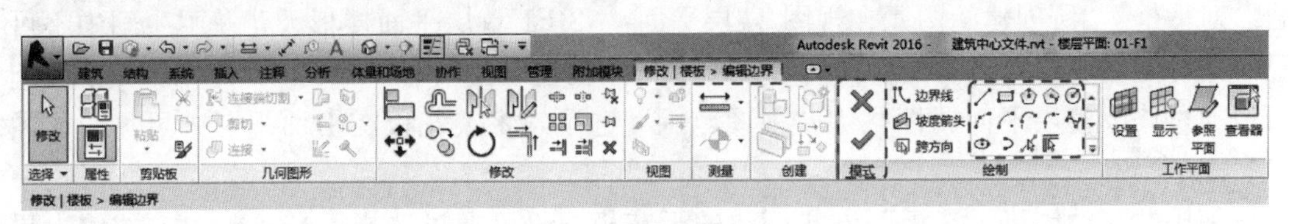

图 3.1-115

(c) 天花板

在 Revit 中，创建天花板的过程和楼板非常相似。但是 Revit 为天花板工具提供了更为方便智能的自动查找房间边界的功能。在项目中，建筑绘制天花板为机电专业提资：明确有天花板的平面范围，以及天花板的高度。

单击“建筑”选项卡“构建”面板中“楼板”工具按钮，系统自动切换至“修改 | 放置天花板”上下文选项卡（图 3.1-116）。在属性栏对话框“类型选择器”中选择项目样板中自带的天花板类型“基本天花板 常规”，进行天花板绘制。因为此阶段天花板是

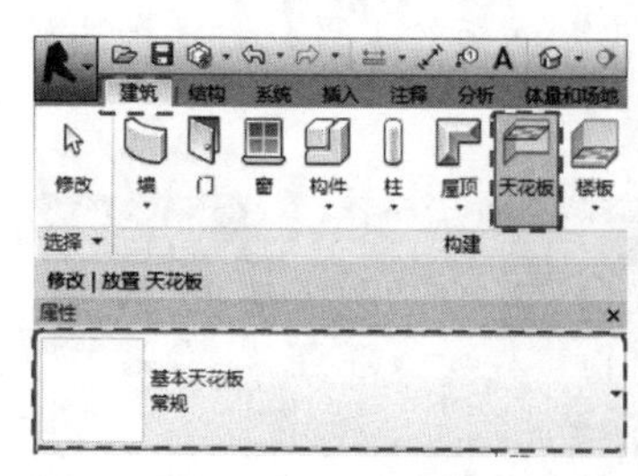

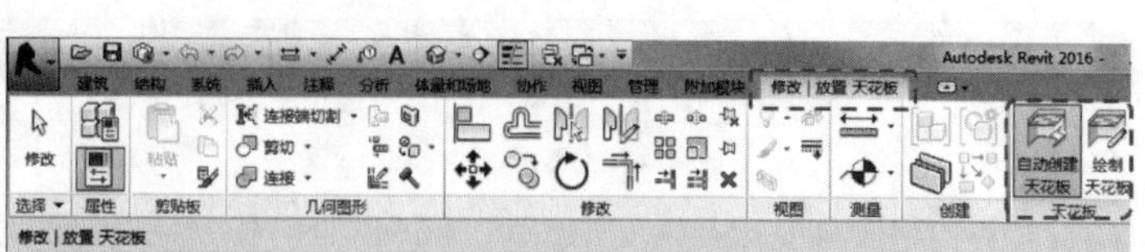

图 3.1-116

为了给其他专业提资时使用，所以就不需要对天花板材质、厚度等构造参数进行重新设置，而是直接使用样板中设置。

在放置天花板时会发现系统自动默认“修改｜放置天花板”上下文选项卡中以“自动创建天花板”方式创建天花板。确认天花板属性栏中“限制条件”-“自标高的高度偏移”设置值为3600（图 3.1-117）。

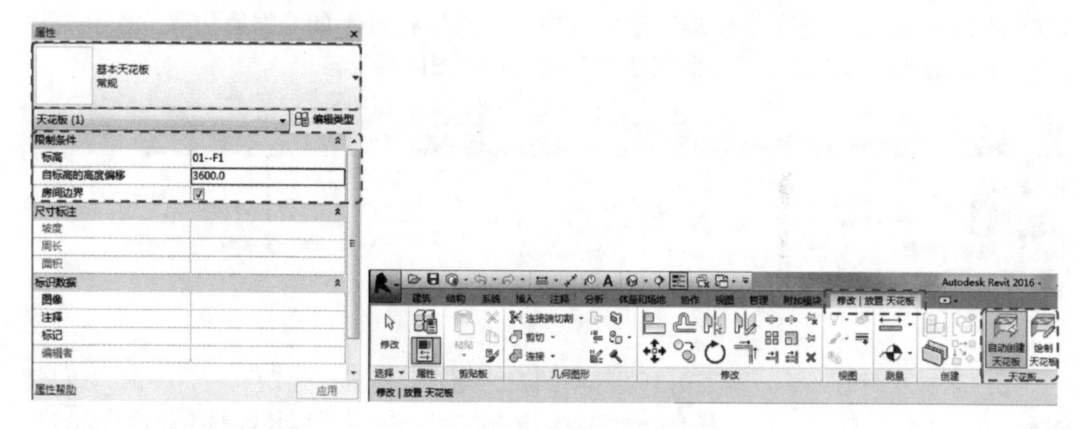

图 3.1-117

将鼠标移至需要添加天花板的房间位置，墙将高亮显示。单击鼠标左键，弹出“警告”对话框：“所创建的图元在视图 楼层平面：02-F1 首层平面楼板天花及卫生间中不可见。您可能需要检查活动视图及其参数、可见性设置以及所有平面区域及其设置”。我们可以通过修改楼层平面属性栏中“视图范围”选项，将天花板在平面视图中可见。如图 3.1-118 所示。

使用“自动创建天花板”方式创建的天花板，仍可通过选择天花板，单击“编辑界面”工具，进入天花板边界编辑模式，修改天花板边界线，得到正确的天花板轮廓。

（d）平屋顶

在 Revit 中，屋顶分为“迹线屋顶”、“拉伸屋顶”和“面屋顶”三种创建方式。其中“迹线屋顶”的创建方式与楼板非常类似，除此以外，“迹线屋顶”还可以为屋顶定义多个坡度。

单击“建筑”选项卡“构建”面板中“屋顶”下拉菜单“迹线屋顶”工具按钮，系统自动切换至“修改｜创建屋顶迹线”上下文选项卡，绘图区域灰显。如图 3.1-119 所示。

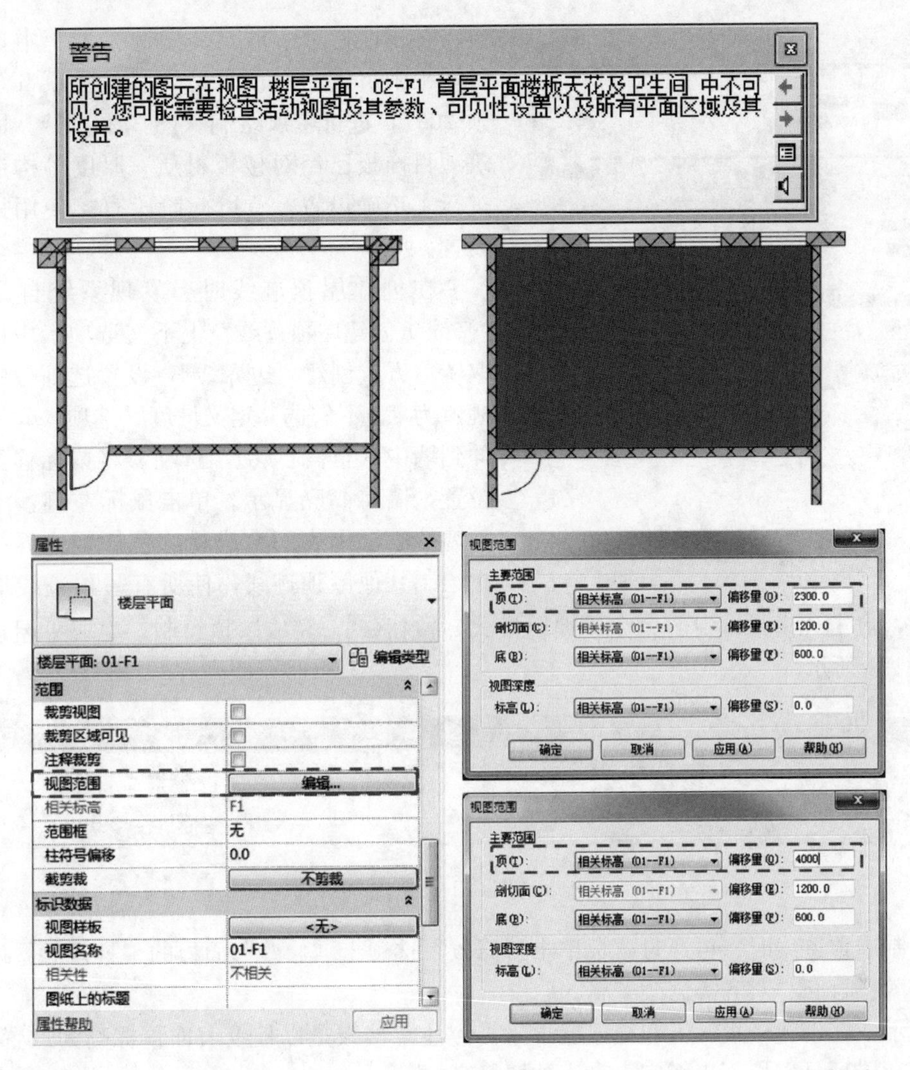

图 3.1-118

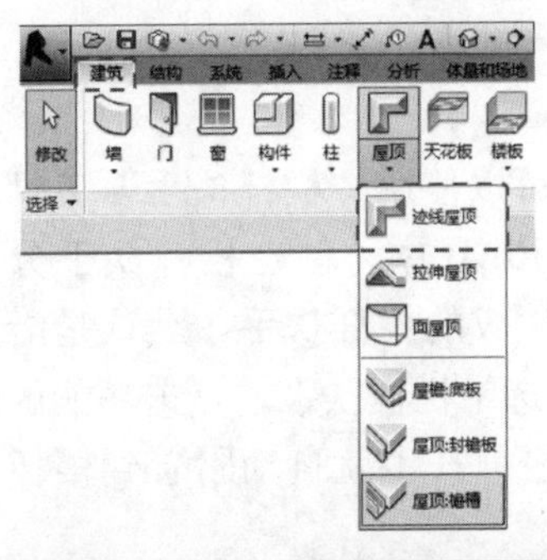

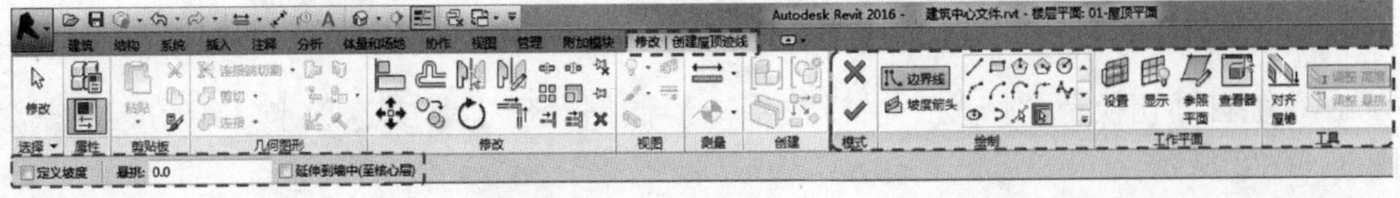

图 3.1-119

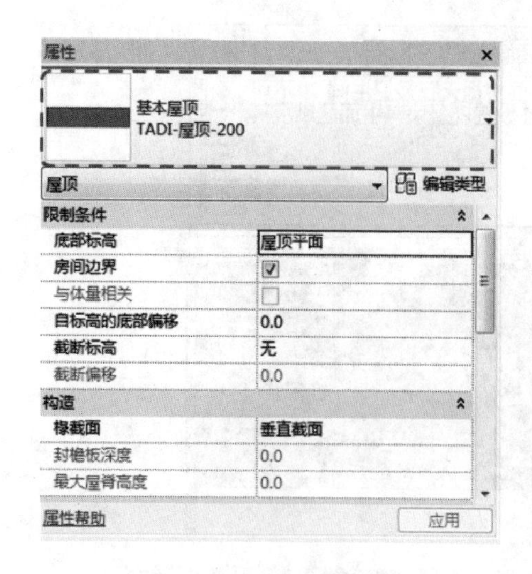

图 3.1-120

在属性栏对话框“类型选择器”中选择项目样板中自带的屋顶类型“基本屋顶 TADI-屋顶-200”，进行屋顶绘制（图 3.1-120）。因为建筑项目样板已经对楼板材质、厚度等构造参数进行了正确设置，所以此阶段直接使用样板中设置。

在创建屋顶迹线时会发现系统自动默认“修改｜创建屋顶迹线”上下文选项卡中以“拾取墙”方式创建“边界线”，设置选项栏中的悬挑值为0，不勾选“定义坡度”选项，勾选“延伸到墙中（至核心层）”选项。将鼠标移至外墙位置，墙将高亮显示。单击鼠标左键，沿建筑外墙核心层内表面生成粉红色楼板边界线。依次绘制其他屋顶迹线，使所有屋顶迹线形成闭合轮廓，点击“模式”中的“完成编辑模式”按钮，完成屋顶绘制，生成平屋顶。如图 3.1-121 所示。

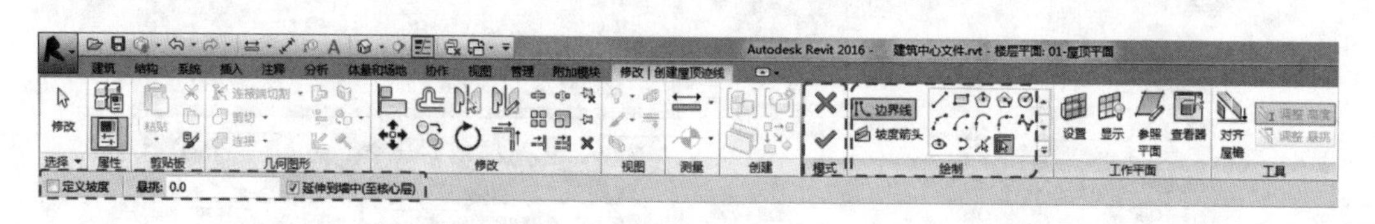

图 3.1-121

绘制屋顶迹线时，可通过鼠标单击“修改”选项卡“修改”面板的工具，对屋顶迹线进行修剪、打断、对齐等修改编辑。

提示：在创建楼板、天花板或屋顶时，应注意楼板是以板上表面顶标高为放置标高，天花板和屋顶是以板下表面底标高为放置标高。

D. 创建楼梯和栏杆扶手

在 Revit 中，楼梯和栏杆扶手，都属于系统族。

（a）栏杆扶手

在 Revit 中，可以创建任意形式的栏杆扶手。栏杆扶手可以使用“栏杆扶手”工具单独绘制，也可以在绘制楼梯、坡道等构件时自动创建。在 Revit 中，创建栏杆扶手分为“绘制路径”和“放置在主体上”两种方式。通过绘制路径生成的栏杆扶手，默认是沿水平的面生成，若希望它能沿着有坡度的楼板布置，则可通过选中栏杆扶手，点击功能区的“修改｜拾取新主体”命令，然后再点击绘图区中的楼板，栏杆扶手就自动附着到楼板上了，并且随着楼板坡度的变化而变化，与楼板坡度保持一致。

单击“建筑”选项卡“楼梯坡道”面板中“栏杆扶手”下拉菜单“绘制路径”工具按钮，系统自动切换至“修改｜栏杆扶手>绘制路径”上下文选项卡，绘图区域灰显。如图 3.1-122 所示。

选择绘制路径方式，在绘图区绘制需要放置栏杆扶手的路径，点击“模式”中的“完

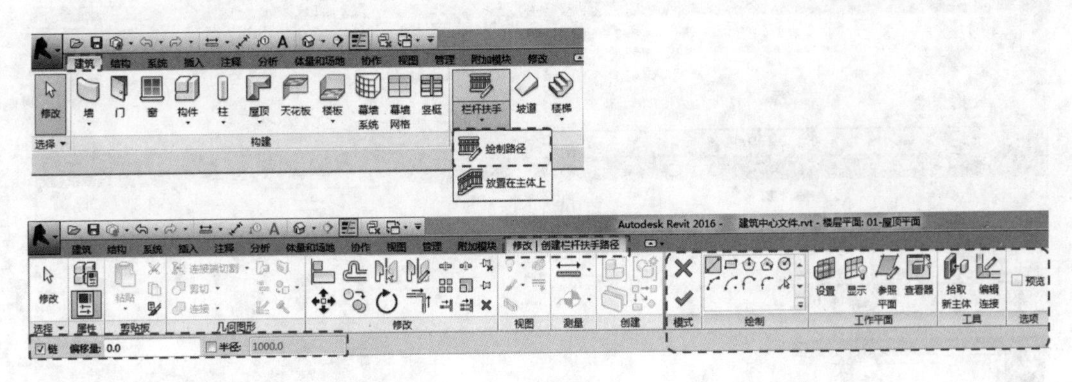

图 3.1-122

成编辑模式”按钮，完成栏杆扶手的绘制，生成栏杆。通过单击反转符号或，可修改栏杆的内/外侧方向（图 3.1-123）。

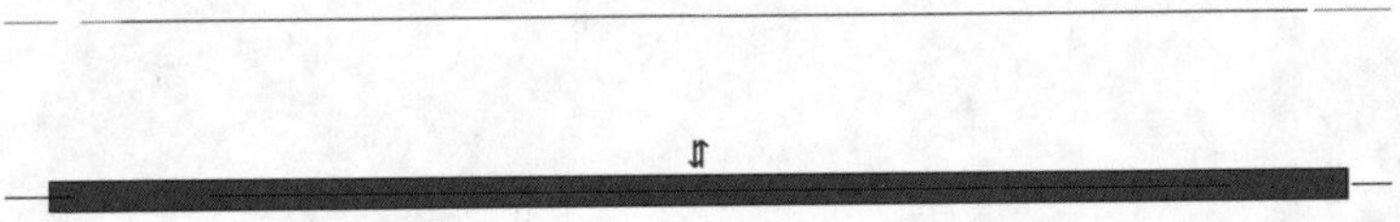

图 3.1-123

（b）楼梯

在 Revit 中，楼梯是由楼梯主体和扶手两部分构成。在绘制楼梯时，可以沿楼梯自动放置指定类型的扶手，在使用楼梯前应定义好楼梯类型属性中各类楼梯参数。在 Revit 中，创建楼梯分为“按构件”和“按草图”两种方式。“按草图”方式可以创建形状各异的楼梯；若创建有重叠的多跑楼梯，则要使用“按构件”方式。无论是“按构件”还是“按草图”方式，都是只用于创建楼梯的形状；而关于楼梯的梯段高、踏步数、材质等参数，则要在楼梯属性栏中设置。“按构件”绘制的楼梯，通过点击“编辑”状态下的“翻转”工具，可转变成“按草图”模式。

使用“建筑”选项卡“楼梯坡道”面板中“工作平面”选项栏中“参照平面”工具，系统自动切换至“修改 | 放置 参照平面”上下文选项卡，系统默认“直线”绘制模式。在平面图上布置楼梯位置绘制水平及垂直方向参照平面。如图 3.1-124 所示。

单击“建筑”选项卡中“楼梯”下拉菜单“按构件”工具按钮，系统自动切换至“修改 | 创建楼梯”上下文选项卡，使用系统默认的“梯段”、“直线”构件绘制模式（图 3.1-125）。

在属性栏对话框“类型选择器”中选择“现场浇注楼梯”族下的“整体浇注楼梯”类型，点击“编辑类型”，弹出“类型属性”对话框，点击“复制”按钮，在弹出的“名称”对话框中输入“TADI-整体浇筑楼梯”，点击“确定”，完成创建。属性栏中自动生成“现场浇注楼梯 TADI-整体浇注楼梯”楼梯类型。

返回“现场浇筑楼梯 TADI-整体浇筑楼梯”的“类型属性”对话框，修改“构造”目录下的“梯段类型”和“平台类型”族类型，不修改其他默认属性参数，点击“确定”，

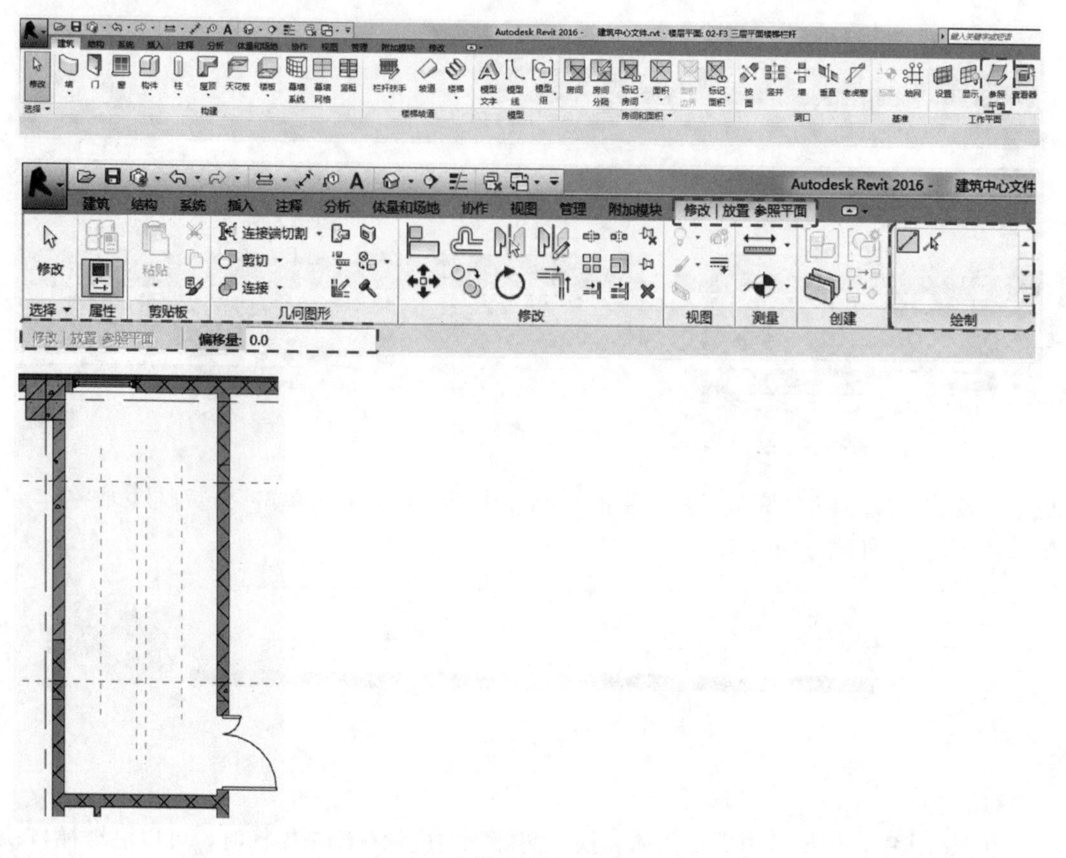

图 3.1-124

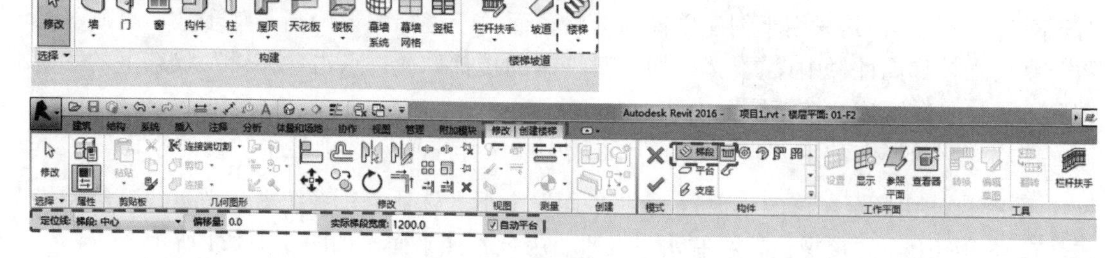

图 3.1-125

完成“现场浇注楼梯 TADI-整体浇注楼梯”楼梯类型属性设置。如图 3.1-126 所示。

放置楼梯前，修改用户界面上方生成的选项栏：“定位线”为“梯段：中心”，“偏移量”为 0.0，“实际梯段宽度”为 1200，钩选“自动平台”（图 3.1-127）。并修改楼梯属性栏中“尺寸标注”下拉菜单内容：“所需踢面数”为 26，“实际踏板深度”为 270（图 3.1-128）。

鼠标移动到楼层平面楼梯起点位置的参照平面交点处单击，确定为楼梯起点。沿垂直方向向上移动鼠标指针，当创建的踢面数为 13 时，单击完成第一个梯段。

向左移动鼠标至自动捕捉第二段梯段起点，沿垂直方向向下移动鼠标指针，直至提

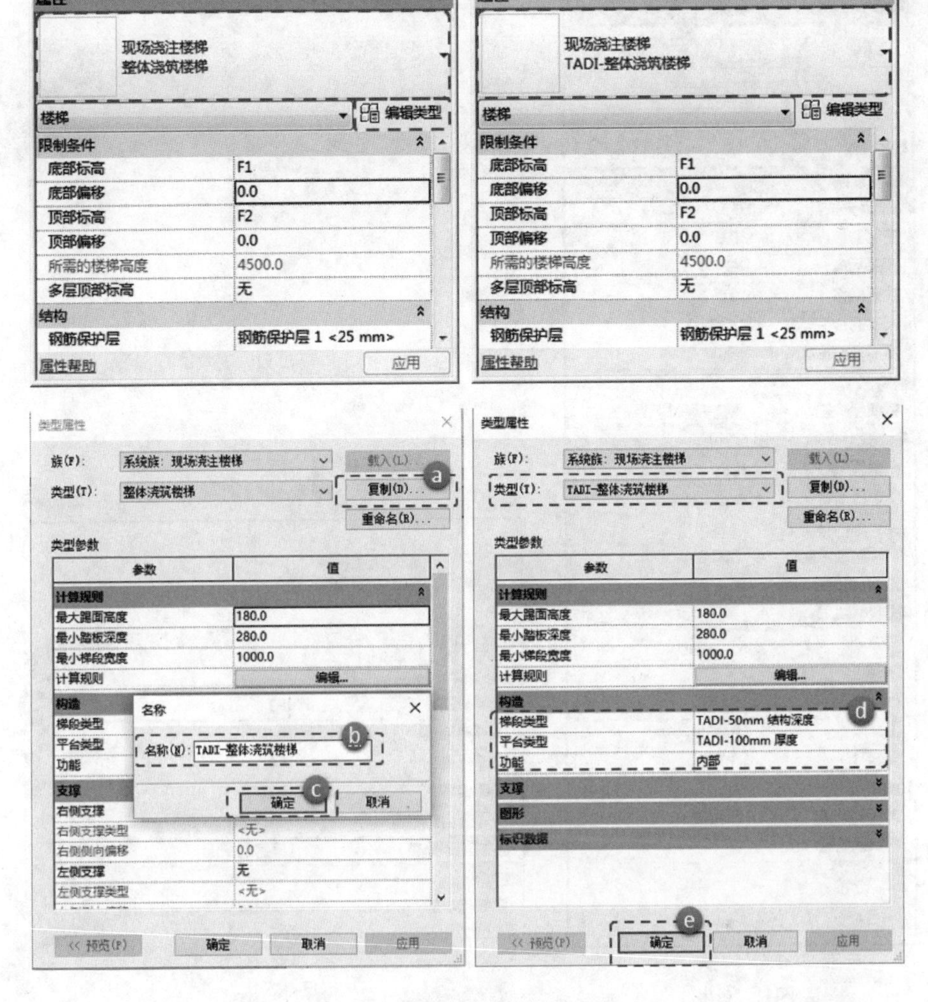

图 3.1-126

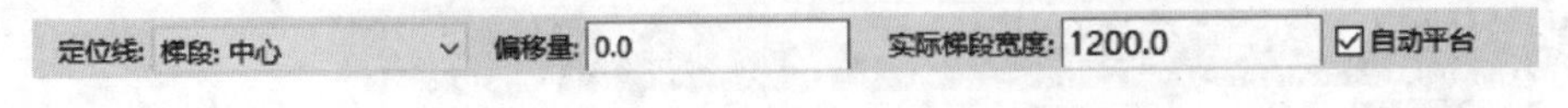

图 3.1-127

示：“剩余 0 个”时，单击鼠标完成楼梯绘制。

Revit 会以楼梯边界线为扶手路径，在楼梯两侧均生成扶手。

提示：楼梯属性栏“限制条件”目录下有一项“多层顶部标高”，用于快速一键创建多层属性参数完全一致的楼梯（图 3.1-129）。

E. 创建坡道和自行车坡道

在 Revit 中，坡道和楼梯、栏杆扶手一样，都属于系统族。

(a) 坡道

单击“建筑”选项卡“楼梯坡道”面板中“坡道”工具按钮，系统自动切换至“修改｜创建坡道草图”上下文选项卡，绘图区域灰显。如图 3.1-130 所示。

图 3.1-128

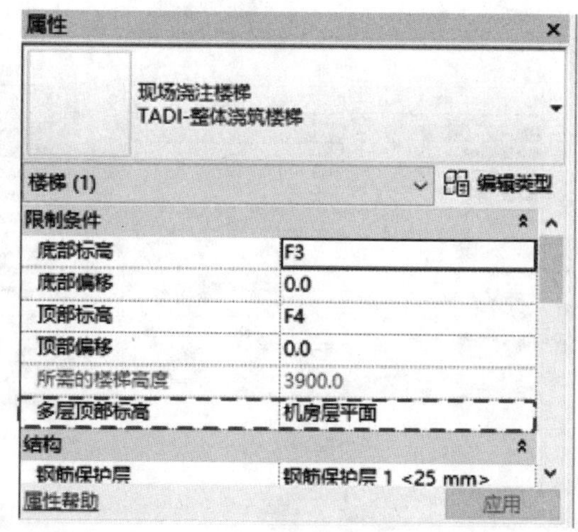

图 3.1-129

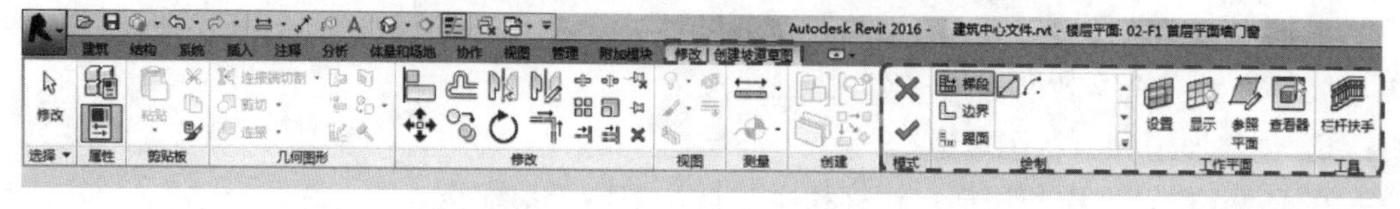

图 3.1-130

修改坡道属性栏中“限制条件”及“宽度”：“底部标高”为室外地坪，“底部偏移”为 0，“顶部标高”为 F1，“顶部偏移”为 0；“尺寸标注宽度”为 1500。

单击坡道属性栏中“编辑类型”按钮，弹出“类型属性”对话框。单击“复制”，添加“TADI-坡道”类型，点击“确定”。如图 3.1-131 所示。

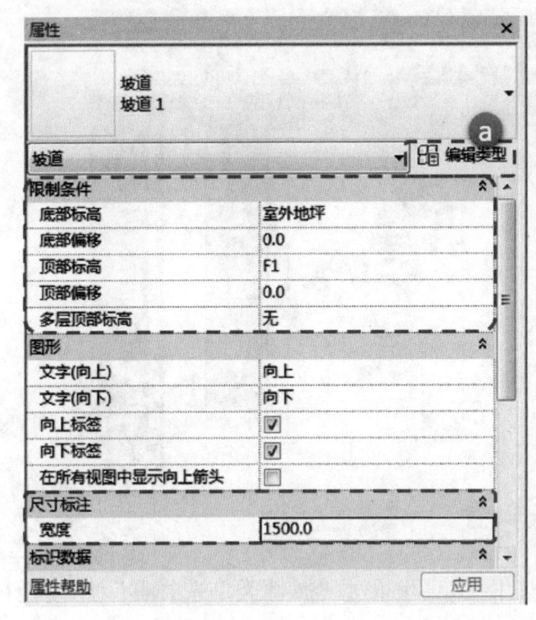

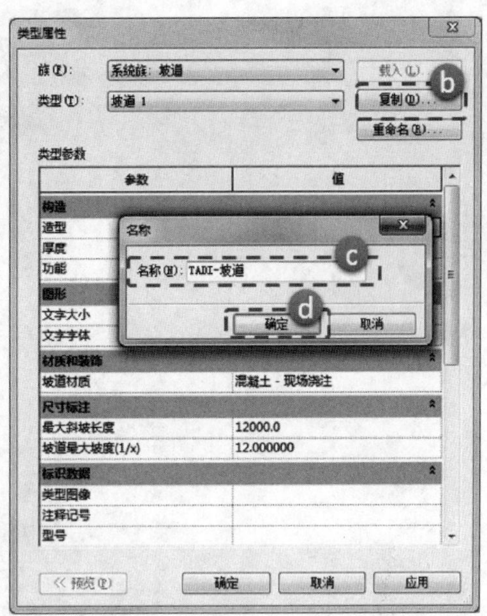

图 3.1-131

修改类型参数，将“造型”改为实体，“功能”变为外部，“坡道材质”及坡度保持不变（图 3.1-132）。

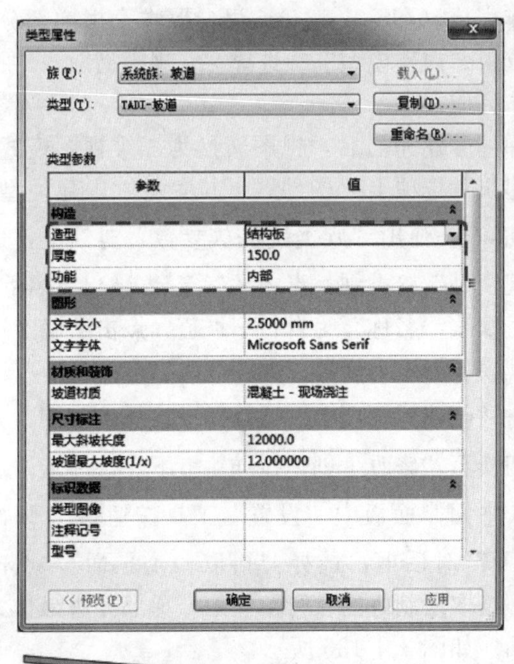

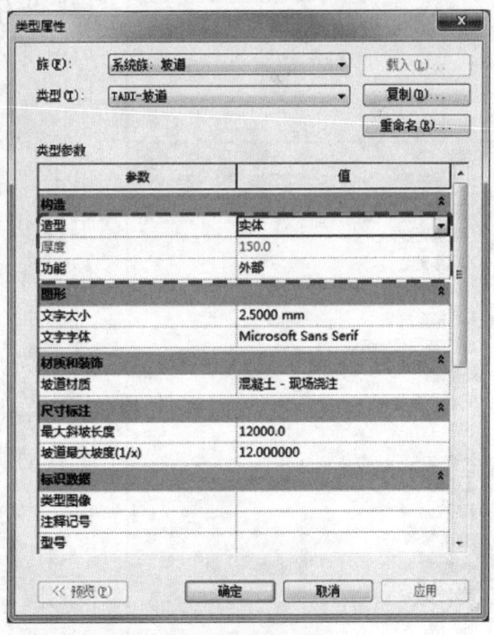

图 3.1-132

在绘图区域，绘制坡道，并将绘制好的坡道移动到正确位置，点击“确定”，退出绘图模式，且自动生成栏杆（图 3.1-133）。

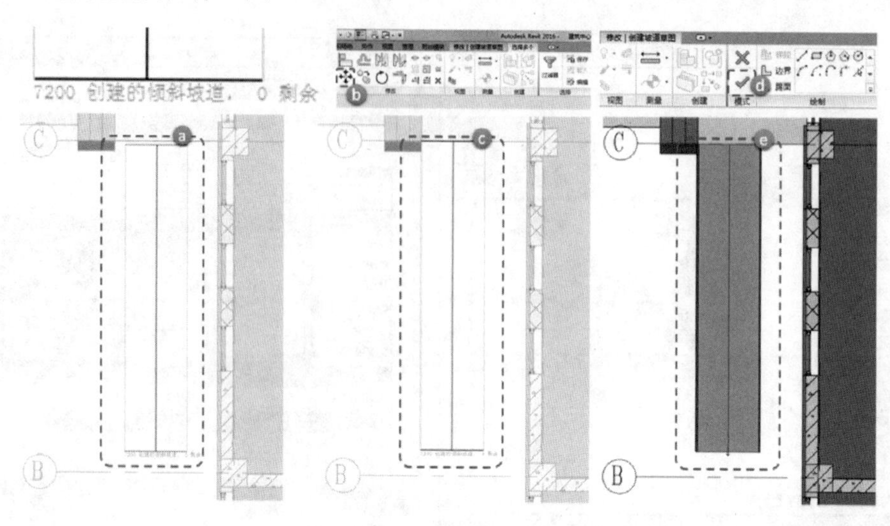

图 3.1-133

属性	
现场浇注楼梯 TADI-整体浇筑楼梯	
楼梯 (1)	编辑类型
限制条件	
底部标高	-F1
底部偏移	0.0
顶部标高	F1
顶部偏移	-400.0
所需的楼梯高度	3800.0
多层顶部标高	无
结构	
钢筋保护层	钢筋保护层 1 <25 ...
尺寸标注	
所需踢面数	38
实际踢面数	38
实际踢面高度	100.0
实际踏板深度	500.0
踏板/踢面起始编号	1
标识数据	
图像	
注释	
标记	
工作集	A-自行车坡道
编辑者	A-04
阶段化	
创建的阶段	新构造
拆除的阶段	无
属性帮助	应用

图 3.1-134

点击栏杆，可通过“属性类型选择器”修改栏杆类型。

（b）自行车坡道

本案例中，自行车坡道是通过“楼梯”和“内建模型”两种操作完成的。自行车坡道楼梯部分由“楼梯”操作完成（图 3.1-134），可参照本章楼梯部分；坡道部分由“内建模型”中选择“常规模型”－“拉伸”操作完成。

楼梯部分建完之后，视图转换为三维视图模式，单击“建筑”选项卡“构件”下拉菜单“内建模型”工具按钮，弹出“族类别和族参数”对话框，选择“常规模型”族类别，点击“确定”，弹出“名称”对话框，修改“名称”为自行车坡道，点击“确定”，进入常规模型在位编辑器。如图 3.1-135 所示。

单击“创建”选项卡“拉伸”工具按钮如，系统自动切换至“修改｜创建拉伸”上下文选项卡，点击“工作平面”面板中“设置”工具按钮，弹出“工作平面”对话框，选择“拾取一个平面”，点击“确定”，拾取绘制好的自行车坡道楼梯部分边缘作为工作平面。如图 3.1-136 所示。

绘制拉伸轮廓，并设置拉伸的限制条件，完成坡道绘制（图 3.1-137）。

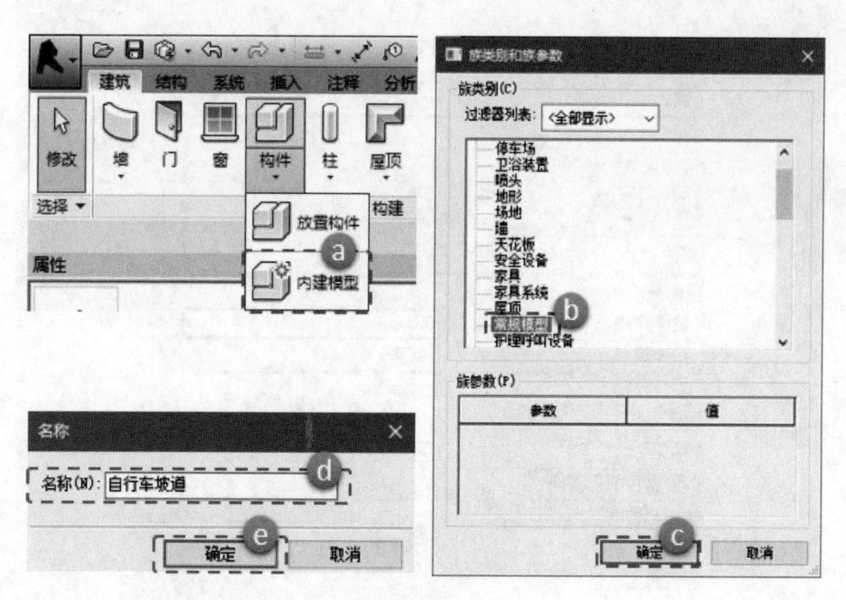

图 3.1-135

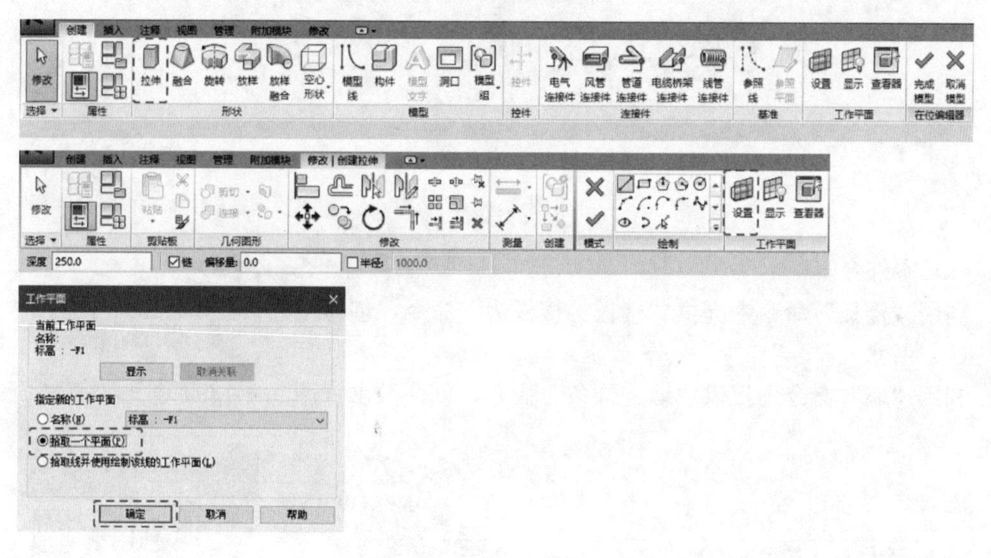

图 3.1-136

F. 创建室外台阶和散水

在 Revit 中，可以通过墙饰条和楼板边缘主体放样工具，选择合适的轮廓，创建室外台阶及散水。墙饰条属于沿墙体方向生成的指定轮廓的放样线性模型。墙饰条是依附于墙主体的带状模型，用于沿墙水平方向或垂直方向创建带状墙装饰结构，在 Revit 中，是沿墙体的水平或者垂直放样生成的线性放样模型。

主体放样类图元由两部分构成：放样采用的轮廓以及放样的路径。墙装饰条所需的轮廓族属于可载入族，在使用前将其加载进入项目中即可。要使用墙饰条，必须在放置前定义其族类型。

在平面视图中无法进行墙饰条的创建，只能在三维视图或立面视图中进行创建。

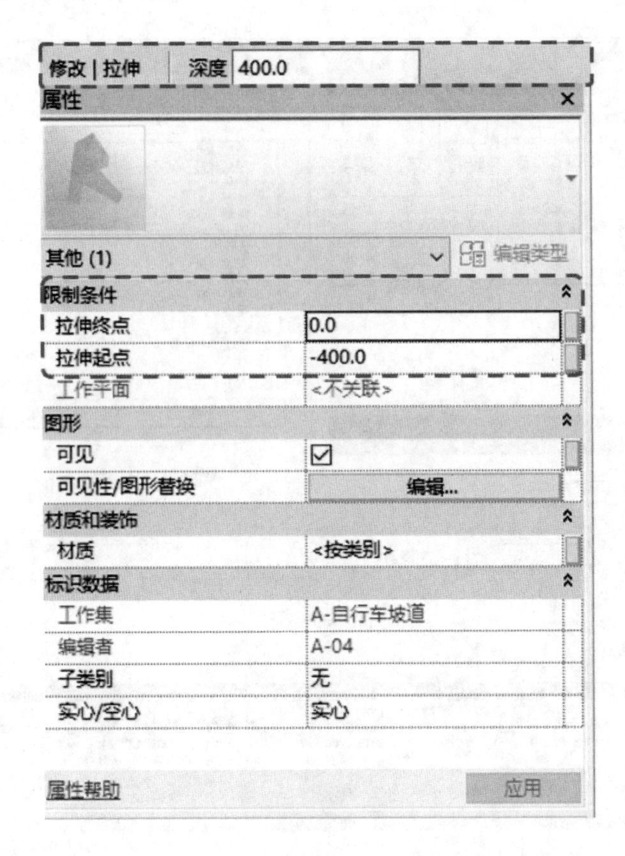

图 3. 1-137

(a) 室外台阶

利用“楼板”命令中提供“楼板：楼板边”命令，创建室外台阶（图 3. 1-138）。

(b) 散水

利用“墙”命令中提供“墙：饰条”命令，创建散水（图 3. 1-139）。

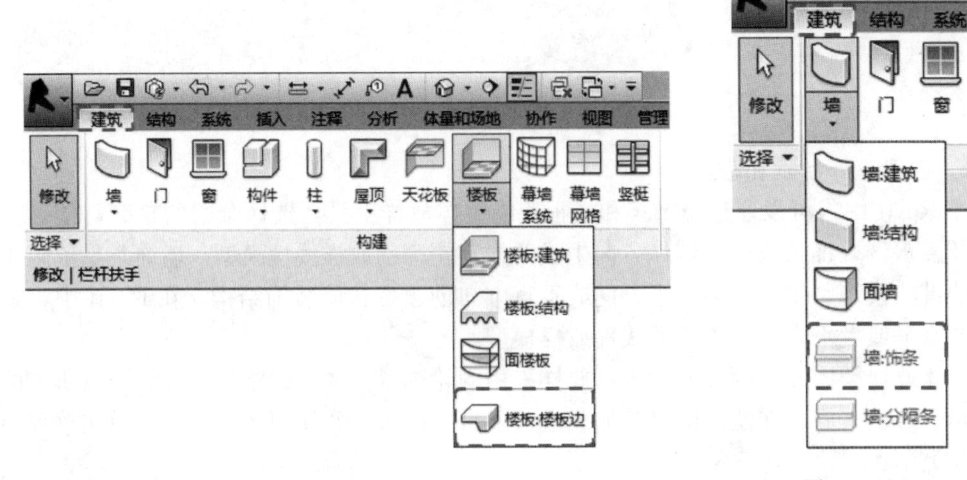

图 3. 1-138　　　　图 3. 1-139

G. 放置卫生洁具

在 Revit 中，卫生间洁具都属于可载入族。卫生洁具宜选用带连接件的三维模型，有进水和排水装置，方便设备的管线连接。

单击“插入”选项卡“从库中载入”面板中“载入族”工具按钮，弹出“载入族”对话框（图 3.1-140）。

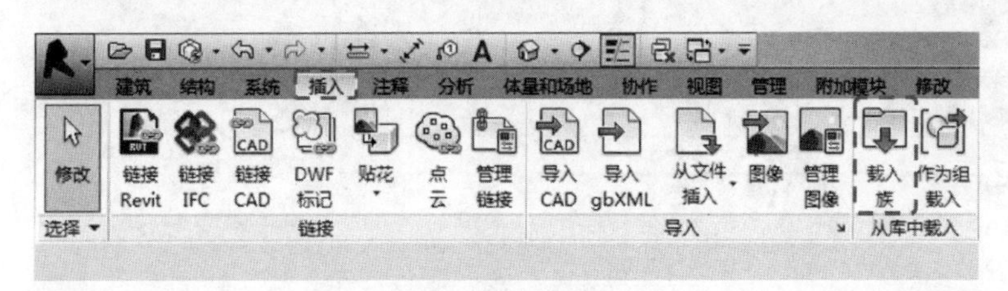

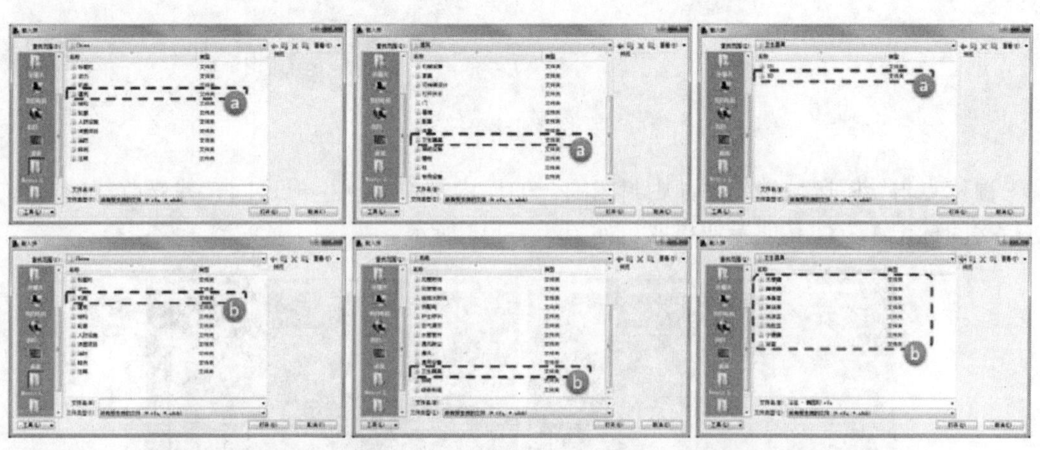

图 3.1-140

H. 创建房间

单击“建筑”选项卡“房间和面积”面板中“房间”工具按钮，系统自动切换至“修改｜放置房间”上下文选项卡（图 3.1-141）。

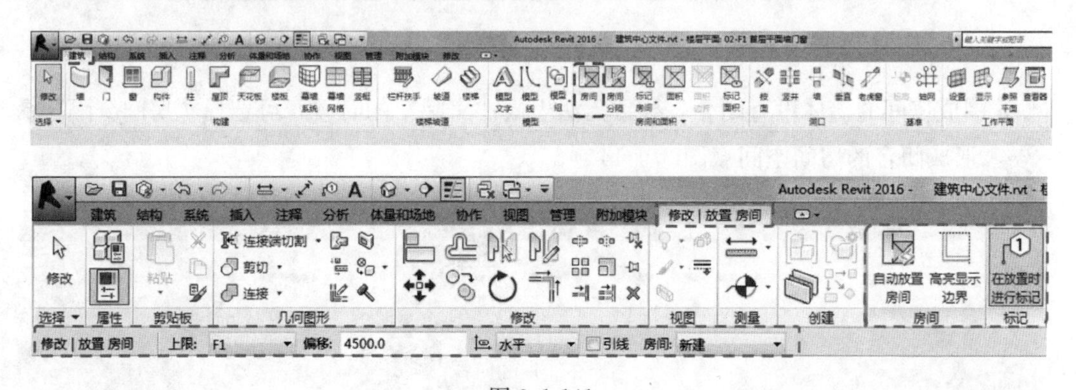

图 3.1-141

修改属性栏中的“限制条件”，使房间高度为本楼层高度，保证房间上限空间封闭（图 3.1-142）。

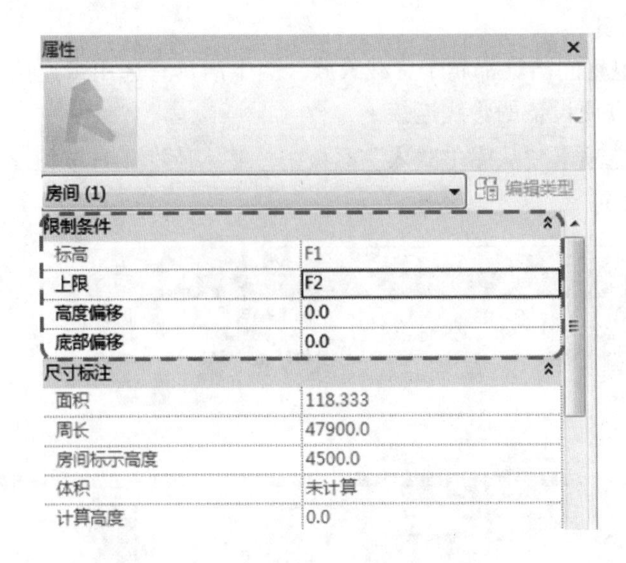

图 3.1-142

鼠标点击绘图区域楼层平面中封闭围合的墙内部，自动生成房间，并修改房间名称，进行房间标记，方便其他专业提取。如图 3.1-143 所示。

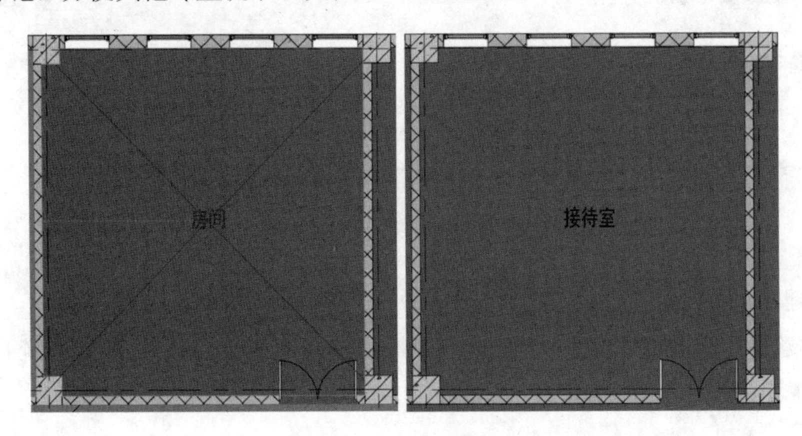

图 3.1-143

若围成房间的墙体没有闭合，导致无法生成“房间”的时候，可选择“房间分隔”命令，形成闭合的房间空间（图 3.1-144）。

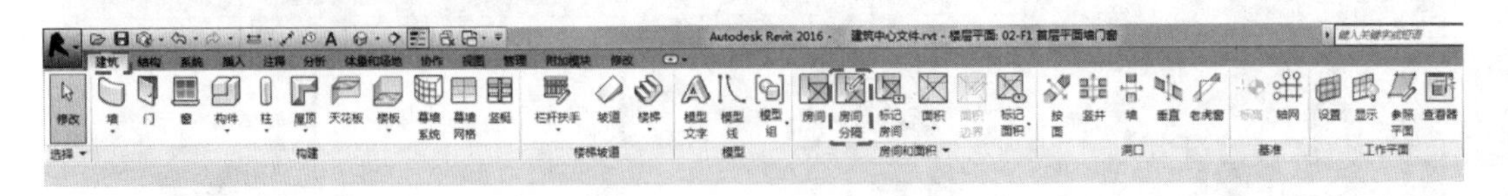

图 3.1-144

提示：默认情况下，程序不会自动识别链接模型中的房间边界，导致房间无法生成。双击“项目浏览器”中“Revit 链接”的“结构中心文件 . rvt”，弹出“类型属性”对话框，勾选“房间边界”，点击“确定”后，在主体模型文件中就可以识别链接模型的边界了。如图 3.1-145 所示。

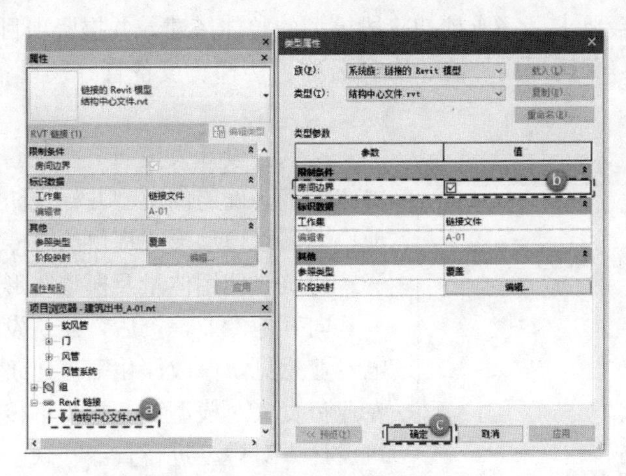

图 3.1-145

I. 绘制场地

单击“体量和场地”选项卡“场地建模”面板中“地形表面”工具按钮，系统自动切换至“修改 | 编辑表面”上下文选项卡，绘图区域灰显。如图 3.1-146 所示。

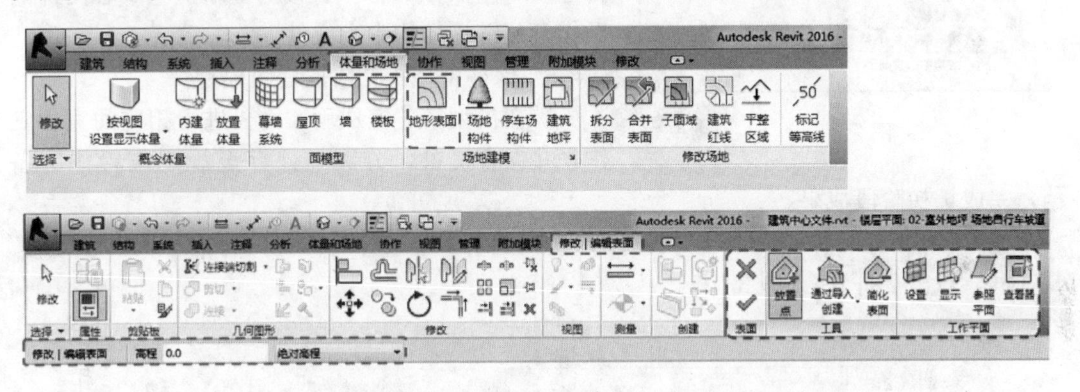

图 3.1-146

场地布置中绿地、道路使用“楼板”搭建。

道路红线、道路中线等其他线使用“模型线”绘制（图 3.1-147）。

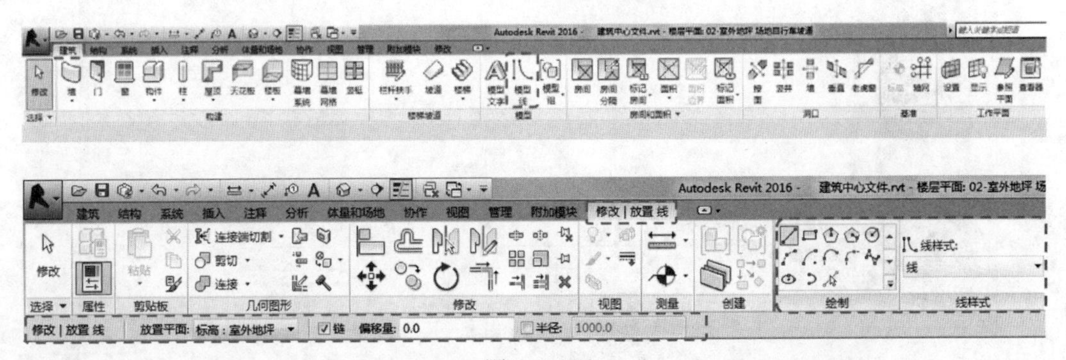

图 3.1-147

（4）形成阶段成果

根据项目协调会要求，完成扩初阶段模型的整体搭建，并提资项目协调会要求的关键层及必要节点设计：关键层内外墙、房间名称、楼梯、设备管井及设备房间位置、楼板、天花。

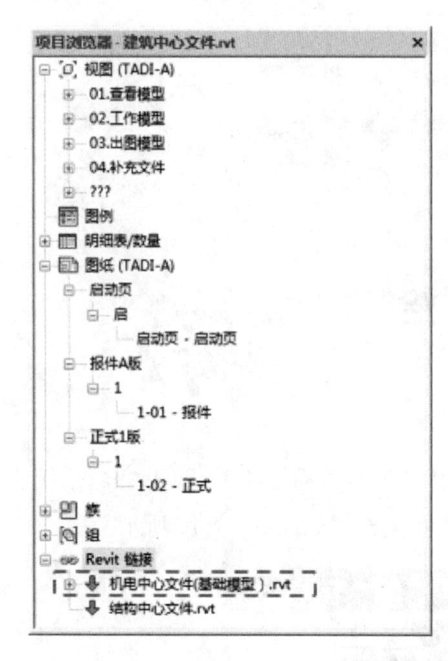

图 3.1-148

提示：设计人按照节能及营造要求修正外围护墙体类型；确定门类型并标记防火门；消防扑救场地位置需以模型形式提供给水专业；给其他专业提资，建筑要使用体量及模型线形式。

向其他专业提资后，建筑设计人结合结构、机电专业意见，修改深化完善建筑模型。同时，建筑专业负责人对模型进行初步审核，根据审核结果建筑设计人对模型进行查漏补缺。

（5）完成扩初成果

① 链接机电中心文件

建筑专业负责人在机电负责人通知完成中心文件的搭建后，链接机电专业的中心文件，并负责更新链接（图 3.1-148）。链接与更新机电中心文件的操作参照链接结构中心文件。

② 保存备档扩初阶段建筑模型

扩初模型搭建完成后，需要进行相应的完善工作，并保存文件，分离并保存至规定位置作为备档，完成扩初阶段成果。

在 Revit 开始界面中，点击“打开”，找到建筑中心文件的位置，勾选“从中心分离”复选框，点击“打开”（图 3.1-149）。

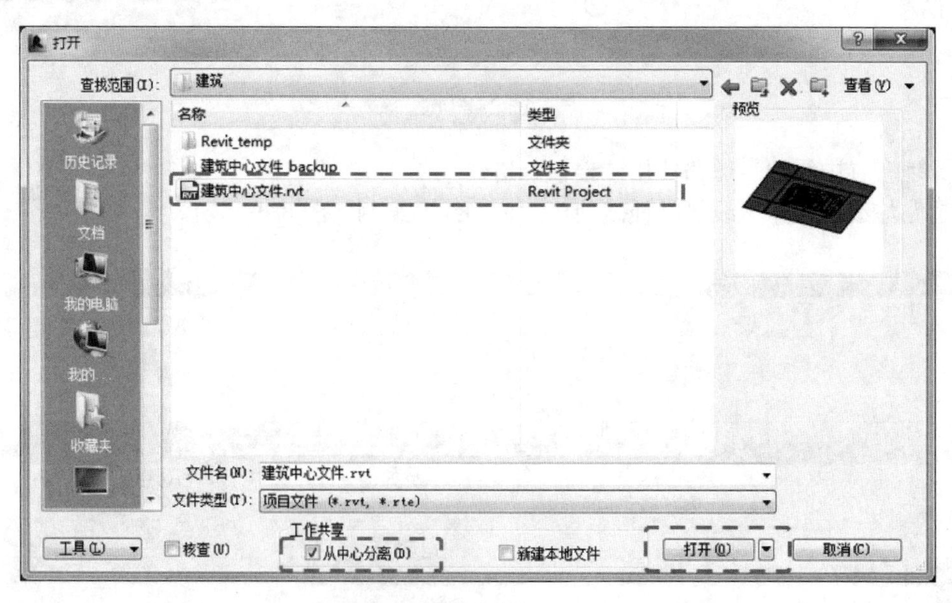

图 3.1-149

弹出从“中心文件分离模型”，询问是否保留工作集。若保留工作集，则中心文件中的工作集均被保留，其权限均归于进行分离操作的设计人；若放弃工作集，则中心文件转变为单机文件，不包含任何工作集。在本实例中，由于部分过滤器是以工作集作为过滤条件的，所以选择“分离并保留工作集”（图 3.1-150）。

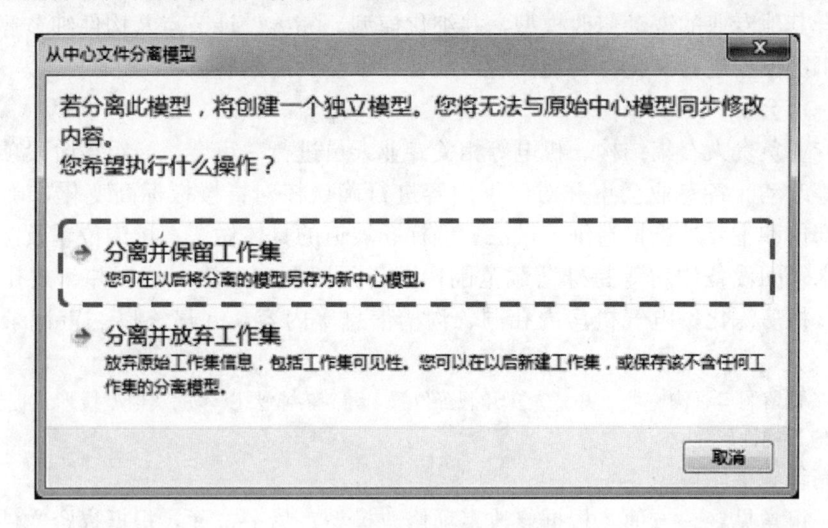

图 3.1-150

分离完毕后需将分离文件保存至扩初阶段模型文件夹。点击画面左上角的图标，选择“另存为”—“项目”，找到扩初阶段模型文件夹的位置并命名中心文件，点击“保存”按钮，完成分离文件的保存。

扩初阶段如需绘制相应图纸，方法见第 3.1.4 节施工图出图阶段。

提示：当中心文件在操作中出现问题时，也可通过打开并分离其中任何一个设计人的本地文件，重新创建新的中心文件的方式进行继续操作。

3. 模型完成标准

此阶段需要根据项目协调会的要求搭建建筑主体轴网、墙体、楼地面层、屋顶、主要空间吊顶，添加门、窗，创建楼梯、自行车坡道及台阶，放置卫生洁具，创建房间，绘制室外场地。

3.1.3 施工图模型阶段

1. 设计要点

此阶段需要根据结构、机电文件中的变化召开一审会并就相关问题进行讨论。根据一审会的内容对扩初阶段的模型进行调整与完善，完善的内容包括梯梁梯柱的搭建，局部楼板降板，楼板和墙体开洞，放置设备基础等。在二审会中对完善之后的模型进行讨论，并就相关问题进行最后的确认。对模型进行最后的调整，生成施工图阶段的模型。

1. 继承初设成果，继续深化模型，达到施工图模型深度，满足出施工图要求。

2. 结合设备专业提资要求，对墙体和楼板进行开孔、开洞。

3. 结合设备专业提资要求，绘制集水坑和设备基础。

4. 随时审核建筑、结构与设备之间设计的模型，修改模型细节，保证协同设计，专业内部及专业之间模型无碰撞。

2. 设计流程

（1）深化施工图模型

继承扩初阶段模型，适时重新载入更新其他专业中心文件模型，与其他专业进行协同设计，结合其他专业的变动修改模型，并细化模型，完善设计节点及构件细节等施工图设计，对施工图模型进行深化。与此同时，准备一审会所需内容。

（2）一审会

建筑专业负责人召集结构、机电等相关专业人员进行一审会，介绍该阶段项目需求和平面布置等改动。各专业会审并对以下内容进行确认核对：楼板标高变化，确认降板区域；悬挑部位和主要外檐构造细节做法；楼梯、坡道的具体做法；坑沟位置及深度；天花板标高；水箱间设备用房等特殊荷载范围；设备预留洞口、沟、坑、井、人孔开洞等位置；管井、机房深化；电气机房内孔洞、沟槽信息等内容，并最终以一审记录单的形式记录。

注：设备预留洞口、沟、坑、井、人孔开洞等位置，建筑专业要以体量及模型线形式提给结构和机电。雨水管应用构件族建立。

（3）完善施工图模型

结合一审意见，一方面，根据修改事项修改模型；另一方面，根据提资文件进行模型深化，完善模型细节：栏杆、消火栓衬墙、屋面设备基础、机房设备基础、留孔留洞、梯梁梯柱、楼板降板等内容。

① 添加外墙面层

具体操作请参考第 3.1.2 节初步设计阶段创建主体墙体部分。

② 梯梁、梯柱

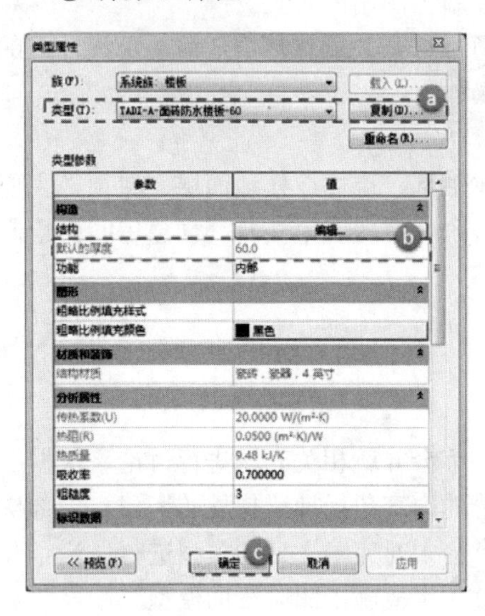

图 3.1-151

结构专业通过模型对楼梯梯梁梯柱布置进行设计，结果通过协商等形式反馈给建筑专业，由建筑专业进行梯梁梯柱的放置。梯梁应选用结构梁绘制；梯柱应选用结构柱绘制。具体操作可参照结构部分“梁的布置”及“放置结构柱”部分。

③ 楼板面层

卫生间位置等用水房间结构楼板降板，建筑面层通过操作实现局部面层降板。

在类型属性中，通过复制，创建新的楼板类型“TADI-面砖防水楼板-60”，并修改其结构层厚度为 60，点击“确定”如图 3.1-151 所示。

选择楼层平面中的楼板“TADI-面砖楼板-50”，系统自动切换至“修改｜楼板”上下文选项卡，绘图区域灰显。点击“编辑边界”命令，绘图区域灰显。使用“绘图”及“修改”工具编辑楼板边界，对卫生间位置的楼板边界进行修改，修改完毕后点击“模式”中的“完成编辑模式”工具按钮✔，完成楼板的编辑。如图 3.1-152 所示。

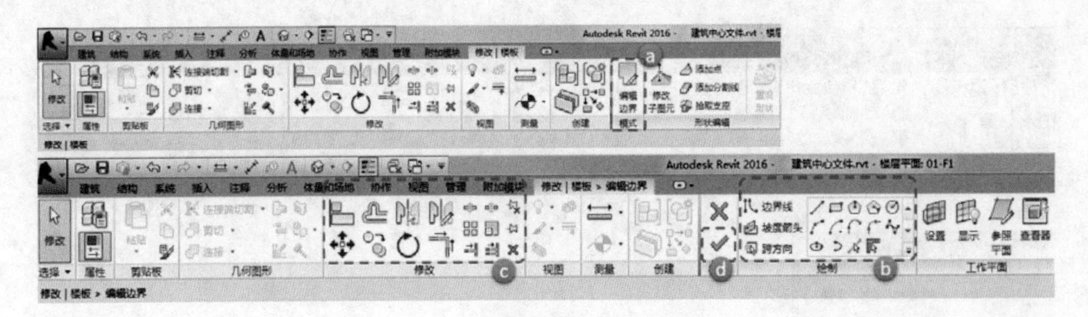

图 3.1-152

选择“TADI-面砖防水楼板-60”楼板类型，在卫生间区域绘制楼板，在“属性”菜单中修改“自标高的高度偏移”中的值为“－20”，完成卫生间区域楼板面层降板绘制（图 3.1-153）。

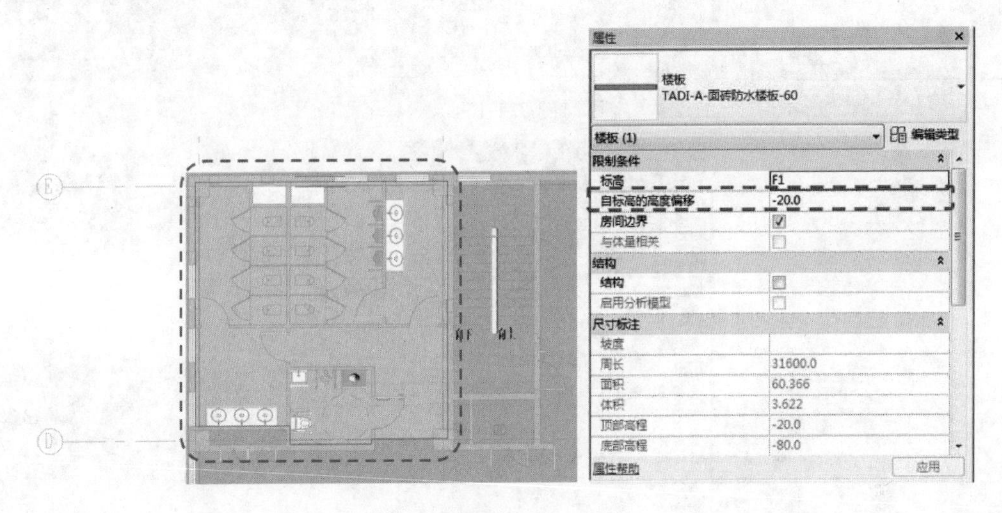

图 3.1-153

④ 墙体开洞

墙体开洞有以下三种操作方式可供参考：

A. 编辑轮廓

在楼层平面视图中，点击需要开洞的墙体，系统自动切换至“修改 | 墙”上下文选项卡，点击“编辑边界”，转到相对应的视图，系统自动切换至“修改 | 墙＞编辑轮廓”上下文选项卡，绘图区域灰显，对墙体轮廓进行编辑，在开洞位置绘制洞口，绘制完成后，点击“完成编辑模式”工具按钮✔，完成墙体开洞。如图 3.1-154 所示。

B. 放置洞口外建族

在文件中选择样板中事先载入的洞口外建族，通过在墙体上放置洞口外建族的方式来完成。放置洞口族可参照“添加窗”操作（图 3.1-155）。

C. 绘制墙洞口

单击“建筑”选项卡“洞口”面板中“墙”工具按钮，在需要开洞的墙体位置继续绘制，并修改洞口尺寸与高度，完成墙体开洞。如图 3.1-156 所示。

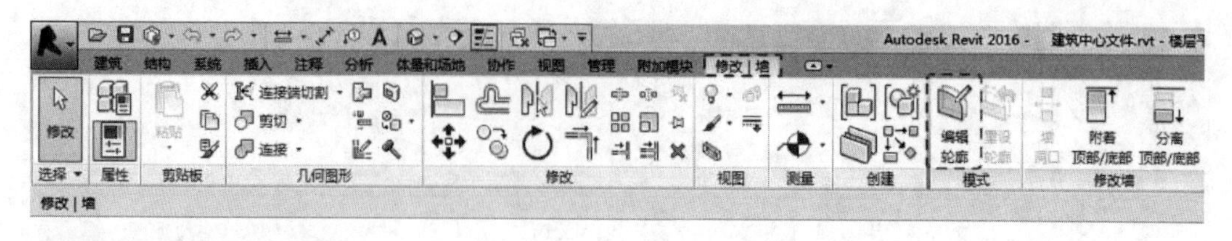

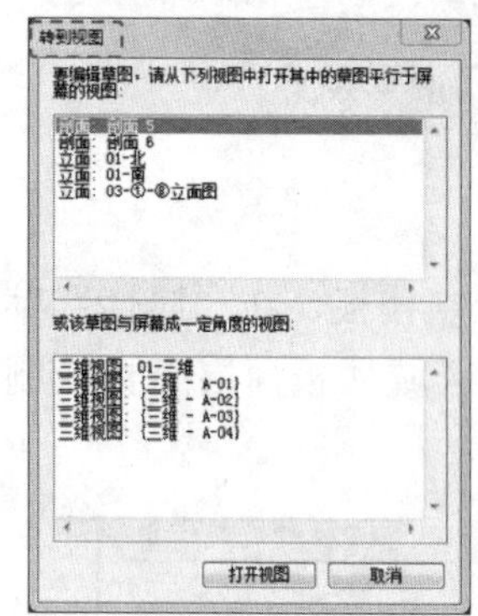

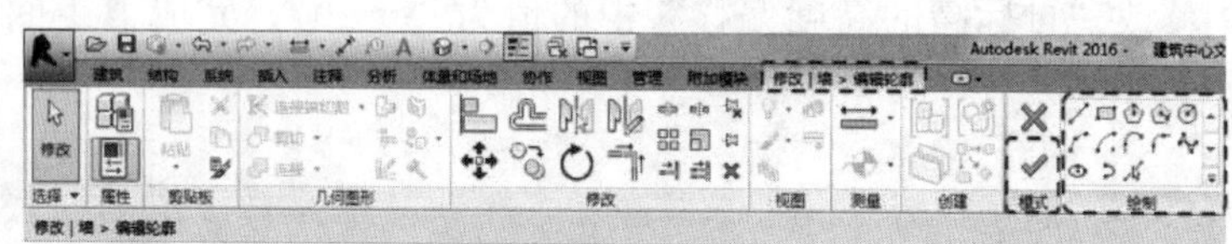

图 3. 1-154

图 3. 1-155

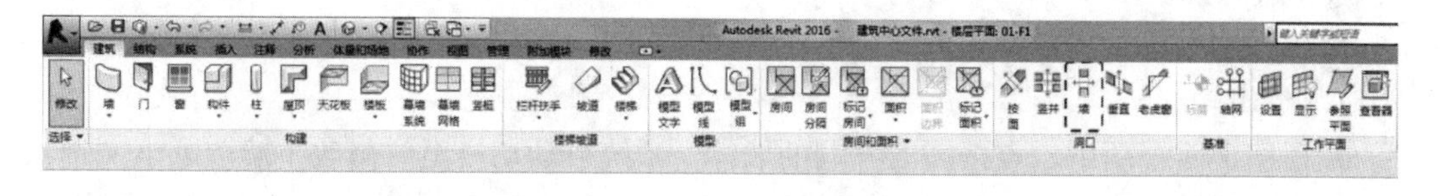

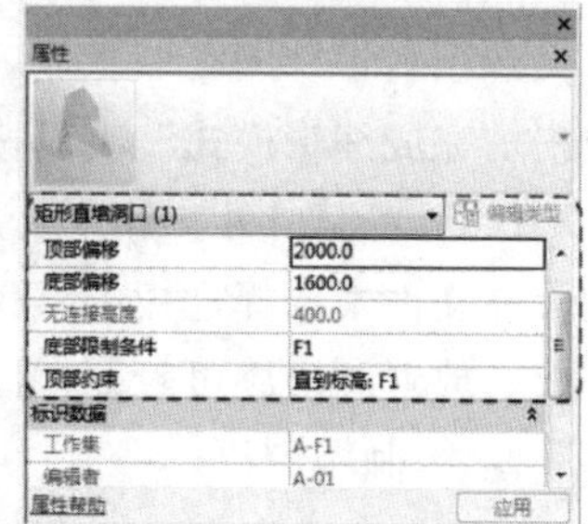

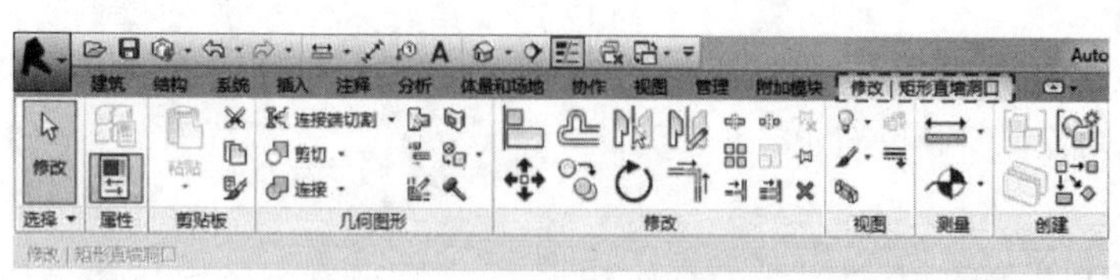

图 3. 1-156

⑤ 设备基础

绘制设备基础有以下三种操作方式可供参考：使用“楼板”工具绘制设备基础；通过“构件”菜单下“内建模型”中“常规模型”工具操作完成设备基础的绘制；通过“基础”操作完成设备基础的绘制。

在此实例中，我们讲解第三种“基础”的操作方式。

单击“结构”选项卡“基础”面板中“独立”工具按钮，系统自动切换至“修改 | 放置 独立基础”上下文选项卡。如图 3.1-157 所示。

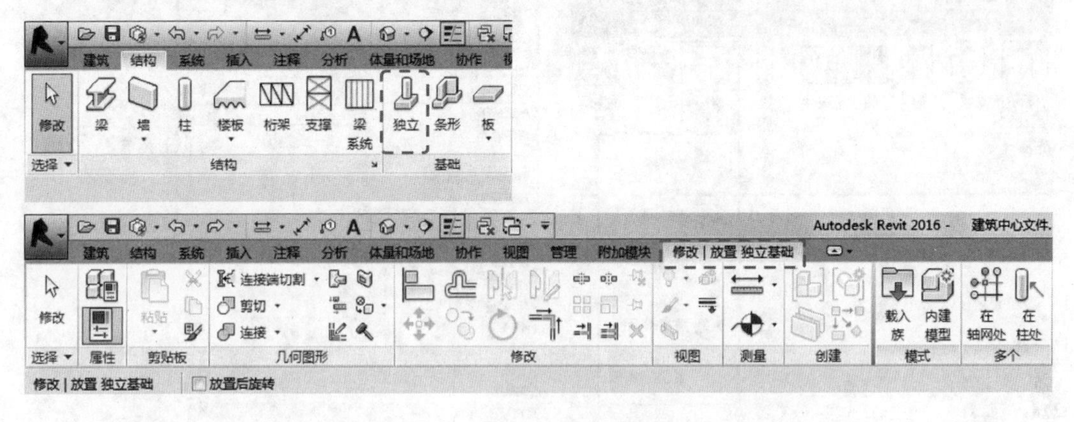

图 3.1-157

点击基脚属性栏对话框“编辑类型”，弹出“类型属性”对话框，点击“复制”按钮，在弹出的“名称”对话框中输入“TADI-基础－400×3600×200”点击“确定”，完成创建，属性栏中自动生成“TADI-基础－400×3600×200”基脚类型。修改“类型属性”中的“尺寸标注”数值，与名称数值保持一致，不勾选属性栏中“启用分析模型”选项，在平面图中进行放置。如图 3.1-158 所示。

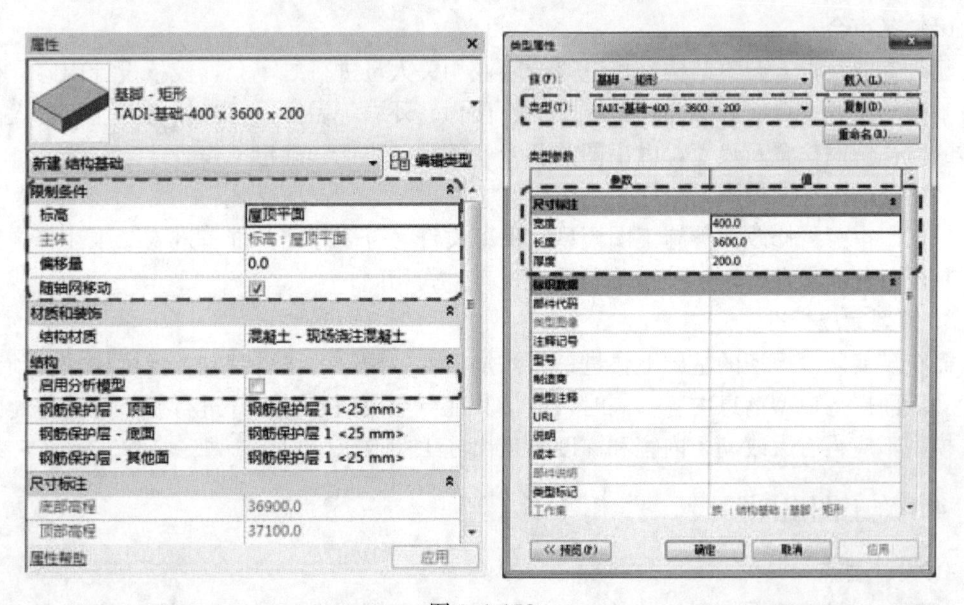

图 3.1-158

通过点击空格键对基础水平或垂直放置方向进行调整。

⑥ 玻璃雨篷的绘制

单击“建筑”选项卡“构建”面板中“屋顶”下拉菜单“迹线屋顶”工具按钮，系统自动切换至“修改｜创建屋顶迹线”上下文选项卡，绘图区域灰显。

在属性栏对话框“类型选择器”中选择“玻璃斜窗”，进行玻璃雨篷绘制。如图 3.1-159所示。

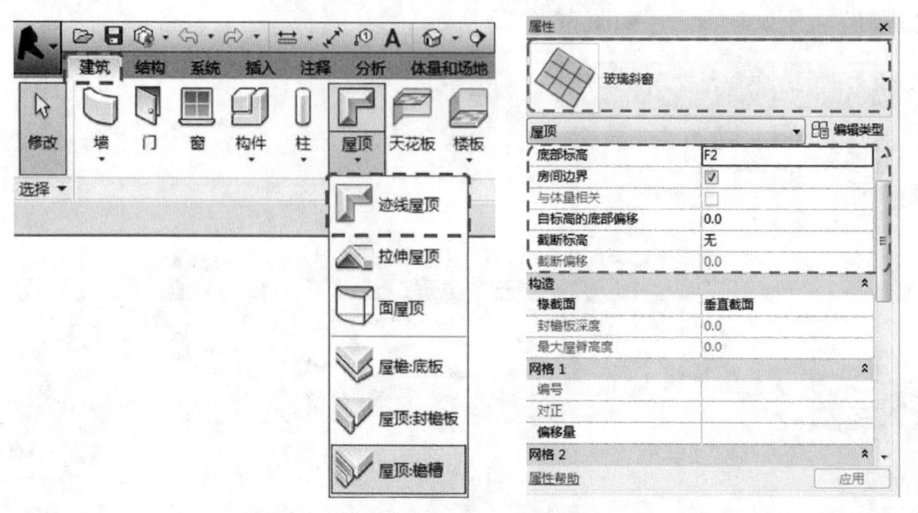

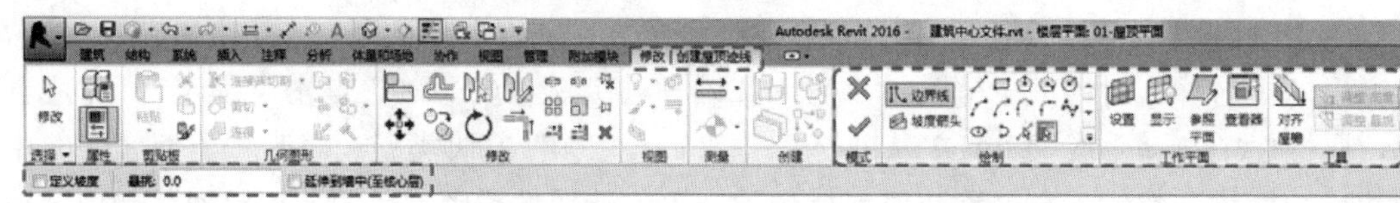

图 3.1-159

（4）二审会

建筑专业负责人召集结构、机电等全专业相关人员进行二审会，校核设计内容，核对设备基础的位置、尺寸和标高，楼板开洞、楼梯、外檐等做法。并与设备专业负责人商讨墙体的留孔留洞位置及尺寸，做出图前各专业的最后协作、确定工作。

（5）完成施工图模型

根据二审意见修改完善施工图模型，保存文件，分离存档，准备进入二维注释施工图图纸阶段。分离保存方法与扩初阶段模型保存方式相同。

3. 模型完成标准

需在扩初阶段模型的基础上，进一步添加栏杆、雨篷、设备基础、梯梁梯柱、预留孔洞、外墙面层等模型信息内容。同时，链接其他专业模型，对设计进行调整完善。此阶段后，模型不应再有大改动，内容和深度满足出施工图要求。

3.1.4　施工图出图阶段

1. 设计要点

建筑在三维施工图模型的基础上，进行深化施工图图纸设计，利用施工图模型直接生成图纸，并进行二维注释、标注等图纸细化工作，形成出图模型。同时进行图纸规划，利用多种操作手段完成全部施工图说明、计算及图纸成果。

(1) 创建剖面图、厨卫详图、楼梯详图、外檐详图、门窗表等施工图图纸内容。

(2) 建立并组织"出图模型"阶段视图浏览器目录，其他补充三维模型文件放置于"补充文件"阶段目录中。

(3) 各出图视图应用对应的视图样板。

(4) 添加必要图例说明。

(5) 对图纸进行详图线、区域填充等二维图纸修饰。

(6) 补充门窗等外建族的必要信息。

(7) 尺寸标注、门窗标记等二维标注齐全，满足施工图图纸要求。

(8) 建立并组织"图纸"目录

(9) 图纸的布局要合理美观。

(10) 图纸打印前后专业负责人要核实整套图纸的完整性，图纸的名称、编号等信息要与图纸目录一致。

2. 设计流程

(1) 施工图出图

① 出图准备工作

A. 专业负责人规划图纸目录

建筑专业负责人根据项目的具体情况及施工图图纸要求，确定平面图、立面图、剖面图、楼梯详图、厨卫详图、门窗表等图纸的规划。

B. 组织"项目浏览器"中"出图模型"阶段目录

施工图模型完成之后，建筑设计人在施工图模型的基础上，开始施工图图纸绘制工作。设计人根据图纸分工，在"视图（TADI-A）"列表中创建"出图模型"阶段组织浏览器。建筑设计人通过选中"01. 查看模型"阶段中的需要出图的视图，右键选择"复制视图"选项中的"带细节复制"命令，复制出新的视图，并修改其属性中的"限制条件"，视图就自动移动到"03. 出图模型"阶段中（图 3.1-160）。

C. 选择"出图视图样板"

确定平面、立面、剖面、外檐详图、门窗详图、厨卫详图、楼梯间详图等视图的规划，调整视图比例等视图属性，选择相对应的"视图样板"。所有"03. 出图模型"中的视图属性"规程"均为"协调"，"显示隐藏线"设置为"按规程"；"视觉样式"均为"隐藏线"。如图 3.1-161 所示。

为了使图纸的显示方式符合出图要求，需要对图纸中所对应的视图进行图元显示方式、视图深度、视图比例及对应的精细程度等参数进行设置。Revit 中的视图样板功能可快速将预先设置好的参数应用到视图中。如果多个视图在这些参数的设置上完全相同，可对这些视图应用相同的视图样板。本实例的"TADI-建筑样板 . rte"建筑项目样板中，已事先对每张图纸所对应的视图样板创建完毕。比如将出图视图样板"TADI-A-平面图 1：100"应用到相应的"出图模型"阶段目录下平面图视图中（属性对话框中的"视图样板"选项），以统一模型显示样式、视图深度及图纸表达形式。个别图纸的视图深度或显示样式如有差别，与专业负责人协调后，可在属性对话框中单独修改。

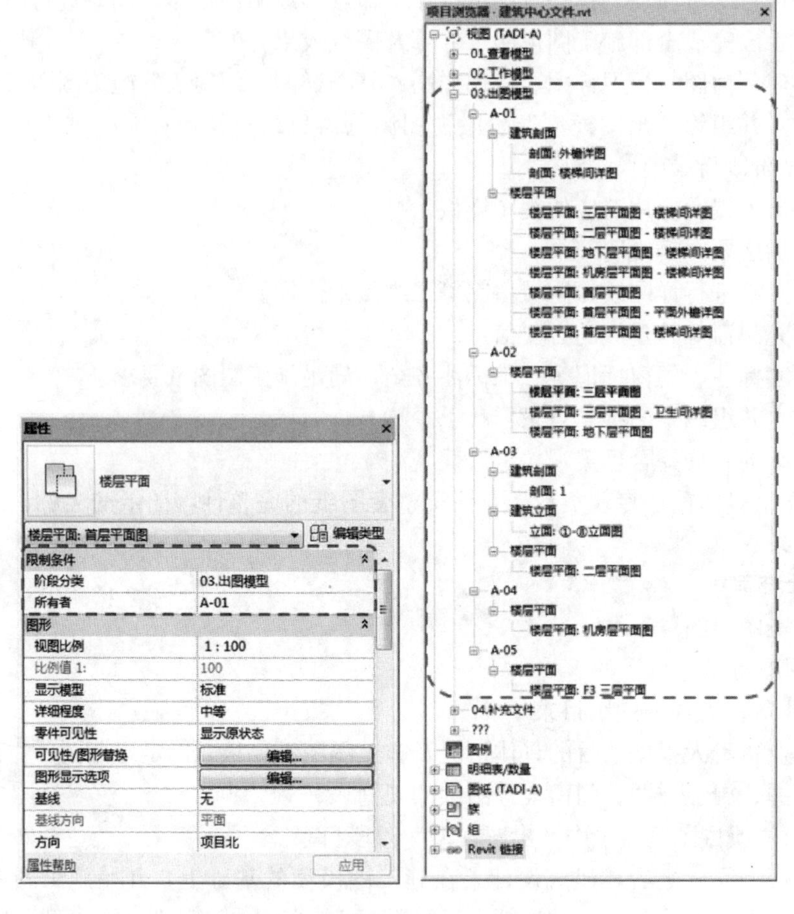

图 3.1-160

单击“视图”选项卡“图形”面板中“视图样板”下拉菜单“将样板属性应用于当前视图”工具按钮，绘图区域当前视图就自动转换为视图样板设置的显示状态。如图 3.1-161 所示。

“出图视图样板”与“出图模型”视图的关系详见表 3.1-1。

“出图视图样板”与“出图模型”视图的关系　　　　表 3.1-1

出图视图	对应的出图视图样板
平面图	TADI-A-平面图—1：100
立面图	TADI-A-立面图—1：100
剖面图	TADI-A-剖面图—1：100
卫生间详图	TADI-A-平面图—1：50
楼梯间详图	TADI-A-剖面图—1：50
外檐详图	TADI-A-剖面图—1：20

提示：当设计人给视图添加定义视图样板时，若通过修改视图“属性”栏中的“视图样板”选项栏的方式，则视图“属性”栏中的限制条件会灰显，无法进行进一步修改。而

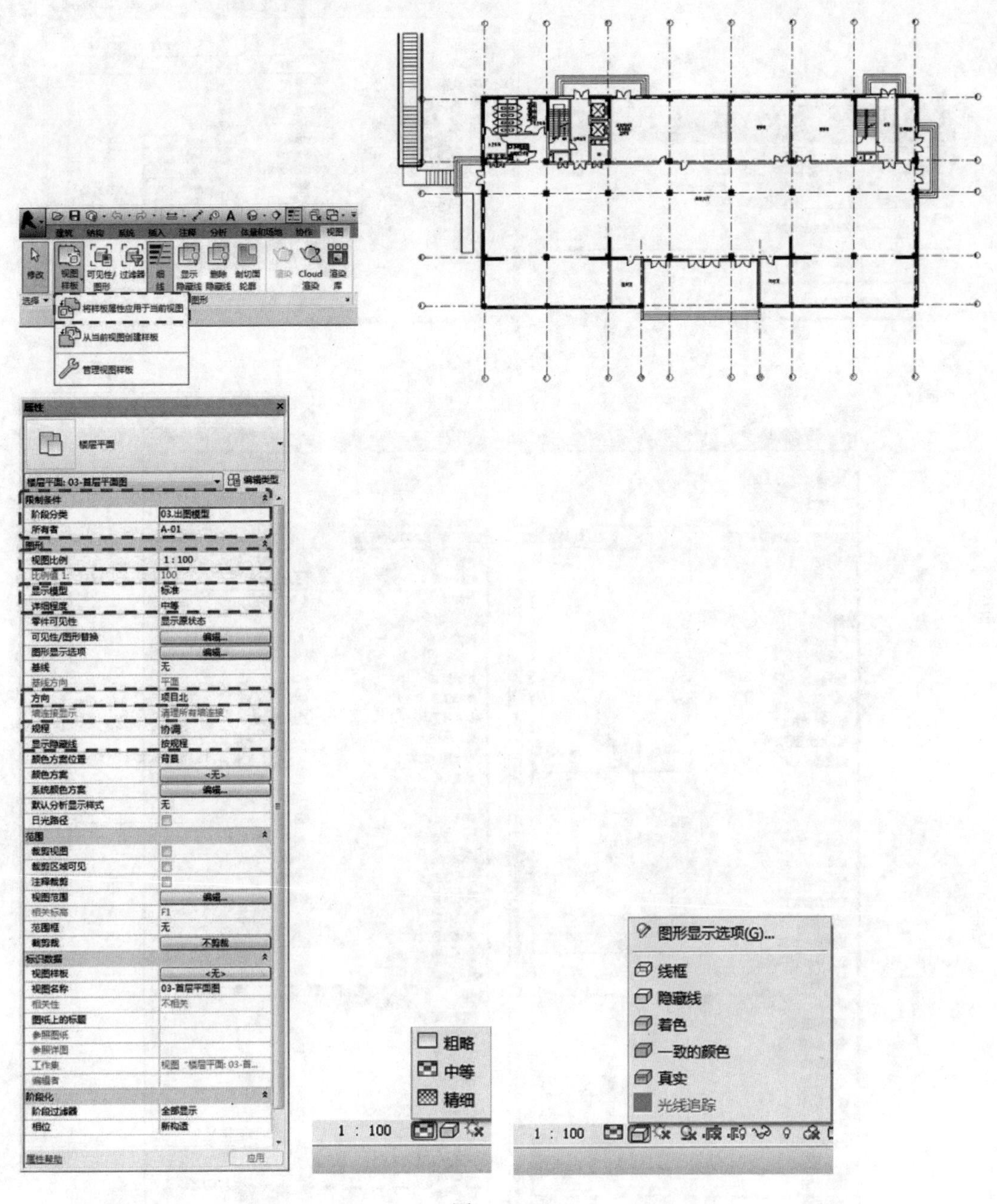

图 3.1-161

通过单击“视图”选项卡“图形”面板中“视图样板”下拉菜单“将样板属性应用于当前视图”工具按钮操作完成的视图“属性”栏中的部分“属性”不会灰显锁定，仍可进一步修改。如图 3.1-162、图 3.1-163 所示。

D. 修改项目信息，创建图纸

(a) 修改项目信息

单击“管理”选项卡“设置”面板中“项目信息”工具按钮，弹出“项目属性”

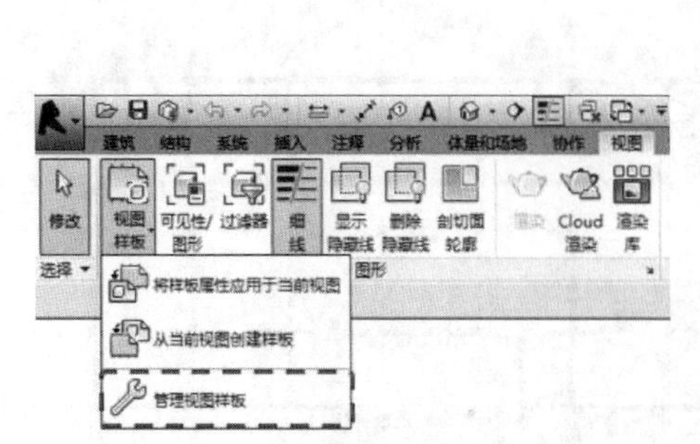

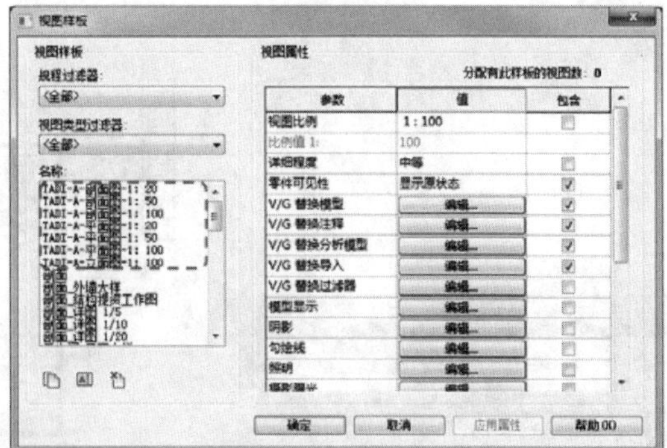

图 3.1-162

图 3.1-163

对话框，将项目的基本信息（包括项目状态，项目发布日期，项目名称，项目编号）填写完整（图 3.1-164）。

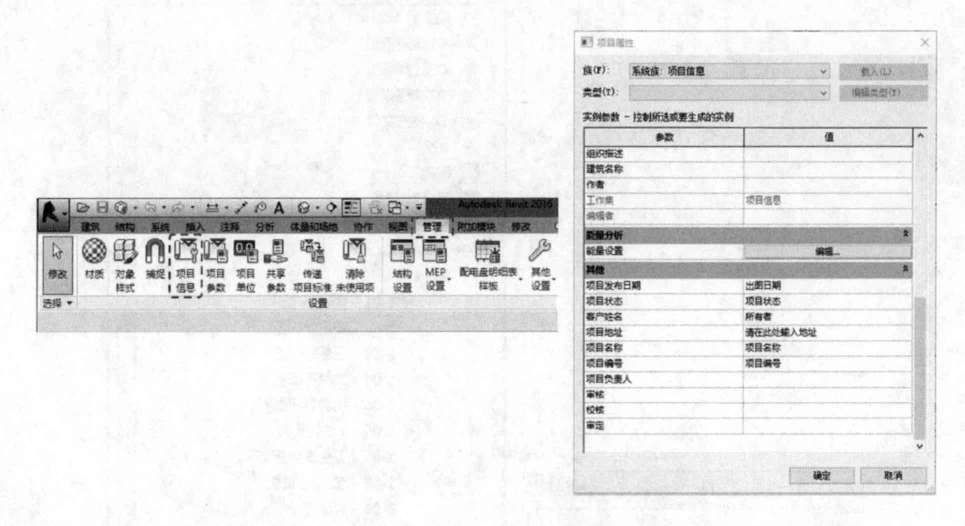

图 3.1-164

（b）创建图纸

各设计人在“项目浏览器”中的“图纸（TADI-A）”列表中按相关规定建立图纸编号并满足图纸命名规则。

单击“视图”选项卡“创建”面板中“图纸”工具按钮；或者右键单击“项目浏览器”中的“图纸（TADI-A）”，单击“新建图纸（N）…”。弹出“新建图纸”对话框，在本实例中，选择“TADI-图框-A1-院内”标题栏，点击“确定”，在“项目浏览器”中的“图纸（TADI-A）”列表下“???”目录中生成新建图纸。如图 3.1-165 所示。

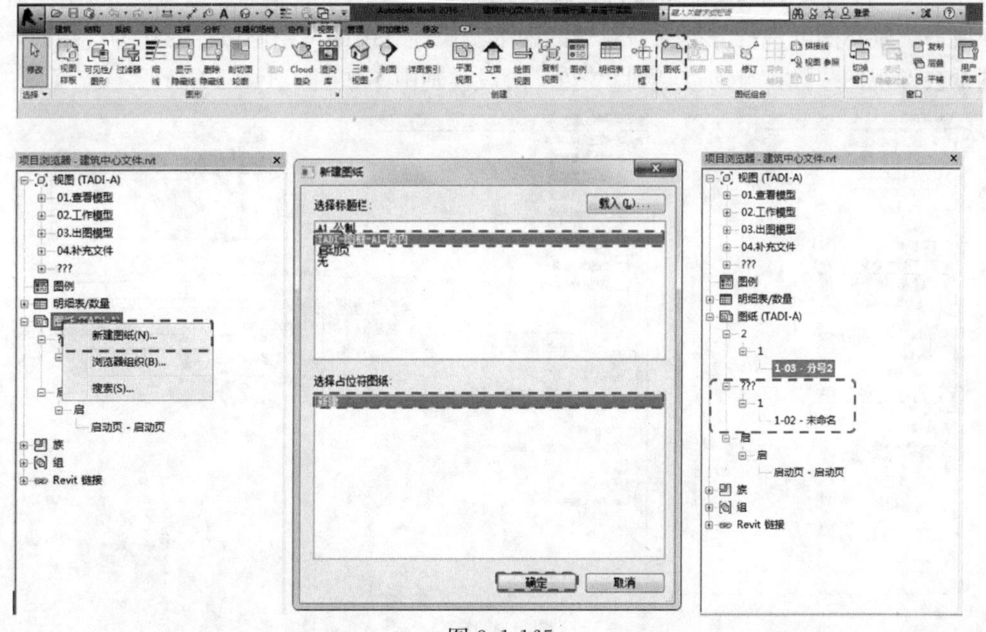

图 3.1-165

同理，创建出所需图纸，并通过“重命名”的方式，修改图纸名称（图 3.1-166）。

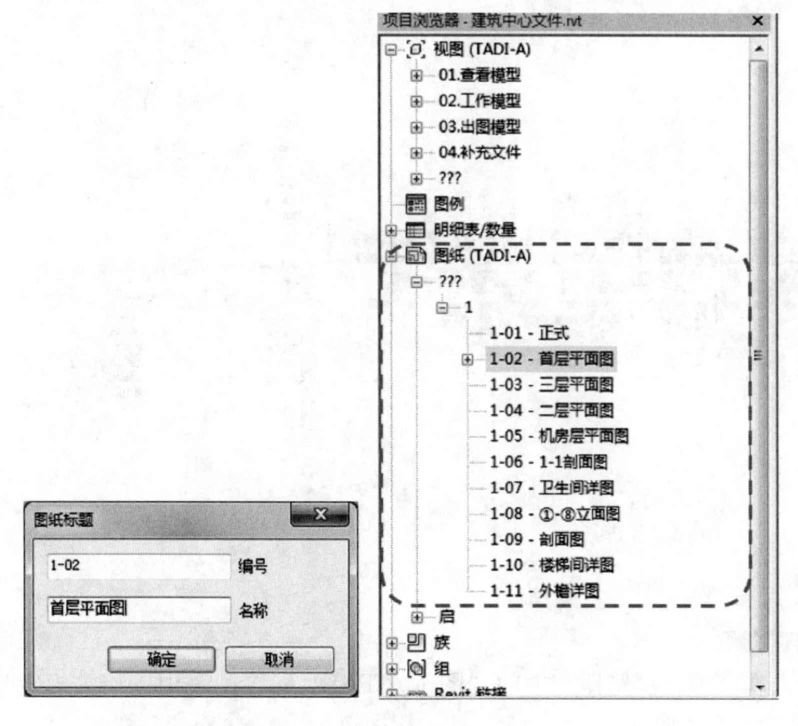

图 3.1-166

E. 组织“项目浏览器”中“图纸（TADI-A）”目录

在第 2 章中，介绍了通过“项目浏览器”与视图“属性”中的“限制条件”的联动，设计人实现对“视图（TADI-A）”的分类管理。本案例中“项目浏览器”中的“图纸（TADI-A）”目录组织，可同样通过“项目浏览器”与图纸“属性”中的“限制条件”，按照所需类别对图纸进行分类。当新建的图纸“属性”中的“限制条件”均为空白时，这些图纸会像视图一样，自动被归到“???”阶段类别中。如图 3.1-167 所示。

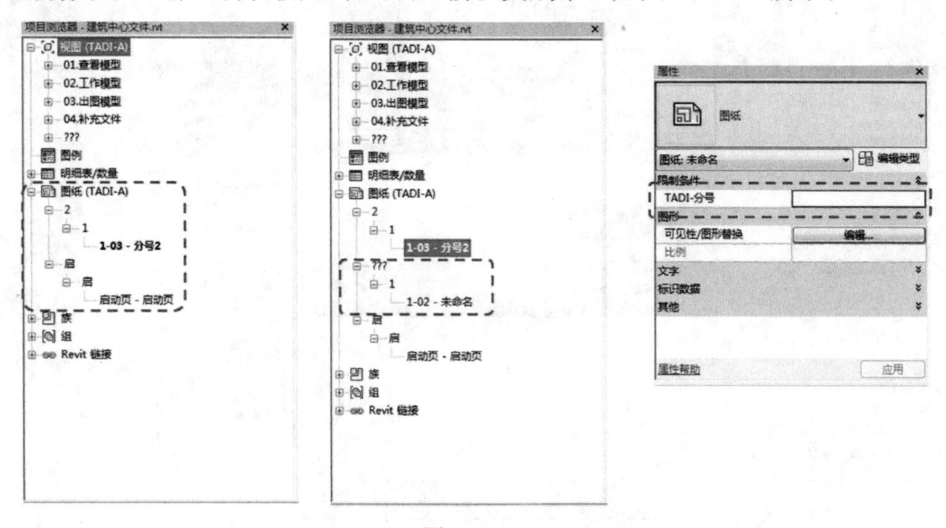

图 3.1-167

图纸创建重命名之后，在系统“项目浏览器”中“图纸（TADI-A)”目录“???”阶段类别下自动生成图纸。以“1-02-首层平面图”为例，查看“项目浏览器”中的“图纸(TADI-A)”目录下的“???”阶段，单击“1-02-首层平面图”，在“属性”栏“限制条件”标签下选择“TADI-分号”选项，在下拉菜单中可选择需要归入的类别，在本实例中，选择“1”(即分号1)。操作完毕后，“1-02-首层平面图”图纸被放置于“1”阶段类别下。同理，修改其他图纸属性，将所需图纸全部放置于“1”阶段类别下。如图3.1-168所示。

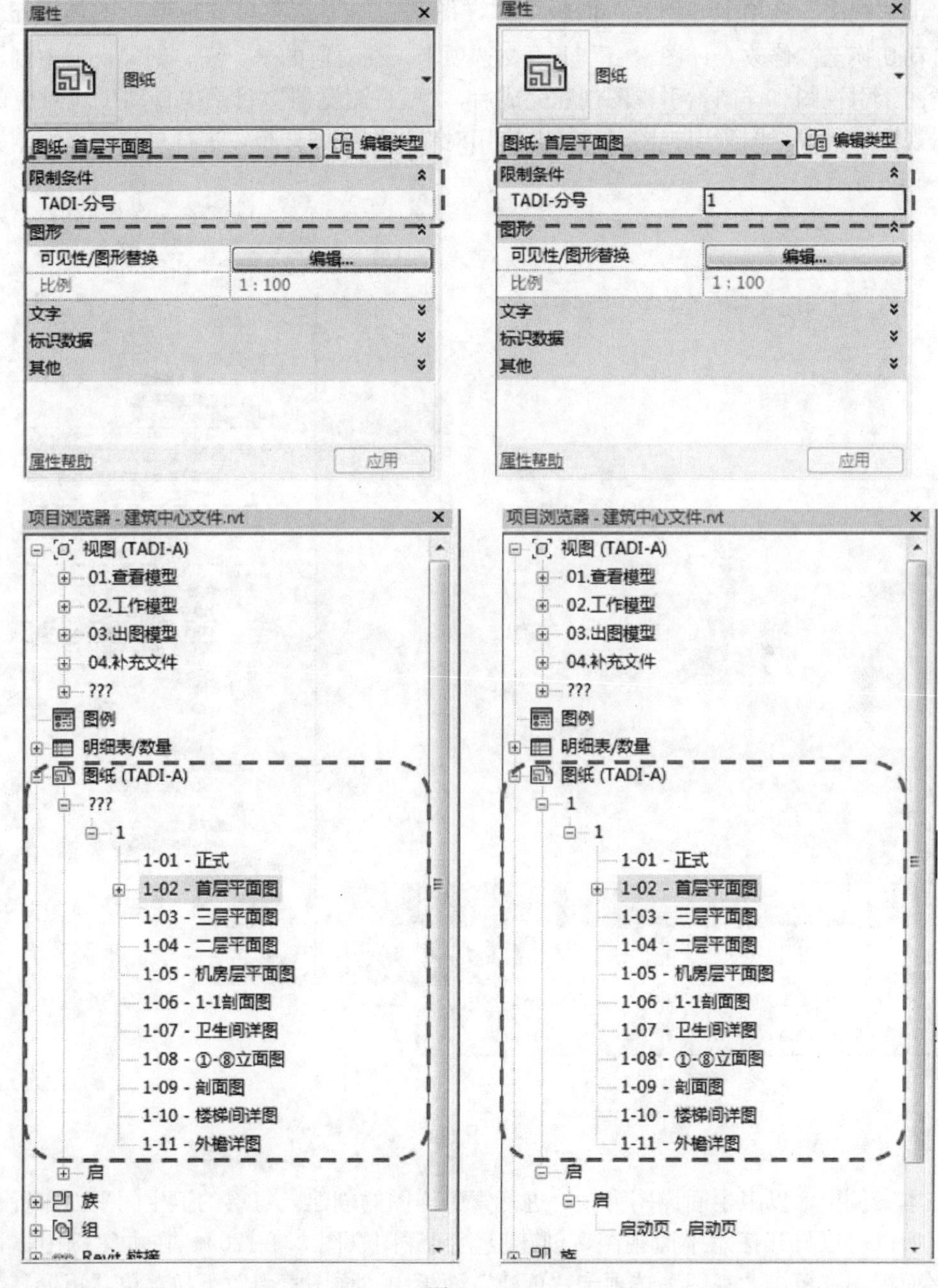

图 3.1-168

F. 确定索引详图

在施工图图纸类型中除了包括平、立、剖等图纸类别以外，还有详图类别，其中包括外檐详图、厨卫详图和楼梯间详图等。在 Revit 中，可通过“视图”选项卡中“详图索引”工具创建详图索引视图并用于出施工图。在同一视图中，可使用多个详图索引标记创建多个不同的详图索引视图；在不同父视图中，也可使用多个详图索引标记来表示一个详图索引视图。详图索引视图是对父视图二维注释信息的补充，而这些补充的信息不会显示在父视图中。

单击“视图”选项卡“创建”面板中“详图索引”下拉菜单“矩形”工具按钮，系统自动切换至“修改｜详图索引”上下文选项卡，在对应的平、立、剖父视图中创建对应的详图索引视图。详图索引视图创建完成后，“项目浏览器”目录中自动生成对应的详图索引视图，修改详图索引视图名称，并应用对应出图视图样板，进行二维注释绘制。如图 3.1-169 所示。

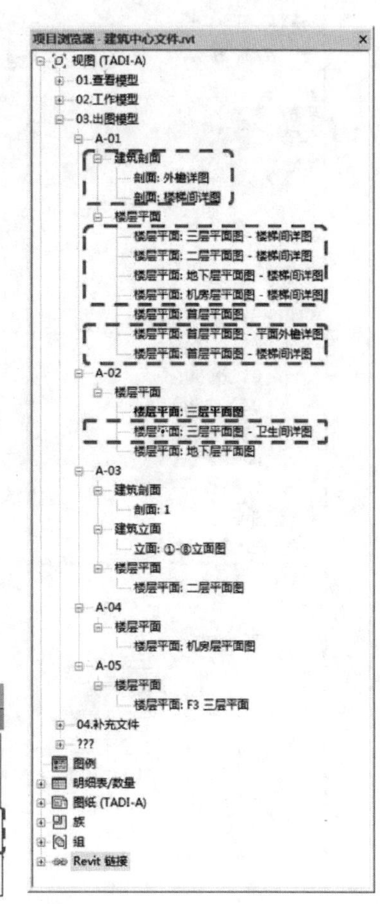

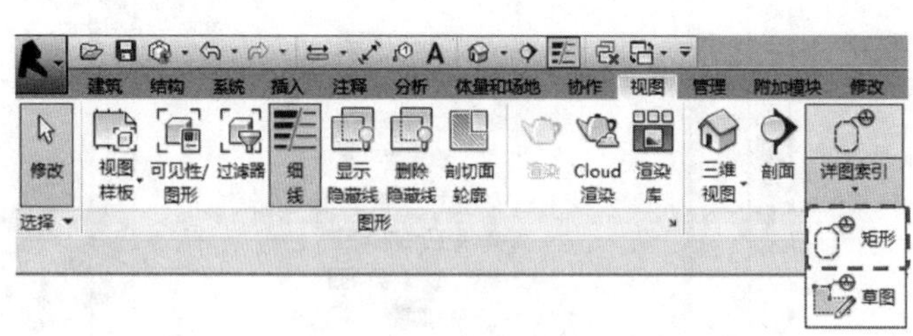

图 3.1-169

在本案例中，以卫生间详图为例，进行索引详图的创建。每层的卫生间平面布置是相同的，所以可以打开任意平面视图，创建卫生间详图（图 3.1-170）。在本案例中，打开三层平面视图，单击“视图”选项卡“创建”面板中“详图索引”下拉菜单“矩形”工具

按钮，系统自动切换至“修改 | 详图索引”上下文选项卡，在平面视图卫生间位置绘制详图区域，创建详图索引视图。通过“重命名”方式，修改视图名称为“三层平面图—卫生间详图”。

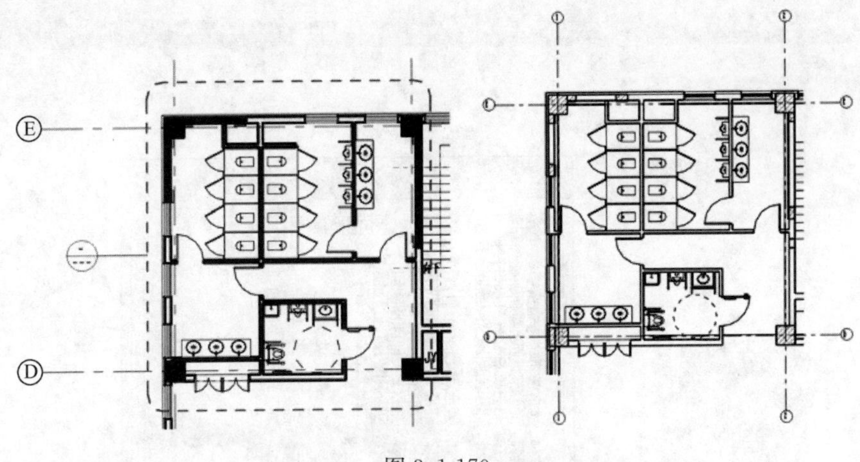

图 3.1-170

可根据创建卫生间详图的方式创建楼梯间详图及视图外檐详图视图。

提示：详图索引视图标记只在所绘制的父视图中显示，若在父视图中删除详图索引视图符号，则项目浏览器中相对应的详图索引视图也会自动删除。

G. 图纸布局

在完成图纸与出图视图的创建之后，可将“出图模型”阶段中的视图（平面图、立面图、剖面图、详图等）导入图纸空间并进行布局。

在本案例中，以首层平面图图纸为例。点击“项目浏览器”中“图纸（TADI-A）”目录下“1-02-首层平面图”图纸，绘图区域显示图纸（图 3.1-171）。

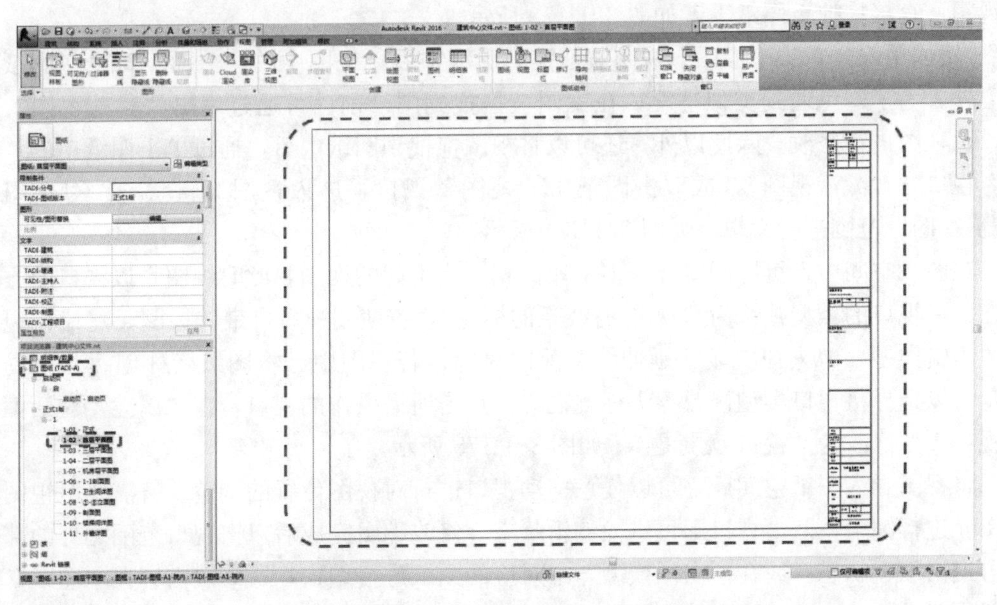

图 3.1-171

单击“视图”选项卡“图纸组合”面板中“视图”工具按钮，系统自动弹出“视图”对话框，选择“楼层平面：首层平面图”，点击“在图纸中添加视图（A）”按钮。（图 3.1-172）

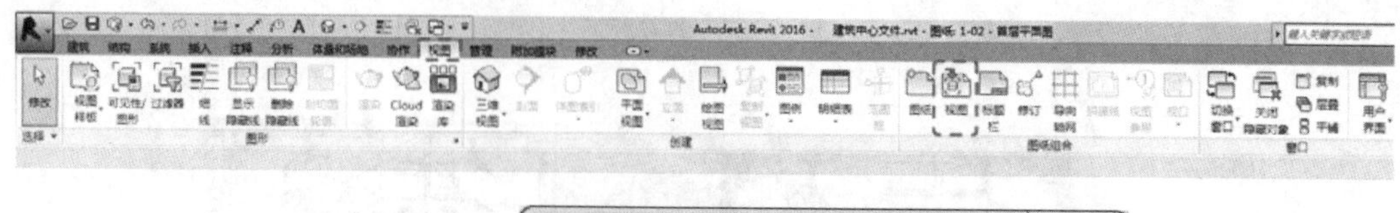

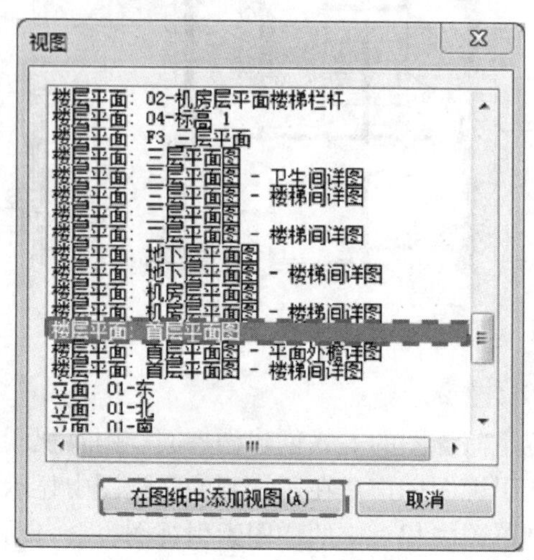

图 3.1-172

绘图区域将显示“楼层平面：首层平面图”处于待放置状态，在适当的位置点击鼠标左键，即可将“楼层平面：首层平面图”显示并放置在图纸空间的相应位置中。除此以外，还可在当前图纸下，点击“项目浏览器”中“出图模型”阶段目录下的需要生成图纸的视图，直接拖拽至图纸上。如图 3.1-173 所示。

“楼层平面：首层平面图”视图被拖拽到图纸中后，视图中的“立面”符号在图纸范围之外。为了避免遇到类似情况，在视图被拖拽到图纸前，可通过编辑“裁剪视图”范围，对视图进行修改。除此以外，还可以将视图拖拽到图纸中后，通过单击图纸中的“视图”视口并“激活视图”，或双击图纸中“视图”视口，进入视图编辑状态，对视图的“裁剪视图”范围进行编辑。如图 3.1-174 所示。

在图纸空间中，可以同时导入多个比例相同或不同的视图，此时视图是以视口的方式存在的，视口的类型默认为“视口 有线条的标题”，若使用视口自带的标题，建议在视口的“编辑类型”中去掉“显示延伸线”前的对勾；若视图中已将图纸名称创建并布局完毕，可以选择将视口类型修改为无标题视口。点击所需操作的视口，在“属性”对话框中将视口类型修改为“视口 无标题”。如图 3.1-175 所示。

将视图导入图纸空间后，可以任意拖动视口进行对视图位置的调整。若需要对视图中的图元进行编辑，双击视口即可进入编辑状态，修改编辑完成后双击视口范围之外的部分即可退出编辑状态。或在“出图模型”中对应的图纸进行编辑，所修改内容在“图纸”中关联更改。

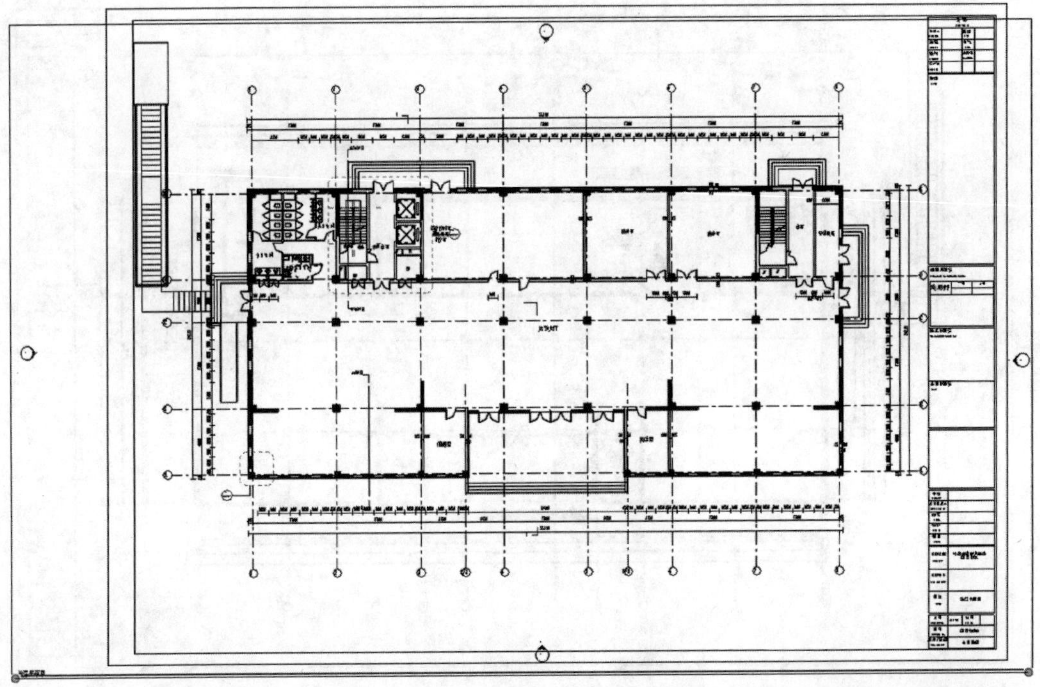

图 3.1-173

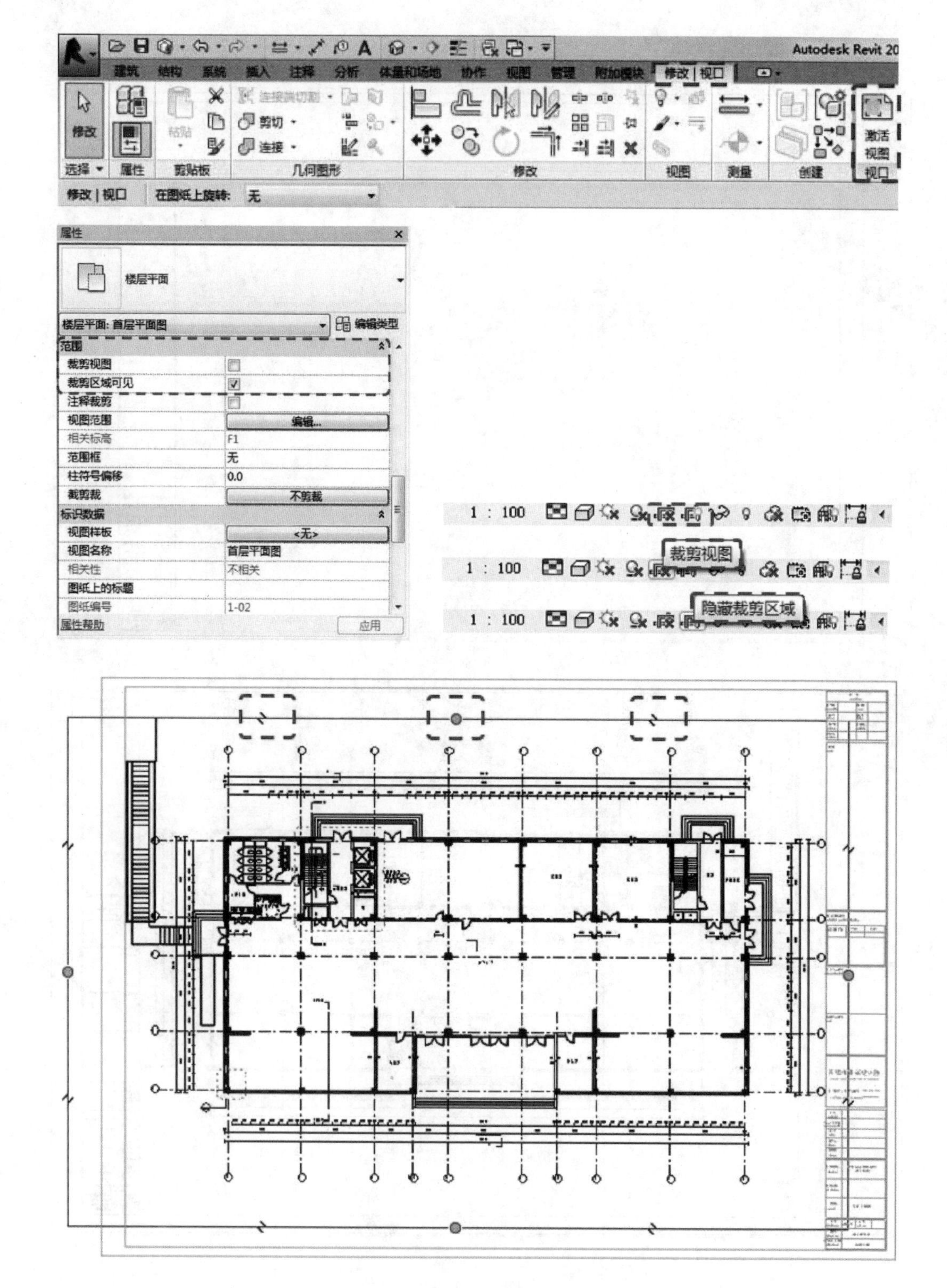
Autodesk Revit 20
建筑 结构 系统 插入 注释 分析 体量和场地 协作 视图 管理 附加模块 修改 | 视口
修改
连接端切割
剪切
连接
激活视图
选择 属性 剪贴板 几何图形 修改 视图 测量 创建 视口
修改 | 视口 在图纸上旋转: 无
属性
楼层平面
楼层平面: 首层平面图 编辑类型
范围
裁剪视图
裁剪区域可见
注释裁剪
视图范围 编辑...
相关标高 F1
范围框 无
柱符号偏移 0.0
截剪裁 不剪裁
标识数据
视图样板 <无>
视图名称 首层平面图
相关性 不相关
图纸上的标题
图纸编号 1-02
属性帮助 应用
1 : 100
裁剪视图
隐藏裁剪区域

图 3.1-174

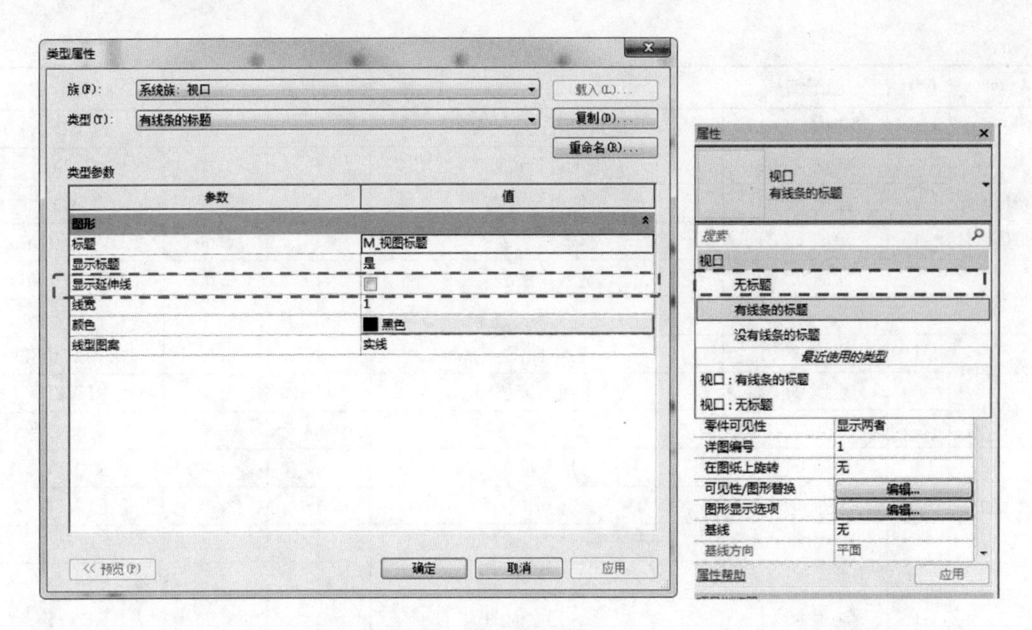

图 3.1-175

提示：一个视图或图例在一个图纸中只能被引用一次，否则将弹出报错窗口（图 3.1-176）。如有需要，可将视图或图例进行复制，再将复制出的视图或图例放置于其他图纸。

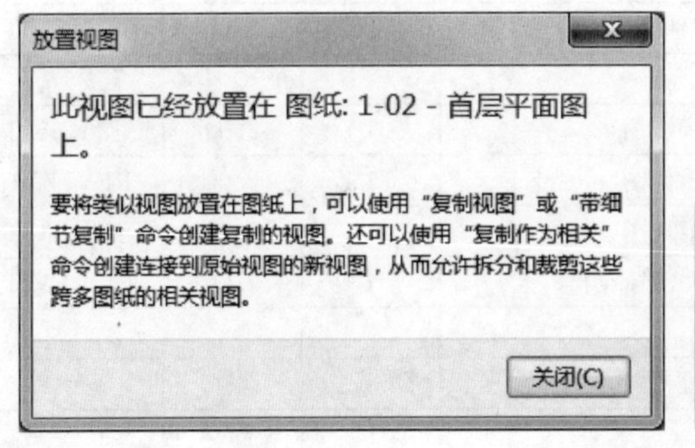

图 3.1-176

② 现阶段出图分工

除了本实例中提供的图纸，还可以通过 Revit 生成其他形式的图纸，例如某些三维示意图。但一些示意内容较多的图纸还是通过 CAD 进行绘制较为方便，表 3.1-2 列出了各类型图纸建议的出图方式，以供用户参考。

建筑专业出图 **表 3.1-2**

系列	序号	图纸编号	图纸名称	实际张数	标准张数	备注
	1		封面	1	2.00	REVIT
图纸目录（01）	1	建施-01-01	图纸目录	1	2.00	REVIT \ CAD

续表

系列	序号	图纸编号	图纸名称	实际张数	标准张数	备注
设计说明（02）	1	建施-02-01	建筑设计防火专篇	1	2.00	CAD
	2	建施-02-02	施工设计说明	1	2.00	CAD
	3	建施-02-03	节能设计专篇	1	2.00	CAD
	4	建施-02-04	营造作法表	1	2.00	REVIT \ CAD
	5	建施-02-05	室名作法表	1	2.00	REVIT \ CAD
总平面图（03）	1	建施-03-01	总平面图	1	2.00	REVIT/CAD
	2	建施-03-02	总平面图定位图	1	2.00	REVIT
平面图（04）	1	建施-04-01	首层平面图	1	2.00	REVIT
	…	建施-04…	……	1	2.00	REVIT
立面图剖面图（05）	1	建施-05-01	○～○立面图	1	2.00	REVIT
	2	建施-05-02	○～○立面图	1	2.00	REVIT
	3	建施-05-03	○～○立面图	1	2.00	REVIT
	4	建施-05-04	○～○立面图	1	2.00	REVIT
	5	建施-05-05	局部立面图	1	2.00	REVIT
	6	建施-05-06	1-1 剖面图	1	2.00	REVIT
	7	建施-05-07	2-2 剖面图	1	2.00	REVIT
详图（06）	1	建施-06-01	楼梯详图	1	2.00	REVIT
	2	建施-06-02	外檐详图	1	2.00	REVIT \ CAD
	3	建施-06-03	厨卫详图	1	2.00	REVIT
	4	建施-06-04	门窗表、门窗小样	1	2.00	REVIT
三维节点（07）	1	建施-07-01	三维节点			
总计						

A. Revit 可出图：封面、定位图、平面图、立面图、剖面图、门窗表及小样、部分详图。

B. 结合 CAD 出图：图纸目录、施工设计说明、防火专篇、节能专篇、做法表、总平面图、外檐详图等。

③ 用 Revit 直接出图

用 Revit 直接出施工图图纸，也不是将 Revit 中的模型视图拖拽到图纸中直接出施工图图纸，而是在 Revit 模型视图的基础上，进行二维修饰，再通过 Revit 软件直接出施工图图纸。

A. 通用二维注释的添加及修改

在Revit“注释”选项卡中，包括：“尺寸标注”、“详图”、“文字”、“标记”、“颜色填充”及“符号”六类面板。在对视图进行二维修饰出图时，我们根据不同图纸的出图要求进行不同编辑操作。

在“TADI-建筑样板”中已对必要“注释”族类别进行了添加编辑，可供直接使用。

尺寸标注的选用：

线性标注：TADI-线性标注

TADI-线性标注（总图）

标高：高程点 TADI-三角形（项目）

详图线线样式的选用：

TADI-粗

TADI-中

TADI-细

文字的选用：

引出标注：TADI-宋体-注释-3.5mm

说明文字：TADI-宋体-注释-5.0mm

图名文字：TADI-黑体-图名-7.0mm

图名比例：TADI-黑体-图名-10.0mm

预留洞口：TADI-宋体-注释-3.5mm（0.70）

图纸说明：TADI-宋体-注释-5.0mm（0.70）

注：括号中的数字为文字的宽度系数。

标记的选用：

房间标记：TADI-标记_房间-无面积-宋体-4.5mm

TADI-标记_房间-有面积-宋体-4.5mm

门标记：TADI-标记-窗-黑体-4.0mm

窗标记：TADI-标记-窗-黑体-4.0mm

符号的选用：

指北针：TADI-指北针

排水坡道：TADI-符号-排水箭头小号

TADI-符号-排水箭头大号

图集选号：TADI-索引符号

图纸视口的选用：

详图视口：TADI-有线条标题

其他视口：无标题

B. 图例及图纸说明文字

单击“视图”选项卡“创建”面板中“图例”下拉菜单“图例”工具按钮，弹出“新图例视图”对话框，修改“名称”及“比例”，点击“确定”，绘图区域显示为当前“图例1”视图，“项目浏览器”列表“图例”目录下自动生成“图例1”视图。如图3.1-177所示。

在图例视图中添加文字或其他二维注释类别，并将图例结合图纸布局，插入到图

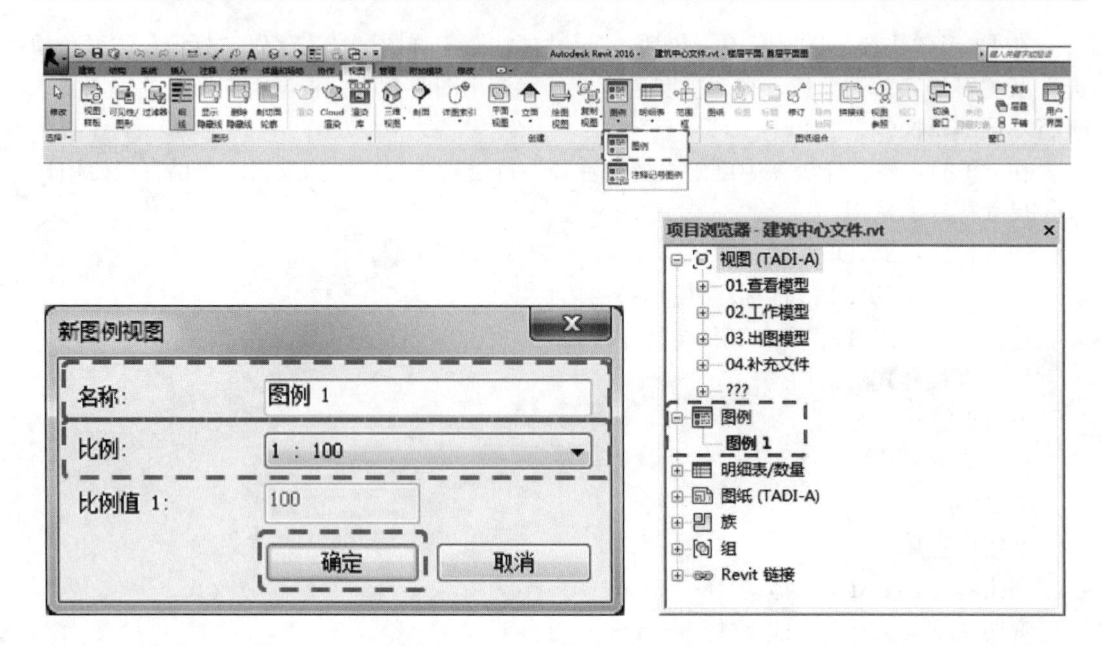

图 3.1-177

纸中。

提示：在图纸中添加图例或视图视口时，图例视口无法在图纸中旋转，而视图视口则可以（图 3.1-178）。

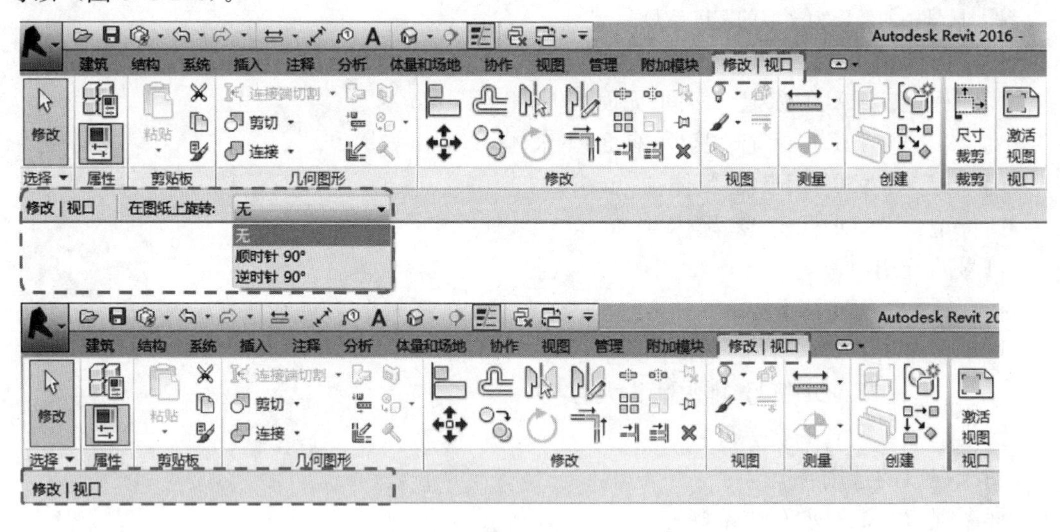

图 3.1-178

C. 平面图

(a) 尺寸标注

各设计人在平面图中需要对建筑构件与轴线关系进行定位、标注。单击“注释”选项卡“尺寸标注”面板中“对齐”（平行参照物）工具按钮或“线性”（水平或垂直向）工具按钮，在“属性”栏对话框“类型选择器”中选择线性尺寸标注样式为“TADI-线性标注”，对建筑轴线、墙、门、窗等构件的位置予以逐处标注。如图 3.1-179 所示。

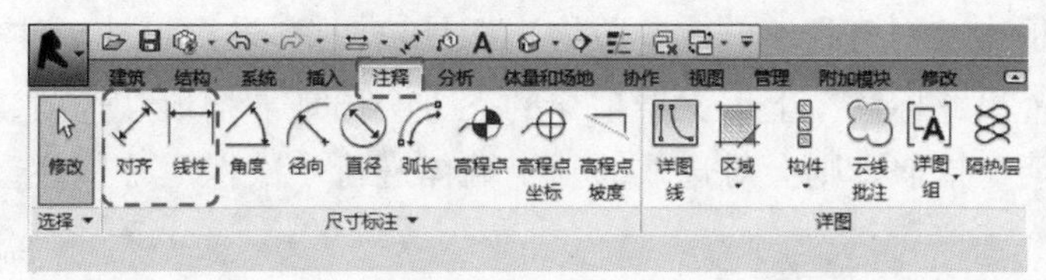

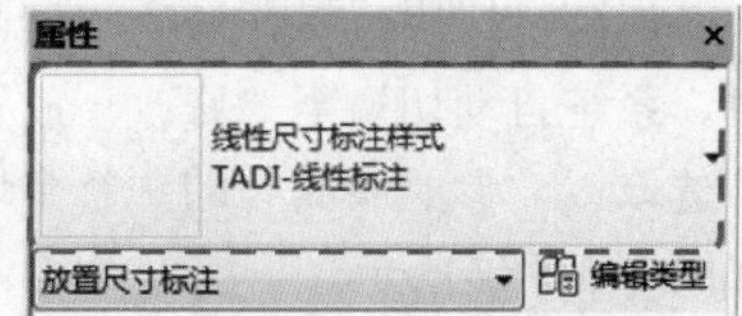

图 3.1-179

本案例中，以首层平面图为例。打开“首层平面图”楼层平面视图，在“对齐”或“线性”尺寸标注状态下，逐一点击轴线，调整好位置并在视图空白处单击鼠标左键，即可实现对轴线的线性标注（图 3.1-180）。

在标注完成后，若需要对标注的位置进行调整，可将标注进行整体拖动；若需要调整标注中数字的位置，可选中需要操作的标注数字下方的蓝点，进行位置的移动；若要对标注尺寸界限进行调整，可点击标注，系统自动切换至“修改 | 尺寸标注”上下文选项卡，点击“编辑尺寸界限”工具按钮，进行修改编辑。在进行调整标注中数字位置的操作时，点击标注，不勾选“属性”栏“图形”类别中“引线”复选框，即可无引线拖动标注数字。如图 3.1-181 所示。

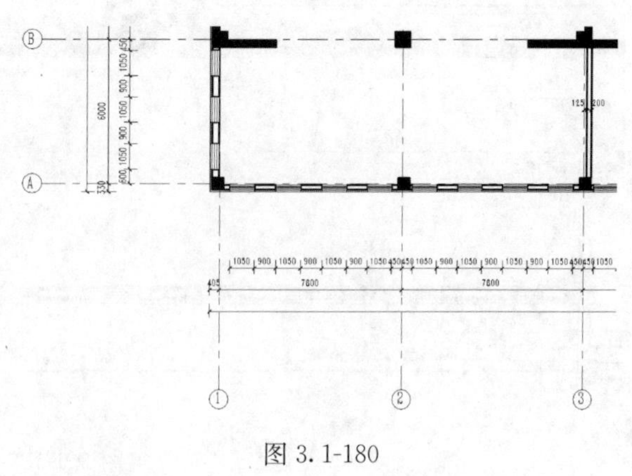

图 3.1-180

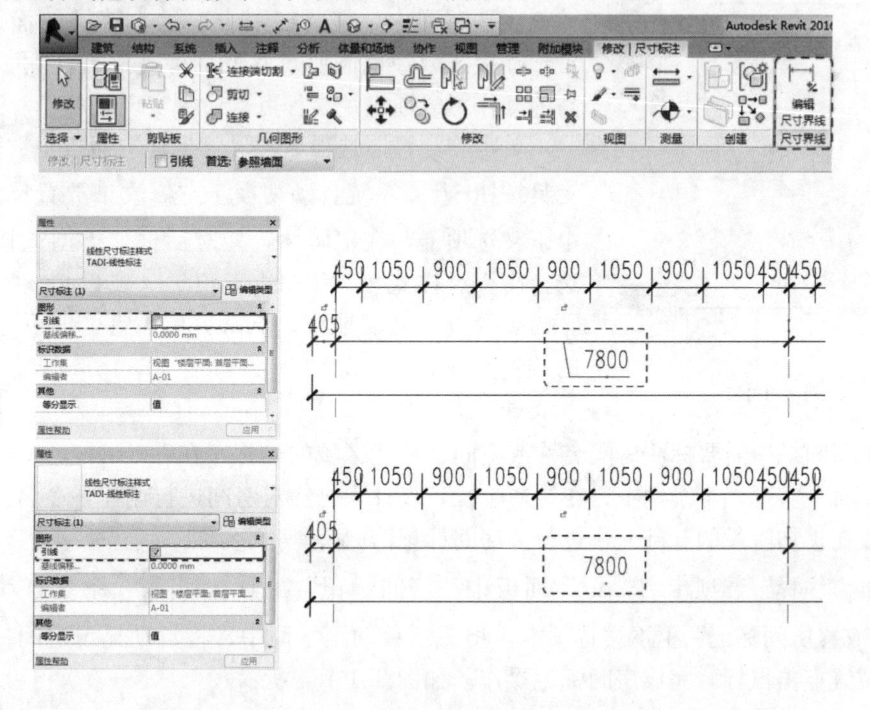

图 3.1-181

提示：使用“尺寸标注”面板中“对齐”（平行参照物）工具按钮进行尺寸标注时，系统自动切换至“修改 | 放置尺寸标注”上下文选项卡的下方会出现“拾取”选项。若选取以“参照墙面”的“整个墙”拾取，则会对选取的整个墙体进行一次性尺寸标注。如图 3.1-182 所示。

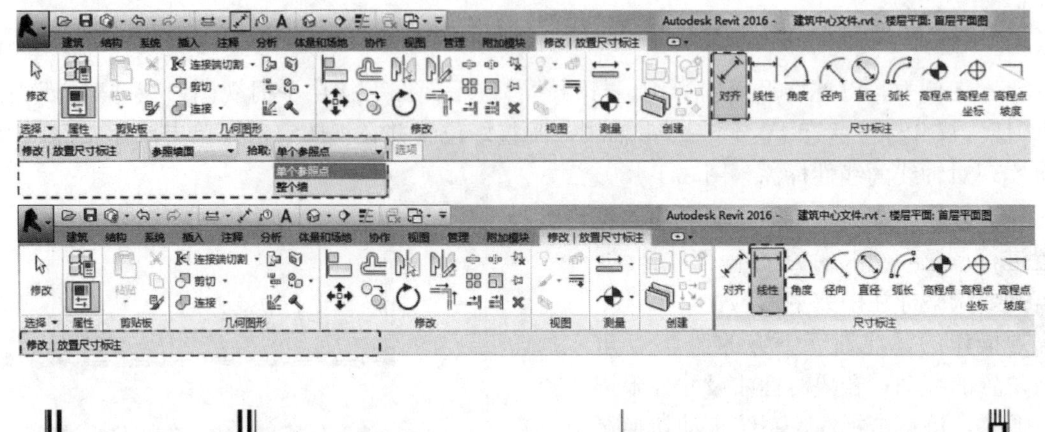

图 3.1-182

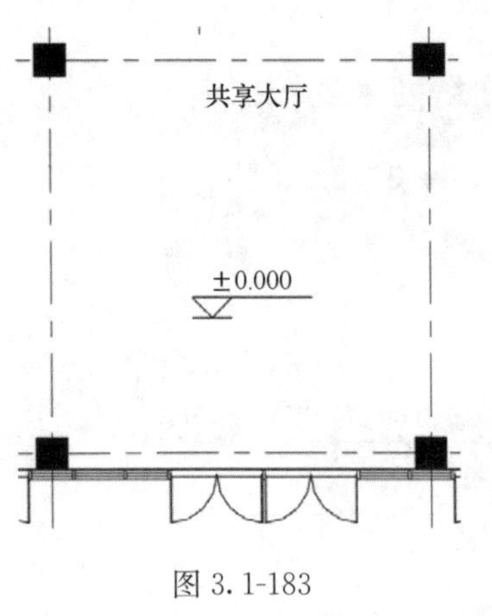

图 3.1-183

（b）标高

在平面图中，需要在图中表示本楼层的面层标高。对于降板区域，也需要对此处的标高进行注明。添加标高的操作可以通过“高程点”命令实现。

单击“注释”选项卡“尺寸标注”面板中“高程点”工具按钮，系统自动切换至“修改 | 放置尺寸标注”上下文选项卡，在“属性”栏对话框“类型选择器”中选择高程点样式为“TADI-三角形（项目）”。将鼠标移至需要放置标高的地方，点击鼠标左键，即可完成标高的放置（图 3.1-183）。

（c）房间名称

施工图图纸中需要标注房间名称或空间、功能区域的名称。在 Revit 中，可通过“房间标记”命令实现。本案例中，在扩初阶段，设计人已经对房间进行创建并命名。施工图出图阶段在扩初阶段的基础上，进行“房间标记”，显示房间名称。

单击“注释”选项卡“标记”面板中“房间标记”工具按钮，系统自动切换至“修改 | 放置房间标记”上下文选项卡，将鼠标移动至平面中，将自动显示房间标记，在合适的位置点击鼠标，完成房间标记操作。如图 3.1-184 所示。

（d）门窗编号

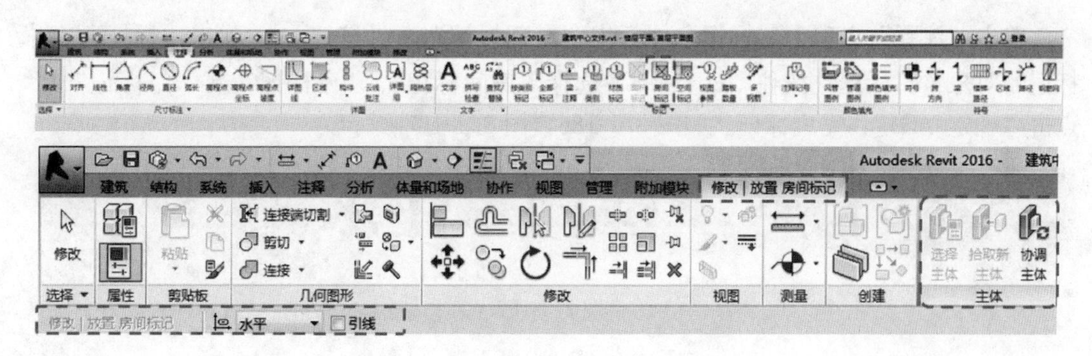

图 3.1-184

单击“注释”选项卡“标记”面板中“按类别标记”工具按钮①，系统自动切换至“修改 | 标记”上下文选项卡，将鼠标移动至平面中，放置在门或窗的部位，将自动显示门窗标记，点击鼠标，完成门窗标记操作。如图 3.1-185 所示。

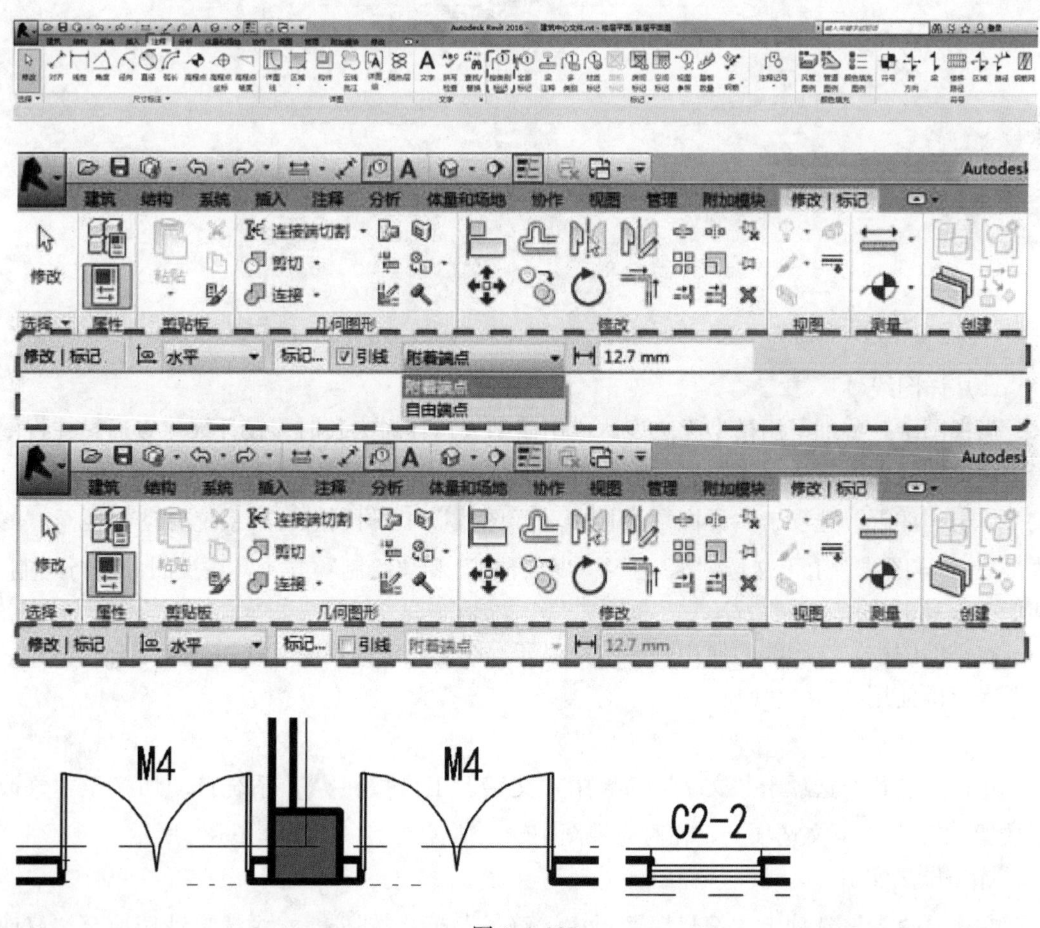

图 3.1-185

提示：房间标记、窗标记和门标记可以通过选择“全部标记”工具按钮进行一次性全部标记。

单击“注释”选项卡“标记”面板中“全部标记”工具按钮，弹出“标记所有未标记的对象”对话框，按住“ctrl”键，选择“房间标记”、“窗标记”及“门标记”后，点击“确定（D）”，完成标记。如图 3.1-186，图 3.1-187 所示。

图 3.1-186

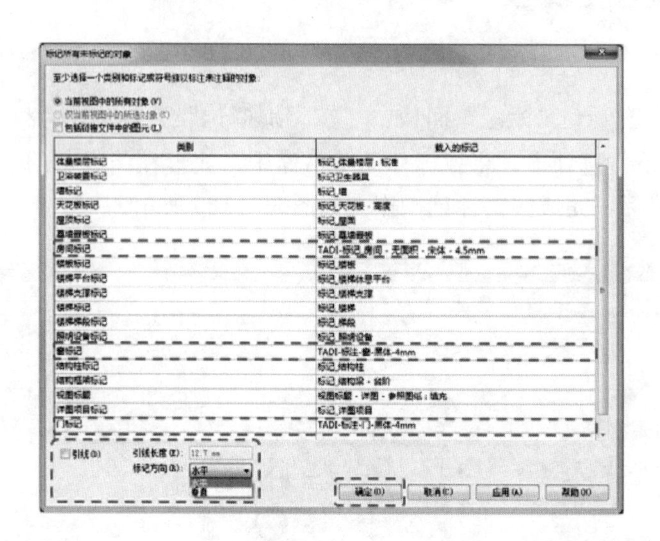

图 3.1-187

（e）详图线

当视图中一些细节用模型无法表达或用模型表达耗时太长时，设计人可以通过在视图中绘制详图线的方法进行视图表达的完善。

单击“注释”选项卡“详图”面板中“详图线”工具按钮，系统自动切换至“修改｜放置 详图线”上下文选项卡，选择“线样式”和“绘制”方式，在视图中进行绘制。如图 3.1-188 所示。

在平面图中，详图线的使用频率不是很高。在立、剖面图中，详图线将结合“填充区域”大范围使用。

（f）文字标注

单击“注释”选项卡“文字”面板中“文字”工具按钮**A**，系统自动切换至“修改｜放置 文字”上下文选项卡，在对应视图中输入所需文字。如图 3.1-189 所示。

（g）做法索引

单击“注释”选项卡“符号”面板中“符号”工具按钮，系统自动切换至“修改｜放置 符号”上下文选项卡，在“属性”栏“类型选择器”中选择需要的符号类别（图 3.1-190）。

（h）指北针

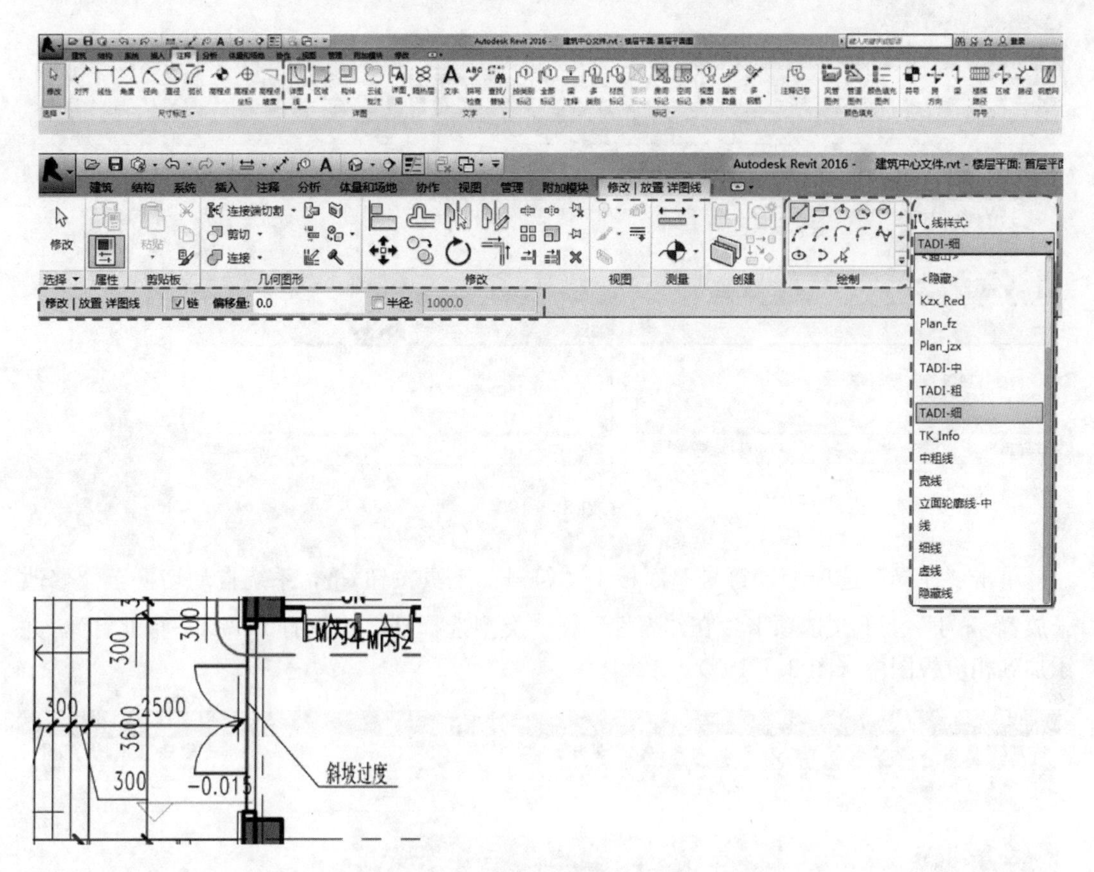

图 3.1-188

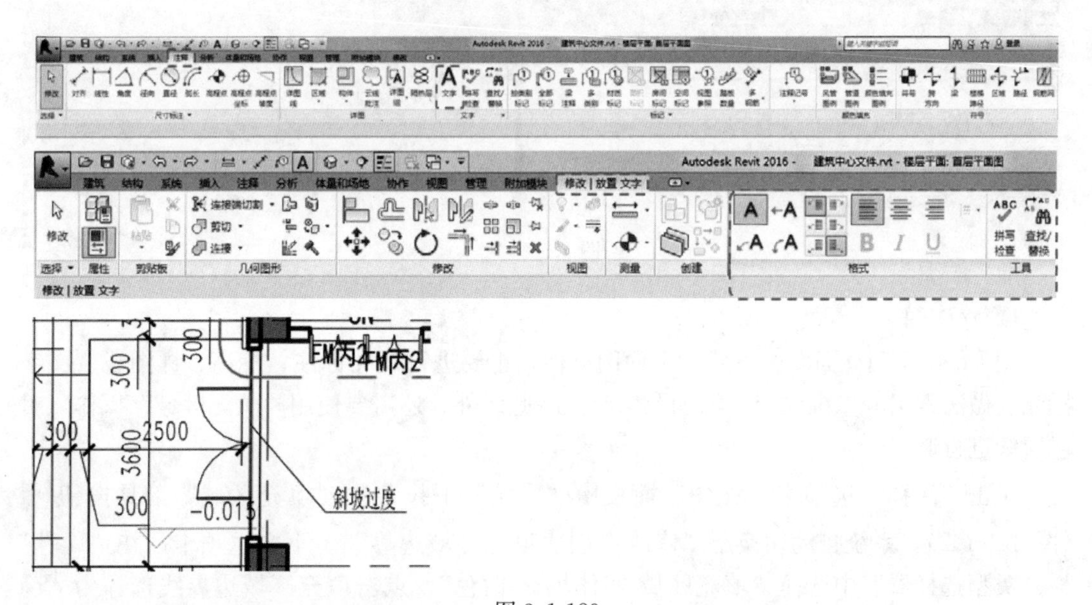

图 3.1-189

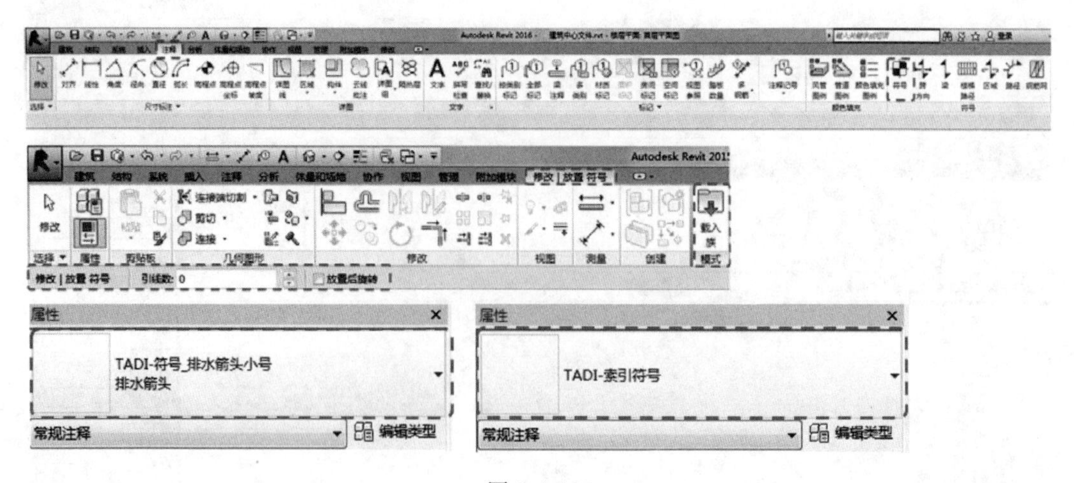

图 3.1-190

单击“注释”选项卡“符号”面板中“符号”工具按钮，系统自动切换至“修改 | 放置 符号”上下文选项卡，在“属性”栏“类型选择器”中选择“TADI-指北针”，并添加到相应视图中（图 3.1-191）。

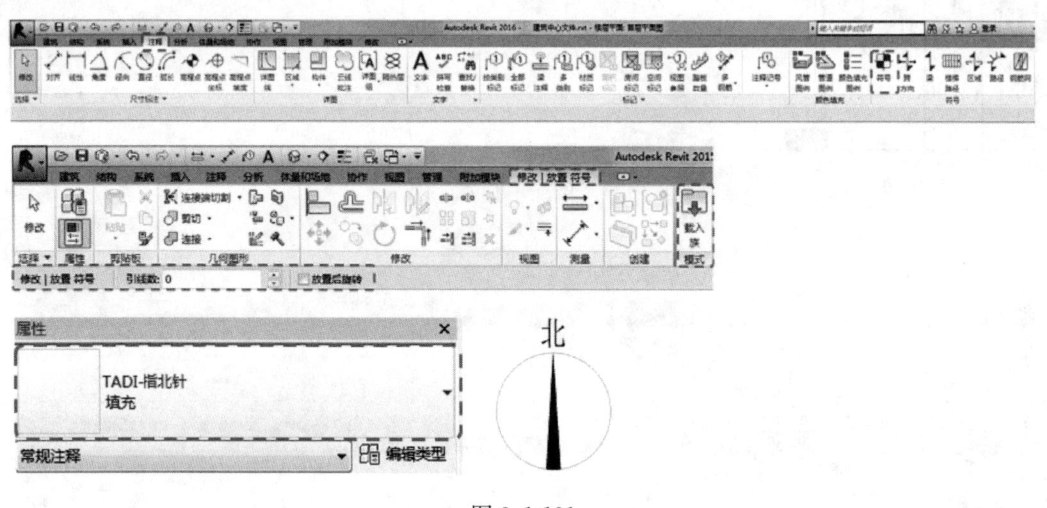

图 3.1-191

D. 立面图

用 Revit 绘制立面图的方式和平面图类似，也要进行尺寸标注、标高、详图线、文字标注、做法索引等二维注释的添加及修改。除此以外，还需要使用“填充区域”操作，对楼层线进行遮罩。

单击“注释”选项卡“详图”面板中“区域”下拉菜单“填充区域”工具按钮（图 3.1-192），系统自动切换至“修改 | 创建填充区域边界”上下文选项卡，在“属性”栏“类型选择器”中选择“填充区域 实体填充-白色”，点击填充区域边界线选择为“隐藏线”，并添加到相应视图中。如图 3.1-193、图 3.1-194 所示。

E. 剖面图

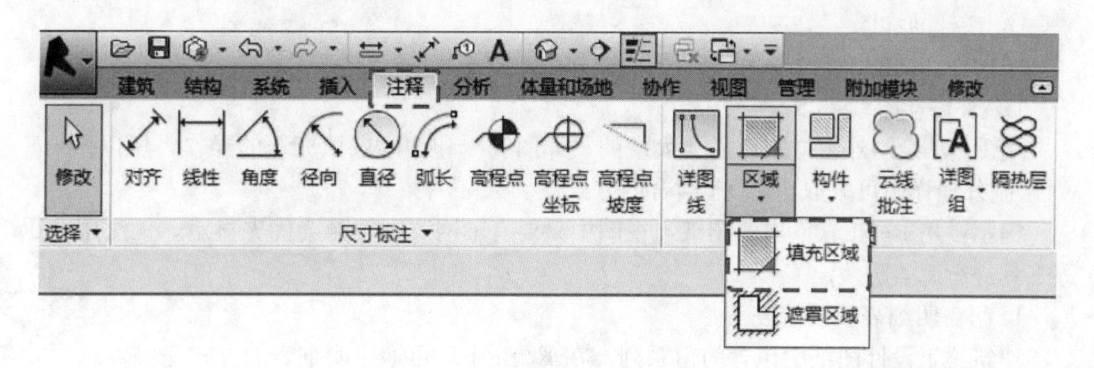

图 3.1-192

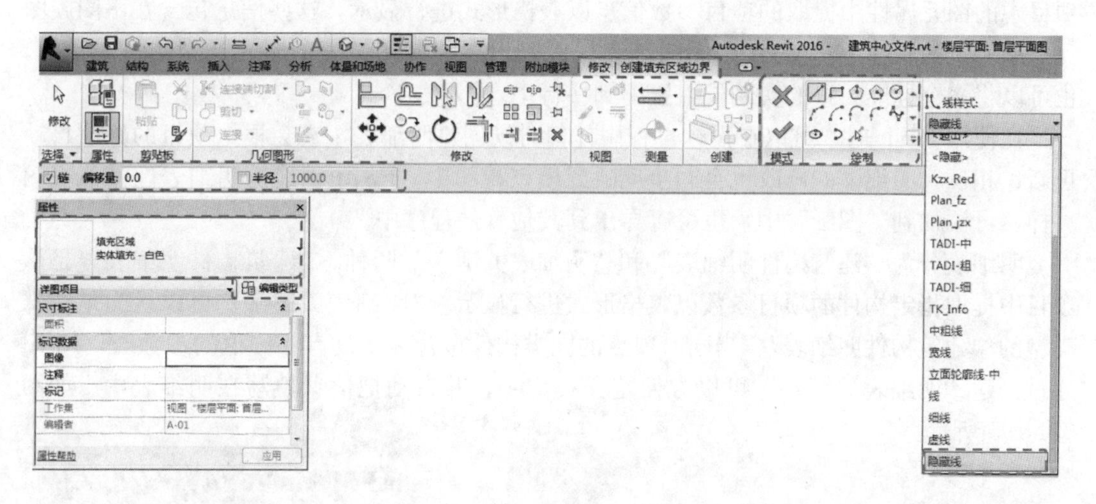

图 3.1-193

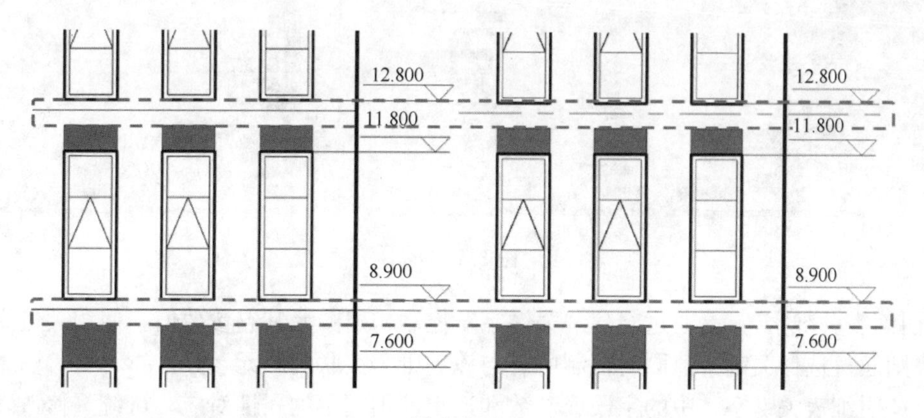

图 3.1-194

剖面图的绘制方式与绘制立面图的方式相似，但是需要更多的“详图线”和“区域填充”的操作，对剖面图图面进行整理。

F. 卫生间详图

卫生间详图的绘制方式与绘制平面图的方式相似。

G. 楼梯间详图

楼梯间详图的绘制方式可参照平面图和剖面图。

H. 外檐详图

用Revit绘制外檐详图，需要大量的“详图线”和“区域填充”的操作，所以用Revit绘制外檐详图可采取与CDA结合的方式。

提示：用Revit软件出的图纸，视图中只要有轴网，则轴网会优先显示，无法用遮罩等工具进行遮盖隐藏。

I. 门窗明细表及数量表

建筑施工设计图纸中包含门窗系列，在Revit中，可通过明细表的方式完成。

明细表在Revit中属于一种视图，显示项目中任意类型图元属性参数的表格。它将从项目中的图元属性中提取的项目参数信息以表格形式进行显示，这些信息包含在不同族图元类型实例的属性中。Revit中的明细表可以列出要编制明细表的图元类型的每个实例，也可以将多个标准一致的实例成组压缩到一行中。

在使用Revit时，可以在设计过程中任何时候创建明细表，它会根据项目的修改自动更新；相反，明细表的修改也会同步反映到模型视图中。Revit创建的明细表像其他视图一样，可添加到“图纸”中，也可以导出到其他软件程序中。

明细表分为“建筑构件明细表”和“明细表关键字”两种。“建筑构件明细表”是从项目中提取指定构件的项目参数以表格形式进行显示。“明细表关键字”可以认为是特殊类型的“建筑构件明细表”。当同一项目的同类构件包含多个具有相同值的参数时，Revit通过创建“明细表关键字”可以方便定义关键字，并自动把信息填写在明细表中。如图3.1-195所示。

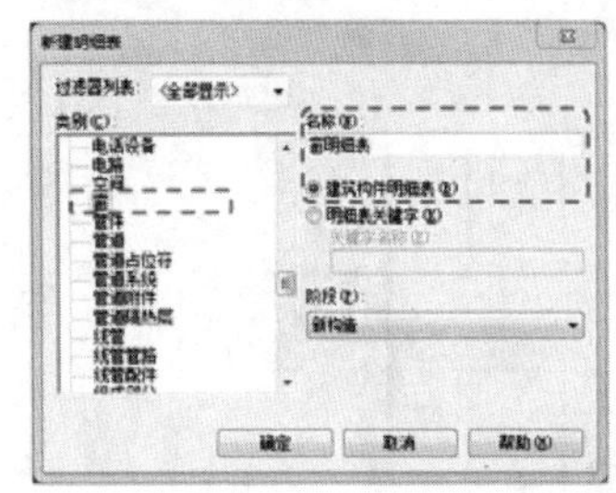
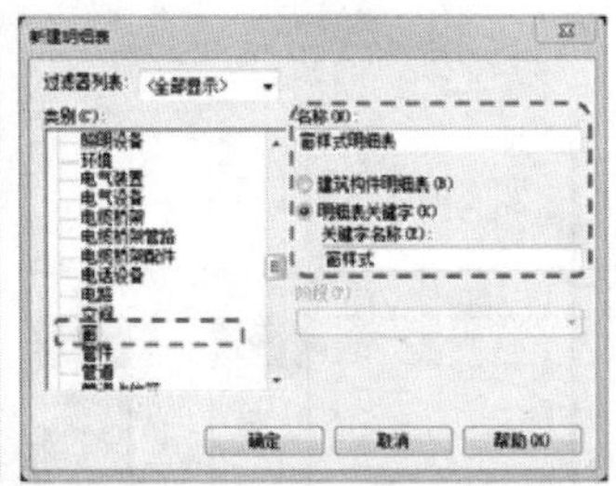
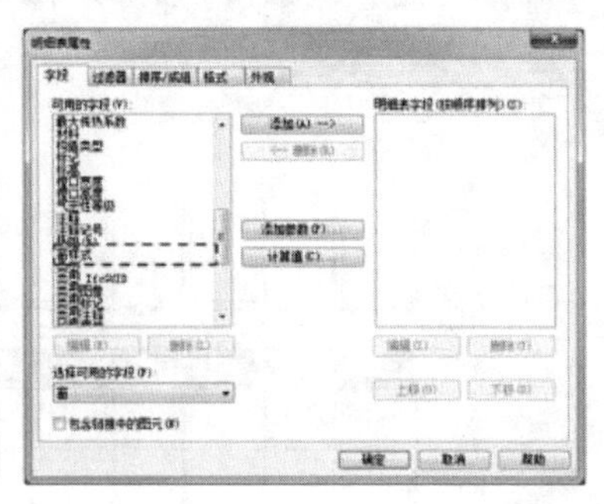

图3.1-195

“明细表关键字”：是通过新建“关键字”控制构建图元其它参数值，使用关键字明细表栏，则通过选择关键字值同时控制所有与该关键字关联的图元参数。

“明细表关键字”中的字段或参数和选定的类别中的属性对应，可统一修改，一旦用“明细表关键字”加以限制后，属性表中的参数将灰显，无法修改。如图3.1-196所示。

系统有默认的几类参数供选择，我们自己也可以新建参数，新建的参数不光在关键字里可以看到，我们在做明细表添加字段的时候也可以看到，也就是说，“明细表”和“明细表关键字”的参数是通用的。如图3.1-197所示。

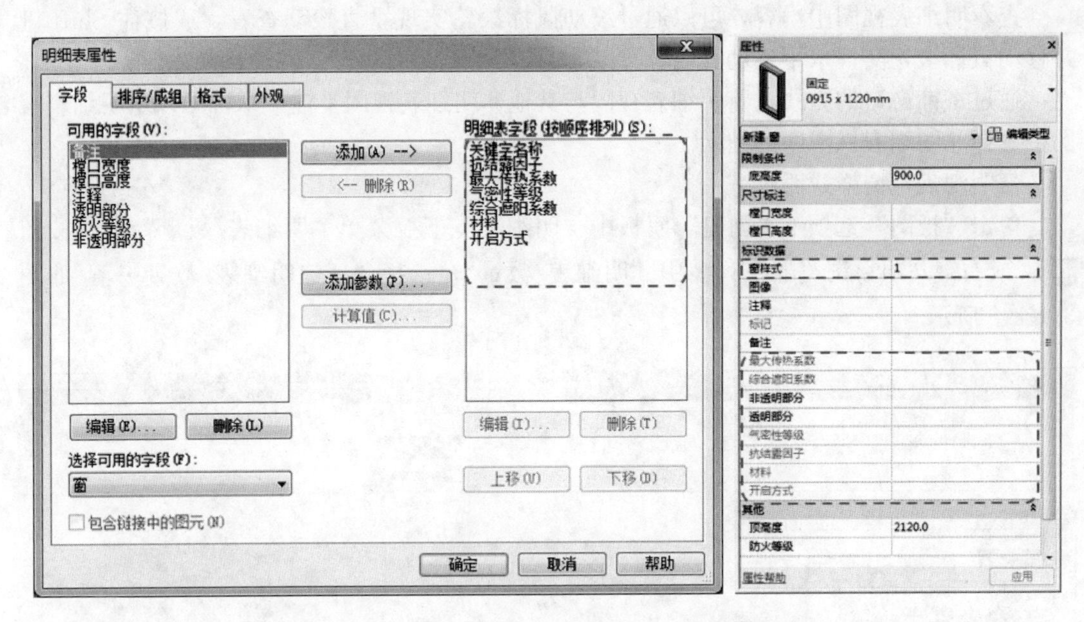

图 3.1-196

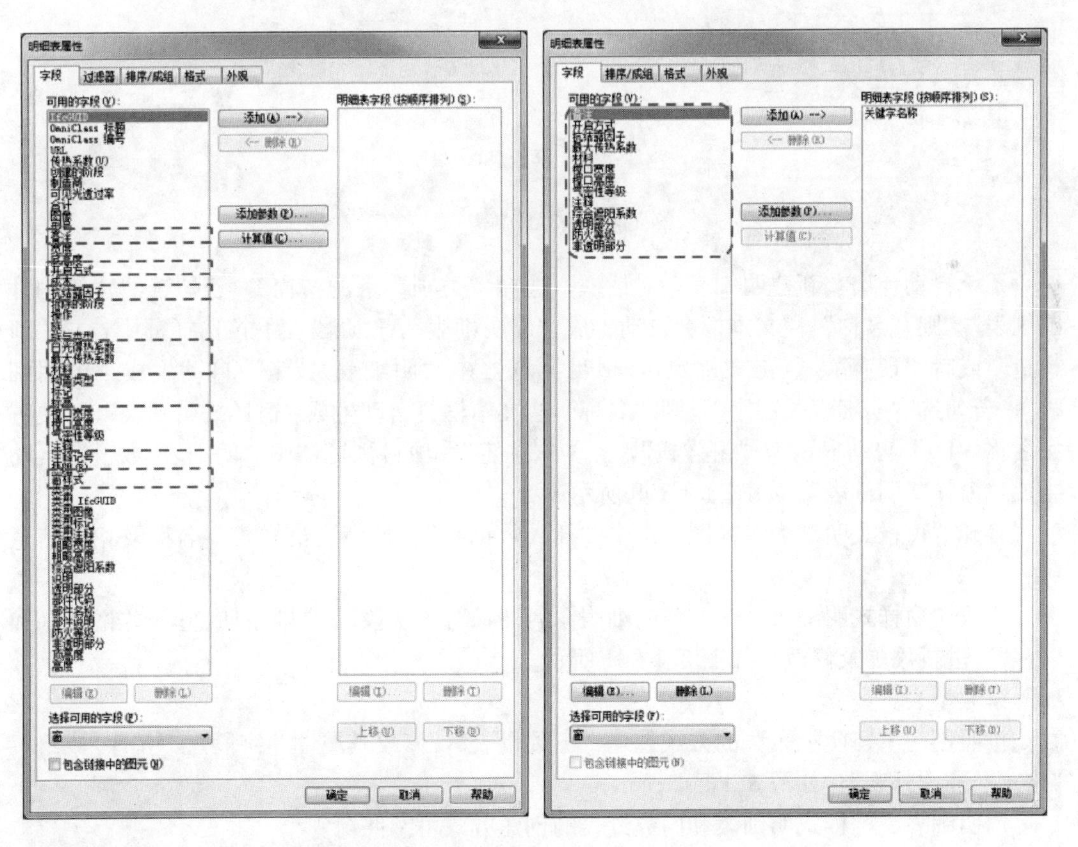

图 3.1-197

查看明细表视图中内容，可以通过滚动鼠标滚轮实现垂直滚动查看，或按住 Shift 键并移动鼠标滚轮实现水平滚动查看。

通过平铺窗口的方式，将明细表视图与其他非明细表视图平铺显示，可以从明细表视图中选择非明细表视图中的图元。

窗明细表及窗样式明细表：

单击“视图”选项卡“创建”面板中“明细表”下拉菜单“明细表/数量”工具按钮；或右键“项目浏览器”列表中“明细表/数量”，选择“新建明细表/数量…”。如图 3.1-198 所示。

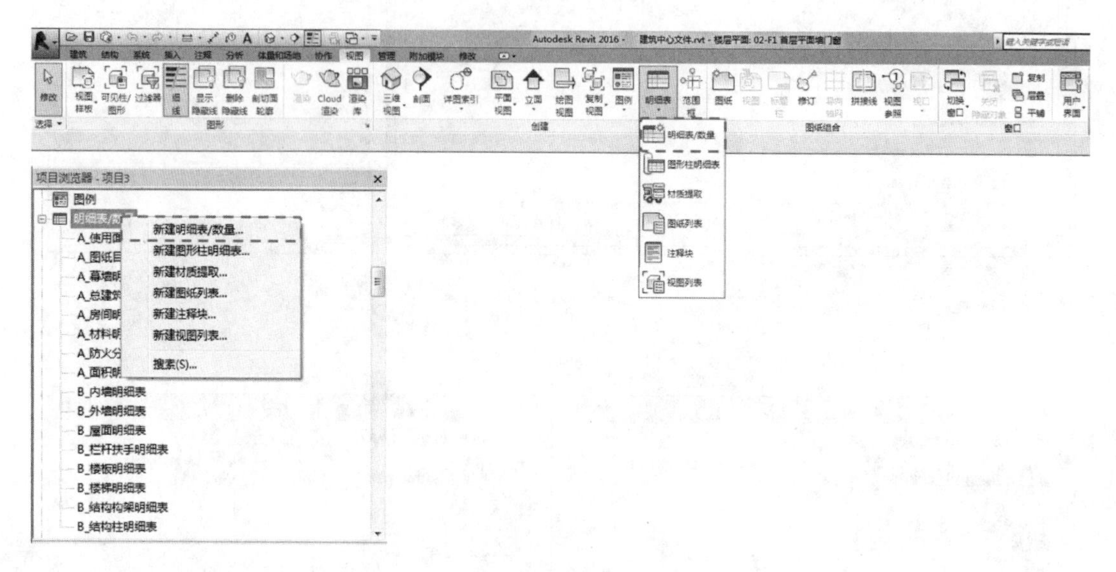

图 3.1-198

系统自动弹出“新建明细表”对话框，选择“类别”下的“窗”。若勾选“建筑构件明细表”，则“名称”栏文本框会自动生成“窗明细表”，“阶段”下拉选择框中选择“新构造”或者“现有”，点击“确定”，项目浏览器中“明细表/数量”自动生成“窗明细表”；若勾选“明细表关键字”，则“名称”栏文本框会自动生成“窗样式明细表”，“关键字名称（E）”自动显示为“窗样式”，点击“确定”，项目浏览器中“明细表/数量”自动生成“窗样式明细表”。如图 3.1-199 所示。

打开“窗样式明细表”视图，点击“插入数据行”，补充“窗样式”名称及相关信息（图 3.1-200）。

修改“窗样式明细表”和“窗明细表”属性，对“字段”、“排序/成组”、“格式”和“外观”进行添加及修改。如图 3.1-201 所示。

窗数量表：

按照创建“窗明细表”的方式创建“窗数量表”，修改其属性“字段”、“排序/成组”、“格式”和“外观”。如图 3.1-202 所示。

门明细表、门样式明细表和门数量表的创建方式可参照窗。

④ 补充图纸的绘制

补充图纸包括建筑设计说明等文件，需要用 CAD 绘制的图纸以及根据需求生成的三

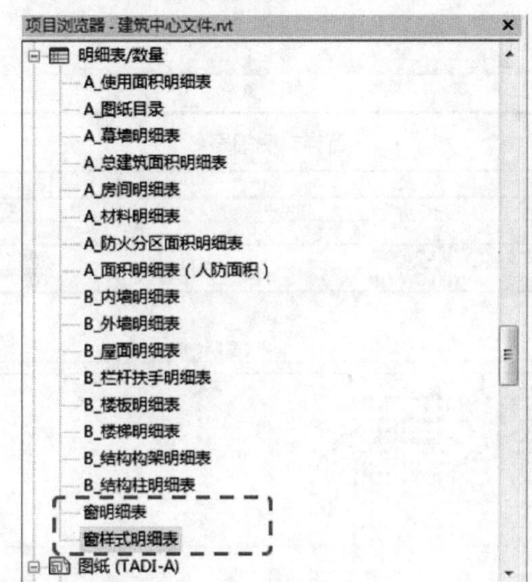

图 3.1-199

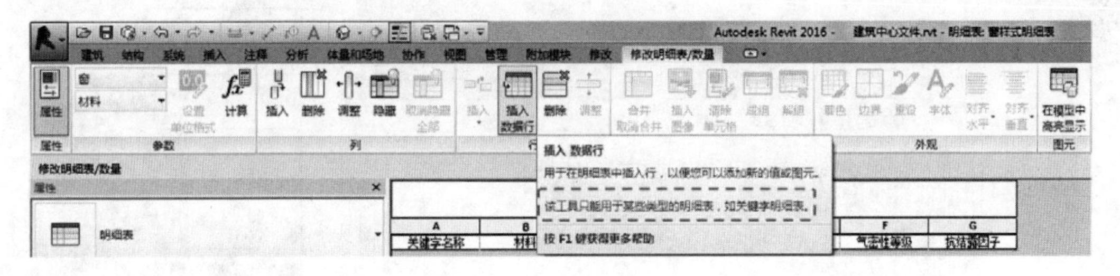

图 3.1-200

维透视图纸等。对于需要用 Revit 和 CAD 配合绘制的图纸，需要在 Revit 中将出图视图导出为 dwg 格式的图纸，在 CAD 中绘制完成之后再重新导入到 Revit 中。导入 CAD 图纸的操作可参照第 2 章图框图签的内容。

A. 外檐详图

对于外檐的大样绘制，建议按建模中实际位置剖切得到轮廓后，调整比例为 1∶20，导出 .dwg 格式（不将图纸上的视图和链接作为外部参照导出），在 CAD 中绘制外檐图。CAD 绘制完成后设置线颜色为白色，在 Revit 中新建图例导入该 CAD 图，并添加到相应

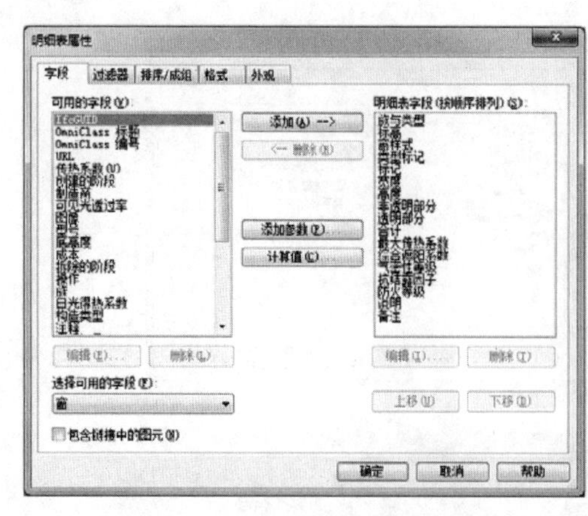

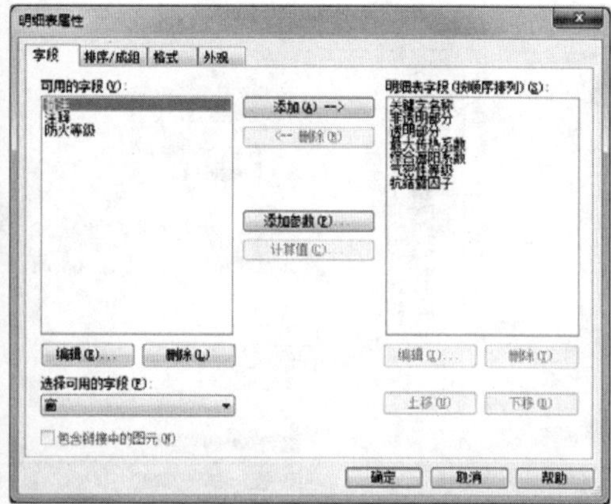

<窗样式明细表>

A	B	C	D	E	F	G
关键字名称	非透明部分	透明部分	最大传热系数	综合遮阳系数	气密性等级	抗结露因子
04~0.5窗墙面积比	PA断桥铝合金	双银LOW-E中	2.3	0.6 / -	6级	7级
05~07窗墙面积比	PA断桥铝合金	双银LOW-E中	2.0	0.5 / -	6级	7级

<窗明细表>

A	B	C	D	E	F	G	H	I	J	K
	洞口尺寸									
设计编号	宽度	高度	非透明部分	透明部分	总樘数	最大传热系数K [W/m2.K]	综合遮阳系数Sw (东、西向/南向)	气密性等级	抗结露因子	选用图集
C1	1050	3550	PA断桥铝合金	双银LOW-E中空玻璃内填氩气	9	2.0	0.5 / -	6级	7级	[illegible]
C2-1	1050	3550	PA断桥铝合金	双银LOW-E中空玻璃内填氩气	20	2.3	0.6 / -	6级	7级	[illegible]
C2-2	1050	3550	PA断桥铝合金	双银LOW-E中空玻璃内填氩气	33	2.0	0.5 / -	6级	7级	[illegible]
C3-1	1050	2900	PA断桥铝合金	双银LOW-E中空玻璃内填氩气	245	2.0	0.5 / -	6级	7级	[illegible]
C3-2	1050	2900	PA断桥铝合金	双银LOW-E中空玻璃内填氩气	132	2.3	0.6 / -	6级	7级	[illegible]
C4-1	1050	2900	PA断桥铝合金	双银LOW-E中空玻璃内填氩气	84	2.0	0.5 / -	6级	7级	[illegible]
C4-2	1050	2900	PA断桥铝合金	双银LOW-E中空玻璃内填氩气	36	2.3	0.6 / -	6级	7级	[illegible]
C5	1050	2100	PA断桥铝合金	双银LOW-E中空玻璃内填氩气	14	2.3	0.6 / -	6级	7级	[illegible]
C6	1050	2100	PA断桥铝合金	双银LOW-E中空玻璃内填氩气	6	2.3	0.6 / -	6级	7级	[illegible]
C7	1050	3400			6					[illegible]
C8	1050	3700			1					[illegible]
C9	1050	3200			1					[illegible]
C10-1	1050	3200	PA断桥铝合金	双银LOW-E中空玻璃内填氩气	2	2.0	0.5 / -	6级	7级	[illegible]
C10-2	1050	3200	PA断桥铝合金	双银LOW-E中空玻璃内填氩气	8	2.3	0.6 / -	6级	7级	[illegible]

图 3.1-201

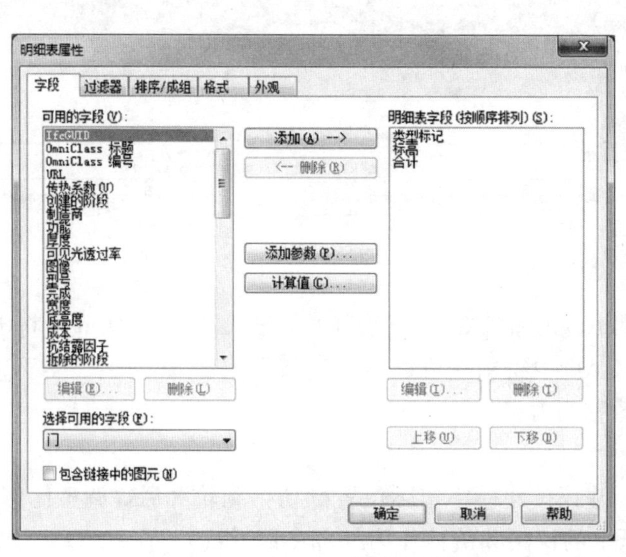

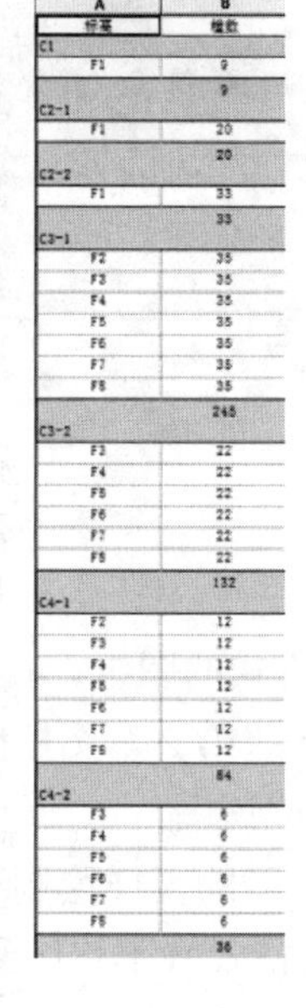

<窗数量表>

A	B
标高	樘数
C1	
F1	9
	9
C2-1	
F1	20
	20
C2-2	
F1	33
	33
C3-1	
F2	35
F3	35
F4	35
F5	35
F6	35
F7	35
F8	35
	245
C3-2	
F3	22
F4	22
F5	22
F6	22
F7	22
F8	22
	132
C4-1	
F2	12
F3	12
F4	12
F5	12
F6	12
F7	12
F8	12
	84
C4-2	
F3	6
F4	6
F5	6
F6	6
F7	6
F8	6
	36

图 3.1-202

的图纸中。

B. 设计说明

设计总说明等以文字、示意图例居多的图纸，建议现阶段仍按 CAD 的方式出图，或在图例中添加文字、详图线、详图构件或符号等注释。如图 3.1-203 所示。

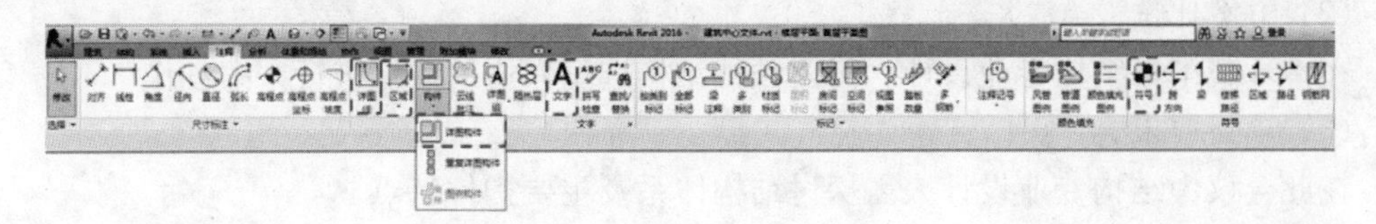

图 3.1-203

C. 三维透视图

Revit 是一个三维信息模型软件，所以区别于传统的 CAD 图，可根据需求补充三维透视图或轴侧图。如图 3.1-204 所示。

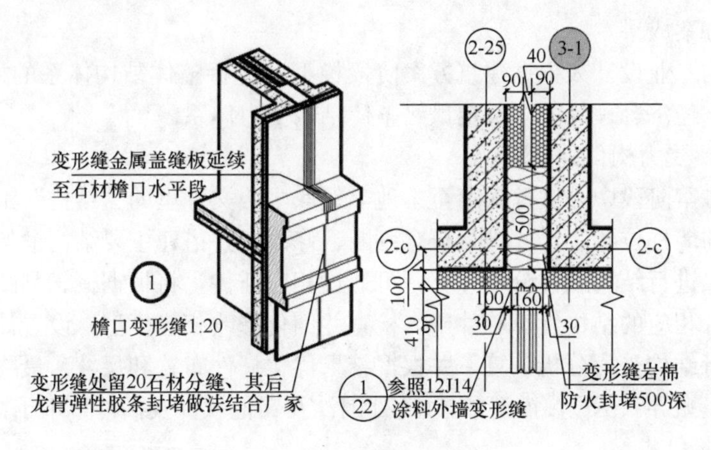

图 3.1-204

(2) 完成施工图成果

本环节需要将绘制完毕的图纸进行打印、整理，最终完成整套施工图的出图工作。

3. 图纸完成标准

此阶段需在施工图模型的基础上建立图纸及出图模型视图，在出图模型视图中添加二维注释，图纸深度需满足施工图要求。绘制完毕后，进行图纸校审、打印、晒图等工作。整理明细表等其他资料及成果，分离并保存最终 Revit 模型，进行最终的交付及归档。此阶段模型中每张图纸需包含完整的二维注释，对每个构件的尺寸及定位要详细、准确。模型中还要包含所需统计构件的明细表等文件。

3.2 结构部分

3.2.1 概念及方案阶段

1. 设计要点

本阶段需要召开项目要求会，根据建筑方案阶段的模型进行结构方案的比选。对结构模型进行初步的计算及调整，最终确定结构方案。

2. 设计流程

（1）概念设计

结构专业设计人与建筑专业设计人根据相关问题进行探讨。

（2）方案比选

在本环节中，结构专业设计人需要预估结构选型，协助建筑进行方案创作。

（3）项目要求会

在此会议中结构专业设计人需探讨结构体系及主要构件特点。

（4）方案深化

本环节结构专业人员需要协助建筑进行方案深化，提供必要的结构选型分析及说明。

（5）方案确定会

本环节结构专业设计人参加方案确定会，与建筑探讨方案的可行性，并确定最终的方案。

（6）完成方案成果

本环节结构专业设计人根据建筑方案阶段模型，进行整体结构体系的概念方案比选，结合建筑美观、经济合理等原则确定最终整体结构受力体系。

① 结构主要受力构件的初算

打开建筑方案阶段中心文件保存至本地，领取中心文件里的“结构”工作集，对建筑人员初步设定的墙柱位置、尺寸进行概念判断、修改，并搭建主要结构框架。

如需此阶段进行结构软件分析计算，可通过相应插件，将根据概念判断初步搭建的结构受力体系导入相应的结构计算软件中，检查并细化修改相应模型，设置计算参数、定义特殊构件等进行结构受力分析计算，并根据结果优化杆件布置和尺寸。最终将结构计算软件试算修改的模型导入 Revit 模型中。（此处因涉及其他软件及插件，不予详细介绍。）

② 完成此阶段成果

最终初步确定结构形式及主要构件尺寸，并完成结构主体框架初步模型，并与建筑专业讨论其美观与功能可行性，根据该会议要求调整模型，完成结构方案成果文件。

3. 模型完成标准

此阶段需要通过项目要求会及方案确定会商讨现有方案的可行性，结合结构计算软件确定结构主体框架及关键部位的结构布置方案（可不包括地下基础部分），为扩初阶段模型的搭建提供理论及计算依据。

3.2.2 扩初阶段

1. 设计要点

本阶段包含以下设计要点：

（1）在项目协调会中了解楼梯、电梯间的位置，对特殊位置进行荷载校核，确定基础和上部结构形式。

（2）根据项目协调会的讨论结果详细搭建结构计算模型，包括梁、板、结构柱、剪力墙、承台和桩等结构构件。

（3）扩初阶段模型中的结构构件须齐全，布置合理，楼、电梯间开洞位置须准确。各构件须赋予相应的混凝土或钢材质。

(4) 在指定路径中创建中心文件，并告知本专业设计人进行本地保存，以及其他专业设计人进行链接。

(5) 按照规则划分和命名工作集，各设计人必须在各自的工作集中工作。

(6) 结构模型搭建完毕后须与建筑专业核对结构构件平面定位、标高等信息的一致性。与设备专业核对梁布置的可行性，对于由于梁截面过大导致管线布置不符合净高要求的位置进行讨论并确定解决方案。

2. 设计流程

(1) 方案延续

结构专业设计人员不参与本环节。

(2) 项目协调会

进入扩初阶段，建筑专业负责人召集与本项目相关的结构、机电等专业人员进行项目协调会，介绍该阶段项目的建筑特点、需求和平面布置等内容。

结构负责人在项目协调会中应了解楼梯、电梯间的位置；荷载、标高等特殊要求；建筑营造及外檐等做法。此会议过程中尚需确定好关键楼层，以便于确定各专业在同一部位深度同步，有效开展协同设计；最后需确定本工程各专业 Revit 中心文件等公用文件的组织管理方式，使得本工程的文件管理工作有据可循。

(3) 扩初设计

① 确定结构分析模型

在方案阶段初步试算模型基础上，详细搭建结构计算模型，细化荷载等因素，并分析计算，得到扩初阶段最终优化方案。在此过程中可根据需要进行计算软件与 Revit 之间的模型互导工作。

② 建立结构中心文件并划分工作集

本实例中介绍的方法是在 Revit 中自行搭建结构体系模型的过程，如需沿用方案阶段的结构布置，可复制建筑中心文件中的“结构”工作集中的图元至结构中心文件中，在此不做详细介绍。

首先需以“S-ADMIN”的用户名创建结构中心文件，结构中心文件中应包含轴网、标高，并划分初始 ADMIN 工作集。

A. 新建结构中心文件

(a) 启动 Revit

(b) 更改用户名

点击画面左上角的图标，点击“选项”按钮。在“选项”对话框中，点击左侧“常规”选项卡，将用户名一栏中的文字更改为“S-ADMIN”。点击“确定”(图 3.2-1)。

(c) 新建项目文件

新建项目文件有以下两种操作方式可供参考：

■ 点击 Revit 开始画面中的“新建”命令(图 3.2-2)，弹出“新建项目”对话框，点击“样板文件”范围框中的“浏览”命令，在选择样板对话框中选择光盘中的“TADI-结构样板 .rte”文件，在“新建”范围框内选择“项目”，点击“确定”按钮(图 3.2-3)。进入项目启动页。

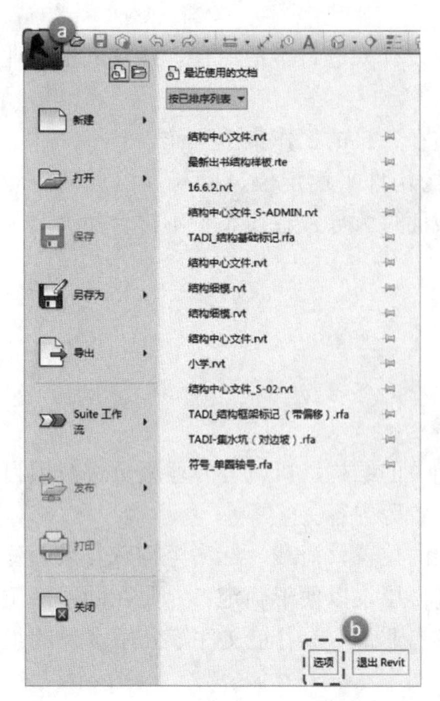
a
最近使用的文档
按已排序列表
新建
打开
保存
另存为
导出
Suite 工作流
发布
打印
关闭
结构中心文件.rvt
16.6.2.rvt
结构中心文件_S-ADMIN.rvt
结构中心文件.rvt
结构中心文件.rvt
小李.rvt
结构中心文件_S-02.rvt
b
选项
退出 Revit

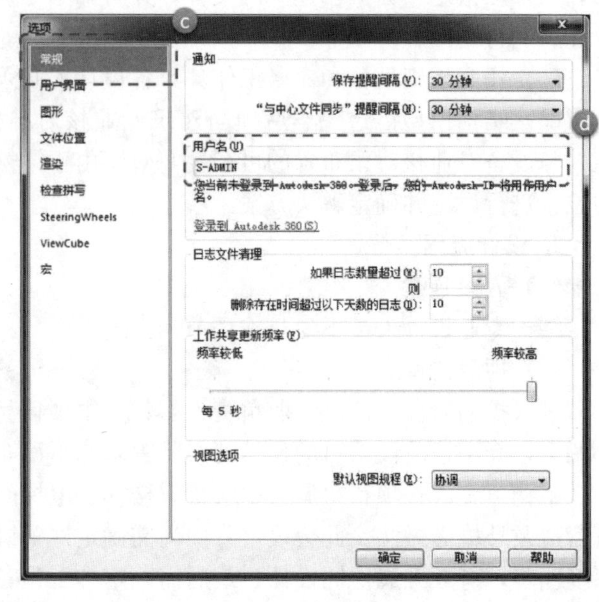
选项
c
常规
用户界面
图形
文件位置
渲染
检查拼写
SteeringWheels
ViewCube
宏
通知
保存提醒间隔(V): 30 分钟
"与中心文件同步"提醒间隔(M): 30 分钟
d
用户名(U)
S-ADMIN
登录到 Autodesk 360(S)
日志文件清理
如果日志数量超过(G): 10
则
删除存在时间超过以下天数的日志(D): 10
工作共享更新频率(F)
频率较低
频率较高
每 5 秒
视图选项
默认视图规程(E): 协调
确定
取消
帮助

图 3.2-1

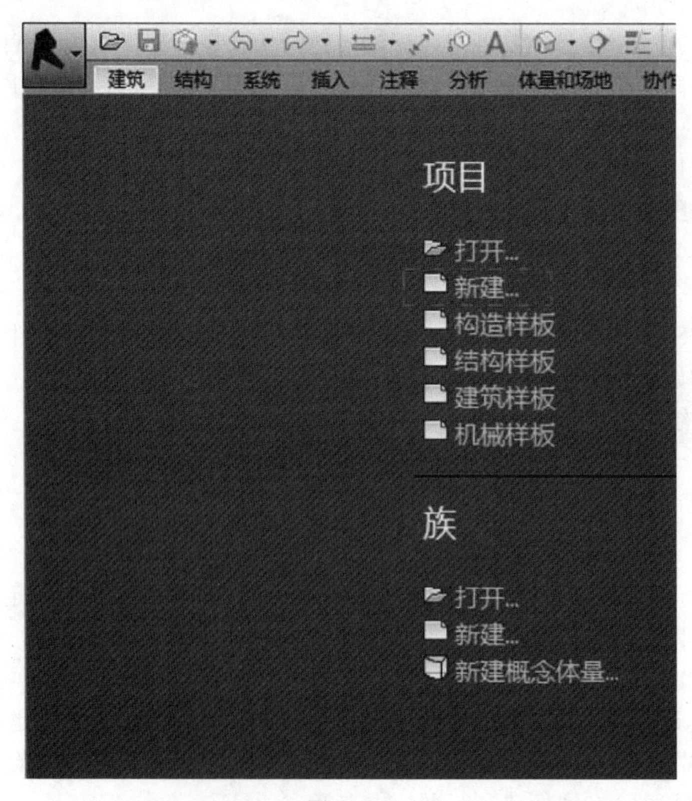
建筑
结构
系统
插入
注释
分析
体量和场地
项目
打开...
新建...
构造样板
结构样板
建筑样板
机械样板
族
打开...
新建...
新建概念体量...

图 3.2-2

■ 点击画面左上角的图标并选择“新建”命令，在“新建项目”对话框中，点击“样板文件”范围框中的“浏览”命令，在选择样板对话框中，选择光盘中的“TADI-结构样板 . rte”文件，在“新建”范围框内选择“项目”，点击“确定”按钮，进入项目启动页。如图 3. 2-3，图 3. 2-4 所示。

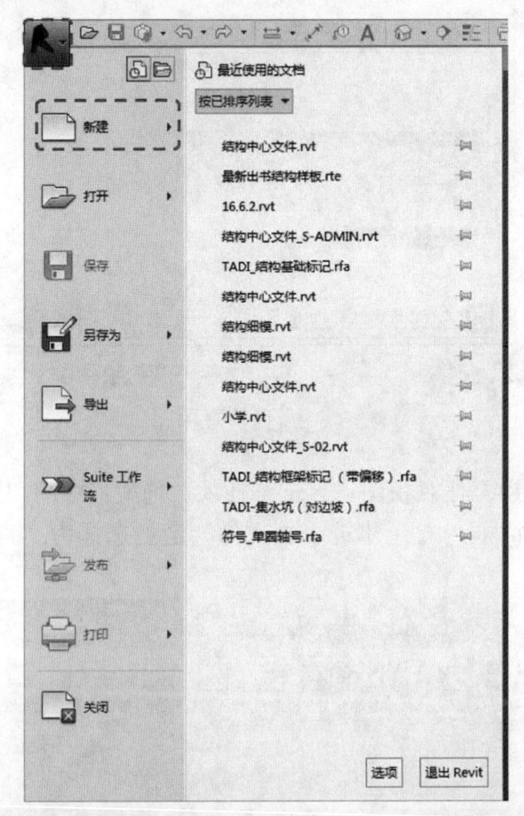

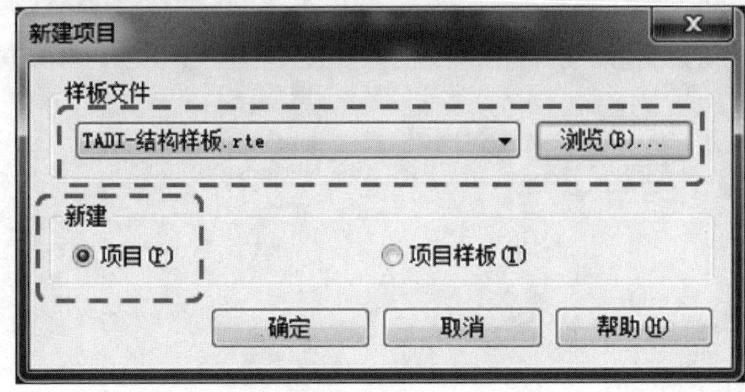

图 3. 2-3

B. 结构轴网标高及平面视图的形成

建筑专业负责人通知结构专业负责人轴网与标高建立完毕后，由结构专业负责人用S-ADMIN链接建筑中心文件，对建筑中心文件中的轴网与标高进行复制监视，并修改结构标高，形成相应标高的结构平面视图。链接文件最终要归属于专业负责人名下。

（a）链接建筑中心文件

图 3.2-4

在“项目浏览器”中切换至任意视图，点击“插入”选项卡中的“链接 Revit”按钮，弹出“导入/链接 RVT”对话框，选择建筑中心文件，定位选择为“自动-原点到原点”。如图 3.2-5 所示。

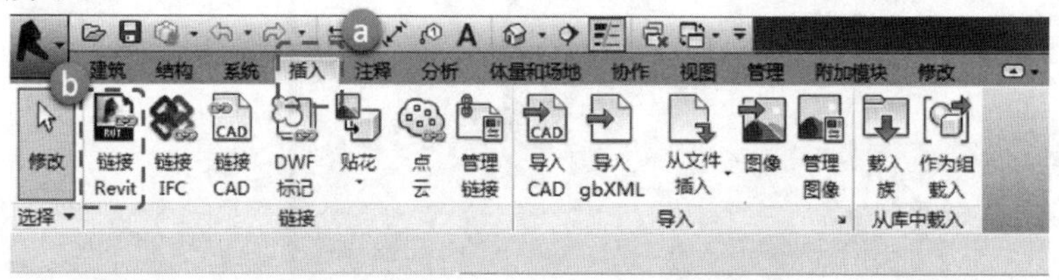

图 3.2-5

提示：若在主界面中未找到“属性”和“项目浏览器”窗口，可点击“视图”选项卡中“用户界面”按钮，勾选“属性”和“项目浏览器”前面的复选框。如图 3.2-6 所示。

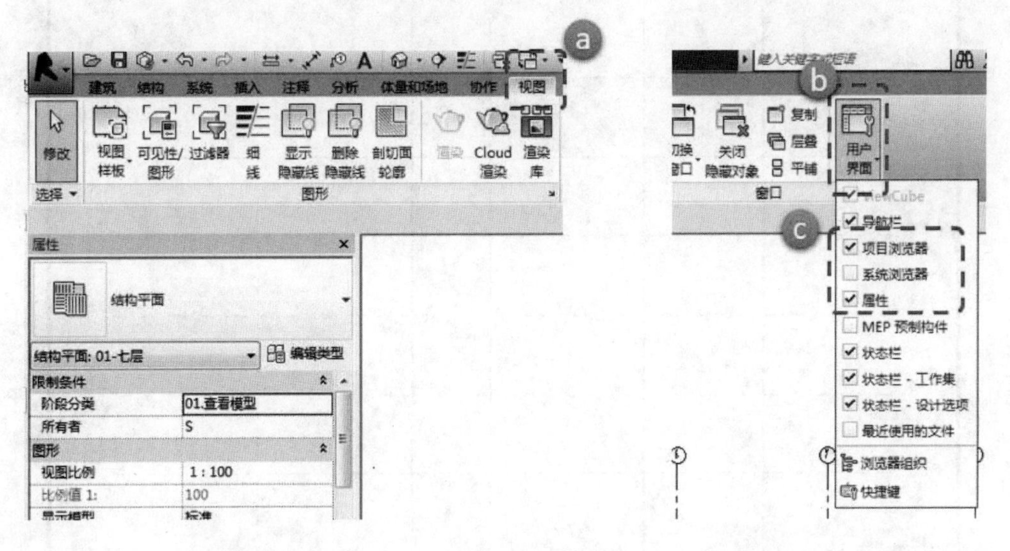

图 3.2-6

(b) 复制监视标高与轴网

链接建筑中心文件后，切换到任意立面视图（如东立面视图），在立面视图中显示出建筑专业负责人创建的轴网。点击“协作”选项卡，点击“复制/监视”按钮，选择“选择链接”命令（图 3.2-7）。

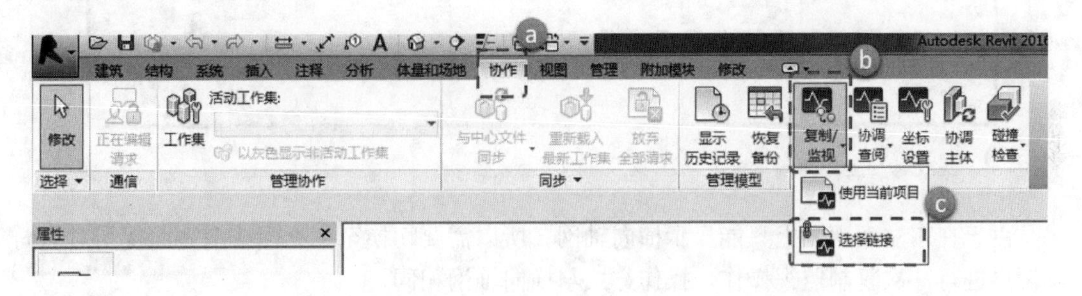

图 3.2-7

将鼠标移动到链接的建筑中心文件，当链接周围出现蓝色方框时，点击鼠标左键（图 3.2-8）。进入复制/监视状态。

在复制/监视状态中，点击“复制”按钮，钩选选项卡下方的“多个”复选框，在视图中按住鼠标左键，由链接的右下方向左上方拖动，当所有图元处于被选中状态时，松开鼠标左键。如图 3.2-9 所示。

点击 按钮，弹出“过滤器”对话框，仅钩选“轴网”前的复选框，点击“确定”，此时视图中仅所有轴网处于被选中状态。如图 3.2-10 所示。

点击选项卡下方的“完成”按钮。点击“复制/监视”选项卡中的“完成”按钮，完成对轴网的复制/监视操作（图 3.2-11）。

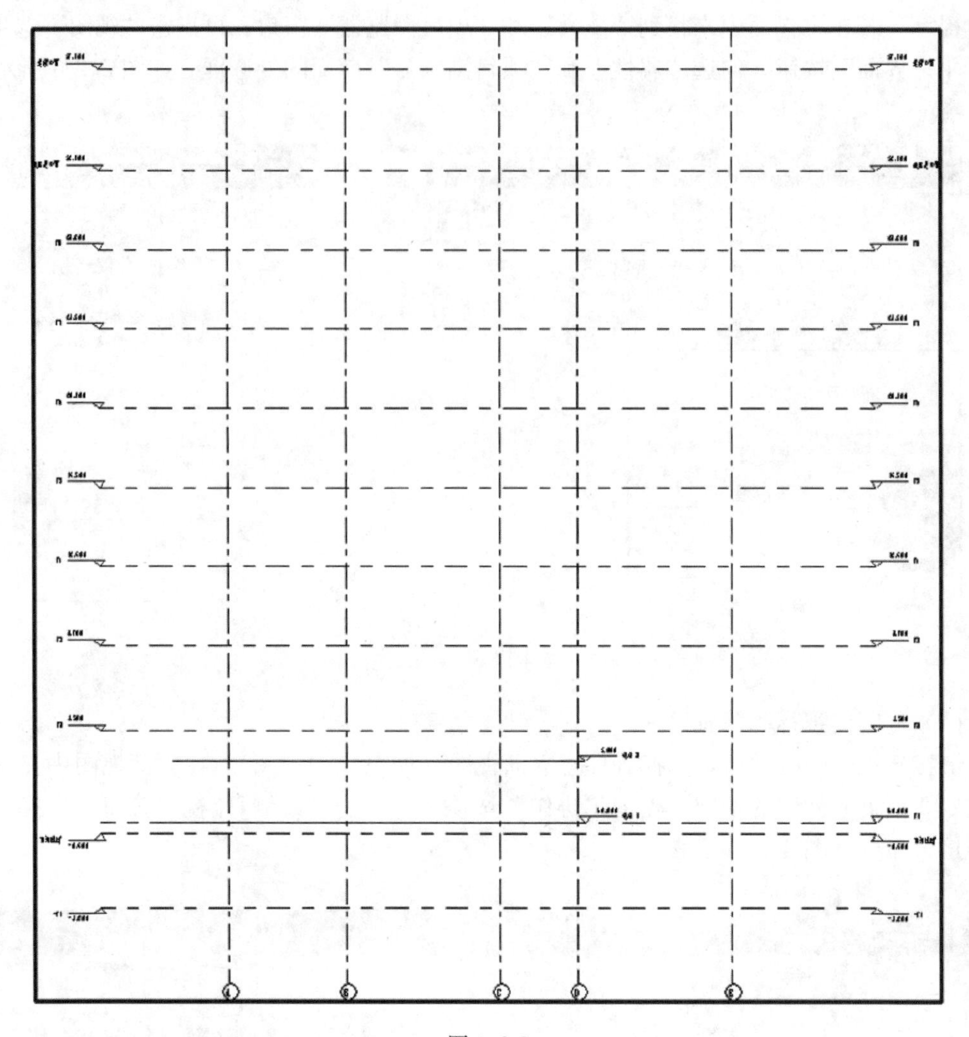

图 3.2-8

由于在东立面视图上只能显示横向轴网，所以需要切换至北立面或南立面视图对纵向轴网再进行一次复制监视操作，操作方式与横向轴网相同。

在任意一个立面视图中，可使用相同的操作方法对标高进行复制/监视。或在复制监视轴网时不使用过滤器，与轴网同时进行复制监视操作。

(c) 修改结构标高

本实例项目中各层名称及标高如表 3.2-1 所示。

表 3.2-1

楼层名称	标高（m）
地下室底板	−4.400
零层	−0.050
首层	4.450
二层	8.650
三层	12.550
四层	16.450

续表

楼层名称	标高（m）
五层	20.350
六层	24.250
七层	28.150
大屋面	32.100
屋顶突起	36.600

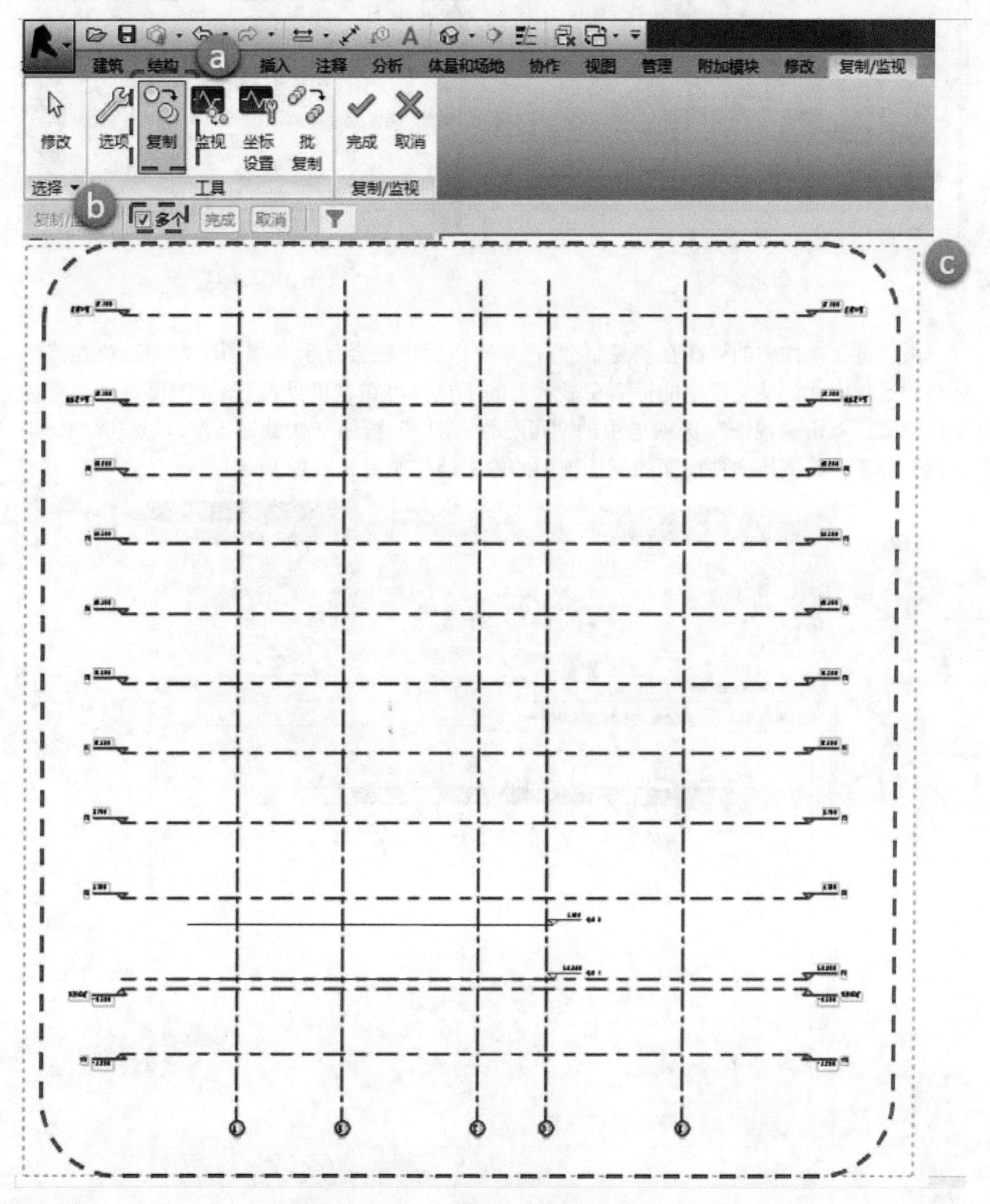

图 3.2-9

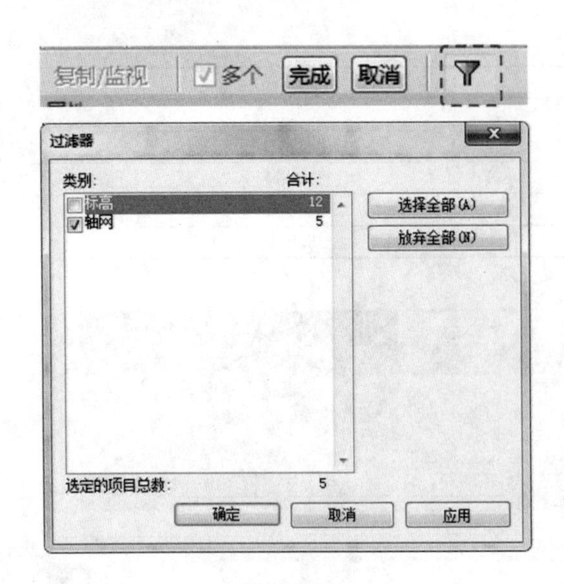

图 3.2-10

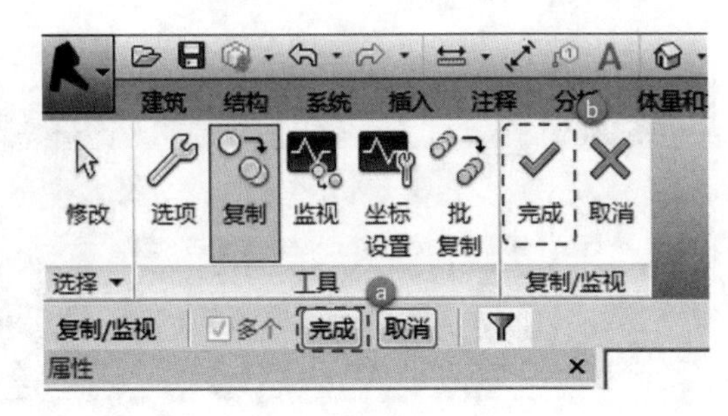

图 3.2-11

由于链接文件中的标高在“复制/监视”操作后仍然会显示在视图中，为避免在修改标高的过程中，链接文件中的标高在显示上的干扰，可在“可见性/图形”窗口中将链接文件隐藏。点击“视图”选项卡中的“可见性/图形”按钮（快捷键 VV），点击“Revit链接”标签，将链接文件前面的复选框中的钩去掉。如图 3.2-12 所示。

图 3.2-12

以结构首层为例，双击名称为“F2”标高标头上方的“4.500”标高值，进入编辑标高值状态，将输入框中的4.500修改为4.450后按回车键确认；双击标头旁边的“F2”标高名称，进入编辑标高名称状态，将“F2”修改为“首层”。如图3.2-13所示。

F2 4.500 首层 4.450

图3.2-13

将其他标高以此方法进行修改，并删去在复制/监视中生成的多余的标高（如室外地坪），完成结构标高的创建。

(d) 创建结构平面视图

当使用“复制/监视”命令创建标高时，Revit不会为这些标高自动创建结构平面视图，需要用户手动创建。在“视图”选项卡中点击“平面视图”按钮，在下拉菜单中选择“结构平面”命令，弹出“新建结构平面”对话框。如图3.2-14所示。

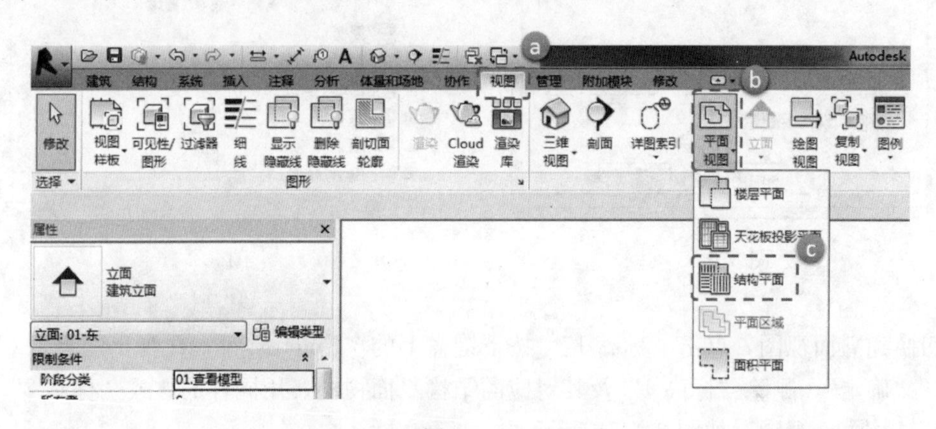

图3.2-14

在“新建结构平面”对话框中，按住“Ctrl”键选择所有标高，点击“确定”，完成所有标高对应的结构平面视图（图3.2-15）。

新生成的视图平面需要统一归入“01. 查看模型”中，在归类之前需要按照视图命名规则进行重命名，点击需要重命名的视图，右键单击“重命名”或按下键盘上的“F2”键，弹出“重命名视图”对话框，将名称修改为“01-视图名称”的格式，点击“确定”，询问“是否希望重命名相应标高和视图”，在本实例中，需要保持标高名称不变，故点击“否”。使用相同的方式完成对所有视图的重命名操作（图3.2-16）。

(e) 定义结构平面视图的限制条件

在本实例项目中，每张平面视图分别有“阶段分类”和“所有者”两个限制条件，通过定义视图的限制条件，结合项目样板中的浏览器组织方式，可将不同阶段及不同所有者的视图进行分类，以便于管理视图。

当视图的“阶段分类”和“所有者”两个限制条件均为空白时，这些视图会自动被归到“???”类别中。本实例项目中，由ADMIN创建的视图全部放于“01. 查看模型”中。在项目浏览器中选择要进行操作的视图，如01-首层。点击“属性”窗口中“限制条件”

标签下“阶段分类”选项的下拉菜单，选择“01. 查看模型”。点击“所有者”选项的下拉菜单，选择“S”。如图 3.2-17 所示。

新建结构平面
类型
结构平面
编辑类型...
为新建的视图选择一个或多个标高(L)。
七层
三层
二层
五层
六层
四层
地下室底板
大屋面
屋顶突起
零层
首层
不复制现有视图(D)
确定
取消

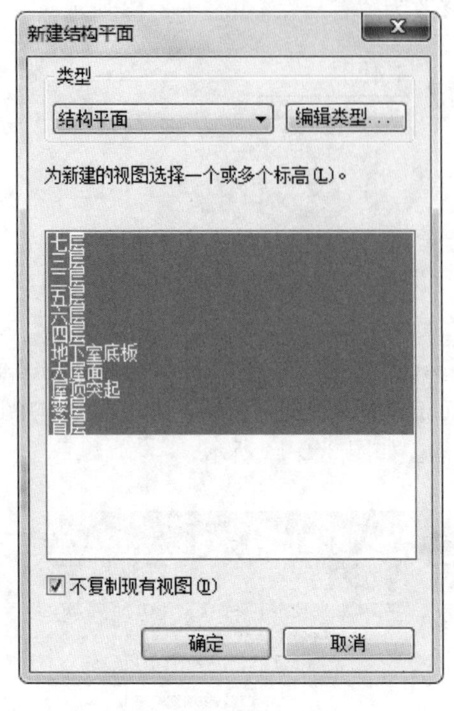

图 3.2-15

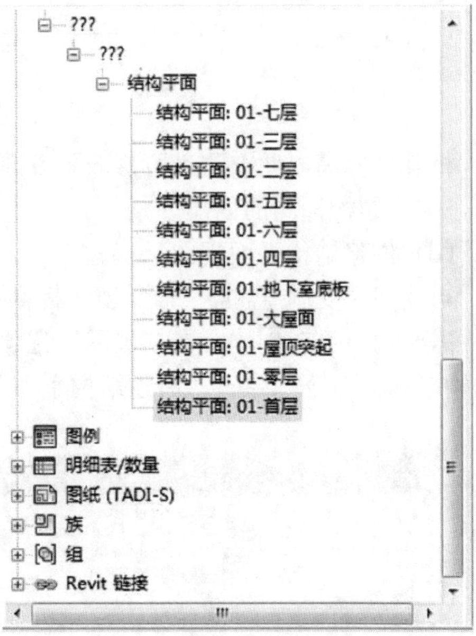

???
???
结构平面
结构平面: 01-七层
结构平面: 01-三层
结构平面: 01-二层
结构平面: 01-五层
结构平面: 01-六层
结构平面: 01-四层
结构平面: 01-地下室底板
结构平面: 01-大屋面
结构平面: 01-屋顶突起
结构平面: 01-零层
结构平面: 01-首层
图例
明细表/数量
图纸 (TADI-S)
族
组
Revit 链接

图 3.2-16

切换到立面视图，点击“标高 1”，按下键盘上的“Delete”键，在弹出的警告对话框中选择“确定”，删除“标高 1”及其对应的结构平面视图，用同样的方式“标高 2”及其对应的结构平面视图。如图 3.2-18 所示。

C. 划分 ADMIN 工作集

(a) 点击“协作”选项卡中的“工作集”按钮，或点击主界面下方的按钮，弹出“工作共享”对话框（图 3.2-19）。

(b) 在“工作共享”对话框中，保持默认设置，点击“确定”。Revit 将自动创建“共享标高和轴网”和“工作集 1”两个工作集（图 3.2-20），其中上节通过“复制/监视”创建的标高与轴网将被自动放置于“共享标高和轴网”工作集中。

(c) 在弹出的“工作集”对话框中，“共享标高和轴网”和“工作集 1”两个工作集的权限已自动归于 ADMIN。点击“确定”，退出“工作集”对话框。如图 3.2-21 所示。

D. 创建中心文件

(a) 点击画面左上角的图标，将鼠标置于“另存为”按钮上，在弹出的下一级菜单中选择“项目”（图 3.2-22）。

(b) 在“另存为”对话框中，选择需要保存中心文件的路径，在“文件名”处输入中心文件的文件名，本实例中文件名为“结构中心文件”。点击“保存”，完成中心文件的保存（图 3.2-23）。

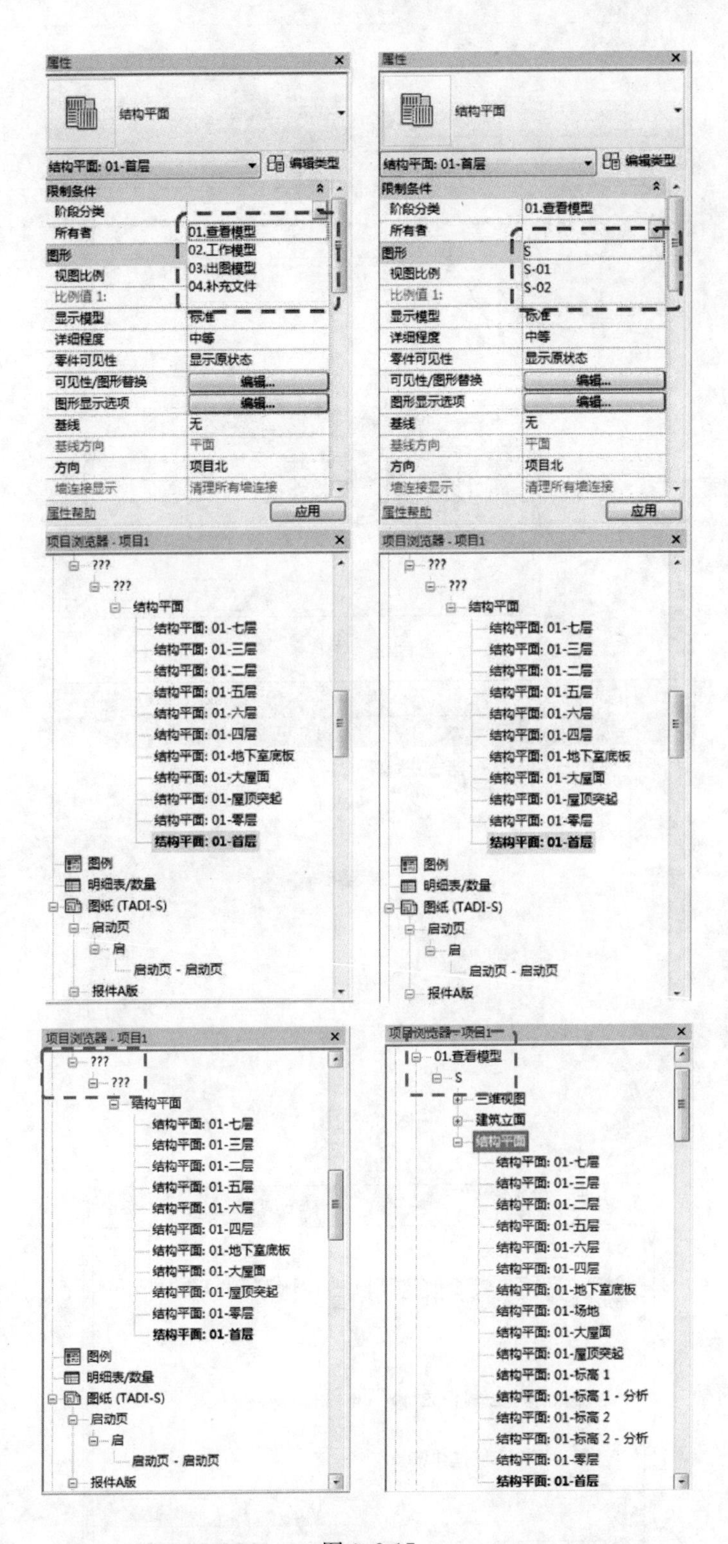
属性
结构平面
结构平面: 01-首层
编辑类型
限制条件
阶段分类
所有者
01.查看模型
02.工作模型
03.出图模型
04.补充文件
图形
视图比例
比例值 1:
显示模型
标准
详细程度
中等
零件可见性
显示原状态
可见性/图形替换
编辑...
图形显示选项
编辑...
基线
无
基线方向
平面
方向
项目北
墙连接显示
清理所有墙连接
属性帮助
应用
属性
结构平面
结构平面: 01-首层
编辑类型
限制条件
阶段分类
01.查看模型
所有者
S
S-01
S-02
图形
视图比例
比例值 1:
显示模型
标准
详细程度
中等
零件可见性
显示原状态
可见性/图形替换
编辑...
图形显示选项
编辑...
基线
无
基线方向
平面
方向
项目北
墙连接显示
清理所有墙连接
属性帮助
应用
项目浏览器 - 项目1
???
???
结构平面
结构平面: 01-七层
结构平面: 01-三层
结构平面: 01-二层
结构平面: 01-五层
结构平面: 01-六层
结构平面: 01-四层
结构平面: 01-地下室底板
结构平面: 01-大屋面
结构平面: 01-屋顶突起
结构平面: 01-零层
结构平面: 01-首层
图例
明细表/数量
图纸 (TADI-S)
启动页
启
启动页 - 启动页
报件A版
项目浏览器 - 项目1
???
???
结构平面
结构平面: 01-七层
结构平面: 01-三层
结构平面: 01-二层
结构平面: 01-五层
结构平面: 01-六层
结构平面: 01-四层
结构平面: 01-地下室底板
结构平面: 01-大屋面
结构平面: 01-屋顶突起
结构平面: 01-零层
结构平面: 01-首层
图例
明细表/数量
图纸 (TADI-S)
启动页
启
启动页 - 启动页
报件A版
项目浏览器 - 项目1
???
???
结构平面
结构平面: 01-七层
结构平面: 01-三层
结构平面: 01-二层
结构平面: 01-五层
结构平面: 01-六层
结构平面: 01-四层
结构平面: 01-地下室底板
结构平面: 01-大屋面
结构平面: 01-屋顶突起
结构平面: 01-零层
结构平面: 01-首层
图例
明细表/数量
图纸 (TADI-S)
启动页
启
启动页 - 启动页
报件A版
项目浏览器 - 项目1
01.查看模型
S
三维视图
建筑立面
结构平面
结构平面: 01-七层
结构平面: 01-三层
结构平面: 01-二层
结构平面: 01-五层
结构平面: 01-六层
结构平面: 01-四层
结构平面: 01-地下室底板
结构平面: 01-场地
结构平面: 01-大屋面
结构平面: 01-屋顶突起
结构平面: 01-标高 1
结构平面: 01-标高 1 - 分析
结构平面: 01-标高 2
结构平面: 01-标高 2 - 分析
结构平面: 01-零层
结构平面: 01-首层

图 3.2-17

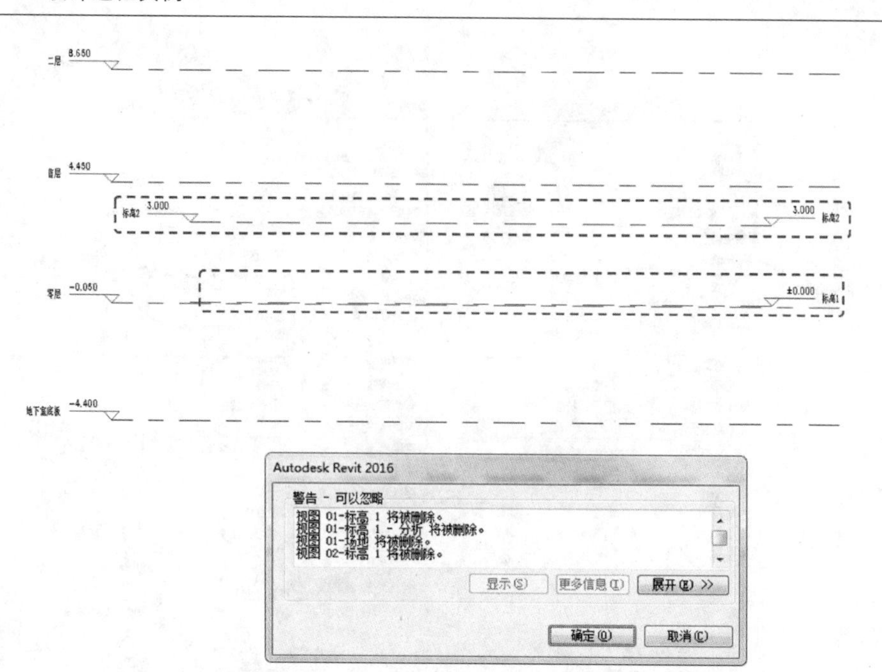

图 3.2-18

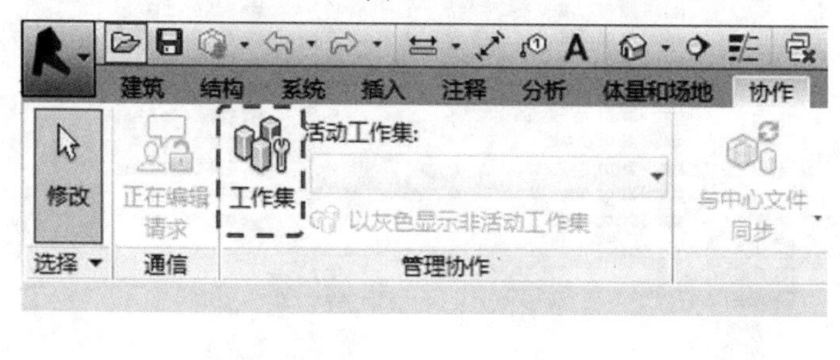

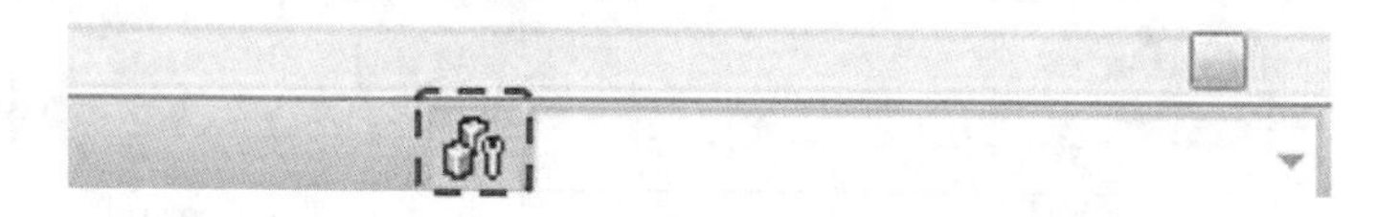

图 3.2-19

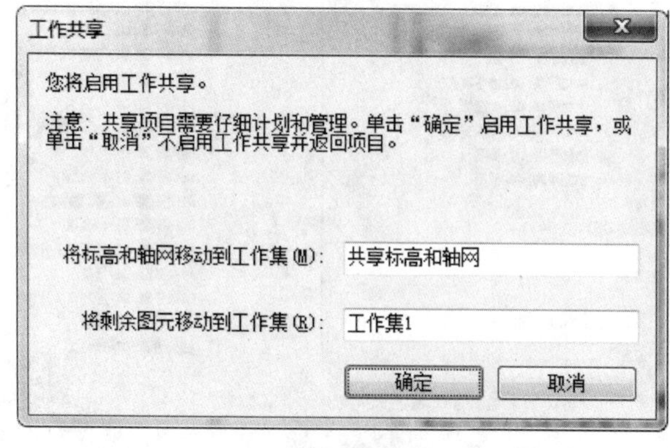

图 3.2-20

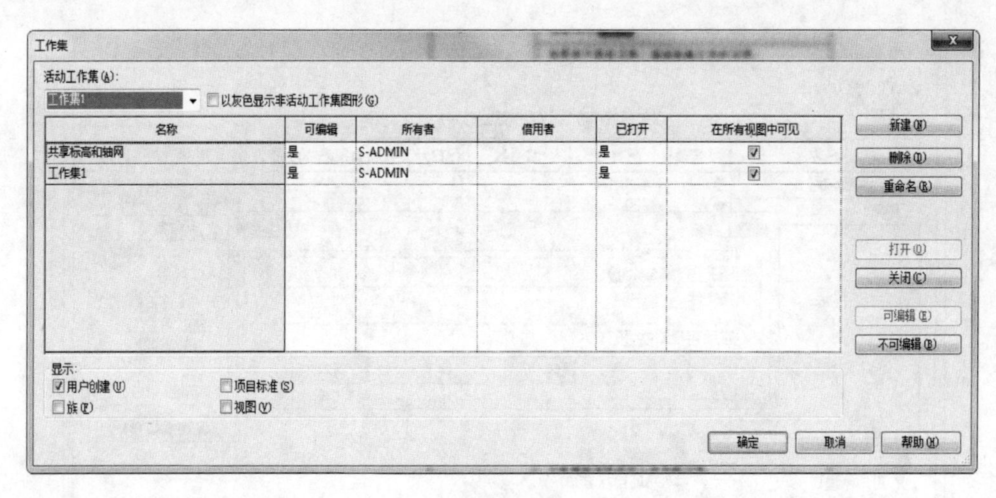

图 3.2-21

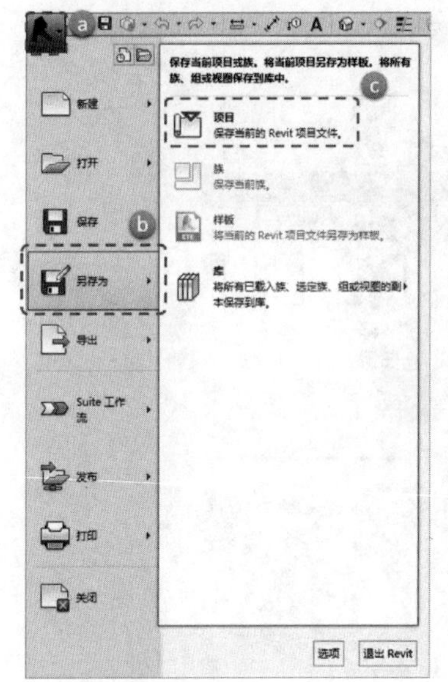

图 3.2-22

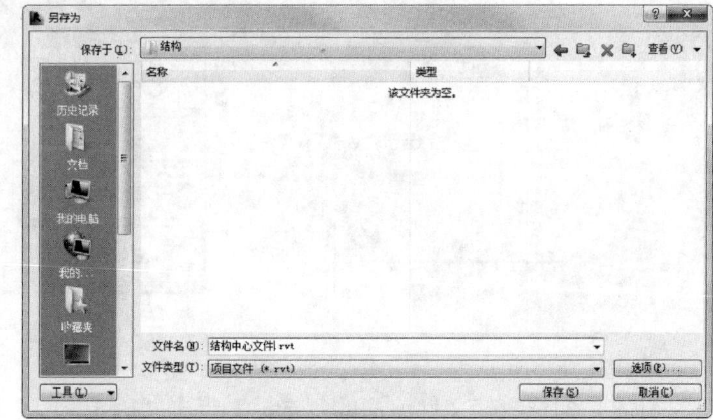

图 3.2-23

E. 将链接模型放入“链接文件”工作集中

在模型的搭建过程中，经常需要参照链接文件中的图元进行建模。如果在建模过程中对链接文件进行不必要的拖拽、卸载等误操作时，将带来如尺寸标注丢失等后果。所以需要将链接模型单独放入一个工作集中并交予专业负责人保管，建立工作集的操作由 ADMIN 负责。

以本实例中“建筑中心文件”为例，在“工作集”对话框中，点击“新建”按钮，弹出“新建工作集”对话框，在文本框中输入“链接文件”，点击“确定”（图 3.2-24）。

新建“链接文件”工作集后，点击“确定”按钮退出“工作集”对话框，点击“协作”选项卡中的“立即同步”按钮，完成同步操作（图 3.2-25）。

切换到任一视图，点击“视图”选项卡中的“可见性/图形”按钮，点击“Revit 链

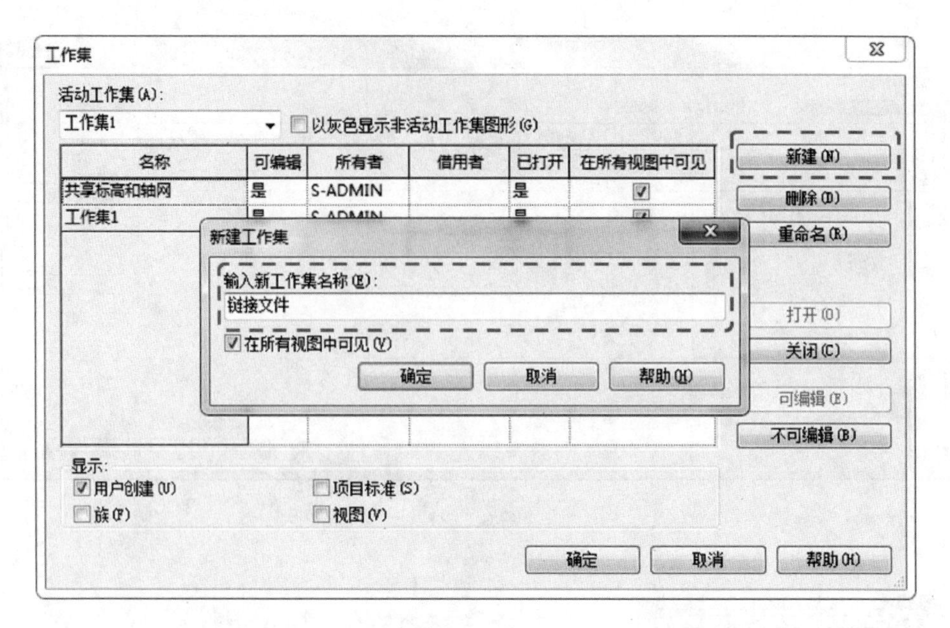

图 3.2-24

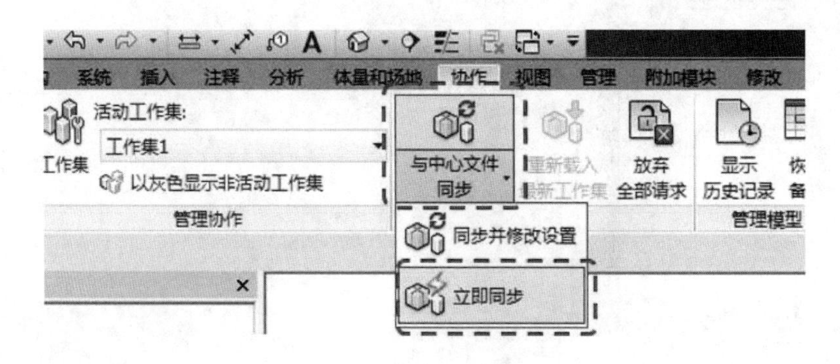

图 3.2-25

接”标签，勾选链接文件前面的复选框，点击“确定”（图 3.2-26）。

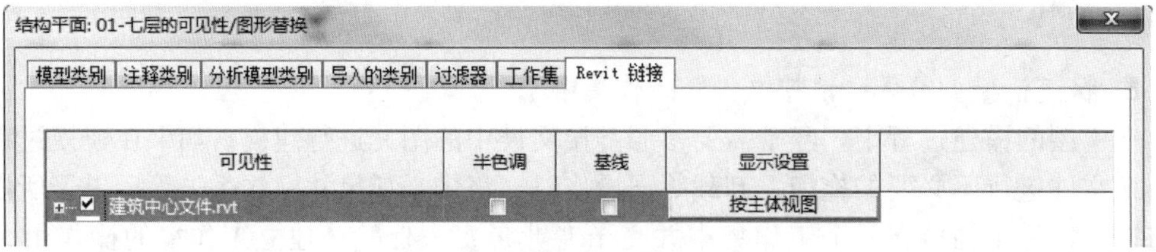

图 3.2-26

选中视图中的链接文件，在“属性”窗口中“标识数据”栏中选择“工作集”，在下拉菜单中选择“链接文件”，即可完成链接文件工作集的更改（图 3.2-27）。

若需要更新建筑中心文件，可在“管理”选项卡中点击“管理链接”按钮，弹出“管理链接”对话框，选择“建筑中心文件”，点击“重新载入”按钮，点击“确定”，即可完

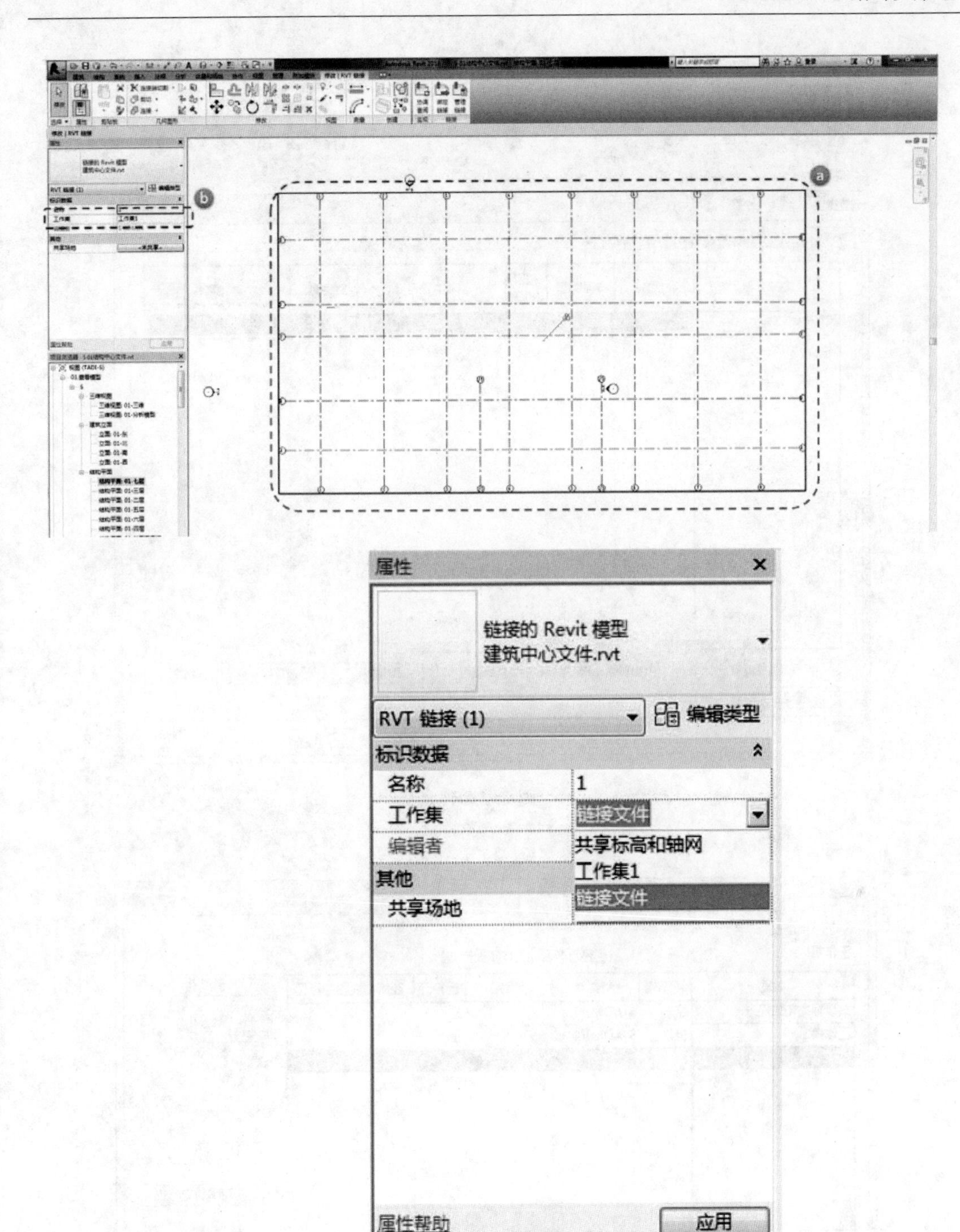

图 3.2-27

成链接文件的更新（图 3.2-28）。

重新打开“工作集”对话框，将其可编辑状态修改为“否”，以供专业负责人对工作集进行领取管理。点击“确定”，退出“工作集”对话框。如图 3.2-29 所示。

本部分关于工作集与同步的操作详见下文。

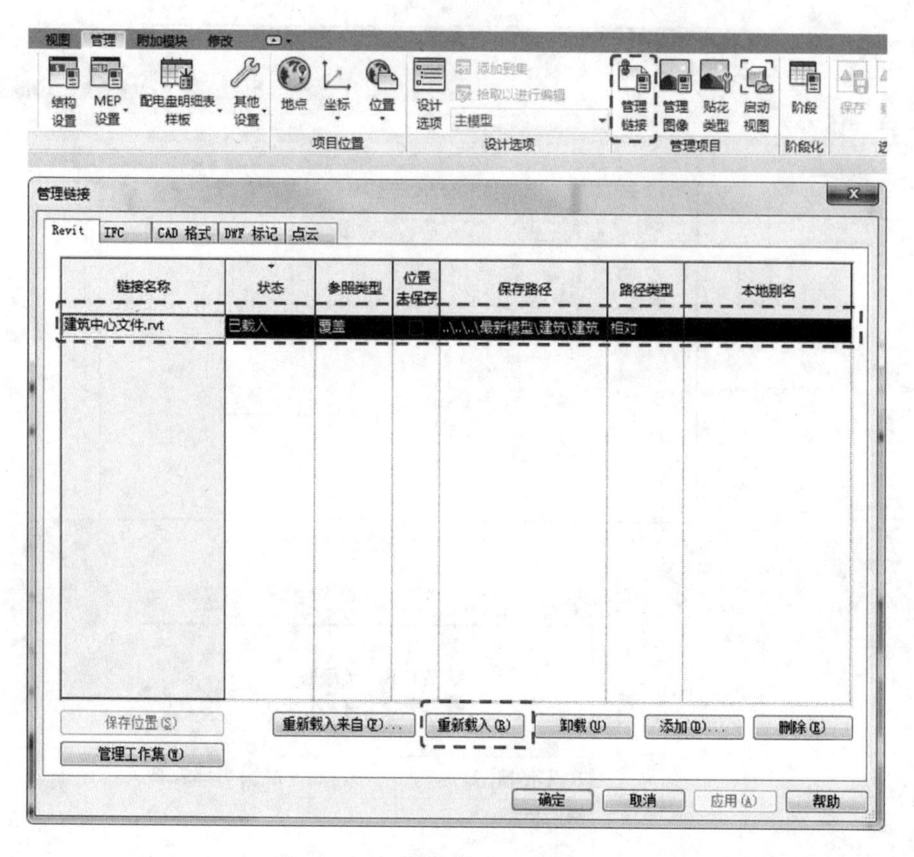
视图
管理
附加模块
修改
结构设置
MEP设置
配电盘明细表样板
其他设置
地点
坐标
位置
项目位置
设计选项
添加到集
拾取以进行编辑
主模型
设计选项
管理链接
管理图像
贴花类型
启动视图
管理项目
阶段
阶段化
保存
管理链接
Revit
IFC
CAD 格式
DWF 标记
点云
链接名称
状态
参照类型
位置未保存
保存路径
路径类型
本地别名
建筑中心文件.rvt
已载入
覆盖
..\..\..\最新模型\建筑\建筑
相对
保存位置(S)
管理工作集(W)
重新载入来自(F)...
重新载入(R)
卸载(U)
添加(D)...
删除(E)
确定
取消
应用(A)
帮助

图 3.2-28

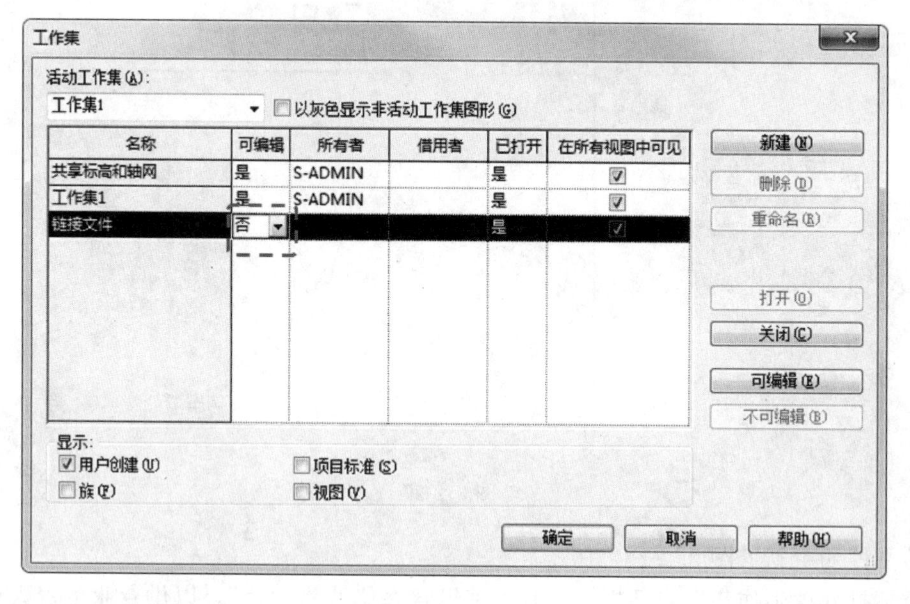
工作集
活动工作集(A):
工作集1
以灰色显示非活动工作集图形(G)
名称
可编辑
所有者
借用者
已打开
在所有视图中可见
共享标高和轴网
是
S-ADMIN
是
工作集1
是
S-ADMIN
是
链接文件
否
是
新建(N)
删除(D)
重命名(R)
打开(O)
关闭(C)
可编辑(E)
不可编辑(B)
显示:
用户创建(U)
项目标准(S)
族(F)
视图(V)
确定
取消
帮助(H)

图 3.2-29

F. 专业负责人划分工作集

(a) 专业负责人用本人的用户名保存本地文件

点击画面左上角的图标，点击“选项”按钮。在“选项”对话框中，点击左侧“常规”选项卡，将“用户名”一栏中的文字更改为“S-01”。点击“确定”(图 3.2-30)。

点击 Revit 开始画面中的“打开”命令，或点击画面左上角的图标并选择“打开”命令，弹出“打开”对话框（图 3.2-31)。

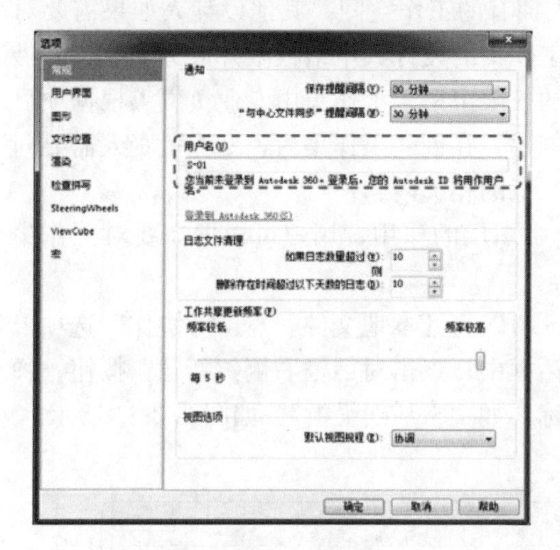

图 3.2-30

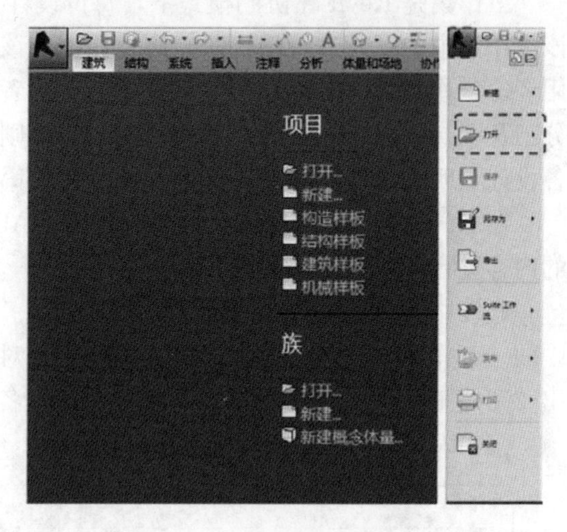

图 3.2-31

在“打开”对话框中，找到并选择由 ADMIN 建立的中心文件，去掉“新建本地文件”复选框中的钩，点击“打开”(图 3.2-32)。

打开中心文件之后，点击画面左上角的图标，将鼠标置于“另存为”按钮上，在弹出的下一级菜单中选择“项目”(图 3.2-33)。

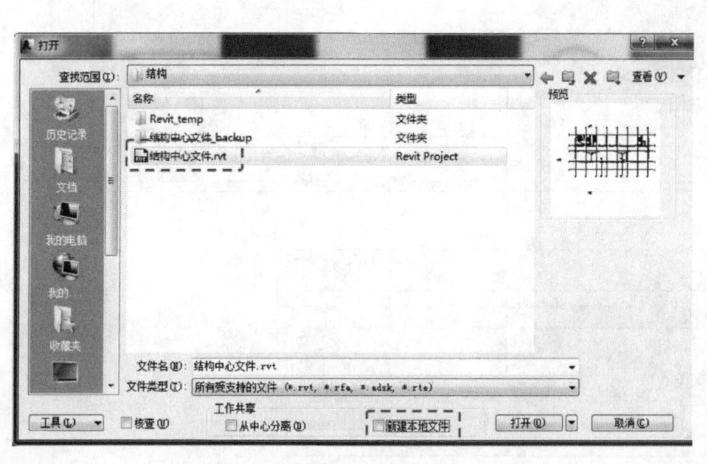

图 3.2-32

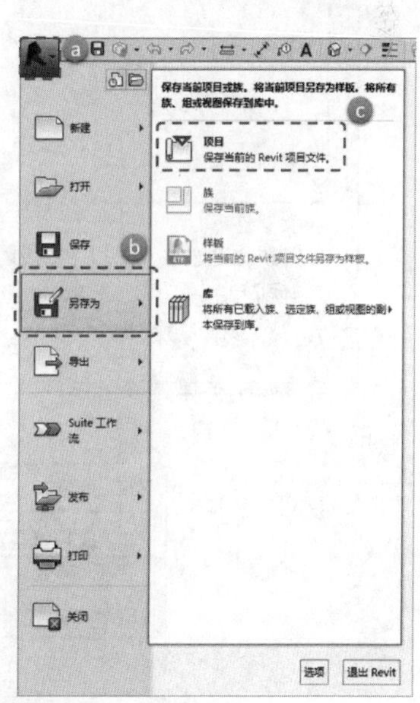

图 3.2-33

在“另存为”对话框中，选择需要保存本地文件的路径，在“文件名”处输入中心文件的文件名，如“S-01 结构中心文件”。点击“保存”，完成本地文件的保存。

(b) 建立工作集

在一个项目中，各设计人在其各自的职责范围内进行工作。在协同模式下，为了便于对各设计人的职责范围进行划分与管理，避免设计人之间的工作空间相互干扰，就需要用到 Revit 中工作集的功能。

工作集是 Revit 在协同模式下，每位设计人拥有的工作空间。其他设计人如果需要对该工作集中的图元进行编辑时，需要向拥有该工作集的设计人申请权限并成为工作集的借用者，工作集的拥有者有权同意或拒绝申请者的权限申请。工作集由专业负责人根据项目分工及区域划分，根据第 2 章所述的命名规则创建。在创建工作集后，专业负责人需要向各设计人明确工作集的使用原则，此处详见第 2 章的相关内容。

在 Revit 中，工作集还可以起到类似 CAD 中图层的作用，用户可根据需要对工作集的内容进行显示或隐藏的操作。

假设结构专业负责人为 S-01，以用户名“S-01”打开本地文件，点击“协作”选项卡中的“工作集”按钮，在弹出的“工作集”对话框中，点击对话框右侧“新建”按钮，弹出“新建工作集”对话框，输入新工作集的名称，如“S-基础梁板”。如图 3.2-34 所示。

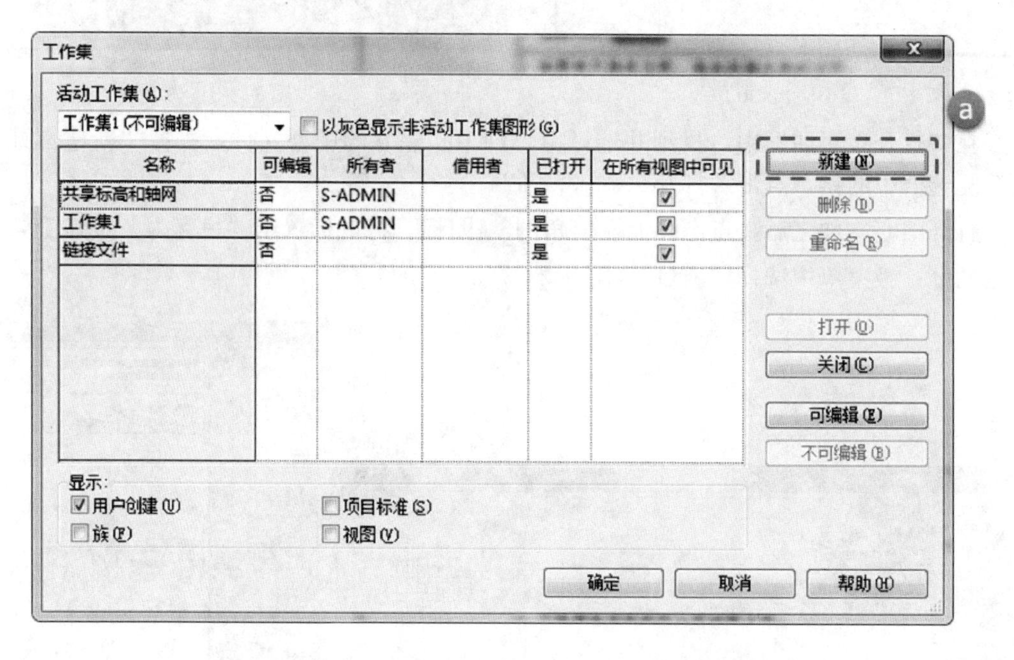

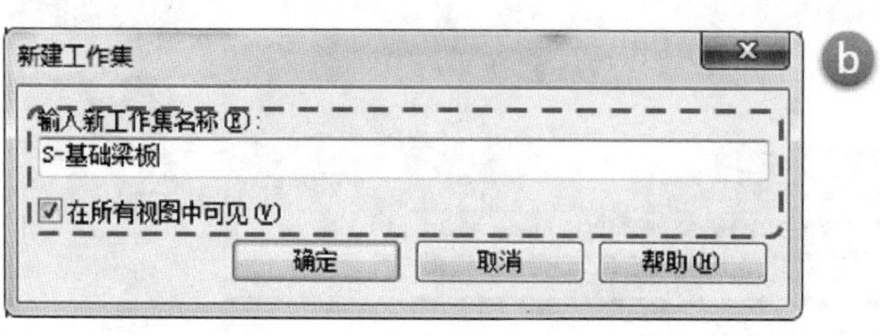

图 3.2-34

点击“确定”，回到“工作集”对话框。“S-基础梁板”工作集创建完毕，其权限自动归属于工作集的创建者，即此实例中的S-01。选择“S-基础梁板”工作集，可以通过右侧的按钮对其进行删除和重命名的操作（图3.2-35）。

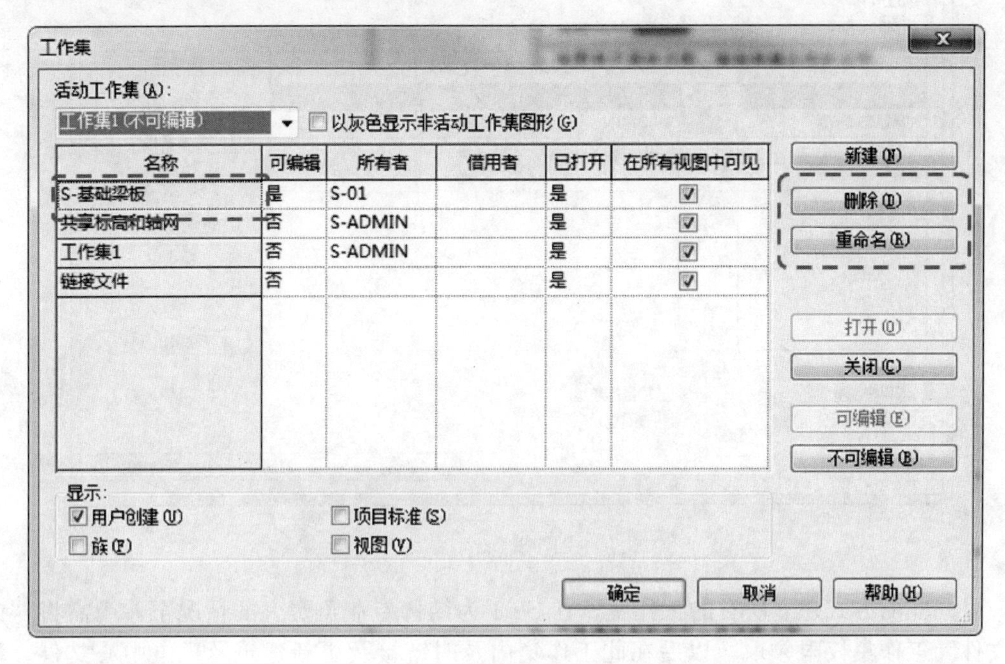

图3.2-35

建立“S-基础梁板”工作集后，点击“确定”退出“工作集”对话框。点击“协作”选项卡中的“与中心文件同步”按钮，在下拉菜单中选择“同步并修改设置”，弹出“与中心文件同步”对话框（图3.2-36）。

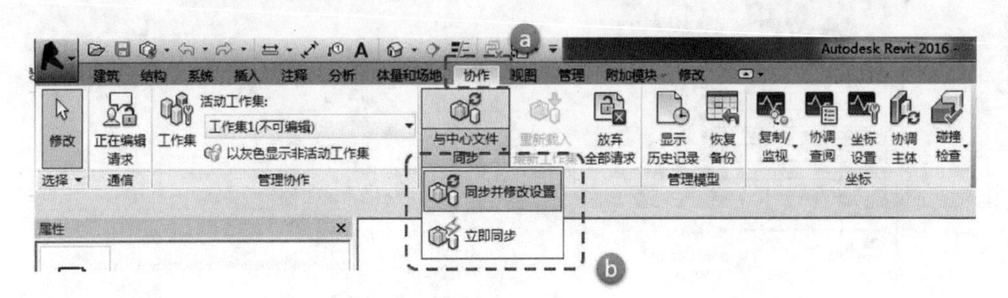

图3.2-36

在“与中心文件同步”对话框中，保持默认设置，点击“确定”，完成同步后即可实现工作集的放权，其他设计人可以对工作集的权限进行认领并编辑。在“与中心文件同步”按钮的下拉菜单中，若选择“立即同步”，则不弹出“与中心文件同步”对话框而立即进行同步。

为了使其他设计人可以根据分工使用自己的工作集，需要S-01对工作集进行放权。以“S-基础梁板”工作集为例，选择“S-基础梁板”工作集，点击“可编辑”下拉菜单，选择“否”，或点击右侧“不可编辑”按钮，点击“确定”，退出“工作集”对话框。如图

3.2-37 所示。

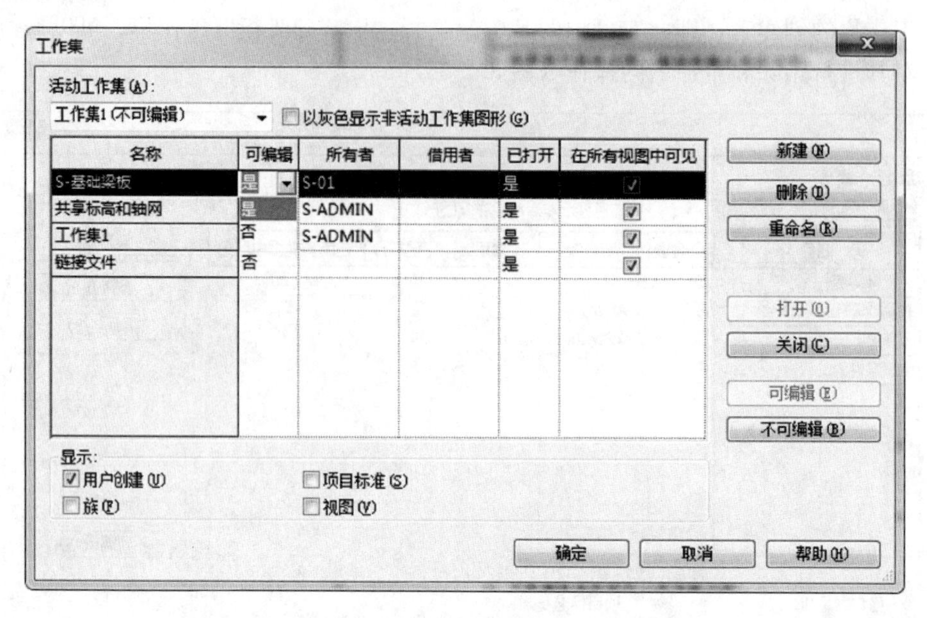

图 3.2-37

以同样的方式建立所有的工作集。在 S-01 为结构专业负责人的情况下，尚需将“链接文件”工作集权限领取，以后在此工作集内及时链接及更新建筑及机电中心文件。将“链接文件”工作集及 S-01 需操作的内容工作集的“可编辑”状态设置为“是”，将其他不属于 S-01 操作范围的工作集的“可编辑”状态设置为“否”。操作完毕后，同步模型至中心文件。如图 3.2-38 所示。

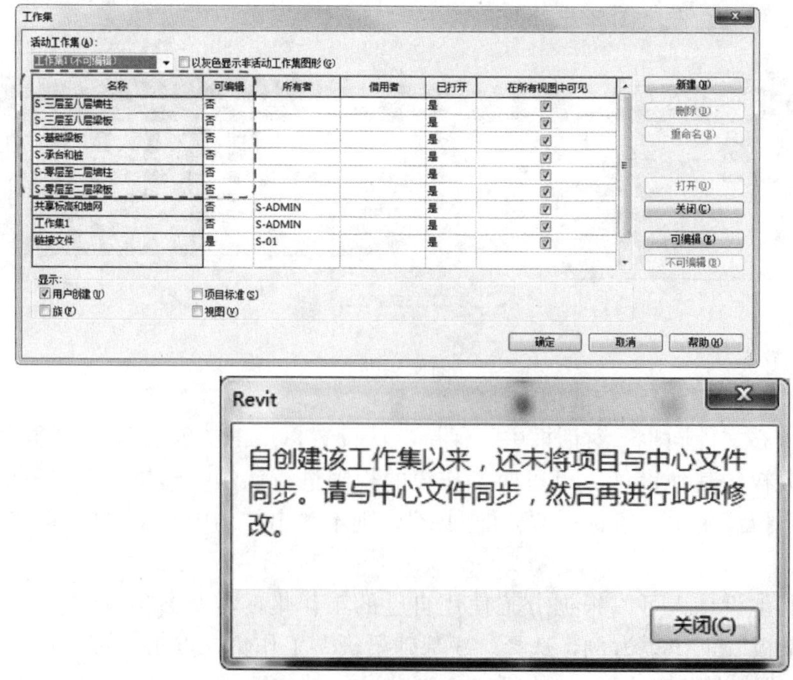

图 3.2-38

提示：新建工作集后，若需要放弃权限，须先进行同步，否则会弹出报错窗口。

③ 搭建结构 REVIT 模型

在 ADMIN 与 S—01 完成标高轴网的复制监视与工作集建立等工作后，各设计人可进行本地文件的保存并在相应的工作集中按照结构计算模型搭建 Revit 模型。本节以模型的首层为例，介绍梁、板、柱与墙等结构构件的搭建方法，并介绍基础中承台、桩与集水坑等构件的放置方法。本操作实例中构件的定位可参见相关施工图阶段模型中的图纸。

A. 设计人领取工作集

在进行模型搭建工作前，设计人需要领取各自负责区域所对应的工作集，并将构件在规定的工作集中进行绘制。在本实例中，将设计人命名为 S-02。

(a) 点击画面左上角的图标，点击“选项”按钮。在“选项”对话框中，点击左侧“常规”选项卡，将“用户名”一栏中的文字更改为“S-02”。点击“确定”（图 3.2-39）。打开中心文件并保存至本地，操作方法同“项目负责人划分工作集”部分。

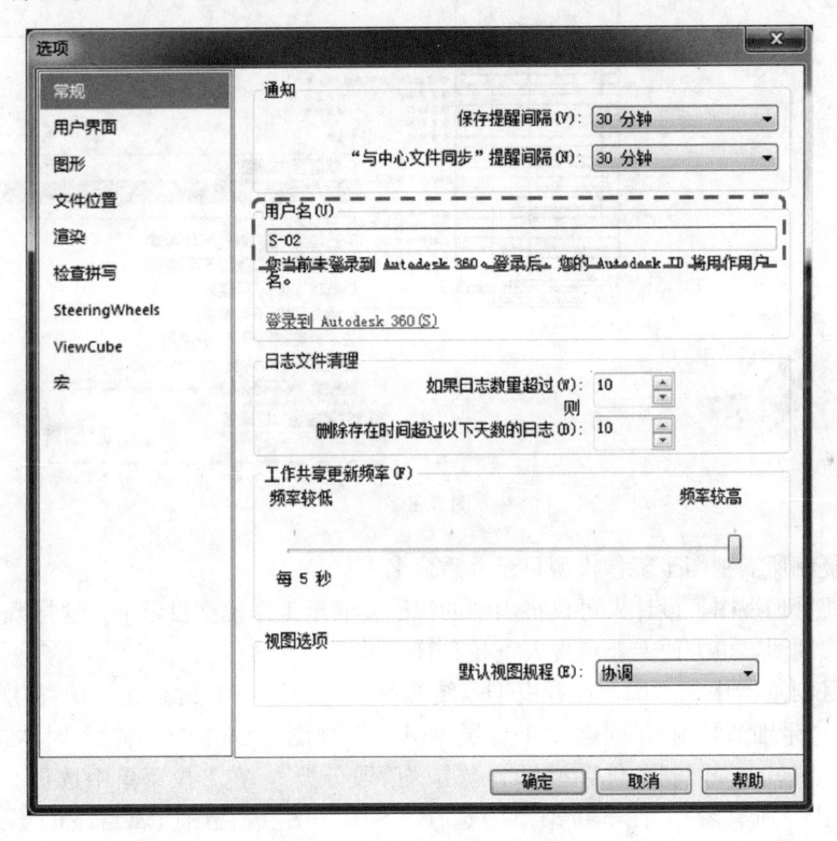

图 3.2-39

在主界面视图中，点击“协作”选项卡中的“工作集”按钮，在弹出的“工作集”对话框中，点击需要认领的工作集，例如本节例子中的首层结构构件所对应的工作集为“S-零层至二层墙柱”及“S-零层至二层梁板”，按住键盘“Ctrl”键，点击需要认领的工作集，点击对话框右侧“可编辑”按钮，使这两个工作集的“可编辑”状态为“是”，点击“确定”，即可完成工作集的认领。若在后续工作中需要将工作集的权限转至其他设计人，也可将认领的工作集进行放权，放权的方法同“项目负责人划分工作集”部分。

提示：在“工作集”对话框中，认领工作集并点击“确定”后，会弹出“指定活动工作集”对话框。活动工作集是指当前绘制图元时所处于的工作集，所有通过创建或复制生成的构件都会归入活动工作集中，用户可选择“是”将对话框中的工作集设置为活动工作集，也可在后续工作中在主视图下方的下拉菜单中更改活动工作集。如图 3.2-40 所示。

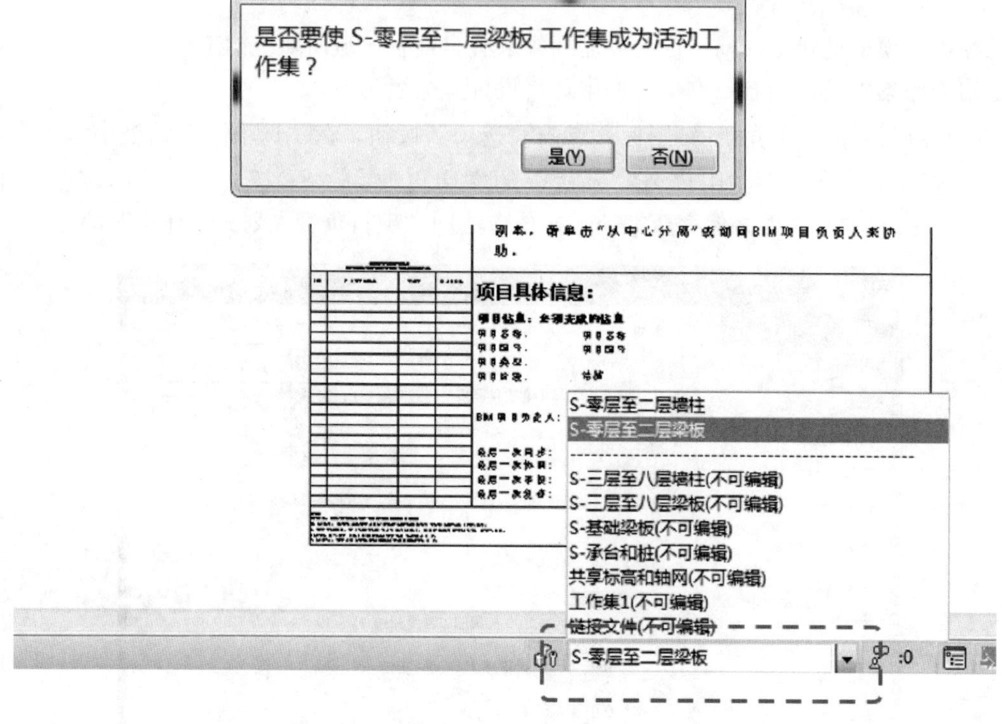

图 3.2-40

(b) 复制所需视图至工作模型目录并重命名

为方便管理视图，设计人可仅将用到的视图复制至工作模型目录下。这样既可以方便设计人查找视图，也方便专业负责人查找和管理模型。

在项目浏览器中，“01. 查看模型—结构平面”目录下右键点击“01-首层”，选择“复制”—“带细节复制”，创建“01-首层 副本 1”视图，点击“01-首层 副本 1”视图，在“属性”窗口中“限制条件”栏目下点击“阶段分类”，在下拉菜单中选择“02. 工作模型”，点击“所有者”，在下拉菜单中选择“S-02”，完成视图所属目录的更改。如图 3.2-41 所示。

右键单击视图，选择“重命名”，将视图名称命名为“02-首层”，点击“确定”，完成视图的命名。

提示：若不同设计人需要使用相同视图，由于视图不能存在重名现象，故需将视图以不同的名称进行命名。例如，“S-02”与“S-03”均需使用“首层”视图，可将视图命名为“02-首层-02”与“02-首层-03”（阶段一视图名称一设计人代号），视图命名规则见第 2 章。

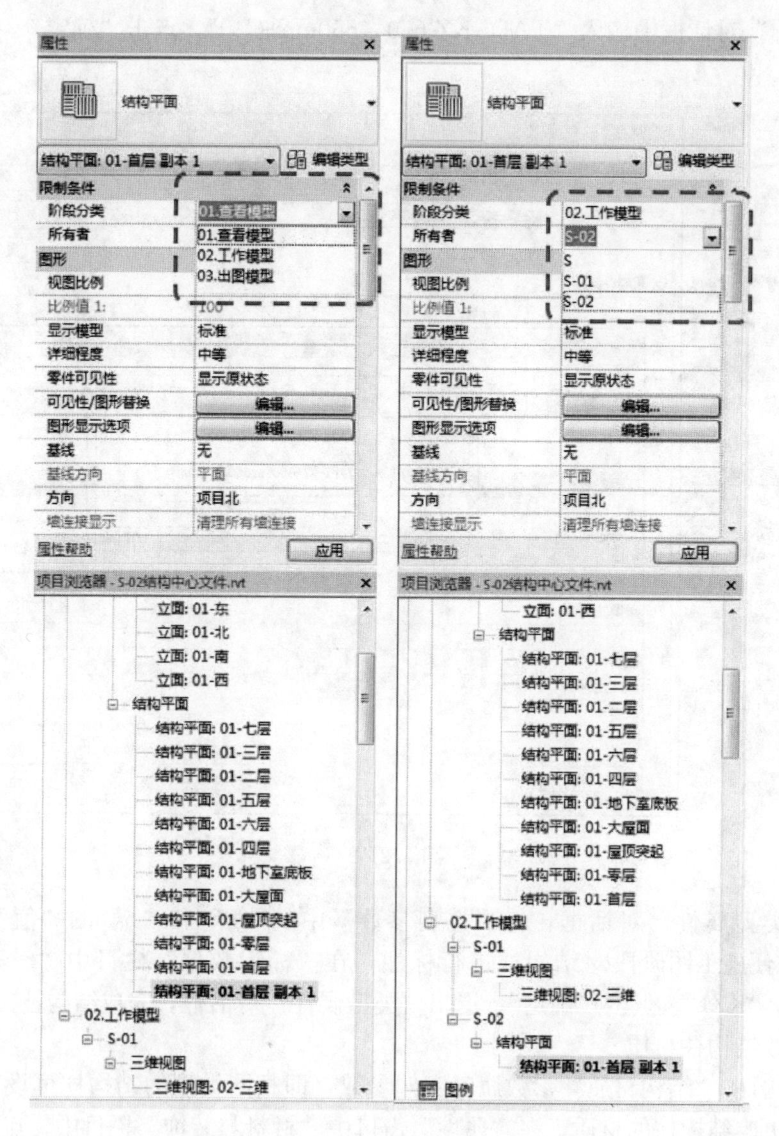

图 3.2-41

绘制不属于活动工作集的图元时，请及时更改活动工作集。若不慎将图元绘制至其他设计人所属的工作集时，删除图元则需要向工作集权限所有者申请权限，容易造成麻烦。

B. 结构柱的绘制

结构柱用于支撑上部结构的竖向荷载。在创建结构柱之前，需要创建所需结构柱的类型。

（a）创建新的结构柱类型

在 Revit 中，构件的新类型是通过复制已有类型进行创建的。将活动工作集切换至“S-零层至二层墙柱”，点击“结构”选项卡中的“柱”按钮（默认快捷键 CL），进入“修改 | 放置 结构柱”状态。本书光盘中的项目样板已经为用户预设好结构柱类型族“TA-DI-KZ-300 x 450mm-C30”并完成相关参数的设置，用户可对此预设族进行复制并使用。在“属性”窗口中点击“编辑类型”，弹出“类型属性”对话框，点击“复制”按钮，在

弹出的“名称”对话框中输入“TADI-KZ-650×650mm-C40”，点击“确定”。如图3.2-42所示。

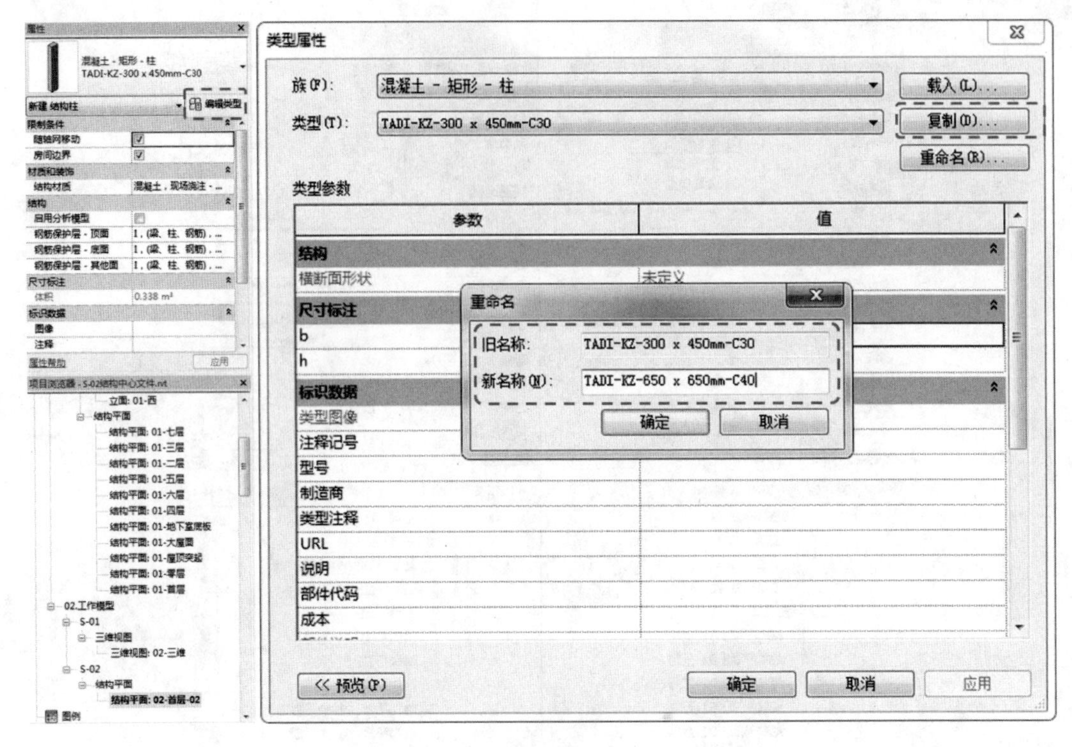

图 3.2-42

返回“类型属性”对话框，将“类型参数”中的“b”和“h”的“值”均修改为“650”。为方便施工图阶段对结构柱进行标注，在“标识数据”栏目中“类型标记”的“值”中输入“KZ1”。点击“确定”，退出“类型属性”对话框，完成结构柱类型的创建。

(b) 更改结构柱材质

对于结构柱，“结构材质”参数属于实例参数，即相同类型的结构柱可设置为不同的材质。若需更改结构柱的材质，在“属性”窗口中“材料与装饰”栏目中，点击“结构材质”右侧的文本框，在文本框右侧出现“…”按钮，点击之后进入“材质浏览器”窗口，在“项目材质”中选择“混凝土，现场浇注-C40”，点击“确定”，完成结构柱材质的更改。如图 3.2-43 所示。

若需自定义材质，右键单击任意一个材质，选择“复制”，对材质进行命名与定义。

(c) 结构柱的放置

放置结构柱的方式可选择单个放置与多个放置两种方法，当结构柱布置方式较少时，可选择多个放置；当结构柱布置方式较多时，可使用单个放置的方式，再通过复制、镜像等方式创建其他位置的结构柱。

■ 单个放置

切换至首层标高的平面视图，在“修改 | 放置 结构柱”状态下，点击“修改 | 放置结构柱”选项卡中“放置”栏目中的“垂直柱”按钮，去掉“放置后旋转”前的复选框，深度/高度下拉菜单中选择“深度”，到达标高设置为“零层”。如图 3.2-44 所示。

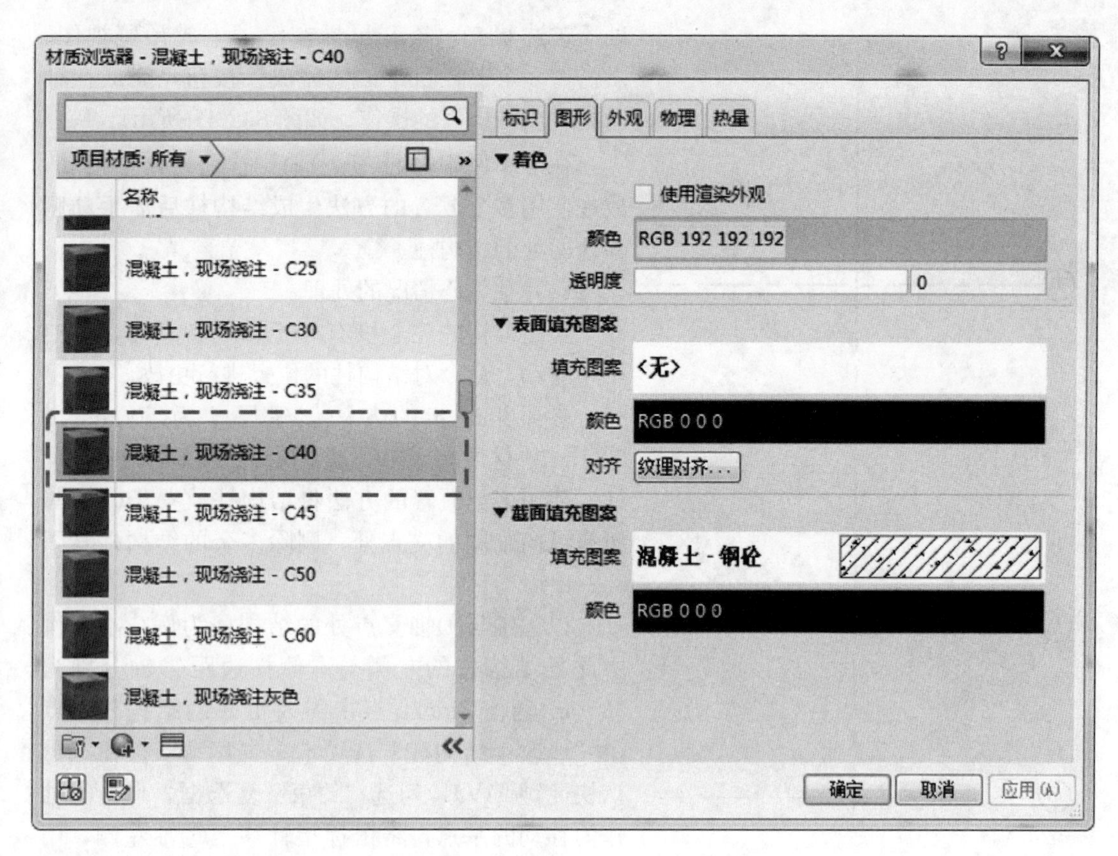

图 3.2-43

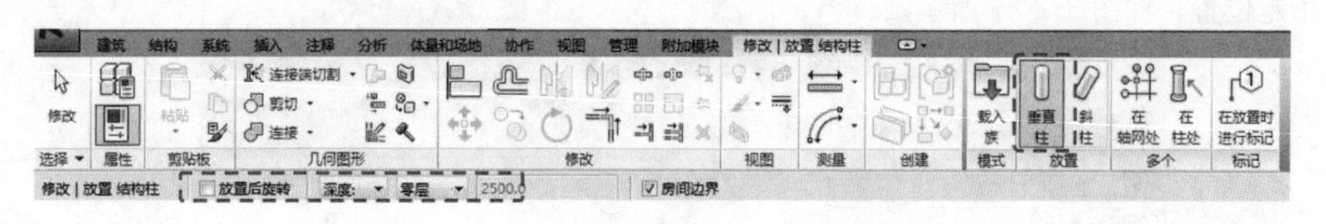

图 3.2-44

设置完毕后，将鼠标移至①轴与Ⓔ轴的交点，Revit 会自动对交点进行捕捉，点击鼠标左键，可将结构柱放置于轴线交点处（图 3.2-45）。按键盘“ESC”键两次退出绘制模式。

选择需要复制的结构柱，点击“修改｜结构柱”选项卡中“复制”按钮（默认快捷键 CC），勾选“约束”及“多个”，点击①轴线任意一点作为复制的基点，向右移动至②轴线并捕捉，点击鼠标左键，完成第二个结构柱的复制。可以此方法创建所有的结构柱。如图 3.2-46 所示。

■ 多个放置

在“修改｜放置 结构柱”状态下，点击“修改｜放置 结构柱”选项卡中“多个”栏目中的“在轴网处”按钮，进入“修改｜放置 结构柱>在轴网交点处”状态，将鼠标指针置于⑧轴与Ⓑ轴交点右下方，拖动鼠标至①轴与Ⓔ轴左上方，虚线框涉及的所有轴线均

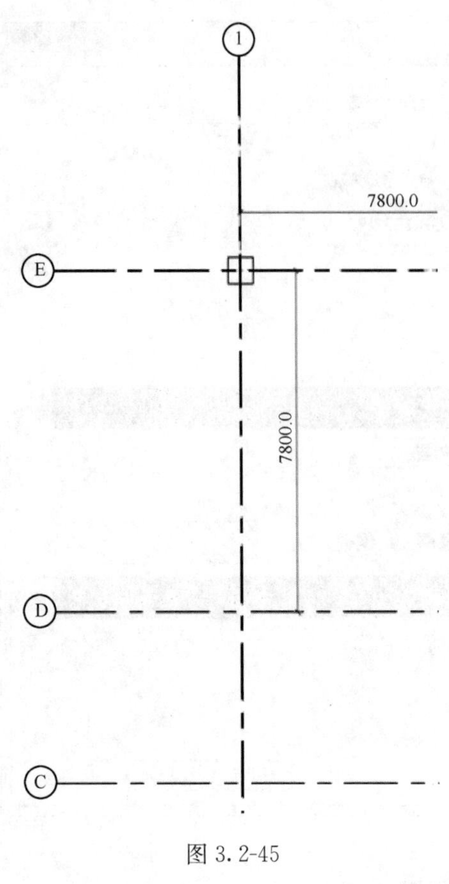

图 3.2-45

处于被选状态，松开鼠标左键，生成预览视图，点击“多个”栏目中的“完成”按钮，完成在轴网处生成结构柱的操作。如图 3.2-47 所示。

在本实例中Ⓑ轴与 (1/3)轴、(1/5)轴处无结构柱，故在使用多个放置的方法生成结构柱后需手动删除这两处的结构柱。

（d）柱偏心情况的处理

当结构柱的柱心没有处于轴线交点时，可使用“移动”命令对结构柱的位置进行更改。

参照第一步的方法创建尺寸为 500mm×500mm，材质为 C40，类型标记为 KZ2 的结构柱，使用多个放置的方法将结构柱放置于Ⓐ轴与所有纵向轴网的交点处，删除多余的结构柱（图 3.2-48）。

以Ⓐ轴与①轴交点处的结构柱为例，本实例中此处结构柱的左侧与右侧柱边距①轴分别为 325mm 与 175mm。点击需要更改的结构柱，点击“修改｜结构柱”选项卡中“移动”按钮（默认快捷键 MV），勾选“约束”复选框，点击①轴作为移动的基点，将鼠标指针移至①轴左侧，用键盘输入“75”，点击回车，即可将结构柱移动到指定位置。如图 3.2-49 所示。

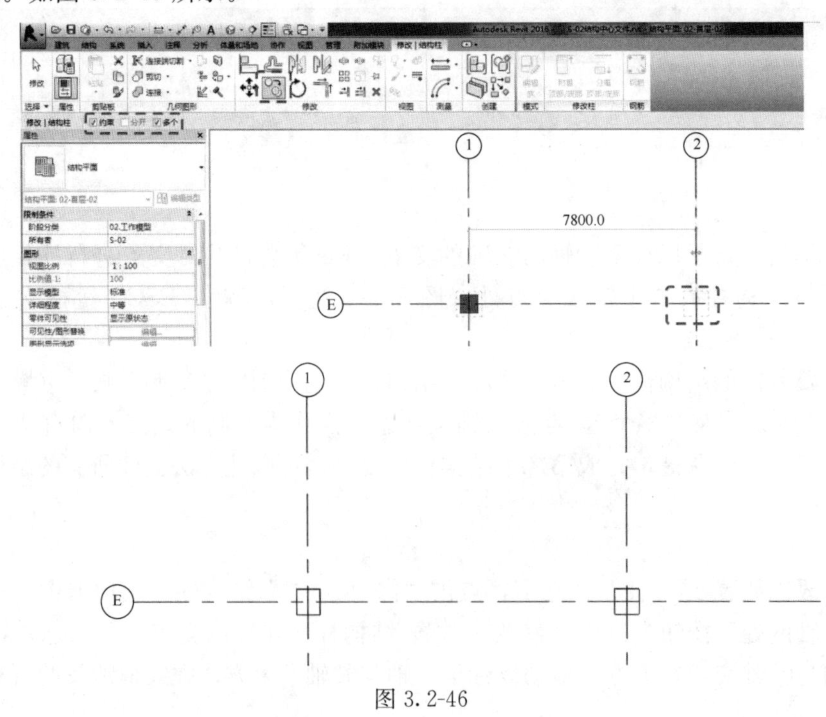

图 3.2-46

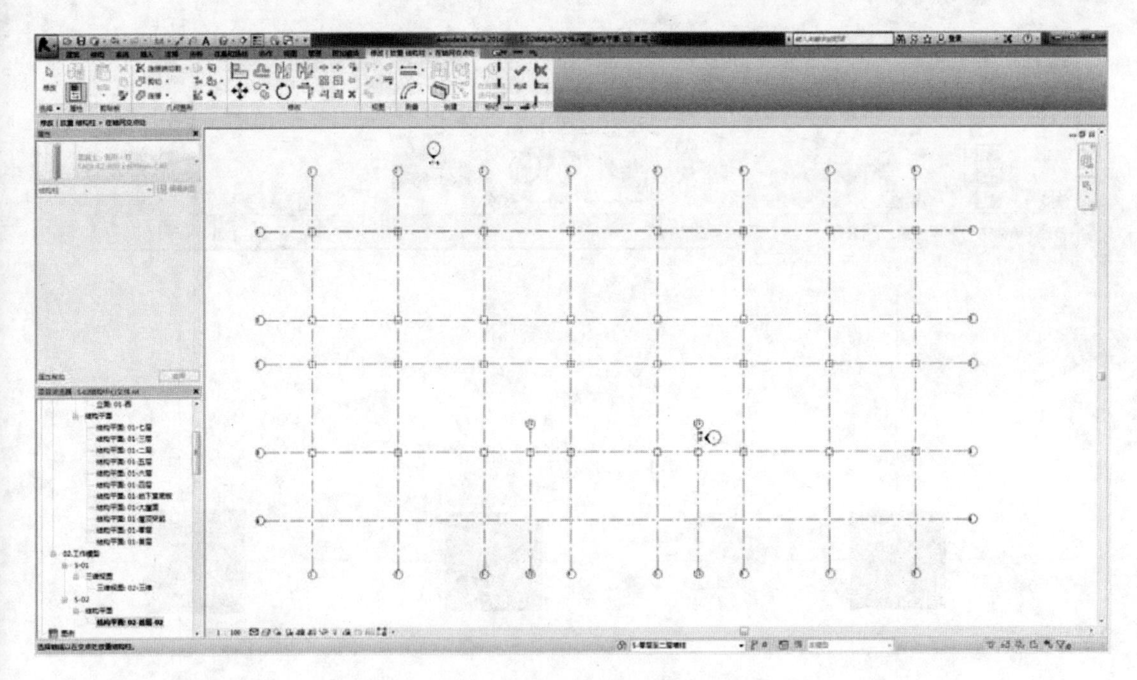

图 3.2-47

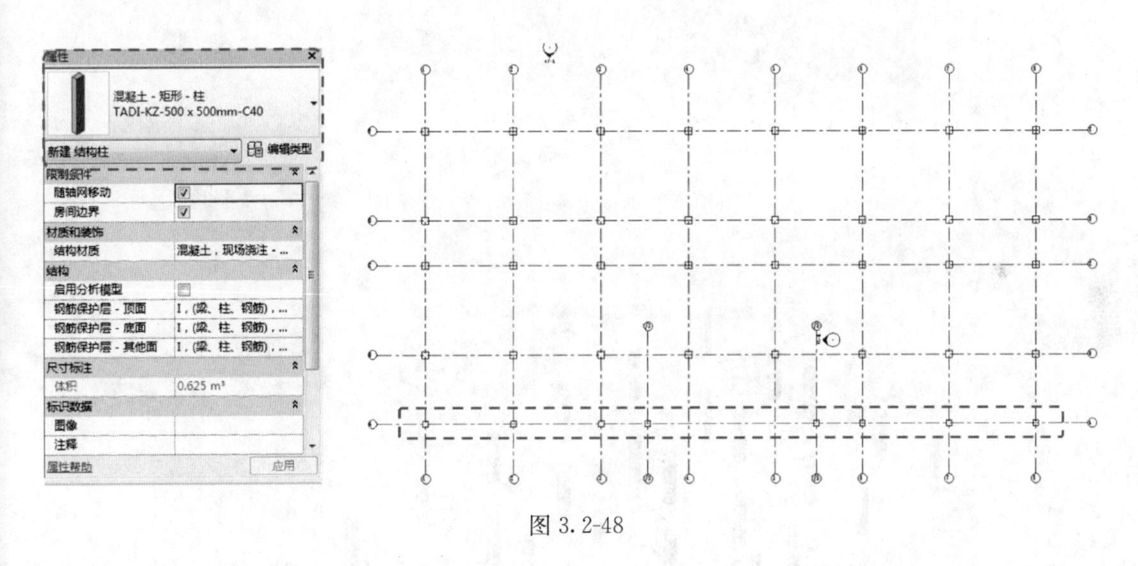

图 3.2-48

用相同的方法处理其他结构柱，即可完成结构柱在偏心情况下的处理，并完成首层结构柱的创建（图 3.2-50）。

提示：在放置结构柱时，若选择放置方式为“深度”，则以当前视图所对应的标高为柱顶、以到达的标高为柱底放置结构柱；若选择放置方式为“高度”，则以当前视图所对应的标高为柱底、以到达的标高为柱顶放置结构柱。

C. 剪力墙的绘制

在 Revit 中，可以通过墙工具进行剪力墙的创建。与建筑墙不同的是，剪力墙可以通过配筋命令对其进行钢筋的输入。在本实例的首层平面图中，零层至首层的剪力墙厚度为

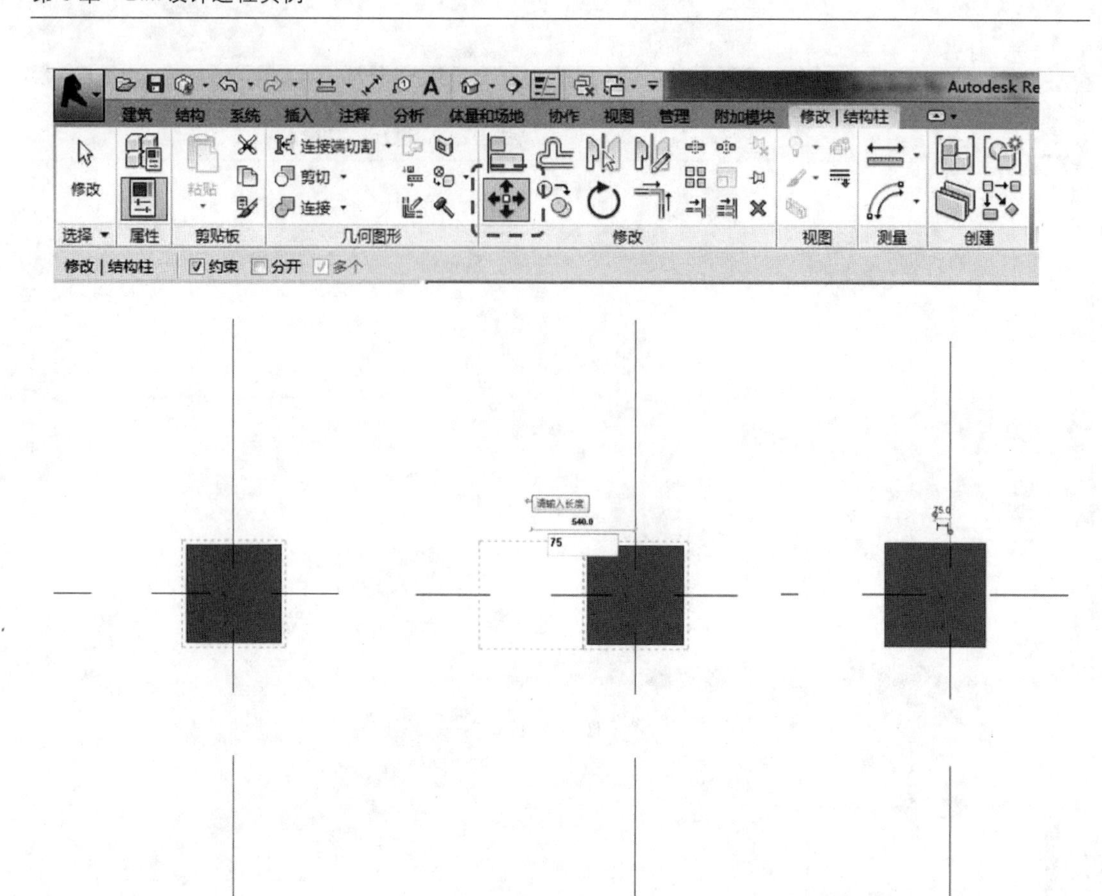
建筑
结构
系统
插入
注释
分析
体量和场地
协作
视图
管理
附加模块
修改 | 结构柱
修改
粘贴
连接端切割
剪切
连接
选择
属性
剪贴板
几何图形
修改
视图
测量
创建
修改 | 结构柱
约束
分开
多个
请输入长度
540.0
75
75.0

图 3.2-49

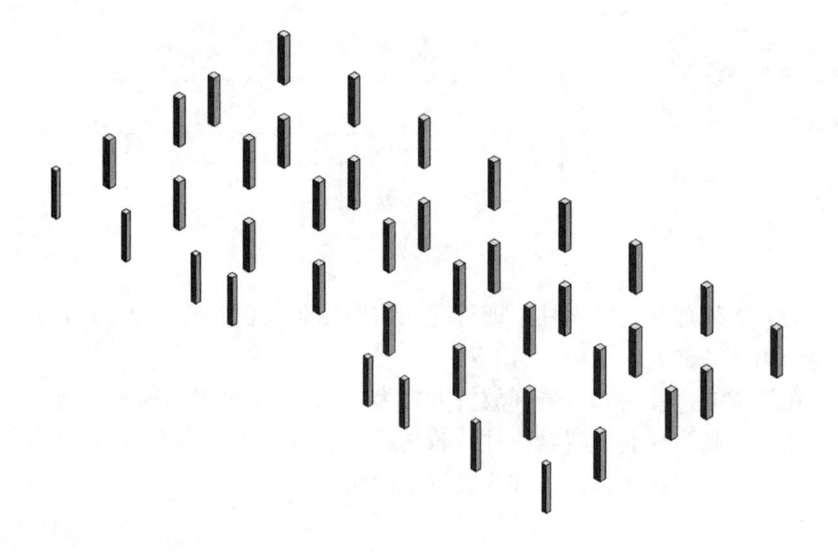

图 3.2-50

300mm，材质为C40。本节介绍剪力墙的类型创建、放置和修改等内容。

（a）创建新的剪力墙类型

点击“结构”选项卡中的“墙”按钮，在下拉菜单中选择“墙：结构”，进入“修改｜放置 结构墙”状态，本书光盘中的项目样板已经为用户预设好剪力墙类型族“TADI-Q-200mm-C30”并完成相关参数的设置，用户可对此预设族进行复制并使用。在“属性”窗口中点击“编辑类型”，弹出“类型属性”对话框，点击“复制”按钮，在弹出的“名称”对话框中输入“TADI-Q-300mm-C40”，点击“确定”。如图3.2-51所示。

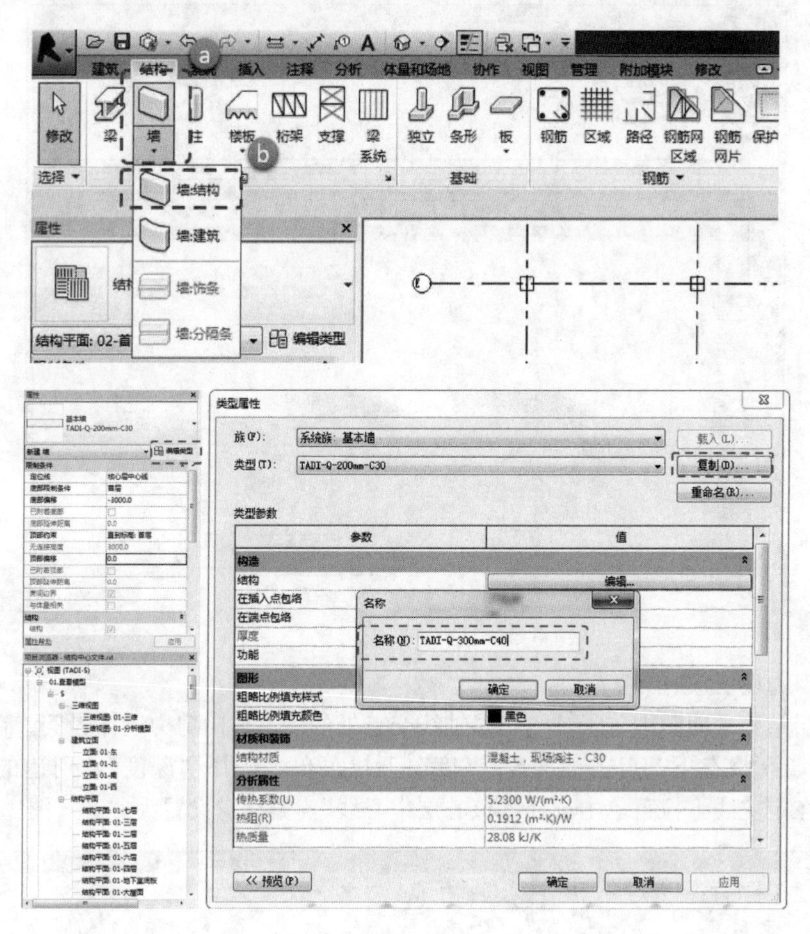

图3.2-51

返回“类型属性”对话框，点击“类型参数”中“结构”一栏的“编辑”按钮，进入“编辑部件”对话框。在“编辑部件”对话框中，可对墙体的材质和厚度进行编辑。点击“层”范围框内“结构”一栏中的“厚度”，将厚度值修改为“300”，点击“材质”，弹出“材质浏览器”窗口，将材质修改为“混凝土，现场浇注-C40”。点击“确定”，返回“类型属性”对话框，再点击“确定”，退出“类型属性”对话框，完成新墙类型的创建。如图3.2-52所示。

提示：在剪力墙构件中，材料材质属于类型参数，对于同一种类型的墙，如果需要设置不同材质，则需要复制新的类型，再进行材质的编辑。

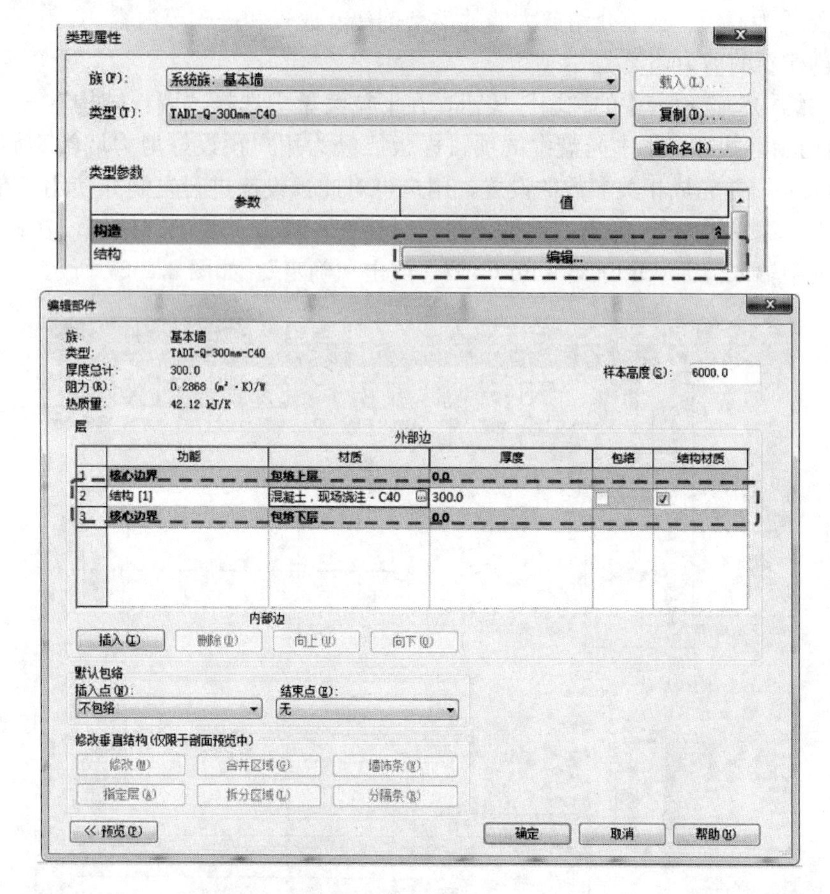

图 3.2-52

(b) 剪力墙的放置

以首层结构平面图中，①轴线与Ⓔ轴线交点处的一道横向剪力墙体为例。在“修改 | 放置 结构墙”状态下，点击“深度/高度”下拉菜单，选择“深度”，到达的标高选择“零层”，在定位线下拉菜单中选择“核心层中心线”，偏移量设置为“0”(图 3.2-53)。

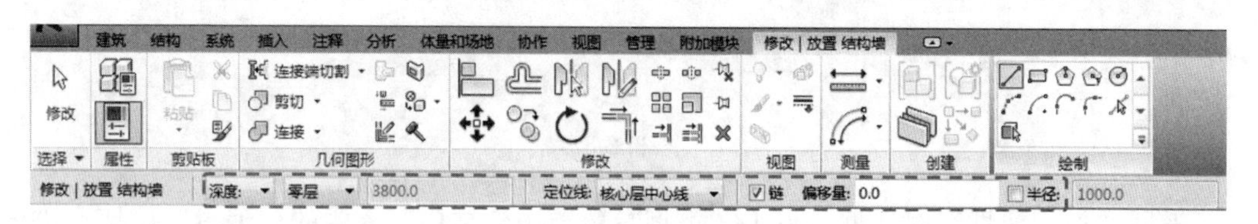

图 3.2-53

将鼠标置于柱右边与Ⓔ轴的交点，出现捕捉标记。点击鼠标左键，将鼠标指针向右侧移动一段距离，用键盘输入“2075”，点击回车键，完成一段墙体的绘制（图 3.2-54），按键盘 ESC 键，退出绘制墙体模式。

在本实例中，剪力墙的墙边齐于柱外皮，在绘制时可将墙的定位线设置为“核心面：外部”。此时以墙的核心面外部为基准线进行墙体绘制。点击结构柱右上角，显示捕捉标记。点击鼠标左键，将鼠标指针向右移动，输入“2075”，点击回车键，即可完成墙体的

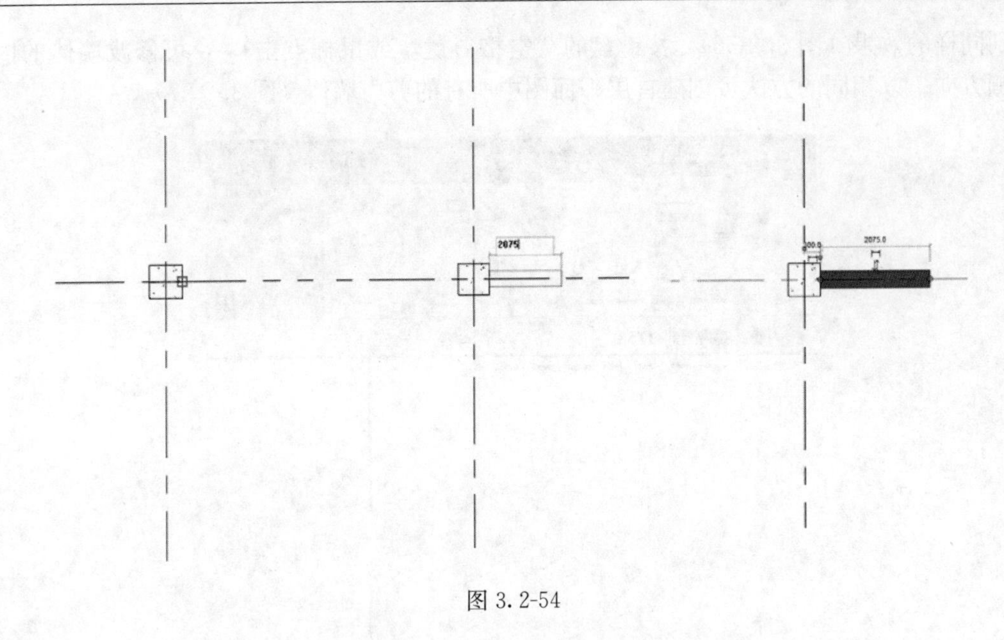

图 3.2-54

绘制。如图 3.2-55 所示。

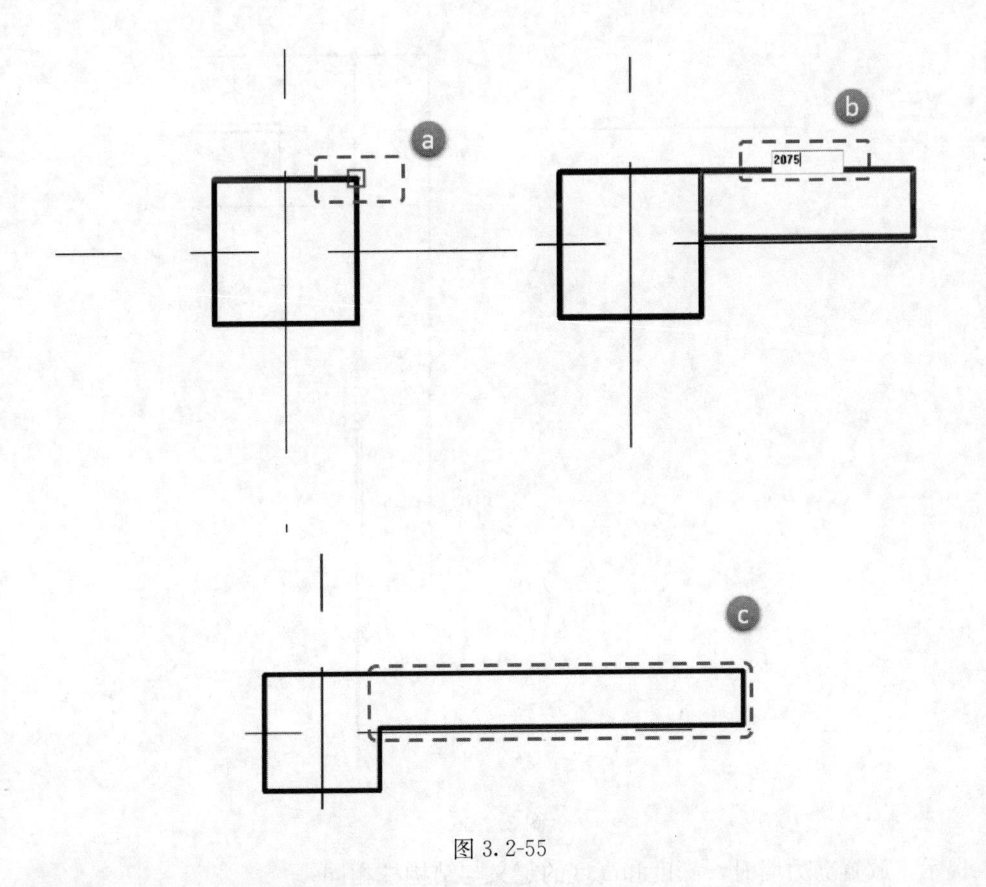

图 3.2-55

除了改变墙体的定位线以外，由于本节中创建的墙体的中心线与轴线的距离为 175mm，还可以在放置墙体时设置“偏移量”为 175（或－175），再沿轴线绘制墙体，可达到同样的效果（图3.2-56）。按键盘的“空格”键，或鼠标点击⇆，可修改墙体的内/外侧方向。以相同的方法可创建首层平面图中所有的剪力墙体（图3.2-57）。

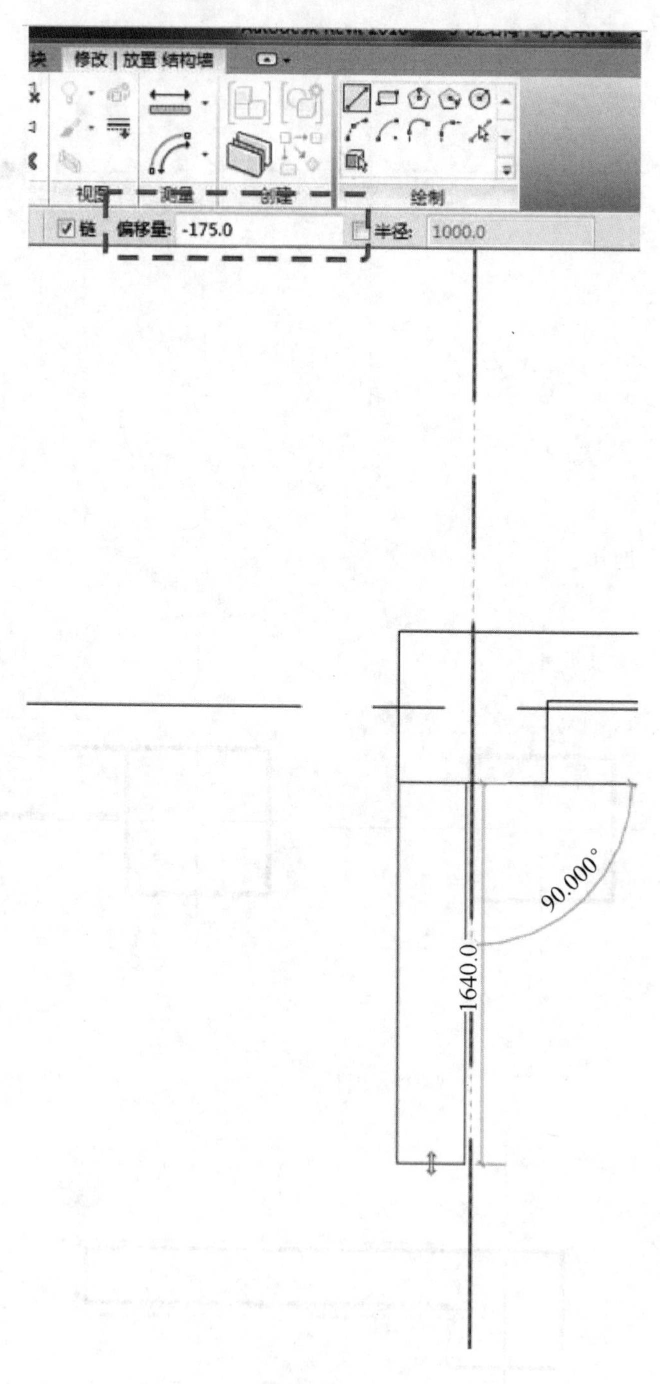

图3.2-56

提示：放置剪力墙时，深度和高度的定义与结构柱相同。

当“链”旁边的复选框处于勾选状态时，一段墙体绘制完毕后，将以上一段墙体的终点为起点，继续绘制下一段墙体（图3.2-58）。

图 3.2-57

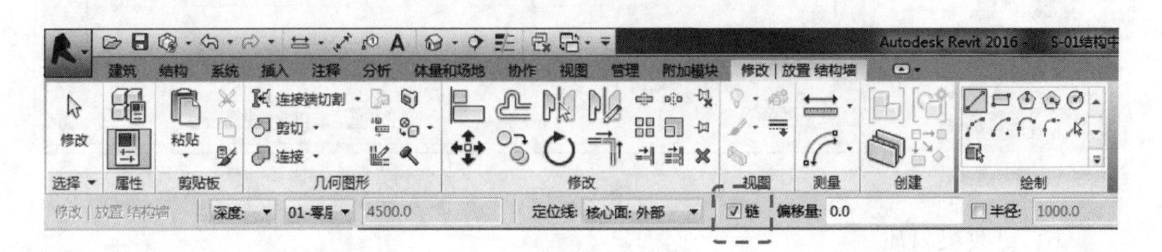

图 3.2-58

提示：除了以鼠标点击墙端位置的方式绘制剪力墙，Revit 还提供了“拾取线”的方式根据所选的线段进行墙体的生成，此部分内容将在绘制外檐的部分中介绍。

D. 梁的绘制

与剪力墙的放置方式类似，梁同样可以通过选择端点位置进行布置，以及使用“对齐”等命令进行位置的修改。本节继续以首层结构平面图为例，介绍梁的布置、修改等操作。

(a) 创建新的梁类型

将活动工作集切换至“S-零层至二层梁板”，点击“结构”选项卡中的“梁”按钮(默认快捷键 BM)，进入“修改 | 放置 梁”状态，本书光盘中的项目样板已经为用户预设好框梁类型族“TADI-KL-400×800mm-C30”并完成相关参数的设置，用户可对此预设族进行复制并使用。在“属性”窗口中点击“编辑类型”，弹出“类型属性”对话框，点击“复制”按钮，在弹出的“名称”对话框中输入“TADI-KL-350×700mm-C30”，点击“确定”(图3.2-59)。

返回“类型属性”对话框，将“类型参数”中的“b”和“h”的“值”分别修改为“350”和“700”。为方便施工图阶段对结构柱进行标注，在“标识数据”栏目中“类型标记”的“值”中输入“KL1 350×700”。点击“确定”，退出“类型属性”对话框，完成梁类型的创建。

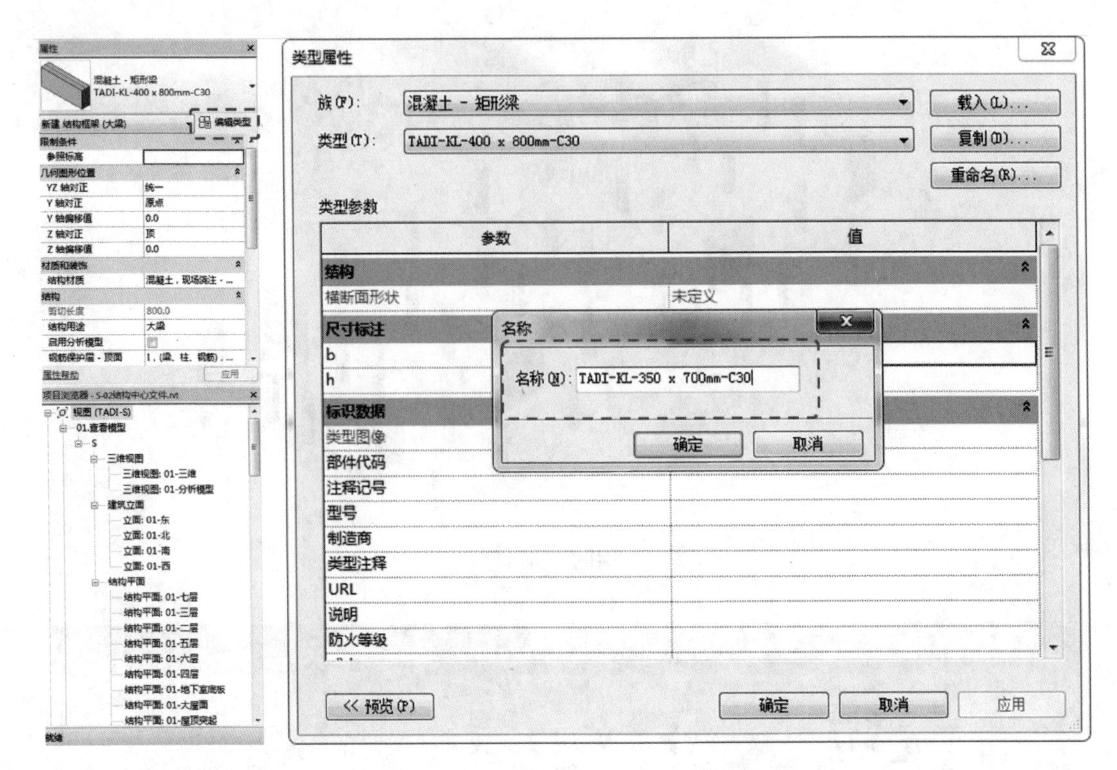

图 3.2-59

（b）更改梁材质

更改梁材质的操作与结构柱相同，详见绘制结构柱的部分。在“属性”窗口中“材料与装饰”栏目中，将梁的材质设置为“混凝土，现场浇注—C30”。

（c）梁的放置

梁的放置操作同样可使用单根放置与多根放置两种方式。单根放置方式即通过点击梁端点位置的方式放置整根梁，当整根梁中每跨梁的截面情况较少时，可选择单根放置的方式，在通过复制的命令创建其他位置同类型的梁；当整根梁中每跨梁的截面情况较多时，可选择多根放置的方式，即“在轴网上”命令。这种方式可快速在轴网上建立多跨梁，梁会根据轴线上的柱、墙的位置进行自动断开，当整根梁中存在某些跨的梁有变化时（如截面变化，梁顶标高的变化等），可快速点选需要更改的梁进行修改。当一整根梁需要变化时，使用此方法后出现的工作量相对较大。用户可根据实际情况选择梁的布置方式。本部分首先以主梁为例介绍梁的两种绘制方法，然后介绍次梁的绘制方法。

■单根放置

在“修改｜放置 梁”状态下，“放置平面”选择“01—首层”，结构用途选择“大梁”。以Ⓔ轴上的主梁为例，点击①轴与Ⓔ轴的交点，再将鼠标移至⑧轴与Ⓔ轴的交点，点击鼠标左键，完成梁的绘制，按两次 ESC 键退出绘制模式。如图 3.2-60 所示。

在本实例中，外圈梁的梁外皮齐于结构柱外皮，梁中心线不在轴线上。可通过计算梁中心线与轴线的间距、设置梁偏移值的方法进行绘制。

仍以Ⓔ轴上的主梁为例，梁齐于柱外皮时梁中心线距Ⓔ轴 150mm，绘制之前，在“属性”窗口中“Y 轴偏移值”输入“150”，再点击梁的两个端点，可将梁放置于指定位

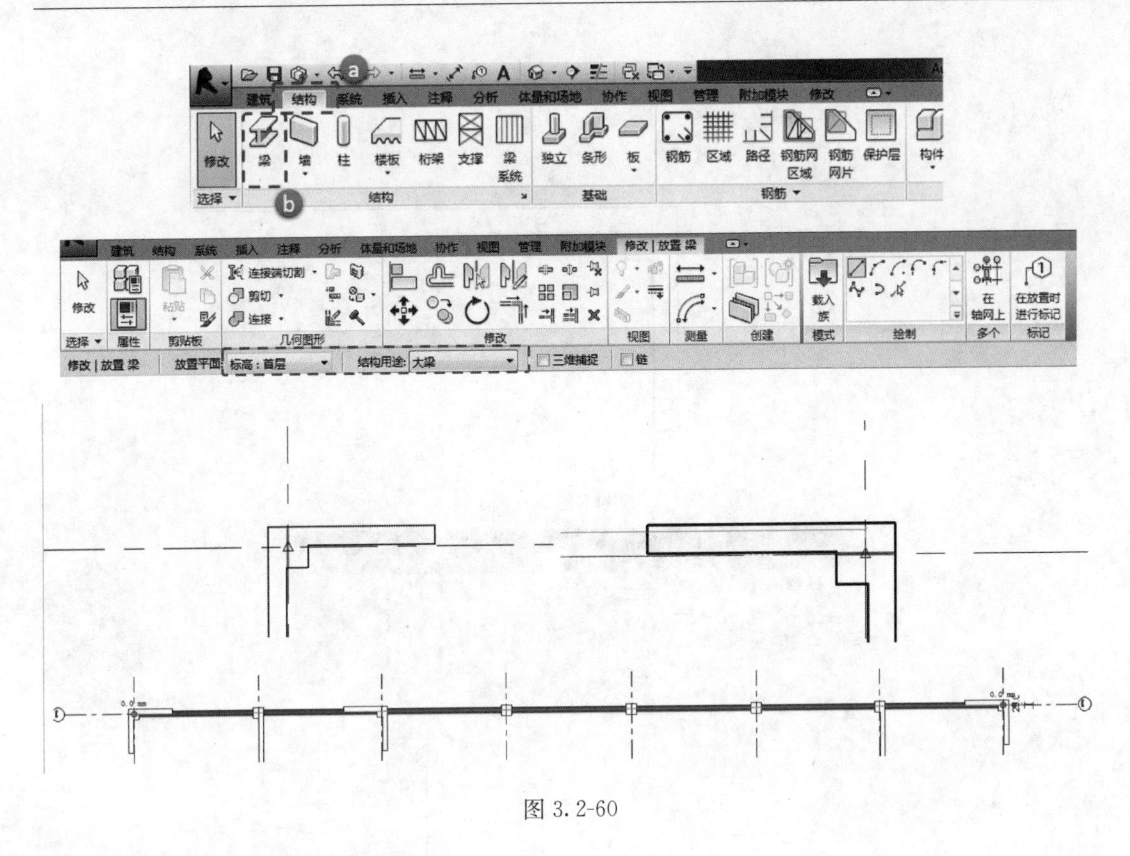

图 3.2-60

置，如图 3.2-61，图 3.2-62 所示。

除此之外，还可以通过改变梁的 Y 轴基准线的方式进行绘制，在绘制梁之前，将“Y 轴对正”的值设置为“左”或“右”，以柱外皮上的某一点作为梁的两个端点进行绘制，即可使梁与柱外皮对齐。

以相同的方法可绘制、编辑图纸中所有主梁，相同类型的梁也可使用“复制”命令进行创建。

■多根放置

本部分以①轴上的主梁为例，在①轴与Ⓒ轴、Ⓓ轴交点之间的线段上，梁的截面为 350mm×500mm，使用此方法可快速点选需要修改的梁进行修改。

“修改 | 放置 梁”状态下，创建新的梁类型“TADI-KL-350×500mm-C30”，类型标记为“KL2 350×500”。点击“多个”栏目中“在轴网上”按钮，进入“修改 | 放置梁>在轴网线上”状态。点击①轴，软件将搜索所有柱心在轴线交点处的结构柱，生成梁放置预览视图，点击“完成”按钮，完成多根梁放置操作。如图 3.2-63 所示。

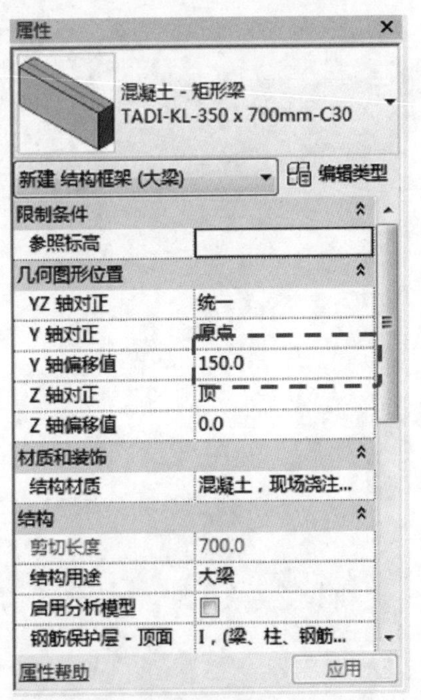

图 3.2-61

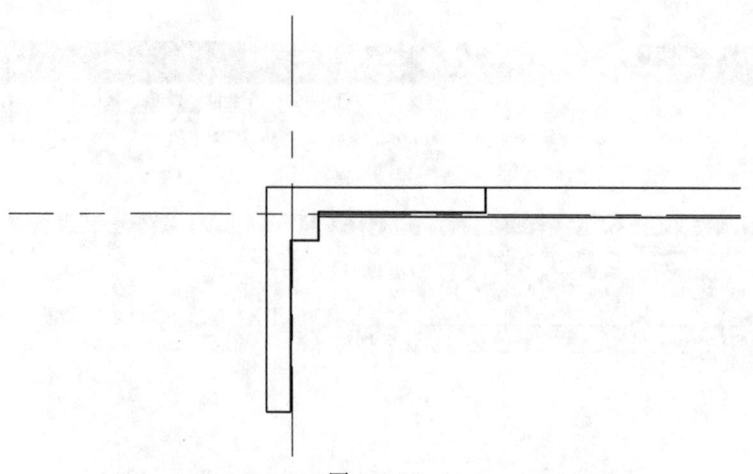

图 3.2-62

Autodesk Revit 2016 -　S-02结构中心文件
管理
附加模块
修改 | 放置 梁 > 在轴网线上
在放置时进行标记
完成
取消
视图
测量
创建
标记
多个

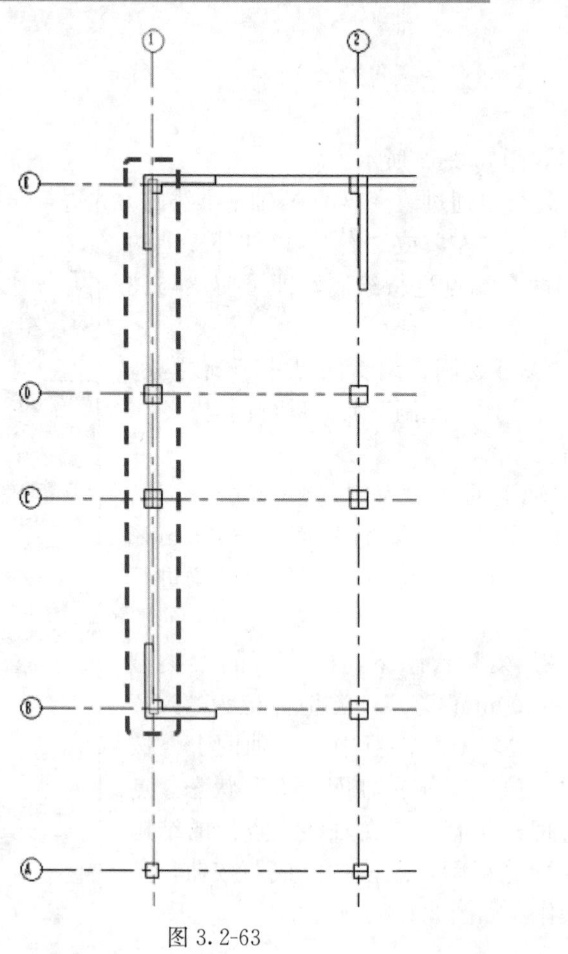

图 3.2-63

点击①轴与Ⓒ、Ⓓ轴交点间的梁，在“属性”窗口中将梁的类型修改为“TADI-KL-350×500mm-C30”，选择生成的所有梁，在“属性”窗口中“Y轴偏移值”输入“−150”，将梁偏移至柱外皮。点击“修改”选项卡中“修剪/延伸单个单元”按钮，点击Ⓐ轴与①轴交点处结构柱的上方边界，再点击①轴与Ⓑ、Ⓒ轴交点间的梁，将梁延伸到结构柱上。以相同的方法创建结构首层平面图中所有主梁。如图 3.2-64，图 3.2-65所示。

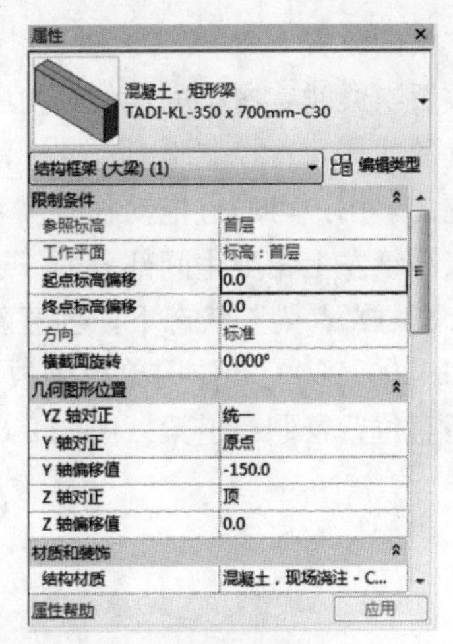

图 3.2-64

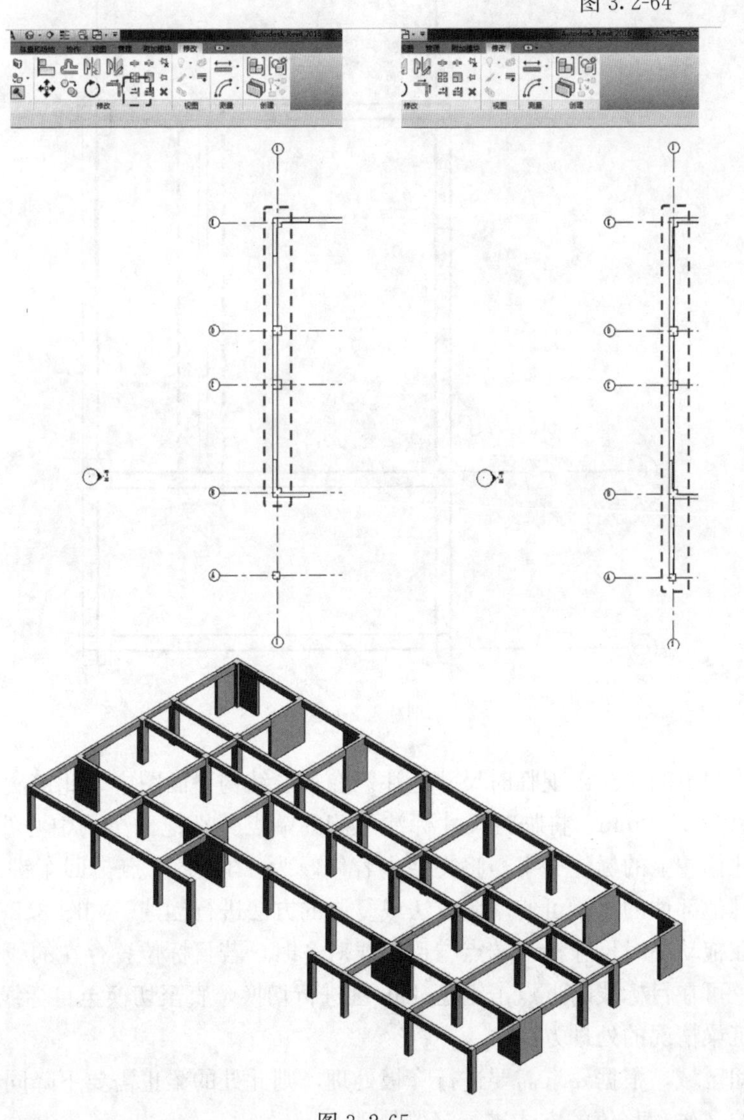

图 3.2-65

■次梁的放置

在放置次梁时，次梁的定位是由临时尺寸标注进行定位的。可先在目标位置附近绘制需要放置的次梁，再控制临时尺寸标注对其进行精确定位。临时尺寸标注是在选择图元后自动出现的，用户可通过拖动临时尺寸标注的端点，再输入相应距离实现对图元的定位。本部分以图纸左上角卫生间部分的一道次梁为例。

“修改｜放置 梁”状态下，创建新的梁类型“TADI-CL-200×600mm-C30”，类型标记为“CL 200×600”。使用单根梁放置的方式在由①轴、②轴、Ⓓ轴、Ⓔ轴之间组成的区域内任意位置绘制一道梁（图3.2-66）。

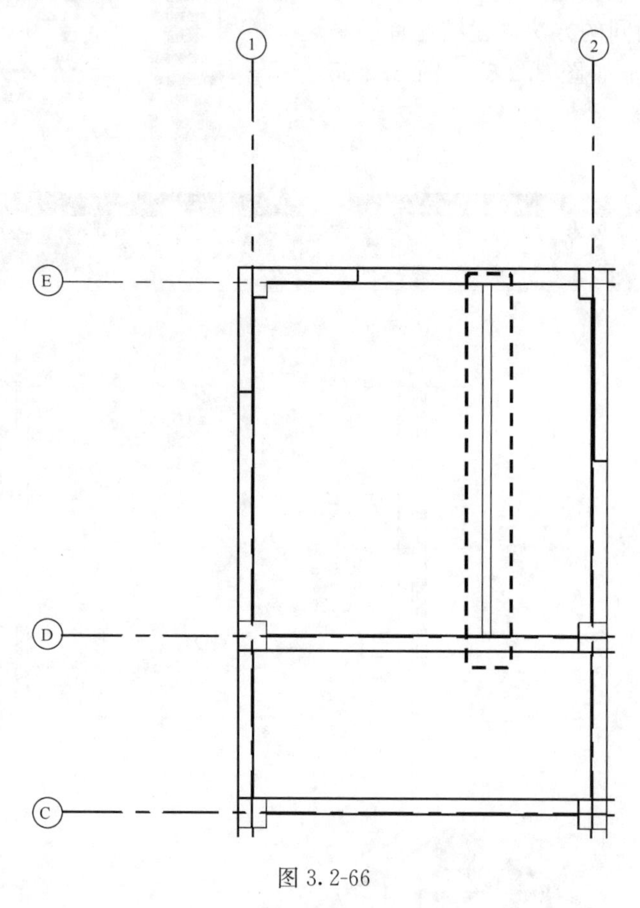

图3.2-66

点击新绘制出的梁，出现临时尺寸标注。在首层结构平面图中，此道次梁的梁中心线距②轴的距离为3900mm。将临时尺寸标注两侧的端点分别拖动至梁中心线与②轴线上，点击临时尺寸标注上的标注文字，将文字内容修改为“3900”，点击回车键，即可完成次梁的定位。其他部位的次梁可使用此方法或复制的方法进行创建。如图3.2-67所示。

提示：在拖动临时尺寸标注端点与目标线对齐时，若目标位置存在的线较多，不易选中目标线时，可在目标线附近点击键盘Tab键进行切换，直至切换至目标线。

■局部沉梁情况的处理方法

在卫生间区域，根据要求需要进行降板处理，则此处的梁也需要下降同样的距离，可通过改变梁的Z轴偏移值的方式进行沉梁处理。

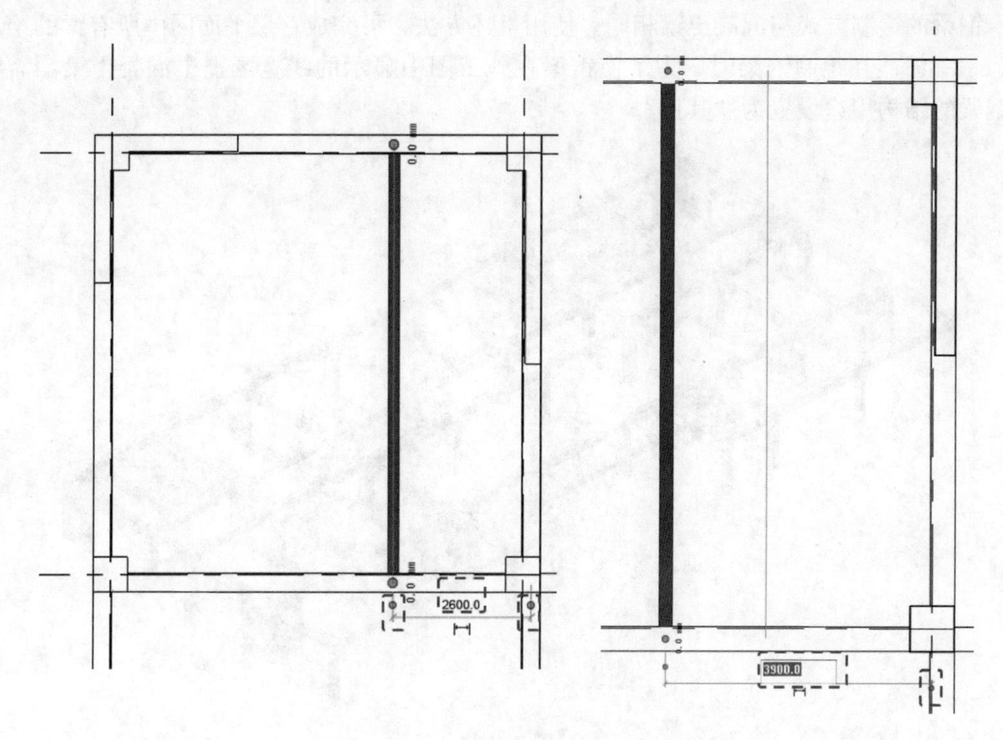

图 3.2-67

在本实例中，卫生间区域的梁相对于结构标高降低 80mm。点击上一步创建的次梁，在“属性”窗口中点击“几何图形位置”栏目下的“Z 轴偏移值”项，将文本框中的数值改为“−80”，点击“应用”，即可将选中的梁下沉 80mm。如图 3.2-68 所示。

图 3.2-68

钢梁的绘制方式与混凝土梁相同。使用上述方法，可完成首层平面图中所有梁的绘制（图3.2-69）。在绘制钢梁时，为了使钢梁在施工图中显示的线宽区别于混凝土梁，需要将钢梁的结构用途设置为“其他”。

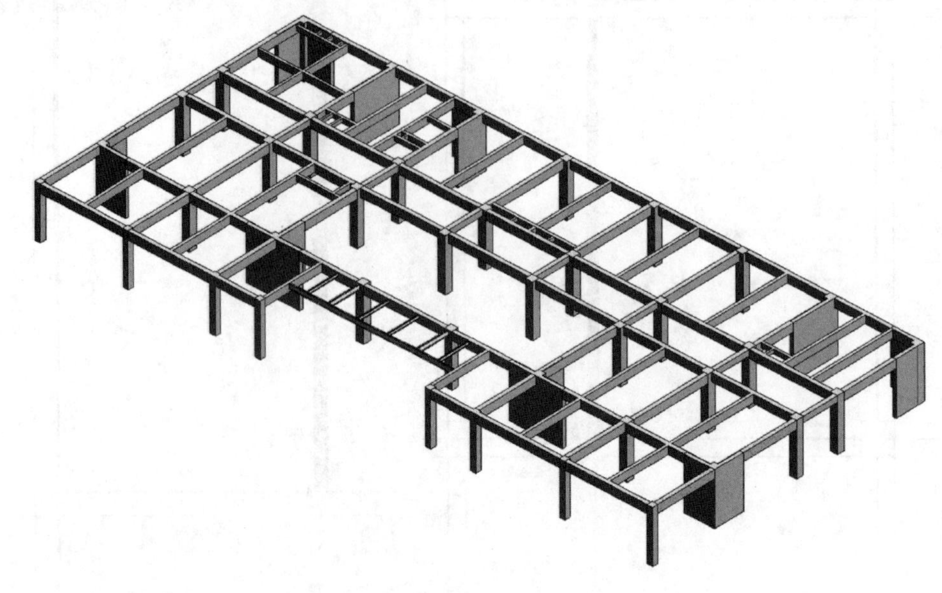

图3.2-69

E. 楼板的绘制

在Revit中，楼板是以草图的形式绘制的。用户可以通过手动绘制或通过“拾取线”的方式绘制草图线。同时，用户可以在封闭楼板轮廓中绘制新的轮廓，来实现楼板开洞。本部分介绍楼板草图的绘制、开洞以及降板处理等操作，仍以首层平面图中的楼板为例。其中卫生间区域的板厚为110mm，其他区域板厚为100mm。

（a）创建新的楼板类型

在“02—首层—02”视图中，点击“结构”选项卡中的“楼板”按钮，在下拉菜单中选择“楼板：结构”，进入“修改｜创建楼层边界”状态，本书光盘中的项目样板已经为用户预设好楼板类型族“TADI-LB-300mm-C30”并完成相关参数的设置，用户可对此预设族进行复制并使用。在“属性”窗口中点击“编辑类型”，弹出“类型属性”对话框，点击“复制”按钮，在弹出的“名称”对话框中输入“TADI-LB-100mm-C30”，点击“确定”。如图3.2-70所示。

返回“类型属性”对话框，点击“类型参数”中“结构”一栏的“编辑”按钮，进入“编辑部件”对话框。在“编辑部件”对话框中，可对楼板的材质和厚度进行编辑。点击“层”范围框内“结构”一栏中的“厚度”，将厚度值修改为“100”，点击“材质”，弹出“材质浏览器”窗口，将材质修改为“混凝土，现场浇注－C30”。点击“确定”，返回“类型属性”对话框，再点击“确定”，退出“类型属性”对话框，完成新楼板类型的创建。如图3.2-71所示。

（b）楼板草图的绘制

在“修改｜创建楼层边界”中的“绘制”栏目中，提供了线和多种形状来绘制楼板草

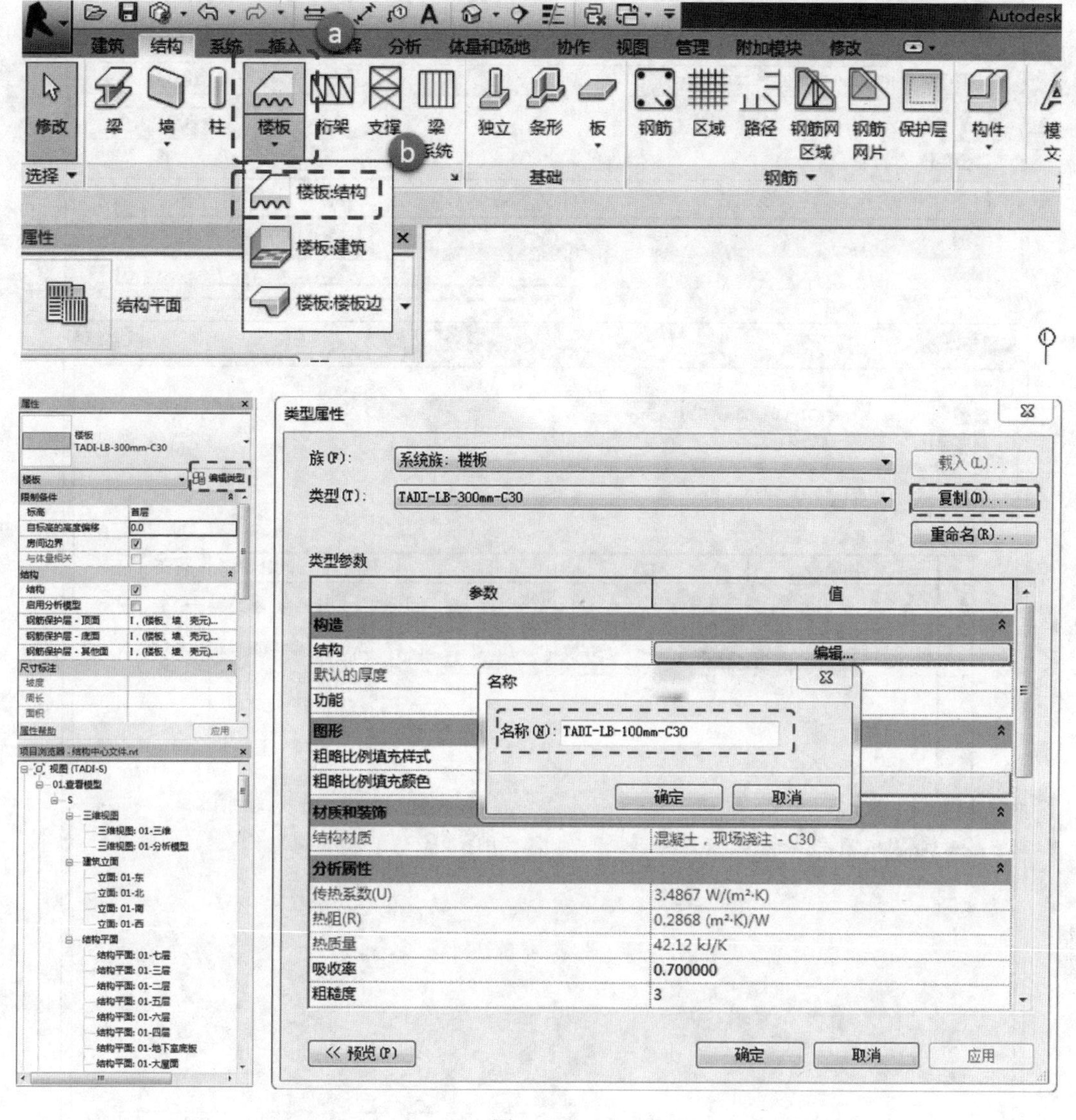

图 3.2-70

图，用户还可以通过拾取线的方式，拾取构件的边界生成楼板草图线。

■手动绘制草图线

在“修改｜创建楼层边界”中的“绘制”栏目中，点击“直线”，勾选“链”前的复选框。在视图平面中，点击需要放置草图线的第一个端点的位置，拖动鼠标指针，在草图线的终点处点击鼠标左键。此时将以上一条草图线的终点为起点，继续绘制下一条草图线。当所有草图线绘制完毕后，点击“模式”中的对勾按钮，完成卫生间区域外楼板的绘制。如图 3.2-72，图 3.2-73 所示。此时会询问“是否希望将高达此楼层标高的墙附着到此楼层的底部?”若选择“是”，则 Revit 将去除楼板与墙重合的部分，将墙顶附着于板底。此时选择“否”。

（c）使用拾取线的方式绘制草图

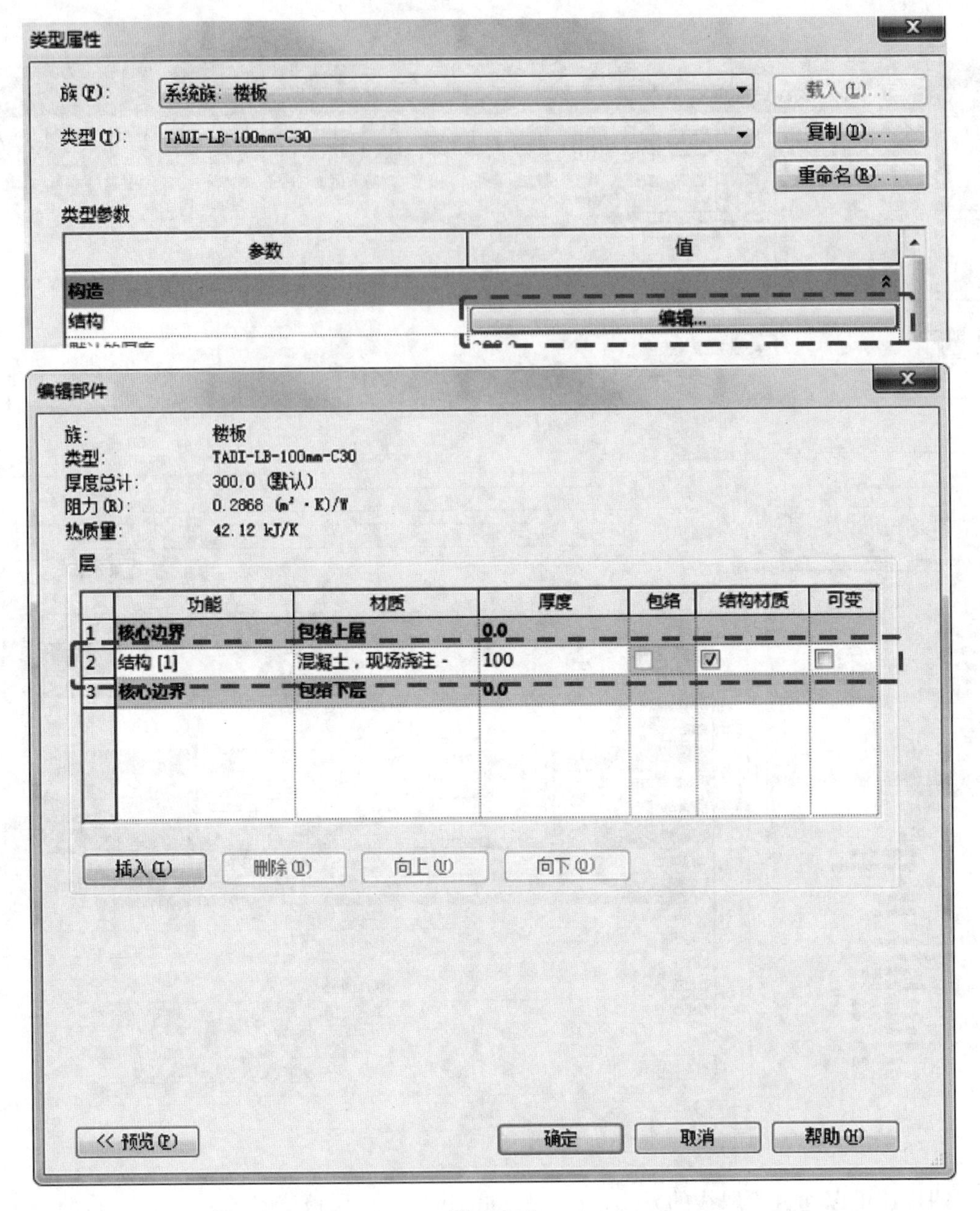

图 3.2-71

在“修改｜创建楼层边界”中的“绘制”栏目中，点击“拾取线”。将鼠标指针移动到需要拾取的构件的边界上，此时构件边界显示为待选中状态。点击鼠标左键，Revit 会根据选取边界的长度生成草图线。继续绘制草图线，点击与之相邻构件的边线，生成另一条草图线。如图 3.2-74 所示。

由于在 Revit 中，楼板边界必须是封闭的，草图线之间不能有交叉或端点开放的情况存在，否则无法完成楼板绘制的命令。此时可使用“修剪/延伸为角”命令对草图线进行处理。点击“修改”栏目中“修剪/延伸为角”按钮，分别点击两条草图线使其相交（图 3.2-75）。

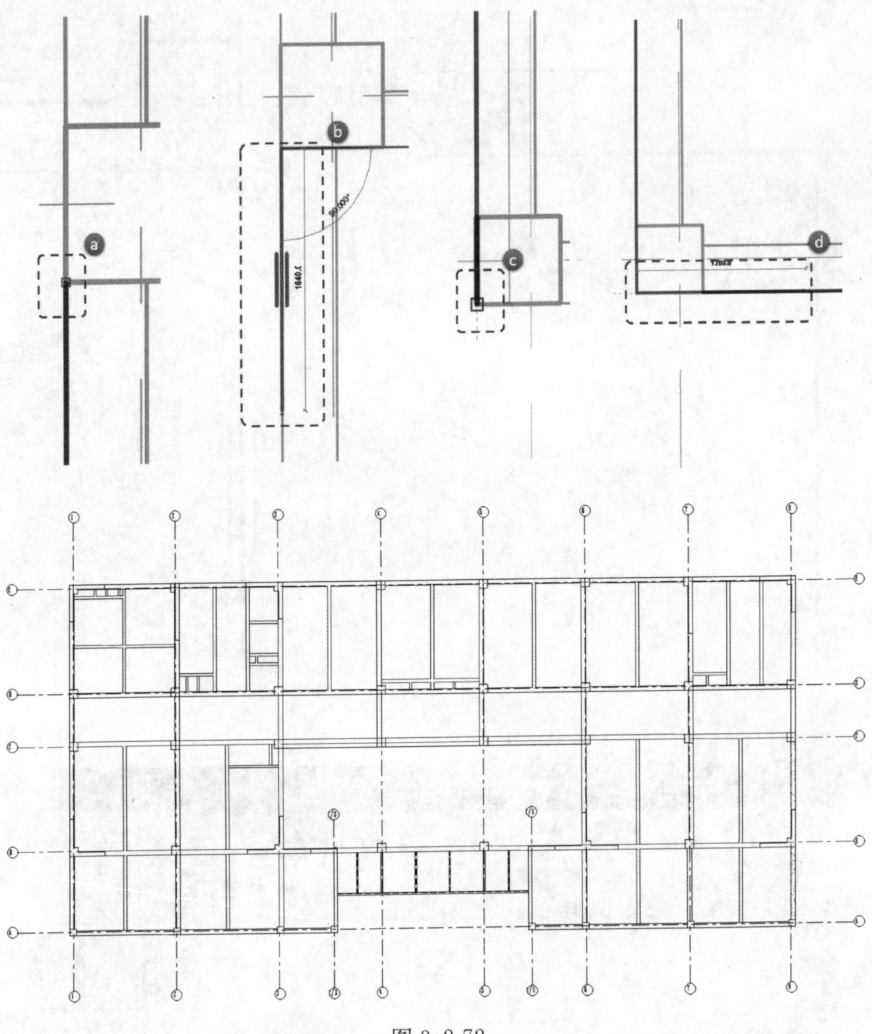

图 3.2-72

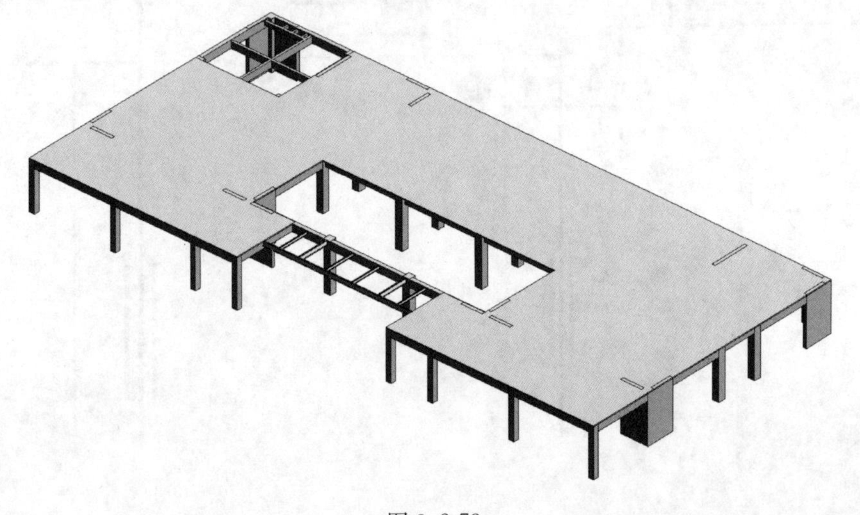

图 3.2-73

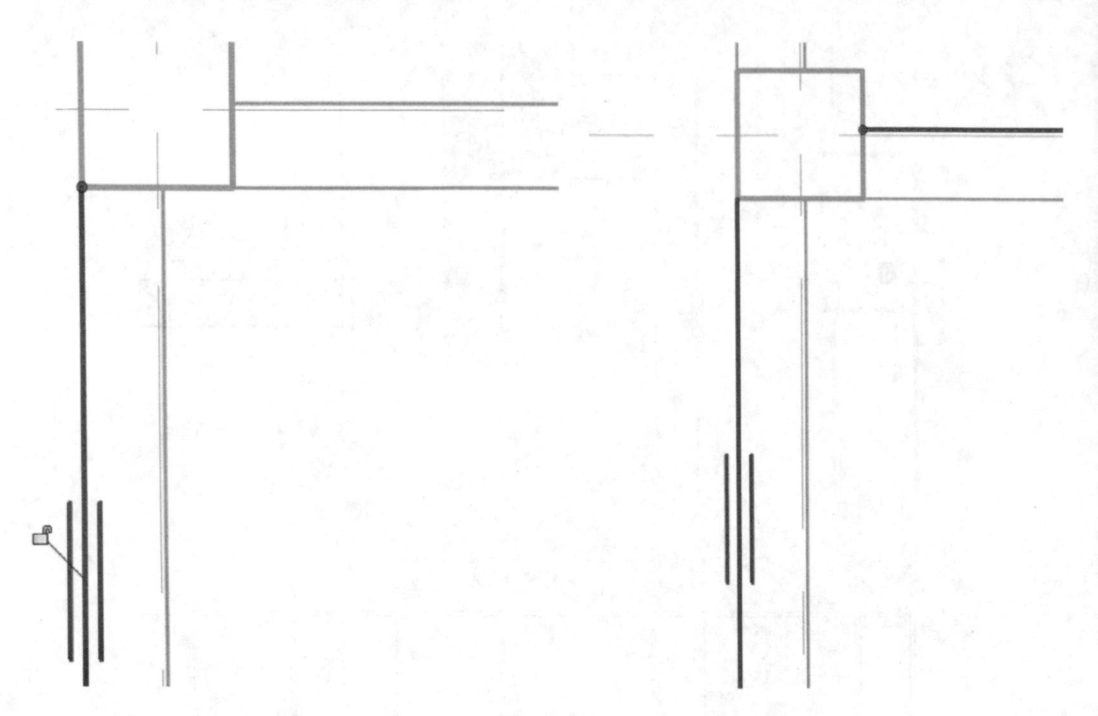

图 3.2-74

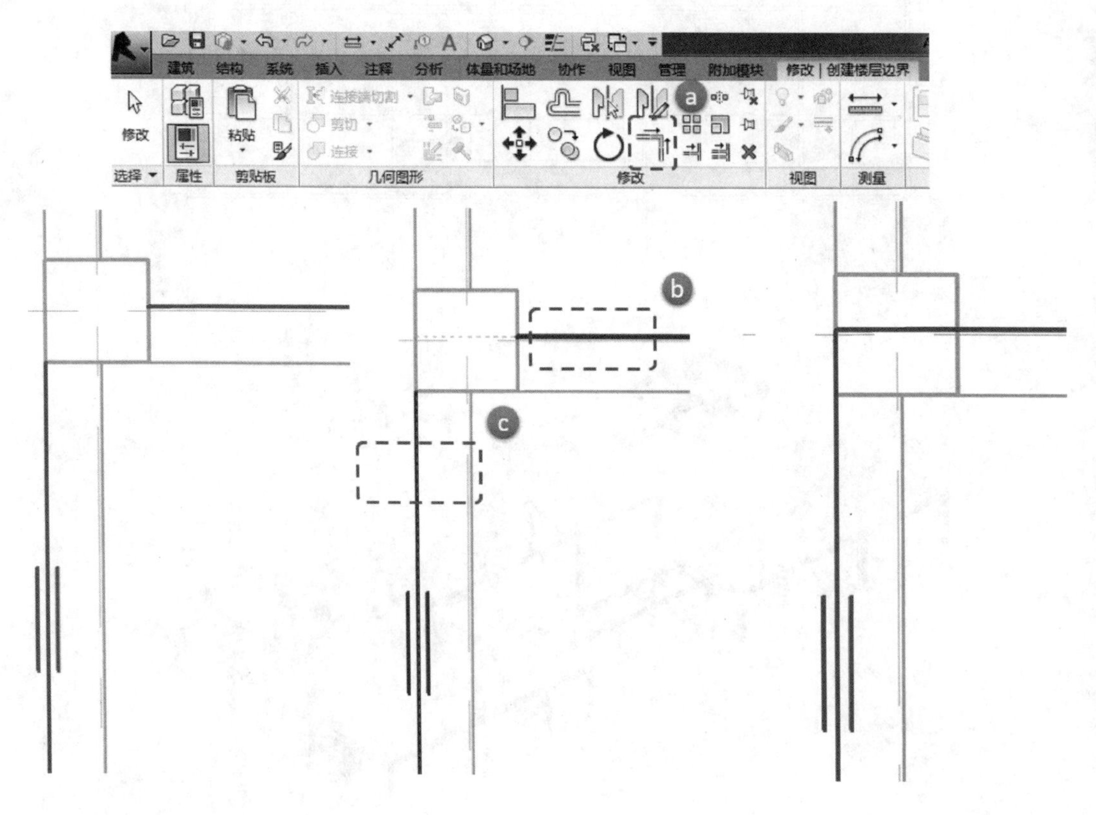
建筑
结构
系统
插入
注释
分析
体量和场地
协作
视图
管理
附加模块
修改 | 创建楼层边界
修改
粘贴
连接端切割
剪切
连接
选择
属性
剪贴板
几何图形
修改
视图
测量
a
b
c

图 3.2-75

若两条草图线处于相交状态时，则需要分别点击需要保留的部分进行裁剪（图 3.2-76）。

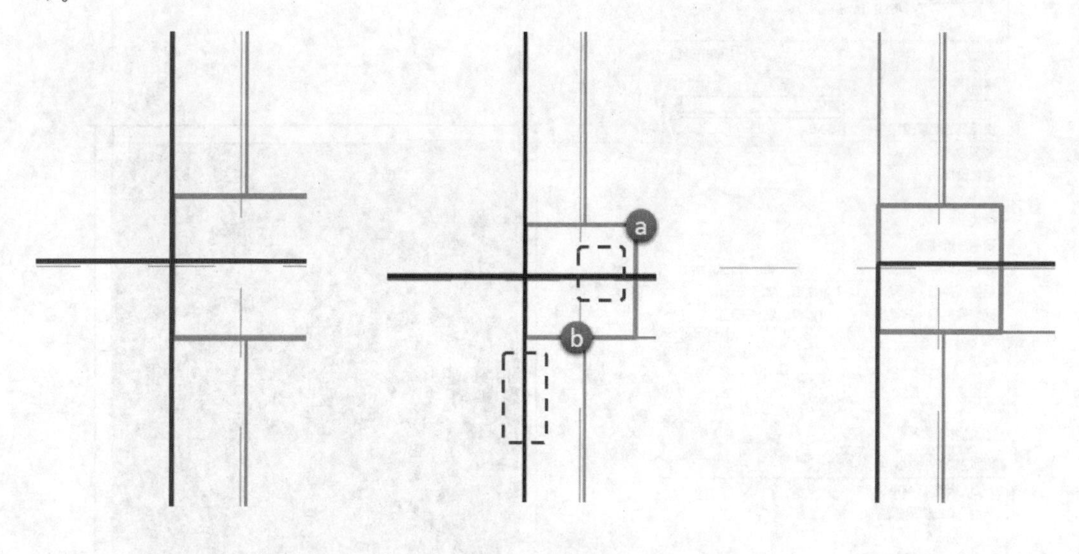

图 3.2-76

提示：一些基于线的构件如墙、梁等也可以使用“对齐”功能进行修剪。

（d）楼板降板的处理

在卫生间区域，结构板相对当层结构标高下降 80mm。可通过修改楼板的偏移量实现对楼板的升/降板操作。

创建新的楼板类型“TADI-LB-110mm－C30”，在卫生间区域绘制楼板。点击绘制完毕的楼板，在“属性”菜单中修改“自标高的高度偏移”中的值为“－80”，点击“应用”按钮，即可完成降板的操作。如图 3.2-77 所示。

（e）楼板开洞

楼板开洞可以通过在楼板封闭草图区域中，创建新的封闭区域实现。此外，还可以通过“竖井”命令进行开洞。本部分介绍通过编辑草图实现楼板开洞的操作。

以首层平面图中②轴与Ⓔ轴交点处楼梯间为例，在“02－首层－02”视图中，点击厚度为 100mm 的楼板，点击“修改｜楼板”选项卡中“模式”栏目下的“编辑边界”按钮，进入“修改｜楼板＞编辑边界”状态。如图 3.2-78 所示。

找到需要开洞的区域，本实例中楼梯间洞口为矩形。选择“绘制”栏目下的“矩形”命令，在矩形区域的左上角与右下角分别点击鼠标左键，完成开洞区域的绘制，点击“模式”中的对勾按钮，完成楼板开洞操作。用相同的方法，可完成其他楼梯间与电梯间洞口的开洞操作（图 3.2-79，图 3.2-80）。

F. 承台与桩的绘制

在扩初阶段的模型中，基础部分主要包括承台、桩、基础底板和地梁等构件。基础底板的绘制方法与楼板大致相同，不同点在于绘制基础底板时，选择的命令为“基础底板”。由于承台同样以基础底板的方式进行绘制，故此命令将在承台部分进行介绍。地梁的绘制方法与梁相同。在绘制桩之前，若在建立项目时，使用的是 Revit 默认结构样板，则需要

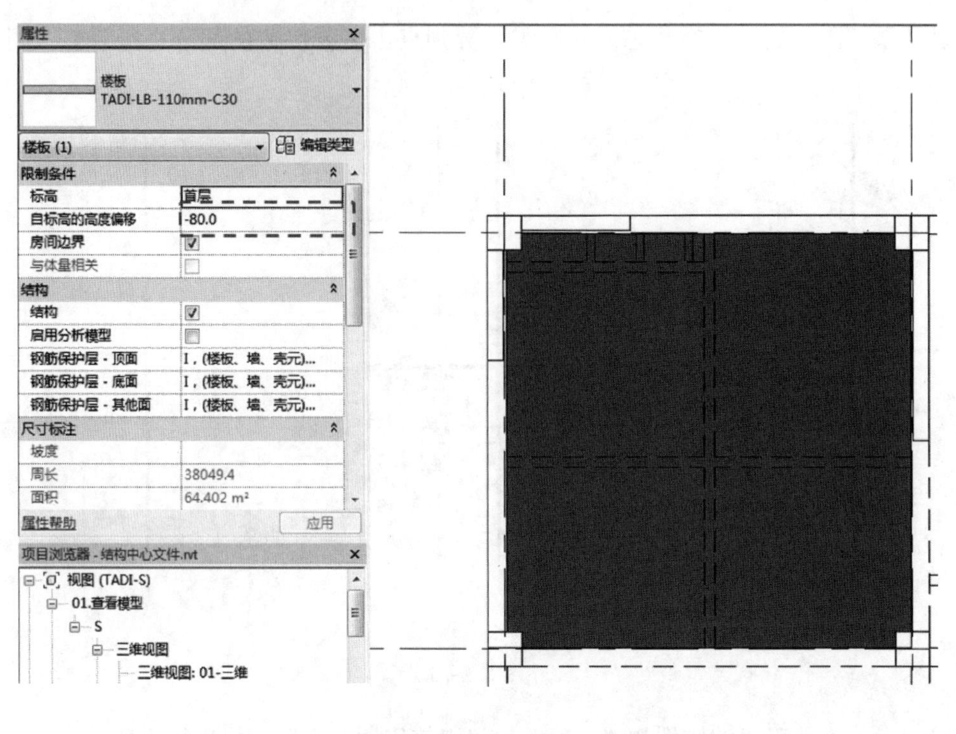
属性
楼板
TADI-LB-110mm-C30
楼板 (1)
编辑类型
限制条件
标高
首层
自标高的高度偏移
-80.0
房间边界
与体量相关
结构
结构
启用分析模型
钢筋保护层 - 顶面
I，(楼板、墙、壳元)...
钢筋保护层 - 底面
I，(楼板、墙、壳元)...
钢筋保护层 - 其他面
I，(楼板、墙、壳元)...
尺寸标注
坡度
周长
38049.4
面积
64.402 m²
属性帮助
应用
项目浏览器 - 结构中心文件.rvt
视图 (TADI-S)
01.查看模型
S
三维视图
三维视图: 01-三维

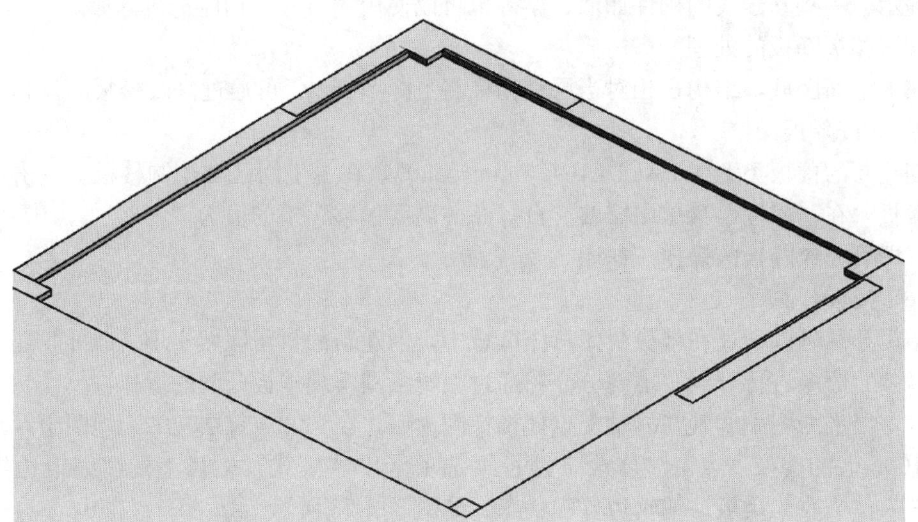

图 3.2-77

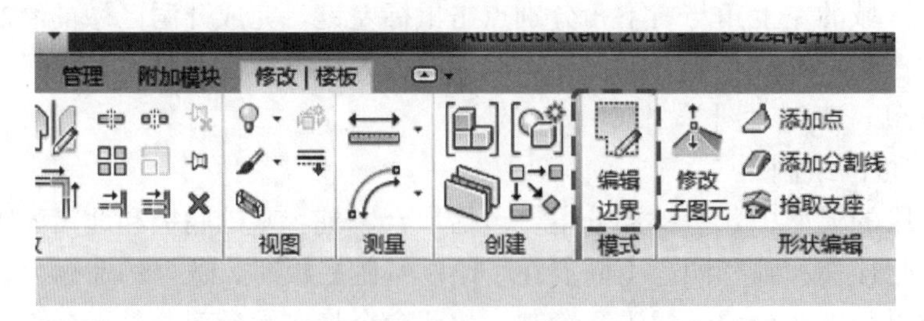
管理
附加模块
修改 | 楼板
视图
测量
创建
编辑
边界
模式
修改
子图元
添加点
添加分割线
拾取支座
形状编辑

图 3.2-78

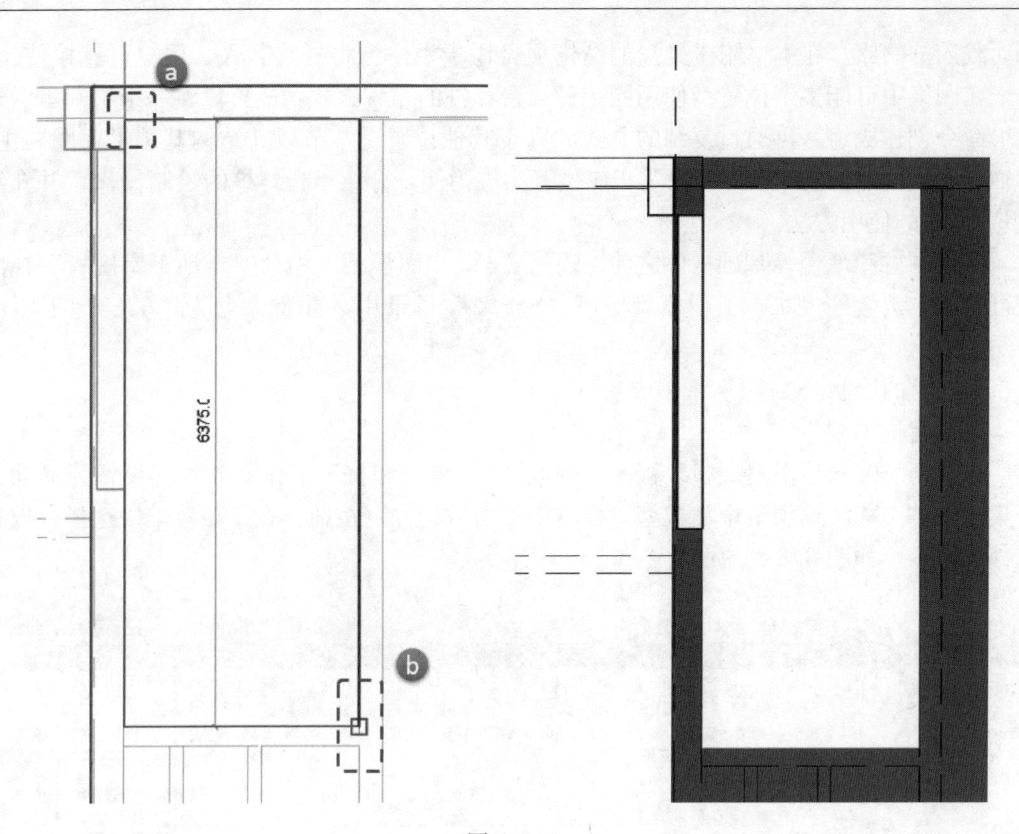

图 3.2-79

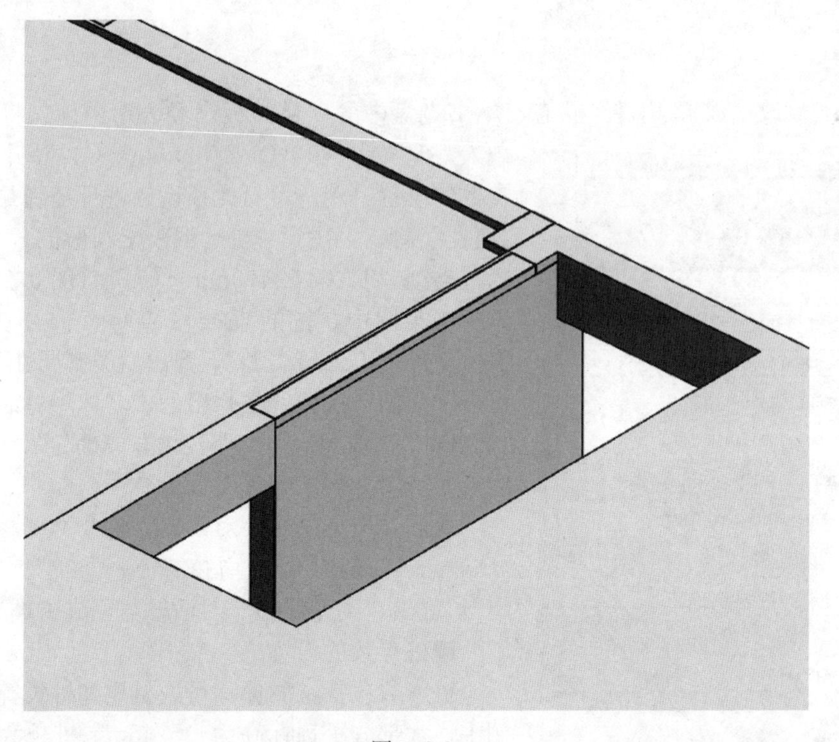

图 3.2-80

手动载入桩的族。在本书附带光盘的结构项目样板中，已将桩族载入，用户可直接使用。由于在图纸中可能多个位置会使用同一种承台和桩的布置方式，故可以将一组桩和承台通过组命令创建成组，再通过复制的方式放置于其他位置。本节以“结构基础平面图”中，①轴与Ⓐ轴交点处的“CT1”以及相应位置的桩为例，介绍承台与桩的绘制操作，并介绍“组”命令的使用方法。

在绘制桩和承台等基础构件之前，需将“01. 出图模型”中“01－地下室底板”视图进行复制，放置于“02. 工作模型”下“S－02”目录中，并重命名为“02－地下室底板”。

（a）桩的绘制

■创建桩类型

切换至“02－地下室底板”视图，领取“S－承台和桩”工作集并将其设置为活动工作集。在“结构”选项卡中“模型”栏目中点击“构件”按钮。在下拉菜单中选择“放置构件”命令。如图 3. 2-81 所示。

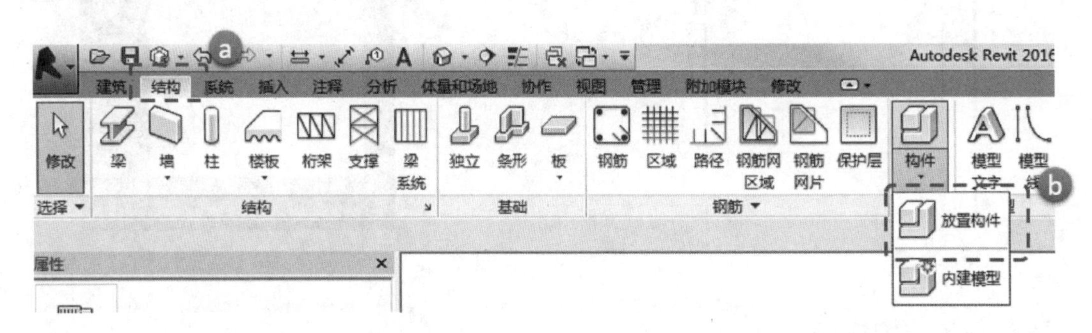

图 3. 2-81

进入“修改 | 放置 构件”状态，本书光盘中的项目样板已经为用户预先将桩类型族载入，定义为“TADI-Z-400mm－C40”并完成相关参数的设置，用户可对此预设族进行复制并使用。在“属性”窗口中找到“桩－混凝土圆形桩”，选择其中的桩类型“TADI-Z-400mm－C40”（图 3. 2-82）。

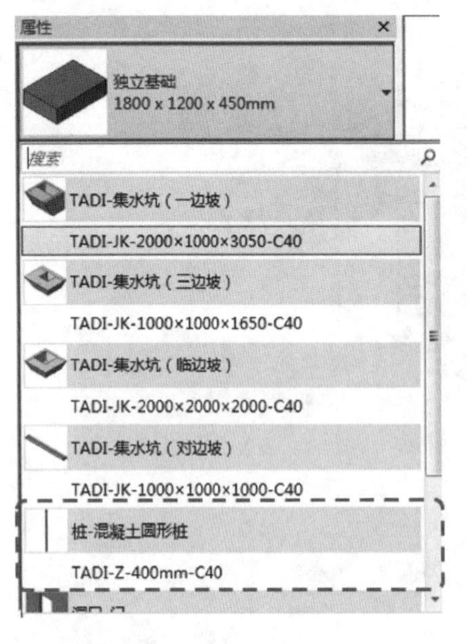

图 3. 2-82

本实例中，桩的直径均为 600mm。在“属性”窗口中点击“编辑类型”，弹出“类型属性”对话框，点击“复制”按钮，在弹出的“名称”对话框中输入“TADI-Z-600mm－C40”，点击“确定”（图 3. 2-83）。

返回“类型属性”对话框，将“类型参数”中的“Diameter”的“值”均修改为“600”。点击“确定”，退出“类型属性”对话框，完成桩类型的创建。

■桩参数的设置

桩参数包括桩的偏移量、材质和桩长等。在本实例中，大部分桩顶标高为－5. 45m，桩长为 30m，结构材质为 C40。

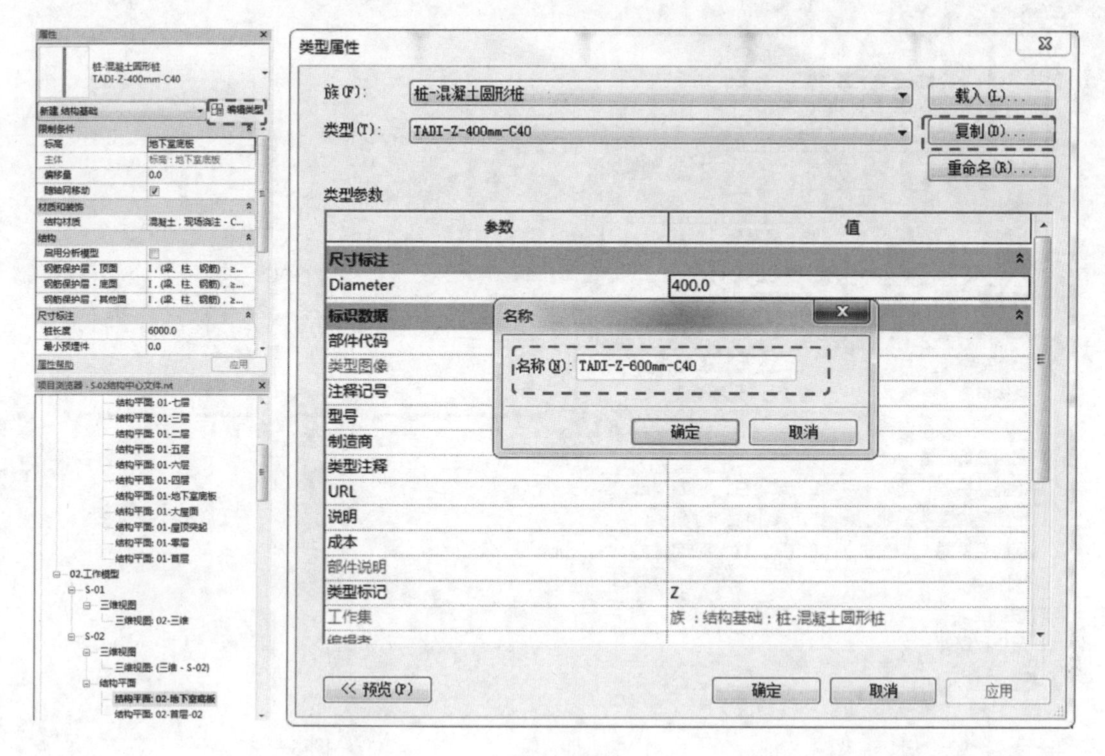

图 3.2-83

在“修改｜放置 构件”状态下，点击“属性”窗口中“限制条件”栏目下“偏移量”选项，将值修改为“－1050”；修改“结构材质”为“混凝土，现场浇注－C40”；修改“尺寸标注”栏目下“桩长度”为“30000”。点击“应用”，完成桩参数的设置。如图3.2-84所示。

■桩的放置与移动

桩参数设置完毕后，在主视图中进行桩的放置。在“桩位平面图”中，①轴与Ⓐ轴交点处的桩中心在水平方向与①轴距离为75mm。将鼠标移至①轴与Ⓐ轴交点处，Revit将自动捕捉交点，点击鼠标左键，完成桩的放置（图3.2-85）。

选择新创建的桩，在“修改｜结构基础”选项卡“修改”栏目中选择“移动”命令，勾选“约束”复选框，点击①轴上的点为基点，将鼠标向右移动一段距离，用键盘键入“75”，按回车键，完成桩位置的修改（图3.2-86）。

（b）承台的绘制

本实例中，承台是通过基础底板命令绘制的。承台的定位可在草图模式下通过临时尺寸标注实现。

■创建新的承台类型

点击“结构”选项卡“基础”栏目中的“板”按钮，在下拉菜单中选择“结构基础：楼板”，进入“修改｜创建楼层边界”状态，本书光盘中的项目样板已经为用户预设好基础底板类型族“TADI-CT-1200mm－C40”作为承台的预设族并完成相关参数的设置，其中“1200mm”为承台厚度，用户可对此预设族进行复制并自行在命名上定义承台的长度

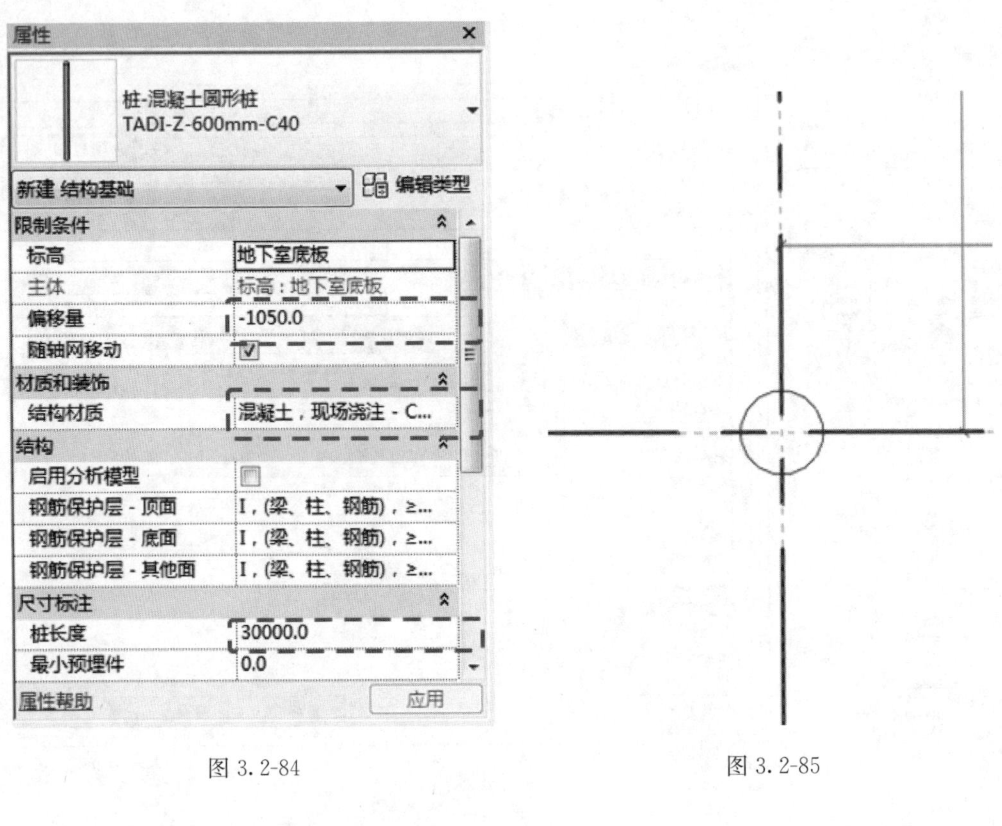

图 3.2-84　　图 3.2-85

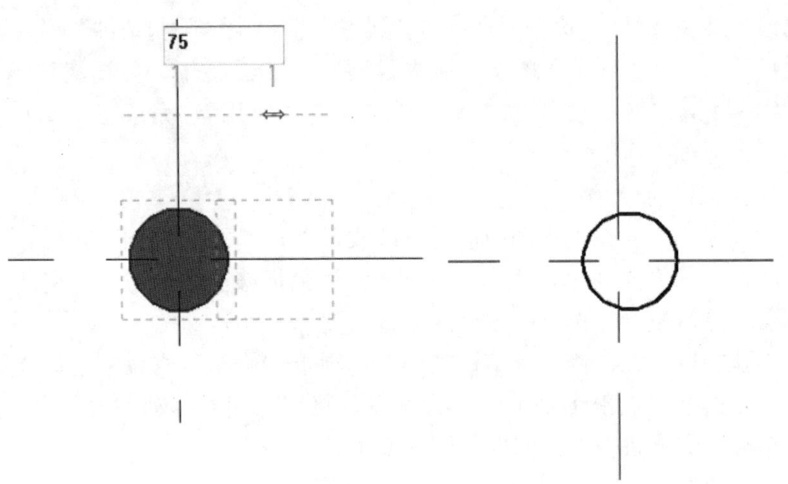

图 3.2-86

和宽度。在“属性”窗口中点击“编辑类型”，弹出“类型属性”对话框，点击“复制”按钮，在弹出的“名称”对话框中输入“TADI-CT-1200×1200×1100mm－C40”，点击“确定”。如图 3.2-87 所示。

返回“类型属性”对话框，点击“类型参数”中“结构”一栏的“编辑”按钮，进入“编辑部件”对话框。在“编辑部件”对话框中，可对楼板的材质和厚度进行编辑。点击“层”范围框内“结构”一栏中的“厚度”，将厚度值修改为“1100”，点击“材质”，弹出

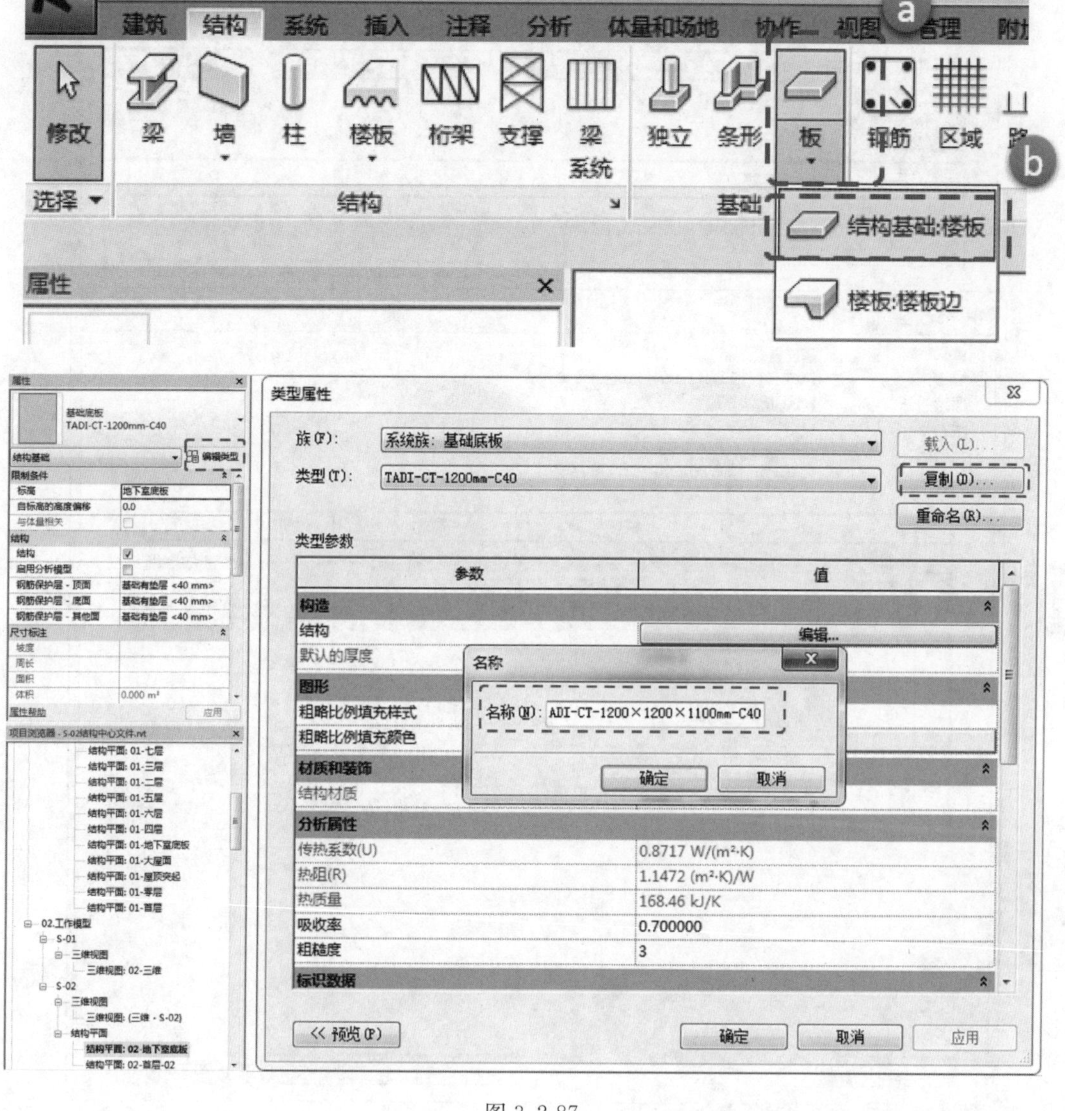

图 3.2-87

“材质浏览器”窗口，将材质修改为“混凝土，现场浇注－C40”（图 3.2-88）。点击“确定”，返回“类型属性”对话框，为方便施工图阶段对承台进行标注，在“标识数据”栏目中“类型标记”的“值”中输入“CT1”。为将承台的配筋信息与明细表进行结合，在“标识数据”栏目中“类型注释”的“值”中输入承台的配筋信息，如“B：X ⌀ 18@150；Y ⌀ 18@150”。点击“确定”，退出“类型属性”对话框，完成新承台类型的创建。

■承台草图线的绘制

在“修改｜创建楼层边界”状态，选择“绘制”栏目中的“矩形”命令，可先在主视图中任意位置绘制矩形，但需要保证矩形区域包含①轴与Ⓐ轴的交点。如图 3.2-89 所示。

当点击某一条草图线时，可显示相关的临时尺寸标注。例如，点击矩形左侧的草图线，显示临时尺寸标注，将临时尺寸标注的右端点拖动至①轴上，点击临时尺寸标注文

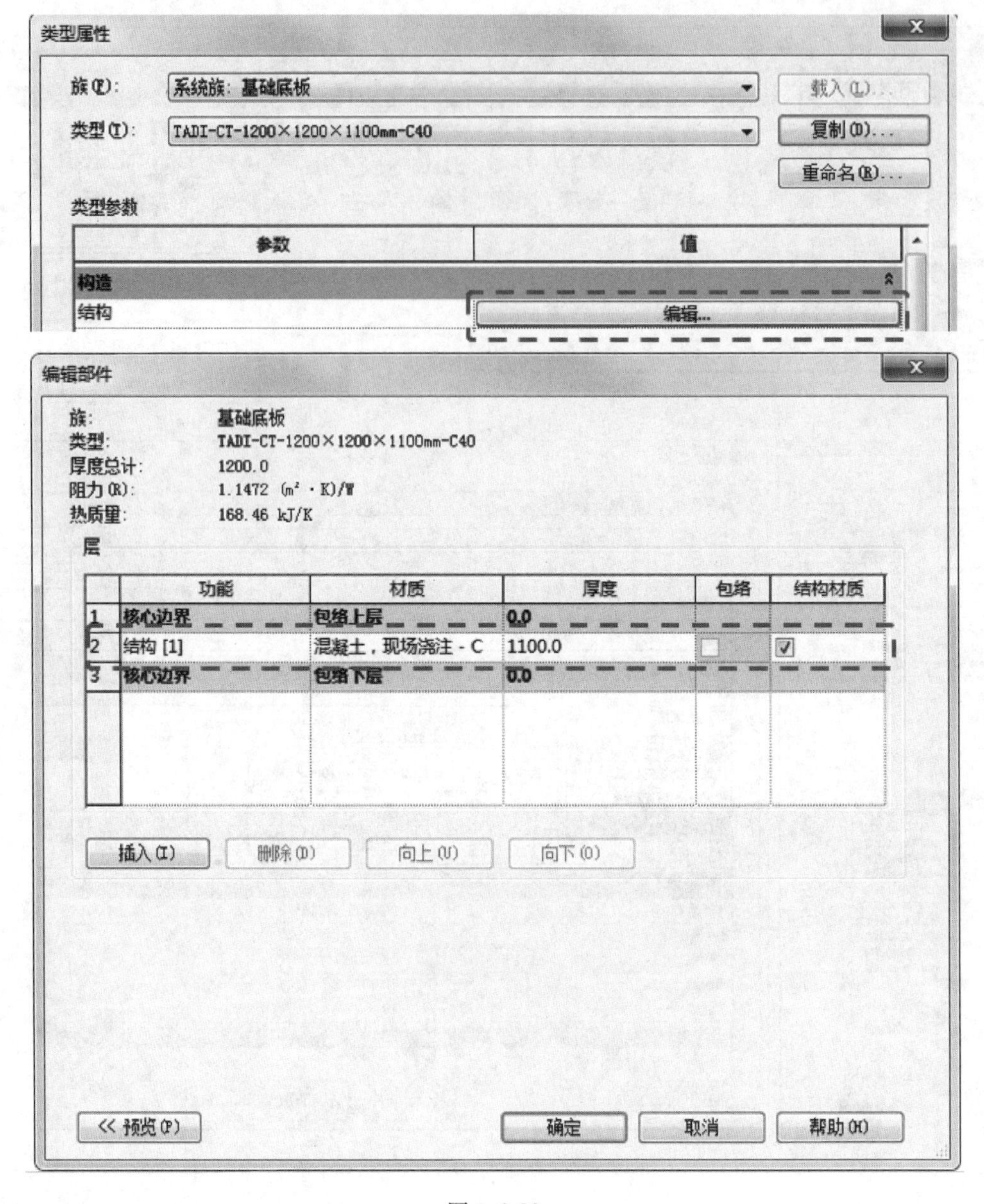

图 3.2-88

字，输入“525”，完成承台左侧边的定位。用相同方法完成其他三条草图线的定位，点击“模式”中的对勾按钮，完成承台的绘制。如图 3.2-90 所示。

至此，①轴与Ⓐ轴交点处的承台和桩均绘制完毕（图 3.2-91），用相同的方法可绘制其他位置的桩与承台。

■模型组的使用

如果同一种组合的构件在多个位置出现时，可在建立此组合后使用“创建组”命令将组合中的构件放置于组中，再通过“复制”命令创建至其他位置。由于相同名称的组内的构件组合方式必须相同，故当修改一个组的内容时，其他组也会做相同的修改。这样可以大幅减少修改的工作量，并且可以避免修改工作中出现遗漏现象。

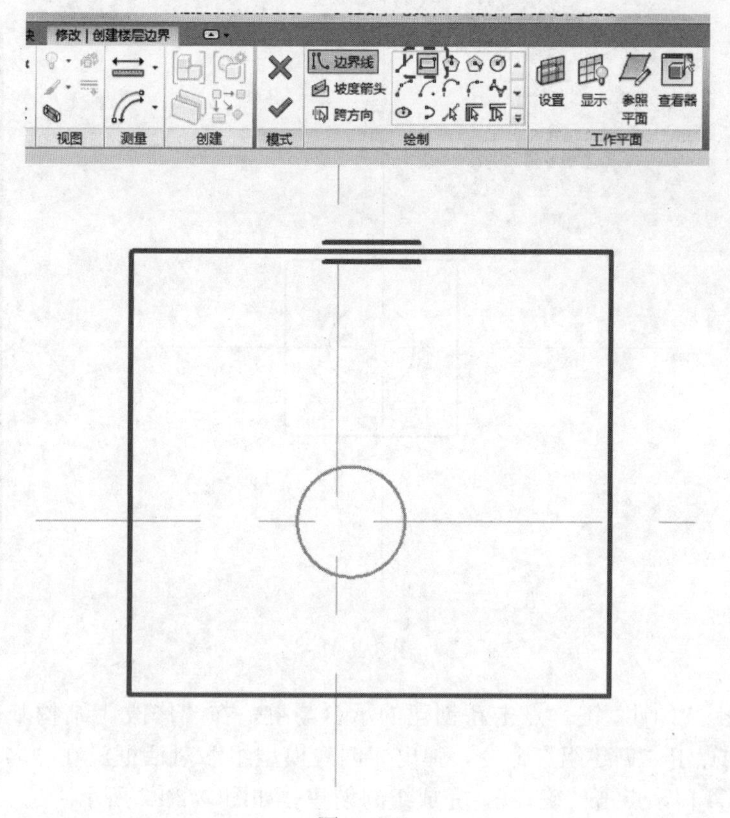
修改 | 创建楼层边界
边界线
坡度箭头
跨方向
设置
显示
参照平面
查看器
视图
测量
创建
模式
绘制
工作平面

图 3.2-89

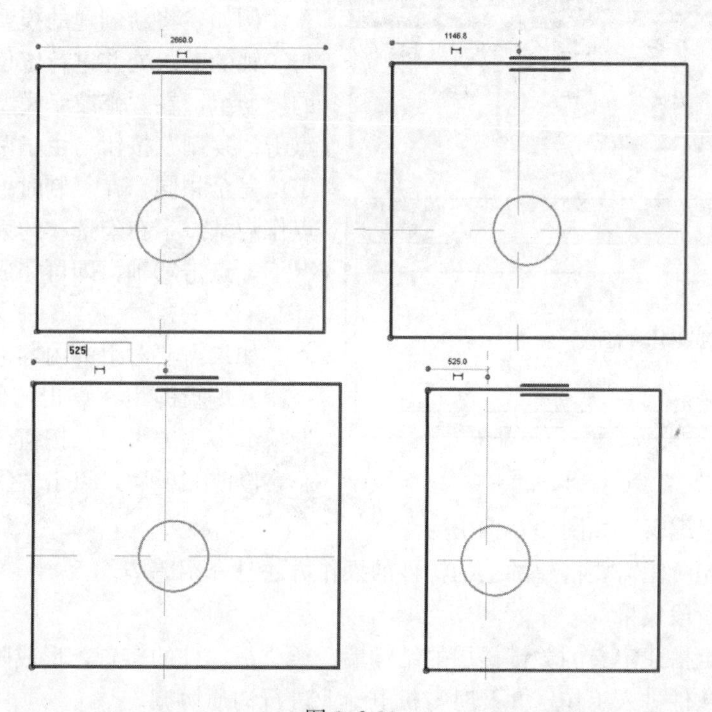
2660.0
1146.8
525
525.0

图 3.2-90

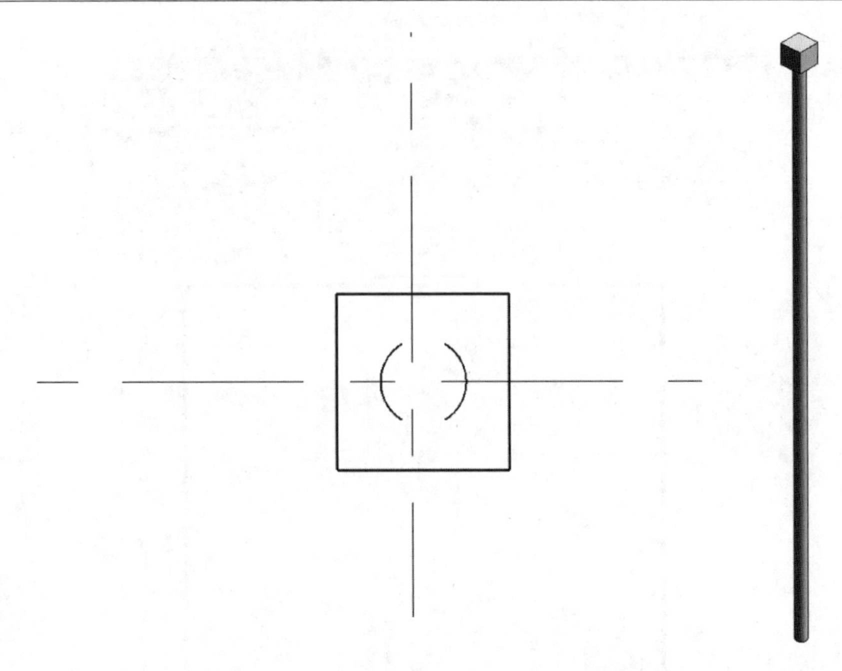

图 3.2-91

按住键盘上“Ctrl”键，点击新创建的承台与桩，在“修改｜结构基础”选项卡中“创建”栏目中点击“创建组”命令，弹出“创建模型组”对话框。在“名称”文本框中输入“TADI-CT1”，点击“确定”，完成组的创建。如图 3.2-92 所示。

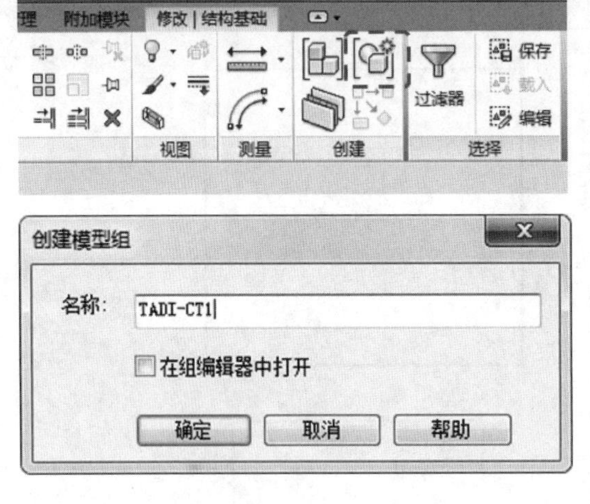

图 3.2-92

建立模型组后，可将组复制至其他位置。例如，将新创建的模型组复制至Ⓐ轴与②轴的交点处并进行定位。点击新创建的模型组，在“修改｜模型组”选项卡中点击“复制”按钮，由于两处承台与桩的定位完全相同，在复制时可选择①轴上的点作为基点，在勾选“约束”复选框的情况下，点击②轴，即可完成模型组的复制（图 3.2-93）。

如果需要对组的内容进行修改，可选择需要编辑的组，点击“修改｜模型组”选项卡中“编辑组”按钮，进入编辑组状态，修改完毕后，点击“编辑组”栏目中的对勾，完成组编辑。如图 3.2-94 所示。

至此，扩初阶段需要搭建的结构构件的操作方法已介绍完毕。

（4）形成阶段成果

在模型组上搭建定义的关键楼层的结构墙、梁、板、柱的布置，形成阶段模型，方便机电专业链接文件进入工作，并及时与机电专业进行沟通协调。

（5）完成扩初成果

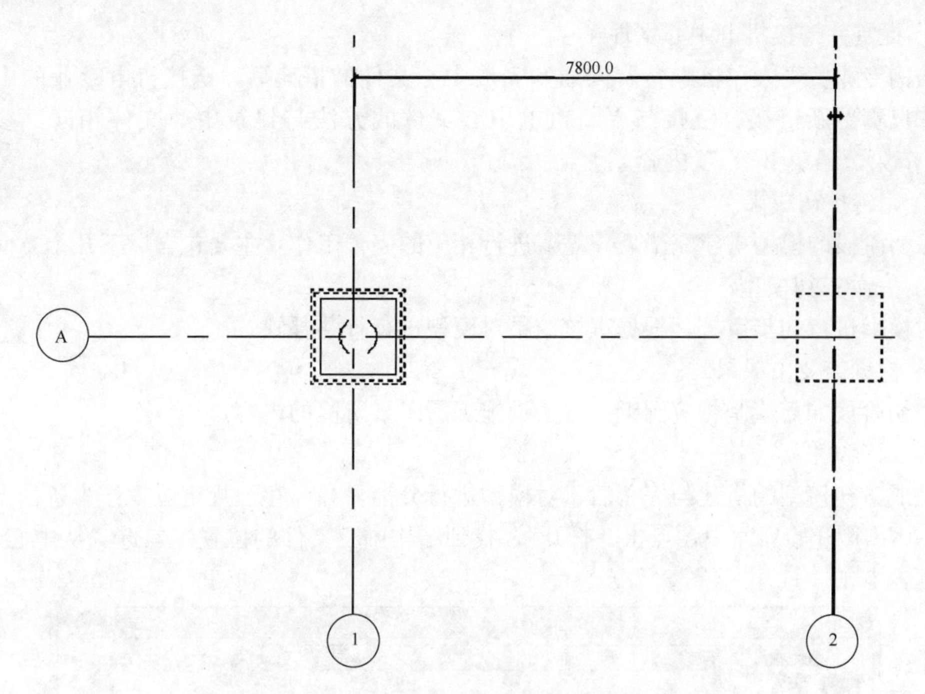

7800.0
A
1
2

图 3.2-93

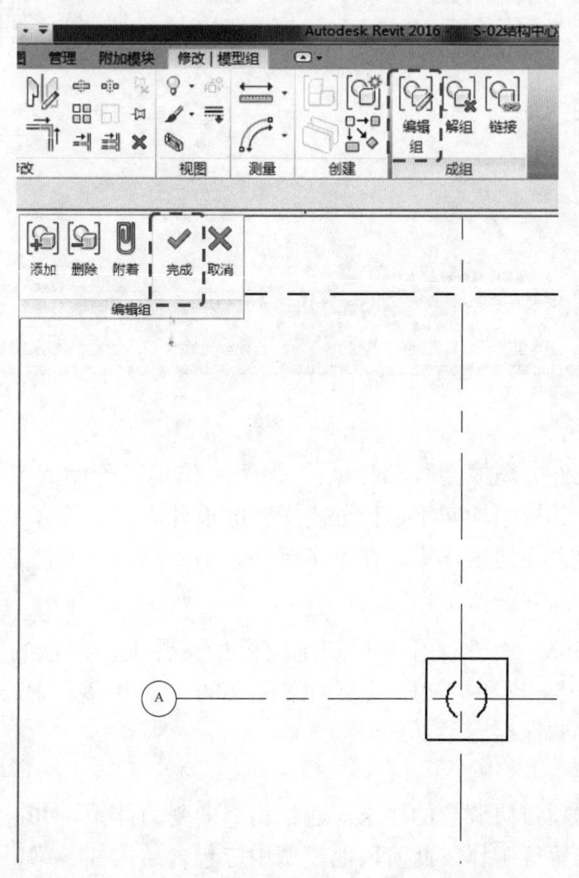

Autodesk Revit 2016
S-02结构中心
管理
附加模块
修改 | 模型组
视图
测量
创建
编辑组
解组
链接
成组
添加
删除
附着
完成
取消
编辑组
A

图 3.2-94

① 提资并链接机电中心文件

结构专业负责人在机电负责人通知完成中心文件的搭建后，链接机电专业的中心文件，并负责更新链接。链接与更新机电中心文件的方法与建筑中心文件相同，参见第3.2.2节第2条第（3）项内容。

② 完善扩初成果

扩初阶段的模型搭建完毕后，需要进行相应的完善工作，主要包含以下几个方面：

A. 完善扩初模型

对模型进行初步审核，根据审核结果对模型进行查漏补缺。

B. 根据需要出成果

扩初阶段如需绘制相应图纸，方法见施工图图纸阶段的内容。

C. 保存文件

完成扩初模型的搭建与完善后，对模型进行分离，并保存至规定位置作为备档。

在Revit开始界面中，点击“打开”，找到结构中心文件的位置，勾选“从中心分离”复选框，点击“打开”（图3.2-95）。

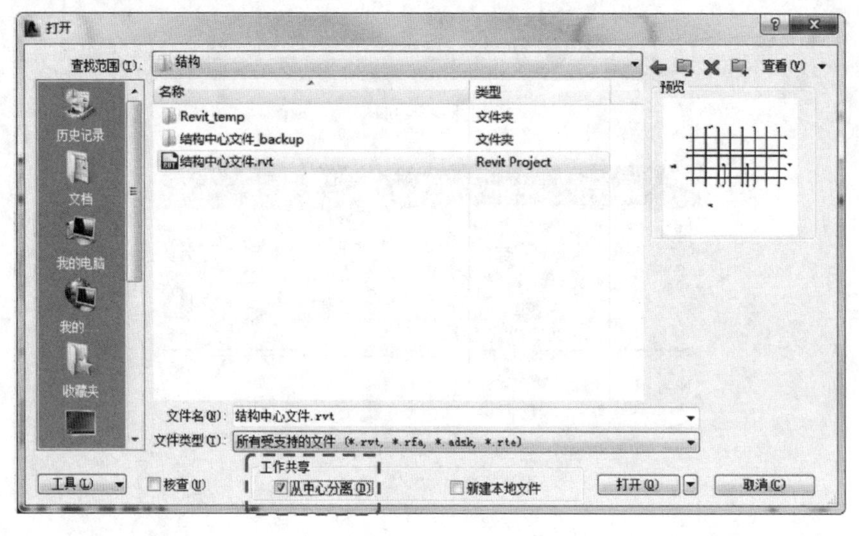

图3.2-95

弹出“从中心文件分离模型”，询问是否保留工作集。若保留工作集，则中心文件中的工作集均被保留，其权限均归于进行分离操作的设计人；若放弃工作集，则中心文件转变为单机文件，不包含任何工作集。在本实例中，由于部分过滤器是以工作集作为过滤条件的，所以选择“分离并保留工作集”（图3.2-96）。

分离完毕后需将分离文件保存至扩初阶段模型文件夹。点击画面左上角的图标，选择“另存为—项目”，找到扩初阶段模型文件夹的位置并命名中心文件，点击“保存”按钮，完成分离文件的保存。

3. 模型完成标准

此阶段需要根据项目协调会的要求搭建结构竖向受力体系，并进行主次梁的布置、确定楼板大范围开洞位置等工作。此阶段的模型中应包含结构柱、梁、板、剪力墙及楼、电梯间的楼板洞口。

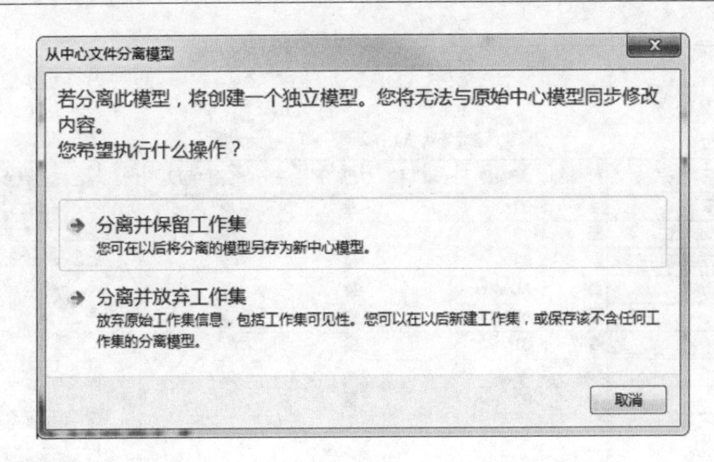

图 3.2-96

3.2.3 施工图模型阶段

1. 设计要点

本阶段包含以下设计要点：

(1) 对施工图进行深化，绘制外檐、暗柱和集水坑，与设备专业相关的楼板与墙体洞口定位须与建筑和设备专业核对无误。

(2) 对于外檐、暗柱和集水坑要新建工作集。

(3) 与各结构构件有关的过滤器要齐全。

(4) 各结构构件的连接方式要正确。

(5) 所有族的参数要设置完毕，除了关于构件尺寸和材质的参数，还包括与出图阶段中各结构注释相关的参数。

2. 设计流程

(1) 深化施工图模型

本环节需要继承扩初模型，更新链接的建筑、机电中心文件，适时与其他专业协同。根据新阶段的变化完善、调整模型，并准备接下来的一审会所需内容。更新链接文件的方法参见第 3.2.2 节第 2 条第 (3) 项内容。

完善扩初模型的工作主要包括外檐与暗柱的绘制，在绘制之前，需要由 S—01 建立“S—外檐”、“S—暗柱”两个工作集并进行放权（图 3.2-97），再由其他设计人进行工作集的领取，各设计人也可自行建立各自负责部分的工作集，此部分操作可参照第 3.2.2 节第 2 条、第 (3) 项内容。

① 外檐的绘制

本实例模型中的外檐主要包括窗槛墙、雨篷与屋顶上的女儿墙。其中窗槛墙与女儿墙是用墙命令进行绘制，绘制方法相同，本节介绍窗槛墙的绘制方法。雨篷则由楼板与墙命令结合进行绘制。

A. 窗槛墙的绘制

由于窗槛墙的位置是根据建筑文件中窗的位置决定的，所以绘制窗槛墙之前需要在视图可见性中显示建筑中心文件，并仅显示建筑中心文件中的窗。

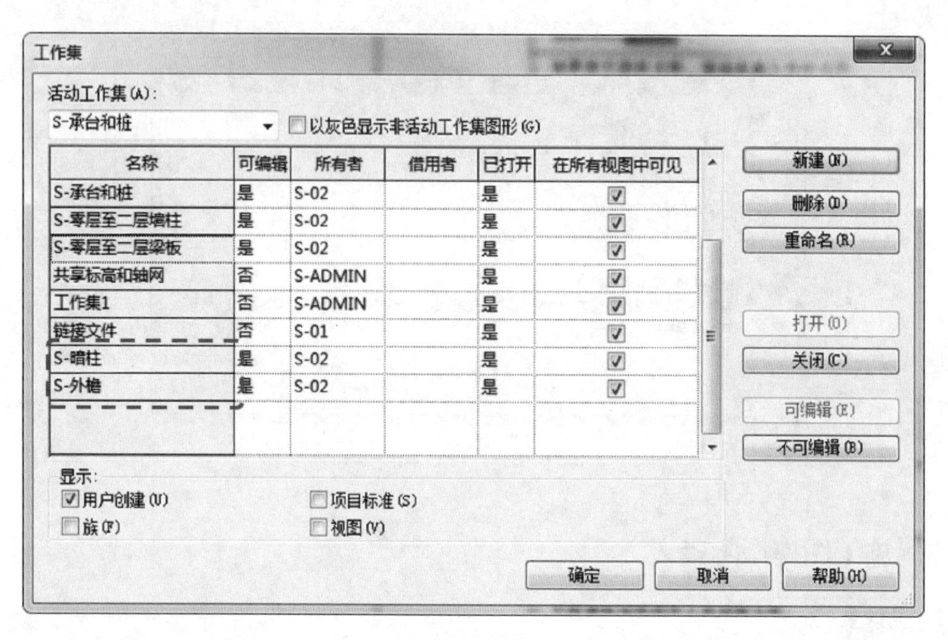

图 3.2-97

设置“S—外檐”工作集为活动工作集，点击“视图”选项卡中的“可见性/图形”按钮（快捷键 VV），点击“Revit 链接”标签，勾选链接文件前面的复选框。点击“显示设置”中的“按主体视图”按钮，弹出“Revit 链接显示设置”对话框。如图 3.2-98 所示。

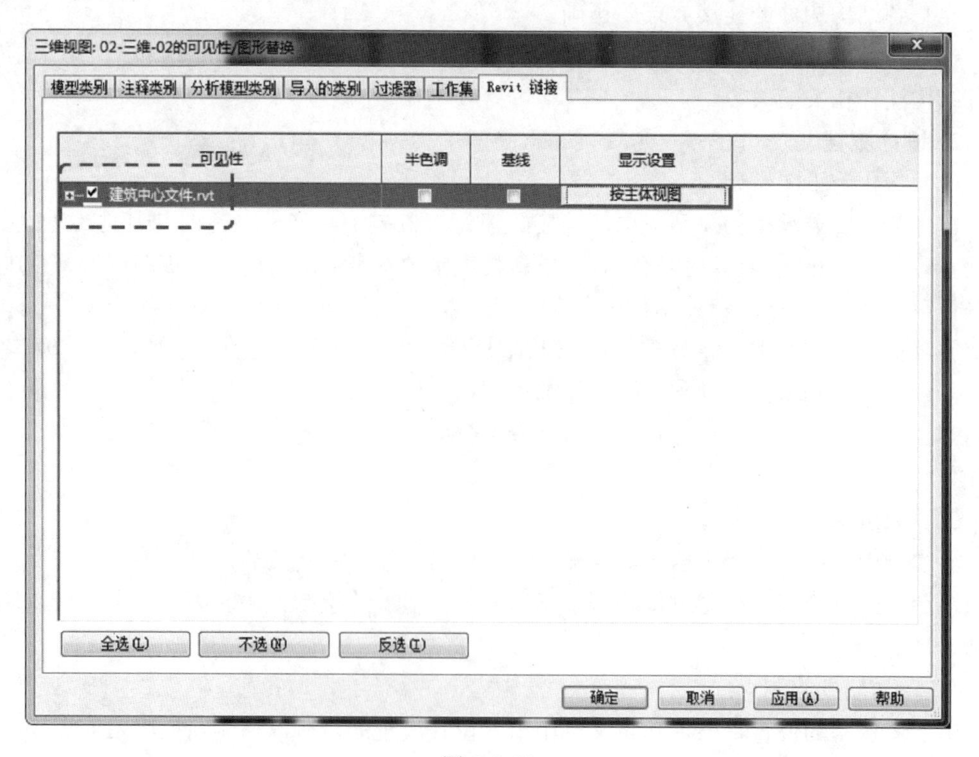

图 3.2-98

在“基本”选项卡中选择“自定义”。切换至“模型类别”选项卡，点击“模型类别”下拉菜单，选择“〈自定义〉”。在下方的模型可见性表中，仅钩选“窗”复选框。点击“确定”，返回“可见性/图形”对话框，再点击“确定”，退出对话框。如图 3.2-99 所示。

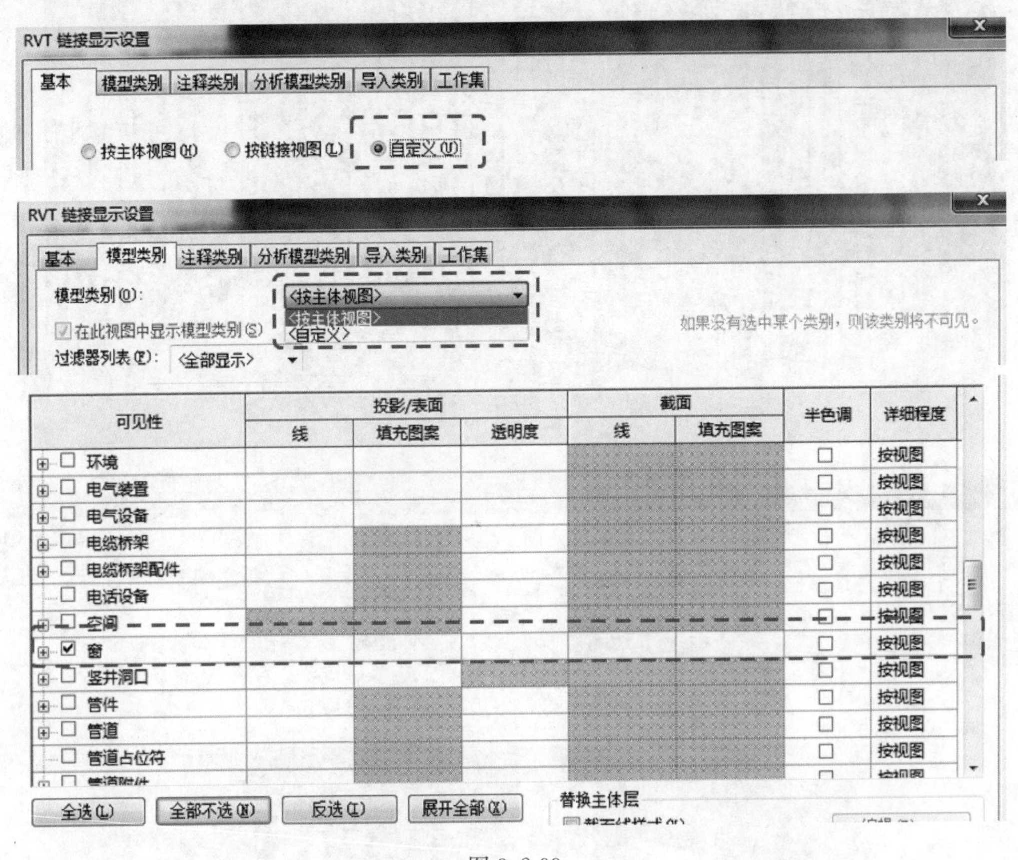

图 3.2-99

此时模型中仅显示窗，可根据窗的位置绘制窗槛墙。由于三维视图中窗的位置比较直观，所以在三维视图中绘制窗槛墙较为方便（图 3.2-100）。

在本实例中，窗槛墙的高度随建筑窗的高度。厚度随当层剪力墙的厚度，反檐外皮齐梁外皮布置。例如，在结构二层（建筑三层）上绘制窗槛墙，二层至三层的剪力墙厚度为 200mm，则需创建新的墙类型“TADI-Q-200mm－C30”，创建方法参照剪力墙部分。在“修改 | 放置 结构墙”状态下，点击“绘制”栏目中的“拾取线”命令，设置标高为“二层”，放置方式为“高度”，顶部约束为“未连接”。此层窗相对与结构标高的高度为 250mm，则在高度的输入框中输入“250”。为了使窗槛墙的外皮与窗外皮对齐，在“定位线”中设置为“面层面：内部”。如图 3.2-101 所示。

设置完毕后，将鼠标移至窗的窗框上，此时窗框处于被选中状态，窗底显示反檐的中心线。点击鼠标左键，即可将反檐放置于窗下。用相同的方法绘制其他窗槛墙。如图 3.2-102 所示。

提示：若要绘制屋顶的女儿墙，可在设置好高度等参数后，使用拾取线命令点击梁外皮即可。

图 3.2-100

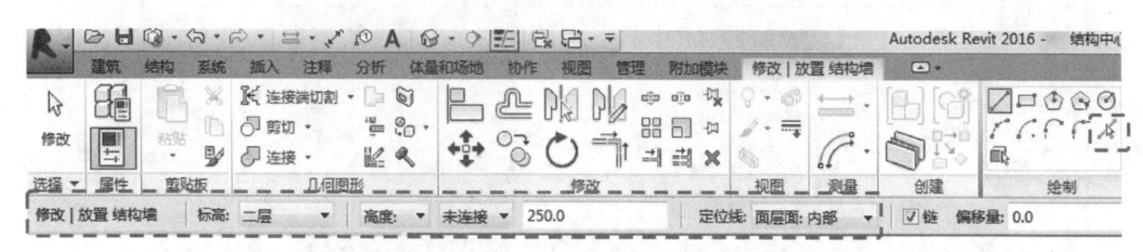

图 3.2-101

图 3.2-102

B. 雨篷的绘制

在本实例中，雨篷的外挑长度为1200mm，宽度根据建筑台阶第一阶的尺寸确定。本部分以首层东侧的雨篷为例，介绍雨篷的绘制方法。由于第一阶台阶的标高与结构首层的高差较大，使用控制视图深度的方法不易操作，故建议在三维视图下进行绘制。

自定义建筑中心文件的显示方式，仅显示楼梯。首先绘制雨篷的楼板部分，雨篷的板底需要与梁底平齐，此处高度最小的梁的高度为500mm，本实例中雨篷的板厚为120mm，通过计算得到雨篷的板顶标高为4.05m。选择“楼板：结构”命令，创建新的楼板类型“TADI-LB-120mm－C30”。点击“工作平面”栏目下的“设置”按钮，弹出“工作平面”对话框，在“指定新的工作平面”下拉菜单中选择“标高：首层”（图3.2-103）。在“属性”窗口中设置“自标高的高度偏移”为“－400”。

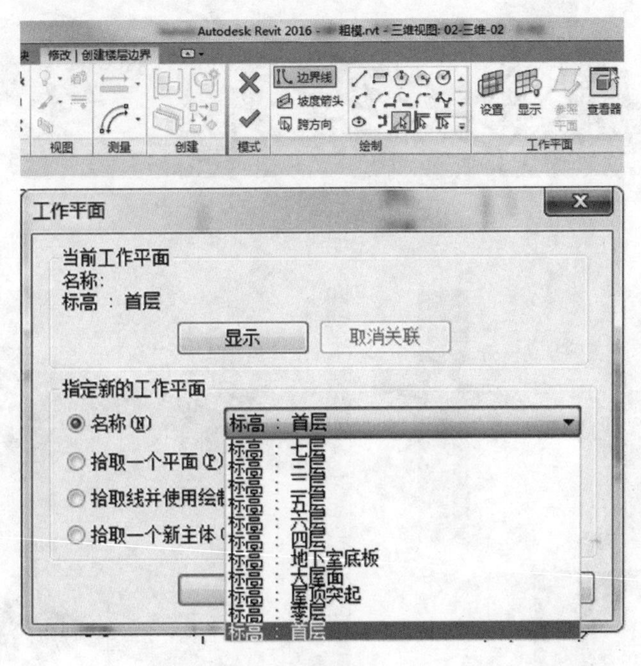

图3.2-103

在绘制楼板草图的方式中选择“拾取线”，分别点击第一阶台阶上与墙体垂直的两个面，生成雨篷宽度方向上的两条草图线；点击梁外皮，生成雨篷梁一侧的草图线（图3.2-104）。

点击通过拾取梁生成的草图线，使用“复制”命令，勾选“约束”复选框，点击草图线上的点作为基点，向外侧移动鼠标指针，输入“1200”，点击回车，完成雨篷外侧草图线的创建。使用“修剪/延伸为角”命令处理四条草图线，组成封闭区域，点击“模式”栏目中的对勾，完成雨篷的绘制。图3.2-105所示。

接下来绘制雨篷上的卷板，绘制卷板的方法与窗槛墙相同。本实例中卷板的厚度为120mm，高度为600mm，创建新的墙体类型“TADI-Q-120mm－C30”，并设置标高、高度等参数，使用“拾取线”的方式，选择雨篷板的三条边，完成雨篷卷板的绘制。（图3.2-106）

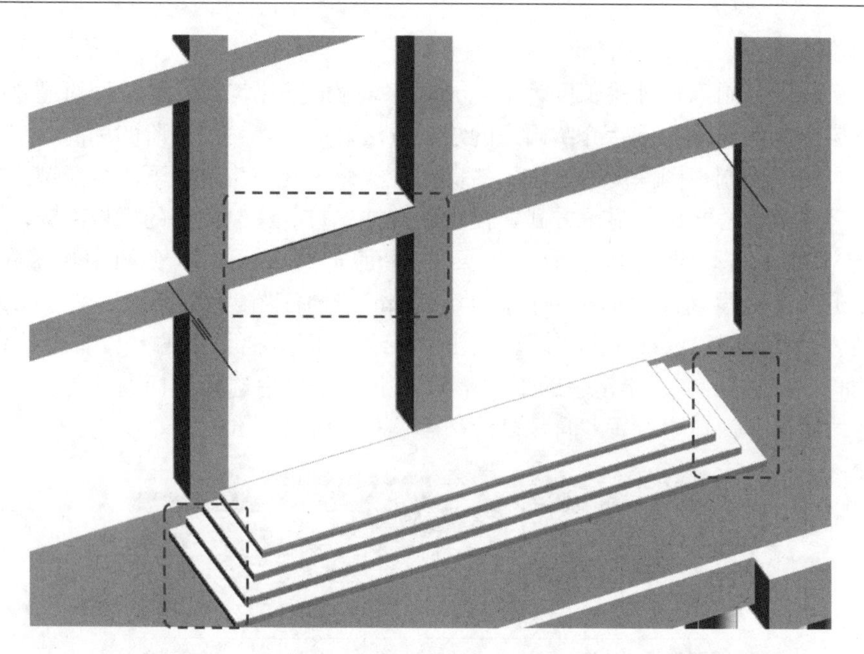

图 3.2-104

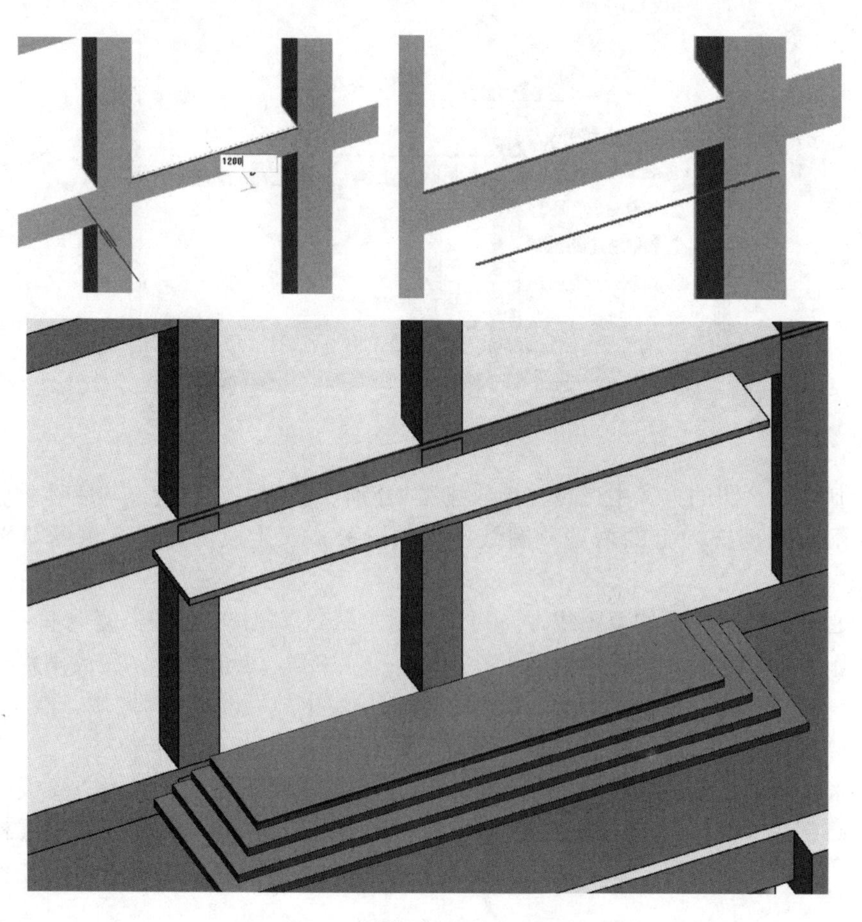

图 3.2-105

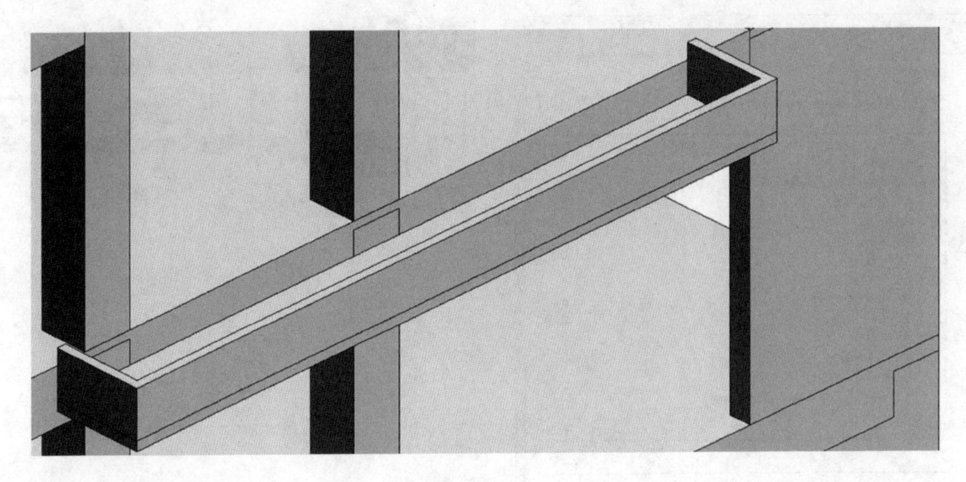

图 3.2-106

② 暗柱的绘制

本实例中，暗柱使用“内建模型”命令进行绘制。在一些工程上，由于暗柱的形状较多，使用“内建模型”，通过拉伸的方式进行暗柱的绘制较为方便。

以首层至二层暗柱为例，切换至“S－暗柱”工作集，点击“结构”选项卡中“构件”按钮，在下拉菜单中选择“内建模型”，（图 3.2-107）弹出“族类别和族参数”对话框。

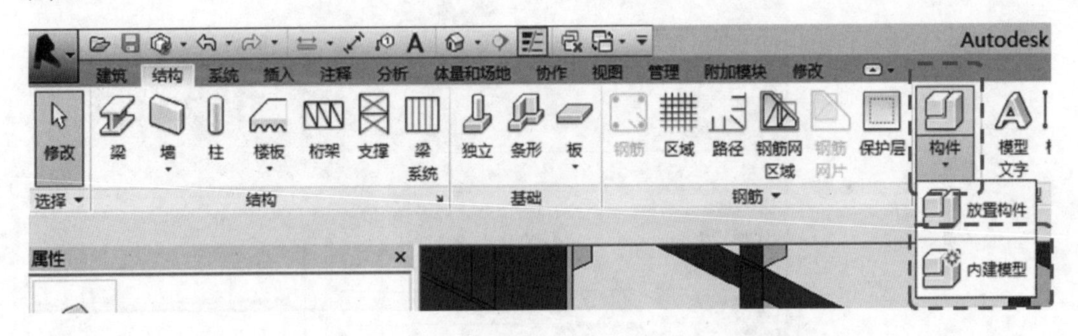

图 3.2-107

在“族类别和族参数”中，可以设定内建模型所属的族的类别，在本实例中，选择“结构柱”，点击“确定”（图 3.2-108）。弹出“名称”对话框，输入“TADI-AZ”，点击“确定”。

切换至“02-首层”平面，点击“创建”选项卡中“拉伸”按钮（图 3.2-109），进入“修改 | 创建 拉伸”状态。

在“修改 | 创建 拉伸”状态中，可通过绘制草图的方式绘制暗柱的截面轮廓，例如①轴与Ⓔ轴交点处结构柱旁边的暗柱尺寸为 300mm×250mm，点击“绘制”栏目中“矩形”命令，在相应位置上绘制 300mm×250mm 的矩形，矩形的定位和尺寸可通过临时尺寸标注控制。如图 3.2-110 所示。

以相同的方式画出本层所有暗柱的轮廓。在“属性”窗口中，“拉伸起点”设置为“0”，拉伸终点设置为首层与二层间的层高，即“4200”（图 3.2-111）。

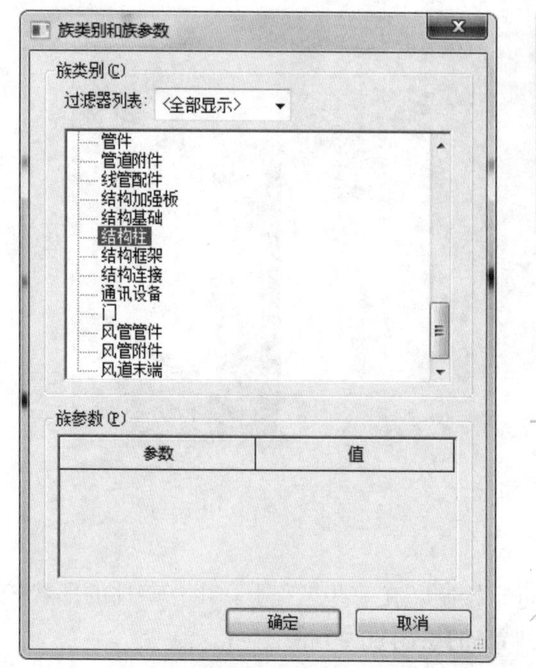

图 3.2-108

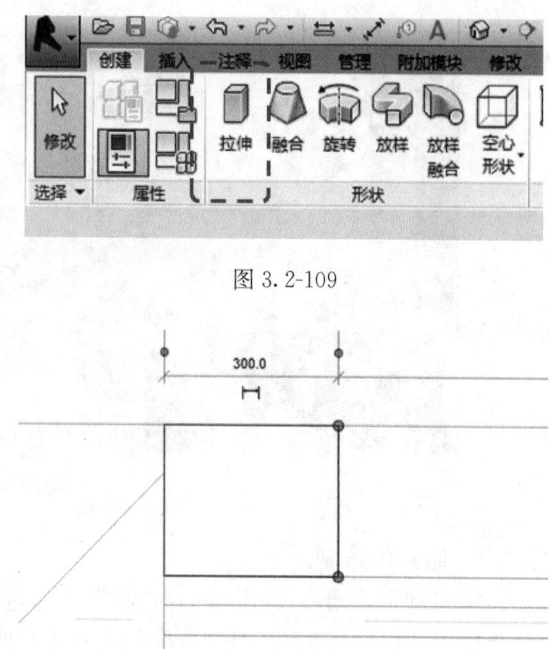

图 3.2-109

图 3.2-110

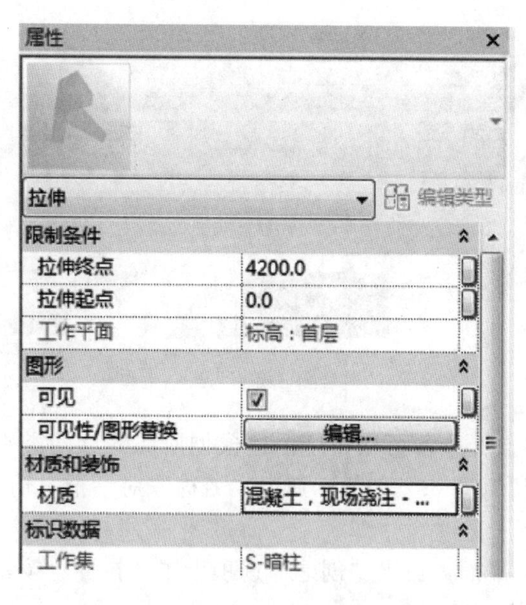

图 3.2-111

绘制所有暗柱的轮廓并设置好参数后，点击“模式”栏目中的对勾，完成暗柱轮廓的绘制。再点击“在位编辑器”栏目中的对勾退出内建模型的编辑模式，即可完成本层暗柱的绘制。以相同的方法可完成实例中其他暗柱的绘制（图 3.2-112）。

（2）一审会

建筑专业负责人召集结构、机电等相关专业人员进行一审会，介绍该阶段项目需求和

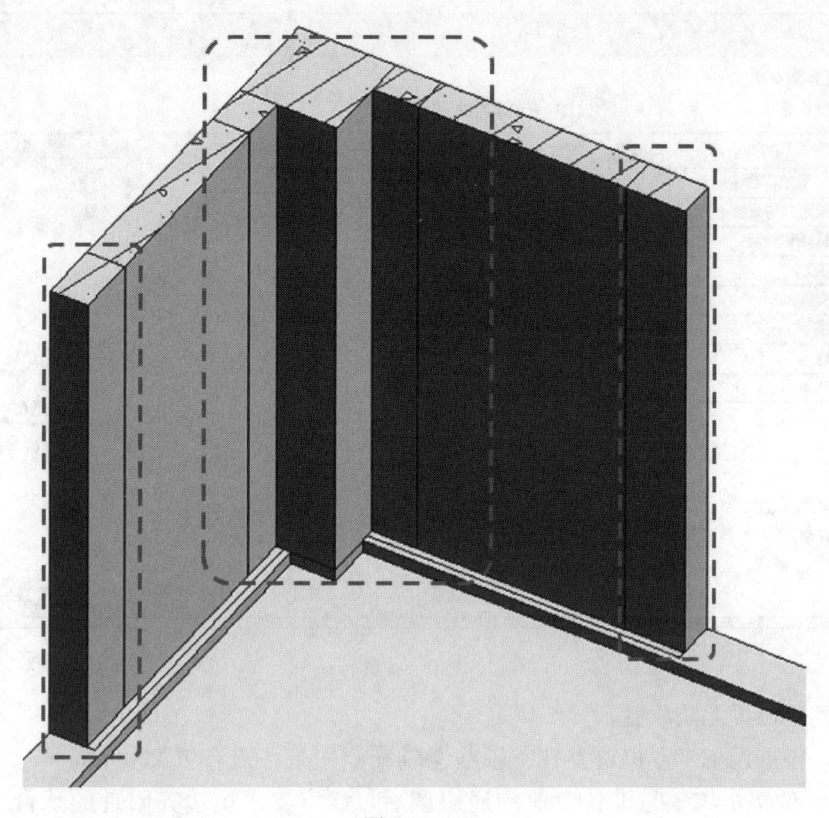

图 3.2-112

平面布置等改动。结构专业负责人在此会议过程中需与建筑专业确定建筑营造做法等细节；确定降板区域；楼梯、坡道的具体做法等；与机电专业确定基坑布置及深度、水箱间设备用房等特殊荷载范围等，最终以一审记录单的形式记录会议内容。

(3) 完善施工图模型

根据一审会的相应修改事项修改模型，并深化模型深度。

完善模型细节：此阶段应新建基坑工作集，补充基坑、楼板开洞、设备基础等内容(图 3.2-113)。

此阶段可以根据时间安排开始绘制图纸。图纸绘制内容和方法可参见施工图图纸阶段的内容。

完成一审会与其他专业的沟通协调后，总结需要修改的相应事项，并根据修改事项修改模型，模型中构件的修改方法可参照第 3.2.2 节第 2 条第（3）项内容。除修改模型以外，还需要继续深化模型深度，完善构件细节，如补充基坑、楼板开洞等。还需要根据设备的提资进行管井处的楼板开洞。楼板开洞的方式与第 3.2.2 节第 2 条第（3）项内容中介绍的楼梯间开洞的操作方法相同。本节主要介绍放置集水坑与完善模型的操作。

① 集水坑的放置

本实例中，集水坑采用“TADI-集水坑”系列外建族进行绘制，光盘中的结构项目样板提供了一边、两边（临边坡与对边坡）和三边斜坡共四种集水坑供用户使用，其中对边坡集水坑还可以用来绘制排水沟。此集水坑的族是基于楼板的，即必须在存在楼板的区域

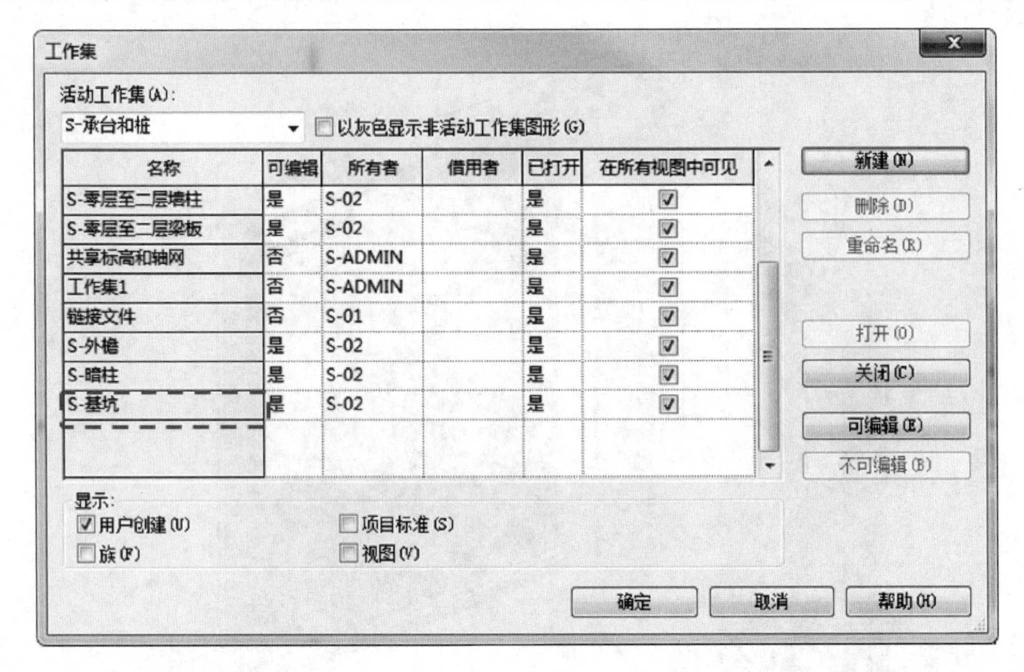

图 3.2-113

中放置，其他位置无法放置。

例如，根据设备专业提资，在①轴与Ⓒ轴交点附近，需布置2000mm×1000mm，坑深为1.35m的集水坑。与设备专业沟通协调后，确定集水坑边齐附近的承台与地梁边。经过论证，选用临边坡集水坑，坑底板与坑壁厚度均为300mm，斜坡角度为60°。

切换至“02-地下室底板”视图，切换至“S-基坑”工作集。在“结构”选项卡中“模型”栏目中点击“构件”按钮。在下拉菜单中选择“放置构件”命令。本书光盘中的项目样板已经为用户预设好临边坡集水坑类型族“TADI-JK-2000×2000×2000mm—C40”并完成相关参数的设置，用户可对此预设族进行复制并使用。在“属性”窗口中找到“TADI-集水坑（临边坡）”族（图3.2-114）。

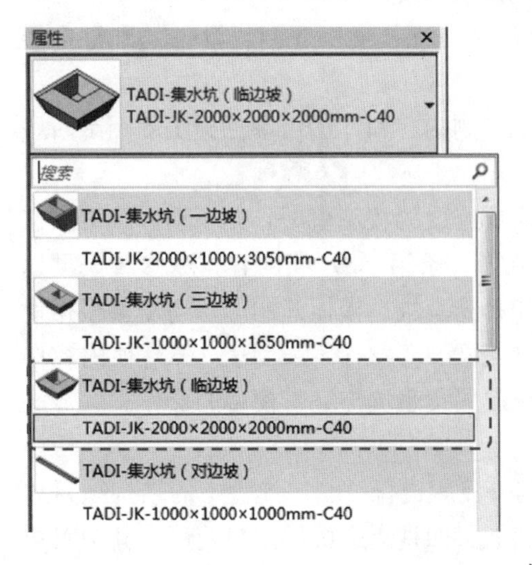

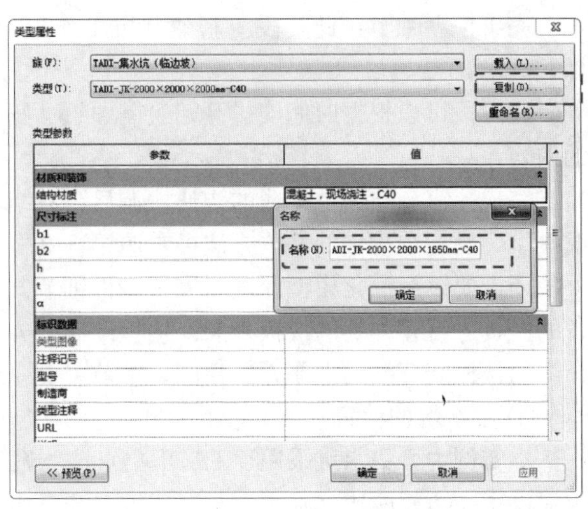

图 3.2-114

点击“编辑类型”，在“类型属性”对话框中点击“复制”。在弹出的窗口中输入“TADI-JK-2000×1000×1650mm—C40 ”，点击“确定”（图 3.2-114）。返回“类型属性”对话框，修改“b1”为“2000”，“b2”为“1000”，“h”为“1650”，“t”为“300”，“a”为“60°”，“材质”设置为“混凝土，现场浇注—C40”，点击“确定”（图 3.2-115）。

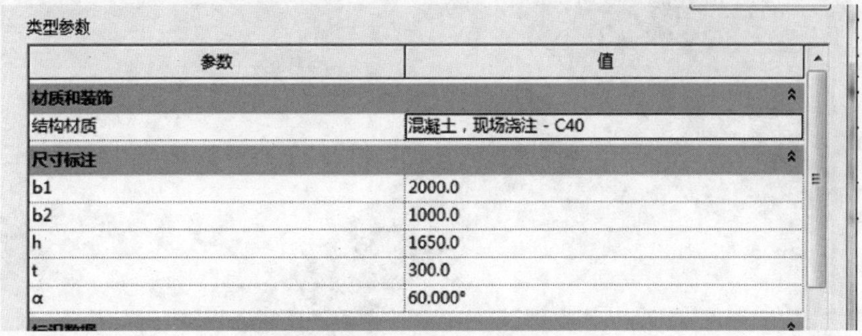

类型参数

参数	值
材质和装饰	
结构材质	混凝土，现场浇注 - C40
尺寸标注	
b1	2000.0
b2	1000.0
h	1650.0
t	300.0
α	60.000°

图 3.2-115

由于集水坑直壁部分的两个边分别齐于地梁与承台边，故可用对齐命令进行定位。首先在目标位置附近将集水坑放置于任意位置上，按 ESC 退出。如图 3.2-116 所示。

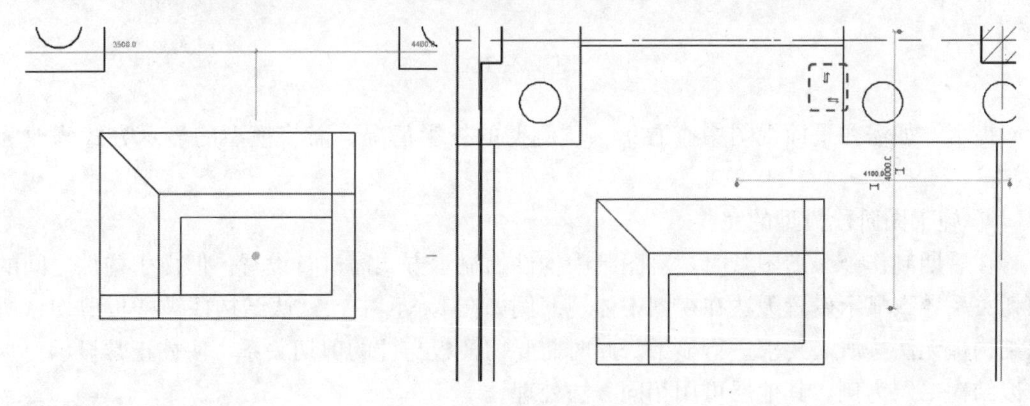

图 3.2-116

选中创建的集水坑，分别点击↓↑与⇆符号，可改变集水坑的方向。调整集水坑的方向后，点击“修改”栏目中的“对齐”按钮，将集水坑直壁的两个边分别与地梁和承台对齐，完成集水坑的定位。如图 3.2-117 所示。

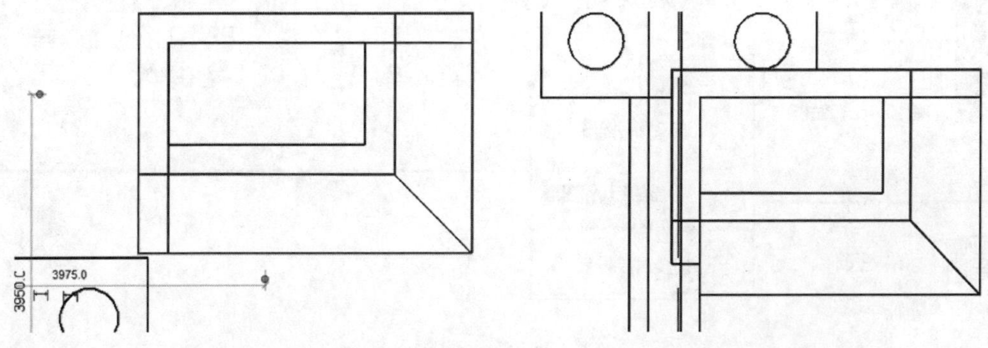

图 3.2-117

以相同的方式可放置其他部位的集水坑，集水坑的定位也可以通过临时尺寸标注实现。临时尺寸标注的使用方法参见第 3.2.2 节第 2 条第（3）项内容绘制次梁的部分。可在三维视图中查看绘制完毕的集水坑（图 3.2-118）。

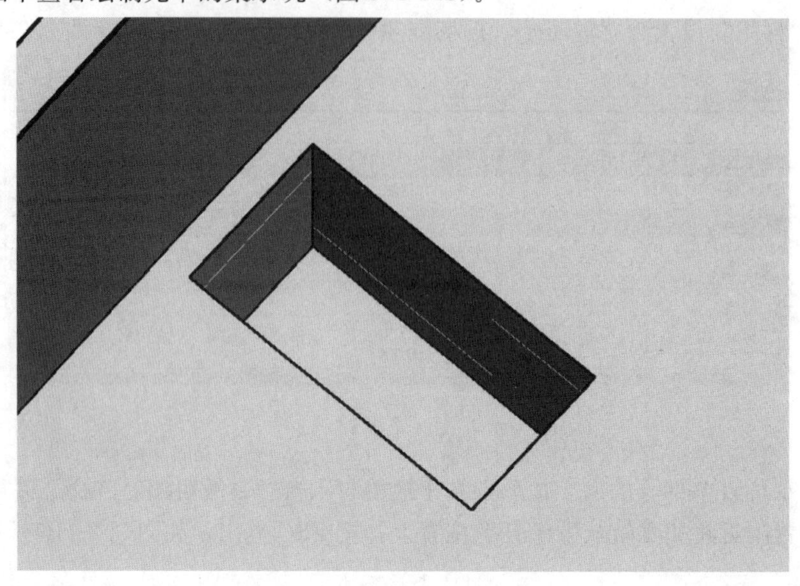

图 3.2-118

提示：如需在平面视图中查看集水坑侧壁的投影情况，需将模型的显示方式修改为“线框”。

② 施工图阶段模型的完善

在后期制作施工图图纸时，对图纸中构件的显示方式需进行设置。但由于构件之间的剪切关系导致显示设置无法在视图中体现。例如在 Revit 中，默认结构柱被楼板剪切，所以结构柱无法按所需要求进行显示。此时需要切换板与柱的剪切关系，使柱正常显示。本节以结构二层为例，其他层可用相同方法处理。

在“修改”选项卡中，在“几何图形”栏目中点击“连接”按钮，在下拉菜单中选择“切换连接顺序”命令（图 3.2-119）。

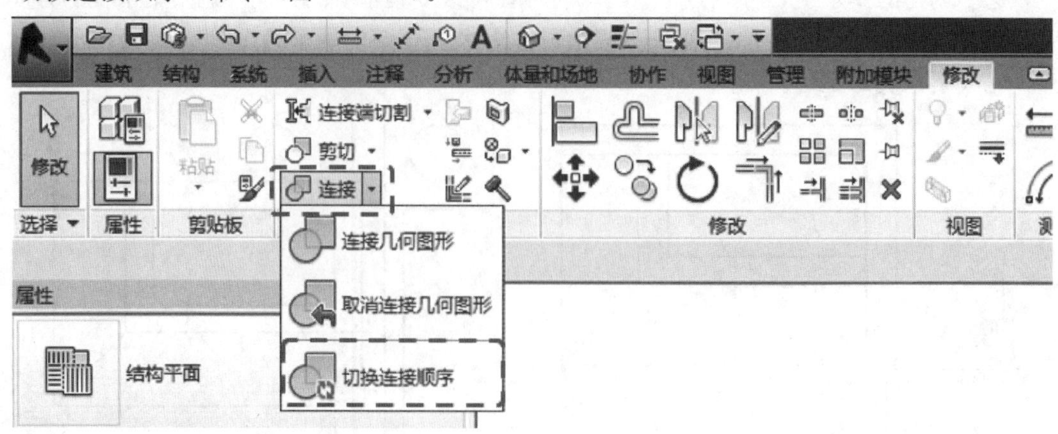

图 3.2-119

依次选择需要切换连接顺序的两个图元，完成切换连接顺序的操作，此时结构柱可按照视图样板中的设定进行显示（图 3.2-120）。

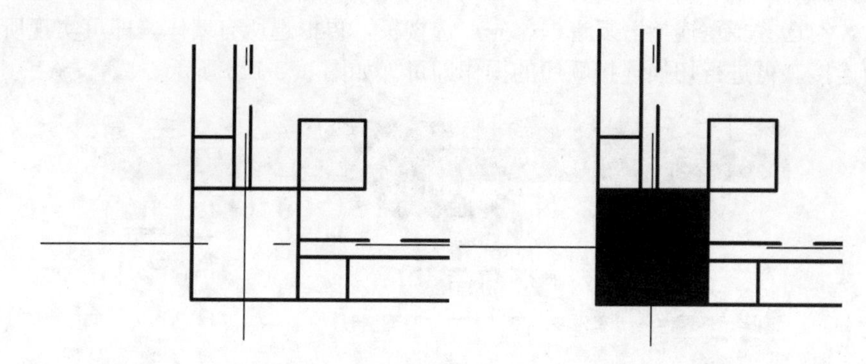

图 3.2-120

当结构柱较多时，依次切换连接顺序的工作量较大。此时可在视图可见性设置中仅显示柱与楼板，点击“切换连接顺序”命令，勾选“多个开关”复选框（图 3.2-121）。点击楼板作为切换连接顺序的目标图元，之后框选所有结构柱，若选中的结构柱与楼板的剪切关系存在不一致的情况，则弹出“切换连接顺序”对话框，选择“统一这些连接，以便所有的图元都剪切第一个选择”，则楼板将被所有的结构柱剪切（暗柱除外）。如图 3.2-122 所示。

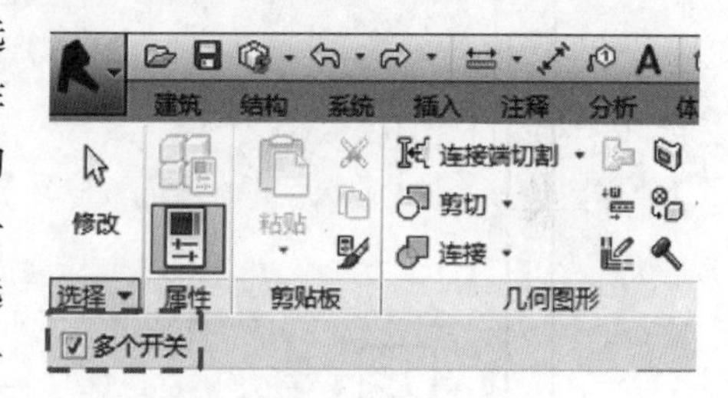

图 3.2-121

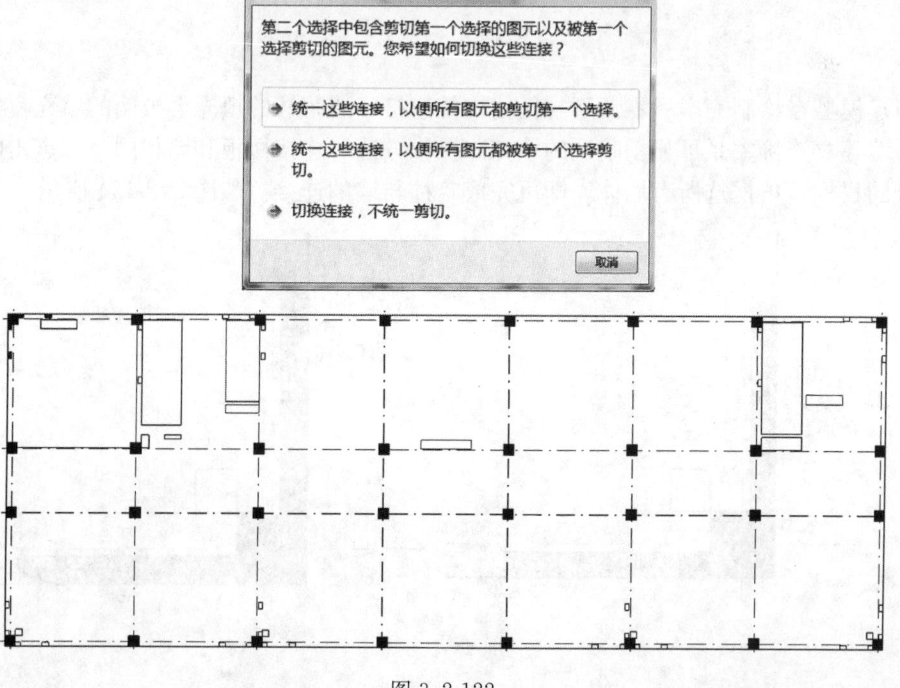

图 3.2-122

墙与楼板的切换连接方式与柱相同，但在绘制墙体时若不选择附着于楼板，则墙与楼板间不存在连接关系，需要手动连接。在视图可见性设置中仅显示墙与楼板，点击“连接”命令，勾选“多重连接”复选框。先点选楼板，再框选所有墙体，即可实现所有墙体与楼板的连接。再进行切换连接顺序的操作即可。如图 3.2-123 所示。

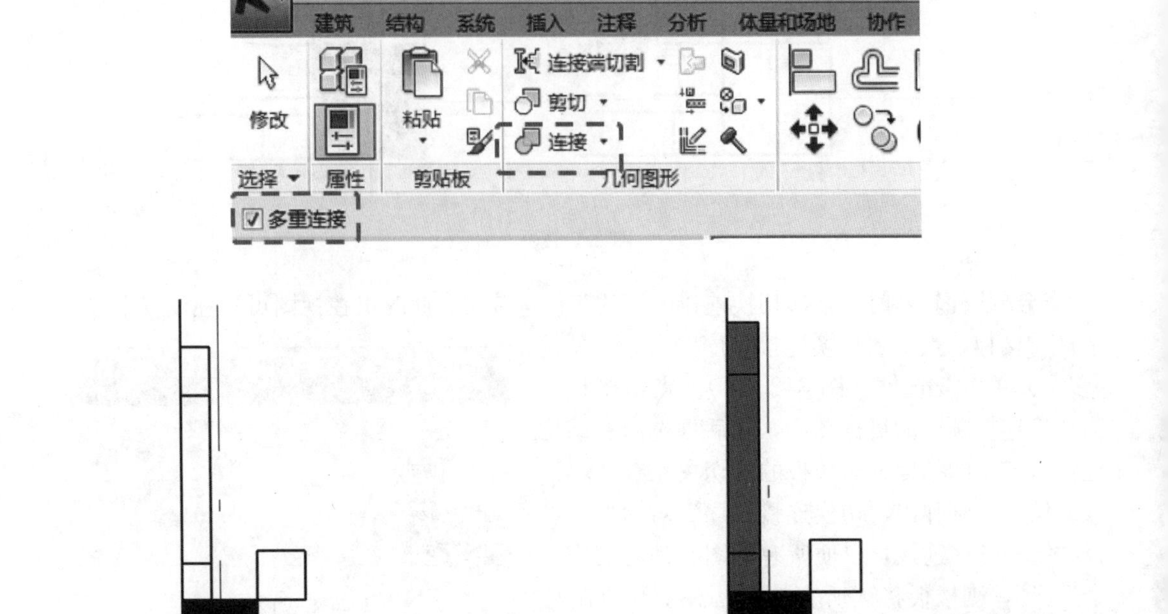

图 3.2-123

内建模型在绘制完毕后默认不与任何构件连接，故暗柱的填充会被墙的填充覆盖。将暗柱与墙建立连接关系可显示暗柱的填充。操作方法与连接楼板和墙相同。可点击暗柱作为连接的目标，再框选所有墙体，即可完成暗柱与墙的连接。如图 3.2-124 所示。

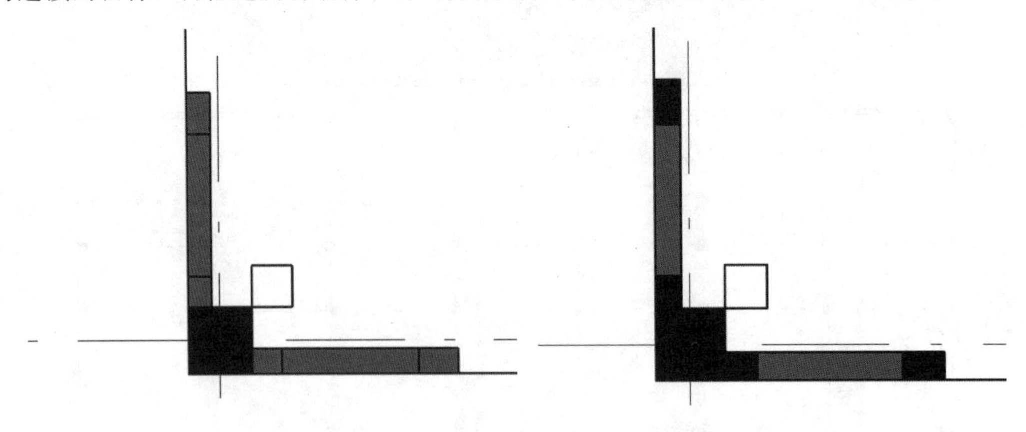

图 3.2-124

至此完成图元连接方式的修改工作，使所有图元的显示按视图样板中的设置进行显示（图 3.2-125）。

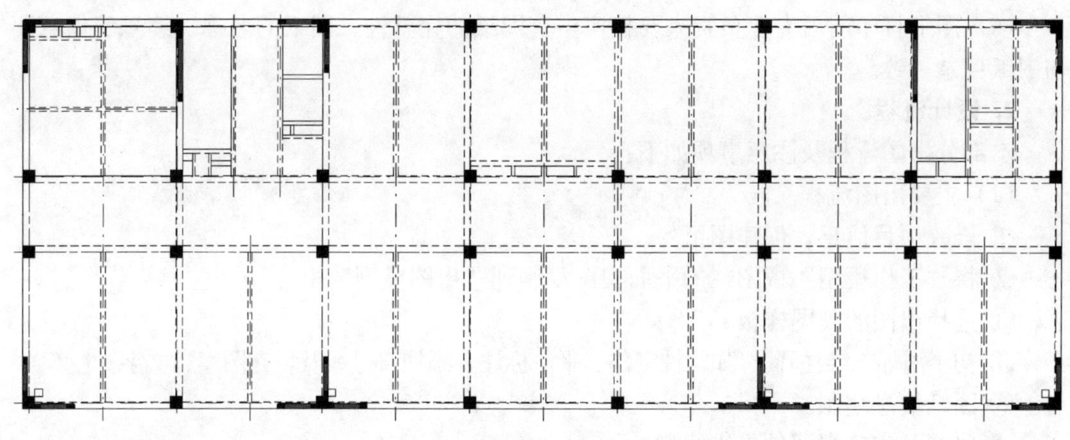

图 3.2-125

（4）二审会

建筑专业负责人召集结构、机电等相关专业人员进行二审会，核对楼板开洞、设备基础、楼梯、外檐等做法，并与设备专业负责人商讨墙体的留孔留洞做法，做出图前各专业的最后协作、确定工作。

（5）完成施工图模型

根据二审会的内容对模型进行细化修改，然后分离保存。保存方法与扩初阶段模型相同，详见第 3.2.2 节第 2 条第（5）项内容。

3. 模型完成标准

此阶段需要根据一审会的会议内容确定外檐等细部的做法，根据设备专业管综之后的模型确定墙体和楼板开洞位置，完善并调整扩初模型；在二审会中与建筑专业进一步商讨并确定细部的最终做法，与设备专业商讨墙体留孔留洞的可行性，确定留孔留洞的最终位置，根据会议内容修改模型，确定施工图阶段的模型，为绘制施工图图纸做准备。

此阶段的模型需在扩初阶段墙、梁、板、柱等基本模型的基础上，进一步添加外檐、集水坑、暗柱及楼板开洞、设备基础等内容。

3.2.4 施工图出图阶段

针对目前施工图存档及出二维图纸的需求，在将包含不同数据信息和深度的 BIM 设计模型深化完成后，接下来需要根据不同设计阶段、设计目标和设计需求，自动生成二维视图并进行施工图的完善。在模型基础上生成的图纸，依附于模型构件的位置，只要对模型做出修改，各个视图中的相应图纸也自动修改，不仅消除了各专业的协调错误，也避免了类似平、立、剖面及详图不一致的错误。

1. 设计要点

（1）出图视图归于“03. 出图模型”目录中，其他文件放置于“04. 补充文件”目录中。

（2）各出图视图应该用对应的视图样板。

（3）二维注释要齐全，标注方式要便于施工人员查看。

(4) 梁、柱等构件的标注要避免出现文字重叠的情况。

(5) 图纸的布局要美观、合理。

(6) 图纸打印前后专业负责人要核实整套图纸的完整性，图纸的名称、编号等信息要与图纸目录一致。

2. 设计流程

本部分出图流程及注意事项如下：

(1) 主要出图流程

① 修改项目信息，创建图纸。

② 将“工作模型”视图栏的平面视图复制到“出图模型”中。

③ 选择出图的视图样板。

④ 初步添加二维注释。(如构件定位、平法标注、添加符号线及填充图案、文字标注等)

⑤ 图纸信息编制。

⑥ 修改及完善视图的二维注释。

⑦ 补充文件中图纸的绘制。

⑧ 构件明细表的统计。

(2) 图纸绘制

① 所有“出图模型”中的视图规程均为“结构”，显示样式隐藏线设置为“按规程”，视觉样式均为隐藏线。

② 墙、柱显示原则：应用视图样板，得到以下显示结果。

中间层墙、柱以填实显示（外圈粗线 2 号；柱以黑色填充；墙无暗柱处以灰色 120-120-120 填充，有暗柱处以黑色填充），顶层以粗线 6 号显示（不填充）。

③ 注释的选用：

A. 尺寸标注

TADI-线性标注

B. 说明字体

有钢筋梁标注：TADI-结构文字-注释-4mm

无钢筋标注（构件标注，特殊说明）：TADI-宋体-注释-4. 5mm

图纸说明：TADI-结构文字-说明-4. 5mm

C. 图纸名称

文字：TADI-黑体-图名-7mm

比例：TADI-黑体-图名-5mm

横线：TADI-S-实线-粗

④ 标记的选用：

A. 结构梁标记

TADI-结构框架标记

TADI-结构框架标记（反向）

B. 结构柱标记

TADI-标记-结构柱

C. 结构基础标记

TADI-结构基础标记

（3）施工图出图

① 出图准备工作

A. 专业负责人规划图纸目录

本环节专业负责人需要确定桩位图、基础平面图、各层结构平面布置图、梁配筋图等图纸规划。

B. 创建图纸

（a）将项目的基本信息（包括项目状态、项目发布日期、项目名称、项目编号）填写完整。如图 3.2-126，图 3.2-127 所示。

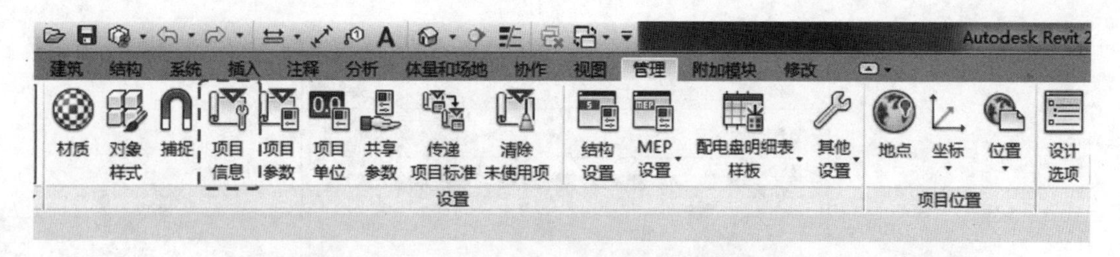

图 3.2-126

项目属性

族(F): 系统族：项目信息　载入(L)...

类型(T):　编辑类型(E)...

实例参数 - 控制所选或要生成的实例

参数	值
文字	
标识数据	
组织名称	
组织描述	
建筑名称	
作者	
工作集	项目信息
编辑者	
能量分析	
能量设置	编辑...
其他	
项目发布日期	2016.10.10
项目状态	结施
客户姓名	所有者
项目地址	请在此处输入地址
项目名称	某某某开发公司
项目编号	2016-023Z011

确定　取消

图 3.2-127

（b）各设计人在项目浏览器中的“图纸”中按院相关规定建立图纸编号并满足图纸命名规则。

点击“视图”选项卡下的“图纸”按钮（图 3.2-128），进入“新建图纸”对话框，可选择所需要的图纸大小，在本实例中，选择“TADI-图框-A1-院内”（图 3.2-129）。

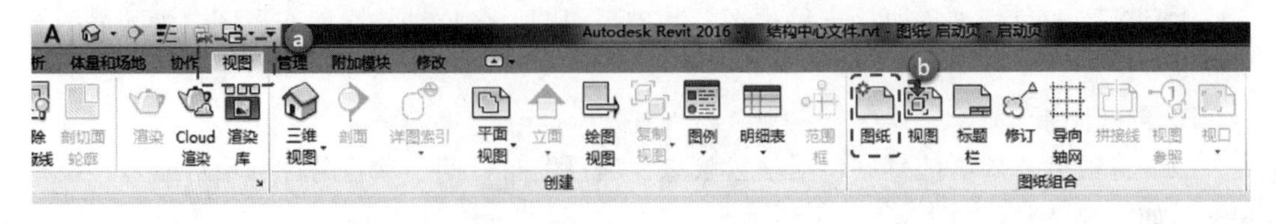

图 3.2-128

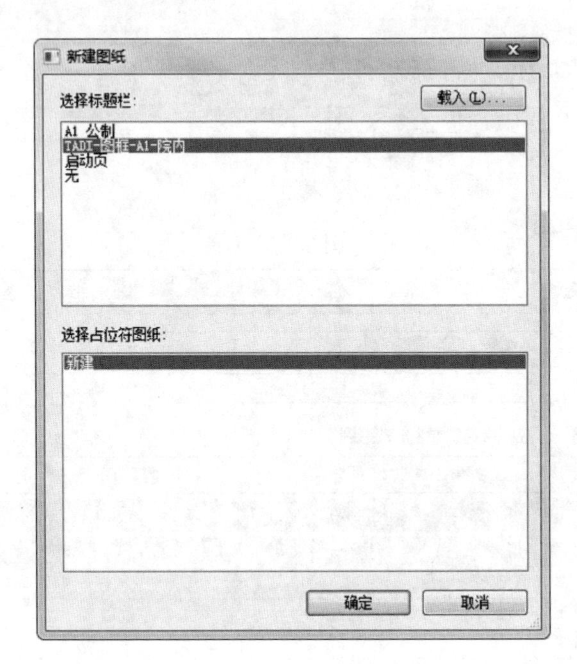

图 3.2-129

在项目浏览器中右键单击创建的图纸，选择“重命名”，弹出“图纸标题”对话框，可修改图纸的编号与名称。如图 3.2-130 所示。

C. 应用图纸组织浏览器

在第 2 章中，介绍了结合视图组织浏览器实现对视图的分类管理。对于图纸可同样通过图纸组织浏览器与限制条件，按照所需类别对图纸进行分类。以结构基础平面图为例，查看项目浏览器中的“图纸”目录树下的“???”子目录，单击结构基础平面图，在“属性”窗口“限制条件”栏目下选择“TADI-分号”选项，在下拉菜单中可选择需要归入的类别，在本实例中，选择“1”。操作完毕后，“结构基础平面图”图纸被放置于“1”目录下，即“分号 1”。如图 3.2-131 所示。

用相同的方法可将所有图纸归于“1”或所需的目录下。

D. 创建出图视图

为了使图纸的显示方式符合出图要求，需要对图纸所对应的视图进行图元显示方式、

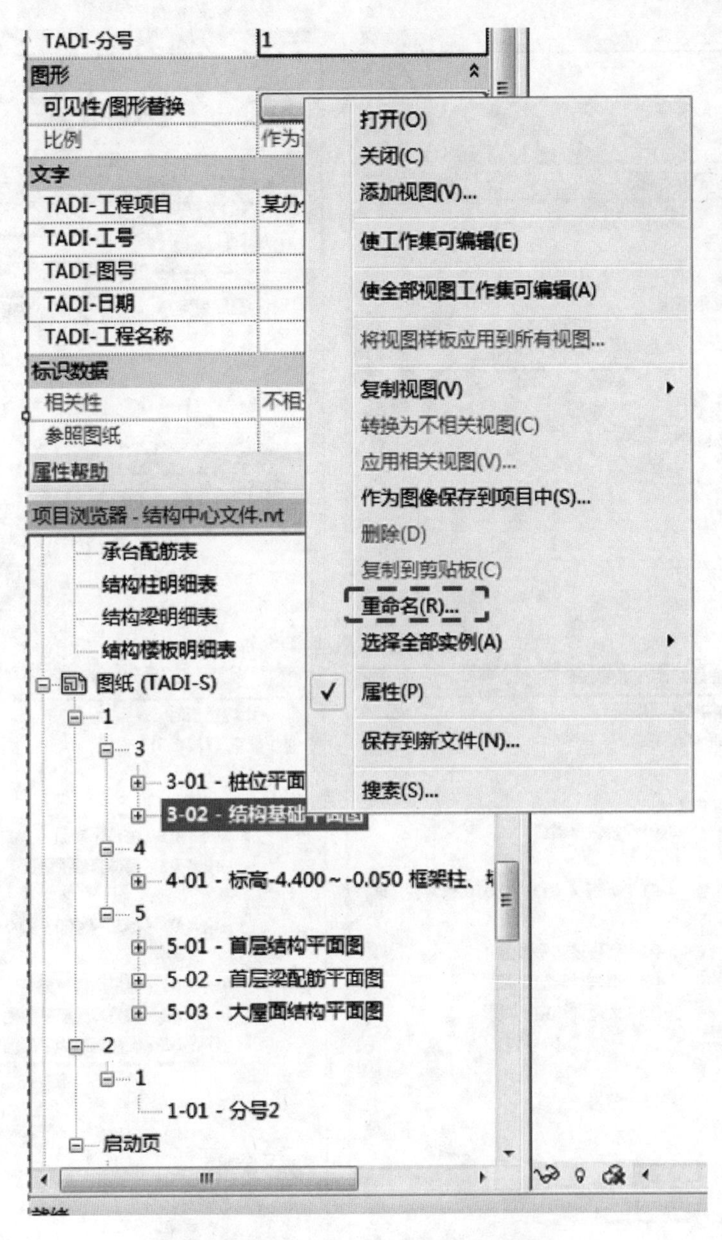
TADI-分号
1
图形
可见性/图形替换
比例
作为
文字
TADI-工程项目
某办
TADI-工号
TADI-图号
TADI-日期
TADI-工程名称
标识数据
相关性
不相
参照图纸
属性帮助
项目浏览器 - 结构中心文件.rvt
承台配筋表
结构柱明细表
结构梁明细表
结构楼板明细表
图纸 (TADI-S)
1
3
3-01 - 桩位平面
3-02 - 结构基础平面图
4
4-01 - 标高-4.400~-0.050 框架柱、
5
5-01 - 首层结构平面图
5-02 - 首层梁配筋平面图
5-03 - 大屋面结构平面图
2
1
1-01 - 分号2
启动页
打开(O)
关闭(C)
添加视图(V)...
使工作集可编辑(E)
使全部视图工作集可编辑(A)
将视图样板应用到所有视图...
复制视图(V)
转换为不相关视图(C)
应用相关视图(V)...
作为图像保存到项目中(S)...
删除(D)
复制到剪贴板(C)
重命名(R)...
选择全部实例(A)
属性(P)
保存到新文件(N)...
搜索(S)...

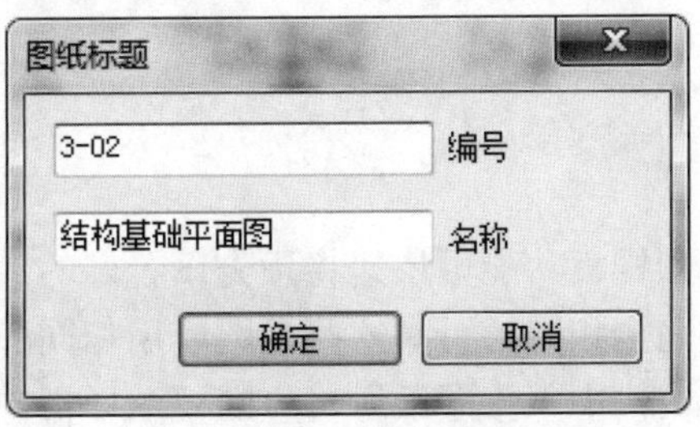
图纸标题
3-02
编号
结构基础平面图
名称
确定
取消

图 3.2-130

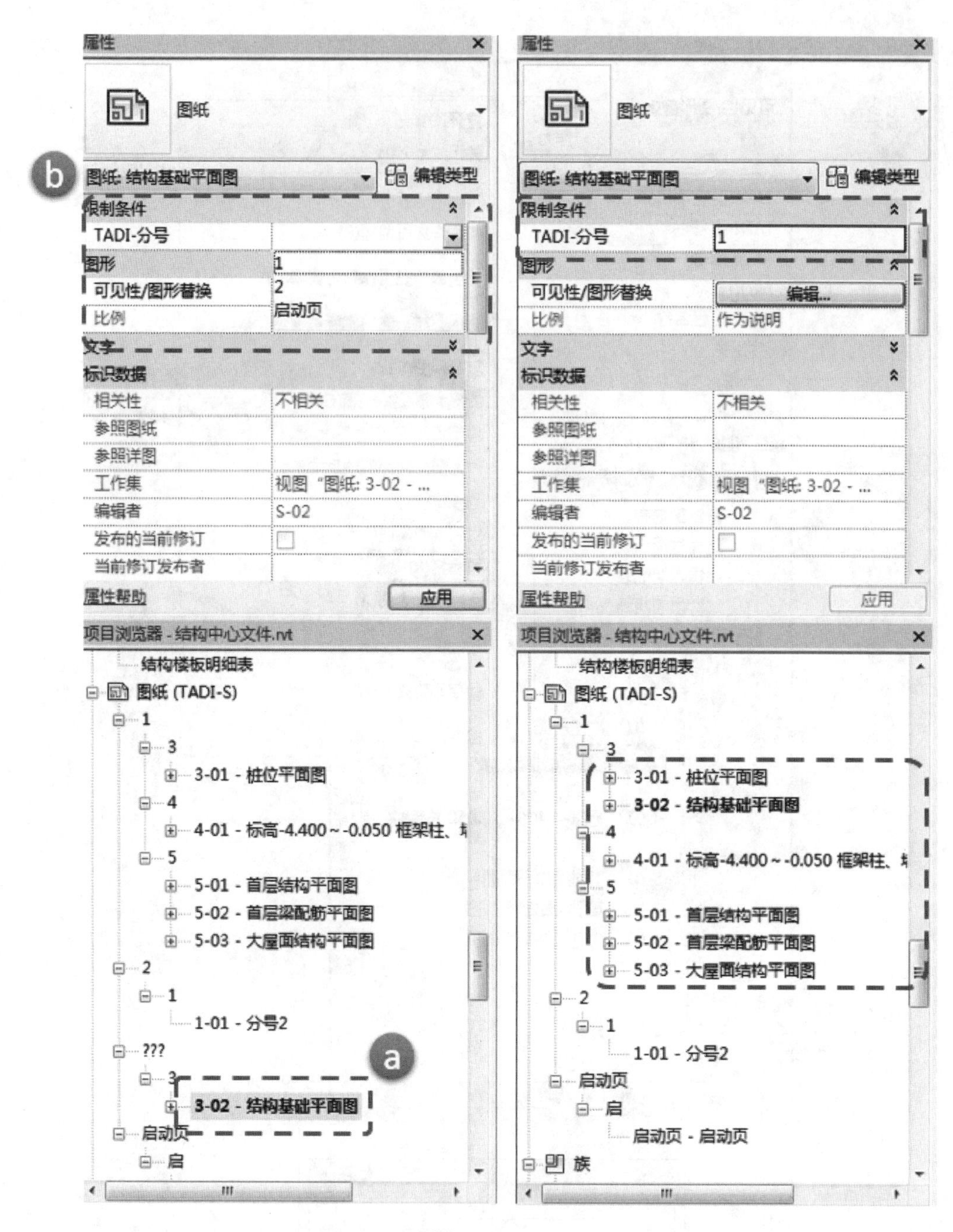

图 3.2-131

视图深度等参数的设置。视图样板功能可快速将预先设置好的参数应用到视图中。如果多个视图在这些参数的设置上完全相同，可对这些视图应用相同的视图样板。在本书附带光盘中的项目样板里，已将本实例中每张图纸所对应的视图样板创建完毕。本节以平面图为例介绍出图视图的创建，详图的制作将在后面介绍。视图样板与图纸的对应关系如表 3.2-2 所示。

表 3.2-2

图　纸	对应的视图样板
桩位平面图	TADI-桩位平面图 1：100
结构基础平面图	TADI-结构基础平面图 1：100
首层结构平面图 首层梁配筋平面图	TADI-结构平面图 1：100
标高－4.400～－0.050 框架柱、墙结构平面图	TADI-墙柱平面布置图 1：100
大屋面结构平面图	TADI-屋顶结构平面图 1：100
CT1 详图	TADI-承台详图 1：30
a-a 剖面图	TADI-承台剖面图 1：30
1-1 剖面图	TADI-剖面图 1：20

为了便于后续进行图纸布局并且进行图纸管理，首先需要将所有出图视图进行复制，放置于“03. 出图模型”目录下并将视图名称重命名为相应的图纸名称。如图 3.2-132 所示。

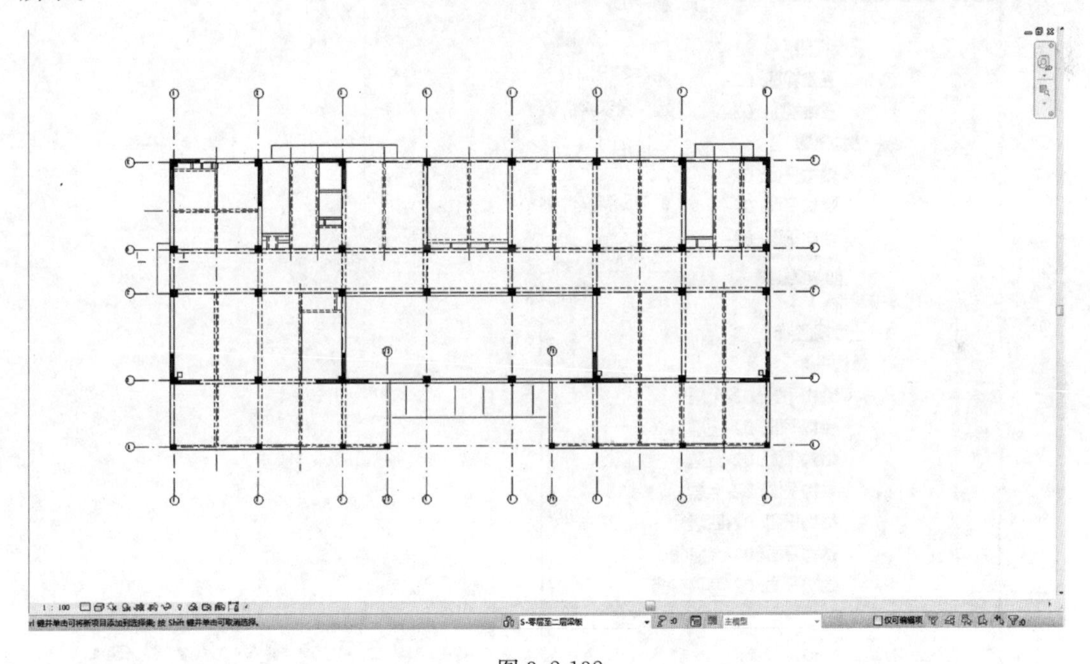

图 3.2-132

以首层结构平面图为例，例如编号为 S-02 的设计人负责首层平面图的绘制，则在浏览器中 S-02-结构平面目录下“02-首层”视图上单击鼠标右键，选择复制视图—“带细节复制”，生成新视图“02-首层副本 1”，右键单击新视图，选择“重命名”，将图纸命名为“首层结构平面图”。如图 3.2-133 所示。

单击“首层结构平面图”，在“属性”窗口限制条件栏目下，将“阶段分类”选项设置为“03. 出图模型”，将“所有者”选项设置为“S”。如图 3.2-134 所示。

此时“首层结构平面图”被归于“03. 出图模型”目录下，在后续施工图布局阶段可

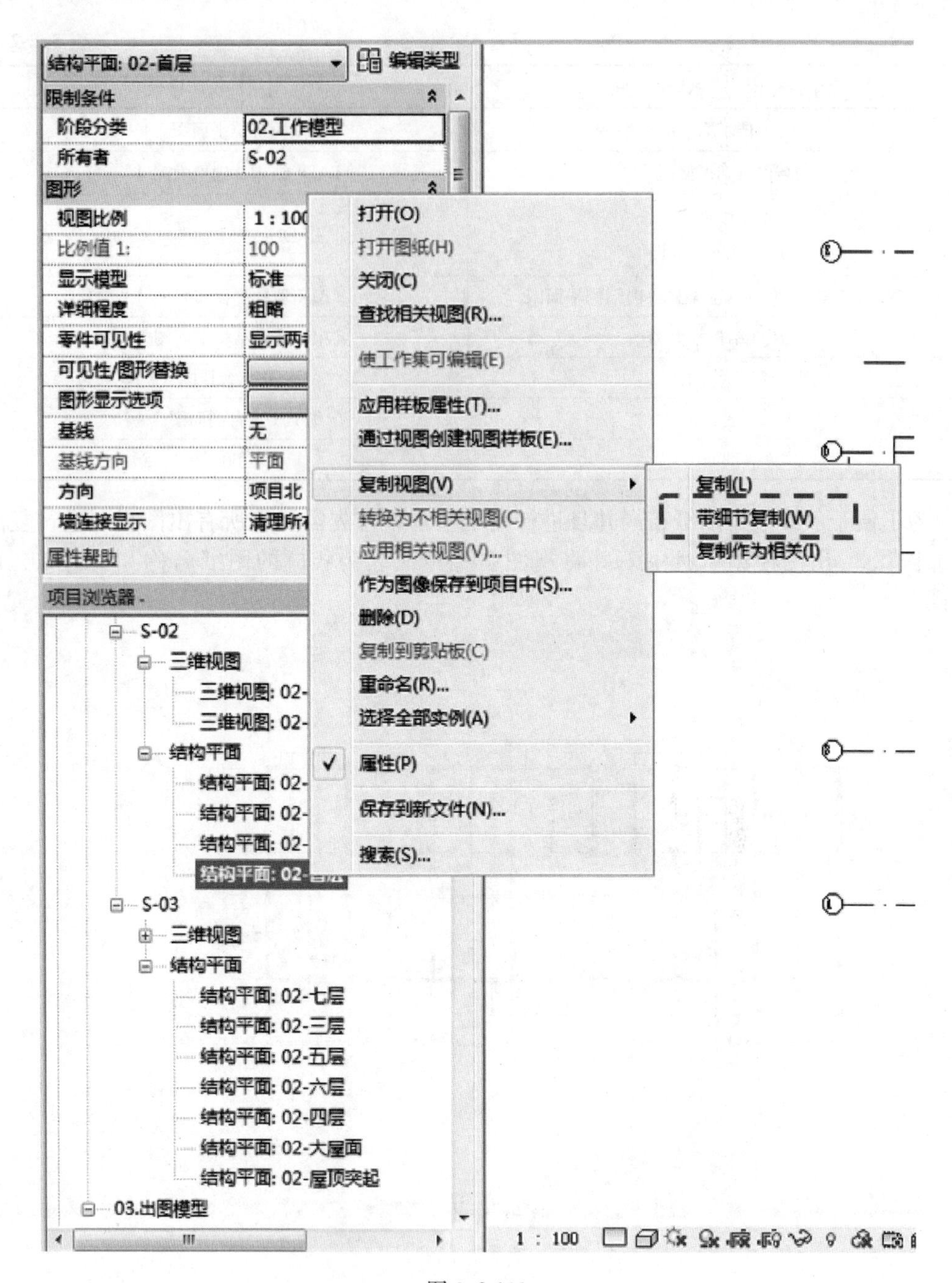

图 3.2-133

将此图纸以及与此图纸相关的其他视图导入对应图纸空间中。

出图视图复制完毕后，将相应的视图样板应用到视图中，应用视图样板的操作可参照第 2 章的相关内容。应用视图样板之后，各图元可按照用户设定的参数进行显示。用户可在视图中添加二维注释等内容进行施工图的进一步绘制，绘制的方法将在后面“深化施工图图纸设计”部分介绍。

提示：在本书预设的结构专业视图样板中，部分样板使用了“过滤器”功能，某些过

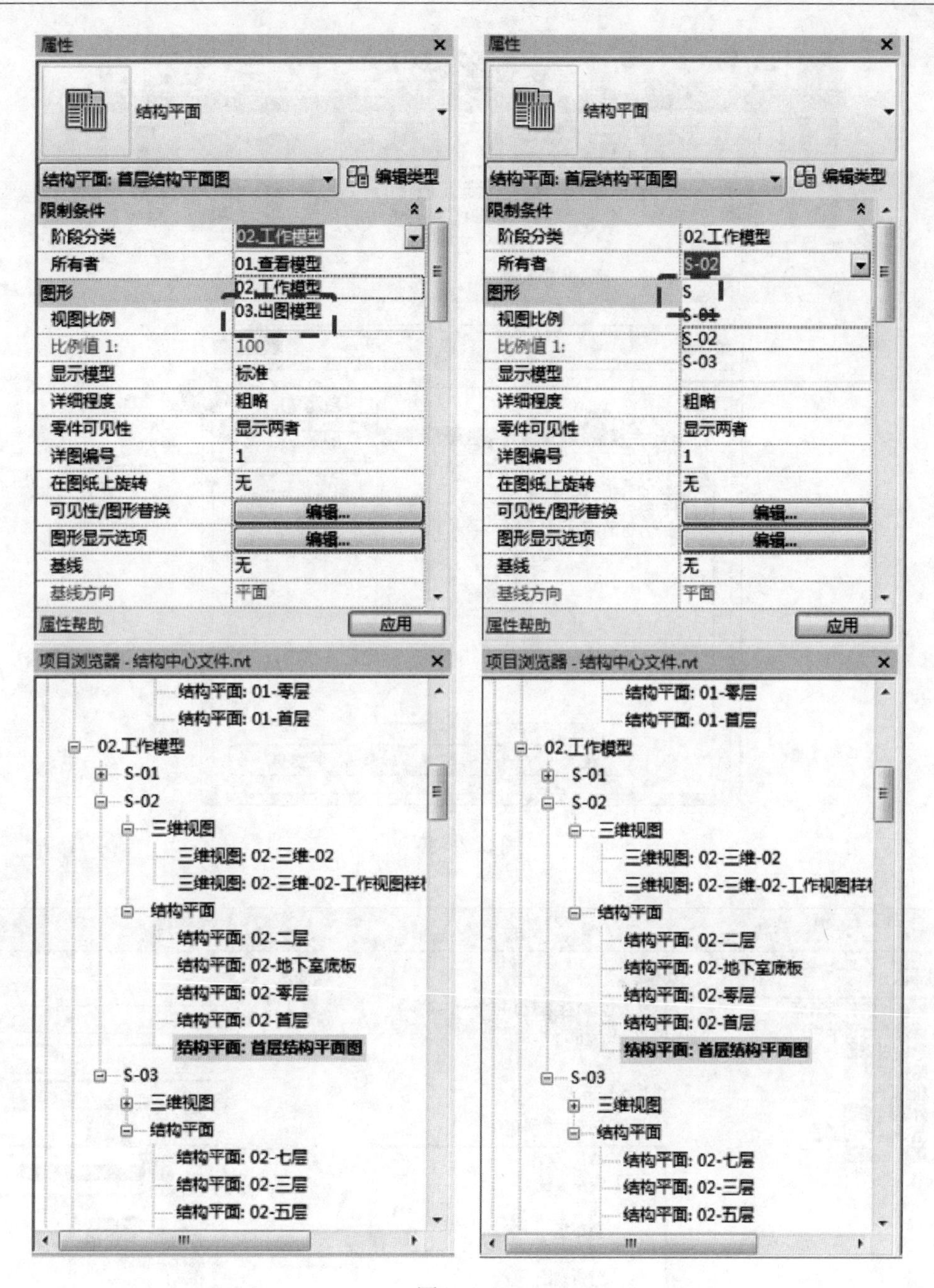

图 3.2-134

滤器的过滤条件是基于工作集的。由于在创建项目样板时尚未划分工作集，所以在对中心文件划分工作集后，需要将过滤器中的过滤条件设置为相应的工作集。点击“视图”选项卡中“过滤器”按钮，弹出“过滤器”对话框（图 3.2-135）。

本实例中“外檐过滤器”与“暗柱过滤器”分别基于“S-外檐”和“S-暗柱”。点击“外檐过滤器”，再点击“编辑”按钮，弹出下一级对话框。

在弹出的对话框中，在“过滤器规则”—“过滤条件”中，将“工作集”的过滤条件设置为“S-外檐”（图 3.2-136）。

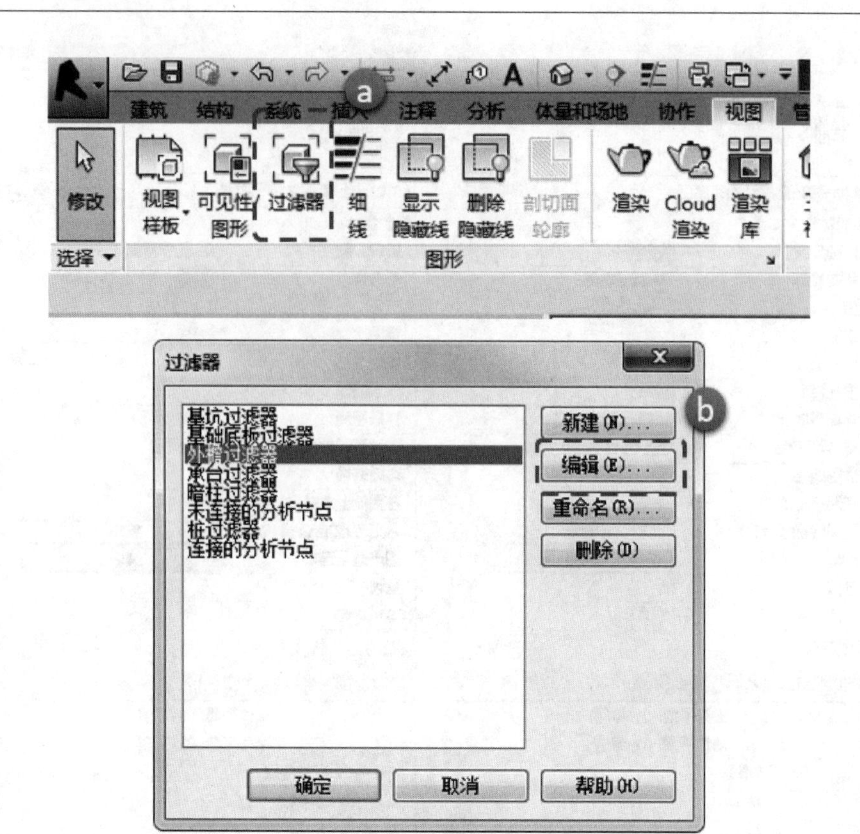

图 3.2-135

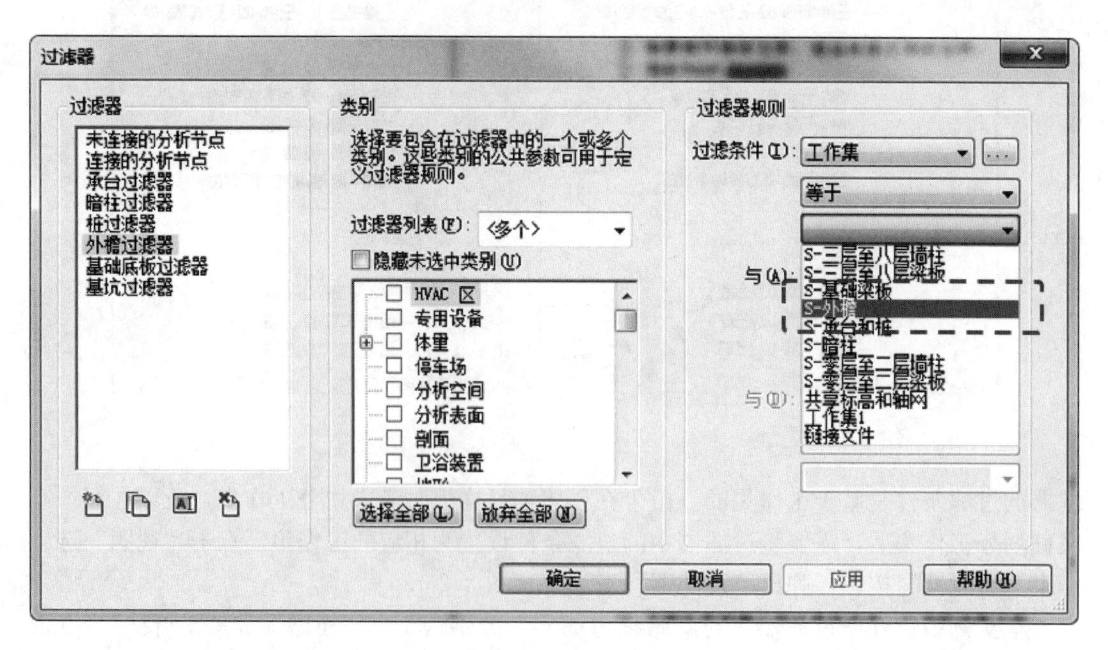

图 3.2-136

使用相同的方法将“暗柱过滤器”的过滤条件设置为“S—暗柱”(图 3.2-137)。

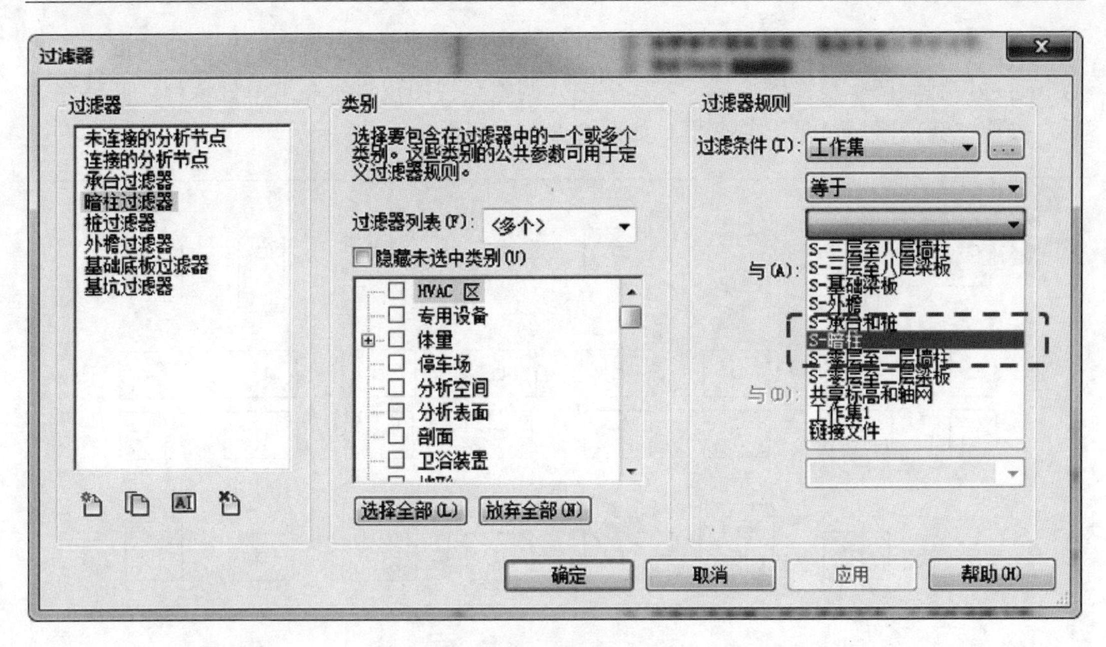

图 3.2-137

E. 确定索引详图

(a) 平面详图

在基础平面图中，存在承台详图。用裁剪视图的方式可创建承台详图。本部分以承台详图为例介绍平面详图制作方法，承台剖面图的制作方法可参照之后介绍的剖面详图。

复制“02-地下室底板”视图，命名为“承台详图”，应用“TADI-承台详图 1：30”视图样板（图 3.2-138）。

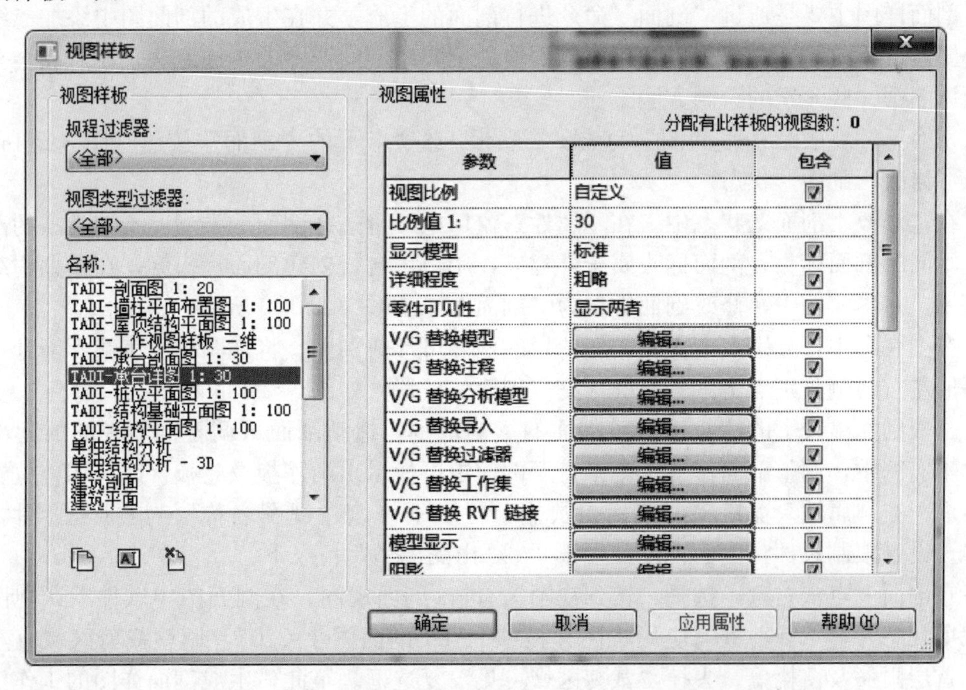

图 3.2-138

在“属性”窗口中勾选“裁剪视图”及“裁剪区域可见”复选框，生成裁剪框。将裁剪框通过控制点调整至详图区域。本实例中，调整至视图仅显示一组单桩承台。调整完毕后，去掉“裁剪区域可见”复选框。如图 3.2-139，图 3.2-140 所示。

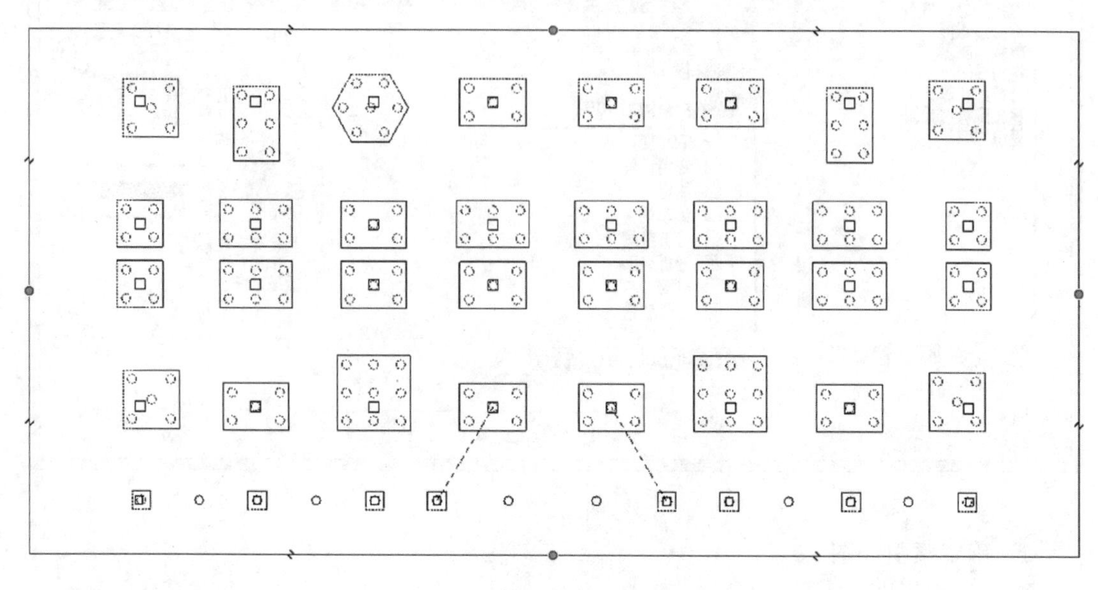

图 3.2-139

操作完毕后可在视图中添加二维注释，承台垫层的轮廓可用详图线进行绘制，完成承台详图的绘制（图 3.2-141）。绘制的方法将在后面“深化施工图图纸设计”部分介绍。

（b）剖面详图

剖面详图主要是通过“剖面”命令进行剖面的生成，并在生成的剖面图中添加二维注释等要素进行绘制。本部分以模型西侧雨篷为例介绍剖面详图的生成方法，在后面会介绍剖面详图中一些元素的绘制方法。

切换至“首层结构平面图”，点击“视图”选项卡下的“剖面”按钮（图 3.2-142），进入“修改 | 剖面”状态。

在“修改 | 剖面”状态中，在“属性”窗口中，可选择剖面的类型。不同类型的剖面对应不同的剖面标头，剖面标头属于外建族，用户可自行创建剖面标头族，在模型中载入并使用。在本实例中，修改剖面类型为“剖面 2”。如图 3.2-143 所示。

在主视图中，分别点击需要剖切位置的两侧可形成剖面。将视图移至东侧雨篷处，在雨篷的左右两侧分别点击鼠标左键，完成剖面的放置。如图 3.2-144 所示。

拖拽剖面虚线上的箭头可调整剖面的影响范围，拖动剖面可调整剖面视图的起剖位置。本实例中，调整剖面位置及范围直至剖面中可显示出雨篷板及卷板，以及相应位置的窗槛墙。在“属性”窗口中，“标识数据”栏目下修改“视图名称”为“1”（图 3.2-145）。设置限制条件将剖面视图归置于“03. 出图模型”目录下。

在剖面上点击右键，选择“转到视图”，进入剖面视图。在剖面图中软件默认视图处于裁剪状态并显示裁剪框。应用视图样板“TADI-剖面图-1：20”，调整裁剪区域直至仅显示首层雨篷及窗槛墙。去掉“裁剪区域可见”复选框。至此，生成剖面详图的工作已完毕（图 3.2-146）。

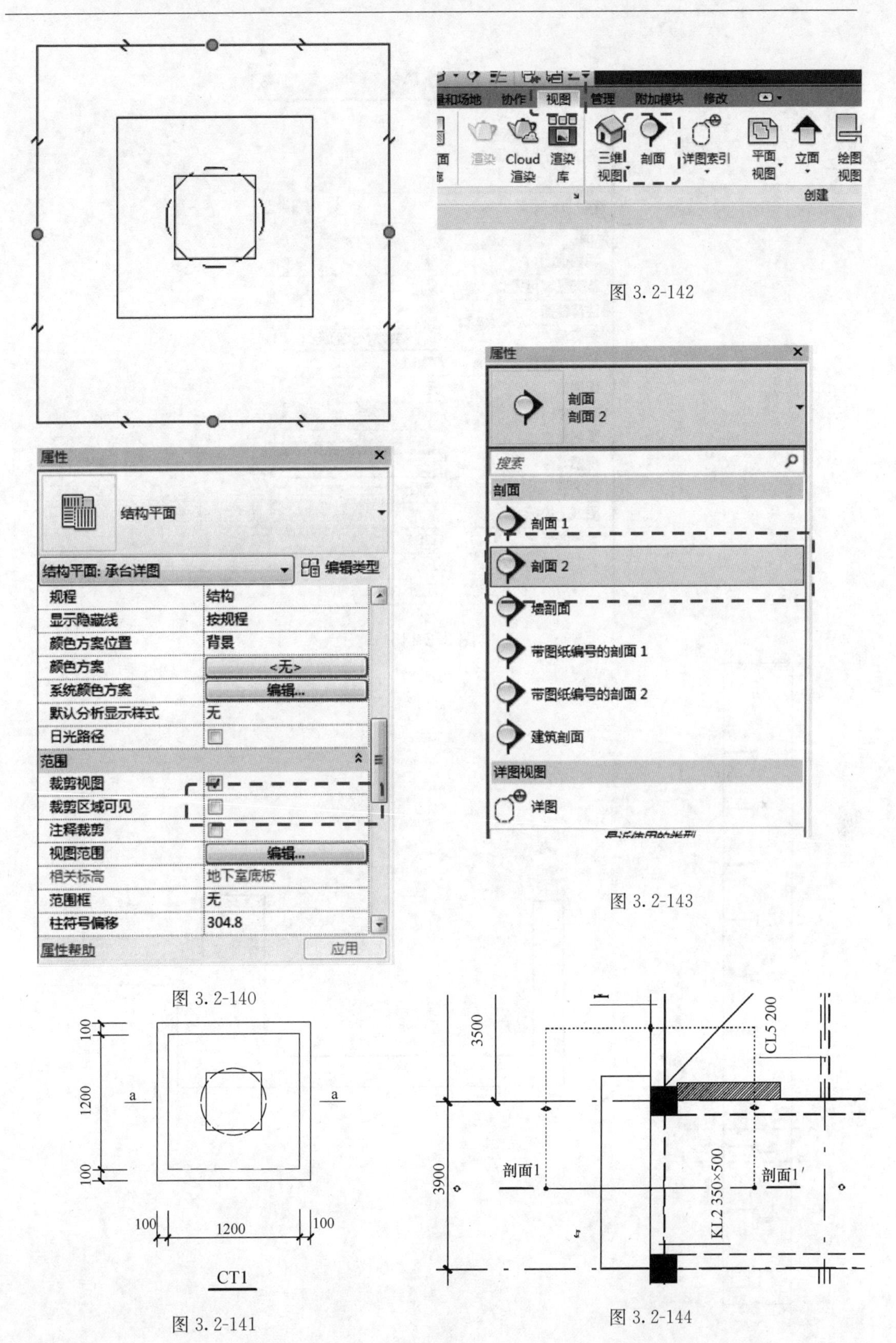

图 3.2-142

图 3.2-143

图 3.2-140

图 3.2-141

图 3.2-144

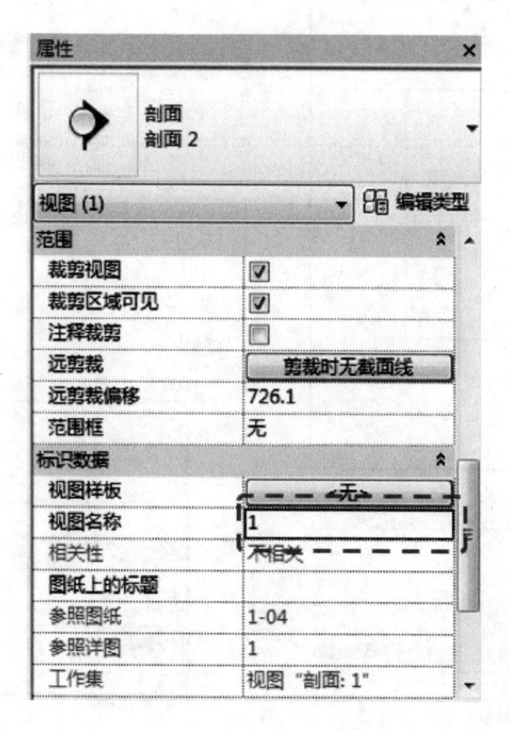

图 3.2-145

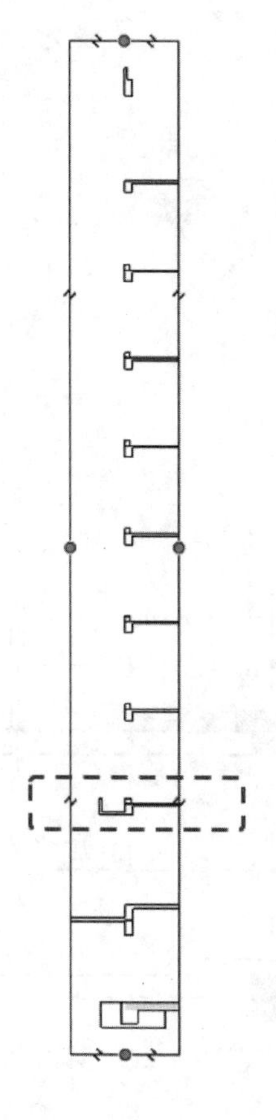

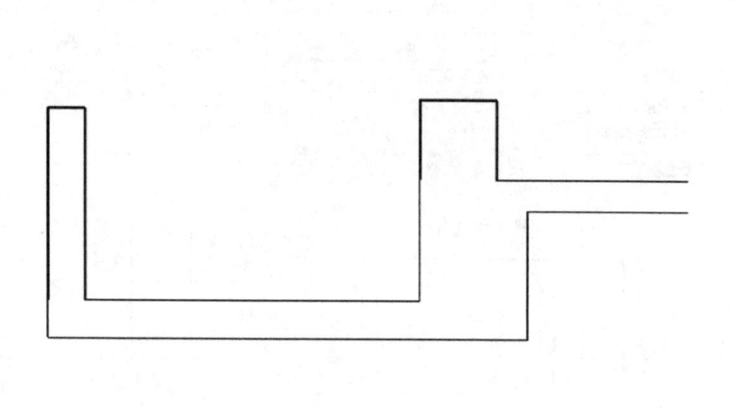

图 3.2-146

F. 图纸布局

在完成图纸与出图视图的创建之后，可将出图视图（平面图、立面图、剖面图、详图等）导入图纸空间并进行布局。

以首层结构平面图为例，新建“首层结构平面图”图纸并设置图纸编号与图纸名称。此时图纸空间中仅有图框。点击“视图”选项卡中的“视图”按钮，弹出“视图”对话框。在对话框中找到“首层结构平面图”，点击“在图纸中添加视图”。如图 3.2-147 所示。

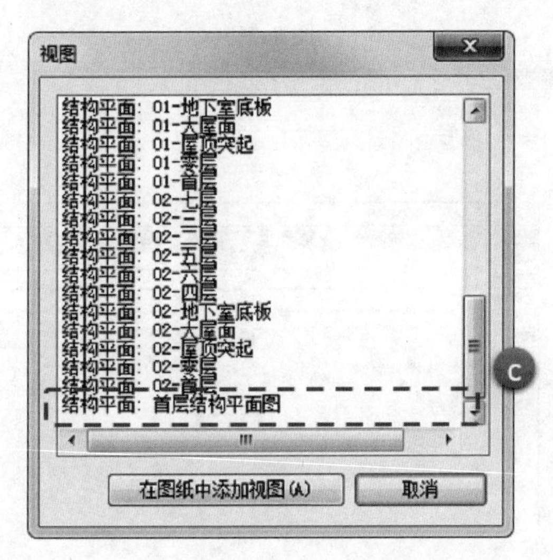

图 3.2-147

此时“首层结构平面图”处于待放置状态，在适当的位置点击鼠标左键，即可将“首层结构平面图”放置于图纸空间的相应位置中。也可在当前图纸下，将项目浏览器中出图模型下的需要生成图纸的视图直接拖拽至图纸上。如图 3.2-148 所示。

在图纸空间中，可以同时导入多个比例相同或不同的视图，此时视图是以视口的方式存在的，视口的类型默认为“视口有线条的标题”，若使用视口自带的标题，建议在视口的“编辑类型”中去掉“显示延伸线”前的对勾；若视图中已将图纸名称创建并布局完毕，可以选择将视口类型修改为无标题视口。点击所需操作的视口，在“属性”对话框中将视口类型修改为“视口”“无标题”。如图 3.2-149 所示。

提示：（1）一个视图只能被引用一次，否则将弹出报错窗口（图 3.2-150）。可将需要操作的视图进行复制，再将复制出的视图放置于其他图纸。若视图中仅包含注释符号，也可制作成图例再引用，有关图例的内容将在后面介绍。

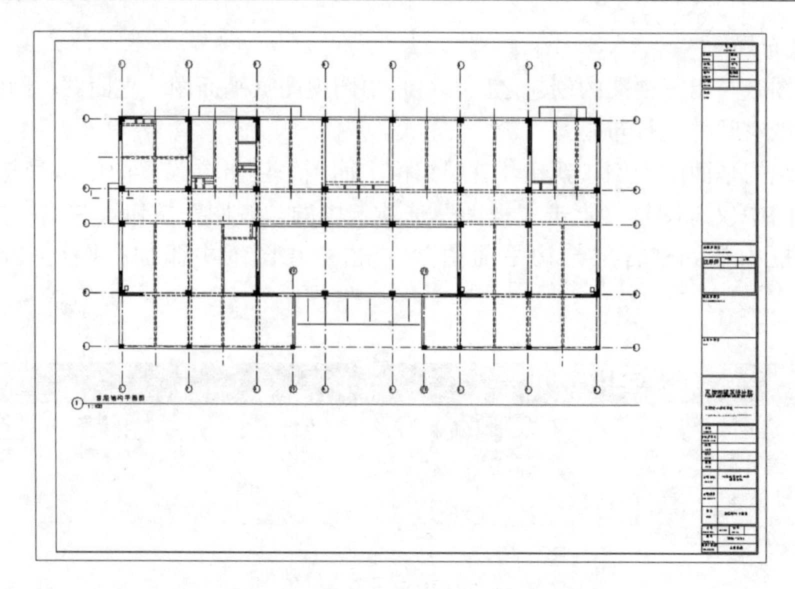

图 3.2-148

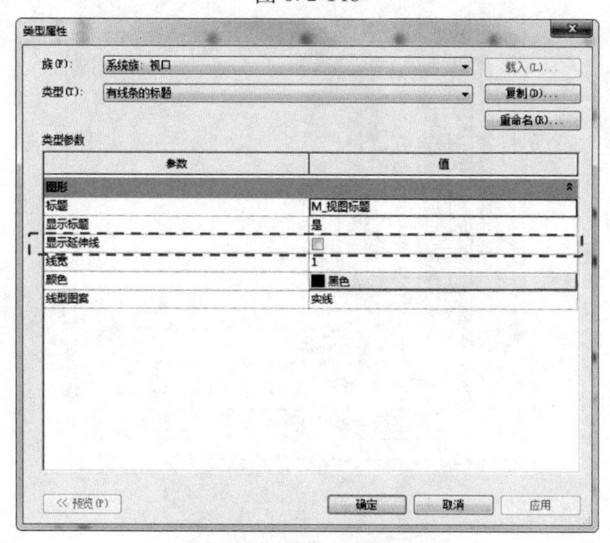

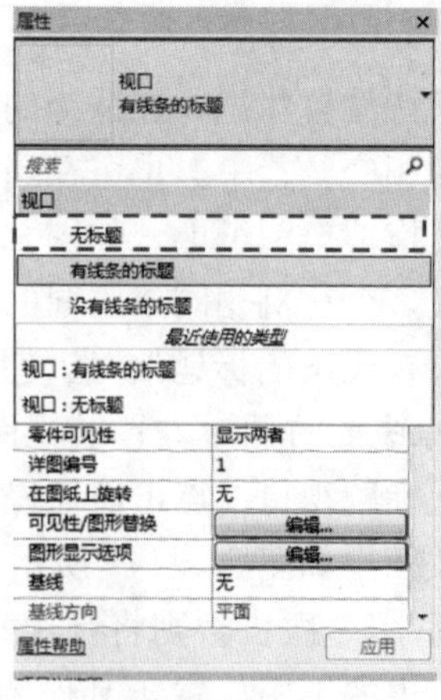

图 3.2-149

(2) 在视图被引用前，建议应用视图范围对其图面空白处进行剪裁，避免插入图纸后因空白图面过大，视图间相互干扰。进入需要操作的视图，在“属性”窗口“范围”栏目中勾选“裁剪视图”及“裁剪区域可见”，此时出现裁剪视图框，通过调整裁剪视图框的范围可以改变裁剪区域。如图 3.2-151 所示。

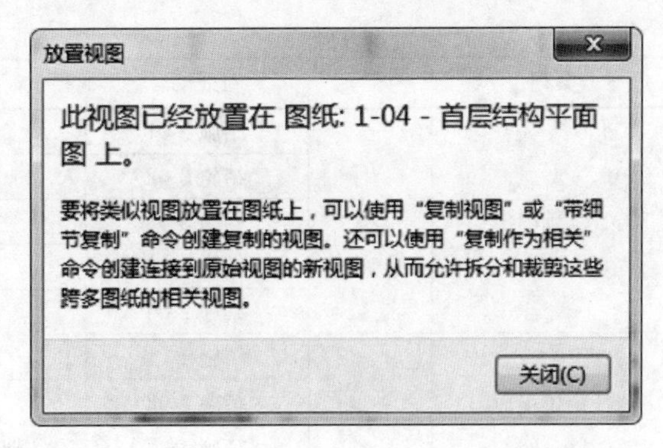

图 3.2-150

将视图导入图纸空间后，可以任意拖动视口进行对视图位置的调整。若需要对视图中的图元进行编辑，双击视口即可进入编辑状态，修改编辑完成后双击视口范围之外的部分即可退出编辑状态。或在“出图模型”中编辑对应的图纸，所修改内容在“图纸”中关联更改。

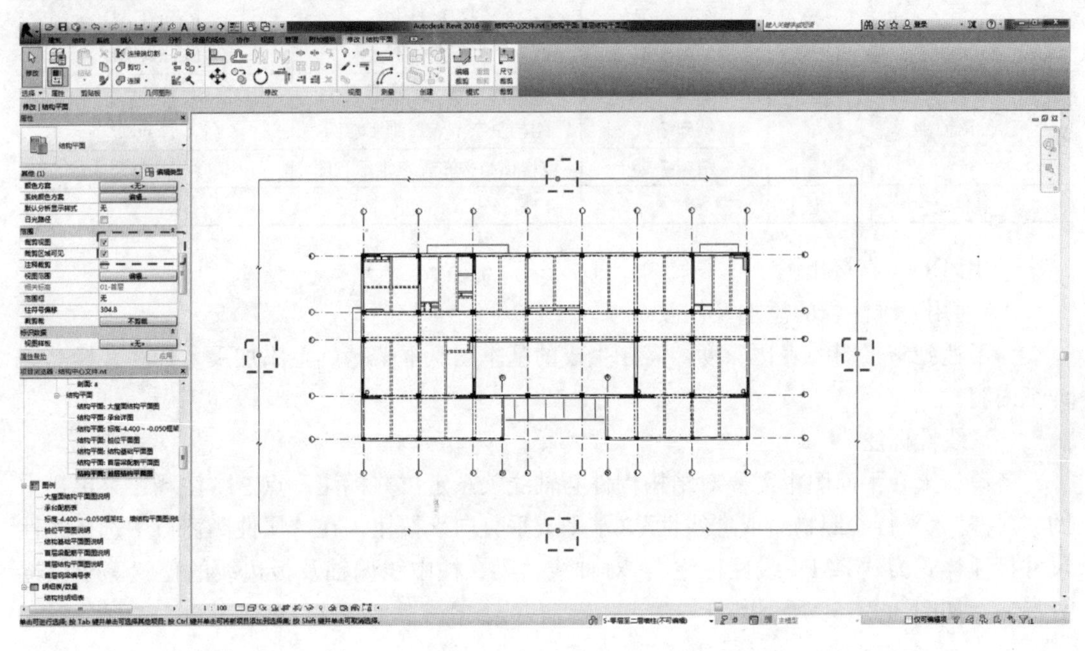

图 3.2-151

② 现阶段建议的出图分工

除了本实例中提供的图纸，还可以通过 Revit 生成其他形式的图纸，例如某些三维示意图。但一些示意内容较多的图纸还是通过 CAD 进行绘制较为方便，表 3.2-3 中列出了各类型图纸建议的出图方式，以供用户参考。

表 3.2-3

系列	序号	图纸编号	图纸名称	建议出图方式
图纸目录	1	结施 1-01	目录	CAD
设计说明	2	结施 2-01	结构设计总说明	CAD

续表

系列	序号	图纸编号	图纸名称	建议出图方式
基础图	3	结施 3-01	桩位图	Revit
		结施 3-02	桩详图	CAD
		结施 3-03	承台平面布置图	Revit
		结施 3-04	基础平面图	Revit
		结施 3-05	基础详图	CAD/Revit
墙柱定位平面图（配筋）	4	结施 4-01	墙柱定位平面图	Revit
		结施 4-02	墙柱配筋平面图	Revit/CAD
		结施 4-03	剪力墙柱平法施工图	Revit/CAD
		结施 4-04	剪力墙详图	CAD
梁、板配筋图（模板）	5	结施 5-01	结构模板图	Revit
		结施 5-02	结构板平面配筋图	Revit/CAD
		结施 5-03	结构梁平面配筋图	Revit/CAD
构件详图	6	结施 6-01	楼梯详图	Revit/CAD
		结施 6-01	节点详图	Revit/CAD
三维示意图	7	结施 7-01	结构外檐三维示意图	Revit
		结施 7-02	结构复杂节点三维示意图	Revit
		结施 7-03	坡屋顶结构布置三维示意图	Revit
其他	8			

③ 用 Revit 直接出图

A. 通用二维注释的添加及修改

为了达到施工图的表达深度，需在生成的基本图纸框架基础上添加尺寸标注、标高等详细内容。

(a) 线性标注

各设计人在平面图中需要对结构构件与轴线关系定位并标注。点击“注释”菜单栏中的“对齐”（平行参照物）或“线性”（水平或垂直向）按钮，在“属性”窗口中选择线性尺寸标注样式为“TADI-线性标注”，对轴线、梁、柱中线偏轴及板边线的位置等予以逐处标注。如图 3.2-152 所示。

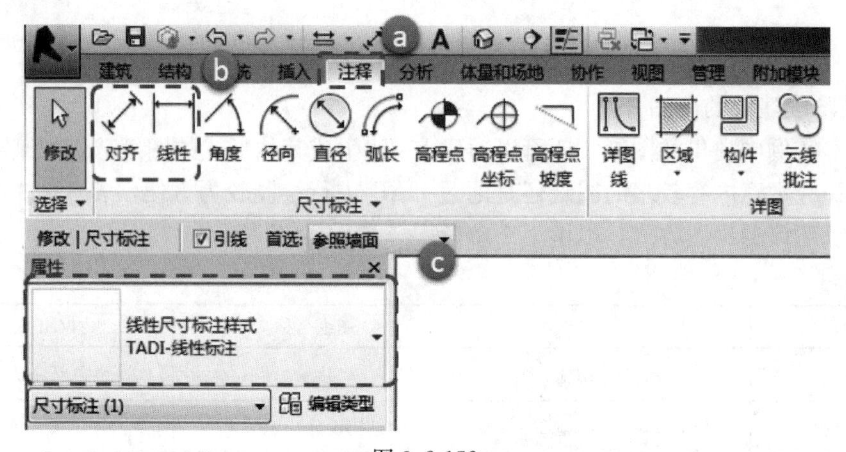

图 3.2-152

例如，在“首层结构平面图”中对轴线“①”与“②”之间的距离进行标注。切换至“首层结构平面图”，在“对齐”或“线性”状态下，分别点击轴线“①”与“②”，调整好位置并在视图空白处单击鼠标左键，即可实现对轴线的线性标注（图 3.2-153）。

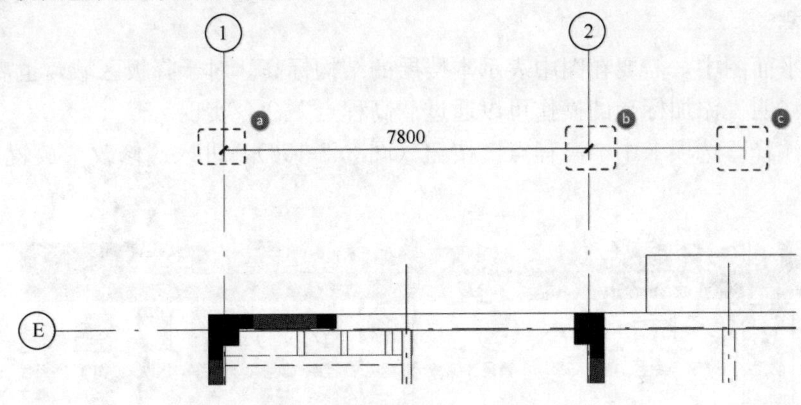

图 3.2-153

若需要对多个图元进行线性标注，可在“对齐”或“线性”状态下，连续点击需要标注的图元（图 3.2-154）。

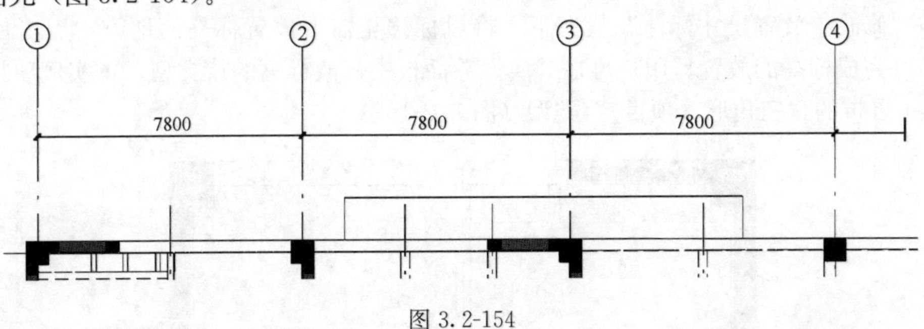

图 3.2-154

在标注完成后，若需要对标注的位置进行调整，可将标注进行拖动；若需要调整标注文字的位置，可选中需要操作的标注，在“属性”窗口“图形”栏目中去掉“引线”复选框中的钩，再拖动标注文字下方的标记点即可对其调整位置（图 3.2-155）。

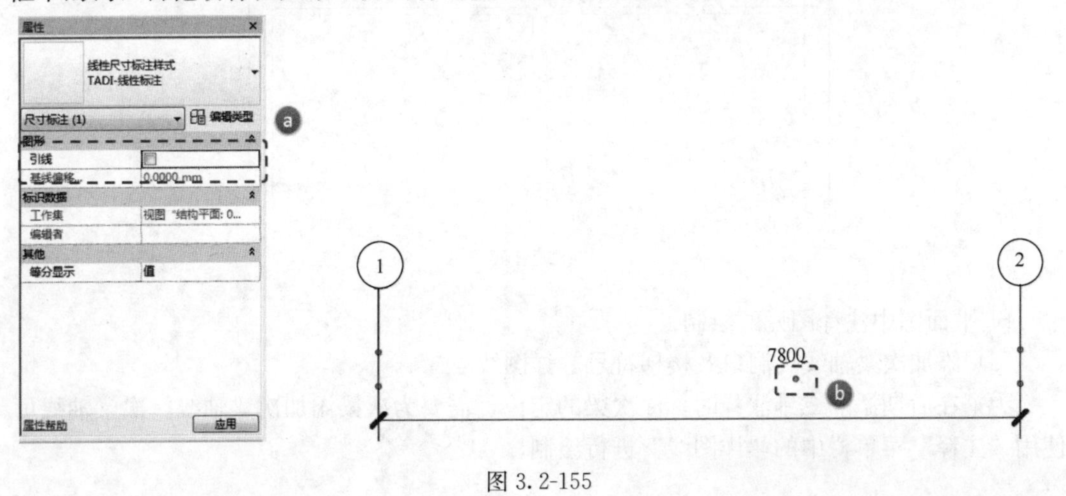

图 3.2-155

若要调整线性标注涉及的图元，可点击需要操作的线性标注，点击“修改 | 尺寸标注”选项卡中的“编辑尺寸界线”按钮，再点击需要添加或去除的图元，即可完成线性标注的调整。

（b）标高

在结构平面图中，需要在图中表示本楼层的结构标高。对于降板区域，也需要对此处的标高进行注明。添加标高的操作可以通过“高程点”命令实现。

点击“注释”选项卡中“高程点”按钮（图 3.2-156），进入“修改 | 放置尺寸标注”状态。

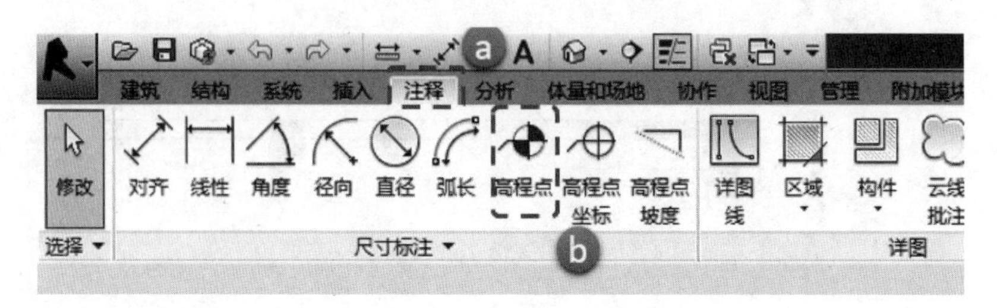

图 3.2-156

在“修改 | 放置尺寸标注”状态下，将鼠标移至需要放置标高的地方，点击鼠标左键，即可完成标高的放置。用户可在“属性”面板中修改标高的族类型，本实例项目中使用 Revit 自带的“三角形（项目）”类型（图 3.2-157）。

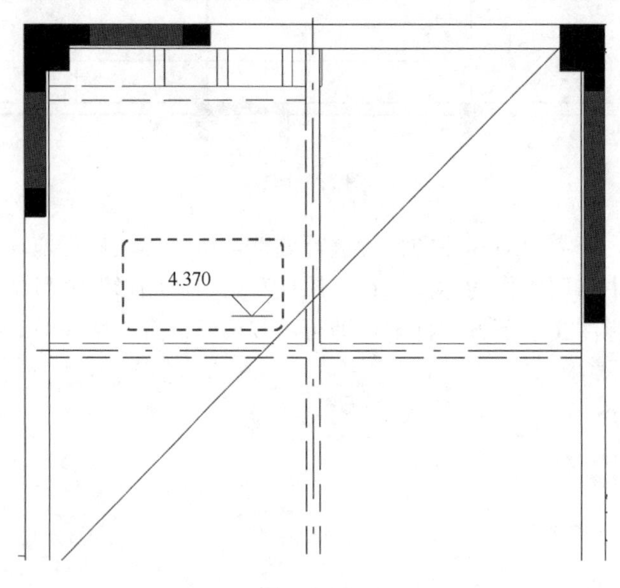

图 3.2-157

B. 平面图中注释图元的绘制

（a）添加次梁轴线、洞口及楼梯符号等详图线

为了在后期添加二维注释时标注次梁的定位，需要为次梁添加次梁轴线。次梁轴线可使用“注释”菜单栏中的“详图线”进行绘制。

以首层平面结构图中①～②轴交Ⓓ～Ⓔ轴区域中的纵向次梁为例，点击“注释”选项卡中的“详图线”按钮，进入“修改｜放置 详图线”状态，在“属性”或“修改｜放置详图线”选项卡中的“线样式”栏目中，可对详图线的线样式进行修改，对于次轴网线，选择“TADI-S-轴网线”样式。如图 3.2-158 所示。

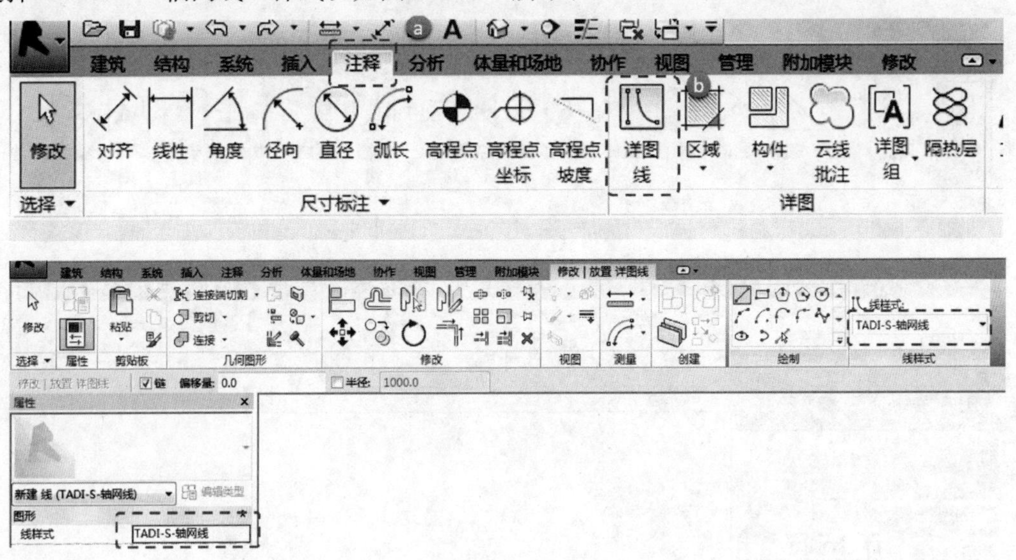

图 3.2-158

详图线端点的位置由鼠标点击的位置确定。若需要放置次轴网线，可将鼠标指针移动到次梁的中心线上，此时软件自动捕捉梁上的中心线，点击鼠标左键，将鼠标指针移动到目标位置上，点击鼠标左键，完成次轴网线的绘制。如图 3.2-159 所示。

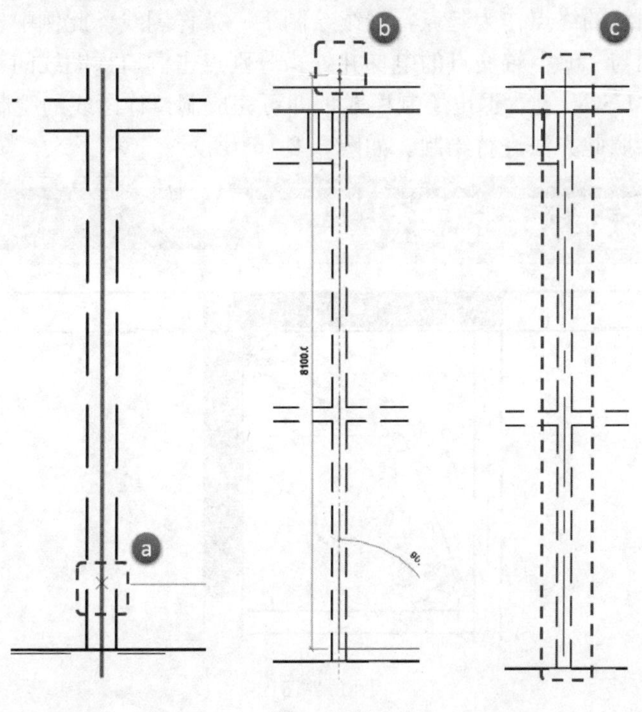

图 3.2-159

图中的洞口及楼梯符号线，同样可用“详图线”命令进行绘制。以首层平面结构图中电梯井洞口为例，点击“注释”选项卡中的“详图线”按钮，进入“修改 | 放置 详图线”状态，在“属性”或“修改 | 放置 详图线”选项卡中的“线样式”栏目中，可对详图线的线样式进行修改，在本实例中，选择“TADI-S-实线-细”样式。如图 3.2-160 所示。

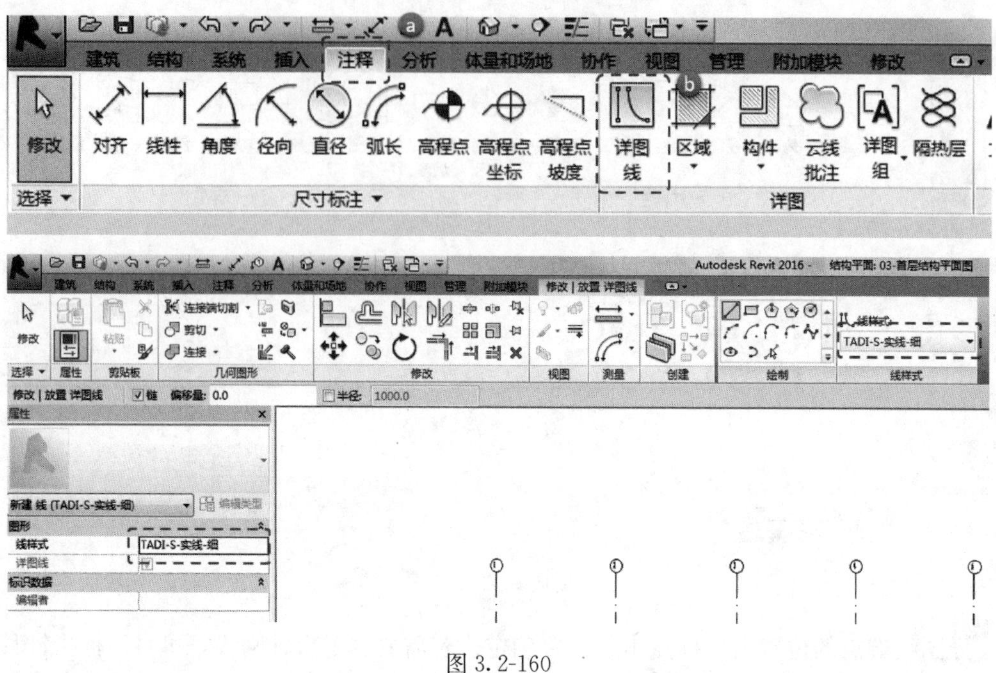

图 3.2-160

在绘制详图线之前，如果勾选“修改 | 放置 详图线”选项栏中的“链”前的复选框，则会以上一段详图线的终点作为起点，继续绘制下一条详图线。此例中勾选“链”前的复选框，在“③”轴与“Ⓔ”轴交点的电梯井处，分别点击洞口详图线的三个端点，绘制完毕后按键盘上的“ESC”键，退出绘制模式，即可完成洞口详图线的绘制。图纸中其他部位的详图线均可参照此方法进行绘制。如图 3.2-161 所示。

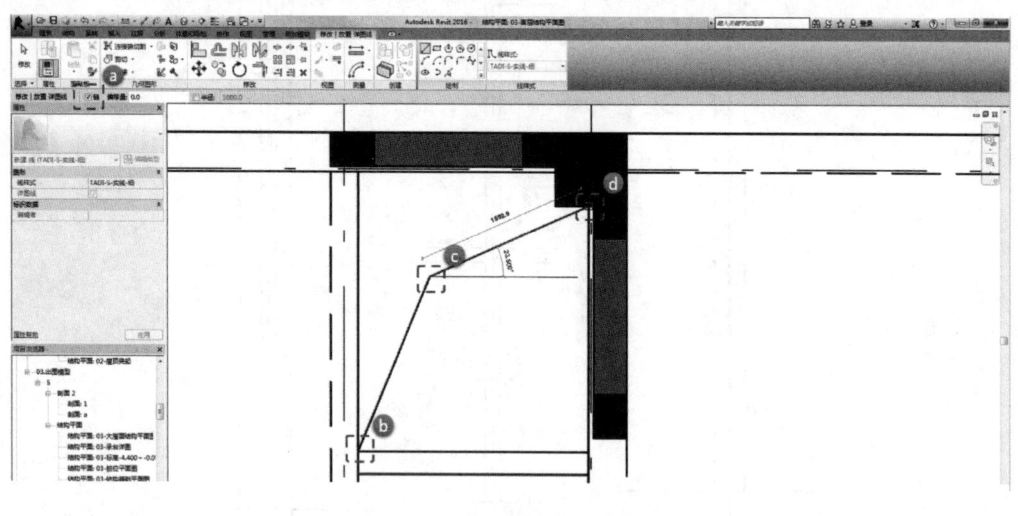

图 3.2-161

若需要修改详图线的线样式，可点击需要操作的详图线后，在“属性”或“修改 | 线”选项卡中的“线样式”栏目中进行修改。详图线的形状也可在“绘制”栏目中进行选择。

(b) 添加后浇带、管井后浇等填充图案。

在绘图过程中如需在自定义区域内绘制填充图案，可使用“填充图案”命令。以“首层结构平面图”中设备管井后浇板为例，点击“注释”选项卡中的“区域”按钮，在下拉菜单中选择“填充区域”命令（图 3.2-162），进入“修改 | 创建填充区域边界”状态。

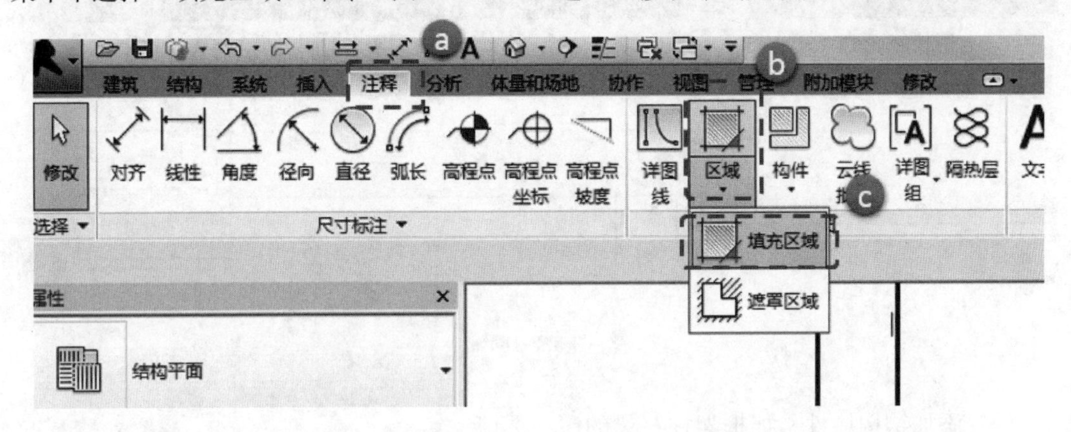

图 3.2-162

在“修改 | 创建填充区域边界”状态中，在“属性”窗口中设置填充区域类型为“TADI-后浇板”，在“修改 | 创建填充区域边界”选项卡“线样式”栏目中设置线样式为“TADI-S-实线-细”。使用“绘制”栏目中的“形状”进行后浇板形状的绘制，绘制方法与结构楼板相同，绘制完毕后，点击“模式”栏目中的√/×进行确认/取消的操作。如图 3.2-163 所示。

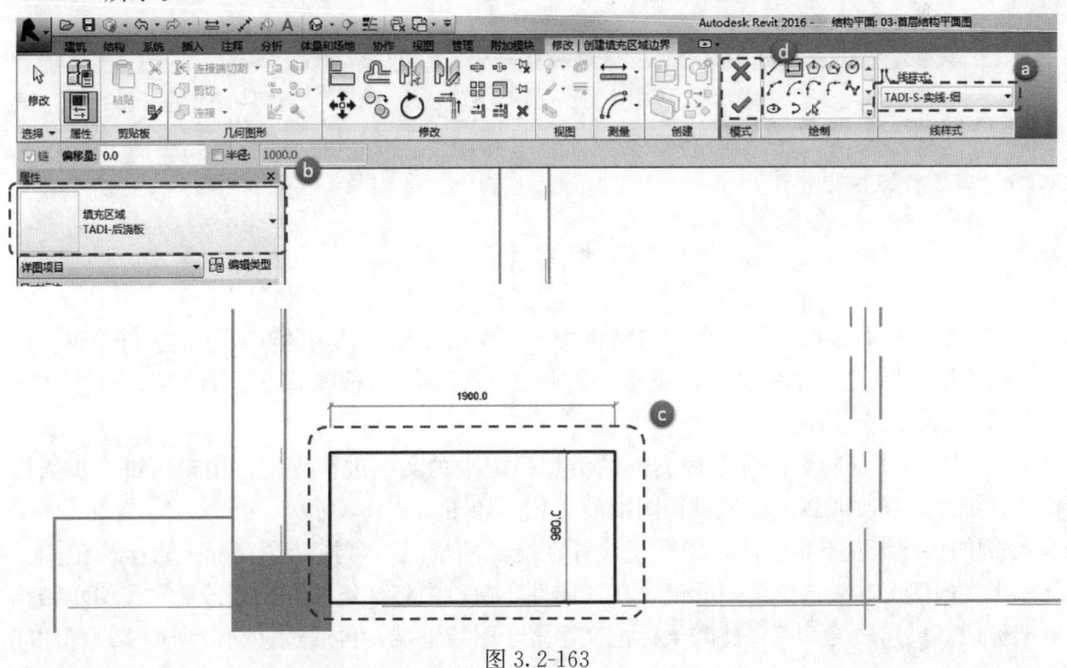

图 3.2-163

提示：在本实例中“桩位平面图”中，桩填充符号是由填充图案和详图线组成的，并且将相同布置方式的填充图案和详图线组成详图组。若需要创建详图组，可选择需要成组的图元，再点击“注释”选项卡下的“详图组”按钮，在下拉菜单中选择“创建组”命令（图 3.2-164）。详图组的使用方法与模型组相同，可参照“承台与桩的绘制”部分的内容。

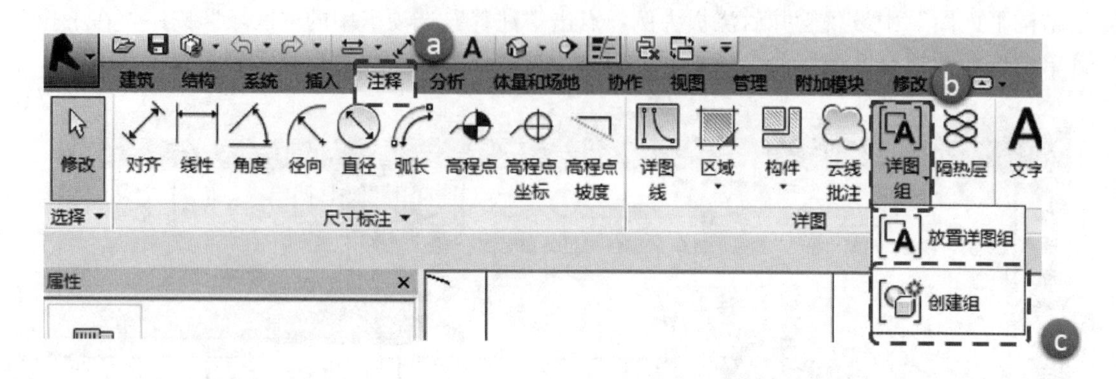

图 3.2-164

（c）添加结构构件，如框架柱、梁的注释标记

在施工图的绘制过程中，需要对图中的结构构件进行标记，当结构构件较多时，可应用“全部标记”命令快速对所有构件进行标记。本节以首层结构平面图中的梁标记为例介绍 Revit 中注释标记的操作方法。

■使用标记方式进行注释

在“项目浏览器”中切换至“首层结构平面图”，点击“注释”选项卡中的“全部标记”按钮（图 3.2-165），弹出“标记所有未标记的对象”对话框。

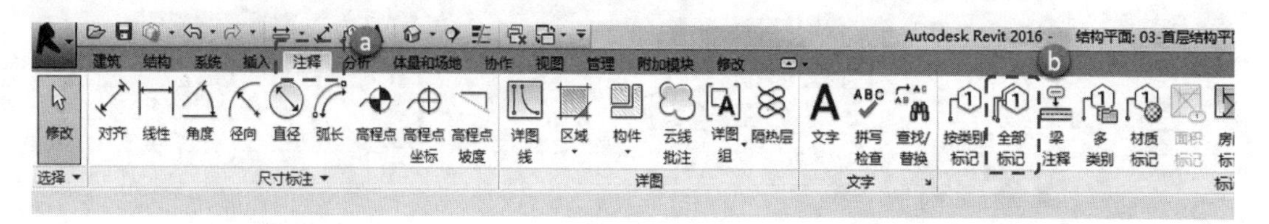

图 3.2-165

在“标记所有未标记的对象”对话框中，可对每个构件采用的注释标记进行设置。点击“结构框架标记”右侧的下拉菜单，选择“TADI-结构框架标记：标准”，点击“确定”。如图 3.2-166 所示。

此时图纸中所有梁注释会根据梁的类型标记中的文字进行标记，用户可进一步通过移动、添加、修改或删除标记进行图纸的美化。如图 3.2-167 所示。

例如在图纸左下角区域，梁标记线存在交叉的情况。可拖动注释标记直至标记间无互相干扰的情况。或选择某一标记，在“属性”窗口中将标记的类型修改为“TADI-结构框架标记（反向）：标准”，此时梁标记文字置于引线下端，再通过移动命令可实现标注间

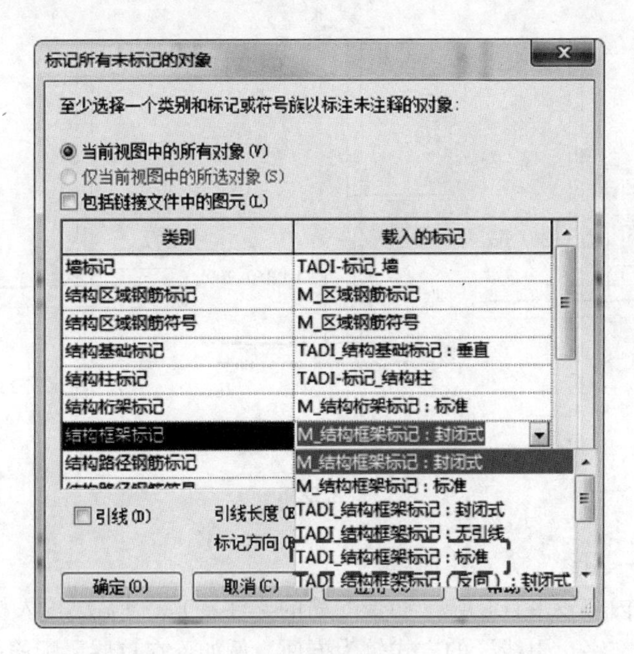

图 3.2-166

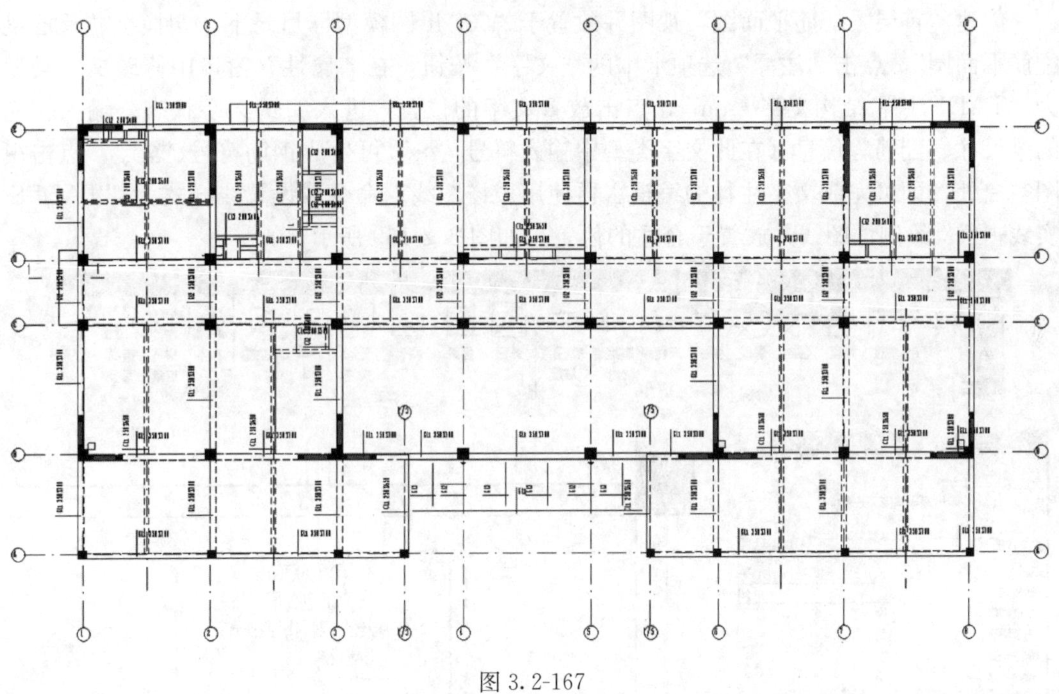

图 3.2-167

的避让（图 3.2-168）。

提示：在对结构基础、结构柱等构件使用“全部标注”命令时，由于构件有多种尺寸，所以生成的标注同样需要进行移动、修改等操作。如需同时标注不同类型的构件，可在“标记所有未标记的对象”对话框中按住键盘“Ctrl”键选择需要自动标注的构件类型。

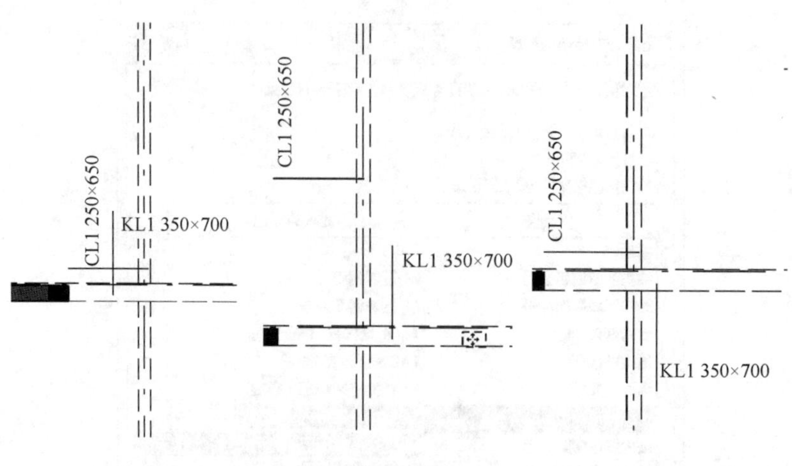

图 3.2-168

■使用“文字—引线”方式注释

如果注释文字内容较多且复杂（如带配筋的梁注释），则无法输入构件的类型标记参数中，此时“使用文字—引线”的方式较为方便。例如，在首层梁配筋平面图中，注释文字内容较多且有钢筋符号，较适合使用“文字—引线”的注释方式。

创建“首层梁配筋平面图”视图并放置于“03. 出图模型”目录下。切换至“首层梁配筋平面图”，点击“注释”选项卡中的“文字”按钮，在“属性”窗口中修改文字类型为“TADI-注释-结构文字-4mm”，点击放置文字的位置，进入编辑文字状态，输入相应的梁尺寸、配筋等信息（在此文字类型中输入符号“&”可生成钢筋符号“Φ”），点击视图空白处，即可完成文字注释的编辑。再使用“详图线”命令，设置线样式为“TADI-S-实线-中”，绘制详图线并放置于合适的位置。如图 3.2-169 所示。

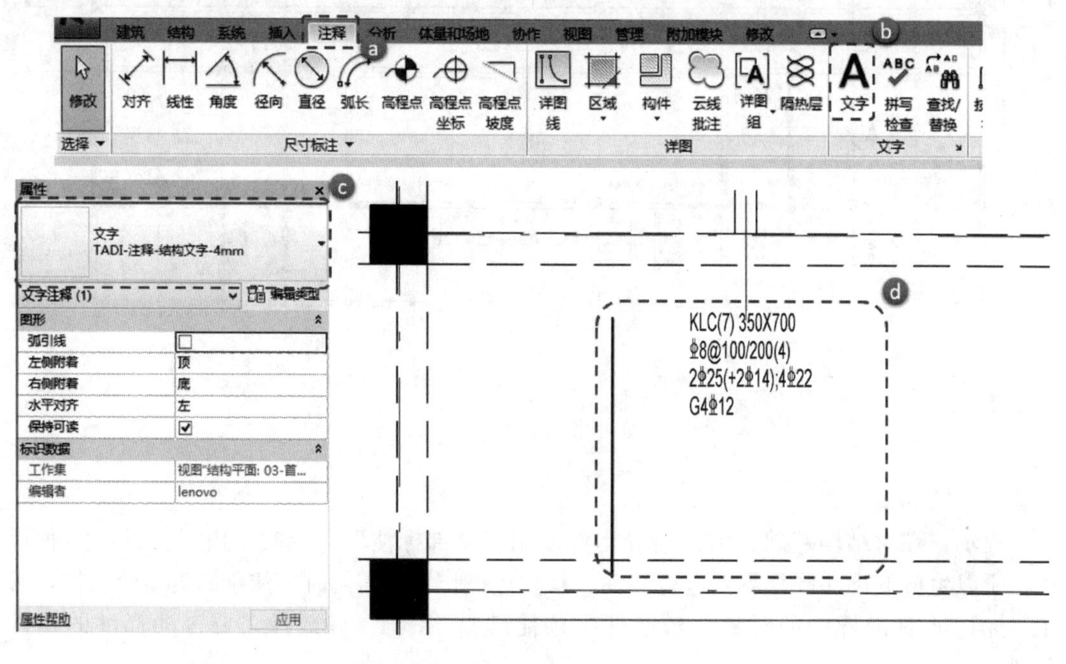

图 3.2-169

用同样的方法标注视图中所有梁的截面尺寸和配筋。此方法同样适用于其他构件如柱、墙、板及基础等。在本实例中，梁截面尺寸标注、承台标注及结构柱标注采用“全部标记”方法，梁配筋标注、墙标注及板标注采用“文字—引线”方式进行标注。

C. 构件详图

之前通过实例项目中西侧的雨篷介绍了剖面详图的生成方法，本部分将进一步介绍详图中注释图元的绘制方法。

在 Revit 中，可通过“钢筋”命令为构件添加钢筋（图 3.2-170）。例如，切换至“1-1”剖面图，点击雨篷上的卷板，点击“修改｜墙”栏目中的“钢筋”按钮，进入“修改｜放置钢筋”状态。

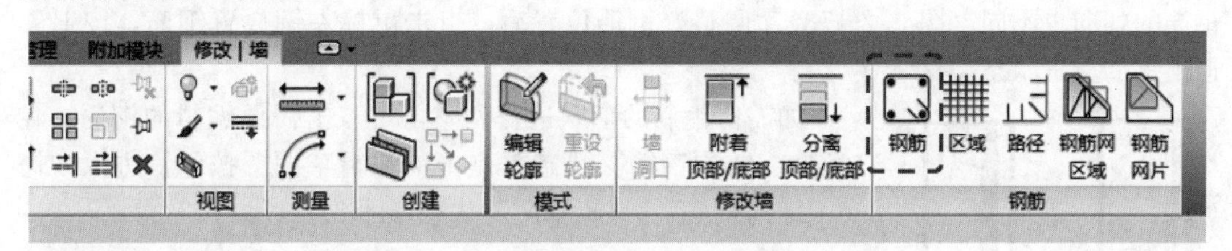

图 3.2-170

在“修改｜放置钢筋”状态中，可在“钢筋形状浏览器”中选择钢筋形状，并通过设置放置方向使钢筋平行或垂直于保护层进行放置（图 3.2-171）。

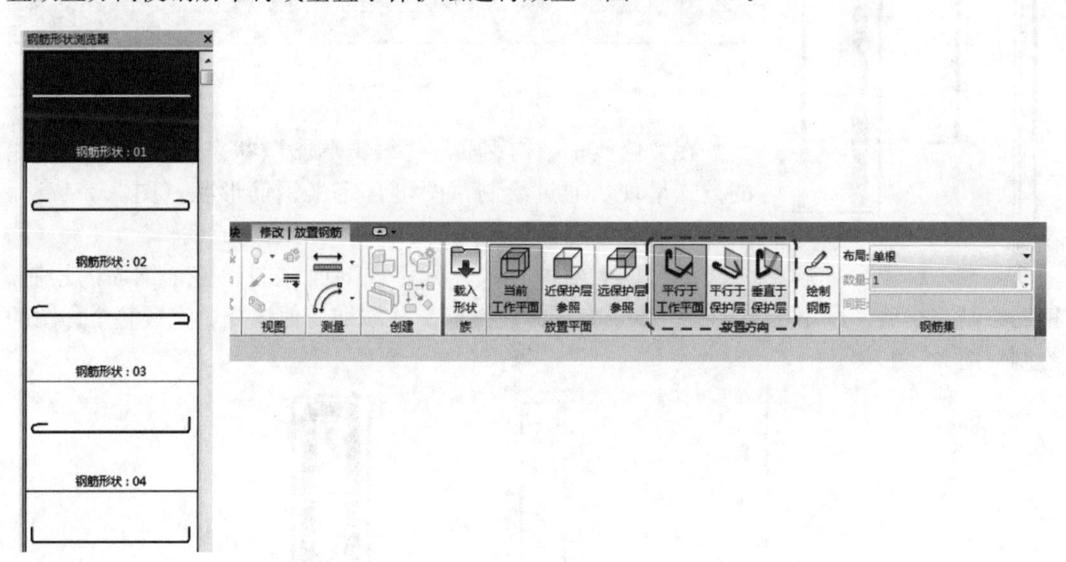

图 3.2-171

例如，向卷板中添加纵向钢筋，设置放置方向为“垂直于保护层”。在“钢筋形状浏览器”中选择“钢筋形状：01”，将鼠标指针移动到卷板中，生成预览视图，在需要放置纵筋的位置点击鼠标左键，完成钢筋的放置。如图 3.2-172 所示。

在 Revit 中可以通过编辑钢筋草图的方式自定义钢筋形状。在“修改｜放置钢筋”状态下，设置钢筋放置方式为“平行于工作平面”，在“钢筋形状浏览器”中选择“钢筋形状：28”（图 3.2-171），将鼠标移至卷板处，形成预览视图，根据鼠标位置的不同，生成

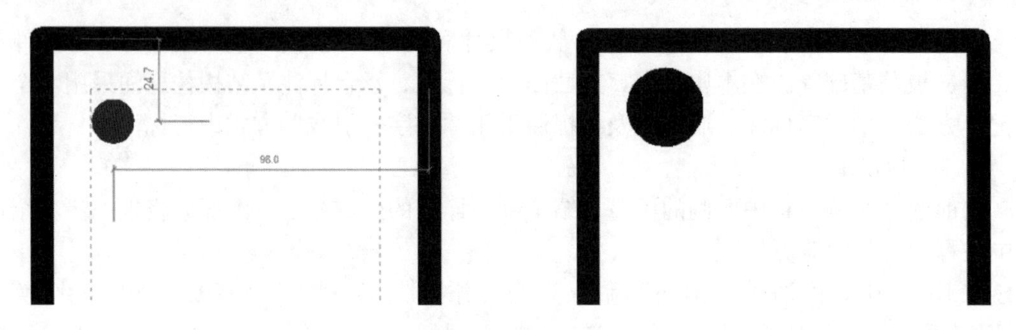

图 3.2-172

钢筋的朝向也不同（图 3.2-173）。调整好钢筋位置后，点击鼠标左键放置钢筋，按 ESC 退出钢筋放置状态。

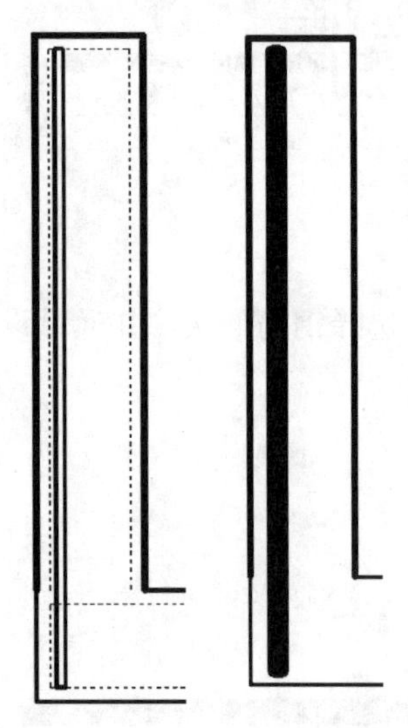

图 3.2-173

如需对钢筋的形状进行调整，可点击需要编辑的钢筋，在“修改｜结构钢筋”状态下点击“编辑草图”按钮，进入“修改｜结构钢筋”“编辑草图”状态（图 3.2-174）。

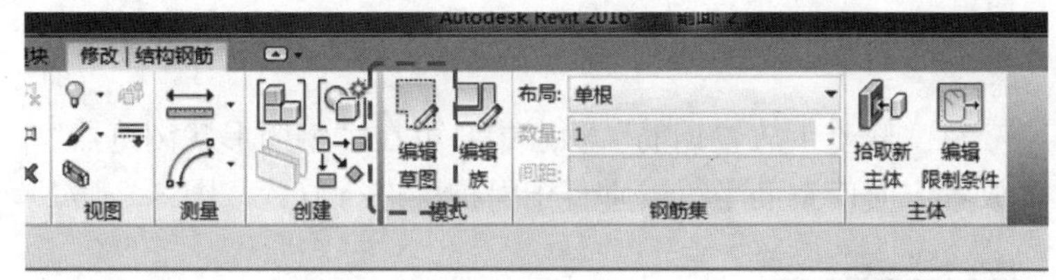

图 3.2-174

在“修改｜结构钢筋”“编辑草图”状态，钢筋以草图线的方式呈现，通过绘制草图可自定义钢筋形状（图 3.2-175）。定义完成后，点击“模式”栏目中的对勾完成编辑。

结合以上两种方式，可完成剖面详图中整个钢筋的绘制。钢筋绘制完毕后，可用“文字—引线”方式标注钢筋。并添加其他注释，完成整个详图的绘制（图 3.2-176）。

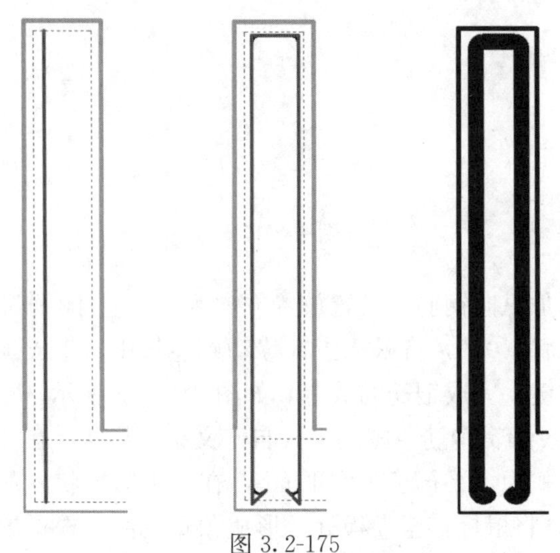

图 3.2-175

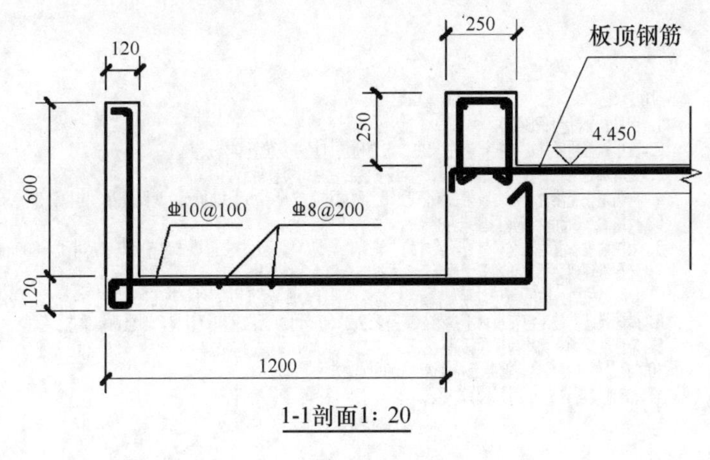

图 3.2-176

D. 图例及图纸说明文字

在 Revit 中，可以通过“图例”命令进行图例的创建。由于一个视图只能被一个图纸空间引用，所以当需要对一个视图或注释等进行多重引用时，可以将其制作成图例。例如，某一张图纸的说明文字需要放置于不同的图纸中，此时可以将说明文字制作成图例，再导入不同的图纸空间中。

以首层平面图图纸说明文字为例，点击“视图”选项卡中“图例”按钮，在下拉菜单中选择“图例”命令（图 3.2-177），弹出“新图例视图”对话框。

图 3.2-177

在“新图例视图”对话框中，可以对图例进行命名及比例选择。在“名称”文本输入框中输入“首层结构平面图说明”，比例选择 1∶100，点击“确定”（图 3.2-178），Revit 将创建并自动切换到“首层结构平面图说明”图例视图。

在图例视图中，用文字注释的方式输入需要的说明文字，本实例中图纸说明文字的文字类型为“TADI-说明-结构文字－4.5mm”。文字创建完毕后，切换到首层结构平面图的图纸空间，在项目浏览器中找到新创建的图例视图，将其拖拽至图纸空间并放置于合适的位置。如图 3.2-179、图 3.2-180 所示。

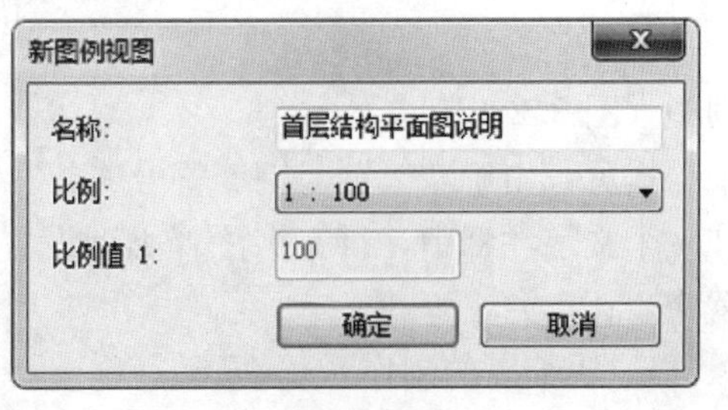

图 3.2-178

本实例中，大屋面结构平面图中的图纸说明与首层相同，可切换到“大屋面结构平面图”图纸，以同样的方式将图例放置于图纸空

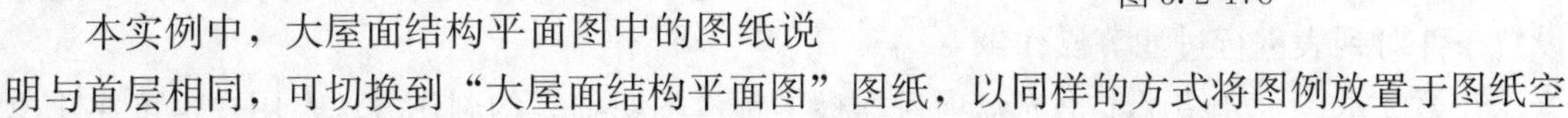

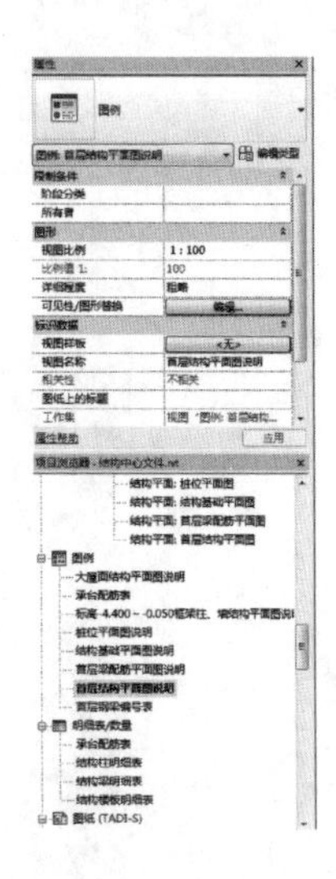

说明：
1. 钢筋：Φ表示HRB400。
2. 图中除注明者外，轴线均居柱.梁中。未注明洞口尺寸及位置详建筑图。
3. ▨部位为设备竖井，钢筋不断，管线安装到位后，楼板后浇。
4. 内隔墙下无梁处于板内设附加钢筋2Φ18，两端锚入支座不小于120mm，满跨设置，定位详建筑。
5. 板跨大于3.6m，按规范要求起拱。
6. 未注明设备管道、洞口位置及尺寸均详建筑，梁边（板边）与上部墙体对齐。洞口尺寸大于800mm时应做好支顶。
7. 除图纸注明之预留孔洞及埋件套管外不得随意剔凿主体结构，
管线必须通过时(图纸未注明处),需经结构专业设计人员同意后方可进行施工
8. 屋面设备基础下应在板内下皮附加钢筋Φ12@150，附加钢筋应满跨设置，伸至两端梁内。
9. 未注明梁顶标高均为板顶标高。
10. 凡悬挑构件必须待混凝土强度达到100%以上方可拆模。
11. 其他说明详见结构设计总说明。

图 3.2-179

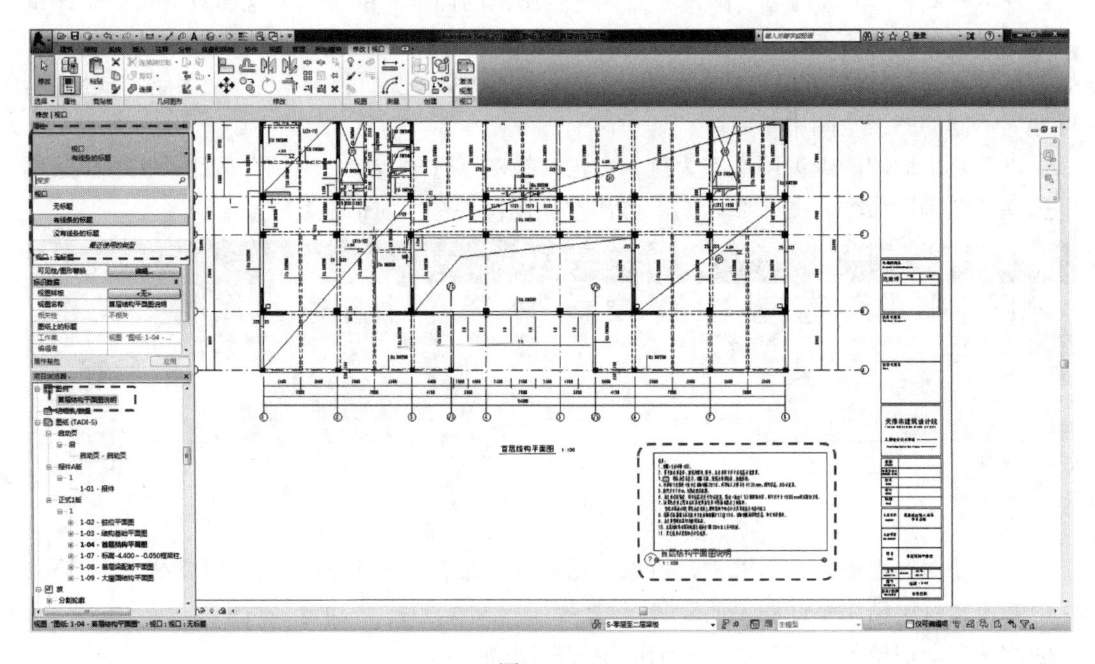

图 3.2-180

间中（图 3.2-181）。

提示：由于“%”与钢筋符号“Φ”冲突，此说明文字中第 10 条的“%”可单独放在一个文字注释中，将文字注释类型设置为“TADI-注释-宋体－4.5mm”并放入相应位置中。

E. 明细表的制作

在 Revit 中，明细表功能可以将用户关心的构件信息以表格的形式列出，并可以通过设置条件对列表进行过滤等操作。

在第 2 章中，介绍了本书光盘项目样板中预设的明细表的制作方法，用户也可在建模

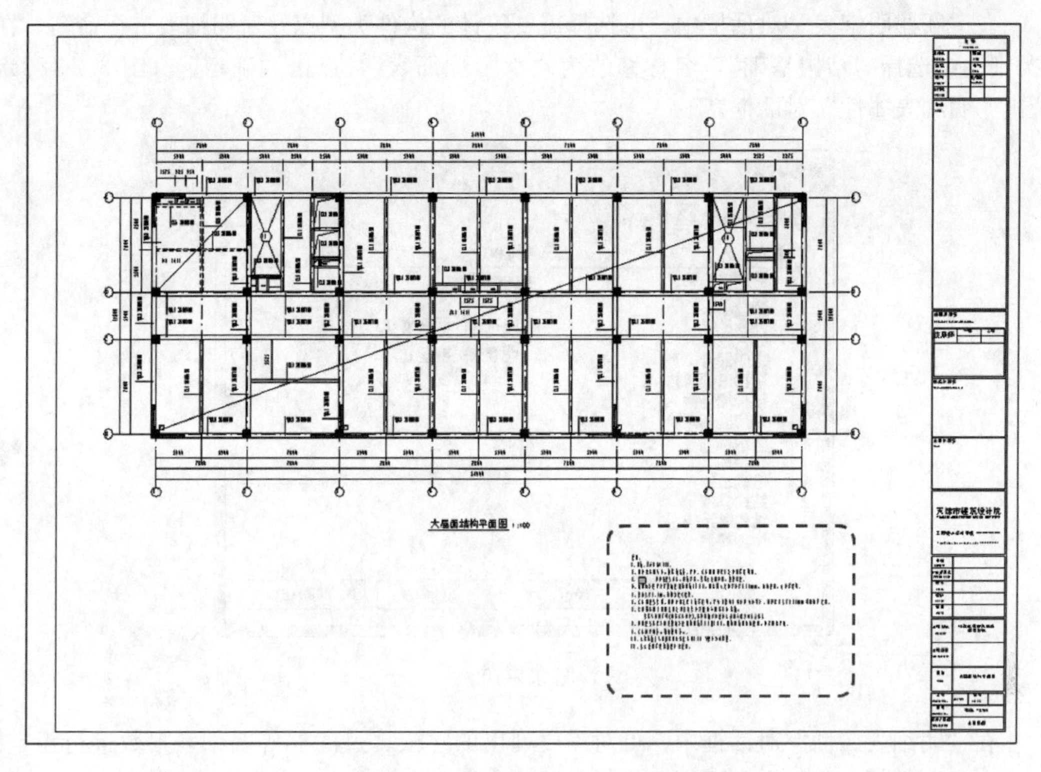

图 3.2-181

和绘图工作完成后，根据构件的实际情况制作所需的明细表。

以“承台配筋表”为例，本实例中需要列出所有承台的编号、面积、配筋、数量以及体积，并计算体积和数量总和。

点击“视图”选项卡中“明细表”按钮，在下拉菜单中选择“明细表/数量”命令，弹出“新建明细表”对话框（图 3.2-182）。

图 3.2-182

在“新建明细表”对话框中，可选择需要统计的构件类型以及对明细表进行命名。在“类别”中选择“结构基础”，名称修改为“承台配筋表”，点击“确定”（图 3.2-183），弹出“明细表属性”对话框。

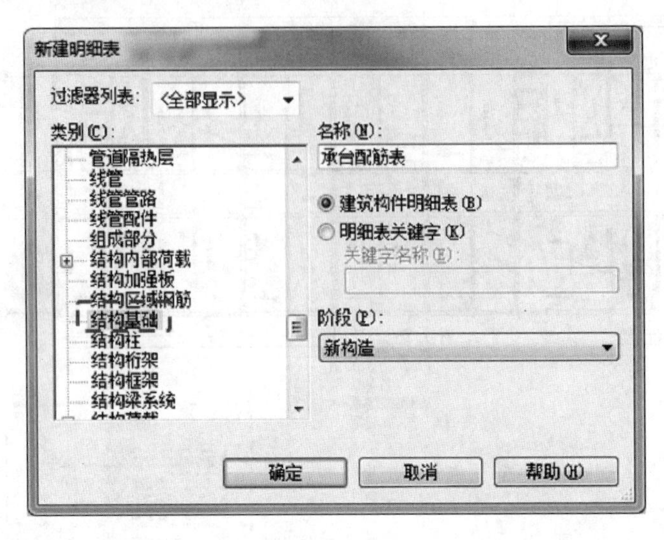

图 3.2-183

在“明细表属性”对话框中，可对需要列出的字段、过滤器等明细表参数进行设定。在“字段”选项卡下，点击需要添加的字段，如“类型标记”，再点击“添加”按钮即可将字段添加至“明细表”字段，以此方法添加所有表格中需要的字段，并利用上移和下移按钮进行字段顺序的调整，添加完毕后，点击“确定”，生成明细表。如图 3.2-184 所示。

为了使明细表更加简洁并符合用户的需求，需要对其进行过滤、排序、分组以及计算数量及体积的总数。在明细表视图中，点击“属性”窗口中的“过滤器”按钮，弹出“明细表属性”对话框，此时自动转至“过滤器”选项卡，由于本明细表仅包含承台的信息，故需要在明细表中仅显示承台的信息，可利用“类型标记”字段进行过滤。点击过滤条件右侧的下拉菜单，选择“类型标记”，在下一级下拉菜单中，选择“包含”，在之后的文本框中，输入“CT”。如图 3.2-185 所示。

在新建的明细表中，各构件的信息是逐一列举的，为了使信息进行分组显示，可设定分组的字段并进行排序。切换至“分组/排序”选项卡，在“排序方式”中选择“类型标记”。为了计算总数，勾选“总计”前的复选框，用户可自行定义总计的标题。去掉“逐项列举每个实例”前的复选框。如图 3.2-186 所示。

本实例中需要分别显示每条信息的数量与体积总数，且需要对一些字段的名称进行修改，这些可在“格式”选项卡中进行设置。切换至“格式”选项卡，在“字段”栏目中点击“类型标记”，将“类型标记”项标题修改为“承台编号”；在“字段”栏目中点击“面积”，由于面积的数值默认为精确到个位数，需要提高其显示精度，可点击“字段格式”按钮（图 3.2-187），弹出“格式”对话框。

在“格式”对话框中，去掉“使用项目设置”前的复选框，点击“舍入”下拉菜单并修改为“3 个小数位”，点击“确定”退出“格式”对话框（图 3.2-188）。用户也可根据实际情况调整精度。

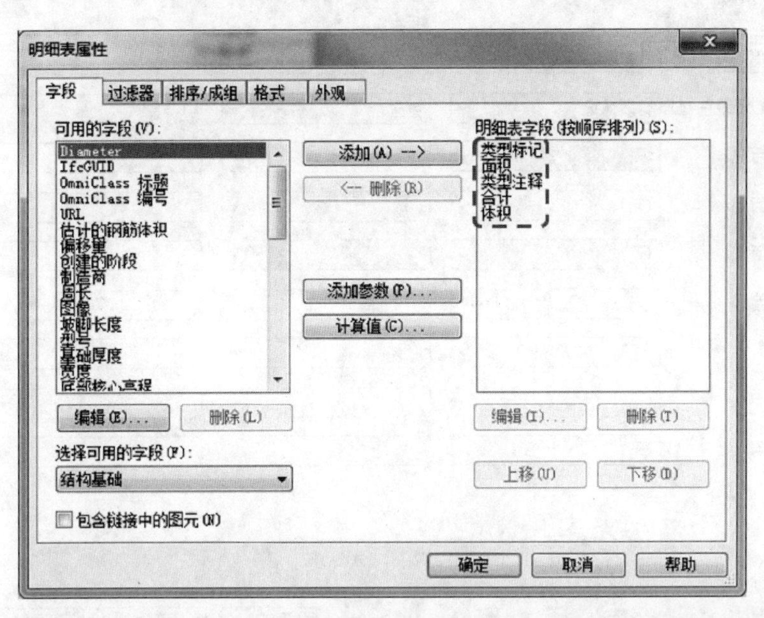

明细表属性
字段
过滤器
排序/成组
格式
外观
可用的字段(V):
Diameter
IfcGUID
OmniClass 标题
OmniClass 编号
URL
估计的钢筋体积
偏移量
创建的阶段
制造商
周长
图像
坡脚长度
型号
基础厚度
宽度
添加(A) -->
<-- 删除(R)
添加参数(P)...
计算值(C)...
明细表字段(按顺序排列)(S):
类型标记
面积
类型注释
合计
体积
编辑(E)...
删除(L)
编辑(I)...
删除(T)
选择可用的字段(F):
结构基础
上移(U)
下移(D)
包含链接中的图元(N)
确定
取消
帮助

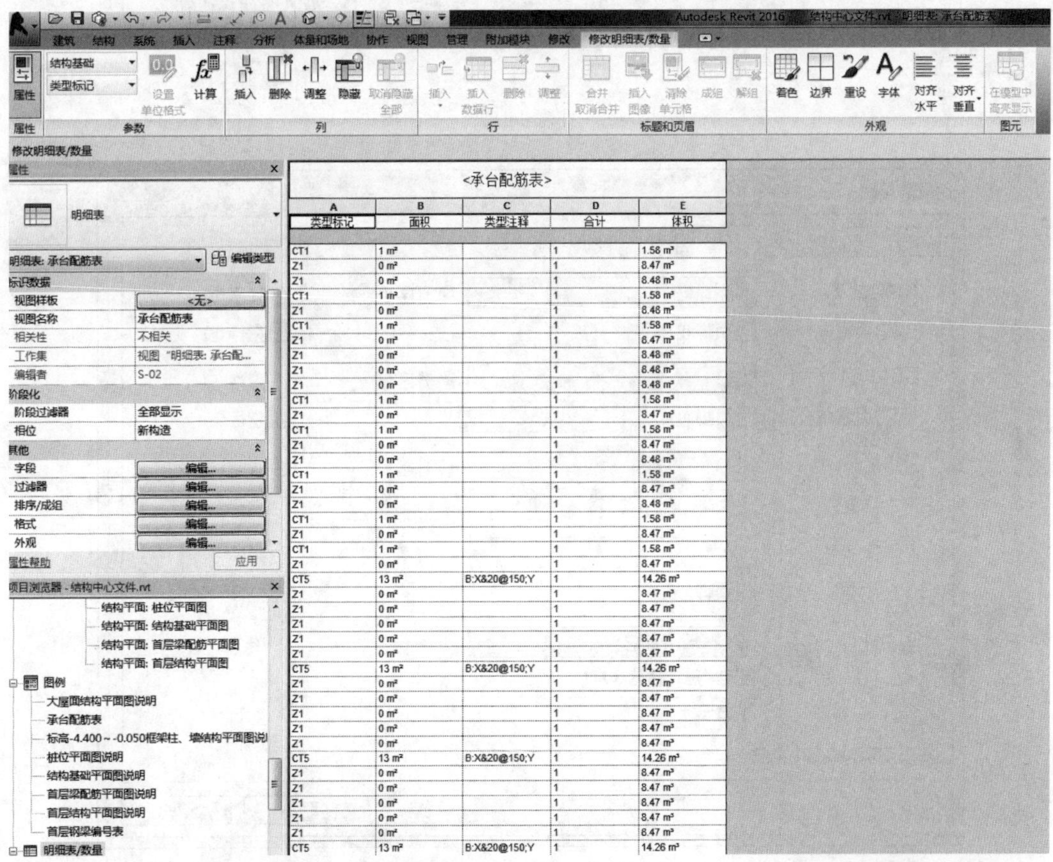

Autodesk Revit 2016
修改明细表/数量
<承台配筋表>
类型标记
面积
类型注释
合计
体积
属性
明细表
明细表: 承台配筋表
编辑类型
视图样板
视图名称
承台配筋表
相关性
不相关
工作集
编辑者
S-02
阶段过滤器
全部显示
相位
新构造
字段
过滤器
排序/成组
格式
外观
编辑...
应用
项目浏览器 - 结构中心文件.rvt
结构平面: 桩位平面图
结构平面: 结构基础平面图
结构平面: 首层梁配筋平面图
结构平面: 首层结构平面图
图例
大屋面结构平面图说明
承台配筋表
桩位平面图说明
结构基础平面图说明
首层梁配筋平面图说明
首层结构平面图说明
首层钢梁编号表
明细表/数量

图 3.2-184

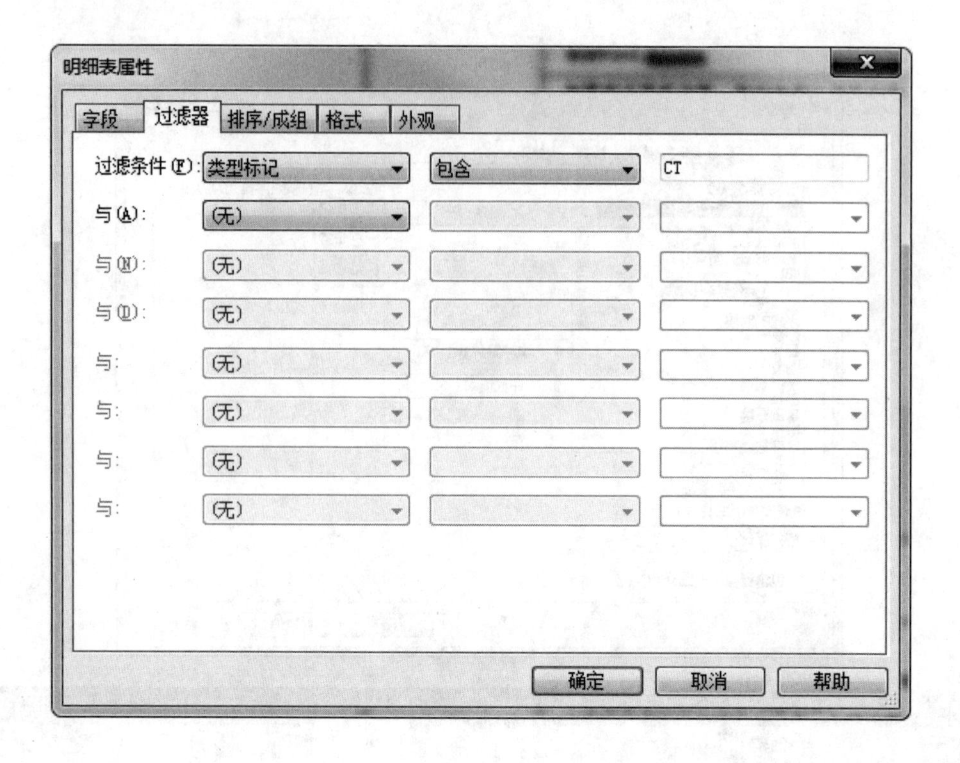

图 3.2-185

明细表属性

字段 | 过滤器 | 排序/成组 | 格式 | 外观

排序方式(S): 类型标记 ◉升序(C) ○降序(D)
□页眉(H) □页脚(F): □空行(B)
否则按(T): (无) ◉升序(N) ○降序(I)
□页眉(R) □页脚(O): □空行(L)
否则按(E): (无) ◉升序 ○降序
□页眉 □页脚: □空行
否则按(Y): (无) ◉升序 ○降序
□页眉 □页脚: □空行
☑总计(G): 标题、合计和总数
自定义总计标题(U):
承台总计
□逐项列举每个实例(Z)

确定 取消 帮助

图 3.2-186

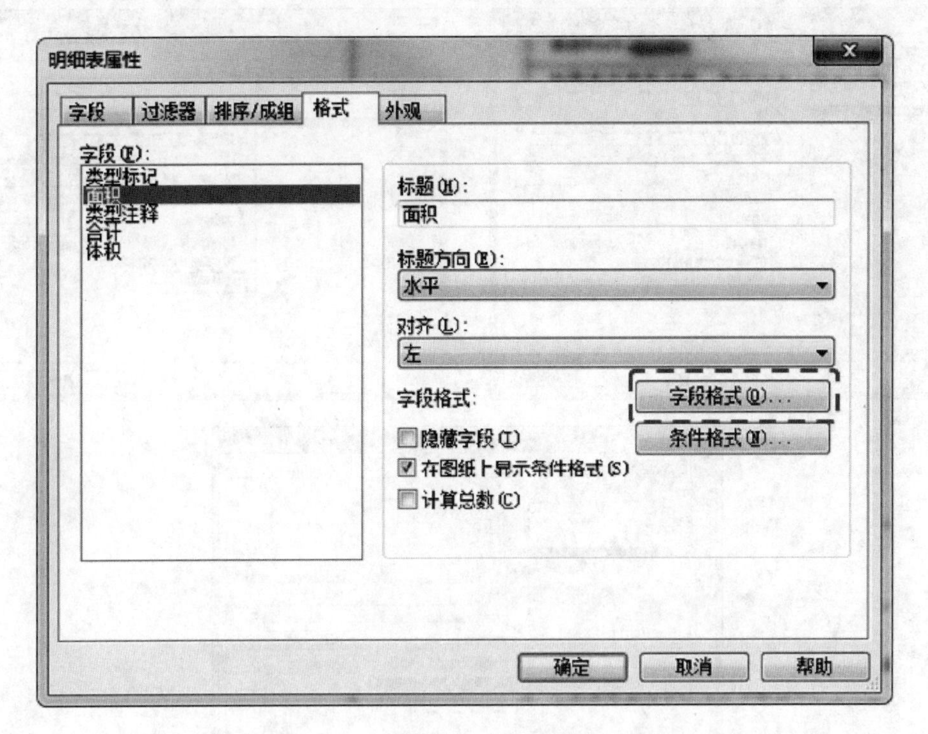

图 3.2-187

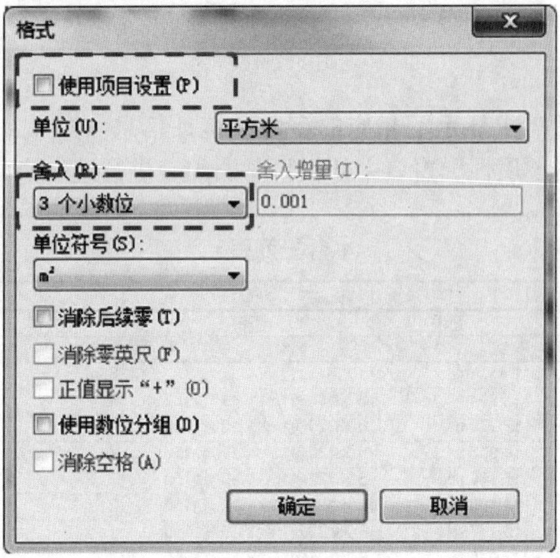

图 3.2-188

在“字段”栏目中点击“类型注释”，将“类型注释”项标题修改为“配筋”；在“字段”栏目中点击“合计”，将“合计”项标题修改为“数量”，勾选“字段格式”中“计算总数”选项前的复选框。对“体积”字段，勾选“字段格式”中“计算总数”选项前的复选框，点击“确定”，完成承台配筋表样式的配置。如图 3.2-189 所示。

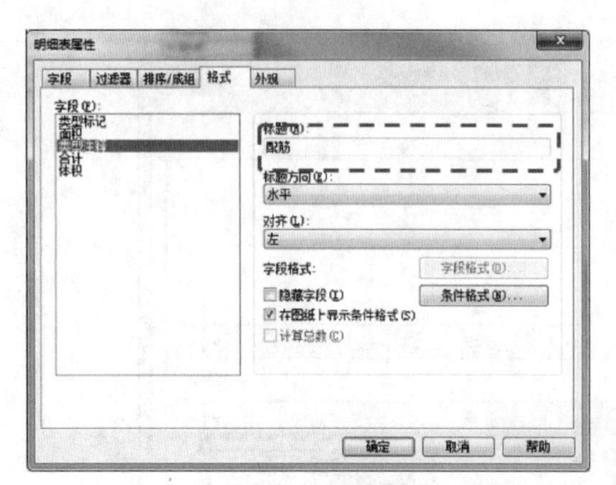

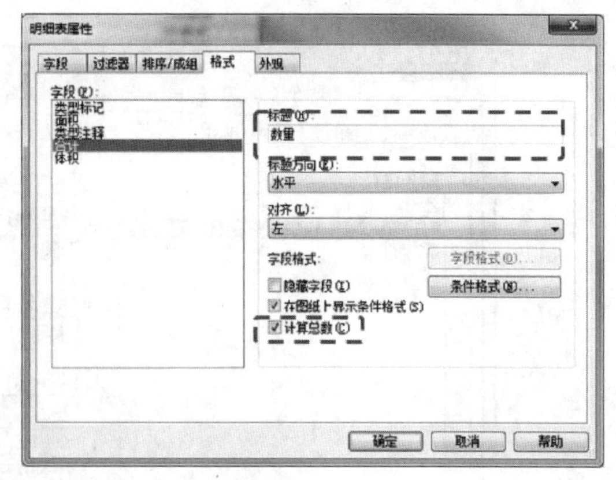

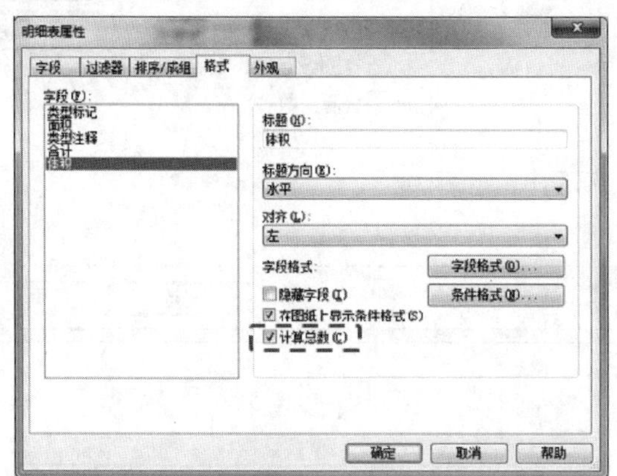

图 3.2-189

此时明细表中按照需求显示了相应的字段和统计信息（图 3.2-190），若仍需要对明细表进行调整，则点击“属性”窗口中的栏目对明细表进行进一步调整。

<承台配筋表>

A	B	C	D	E
承台编号	面积	配筋	数量	体积
CT1	1.440 m^2		8	12.67 m^3
CT4	9.000 m^2	B:XΦ18@150;YΦ18@150	4	39.60 m^3
CT5	12.960 m^2	B:XΦ20@150;YΦ20@150	12	171.07 m^3
CT5a	14.033 m^2	B:XΦ20@150;YΦ20@150	4	61.74 m^3
CT6	14.400 m^2	B:XΦ22@150;YΦ22@150	7	110.88 m^3
CT6a	14.400 m^2	B:XΦ22@150;YΦ22@150	2	31.68 m^3
CT7	16.147 m^2	B:XΦ22@150;YΦ22@150	1	17.76 m^3
CT9	23.040 m^2	B:XΦ25@150;YΦ25@150	2	50.69 m^3
承台总计: 40			40	496.10 m^3

图 3.2-190

F. 留孔留洞图的制作

在机电专业对管道穿墙的位置进行提资后，可根据管道的位置进行剪力墙开洞。在本实例中，使用墙洞口族的方式对剪力墙进行开洞。墙洞口族在光盘中的项目样板里已载入完毕，用户可直接使用。

洞口的位置可通过链接机电中心文件，根据管道穿墙的位置确定。例如通过链接机电文件观察到某一处地下室底板至零层的墙（以Ⓑ轴与⑦轴交点处的墙为例）需要在距柱边3150mm处开洞，洞口高700mm，宽1000mm，底标高为－1.45m。在经过论证后，此段剪力墙允许在此处开洞，可进行开洞操作。

切换至“02-地下室底板”视图，切换至“S-零层至二层墙柱”工作集。在“结构”选项卡中“模型”栏目中点击“构件”按钮。在下拉菜单中选择“放置构件”命令。在“属性”窗口中找到“洞口-窗-方形”族（图3.2-191）。

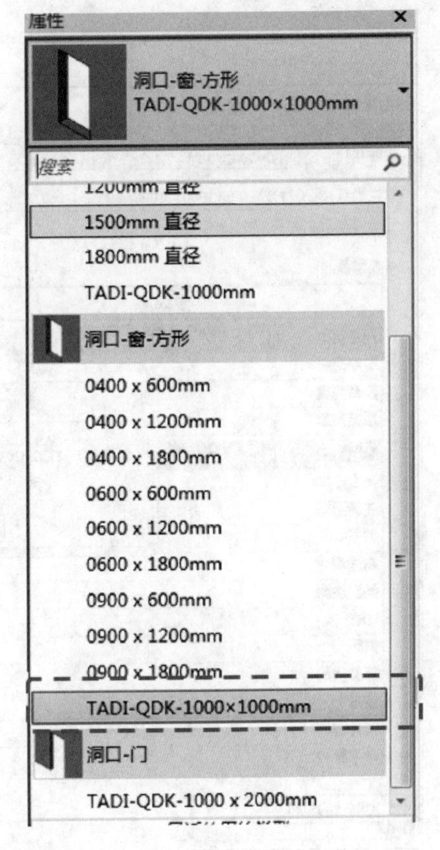

图3.2-191

点击“编辑类型”，在“类型属性”对话框中点击“复制”。在弹出的窗口中输入“TADI-QDK-700×1000mm”，点击“确定”。返回“类型属性”对话框，修改“粗略高度”与“粗略宽度”分别为“700”与“1000”，点击“确定”（图3.2-192）。

返回主视图，将鼠标移动至需要开洞的墙上，形成预览视图。洞口的定位可通过临时尺寸标注实现。先在任意位置放置洞口，出现临时尺寸标注，调整临时尺寸标注的两个端点分别处于柱边与洞口边，修改临时尺寸标注文字为“3150”，即可完成洞口在平面位置上的定位（图3.2-193）。

洞口底标高为－1.45m，与基础底板标高－4.4m的距离为2950mm。选择洞口，修改“属性”对话框中“立面”参数为“2950”，点击“应用”，可实现对洞口标高的设置（图3.2-194）。

完成洞口的放置，可在三维视图中查看效果（图3.2-195）。

提示：在完成洞口标高的设置后，若需要在平面视图中查看洞口，需要调整视图深度直至观察到洞口。在留孔留洞平面图中可使用“文字—引线”的方式标注洞口。在留孔留洞图出图视图中，也需要对视图深度进行调整直至所有洞口均可在视图中显示。如图3.2-196所示。

④ 补充图纸的绘制

补充图纸包括结构设计总说明等文件、需要用CAD绘制的图纸以及根据需求生成的三维透视图纸等。对于需要用Revit和CAD配合绘制的图纸，需要在Revit中将出图视图导出为dwg格式的图纸，在CAD中绘制完成之后再重新导入到Revit中。导入CAD图纸的操作可参照第2章图框图签的内容。

(4) 完成施工图成果

本环节需要将绘制完毕的图纸进行打印、整理，最终完成整套施工图的出图工作。

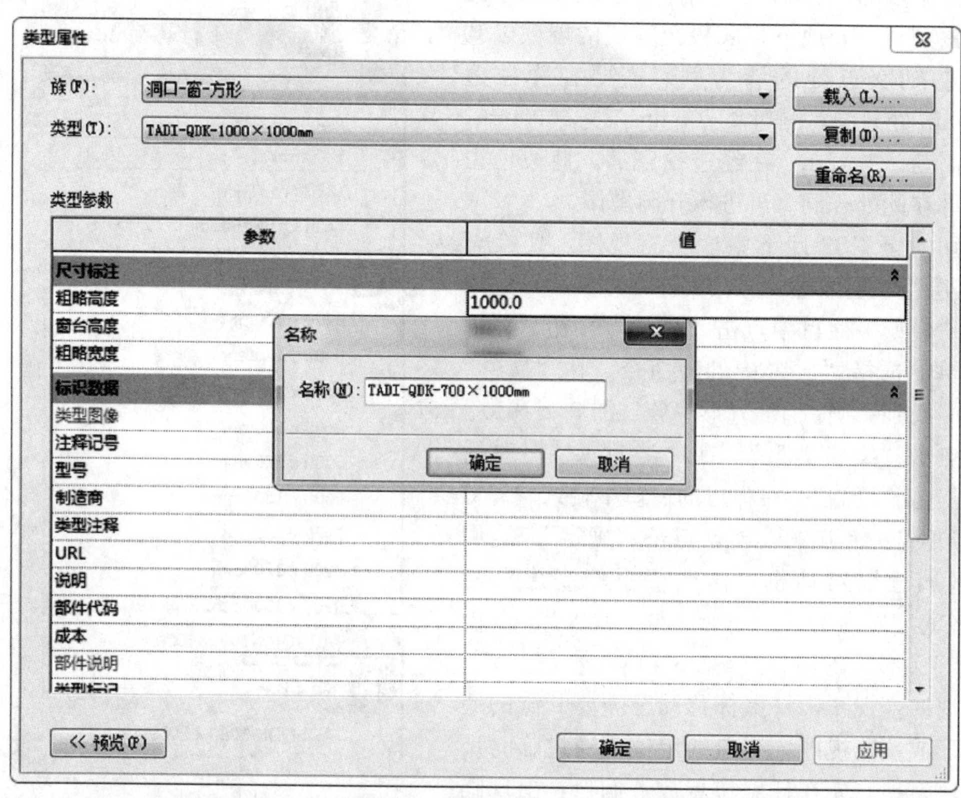

图 3.2-192

3. 图纸完成标准

此阶段需在施工图模型的基础上建立图纸及出图模型视图，在出图模型视图中添加二维注释，图纸深度需满足施工图要求。绘制完毕后，进行图纸校审等工作。整理明细表等其他资料及成果，分离并保存最终 Revit 模型，进行最终的交付及归档。此阶段模型中每张图纸需包含完整的二维注释，对每个构件的尺寸及定位要详细、准确。模型中还要包含所需统计构件的明细表等文件。

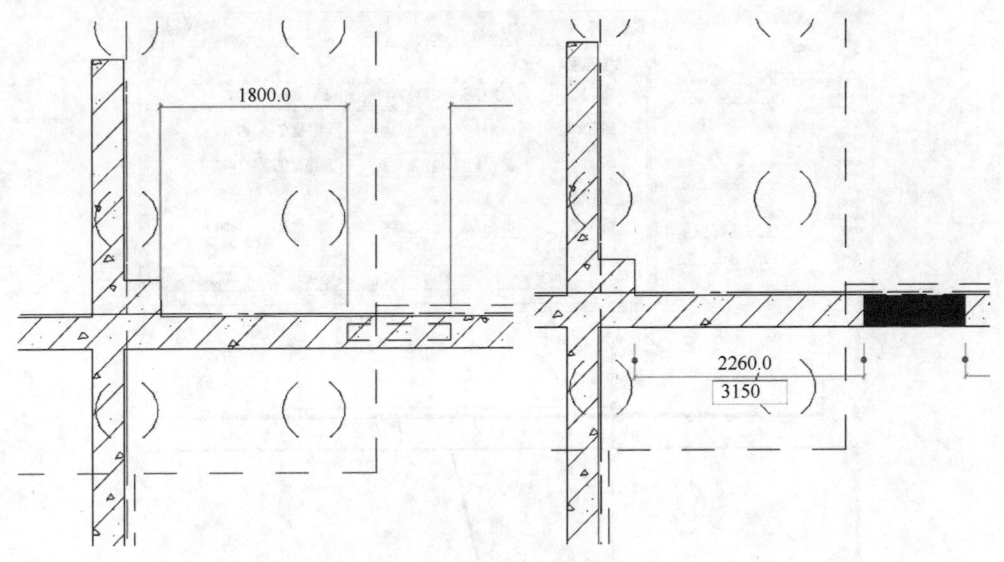

图 3.2-193

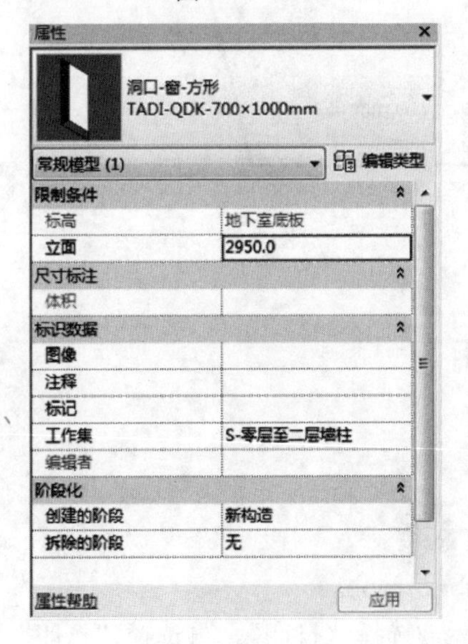

图 3.2-194

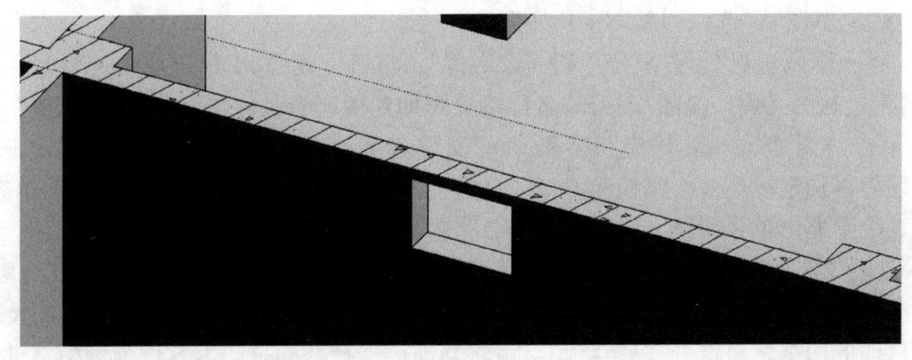

图 3.2-195

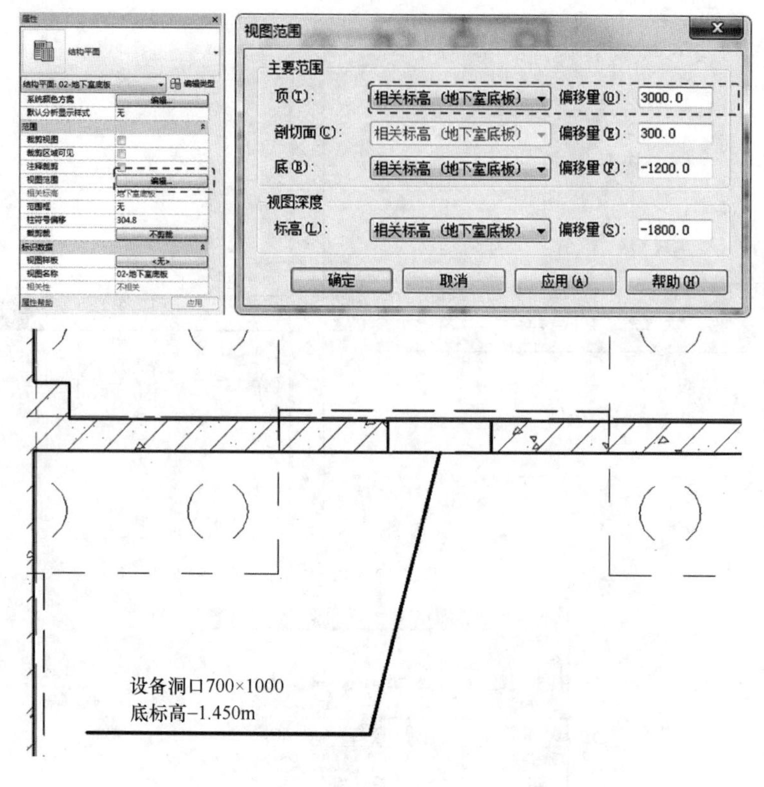

图 3.2-196

3.3 打印及延伸应用

3.3.1 打印

1. 打印 PDF

（1）在本机上安装 Adobe Acrobat。

（2）单击蓝色“R”图标，选择“打印”，再选择“打印”（图 3.3-1）

（3）打印选择（图 3.3-2）

① 选择打印机，选择“Adobe PDF”。

②“将多个所选视图/图纸合并到一个文件”：将所生成的 PDF 合并在一个文件内。“创建单独的文件。视图/图纸的名称将被附加到指定的名称之后”：按图纸单张生成。

③ 点击“浏览”，选定输出路径和 PDF 文件前缀。注：因程序问题，在输出 PDF 过程中，还需再选定一次输出路径和 PDF 文件前缀（图 3.3-3）。之后生成的 PDF 会逐个自动打开，故除非出单张图纸，不建议采用单张输出。

④ 点击“选择”弹出“视图/视图集”选择页面，在图框下方选择“图纸”，则所有图纸将被列出，选择“视图”则列出所有视图，两个选项同时选将列出所有视图及图纸。选将要打印的图纸，再点击“另存为”，可将当前已选择好的打印内容作为索引文件保存，下次可直接调用。如图 3.3-4 所示。

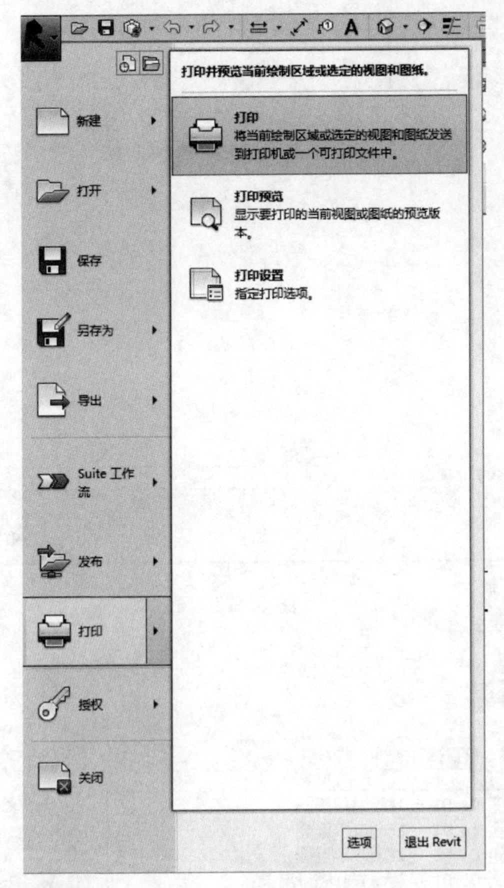
打印并预览当前绘制区域或选定的视图和图纸。
新建
打开
保存
另存为
导出
Suite 工作流
发布
打印
授权
关闭
打印
将当前绘制区域或选定的视图和图纸发送到打印机或一个可打印文件中。
打印预览
显示要打印的当前视图或图纸的预览版本。
打印设置
指定打印选项。
选项
退出 Revit

图 3.3-1

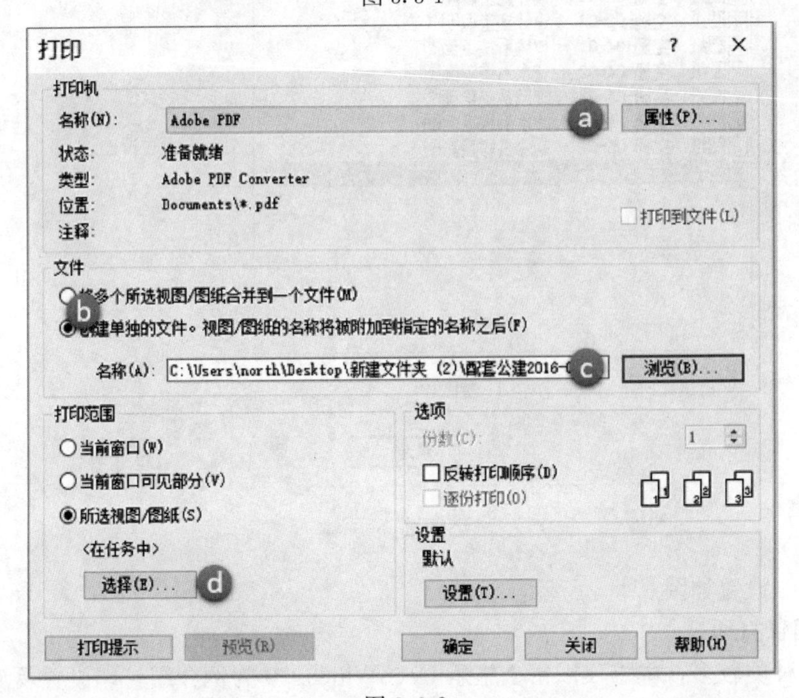
打印
打印机
名称(N):
Adobe PDF
属性(P)...
状态:
准备就绪
类型:
Adobe PDF Converter
位置:
Documents*.pdf
注释:
打印到文件(L)
文件
将多个所选视图/图纸合并到一个文件(M)
创建单独的文件。视图/图纸的名称将被附加到指定的名称之后(F)
名称(A):
浏览(B)...
打印范围
当前窗口(W)
当前窗口可见部分(V)
所选视图/图纸(S)
<在任务中>
选择(E)...
选项
份数(C):
反转打印顺序(D)
逐份打印(O)
设置
默认
设置(T)...
打印提示
预览(R)
确定
关闭
帮助(H)

图 3.3-2

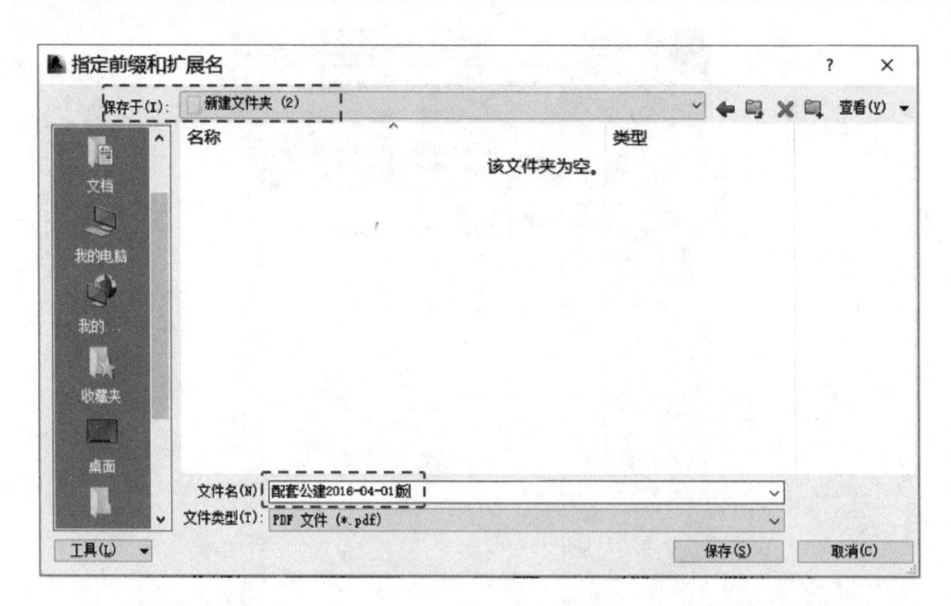

图 3.3-3

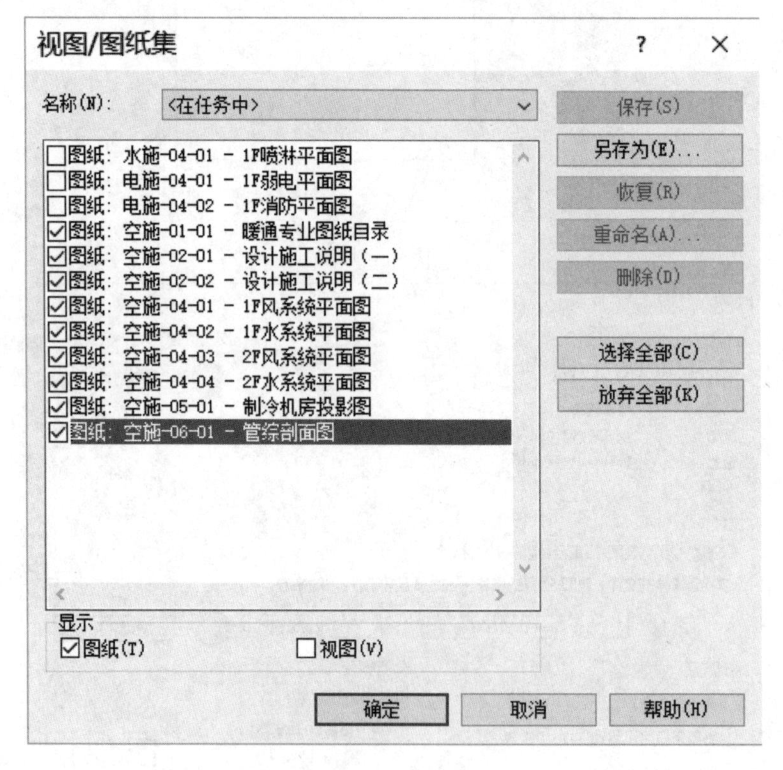

图 3.3-4

(4) 纸张设置如图 3.3-5 所示。

2. 绘图仪打印

绘图仪种类较多，本书仅以富士施乐 DocuWide3030 为例介绍打印设置及流程。

(1) 打印任务内设置

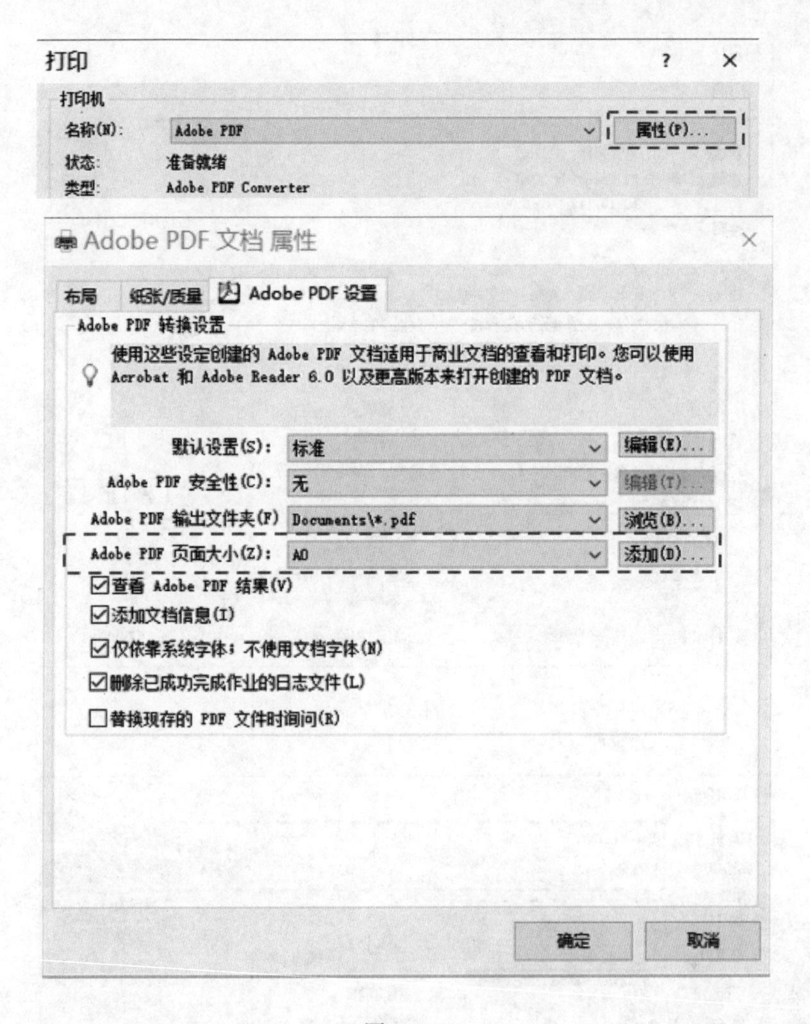

图 3.3-5

① 单击蓝色“R”图标，选择“打印”，再选择“打印”。可以看到绘图仪打印是直接打印绘图，所以文件选项是灰的不可编辑。点击“设置”，对打印任务进行设置（图 3.3-6）。

② 设置界面如图 3.3-7 所示。

a　打印彩色或是黑白和打印的精细程度。

b　勾选这四个注释族，在打印中将不被显示。

c　对于打印机支持多筒打印的，在此处选定使用哪个纸卷打印，选定的纸卷尺寸要大于等于原图尺寸。

d　点击“名称”下拉菜单，选择以前存储的打印样板，避免每次打印都调整此界面。

e　当前设置可以被另存为打印样本，以后可以再调用。

（2）打印机的设置

① 在“控制面板 \ 所有控制面板项 \ 设备和打印机”下点击右键选择“打印首选项”。

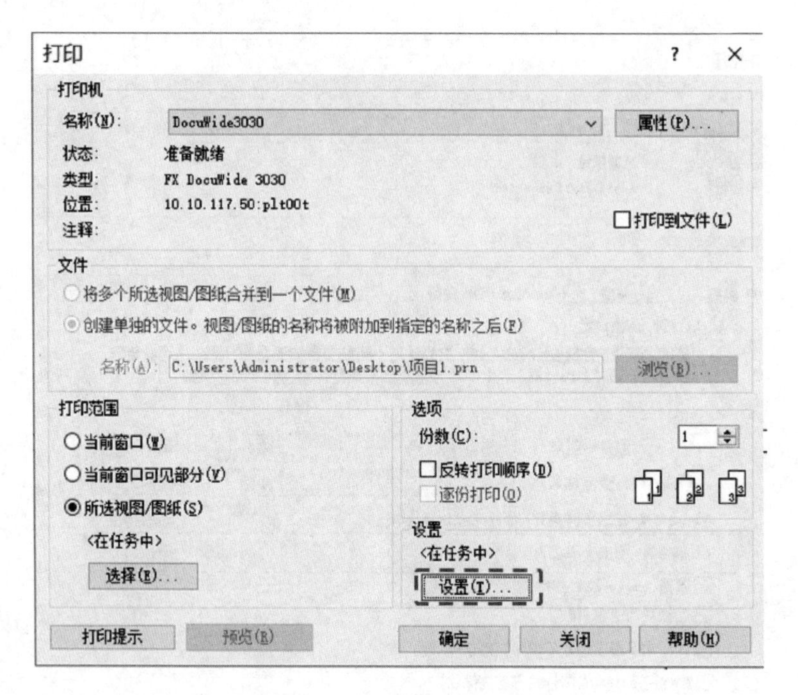

图 3.3-6

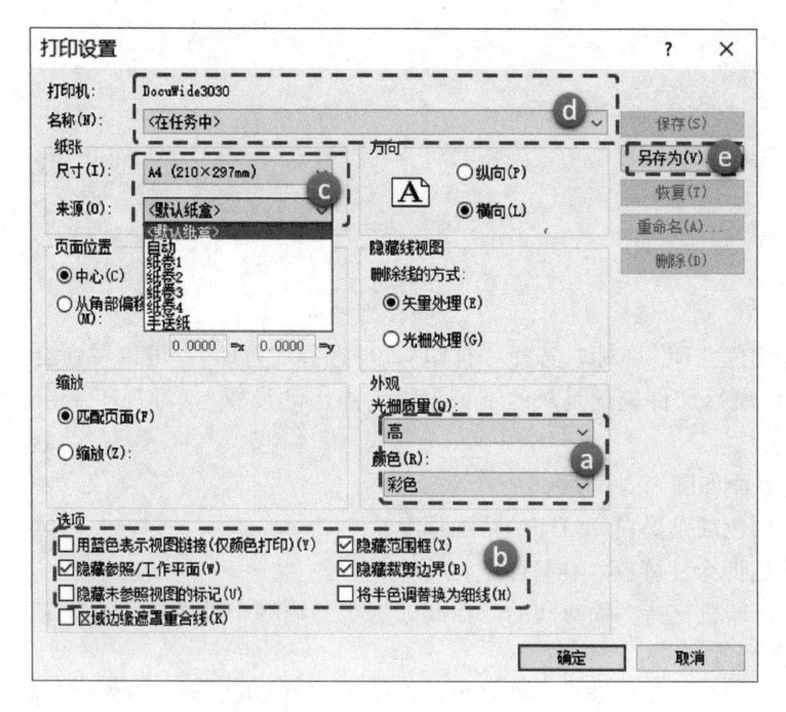

图 3.3-7

② 基本设置如图 3.3-8 所示。

③“纸盘/输出”如图 3.3-9 所示。

在这里不做任何调整，接受软件任务内设置。

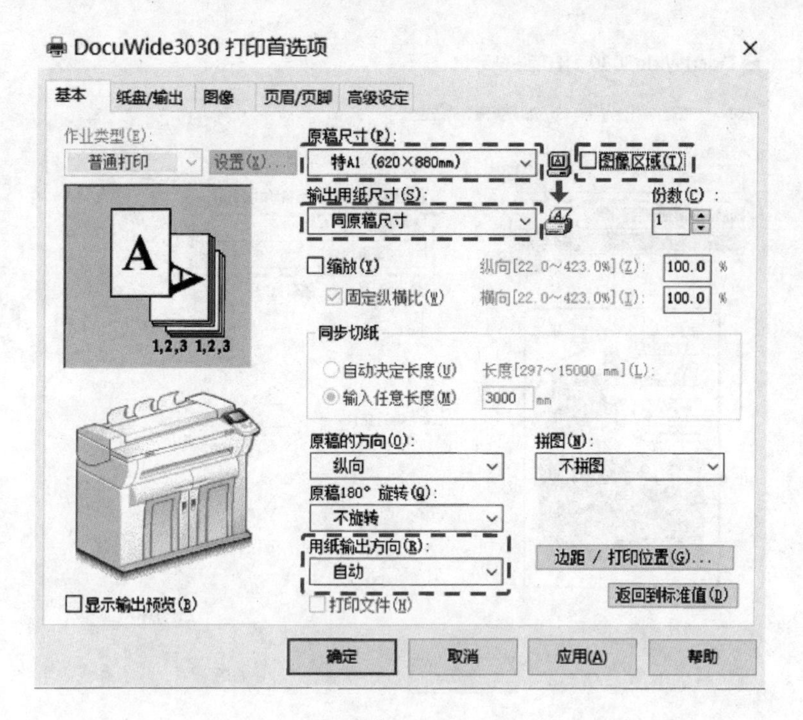

图 3.3-8

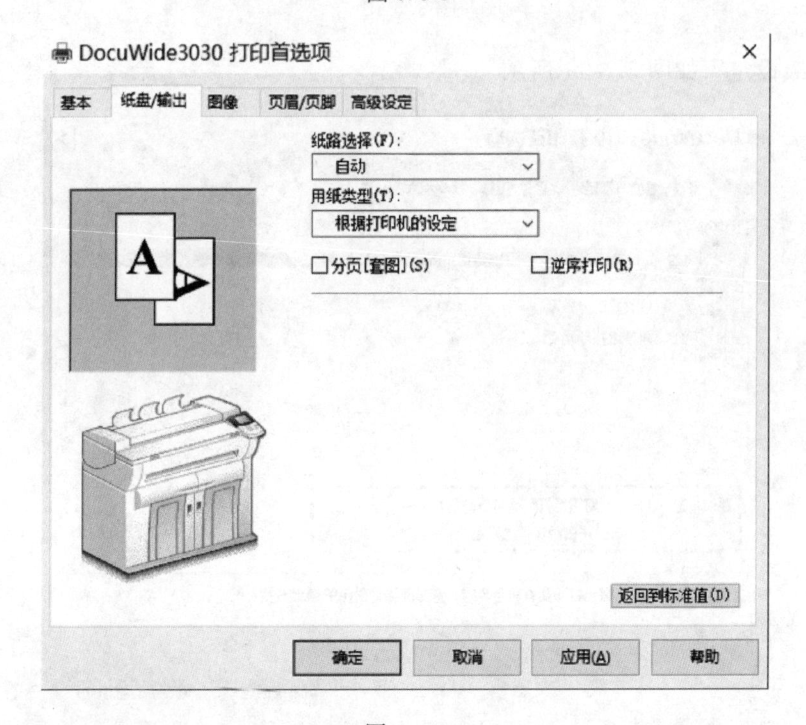

图 3.3-9

④“图像”如图 3.3-10 所示。

a 设定打印时图像质量。

b 对细线的处理，勾选后避免细线打印机打不出来。

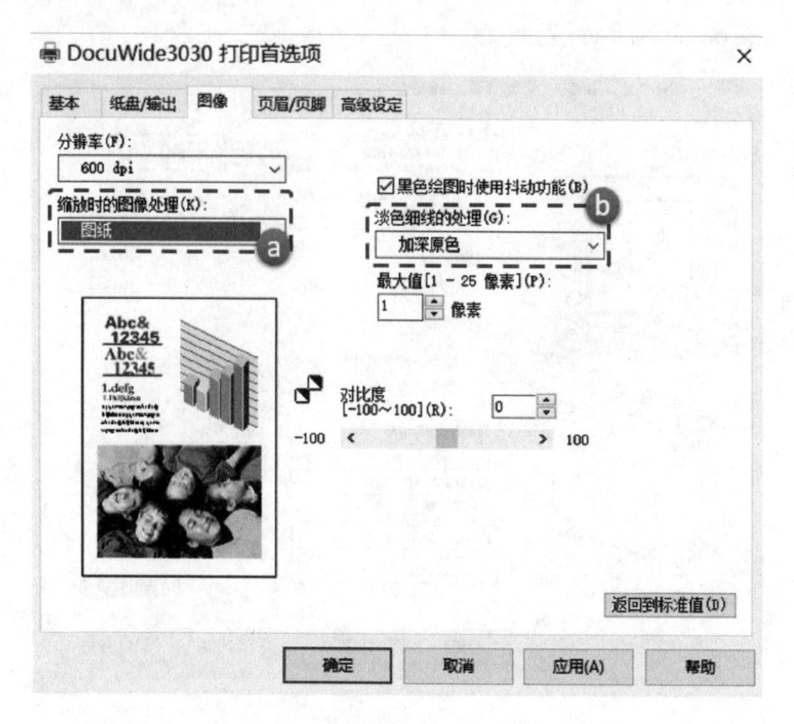

图 3.3-10

⑤“高级设定”如图 3.3-11 所示。

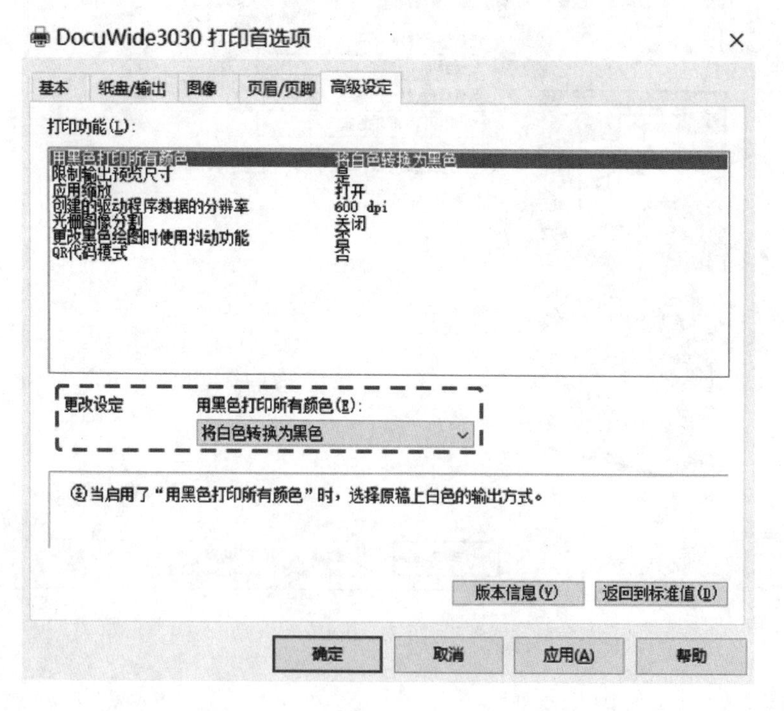

图 3.3-11

3.3.2 导出

1. CAD 导出

(1) 单击蓝色“R”图标，选择“导出”→“CAD 格式”→“DWG”(图 3.3-12)。

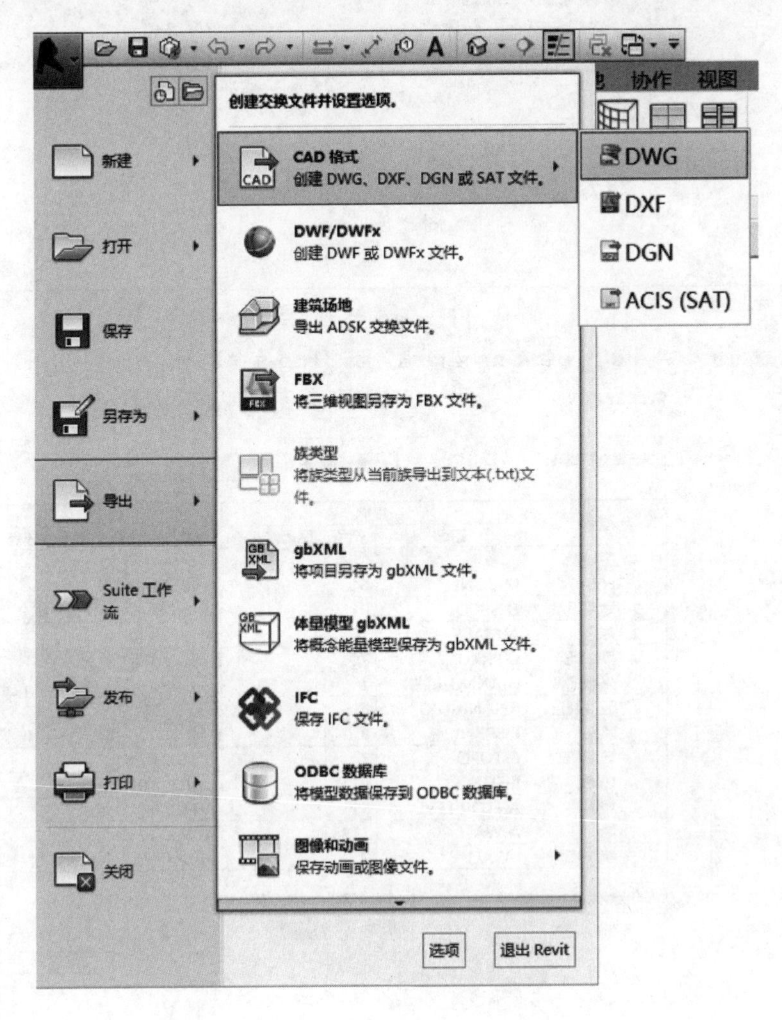

图 3.3-12

(2) 点击下一步，即可弹出导出 CAD 格式文件设置，其操作和生成 PDF 一样。

(3) 在 DWG 导出时，如果希望对图层、线性、填充图案等进行设置，可点击导出设置旁的选项按钮(图 3.3-13)。

(4) 详细设置界面如下，可在相应的对象选项卡中进行设置(图 3.3-14)。

(5) Revit 转化 CAD 过程中对接最困难的就是图层的对接。Revit 的基本构成是族，每一个族内部也有不同的元素构成，转为 CAD 时表现就是一个图元内有数个图层控制。如果两个不同的族里有共同的元素，那他们共用的这部分就同存在于同一图层内。由于 Revit 的族趋向真实，同时也会带进些对绘图无用的图层。例如暖通专业的风管内衬、等高线；给排水专业喷头的玻璃泡；电气专业的隐藏线等。

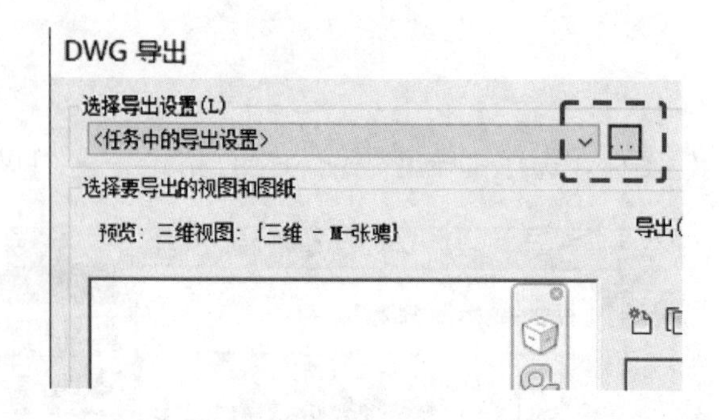

图 3.3-13

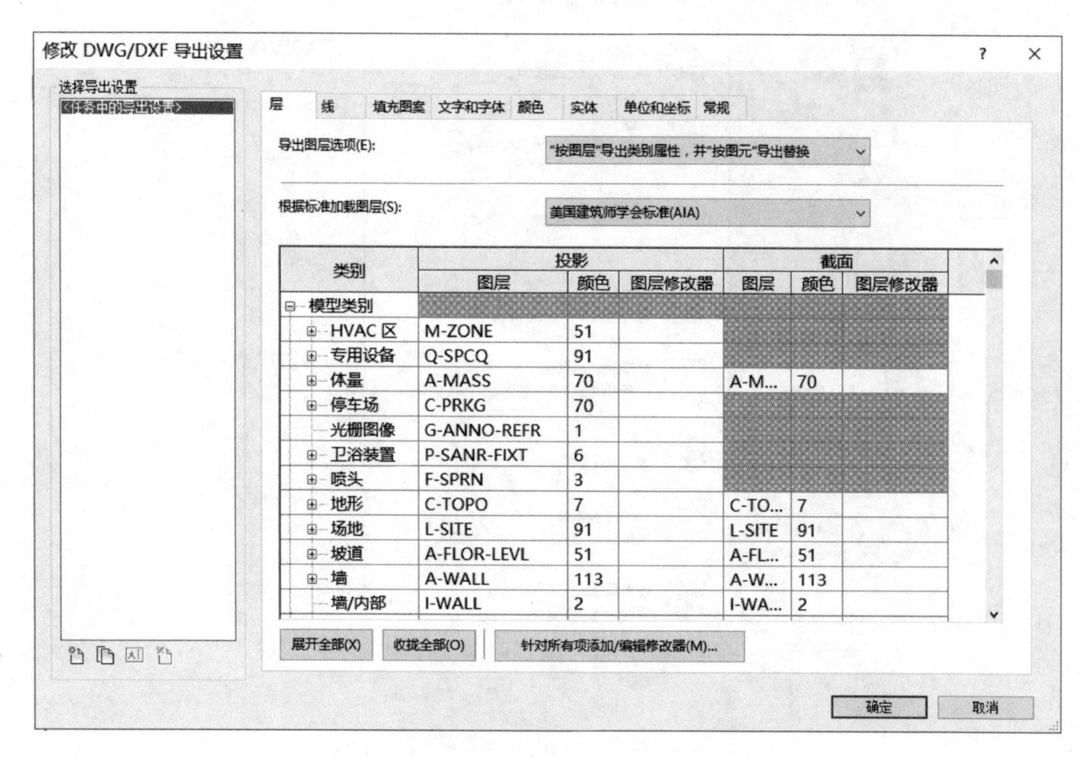

图 3.3-14

2. 图片导出

（1）单击蓝色“R”图标，选择“导出”→“图像和动画”→“图像”（图 3.3-15）。

（2）对导出图像进行设置（图 3.3-16）。

a　导出地址。

b　导出视图的选择。

c　导出的像素设置，水平控制图像的长边，垂直控制高度，图像的长宽比继承于视图自身。像素越大，图片越大，在文档中压缩越不容易损失细节。

d　隐藏参照注释的种类。

e　输出格式设定。

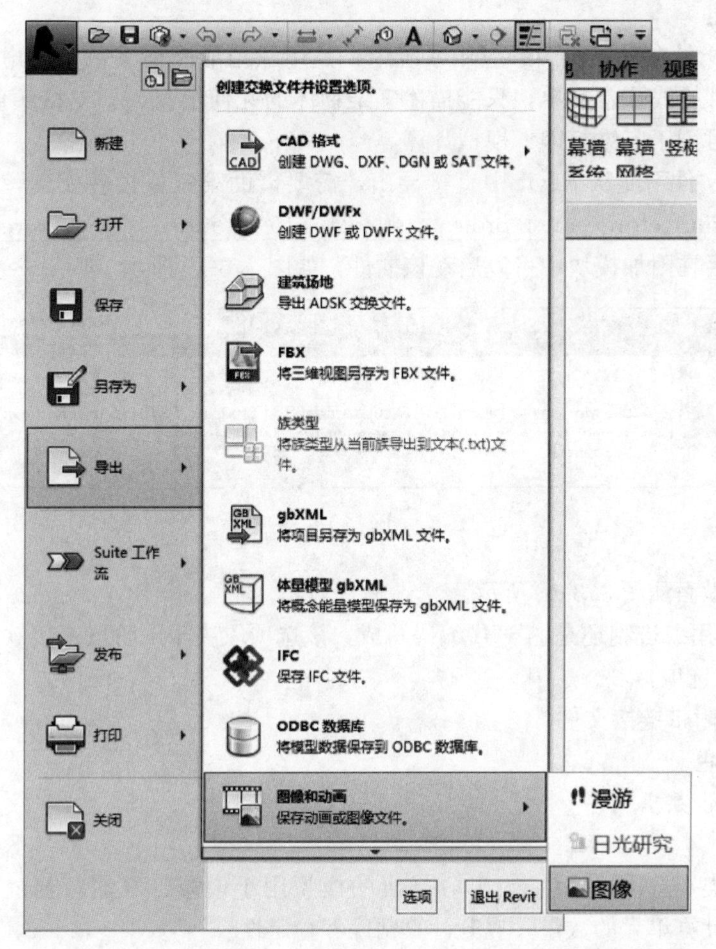

创建交换文件并设置选项。
新建
打开
保存
另存为
导出
Suite 工作流
发布
打印
关闭
CAD 格式
创建 DWG、DXF、DGN 或 SAT 文件。
DWF/DWFx
创建 DWF 或 DWFx 文件。
建筑场地
导出 ADSK 交换文件。
FBX
将三维视图另存为 FBX 文件。
族类型
将族类型从当前族导出到文本(.txt)文件。
gbXML
将项目另存为 gbXML 文件。
体量模型 gbXML
将概念能量模型保存为 gbXML 文件。
IFC
保存 IFC 文件。
ODBC 数据库
将模型数据保存到 ODBC 数据库。
图像和动画
保存动画或图像文件。
漫游
日光研究
图像
选项
退出 Revit
协作
视图
幕墙

图 3.3-15

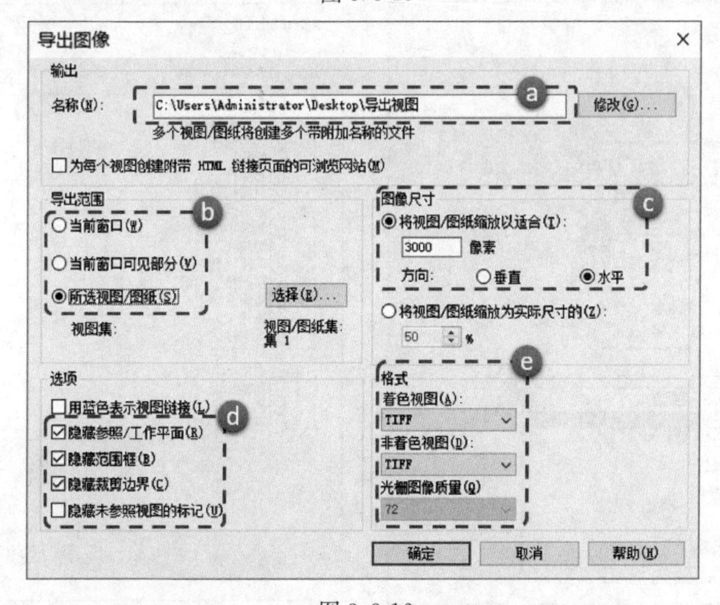

导出图像
输出
名称(N):
C:\Users\Administrator\Desktop\导出视图
修改(G)...
多个视图/图纸将创建多个带附加名称的文件
为每个视图创建附带 HTML 链接页面的可浏览网站(M)
导出范围
当前窗口(W)
当前窗口可见部分(V)
所选视图/图纸(S)
选择(E)...
视图集:
视图/图纸集:集 1
图像尺寸
将视图/图纸缩放以适合(T):
3000
像素
方向:
垂直
水平
将视图/图纸缩放为实际尺寸的(Z):
50
%
选项
用蓝色表示视图链接(L)
隐藏参照/工作平面(R)
隐藏范围框(B)
隐藏裁剪边界(C)
隐藏未参照视图的标记(U)
格式
着色视图(A):
TIFF
非着色视图(D):
TIFF
光栅图像质量(Q)
72
确定
取消
帮助(H)
a
b
c
d
e

图 3.3-16

3. STL 导出

（1）STL 文件在计算机图形应用系统中，是用三角形网格表示整个虚体的一种文件格式。它的文件格式非常简单，只能描述三维物体的几何信息，不支持颜色材质等信息，应用很广泛。可用于三维打印、模拟计算等。

（2）STL 文件不能从 Revit 中直接导出，需要借助第三方插件实现，下面是插件地址：https：//sourceforge. net/projects/stlexporter/？source=typ _ redirect

（3）安装后在附加模块中可以启动该插件，如图 3.3-17 所示。

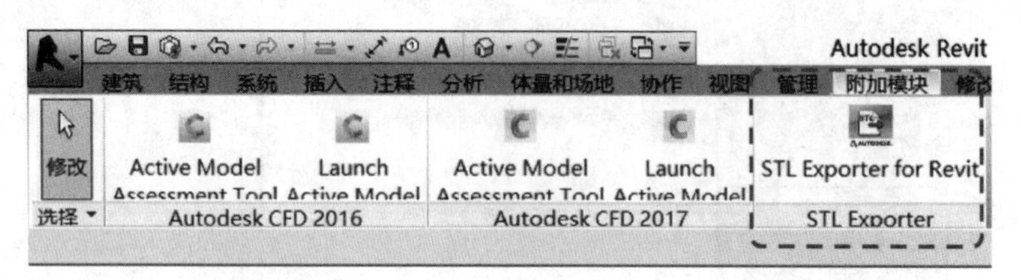

图 3.3-17

（4）通用界面如图 3.3-18 所示。

a　文件采用二进制还是 ASCII 编码写成，该选项取决于下阶段承接软件的要求。

b　导出时选项：

- 导出时附带链接文件
- 导出颜色
- 导出时带共享坐标

c　单位

（5）导出类别选项（图 3.3-19），导出的模型用于模拟计算时，要最大化地精简模型，才能减少计算单元的数量，提升计算精度和稳定性。

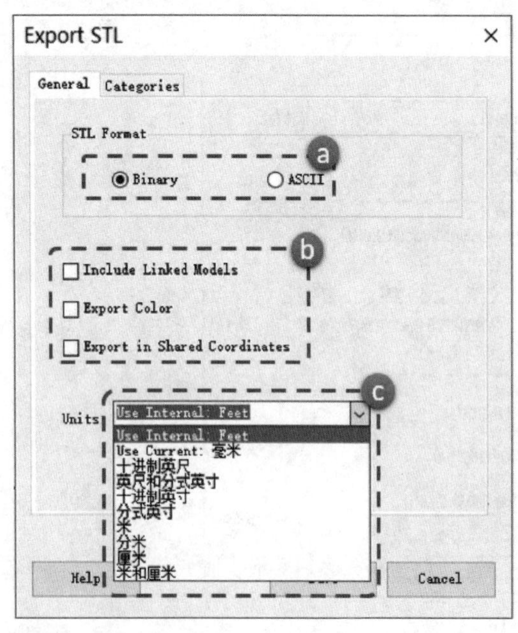

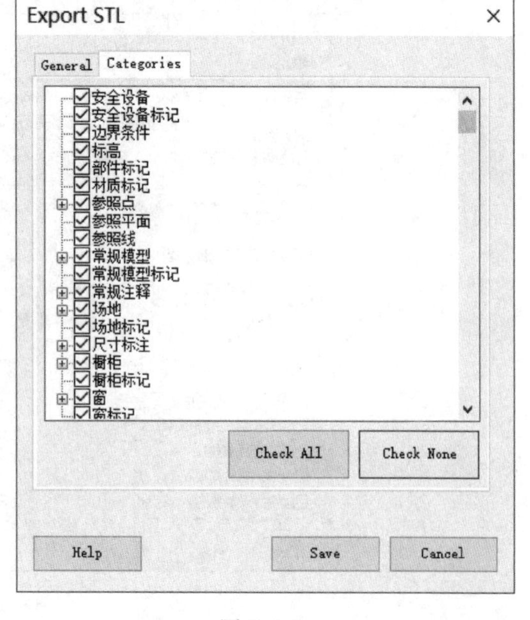

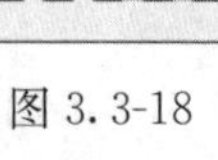
图 3.3-18　　　　图 3.3-19

3.3.3 延伸应用

1. Navisworks

（1）Navisworks 简介

① Navisworks 的意义

全专业 BIM 设计在 Revit 等建模软件中完成后，可以在编辑状态下达到浏览观察目的，但由于庞大的数据处理算法牵绊计算机运行速度，并不能实现轻便化浏览、审阅、展示的效果。

Navisworks 可以将多种 3D 软件文件格式（如 3DS Max 生成的 3ds、fbx 格式文件，甚至其他非 Autodesk 公司的产品，如 Bentley Microstation、Dassault Catia、Trimble SketchUp 生成的数据格式文件）整合在同一文件中，并通过优化图形显示及算法，使得配置一般的电脑也能全面、便捷地浏览审阅模型。这些功能都有助于协调设计问题，修改设计错误，表达设计意图。Navisworks 是一款强大的协同、模拟软件，其中的动画、渲染、进度排期、施工算量等功能因与设计阶段关系不大，此处不做介绍。

② Navisworks 的特点

A. Navisworks 继承所导入的模型构件的所有信息，并可进行条件筛选，可以非常方便地对模型的几何空间信息进行查询、审阅，它提供多种分类选择、隐藏、外观设置等工作，并且具备强大的筛选功能，使得 BIM 模型的浏览变得容易操作。

B. 在 Navisworks 中可以对关键性的部位进行视点保存，通过点击保存过的“视点”列表，可以快速地重新定位到该关键部位，节省浏览查找的时间，对于一些较难查找，或者视角特殊、不易观察的部位，通过一次艰难的调整角度达到最佳观察状态后，保存此视点；还可以通过云线工具指出问题位置，并添加视点标签。

C. 在 Navisworks 中可以在模型各种构件之间完成碰撞检查，碰撞检查的基础是模型信息层次清晰，命名准确、系统。碰撞检查可以在不同的载入文件之间进行，也可以在后期组织好的模型集合之间进行。碰撞检查不仅是机电专业间的碰撞，其实在建筑、结构、幕墙及精装修设计中都会有所涉及。Navisworks 会将碰撞检查结果以碰撞报告的形式表达出来，在此报告中，体现了碰撞位置、碰撞深度、状态等。点击碰撞报告中的碰撞视图，可以反向定位到模型中，观察该碰撞点的情况。碰撞报告还可以固化到当前项目中，如对模型进行修改，可以再次运行上一次的碰撞检查，查看修改成果。

D. 通过 Navisworks 不但可以浏览模型，还可以设置场景中的材质、光源，从而对场景进行渲染。Navisworks 渲染相较 3DS MAX 更加逼真。同时，Navisworks 可以制作和导出已经设置视点的固定路径动画，以及同步录屏漫游动画。

（2）Navisworks 的安装及设置

① Navisworks 的安装

Revit 和 Navisworks 的安装有先后顺序的要求。正常情况是读者在安装 Revit 之后，再进行 Navisworks 的安装，这样可以直接在 Revit 的附加模块中植入 Navisworks 插件。Navisworks2016 安装后的桌面图标如图，在 Revit 中的附件模块选项卡下，找到“外部”面板，外部工具下拉箭头中可以找到 Navisworks 导出按钮。如图 3.3-20 所示。

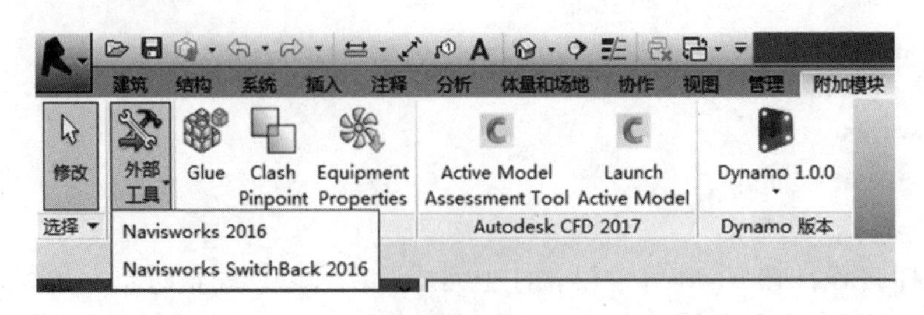

图 3.3-20

如果读者先安装了 Navisworks，后安装的 Revit，则不会在附加模块中看到导出按钮，那么需要读者到 AUTODESK 相关网页下载插件再安装。如图 3.3-21 所示。

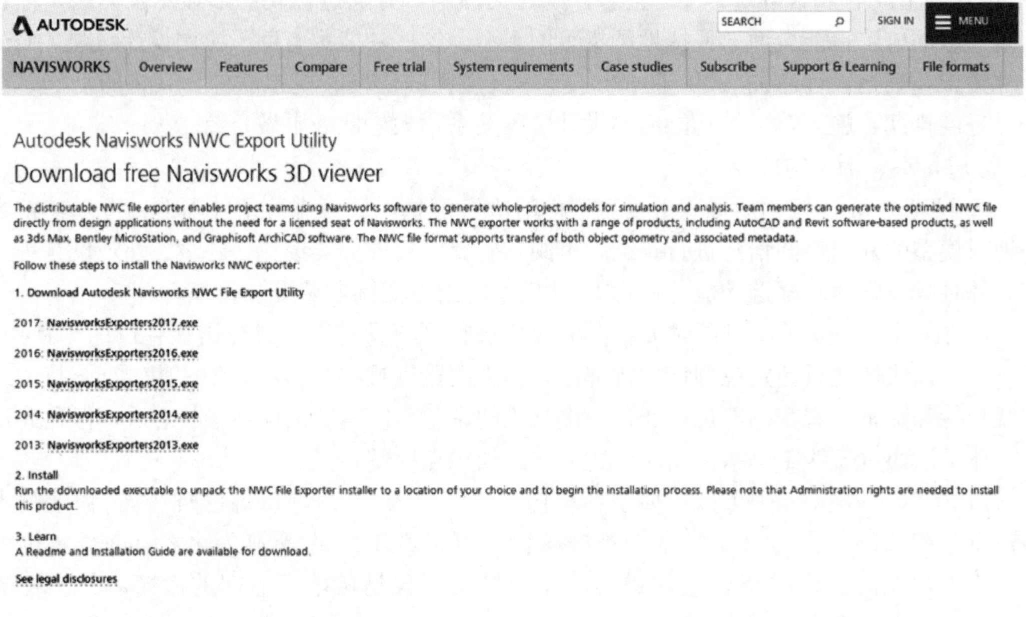

图 3.3-21

② Navisworks 的设置

A. 背景设置

（a）默认场景背景颜色为黑色。在视图中空白位置点击鼠标右键，弹出右键菜单后点击“背景”，弹出“背景设置”对话框。

（b）点击模式下拉列表，看到“单色”“渐变”“地平线”三种背景选项。我们选择“地平线”。各种选择都可以由用户进行自定义。此处我们选择默认状态的选项，如图 3.3-22 所示。

（c）在 Navisworks 的对话框中任何时候单击“重置为默认设置”按钮，均可将颜色设置为 Navisworks 各选项的默认值。

（d）场景背景设置后，应该设置会同文档一并保存至 nwf 或 nwd 文件中。

（e）提示：当载入项目后，右键菜单中才会显示“背景”选项。

B. 模型显示设置

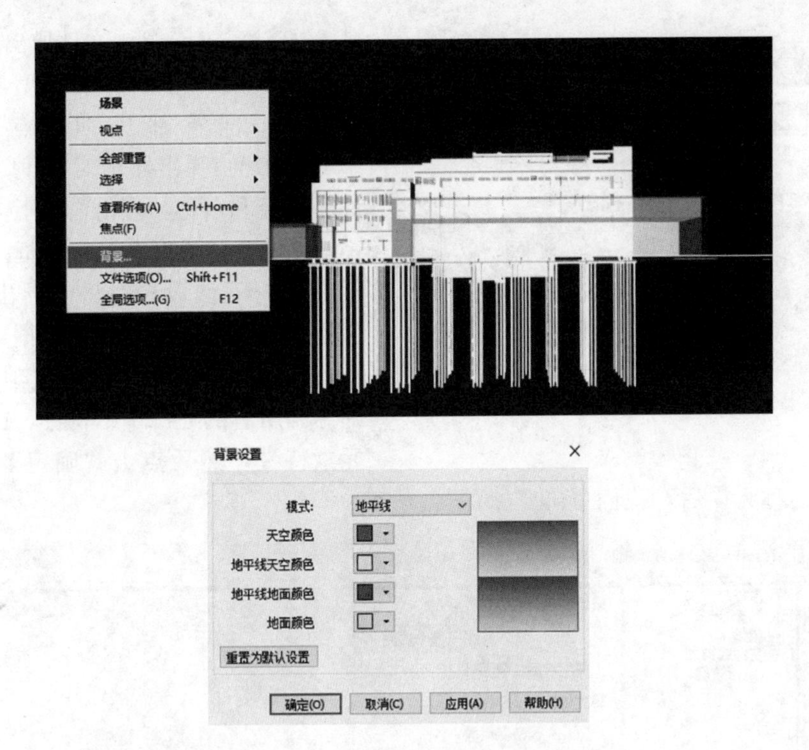

图 3.3-22

(a) 点击“视点”选项卡，我们可以看到渲染样式面板，如图 3.3-23 所示。默认的模型显示模式为“完全渲染”模式。一般情况用“着色”模式。

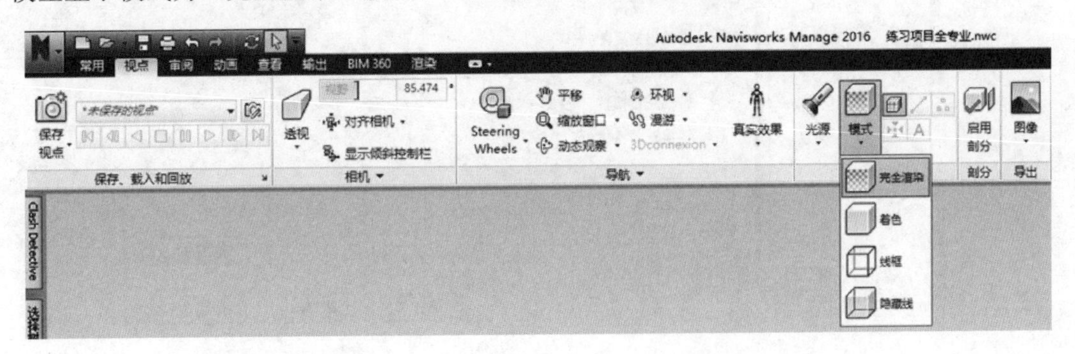

图 3.3-23

(b) 之所以选择着色模式，是因为我们在 Revit 中设置的机电系统的着色需要在 Navisworks 中显示出来，另外我们后面还要在里面设置搜索集及颜色设置，这些都需要在着色的状态下显示。

(c) 光源一般情况下选择“头光源”或“场景光源”。

(d) 在“查看”选项卡下，可以看到标高和轴网面板。在面板中提供了轴网的显示方式，可以自行开关轴网，并使轴网在需要的部位显示。如图 3.3-24 所示。

(e) 在默认设置状态下，本层上部标高轴网显示为红色，下部标高轴网显示为绿色，其他层为灰色。选择“固定”，在最下方以绿色显示轴网。

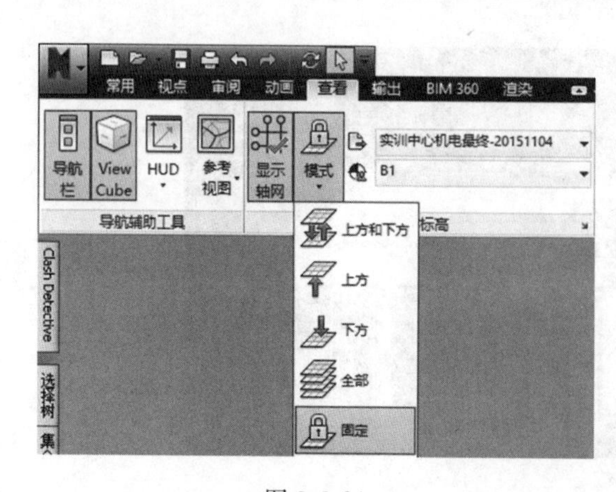

图 3.3-24

(3) Navisworks 文件导出

在 Revit 中打开项目模型，点击附加模块中的外部工具，点击 Navisworks2016。弹出导出对话框，选择好文件的路径和名称，点击窗口下方的 Navisworks 设置，弹出设置对话框。此时显示了导出的默认设置，将“导出”选择为“整个项目”，下面的选项根据导出的需要进行钩选，我们把相关的选项全部钩选，即导出所有的光源、结构件、链接文件及元素特性，然后点击“确定”（图 3.3-25）。确认名称无误后，我们单击“保存”。

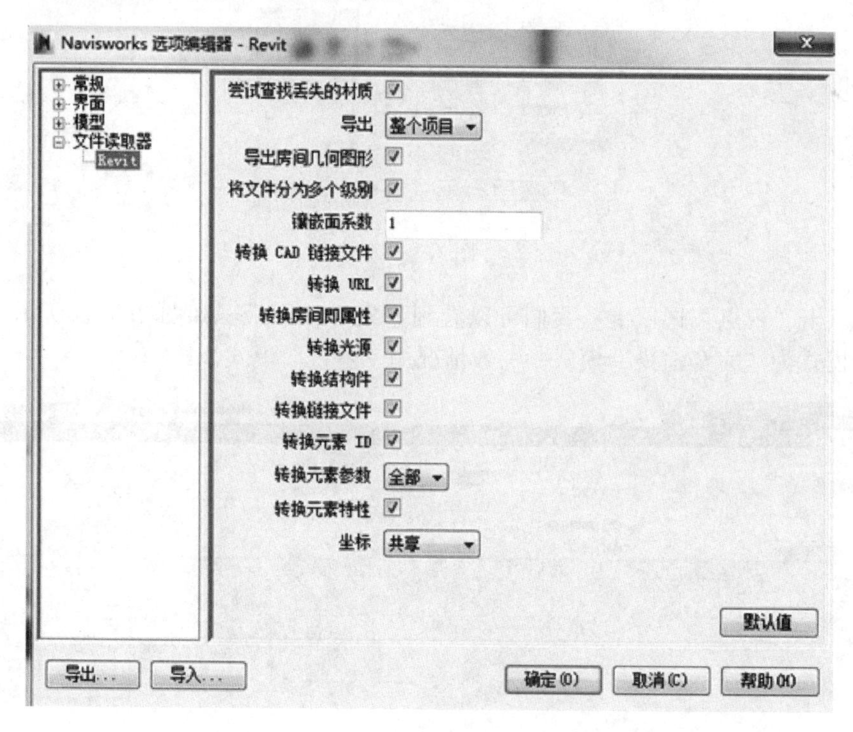

图 3.3-25

此时正在导出 .nwc 格式的缓冲文件（图 3.3-26）。导出完毕后，通过上述步骤我们导出一个由建筑、结构、机电三个中心文件链接在一起的 nwc 文件。

Navisworks 有三种原生文件格式，介绍如下：

① nwc：Navisworks 的缓冲文件，为读取其他格式文件时自动生成的。它比被读取的原始文件小，因此可以加快访问速度。不能直接修改。从 Revit 中直接导出的就是这种格式。用 NV 直接打开其他格式文件可以自动生成这种格式。如果源文

图 3.3-26

件更新，再次被打开时.nwc文件则会自动更新。

② .nwf：Navisworks工作文件，保持与nwc文件的链接关系，且可以将工作过程中的一切动作（测量、批注、视点及动画等）一并保存。在未最终完成对模型的审阅前，都使用这种文件格式，可以灵活地对各附加文件进行管理，而且对于原始缓冲文件不同的处理方式可以保存为不同的nwf文件。

③ .nwd：Navisworks将所有的动作结果（测量、批注、视点及动画等）均整合在同一文件中的格式。阶段性对模型的审阅成果形成可提交的整合后的浏览模型文件。

（4）Navisworks操作

① 静态导航控制

A. Navisworks提供了场景缩放、平移、动态观察等多个导航工具，用于场景中视点的控制。点击视点选项卡，可以看到导航面板中的各种工具（图3.3-27）。单击平移工具，在场景中单击鼠标左键不放，上下左右拖动，当前场景将沿着鼠标方向平移，松开鼠标，完成平移操作。

图3.3-27

B. 缩放命令如图3.3-28所示，基本操作如同Revit软件。在绘制窗口起点时，如果按住ctrl键，则将以起点位置作为缩放窗口的中心位置，绘制缩放范围框。

C. 单击“动态观察”下拉列表，选择“动态观察”命令（图3.3-29），在场景中单击左键不放，出现观察中心点，转动鼠标可以实现动态观察，与在Revit中三维动态观察的效果相同。若不点击此命令，利用Revit中操作方法，同样可以实现动态观察。

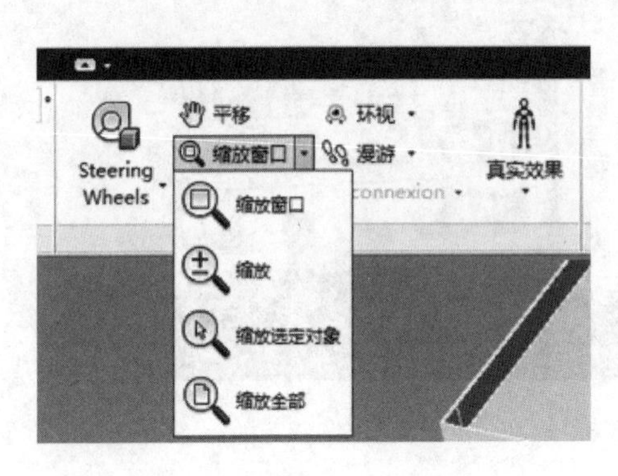

图3.3-28

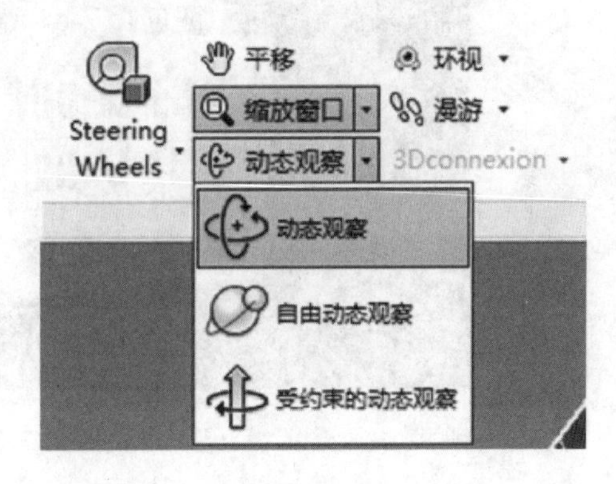

图3.3-29

D. “自由动态观察”使用较少，它与“动态观察”的区别在于，后者始终保持相机倾斜角度为“0”。另外“受约束的动态观察”与“动态观察”的区别在于，前者保持相机在Z轴的高度不变，倾斜角度始终为“0”，仅在水平方向自由转动。

② 使用鼠标和导航盘

A. 用户可以通过配合使用键盘和鼠标，实现场景视图、视点的控制。在任意时刻，向上或向下滚动鼠标滚轮，将以鼠标指针所在位置为中心，放大或缩小场景的视图；按下鼠标滚轮不放，左右拖动鼠标，进入平移模式，按下鼠标中键，同时按下shift键不放，进入动态观察模式，此时将以鼠标指针所在位置为中心进行视图旋转。

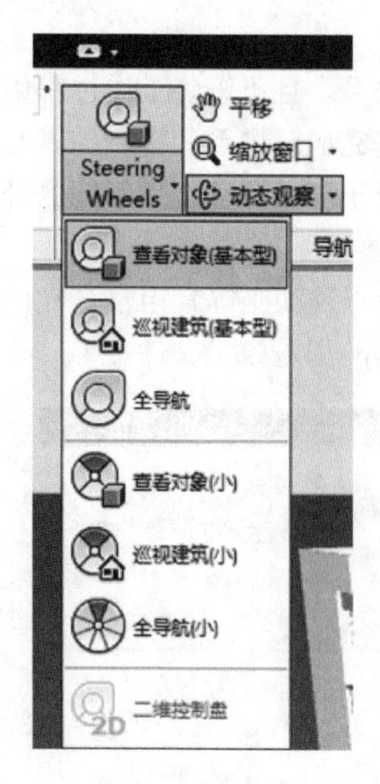

图 3.3-30

B. Navisworks 还提供了导航盘，用于执行对场景视图视点的修改。导航盘工具列表如图 3.3-30 所示。

C. 不同的导航盘的基本功能是不同的。启动导航盘后，导航盘会跟随鼠标指针移动。以“全导航盘”为例，点击“中心”，此时可以用鼠标调整中心位置后放开，随后点击“动态观察”，鼠标随即变为动态观察模式，以刚刚设置的中心进行视图旋转观察。如图 3.3-31 所示。

D. 要退出导航盘，点击导航盘右上角的关闭按钮。

③ 漫游和飞行

Navisworks 提供了漫游和飞行模式，用于在场景中进行动态漫游浏览。使用漫游功能，可以模拟在场景中漫步观察工程中的构件，用于检查设计成果。

飞行模式不存在碰撞、重力等因素。可以自由地穿梭于模型中，但是控制上使用普通鼠标并不便捷。一般情况下，不适用飞行。只有在大场景空中浏览时适合使用飞行模式。

在漫游中，可以调整漫游的速度。如图 3.3-32 所示，点击导航面板下面的小三角，出现调整对话框，通过调整线速度和角度来控制漫游行走和转弯的速度。

图 3.3-31

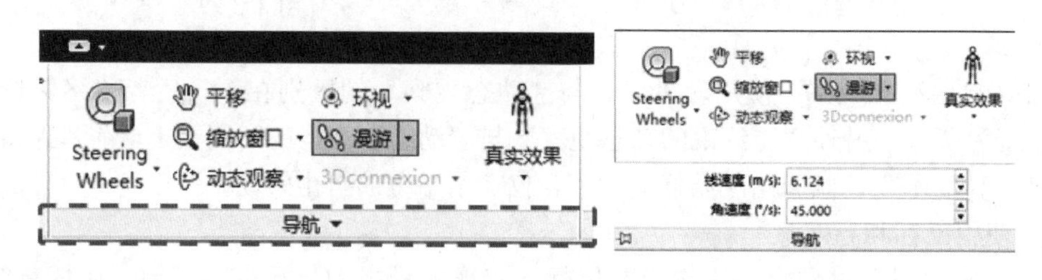

图 3.3-32

④ 真实效果

A. 用鼠标滚轮及滚轮按住平移等方法，将观察视点位于项目地面范围内。

B. 点击场景右侧漫游工具浮动面板中的漫游命令（图 3.3-33），或者按快捷键 ctrl+2。

C. 单击“视点”选项卡，导航面板中的“真实效果”下拉列表，全部钩选“碰撞”“重力”“蹲伏”及“第三人”（图 3.3-34）。

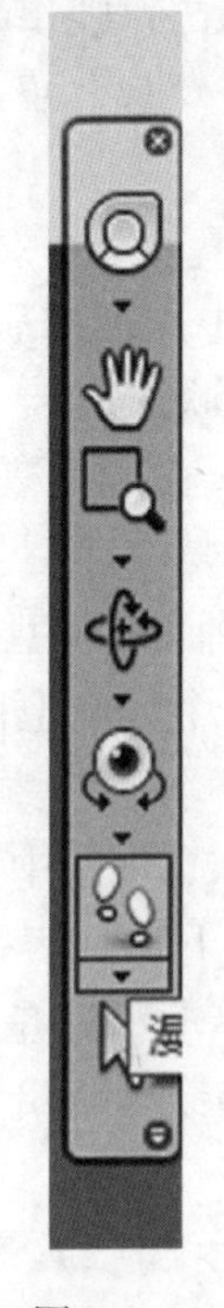

图 3.3-33

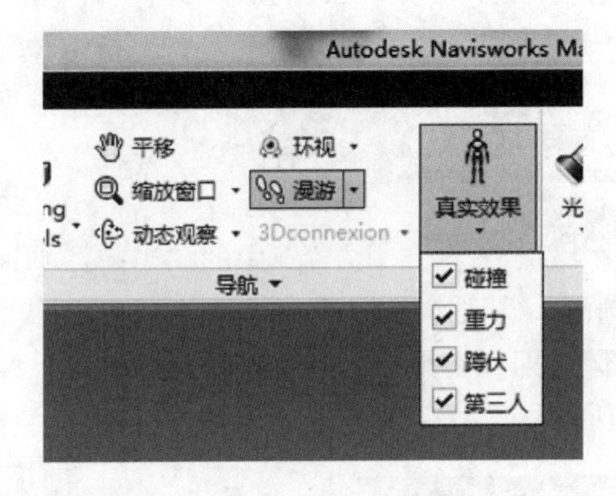

图 3.3-34

D. 点击鼠标左键，并向前方推动鼠标，发现画面中虚拟人物自动受重力作用落地，并向前运动。运动方向上如果有门窗、墙体等，就会被挡住。因为勾选了蹲伏，虚拟人会自动尝试蹲伏姿态是否可以从障碍物下方通过。也可在“真实效果”中将“碰撞”钩选取消，即可穿过障碍物，然后再次钩选“碰撞”，恢复碰撞特性。如此切换“碰撞”、“重力”等属性，确实比较麻烦。我们可以尝试使用快捷键，控制各种属性的开关。这样可以及时地切换各种属性以便在漫游中顺畅演示。

碰撞：ctrl+D

重力：ctrl+G

第三人：ctrl+T

漫游：ctrl+2

鼠标：ctrl+1

E. 我们会发现有时候漫游中的“第三人”变为红色，是因为此时“第三人”身体的局部与地面或顶棚有碰撞，我们可以使用平移工具将“第三人”移出碰撞范围，再利用重力状态下的漫游，使“第三人”正常在地面上漫游。

F. “第三人”是否开启，取决于用户的习惯，一般认为在观察空间尺度时用“第三人”较好，在浏览狭小空间或者为了观察设计质量时，最好不用“第三人”，因为“第三人”的存在使得观察的视点向后移动，在多数情况下，在小空间内使得观察使用控制并不

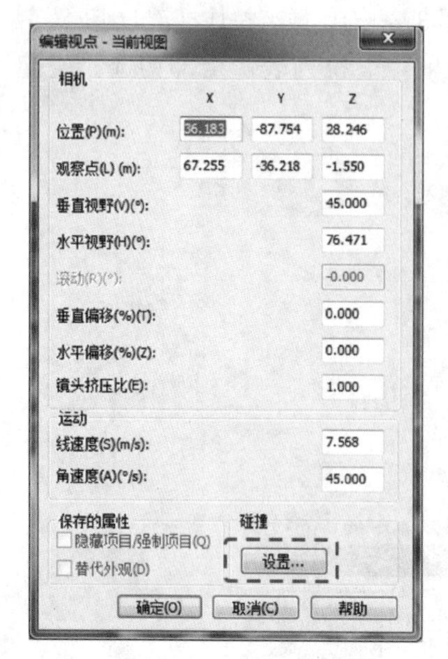

图 3.3-35

灵活。

G. 右键空白场景，选择“视点”，展开后点击“编辑当前视点”，弹出“编辑视点”对话框（图 3.3-35），在碰撞面板点击“设置”，弹出碰撞对话框，在这里可以调整“第三人”的外观及重力状态、观察视点的高度。

⑤ 剖分

A. 在“视图”选项卡中点击“启动剖分”命令。立即转到了“剖分工具”关联选项卡（图 3.3-36）。

在“平面”、“长方体”命令列表中选择“平面”（图 3.3-37），“平面”剖分是在前后左右上下等几个方向上，利用指定位置的平面对模型进行剖切，“长方体”部分则是在模型的六个方向上同时启动剖切的一种方式。

B. 在“剖分工具”关联选项卡中，单击“平面设置”中的“当前：平面 1”下拉列表，该列表显示了所有可以激活的剖面，确认“平面 1”前灯光处于激活状态；单击“对齐”下拉列表，在列表中选择“顶部”，即剖切平面与场景模型顶部对齐。Navisworks 将沿水平方向剖切模型。如图 3.3-38 所示。

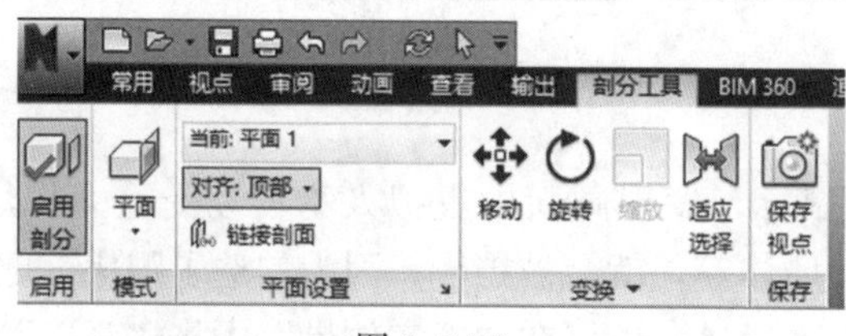

图 3.3-36

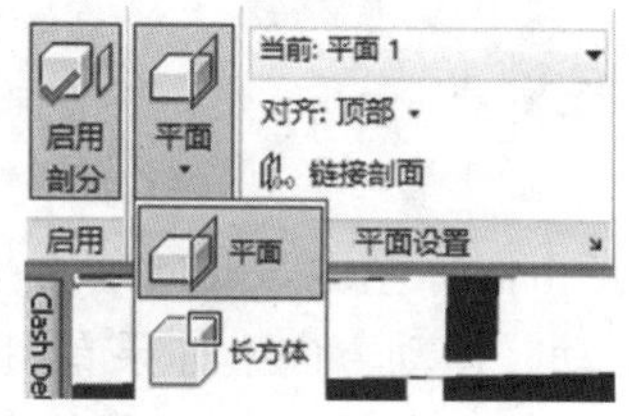

图 3.3-37

C. 单击“变换”面板中的“移动”工具，进入剖切面编辑状态，Navisworks 将在场景中显示当前剖切面，并显示具有 X、Y、Z 方向的编辑控件，移动鼠标至编辑控件蓝色 Z 轴位置，按住鼠标并拖动光标可沿 Z 轴方向移动当前剖切面，Navisworks 按照当前剖切面的位置显示模型。编辑控件中红、绿、蓝分别代表 X、Y、Z 坐标方向。如图 3.3-39 所示。

D. 单击“变换”面板中的“旋转”工具，进入剖切面旋转模式。Navisworks 将显示旋转编辑控件。单击“变换”面板标题栏黑色小三角，展开该面板。面板中将显示剖切面变换的控制参数。修改旋转行 Y 值为“45”，即将剖切面沿 Y 轴旋转 45 度。如图 3.3-40 所示。

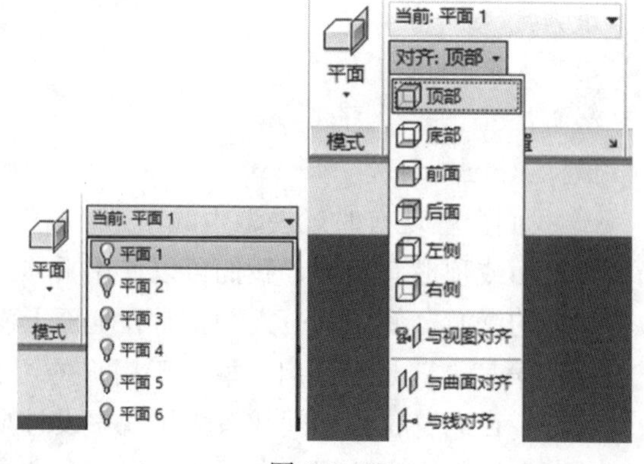

图 3.3-38

启用
剖分
平面
当前: 平面 1
对齐: 顶部
链接剖面
移动
旋转
缩放
适应
选择
保存
视点
启用
模式
平面设置
变换
保存
Clash Detective
选择树
集合

图 3.3-39

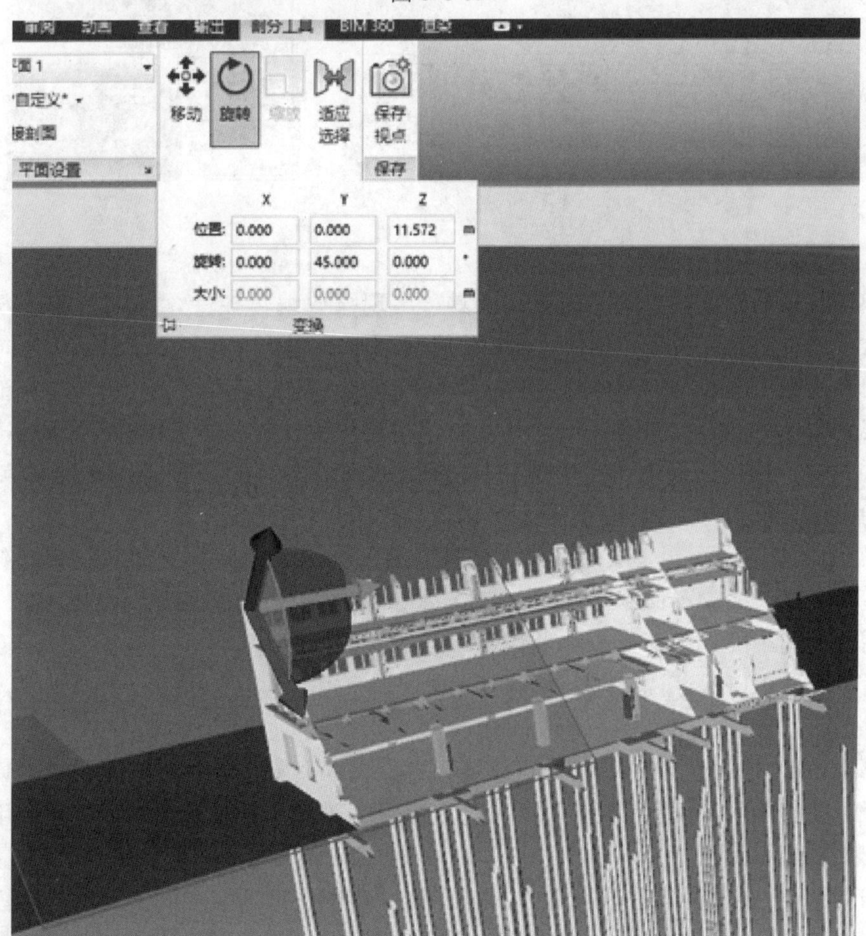
剖分工具
BIM 360
自定义*
移动
旋转
缩放
适应
选择
保存
视点
平面设置
保存
X
Y
Z
位置: 0.000 0.000 11.572 m
旋转: 0.000 45.000 0.000 °
大小: 0.000 0.000 0.000 m
变换

图 3.3-40

E. 将平面设置面板的当前平面勾选为“平面2”，激活该剖切平面，设置该平面的对齐方式为“前面”，单击该平面的名称数字，将该剖切平面设置为当前工作平面。Navisworks将在上一步剖切显示的基础上，在模型中添加新的剖切平面。使用移动工具将此剖切平面移动到需要观察的合适部位。Navisworks仅会平移当前“平面2”的位置，并不会改变“平面1”的位置，变换工具仅对当前激活的剖切平面起作用。要同时变换所有已激活的剖切平面，可以激活“平面设置”中的“链接剖面”选项。

F. 在“平面设置”列表中，取消勾选“平面1”Navisworks将在场景中关闭该平面的剖切功能，仅保留“平面2”的剖切成果。

G. 单击选择任意场景中构件，点击“变换”面板中的“适应选择”工具（图3.3-41），Navisworks将自动移动剖切平面至所选图元边缘位置，以精确剖切显示该选中构件。

H. 单击“模式”面板中的“模式”下拉列表，在列表中设置当前剖分方式为“长方体”(图3.3-42)，Naviswork将以长方体的方式剖分模型。

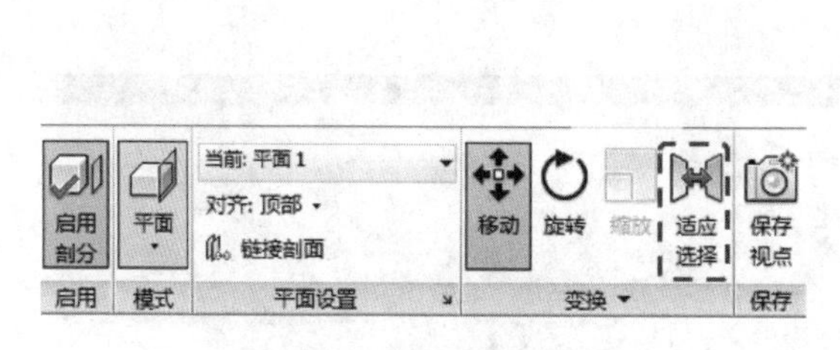

图3.3-41

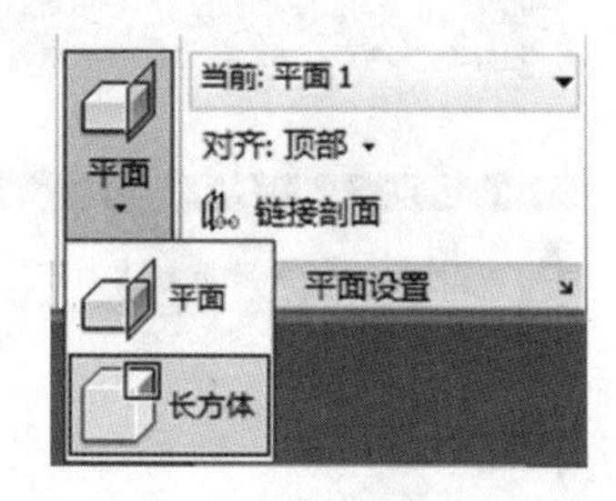

图3.3-42

I. 单击“变换”面板中的“缩放”工具，出现缩放编辑控件，可以沿各轴方向对长方体的大小进行缩放。展开“变换”面板，还可以通过输入“X”“Y”“Z”方向上“大小”值的方式来精确控制长方体剖切框的大小和范围。配合使用移动和旋转变换工具，用户可以实现精确的剖分。如图3.3-43所示，这是使用长方体剖分工具得到的局部剖切。

J. 单击“启用”面板中“启用剖分”按钮，关闭剖切功能。Navisworks将关闭所有已激活的剖切设置。

K. 使用剖分工具可灵活展示建筑内部被隐藏的构件及空间。启动剖分后，激活“移动”、“旋转”或“缩放”命令，Navisworks才会显示剖面或剖切长方体的位置，再次单击已激活的上述工具，Navisworks将隐藏剖切平面及变换编辑控件。Navisworks启动剖分功能后，同样可以保存视点。

⑥ 测量

Navisworks提供了“点到点”“点直线”“角度”“区域”等多种不同测量工具，用于测量图元长度、角度和面积。用户可以通过“审阅”选项卡的“测量”面板来使用这些工具。操作要领如下：

A. 打开“示例项目汇总.nwf”文件，单击“审阅”选项卡中的“测量”面板标题右向下箭头，打开“测量工具”工具窗口。单击“选项”按钮，打开“选项编辑器”对话框，并自动切换至“测量”选项设置窗口。

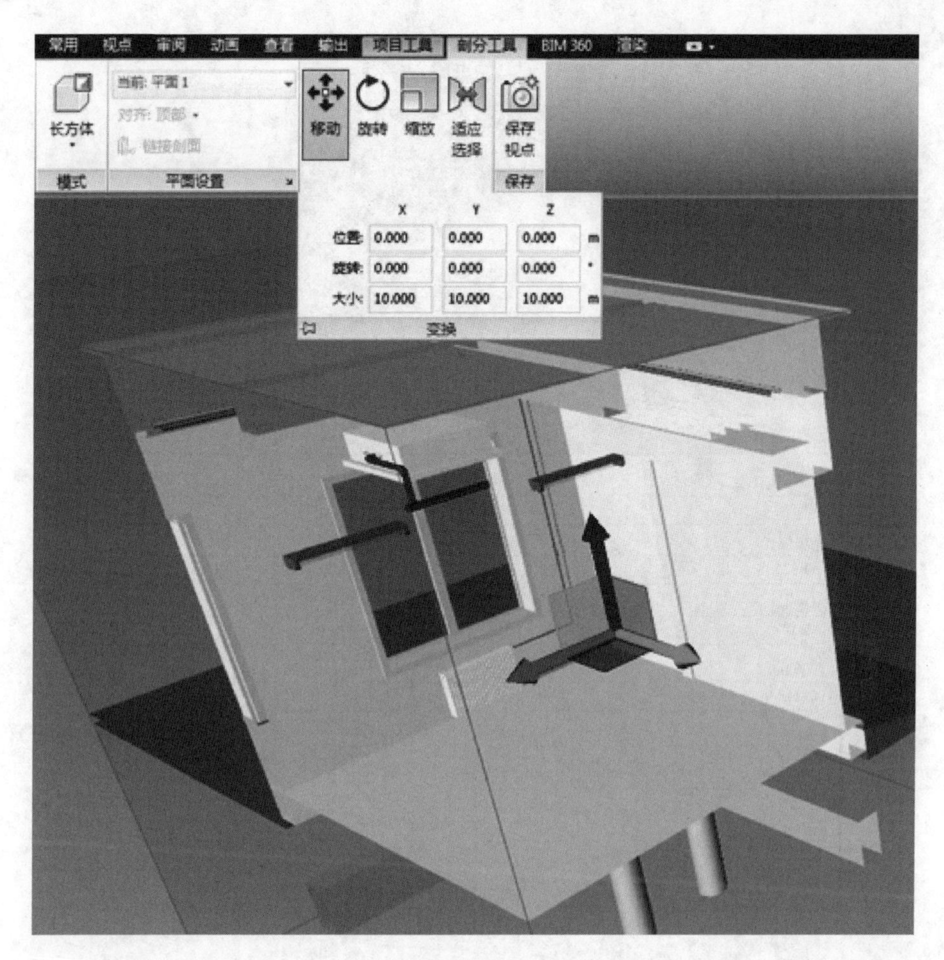

图 3.3-43

B. 点击测量工具面板中“点到点”测量工具，在场景中分别单击两风道边缘附近的任意位置，Navisworks 将标注显示所拾取的两点距离，同时“测量工具”面板中将分别显示所拾取的两点间 X，Y，Z 坐标值，两点间的 x，y，z 坐标差值以及测量的距离值。如图 3.3-44 所示。

C. 在选项编辑器对话框中，切换至“捕捉”选项，在“拾取”选项组中，确认勾选“捕捉到顶点”，“捕捉到边缘”和“捕捉到线顶点”复选框，即 Navisworks 在测量时将精确捕捉到对象的顶点、边缘以及线图元的顶点；设置公差为“5”，该值越小，光标需要越靠近对象顶点或边缘时才会捕捉。完成后单击“确定”退出。

D. 单击“测量”面板中的“锁定”下拉列表，在列表中选择 X，Y，Z 以及垂直、平行等方向以辅助对齐测量。例如，我们在模型中漫游到三层走道中，点击“点到点测量”命令，然后点击“锁定”列表中的“Y 轴”，点击天花板任一点，再点击地面一点，此时产生一条垂直于地面和天花板的直线，并标注出天花到地面的净高。如图 3.3-45 所示。

E. 此时，点击测量面板中“转换为红线批注”，可以将刚刚的测量结果转为红线批注形式，Navisworks 自动在保存的视点中生成此次红线批注的查看视点，以便日后回顾查看。点击“清除”按钮可以清除未被转换为批注的临时测量数据。

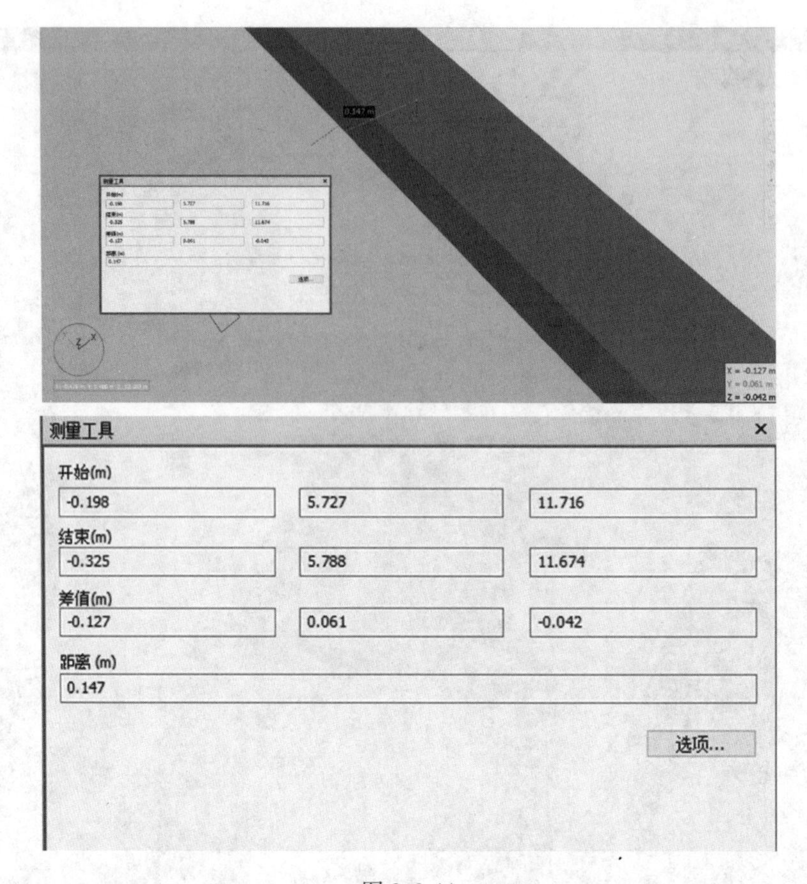

图 3.3-44

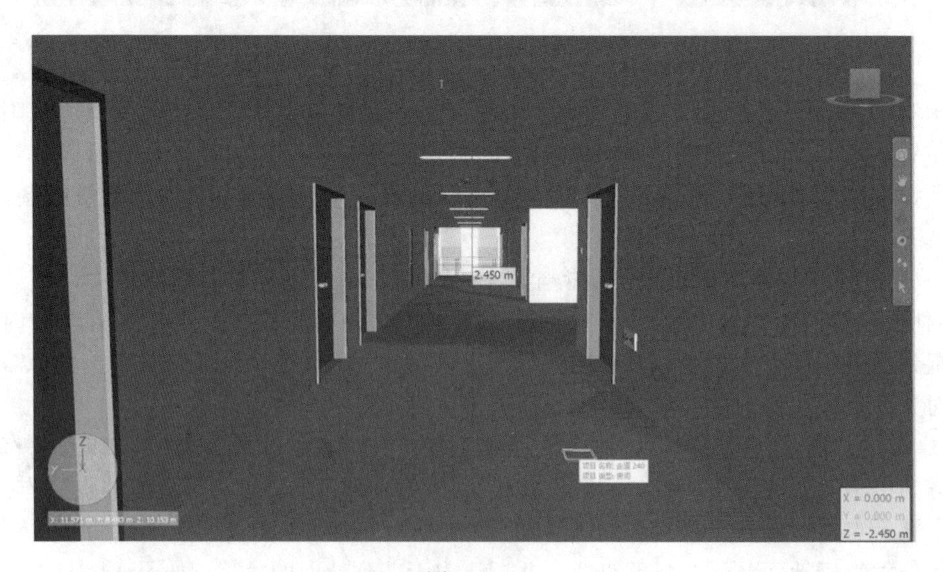

图 3.3-45

F. 在固定的三维视图中，可以使用“红线批注”面板中的各种工具进行云线圈阅、文本输入，同时可以调整线条的线宽和颜色（图 3.3-46）。批注完成后，可以发现在保存的视点窗口中自动添加了此处的查看视点，以便后期回顾。

图 3.3-46

G. 在标记面板中，点击“添加标记”，对模型中需要标记的问题进行点击，然后再次点击视图，出现了标记编号和标记添加注释对话框（图 3.3-47），在此处对标记问题添加说明以便回顾，同时保存的视点窗口中，自动生成了“标记视图”，以便查阅。

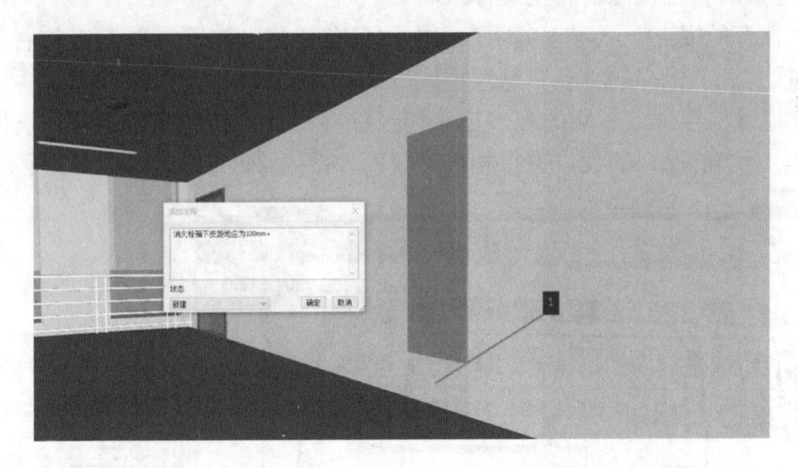

图 3.3-47

H. 点击“注释”面板，查看注释命令，在列表中选择注释编号，在底部显示出“注释”对话框，里面显示了注释编号及注释内容。对相关注释点击右键，继续添加注释，可以对以往注释再次进行补充和描述，并形成针对模型中设计问题修改的对话记录。

I. 测量工具是检查验证设计的必要工具，灵活的组合使用这些测量工具是非常必要的，利用注释工具可以协调全专业设计中各种问题，并形成有追溯性的记录。

(5) 视点与动画

① 保存视点

A. 在浏览中发现模型问题时，希望可以将问题视点加以保存，以便汇总及后期复查。Navisworks 提供了保存视点的功能，并可以导出视点，以便再次使用。

B. 点击“视点”选项卡，可以看到“保存、载入和回放”面板，点击其中的“保存视点”按钮。如图 3.3-48 所示。

C. 在屏幕右侧出现“保存的视点”悬浮框，有一个有待命名的视点标记，我们将它命名为“建筑室外正门”，如图 3.3-49 所示。此过程就是保存视点的一般过程。我们可以继续漫游到其他部位继续保存有价值的视点，并通过视点悬浮框查看视点列表，迅速回到需要的关键部位。

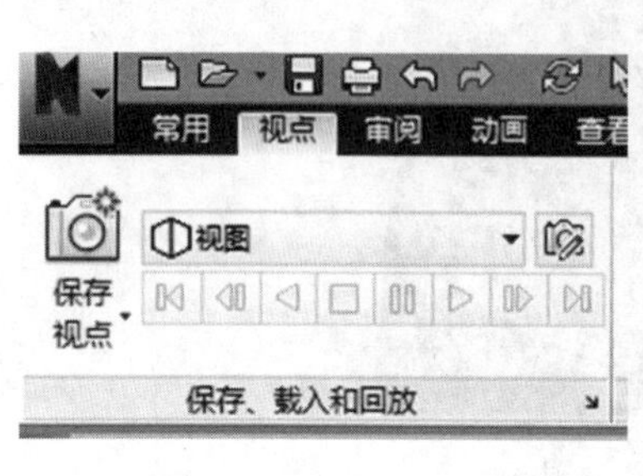

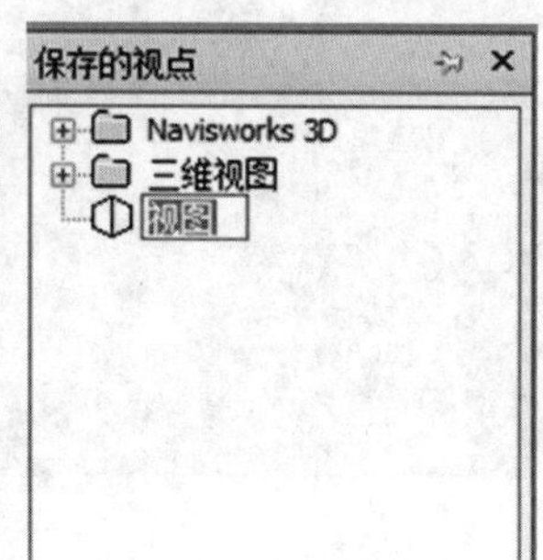

图 3.3-48

图 3.3-49

D. 在“保存的视点”列表中看到 Revit 模型中的三维视图转换而成的视点文件，以及其他插件生成的三维视图的转换文件。

E. 将“保存的视点”悬浮框关闭，点击“保存、载入和回放”面板的右下角的小箭头，可以再次打开“保存的视点”悬浮框。

F. 可以通过保存视点右侧的列表框来切换保存视点，转到指定的视图。同时右侧编辑视点命令，对当前保存的视点进行相机参数的一系列修改。如图 3.3-50 所示。

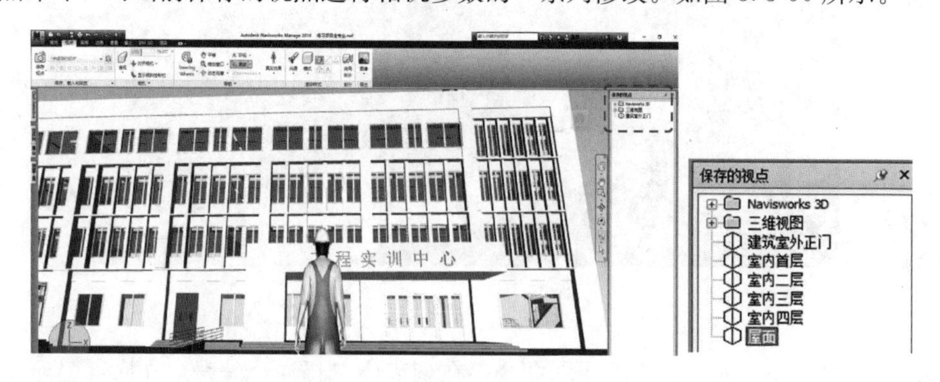

图 3.3-50

G. 在“保存的视点”悬浮框中单击右键，弹出菜单分“空白区域”和“保存的视点”两种情况，此处介绍右键空白区域时弹出的菜单（图 3.3-51）：

- 保存视点：保存当前视点，并将其添加到“保存的视点”窗口。

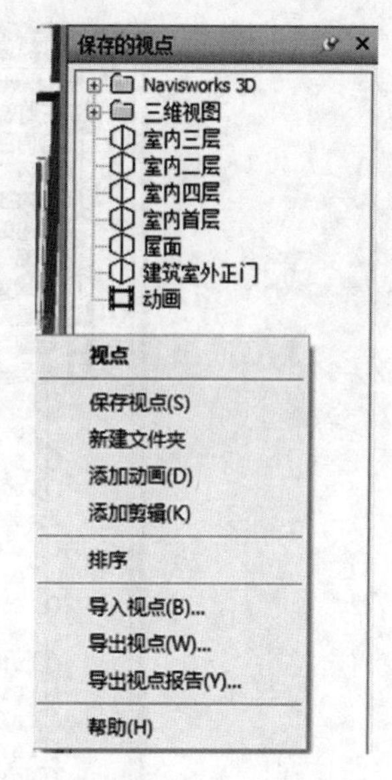

图 3.3-51

- 新建文件夹：将文件夹添加到“保存的视点”窗口。将已有的视点文件汇总分类，并对文件夹重命名。
- 添加动画：添加一个空视点动画，可以将视点拖到该动画上。
- 添加剪辑：添加动画剪辑，剪辑用作视点动画中的暂停，默认情况下暂停 1 秒。
- 排序：按字母顺序对“保存的视点”窗口的内容进行排序。
- 导入视点：通过 XML 文件将视点和关联数据导入到 Autodesk Navisworks 中。
- 导出视点：视点和关联数据从 Autodesk Navisworks 导出到 XML 文件。
- 导出视点报告：创建一个 HTML 文件，其中包含所有保存的视点和关联数据（包括相机位置和注释）的 JPEG。

H. 右键“保存的视点”、右键“视点动画”、右键“文件夹”都会弹出不同的菜单，基本功能类似。

② 创建视点动画

在 Navisworks 中创建视点动画有两种方法。可以简单地录制实时漫游，也可以组合特定视点，以便 Navisworks 稍后插入到视点动画中。

A. 录制实时漫游

点击动画选项卡，点击录制命令（图 3.3-52）。然后在模型中漫游，此时 Navisworks 将录制漫游全过程，直至停止录制。点击停止后，“保存的视点”窗口中会出现刚刚录制的动画，并在动画图表旁边有一个加号，点开加号，可以看到录制动画的每一帧的图像。Navisworks 会按照每秒 5 帧的速度录制动画。

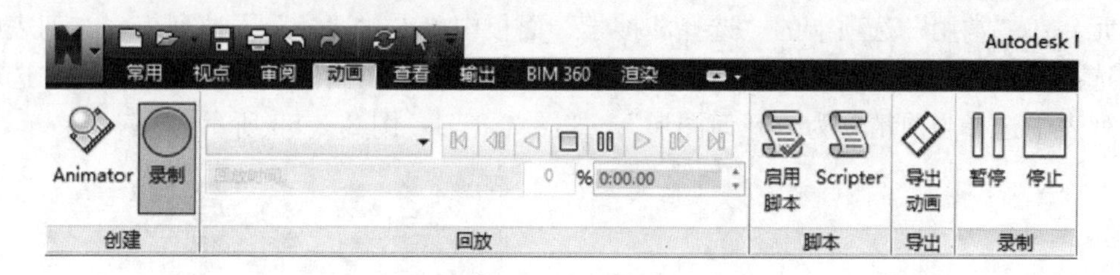

图 3.3-52

B. 制作视点动画

视点动画的制作，顾名思义首先要保存视点。这些视点就是形成动画漫游路径上的关键节点。所以要求这些作为关键节点的视点要有一定的关联性，比如在转弯处、左右观察的部位都要保存视点。在关键部位，需要平稳或者仔细观察的部位，可以多次保存不同视角、不同外观的视点，用于观察模型。

例如视点“005”是插入剪辑，剪辑可以使动画在此刻定格一段时间，默认为一秒。右键单击视点“005”，点击“编辑”，可以编辑此剪辑的定格时长。如图 3.3-53 所示。

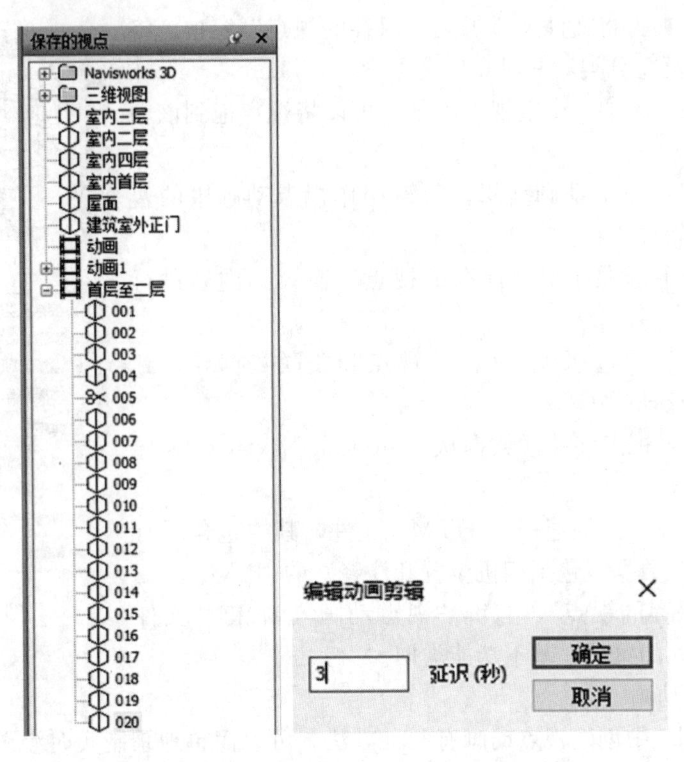

图 3. 3-53

（6）图元

① 图元的组织

对 Navisworks 中任意图元进行操作时，用户都应先选择图元。Navisworks 同样支持用鼠标点击选择图元，但此种选择具有不同的层次，在不同层次中选择的图元并不相同。

A. Navisworks 提供了“选择树”工具窗口，可以查看不同层次树状排列的模型中所有图元。在“常用”选项卡的“选择和搜索”面板中单击“选择”下拉列表，在列表中单击“选择”工具；单击“选择和搜索”面板名称右侧的下拉按钮展开该面板，在“选取精度”列表中选择当前精度为“几何图形”。如图 3. 3-54，图 3. 3-55 所示。

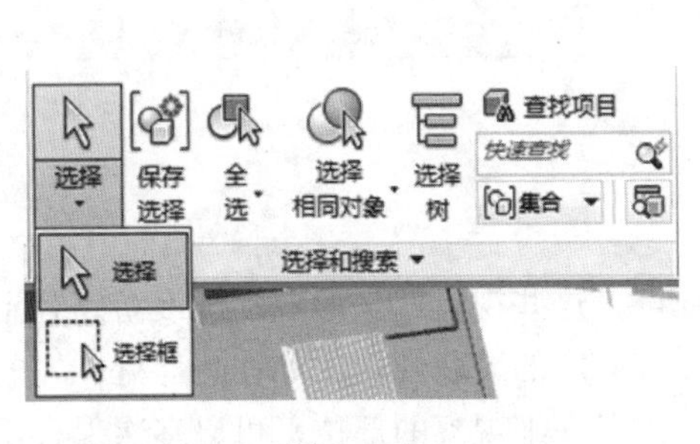

图 3. 3-54

图 3. 3-55

B. 单击“选择和搜索”面板中的“选择树”按钮，激活“选择树”工具窗口。

C. 例如要选取幕墙门嵌板中的玻璃图元，单击该图元，同时在视图中默认以蓝色高亮显示该图元。

D. 展开“选择树”工具窗口。如图 3.3-56 所示，确认“选择树”的显示方式为“标准”，Navisworks 将自动展开各层次，以表达当前选中图元的层次关系。各层次的含义解释如下：第一层次指，当前场景文件的名称；第二层次指，当前图元所在源文件的名称；第三层次指，当前图元所在的层或标高，这里的标高为 Revit 创建的标高名称；第四层次指，当前图元所在的类别集合，此类别集合由 Navisworks 在导入此模型时自动创建；第五层次指，当前图元所在的类型集合；第六层次指，当前图元的 Revit 族名称；第七层次指，当前图元的 Revit 族类型名称；第八层次指，当前选择图元的集合图形。

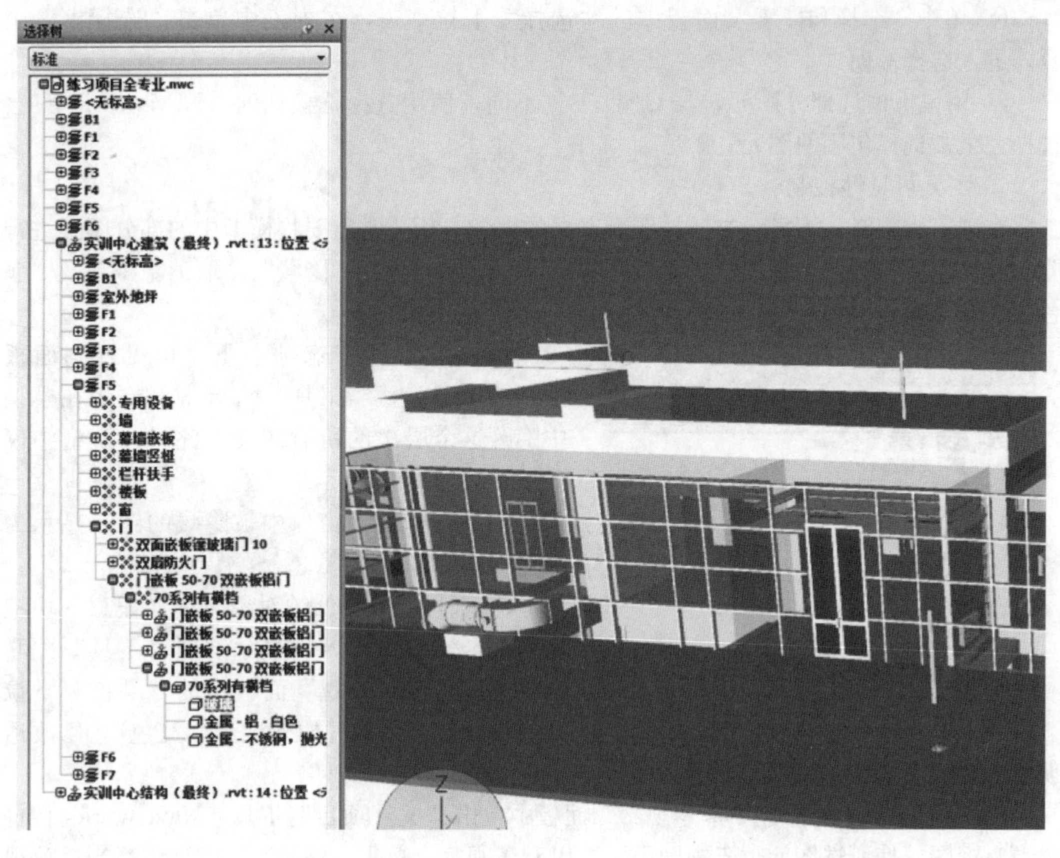

图 3.3-56

E. 由于当前选取精度设置为“几何图形”，因此 Navisworks 将选择最底层的“玻璃”几何图形。由于 Revit 中各模型组的建模方式不同，同一类别的图元可能由不同的几种图形组成。

F. 在选择树列表中点击“金属－铝－白色”，此时 Navisworks 自动选择该门窗嵌板的门框，并在视图中高亮显示。

G. 按 ESC 键取消当前图元的选择状态，切换“选取精度”为“最低层级的对象”。再次选择该幕墙门嵌板，此时 Navisworks 将高亮显示玻璃及门框。展开“选择树”窗口，此时，Navisworks 将高亮显示该图元的 Revit 族类型名称层级。

H. 按 ESC 键取消对当前图元的选择，切换“选取精度”为“最高层级的对象”，再次选择此幕墙门嵌板，此时 Navisworks 像上一步一样，高亮显示玻璃和门框。展开“选择树”，此时 Navisworks 将高亮显示该图元的族名称。

I. 按 ESC 键取消对当前图元的选择，切换“选取精度”为“图层”，再次选择该幕墙门嵌板，此时 Navisworks 将高亮显示当前层所有外墙及幕墙装饰图元。Navisworks 将高亮显示该图元的 Revit 标高名称。

J. 按 ESC 键取消对当前图元的选择，切换“选取精度”为“文件”，再次单击上述图元，Navisworks 将高亮显示所有建筑专业模型图元。展开“选择树”窗口，Navisworks 将高亮显示该图元的所在场景文件名称。

K. 单击“选择和搜索”面板中的“选择”下拉列表，在列表中单击“选择框”工具，进入选择框模式。

L. 用鼠标框选部分图元，与 CAD 工具不同，使用选择框模式时，Navisworks 只会选择完全被选择包围的图元。

② 图元可见性控制

在浏览模型时，为显示被其他图元遮挡的对象，用户常需要将模型中的部分图元进行隐藏、显示等控制。选择模型对象后，我们可以对图元进行“隐藏”、“取消隐藏”及“颜色替代”等操作。

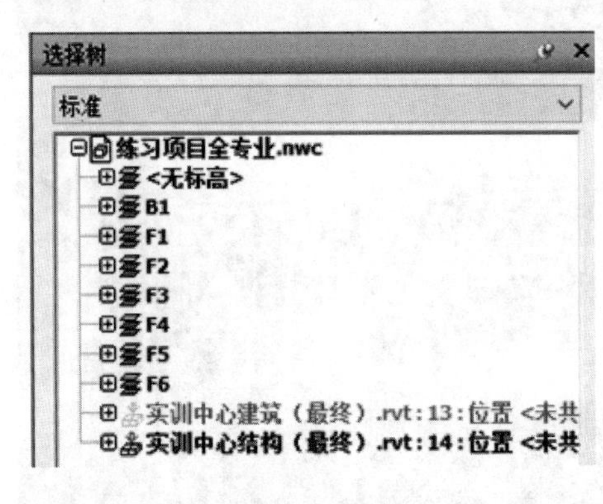

图 3.3-57

A. 在“常用”选项卡下“可见性”面板中，单击“隐藏”工具，Navisworks 将在模型中隐藏这个层次的所有图元。此时，模型中仅显示结构与机电图元。

B. “选择树”窗口中被隐藏的图元显示为灰色（图 3.3-57）。

C. 选择层级最低的对象，选择任意一块结构楼板，Navisworks 将显示“项目工具”关联选项卡，单击“外观”面板中的“颜色”下拉列表，修改当前构件的外观为“红色”，修改透明度为 50%，观察构件外观变化。

D. 在“项目工具”选项卡“观察”面板中单击“关注项目”工具。Navisworks 将自动调整视图，使所选图元位于视图中心，以利于观察。单击“缩放”工具，将适当缩放视图，以清晰显示选择集中的所有图元。

E. 单击“外观”面板中的“重置外观”工具，将重置图元的外观设置。

F. 单击“可见性”面板中的“隐藏”工具，可将选中图元在视图中隐藏。该工具的功能与“常用”选项卡中的“隐藏”功能相同。

G. 在“常用”选项卡的“可见性”面板中单击“取消隐藏”下拉列表，单击“显示全部”选项，Navisworks 将重新显示所有已被隐藏的图元。

③ 图元的属性

A. Navisworks 提供了“特性”窗口，用于显示模型中的建筑构件的属性及信息。在模型中选中图元，在“常用”选项卡中“显示”面板中点击“特性”工具，弹出“特性”对话框。“特性”对话框中根据图元的不同特性类别，将图元特性组织为不同的选项卡

(图 3.3-58)。例如，在“元素”选项卡中，显示图元“元素”类别的特性。“元素”类别特性类似于 Revit 中图元的实例属性，如该选项卡记录了图元所在的“参照标高”、“系统分类”、“底部高程”和“面积”等信息。我们会大量用到这些图元属性信息，进行项目查找、分类，或建立集合，以便后期各种调整和碰撞检查使用。

特性

元素 ID | 元素 | 钢筋保护层 - 顶面 | 创建的阶段 | 标高 | Revit 类型 | 元素特性 | SlabShapeEditor | Floo

特性	值
名称	TADI-F3-LB-120mm-C30
类型	TADI-F3-LB-120mm-C30
族	楼板
类别	楼板
Id	602962
面积	5.992 m²
启用分析模型	0
与体量相关	0
周长	9.800 m
体积	0.719 m³
族	FloorType "TADI-F3-LB-120mm-C30", #573190
钢筋保护层 - 顶面	RebarCoverType "I , (楼板、墙、壳元) , ≥C30", #21...
族与类型	FloorType "TADI-F3-LB-120mm-C30", #573190
创建的阶段	Phase "新构造", #0
坡度	0.00°
标高	Level "F3", #443593
钢筋保护层 - 其他面	RebarCoverType "I , (楼板、墙、壳元) , ≥C30", #21...
结构	1
类型 ID	FloorType "TADI-F3-LB-120mm-C30", #573190
厚度	0.120 m
类型	FloorType "TADI-F3-LB-120mm-C30", #573190
自标高的高度偏移	-0.050 m
房间边界	1
钢筋保护层 - 底面	RebarCoverType "I , (楼板、墙、壳元) , ≥C30", #21...

图 3.3-58

B. 在使用 Revit 项目文件时，一般设置“最高层级对象”和“几何图形”选取精度，在视图窗口中看到的图元选择状态相同，但是显示的特性信息完全不同，因此在使用时应该注意区分。

C. 了解 Navisworks 中图元的特性后，用户可以根据图元的特性对图元进行过滤。例如，模型中不同类型的管线显示不同的颜色用于区别管道，一般在桥架、线管中使用较多。

D. 使用快捷特性，除使用对话框查询场景中图元的特性信息外，Navisworks 还提供了“快捷特性”功能，用于快速显示当前图元构件的制定信息（图 3.3-59）。在“常用”选项卡的“显示”面板中单击“快捷特性”工具，可以激活 Navisworks 快捷特性的显示。

图 3.3-59

E. 当鼠标移动到模型中构件上稍作停留时，Navisworks 就会弹出该模型构件的快捷特性信息。

F. Navisworks 允许用户自定义“快捷特性”显示的内容。按 F12 键打开“选项编辑器”对话框，依次展开“界面”、“快捷特性”、“定义”选项，在选项编辑器里面，定义要显示的内容。

(7) 集合

① 选择集

Navisworks 中可以对模型中的部分图元进行选择保存。保存的选择集可以随时再次选择已保存在选择集中的图元。

A. 将“选择精度”调整到“最低层级的对象”，按住 ctrl 键连续单击选择需要的图元。

B. 在“常用”选项卡中的“选择和搜索”面板中单击“集合”下拉列表，在列表中单击“管理集”(图 3. 3-60)，打开“管理集”工作面板。

C. 单击“保存选择”按钮，Navisworks 将自动建立默认名称为“选择集”的选择集合（图 3. 3-61)。修改该选择集名称为“入口窗户”，按 Enter 键确认。

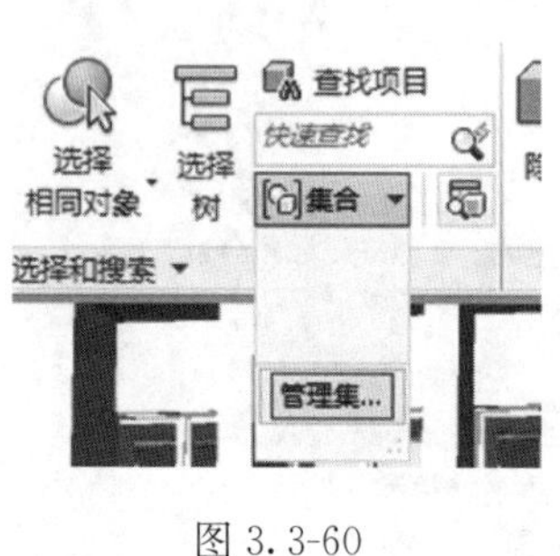

图 3. 3-60

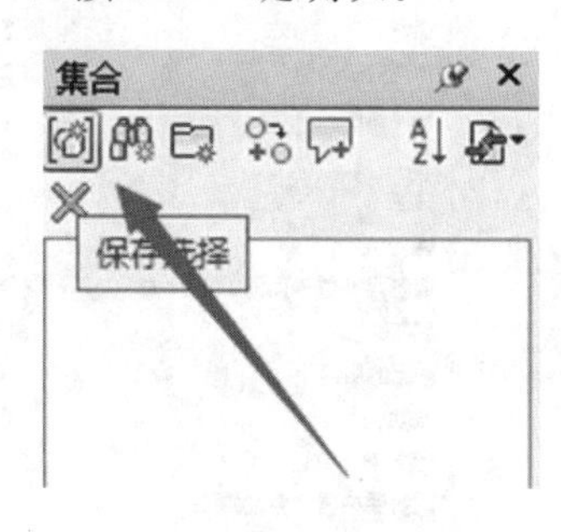

图 3. 3-61

D. 单击场景空白区域，取消当前图元选择。再次单击“集合”工具面板中在上一步保存的“入口窗户”，Navisworks 将重新选择该选择集中的窗构件。

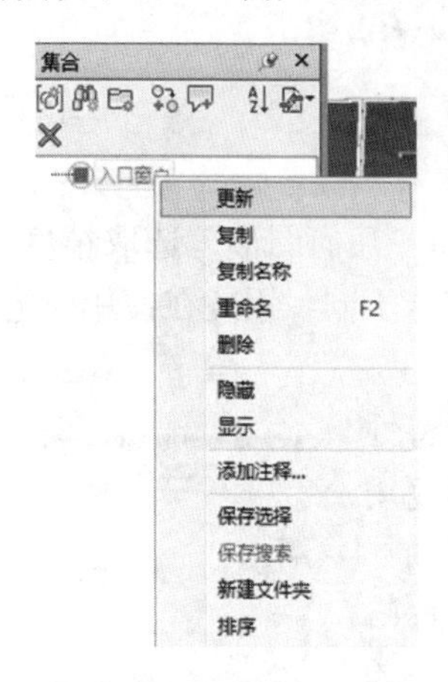

图 3. 3-62

E. 配合 Ctrl 键再次点击其他窗构件，在“选择集”中添加新构件。在“集合”面板中“入口窗户”名称处单击鼠标右键，弹出快捷菜单，在快捷菜单中选择“更新”将该选择集更新为当前选择状态。如图 3. 3-62 所示。

F. 选择“集合”中“更新”后的“入口窗户”，在“集合”面板中单击“添加注释”，弹出添加注释对话框，可以在添加注释对话框中为当前的选择集输入注释信息，以方便其他人理解该选择集的意义。

G. 切换至“审阅”选项卡，确认“注释”选项卡中的“查看注释”工具已经激活。该工具将打开注释工具窗口。

H. 展开“注释”工具窗口，默认情况下该工具窗口将隐藏在 Navisworks 窗口右下角位置。单击“集合”面板中的“入口窗户”集合，在“注释”面板中将显示针对该选择集的注释信息。

I. Navisworks 在集合面板中还提供“新建文件夹”等相关命令，对于选择集可以进行更多的分类及管理，配合注释功能，可以实现对项目内容的完整讨论、记录。Navisworks 会自动记录添加注释的“作者”信息和注释的状态，用于跟踪讨论的结果。Navisworks 会自动读取 Windows 当前用户名作为“作者”信息。

J. 在场景保存选择集后，“选择树”工具面板中会出现“集合”选项，切换到该模式下，可以查看当前项目中所有可用的选择集。

② 搜索集

若要在 Navisworks 中使用搜索集，必须设置指定搜索条件。搜索条件可以是单独的参数，也可以是几个参数的组合。

A. 在“常用”选项卡的“选择和搜索”面板中单击“查找项目”工具，打开“查找项目”工具窗口。

B. 在“查找项目”面板左侧“搜索范围”中，以选择树的方式列举了当前场景中所有可用的资源，比如要搜索新风系统。单击“练习项目全专业”即在该文件范围内进行搜索。在右侧搜索条件中，分别需要确定“类别”为“项目”，“特性”为“类型”，“条件”为“包含”，值为“XF”，点击面板中“查找全部”，此时“特性”面板中显示“选中了 300 个项目”。如图 3.3-63 所示。

C. 确认模型中的 XF 管道，即新风管道已经被选中高亮显示。打开“集合”面板，点击“保存搜索”命令。保存上述条件搜索，命名为“新风系统”。如图 3.3-64 所示。

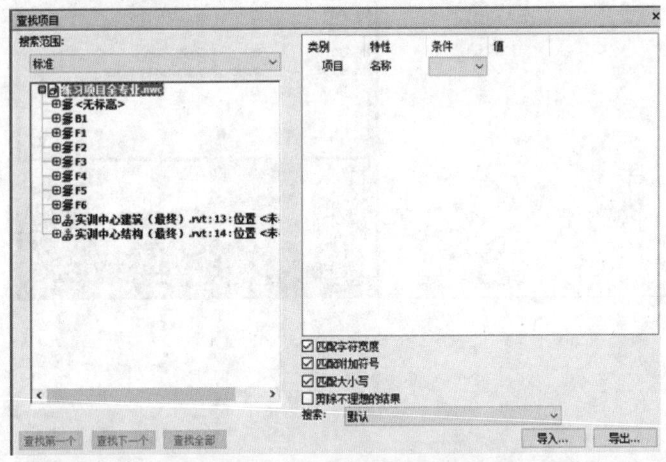

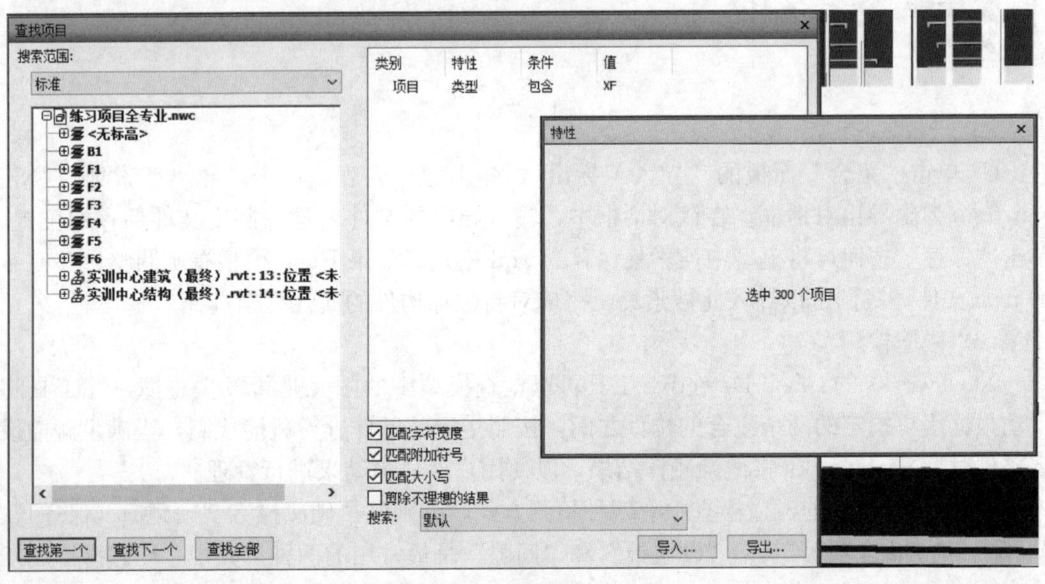

图 3.3-63

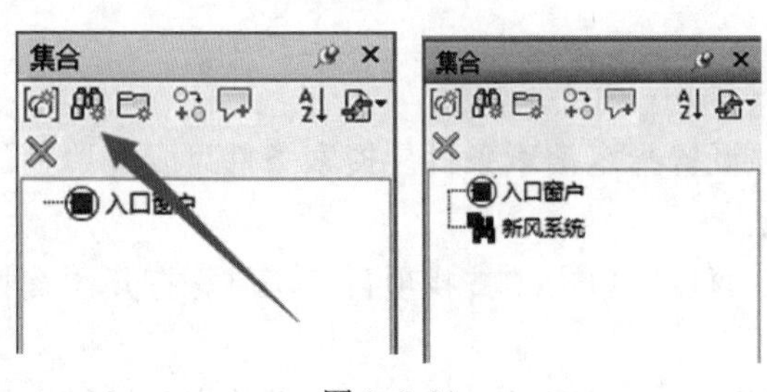

图 3.3-64

D. 单击场景中的空白区域，然后再次点击集合面板上的“新风系统”。Navisworks 将自动选择满足该搜索条件的所有构件。

E. 用户可以利用“查找项目”的功能将各机电管线系统；分别建立搜索集；各种墙体、梁、板系统等全都能建立搜索集，利用不同的条件组合出不同标高的构件集合等。

F. 也可用同样方法查找结构模型中全部的梁，并保存“结构梁”如图 3.3-65 所示。

图 3.3-65

G. 单击“集合”面板的“导入 \ 导出”，弹出导出列表，单击“导出搜索集”，Navisworks 弹出导出对话框。在该对话框中，输入导出的文件名称并制定文件保存的位置，单击“保存”按钮，将模型中搜索集保存为 xml 格式。如果 Revit 模型有所调整，并有新的 nwc 文件，我们可以导入此搜索集，完成对新添加构件的属性搜索选择。

(8) 碰撞检测

Navisworks 的 Clash Detective 工具可以检查模型中的图元是否发生碰撞，此工具将自动根据用户指定的两个集合的构件之间，按照指定的条件进行碰撞检测，当满足碰撞设定条件时，Navisworks 将记录碰撞结果，以便用户对碰撞结果进行管理。

在 Navisworks 的碰撞检查中有四种检测方式，分别是“硬碰撞”、“硬碰撞（保守）”、“间隙”和“重复项”。其中“硬碰撞”和“间隙”是最常用的两种。其中“硬碰撞”用于检查两组构件是否存在直接接触的碰撞关系；而“间隙”是用于检查两组构件间并未接触，但间距不满足设定值要求的情况，如果存在小于设定值的情况将被视为碰撞。“重复项”方式则用于查找模型场景中是否存在完全重叠的模型构件。

（9）实例操作

① 打开 Navisworks，点击“常用”选项卡中“添加”按钮，分别添加光盘相应目录下的“示例项目扩初机电”、“示例项目扩初结构”和“示例项目扩初建筑”。在“视点”选项卡下，“渲染样式”中“模式”改为“着色”。右键场景空白处，弹出菜单后单击背景，调整背景为“地平线”。如图 3.3-66 所示。

图 3.3-66

② 在“视点”选项卡中，点击“剖分”命令，在“剖分工具”选项卡中，使用平面工具“对齐顶部”，点击“移动”工具，用鼠标将剖分平面移动到三层顶板附近，露出机电管线。如图 3.3-67 所示。

图 3.3-67

③ 用鼠标和键盘配合在空间中观察三层的机电管线，现在阶段属于扩初设计阶段的初步综合成果，我们需要通过碰撞检查来校验管线是否存在严重的碰撞，间距是否满足预期要求。

④ 我们利用这个示例项目，一步一步来实现电气专业的桥架上色，并对全部机电管

线进行筛选集合化。

⑤ 点击模型中的一种桥架，因为桥架在 Revit 中是没有系统材质颜色的，所以无法在 Navisworks 中直接按 Revit 过滤器显示颜色。点击其中一个桥架，点击“特性”按钮，查看桥架特性。如图 3.3-68 所示。

图 3.3-68

⑥ 按照“查找项目”如图 3.3-69 所示的筛选方式对选中桥架进行查找。然后在“集合”面板中保存“搜索集”。注意：“查找项目”面板左侧，点击“示例项目扩初机电”，右侧“类别”选择“元素”，“特性”可以直接输入名称，如果是一个较为复杂的项目，在特性列表中找到你想要的名称是非常困难的。条件选择的值可以输入“TADI-E-RD”，点击“查找全部”。在“集合”面板保存搜索集命名为“TADI-E-RD”。按照这种方法，将全部桥架及其他机电管线进行筛选并定义集合，如图 3.3-69，图 3.3-70 所示。

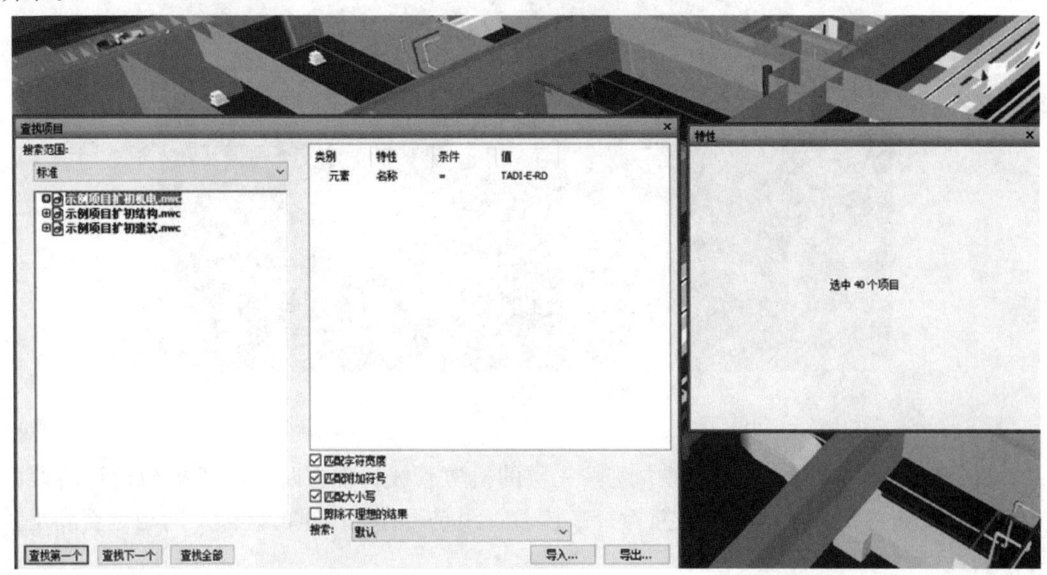

图 3.3-69

⑦ 接下来我们对桥架进行着色。打开项目机电颜色表，点击“常用”选项卡“工具面板外观配置器”，此时打开“外观配置器”面板，左侧部分点击“按集合”，此时刚才在“集合”面板中设置好的集合都在其中体现了。点击“TADI-E-RD”，然后点击“外观中颜色”，弹出“颜色调整”面板，再点击“规定”自定义颜色，展开成为自定义颜色的大面板，此时就可以把机电颜色列表中的颜色进行定义了，我们选择的“RD”桥架RGB值为“153，255，51”，点击“确定”，完成对颜色的选择。再次点击“外观配置器”中的“添加”，此时右侧选择器出现了TADI-E-RD的颜色配置，再次点击“确定”，完成对弱电桥架的外观颜色配置。使用同样方法完成其他电气桥架的外观配置。最终如图3.3-71所示。点击运行命令，模型中的五种桥架即可着色显示。

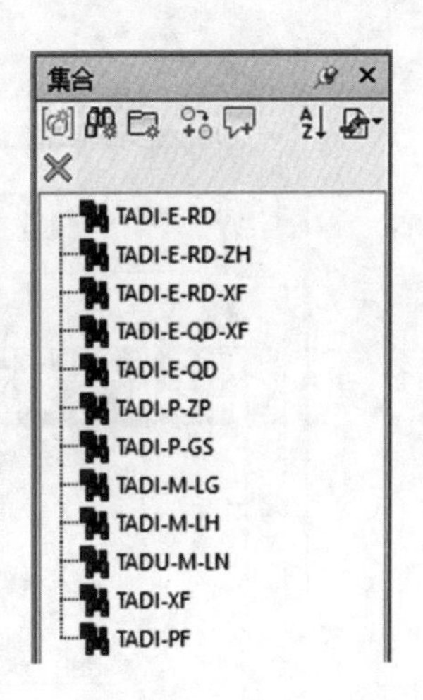

图3.3-70

⑧ 点击保存按钮，可以保存当前的对项目中相关集合构件颜色的设置，可以在相同命名集合的项目中再次使用，保存命名为“示例项目外观颜色”。关闭“外观配置器”。

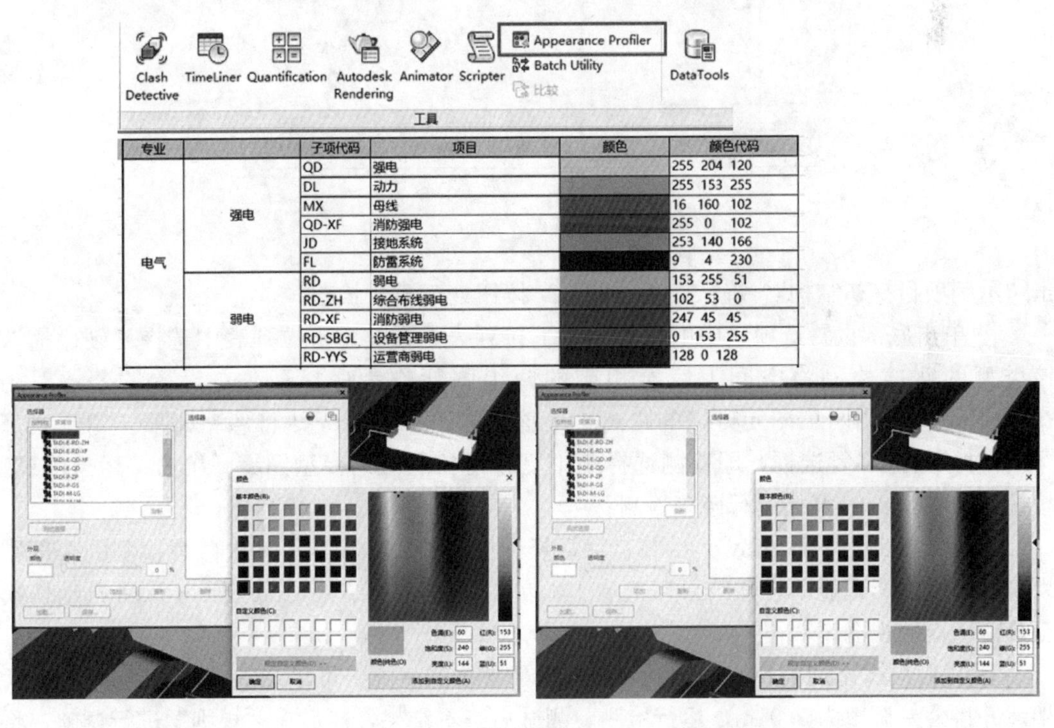

专业		子项代码	项目	颜色	颜色代码
电气	强电	QD	强电		255 204 120
		DL	动力		255 153 255
		MX	母线		16 160 102
		QD-XF	消防强电		255 0 102
		JD	接地系统		253 140 166
		FL	防雷系统		9 4 230
	弱电	RD	弱电		153 255 51
		RD-ZH	综合布线弱电		102 53 0
		RD-XF	消防弱电		247 45 45
		RD-SBGL	设备管理弱电		0 153 255
		RD-YYS	运营商弱电		128 0 128

图3.3-71

⑨ 点击“常用”选项卡，Clash Detective命令，打开“碰撞检查”面板，右键点击“添加检测”对其进行重命名“新风vs结构”，回车。如图3.3-72所示。

⑩ 在中部的窗口中我们看到选择A和选择B，我们需要在这里分别选择碰撞检测的两个集合。在选择A下面的集合分类中，我们选择“集合”，显示了全部可以用到的构件集合，我们点击“TADI-XF”和“TADI-PF”，在右侧维持选择集合分类为“标准”，点

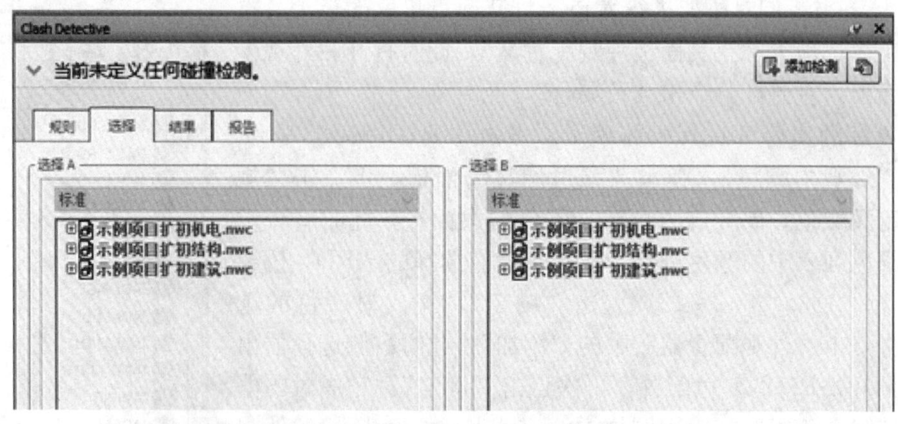

图 3.3-72

击“示例项目扩初结构”，确认底部“曲面”按钮处于激活状态。

⑪ 单击底部设置选项组中的“类型”下拉列表，在类型下拉列表中选择“硬碰撞”，该类型的碰撞检测将空间上完全相交的两组图元作为碰撞条件；设置“公差”为“0.05mm”，即当两个图元碰撞的距离小于该值时，Navisworks将忽略碰撞。勾选底部“复合对象碰撞”复选框，即检测选择集中复合对象层级的模型图元。单击“运行测试”按钮，Navisworks开始运行碰撞检测。

⑫ 运算完成后，Navisworks将自动切换到检测结果选项卡，本次碰撞检测的全部结果将以列表的形式显示在“结果”选项卡。单击任意碰撞结果，Navisworks将自动切换至该碰撞点的视图。

⑬ 我们再次添加测试，命名为“自喷VS桥架”，桥架可以在右侧选择全部五种桥架。并将公差调整为0.01m，运行检测。测试后查看结果，然后在“规则”进行调整，将公差调整为“0.001m”，运行测试，查看测试成果。在未运行前，“自喷VS桥架”的上次测试结果前出现了提示“过期”的叹号，表明当前碰撞公差设置已经变化。再次运行检测后，叹号消失，可以查看新的碰撞结果。我们发现两次碰撞的公差设置虽然不同，但碰撞结果相同。我们再次调整此碰撞为“间隙”碰撞。如图3.3-73所示。

⑭点击“自喷VS桥架”碰撞结果，点击“选择”，在下面的设置中“类型”一项选择“间隙”，公差选择“0.1m”，运行测试。再次查看运行结果，可以知道管线空间相对

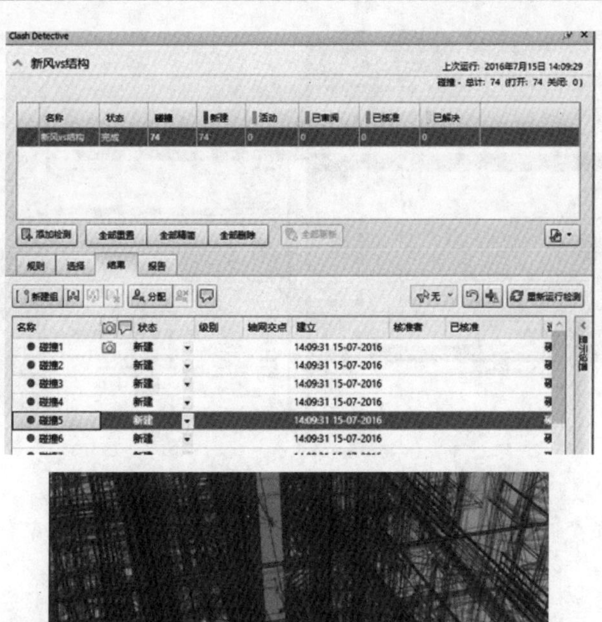

名称	状态	碰撞	新建	活动	已审阅	已核准	已解决
新风vs结构	完成	74	74	0	0	0	0
自喷VS桥架	旧	2	2	0	0	0	0

图 3.3-73

紧张的部位。如图 3.3-74，图 3.3-75 所示。

⑮按住 Ctrl 键选择碰撞视口里面的两个图元，点击“审阅”选项卡，测量面板中“最短距离”按钮，在视图中可以直接看到结果，最短距离为 0.029m，小于设定值 0.1m 所以被认为碰撞。如图 3.3-76 所示。

⑯导出“碰撞报告”，Navisworks 可以将碰撞结果导出，以方便讨论和存档。点击“自喷 VS 桥架”的间隙碰撞检测任务，然后切换至“报告”选项卡，在“内容”中钩选要显示在报告中的冲突检测内容，该内容显示了在“结果”选项卡中所有可以用的列标题。此处我们保存为默认状态。如图 3.3-77 所示。

⑰将底部的报告格式改为 HTML（表格），点击“写报告”此时 Navisworks 开始导出针对选中碰撞的检测报告。我们可以选择路径并命名此报告。点击此报告，可看到碰撞报告列表，单击列表中的小图可以显示碰撞节点大图。如图 3.3-78 所示。

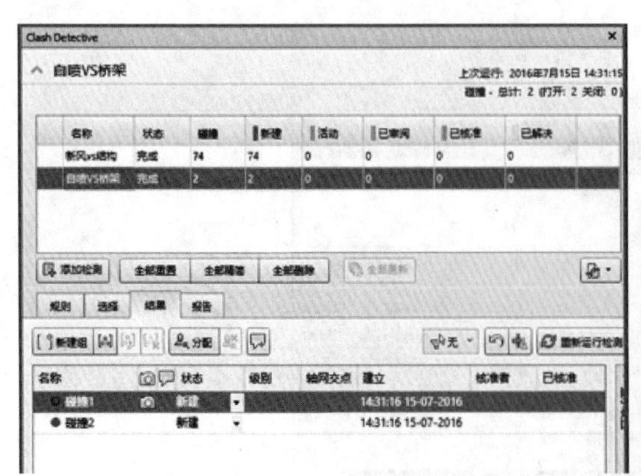

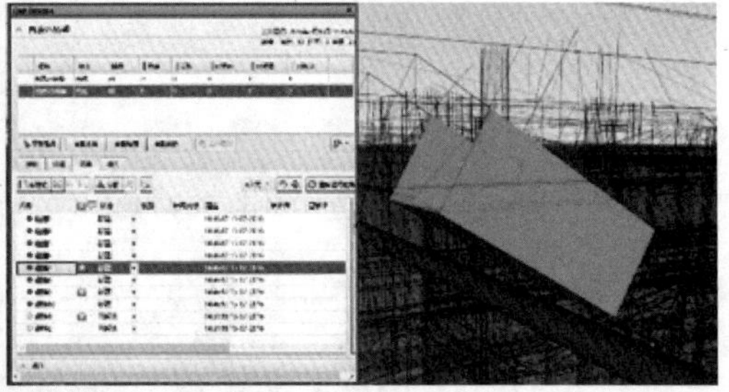

图 3.3-74

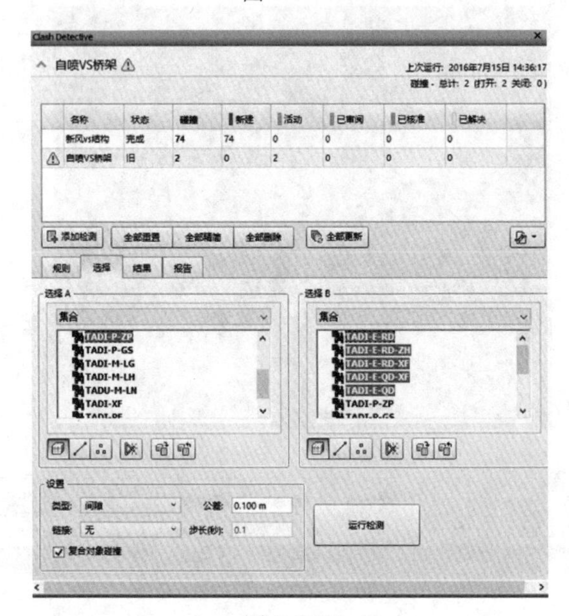

图 3.3-75

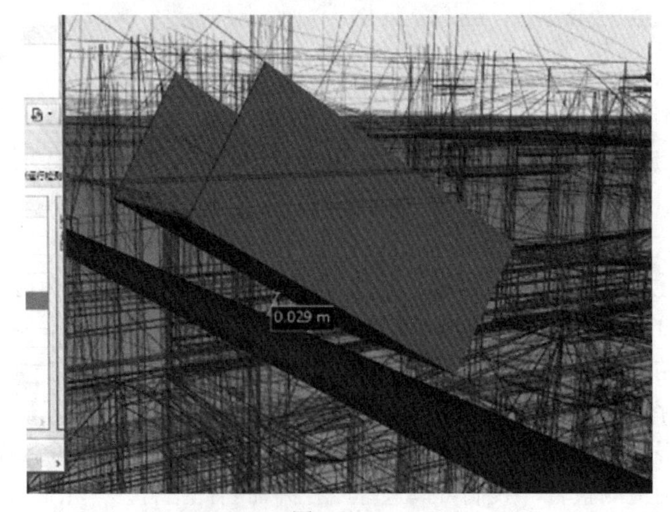

图 3.3-76

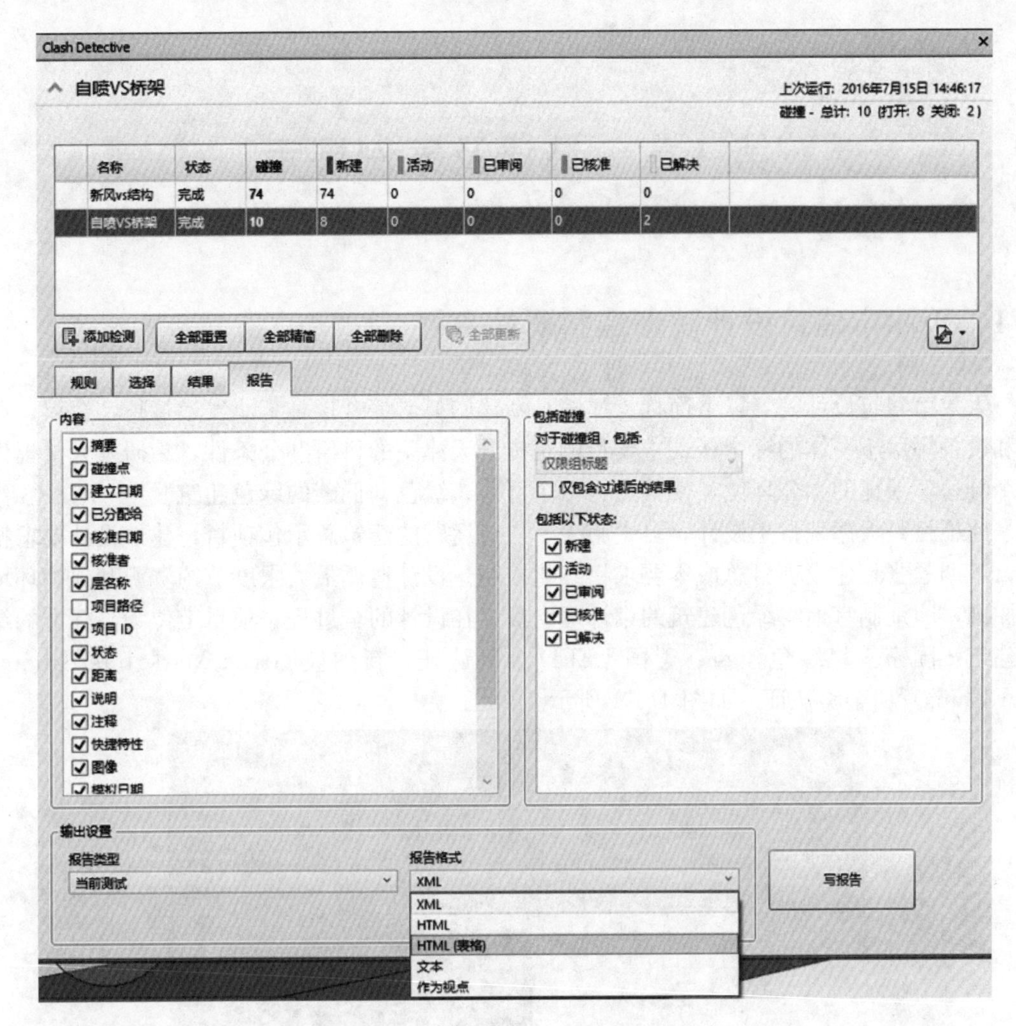

图 3.3-77

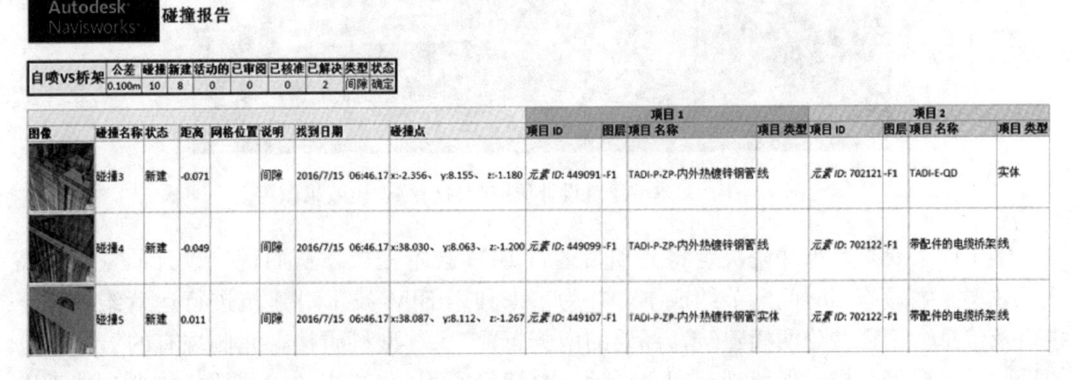

Autodesk Navisworks 碰撞报告

自喷VS桥架	公差	碰撞	新建	活动的	已审阅	已核准	已解决	类型	状态
	0.100m	10	8	0	0	0	2	间隙	确定

								项目 1				项目 2			
图像	碰撞名称	状态	距离	网格位置	说明	找到日期	碰撞点	项目 ID	图层	项目 名称	项目 类型	项目 ID	图层	项目 名称	项目 类型
	碰撞3	新建	-0.071		间隙	2016/7/15 06:46.17	x:-2.356、y:8.155、z:-1.180	元素 ID: 449091	-F1	TADI-P-ZP-内外热镀锌钢管	线	元素 ID: 702121	-F1	TADI-E-QD	实体
	碰撞4	新建	-0.049		间隙	2016/7/15 06:46.17	x:38.030、y:8.063、z:-1.200	元素 ID: 449099	-F1	TADI-P-ZP-内外热镀锌钢管	线	元素 ID: 702122	-F1	带配件的电缆桥架	线
	碰撞5	新建	0.011		间隙	2016/7/15 06:46.17	x:38.087、y:8.112、z:-1.267	元素 ID: 449107	-F1	TADI-P-ZP-内外热镀锌钢管	实体	元素 ID: 702122	-F1	带配件的电缆桥架	线

图 3.3-78

第 4 章　结语及案例展示

4.1　天津市建筑设计院新建科研综合楼

天津市建筑设计院（以下简称天津院）新建的科研综合楼是集研发、接待、会议、办公和设备用房于一体的综合楼。主要目的是提升天津院的科研办公条件，为研发人员提供一个舒适、便捷的办公环境，使其成为一个舒适、绿色、低碳的绿色建筑。

此项目是天津院自主设计，自主施工，自持运营的建筑总承包项目，建筑设计要求精密，工期紧张且建设项目总成本要求精细化控制。设计遵循最大限度节约资源和保护环境的原则，因地制宜地将绿色建筑的设计理念贯穿在设计的全过程，项目定位为高标准的绿色建筑：国家三星绿色建筑、美国 LEED 金奖认证、新加坡 Green Mark International (for China) 白金奖认证。如图 4.1-1 所示。

图 4.1-1　天津市建筑设计研究院科研综合楼效果图

鉴于以上要求，天津院决定将此项目通过 BIM 技术完成，从而优化设计质量、提高施工效率、缩短施工时间、节约成本，并为未来利用 BIM 技术对建筑进行运营维护留下接口及信息。工程共分两幢建筑，场地的南侧布置“L”型科研楼，北侧现有的 B 座办公楼拆除后兴建停车楼。保留现有中心绿地。总建筑面积：31600m^2。科研楼主要功能地上为研发部、设计部、办公用房、接待室、会议室等，地下为附属用房及设备用房。主体为地上十层，地下一层。结构形式为框剪结构。主体建筑高度为 45m。综合楼地上主要功能为机动车、非机动车的存放，地下平时作为机动车停车，战时为五级人防。地上四层，地下一层。其结构形式为钢框架结构。建筑高度为 13m。

建筑的造型设计力求体现朴素、大方、简约、现代的建筑风格，与周边已有建筑取得良好的协同与呼应，将建筑节能与绿色建筑的理念融入到设计中，努力实现建筑与环境和谐共生的可持续发展，实现建筑美感与功能需求的和谐统一。

4.1.1　概念设计阶段

本案例项目中，由于建设环境空间紧张，在前期规划阶段因过于紧张的外部条件和高标准的绿色建筑要求，唯有使用可以量化的依据，才能确定建筑的位置及形体。项目利用 BIM 技术对建筑场地进行了以下多项分析比较，最终根据分析结论，在满足规划要求的基础上，确定了建筑位置及形体。

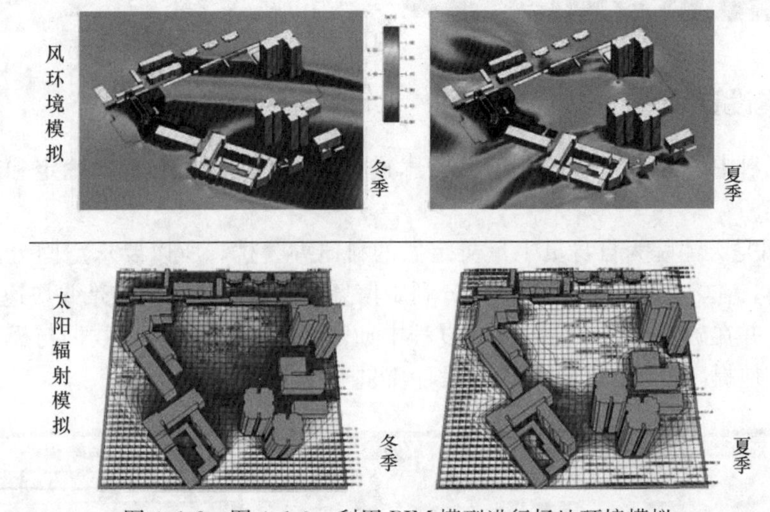

图 4.1-2，图 4.1-3　利用 BIM 模型进行场地环境模拟

1. 将复杂的场地环境制作成数据模型，导入流体力学软件进行风环境分析模拟。分析结果显示，场地风环境满足绿建要求，但场地风速过低，不利于建筑过渡季的自然通风。如图 4.1-2 所示。

2. 利用场地模型，进行太阳辐射分析模拟。分析结果显示，场地受周围建筑遮挡严重，太阳辐射量呈南北梯度分布，冬季尤其明显。如图 4.1-3 所示。

3. 利用分析模型，对于北侧居住建筑进行了日照遮挡分析，用于指导建筑物的规划布局设计。如图 4.1-4 所示。

最后，根据以上分析结论，设计师对场地环境的优势和劣势进行总结，并结合规划部门要求、分期建设等多方面因素，得出较为合理的建筑形体图 4.1-5。同时，对所选择的建筑形体的自身优缺点进行了

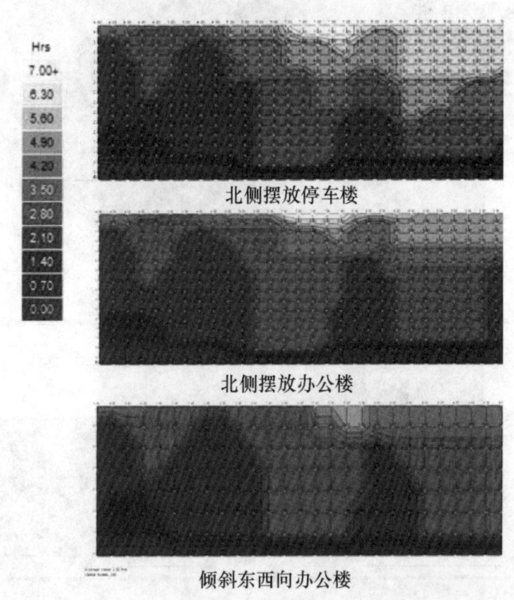

图 4.1-4　利用 BIM 模型进行日照分析

分析，从而为方案设计等后续工作提出了优化要求。

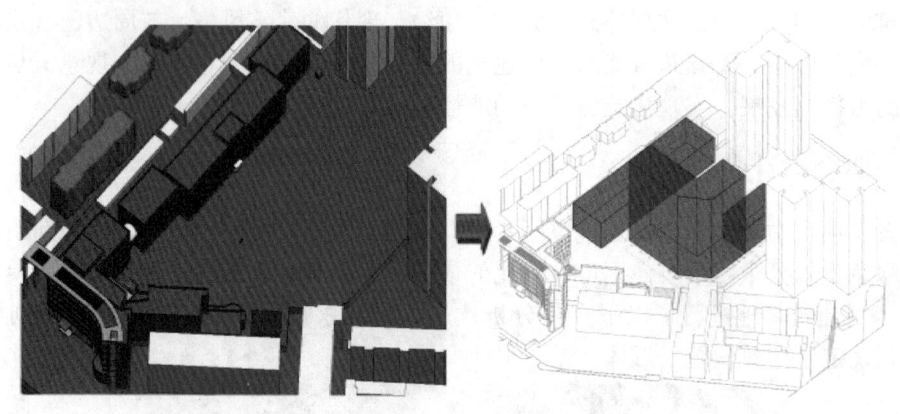

图 4.1-5 综合考虑确定建筑形体

4.1.2 方案设计阶段

本案例项目中，方案阶段借助 BIM 技术进行了一系列组织空间、确定和优化建筑风格等设计工作。

1. 此项目是天津院为自身员工量身定做的科研办公楼，所以要求空间分配与院部门构成紧密结合。在方案设计过程中，充分利用信息模型对体块进行推敲并快速得出平面空间分配数据，并在确定空间分配的设计过程中通过 BIM 技术实现了数据与模型的实时交互调整，极大地提高了设计工作效率和设计质量（图 4.1-6）。

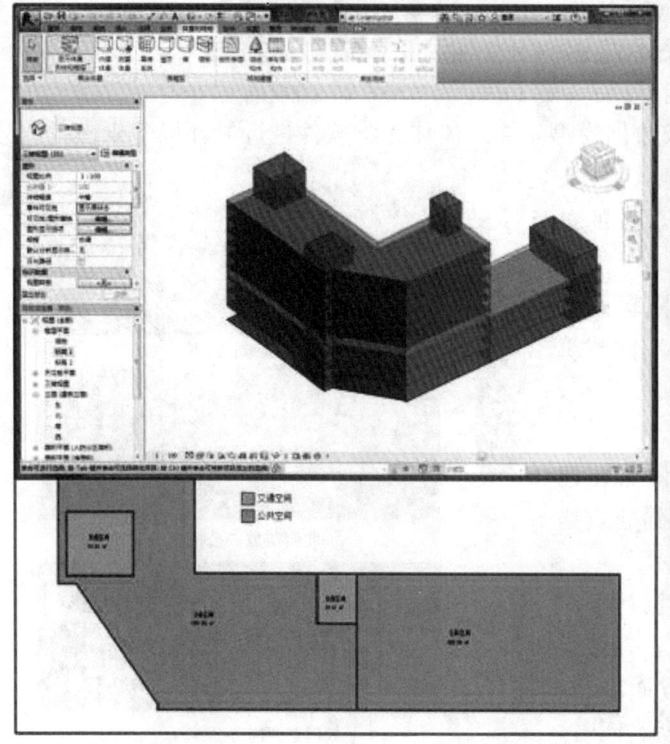

<房间明细表>

A	B	C	D
名称	标高	面积	周长
交通空间	标高 1	43.41	26490
交通空间	标高 1	93.86	38790
交通空间	标高 1	74.02	34663
交通空间	标高 2	43.41	26490
交通空间	标高 2	93.86	38790
交通空间	标高 2	74.02	34663
交通空间	标高 3	43.41	26490
交通空间	标高 3	93.86	38790
交通空间	标高 3	74.02	34663
交通空间	标高 4	43.41	26490
交通空间	标高 4	93.86	38790
交通空间	标高 4	74.02	34663
交通空间	标高 5	41.95	26090
交通空间	标高 5	93.86	38790
交通空间	标高 5	74.02	34663
交通空间	标高 6	41.95	26090
交通空间	标高 6	93.86	38790
交通空间	标高 6	74.02	34663
交通空间	标高 7	41.95	26090
交通空间	标高 7	93.86	38790
交通空间	标高 7	74.02	34663
交通空间	标高 8	41.95	26090
交通空间	标高 8	93.86	38790
交通空间	标高 8	74.02	34663
交通空间	标高 9	41.95	26090
交通空间	标高 9	93.86	38790
交通空间	标高 9	74.02	34663
交通空间	标高 10	41.95	26090
交通空间	标高 10	93.86	38790
交通空间	标高 10	74.02	34663
公共空间	标高 1	868.38	148934
公共空间	标高 1	802.29	120040
公共空间	标高 2	1391.06	209319
公共空间	标高 2	802.29	120040
公共空间	标高 3	1391.06	209319
公共空间	标高 3	802.29	120040
公共空间	标高 4	1391.06	209319
公共空间	标高 5	1388.54	208919
公共空间	标高 6	1388.54	208919
公共空间	标高 7	1388.54	208919
公共空间	标高 8	1388.54	208919
公共空间	标高 9	1388.54	208919
公共空间	标高 10	1388.54	208919

图 4.1-6 利用 BIM 模型调取空间分配数据

2. 因为此项目定位为高标准的绿色建筑，所以在设计工作进一步开展前，先利用BIM模型导入Ecotect或IES等分析软件，对已经确定的体块方案进行能耗分析，更深入地分析体块先天的优缺点，并提出满足可持续设计的指导意见，将其作为需要满足的边界条件进行深化设计，使设计师在设计过程中更有针对性地制定方案和设计策略。例如：对体块模型各个立面日照进行分析，得到各立面的窗墙比建议值；对地块内风环境进行进一步模拟，通过分别分析不同高度风速及风压等方法来指导方案设计（图4.1-7）。

在此基础上得出的不同建筑风格的多个方案，均满足本项目的前期定位要求，可以有效避免方案设计的重大变化。

图4.1-7 通过地块内风环境分析指导设计

3. 在多方案的比选过程中，利用BIM模型对于不同方案采用的绿色建筑措施进行分析比较，最终通过对不同方案多方面的权衡分析，选用最佳方案，并结合其他方案的亮点进行方案优化（图4.1-8）。

- 节能措施分析

图4.1-8 针对不同方案的绿色建筑措施分析

4.1.3 初步设计阶段

本案例项目中，打破传统模式，借助BIM技术直接在三维环境下进行方案设计，在工作流程和数据流转方面有明显改变，带来了设计效率和设计质量的明显提升。

1. 基于BIM技术的三维设计对于空间充分利用的优势十分明显，对于一些在二维设计中容易忽视的细节部分进行精细化设计，从而提高设计质量。例如，楼梯间下部空间往往被忽视，并很难通过传统二维设计明确空间尺度，天津院通过对建筑进行反复剖切，对这类空间进行精细化设计，从而很大程度地提高了空间利用率（图4.1-9）。

2. 三维设计过程也优化了各专业的协同配合过程。在设计初期将施工图设计阶段工作前移，对走廊等管线密集位置进行管线综合，预估及分配吊顶空间。相较于传统二维工作模式中各专业单独设计，通过定期会审难以发现全部碰撞点，遗留大量问题到施工阶段，采用BIM技术的三维设计方式，可以有效地实现各专业协同设计，改变了传统设计流程，将管线综合工作前移，达到设计过程中及时发现并避免交叉碰撞，减少了后期工作量如图4.1-10所示。

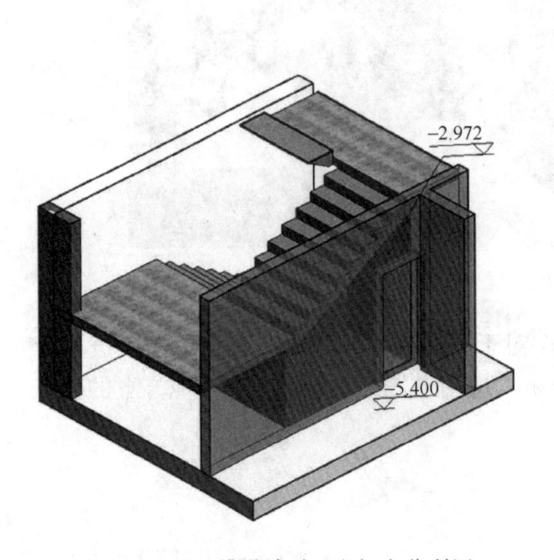

图4.1-9　三维设计对于空间充分利用

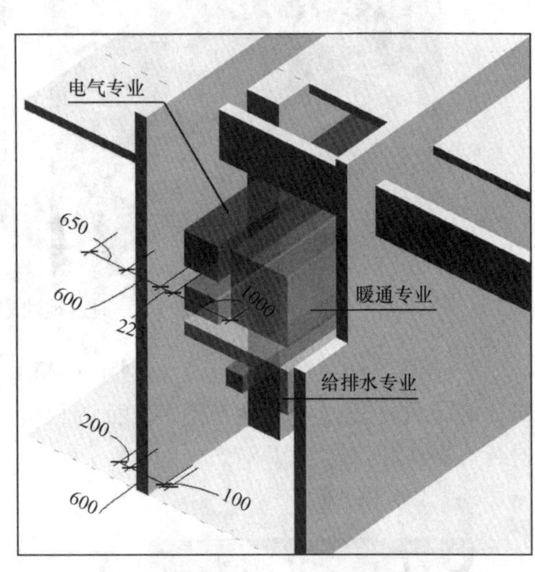

图4.1-10　优化各专业的协同工作

3. 基于BIM模型进行建筑方案的进一步可持续性设计分析，提出和确定绿色建筑节能措施以及可再生能源利用策略和方法等。

其中包括：对此阶段的BIM模型进行整体分析，得出地块内自然通风数据，再针对方案进行建筑内部气流组织分析，指导优化。同时结合室内墙上增加的通风口，使东、西朝向房间具有自然通风的通道，实现不同朝向房间的通透。如图4.1-11所示。

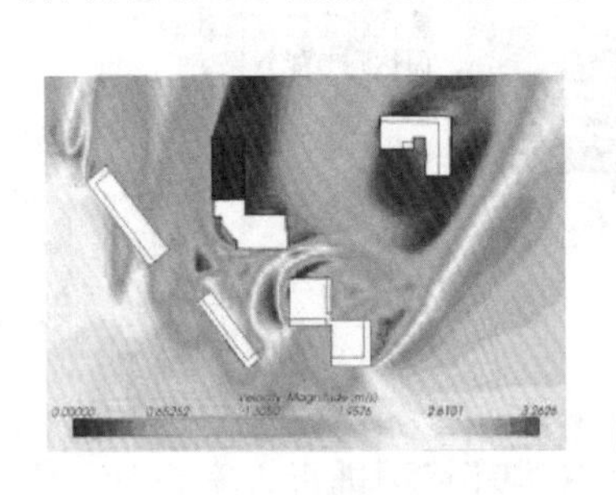

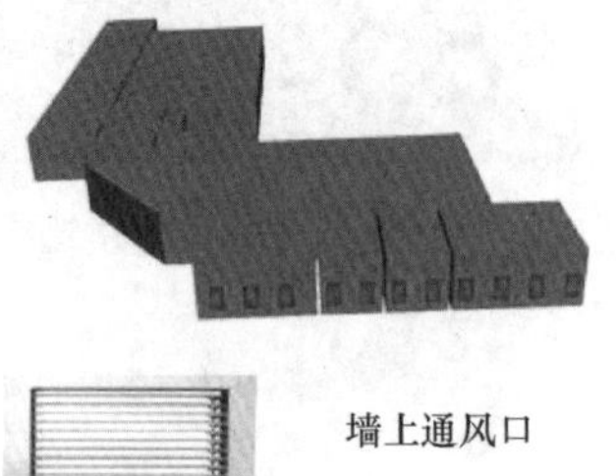

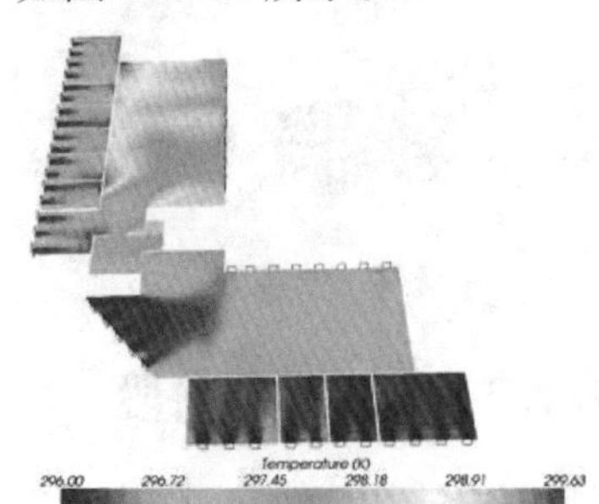

图4.1-11　气流组织分析

利用BIM模型通过分析软件对建筑物屋顶太阳辐射量进行分析计算，结合分析数据，确定采用太阳能集热器方案（图4.1-12）。同时在BIM模型中建立太阳能集热器的族，利用完备的参数模型，指导其在平面的排布位置，得出的排布数据反馈回分析软件，进行整体太阳能平衡计算（图4.1-13）。

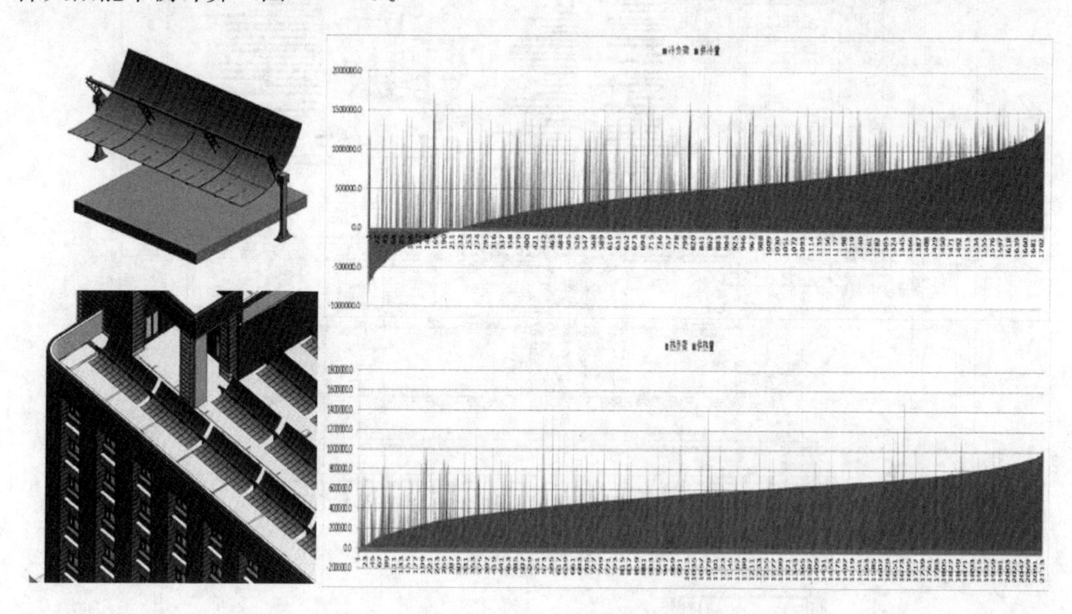

图4.1-12，图4.1-13 利用模型进行太阳能平衡计算

4.1.4 施工图设计阶段

本案例项目中，采用了AutodeskRevit系列软件，结合现行图纸规范对于软件默认样板文件中的标高样式、尺寸标注样式、文字样式、线型线宽线样式、对象样式等进行了标准定义，制定了适合自身的BIM企业标准，此部分内容已在第二章进行介绍。此项目在充分利用BIM信息模型的基础上取得了以下几点突破：

1. 此项目做到了建筑专业100%利用BIM软件出图，实现了从三维数字模型直接打印二维图纸，同时其他专业在传统二维软件的辅助下，也能满足最终的出图要求，最终圆满地完成了设计任务（图4.1-14）。由于项目采用三维模型进行深化设计，所以对于复杂的空间关系得以更好的展现，BIM技术突破了传统二维绘图模式的局限，使图纸表达更加清晰和生动（图4.1-15）。

2. 通过BIM技术在施工图设计中实现了对施工阶段的预先规划，为了满足优化施工方案排布的要求，利用设计阶段BIM模型数据，按照施工建设的需求对模型进行整理、拆分、深化，梳理施工所需的模型资源。结合施工工法，预留管线安装的空间后，对管线复杂部位进行了进一步优化，并进行了细部施工方案模拟，大大提高了项目的可实施性（图4.1-16）。

3. 在设计阶段，通过规范BIM模型的构建标准，为模型在建筑全生命周期中的各个阶段实现有效的数据传输提供了基础。充分利用设计阶段的BIM模型，在满足建设过程的精确模拟需求的前提下，在BIM模型中补充施工建设所需的附属构件，并针

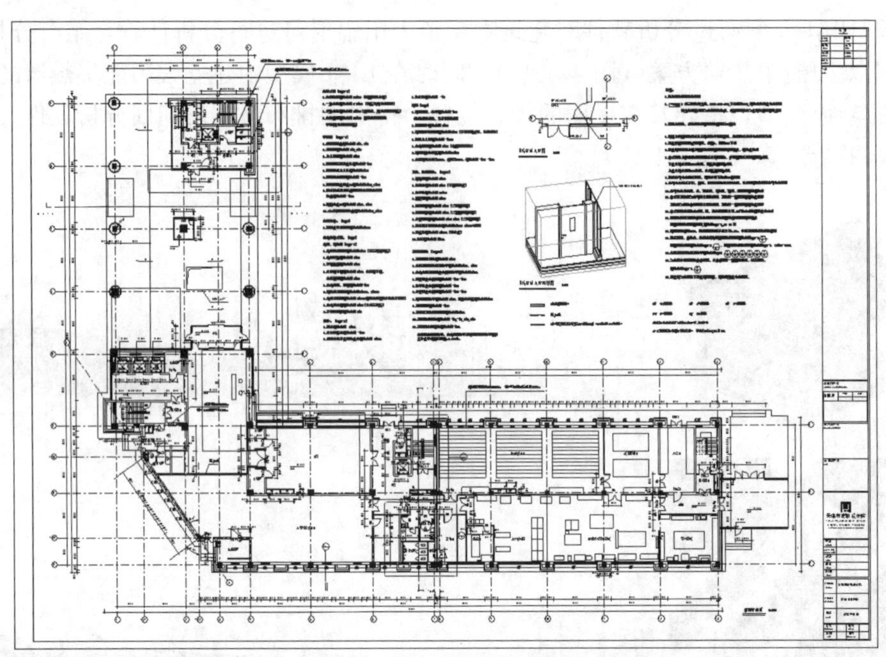

图4.1-14　利用BIM模型直接生成的二维图纸

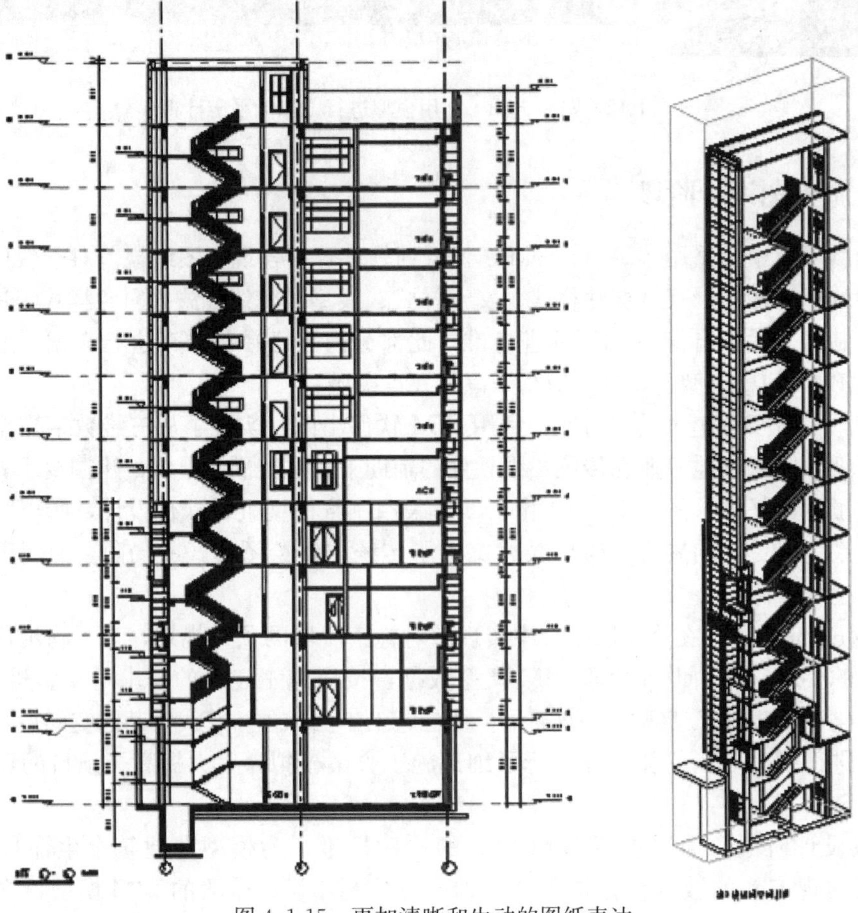

图4.1-15　更加清晰和生动的图纸表达

图 4.1-16 结合施工工法进行管线排布优化

对设计模型进行编码体系的设置，进一步拆分模型，使其满足算量、排期等需求（图 4.1-17）。

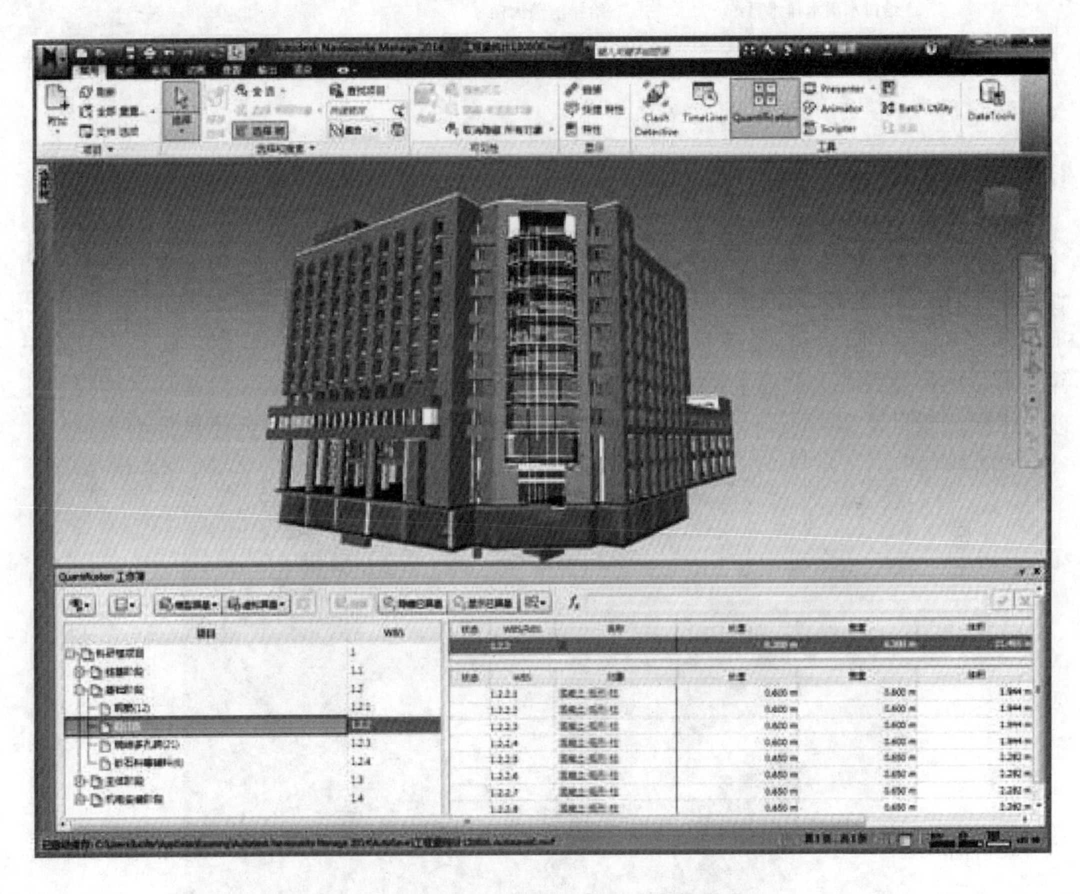

图 4.1-17 针对设计模型进行编码体系设置

4. 通过规范设计阶段 BIM 模型的建模要求，为后期的运营维护阶段有效利用 BIM 模型提供了保证。例如，设计阶段的机电专业在模型搭建中，在设计之初建立设备族库的时候，充分考虑了后期运营中需要添加的参数数据，为满足后期信息更新录入提供了基础。并且针对不同的设备系统建立了不同的工作集，方便了后期运维阶段的不同需求（图 4.1-18）。

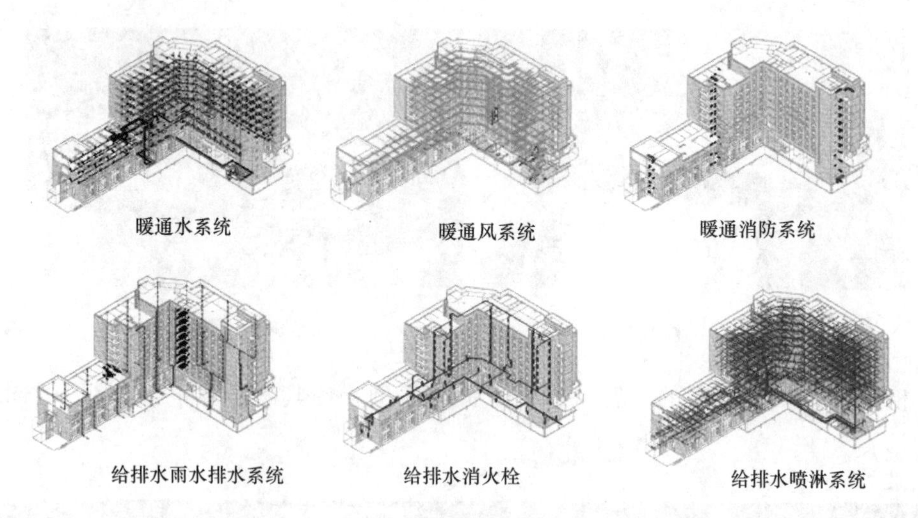

图 4.1-18 针对不同设备系统建立不同的工作集

4.2 解放南路文体中心项目

本案例为解放南路文体中心项目，位于解放南路地区，北接海河，南临外环线，总占地面积 17km^2，总建筑面积 11660m^2，其中地上建筑面积 10700m^2，地下建筑面积 960m^2，分为三个阶段建设（图 4.2-1）。根据天津市政府“十二五”规划，要将天津市的解放南路地区建设成为生态宜居的居住社区，成为国内首个中心城区人口密集区的绿色生态居住区。规划明确要求，区域内所有的新建建筑需全部达到国家绿色建筑标准。

图 4.2-1 解放南路文体中心效果图

文体中心项目是这一区域内第一个非经营性质的公共建筑，其服务范围包括全部起步区以及一些邻近的建成区，起到为周围居民提供健身活动、休闲交流、文化娱乐等服务场所的功能，使居住区的配套功能更加完善，同时降低实际运营成本，为社会展示绿色建筑理念等。因而设计目标为：低碳零能耗、国家绿色建筑评价三星、美国LEED 铂金认证。

这一项目建成之后将成为北方第一座零能耗建筑，为实现这一目标，在设计时采用了综合节能措施，寻求最佳方案。首先根据天津所在的北方寒冷地区的气候条件，来选择适宜的被动节能措施，同时将其与建筑造型结合起来进行研究；然后通过被动节能措施的选择以及其他条件来对主动节能措施进行优化。这样的设计要对许多的模拟数据进行整合，并综合分析，并以分析结果作为设计依据，因此基于 BIM 技术的数据分析方法被充分应用到项目的建筑设计中。

4.2.1 BIM 技术在可持续设计中应用的工作模式

BIM 技术在绿色建筑的设计过程中发挥着多方面的作用，针对不同设计阶段，分析整合相应的数据模型，每个阶段都进行着提取数据、交互分析、循环验证的过程，形成一个闭合的应用工作模式，为可持续设计提供强有力的量化数据支持，强化了设计的说服力。

下面利用本项目实践，结合建筑设计的不同阶段，详细介绍 BIM 技术在可持续设计中的应用方式，关注 BIM 技术在绿色建筑方案前期规划、方案比选和设计优化的过程中的应用特点，同时梳理根据不同阶段对 BIM 技术模型的不同需求而对应的模型分级方法。

1. 概念设计——前期场地规划——场地模型、体量模型

在前期概念阶段，建筑师可以利用 BIM 技术逐步对建筑物的用地情况进行分析，根据分析结论进行建筑设计。

（1）通过对地形基础数据的解读，将场地模型利用 BIM 技术建立起来，以便对建设用地周边的城市环境进行快速便捷的了解，利用 BIM 技术可视化功能，也使设计师更为直观地了解场地环境和规划意图，并且利用建成的场地模型对于场地环境进行分析（图 4.2-2）此过程在提取地形数据方面有两种方式：①在没有测绘的地形图时，我们可以利用 AutoCAD Civil3D 软件与 Google map 中包含的地形数据进行简单分析；②在甲方提供了测绘的地形图时，我们可以利用等高线的概念，从地形图上读取相应的高程点信息，生成场地模型。

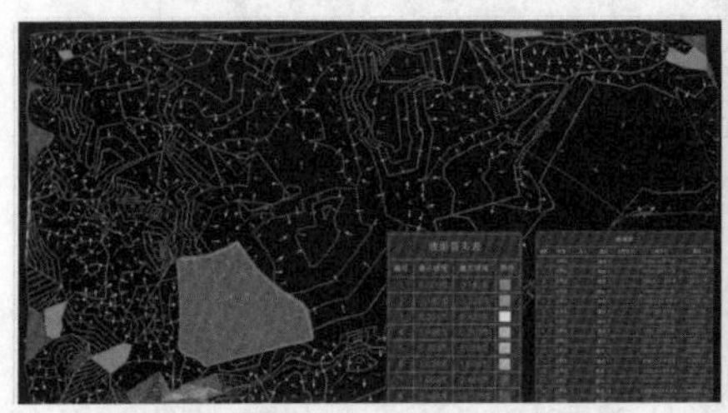
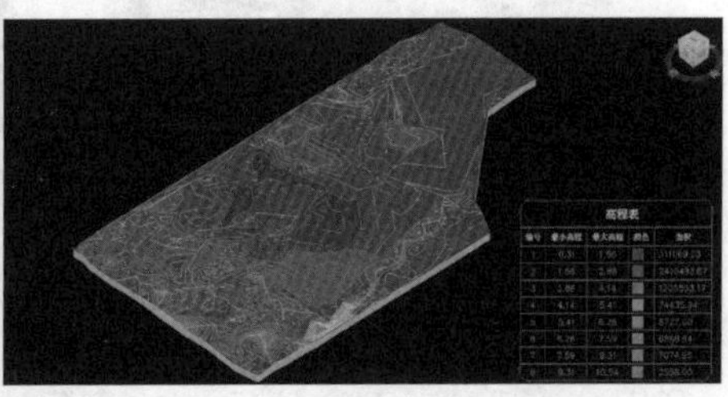

图 4.2-2 利用 BIM 技术建立场地模型

（2）通过调取当地环境数据，在 Ecotect 等软件中进行模拟分析，对场地的日照环境、风环境等得出结论，用于指导建筑形体创作。如图 4.2-3 所示。

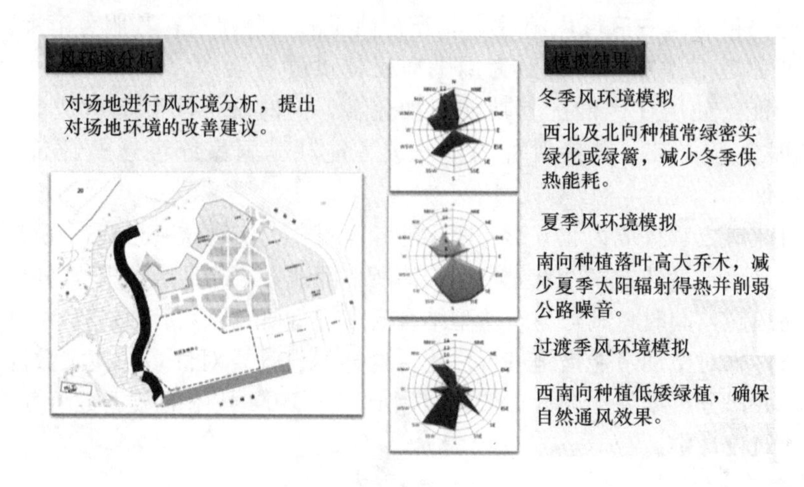

图 4.2-3 利用 BIM 技术分析场地环境

（3）在此基础上建筑师可以自由设计多种建筑形体，且均适应所在场地的环境要求及规划条件，这也是开展下一步建筑方案设计的基础。针对这些建筑形体所建立的 BIM 技术模型称为“体量模型”。

2. 方案设计——多方案比选——分析模型

依照概念设计阶段得出的建筑形体，最终选定四个建筑形体进行方案深化（图 4.2-4）。到了这一阶段，就能利用 BIM 技术软件很快地建立出四个方案的 BIM 技术模型，并加以分析。利用 BIM 技术软件与其他专业分析软件的数据交换功能，对不同的方案进行模拟分析，最终通过比较得出最能满足设计要求的方案。

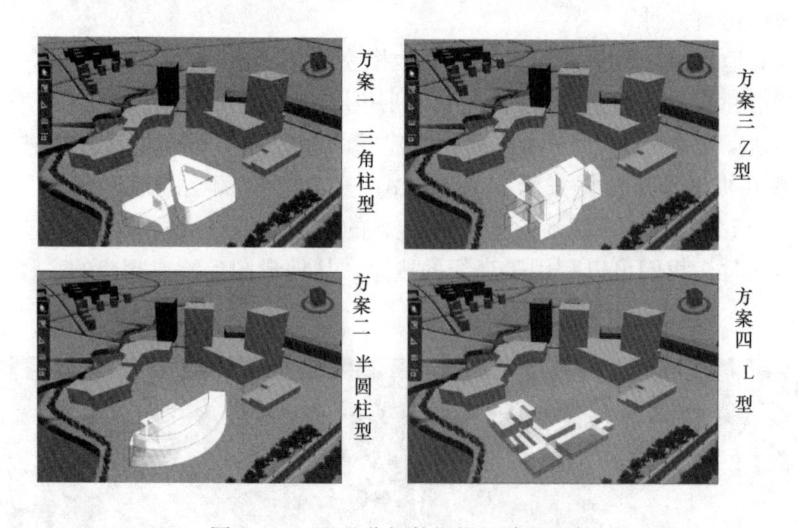

图 4.2-4 通过分析数据推敲建筑形体

（1）利用 SimulationCFD 软件，对不同方案的立面风压差进行模拟计算，并根据分析结果来对各个方案的自然通风的效果进行评估。

（2）利用 Ecotect 分析软件，进行围护结构得热量分析，评估各方案建筑能耗。如图 4.2-5 所示。

图 4.2-5　围护结构得热量分析

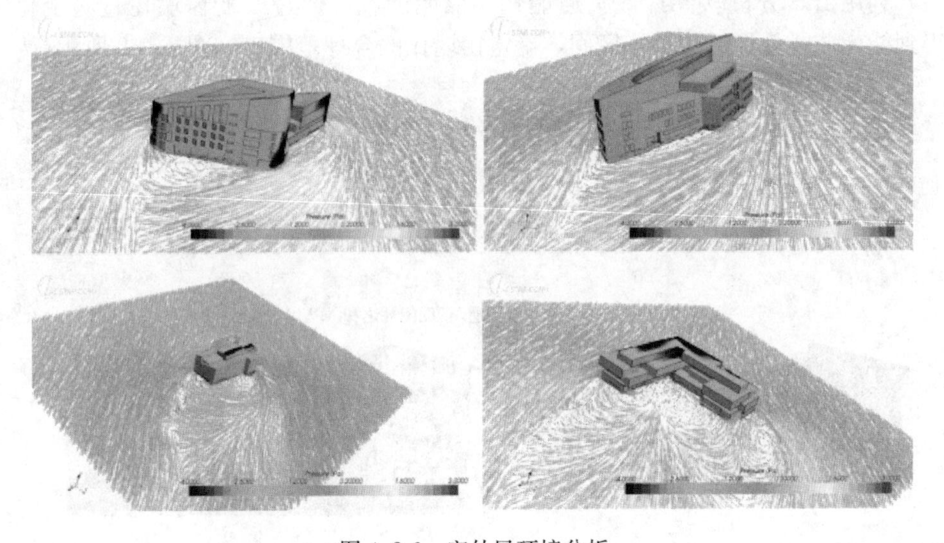

图 4.2-6　室外风环境分析

（3）利用流体力学分析软件 StarCCM＋，进行室外风环境分析，评估各方案室外风速是否满足绿色标准要求。如图 4.2-6 所示。

（4）通过上述的一系列分析模拟，对四个方案的分析结论进行了对比，最终得到最佳形体，它也是最符合低碳节能要求的形体，为下一步的零能耗建筑设计打下了先天基础。接着建筑师通过使用功能的需要，对比选得出的最佳形体进行了进一步的优化，最终确定了本项目建筑方案。如图 4.2-7 所示。

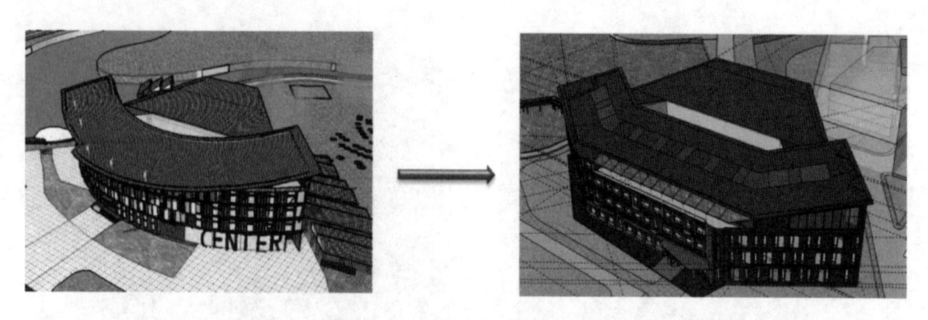

图 4.2-7 对于最佳形体进行调整得出最终方案

3. 初步设计——优化方案——详细模型

BIM技术应用于可持续设计的价值体现之一就是节能措施的选择和优化，这也是达到低碳零能耗目标的重要条件。Ecotect、IES、STARCCM+等这些节能分析软件，对不同专业的设计师选择适宜的节能措施带来很大的帮助，每项措施均由数据模型加载到BIM技术模型中逐一模拟，以验证节能与舒适度的最终效果。分析结论可以用作天然采光、遮阳、自然通风、外围护结构设计等被动节能措施方面的判定依据，同时也对空调等暖通设备、照明设备等主动节能措施加以整合并深入优化，并且利用分析结论对于可再生能源的利用提供量化数据。在方案优化的过程中不断完善BIM技术模型信息，最终获得包含项目全部措施信息的详细模型。

（1）利用IES分析软件计算暖通能耗和照明能耗，通过改变窗墙比查看变化情况，最终得到能耗曲线叠加后的最小区间，确定窗墙比的合理范围。如图 4.2-8 所示。

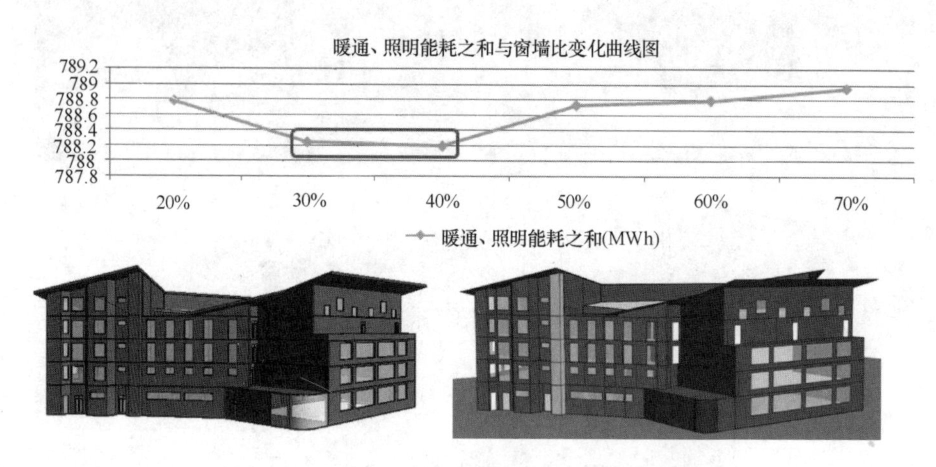

图 4.2-8 结合分析数据确定窗墙比的合理范围

（2）利用IES分析软件，通过能耗模拟优化建筑外围护结构K值，进行权衡判断，再结合现实材料及造价等要求，最终确定外墙保温材质和传热系数以及窗户材质和传热系数，使建筑能耗与建筑造价得到合理平衡。如图 4.2-9 所示。

（3）坑道风系统作为空调系统的补充，充分利用室外自然风环境对建筑内部风环境进行优化并达到节能目的。利用STARCCM+分析软件，通过分析模拟，指导室内中庭设计及室内自然导风井的设置，有效地改善了室内风环境。如图 4.2-10 所示。

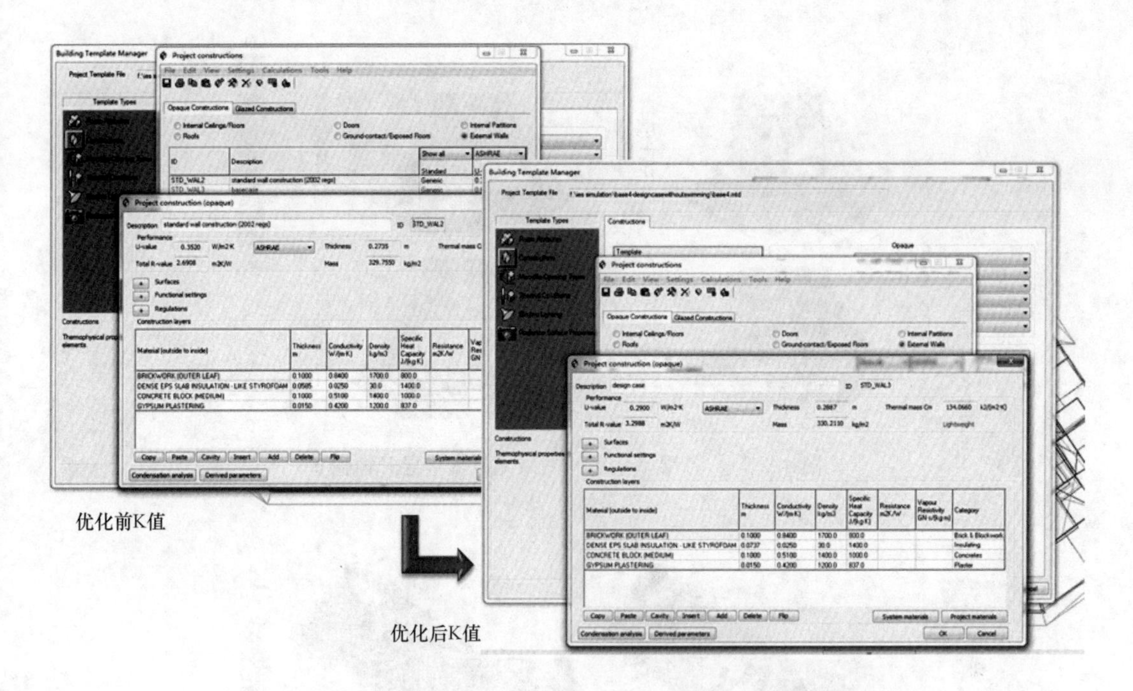

图 4.2-9 结合分析数据确定窗墙比的合理范围

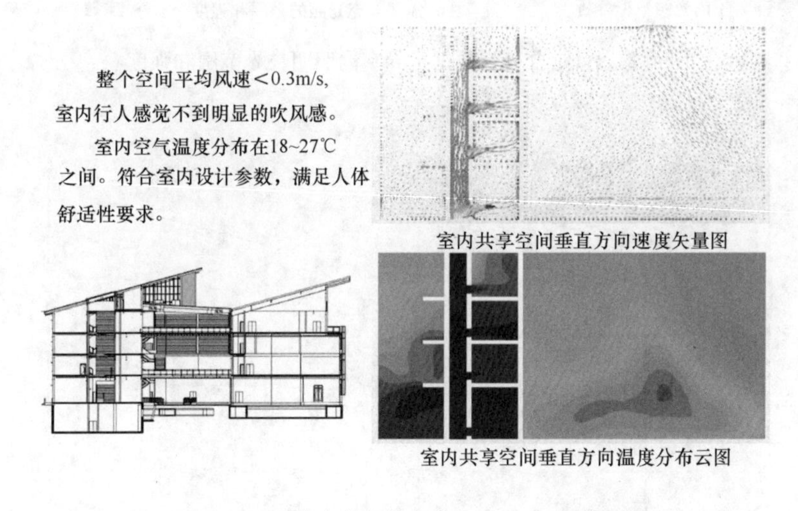

图 4.2-10 结合分析数据指导验证室内风环境

（4）将 Revit 模型导入 IES 分析软件，并设置基础气候数据，对建筑物整体进行采光分析，结合各层平面的房间功能模拟计算，根据各房间采光数据，优化房间开窗位置，增设中庭天窗，满足建筑物房间内的采光要求（图 4.2-11）。同时根据 Ecotect 分析结果，指导电气专业设计中需要补充光照的范围和强度，以便满足室内光照条件。如图 4.2-12 所示。

（5）利用 Ecotect 分析软件，对于建筑物的遮阳板设置进行模拟分析，比较多种遮阳设施的优劣，最终确定最适合建筑物的遮阳方案。如图 4.2-13 所示。

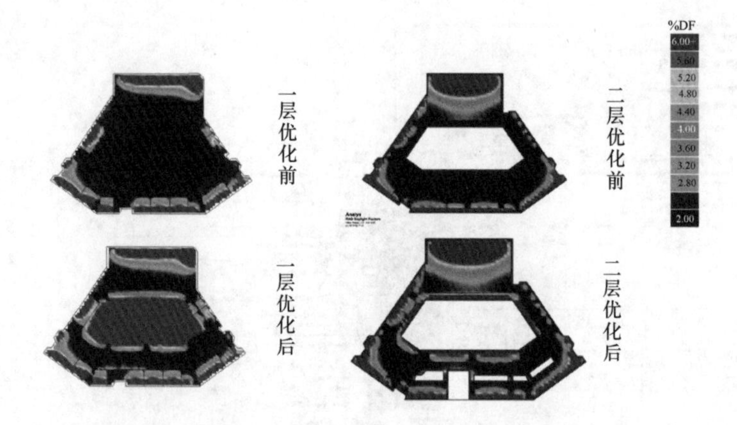

图 4.2-11　各层平面房间的采光数据指导开窗位置

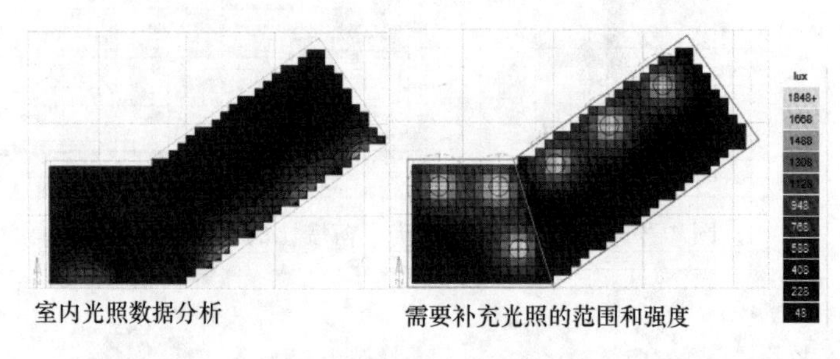

图 4.2-12　结合分析数据指导室内照明补光范围和强度

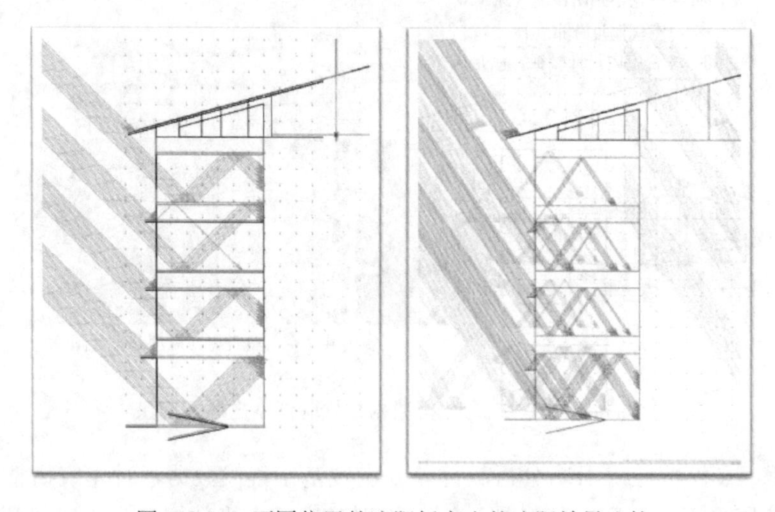

图 4.2-13　不同位置的遮阳板产生的遮阳效果比较

（6）针对不同角度坡屋顶建立详细 BIM 技术分析模型，利用光伏模拟软件 PVsyst，导入当地气候条件，计算光伏组件初始的发电量与相关损耗折减后对比全年最终发电量（图 4.2-14）。并通过对太阳能光伏板单位进行模块化建模，指导 BIM 技术模型的太阳能光伏板的排布，形成最终的排布方案（图 4.2-15）。

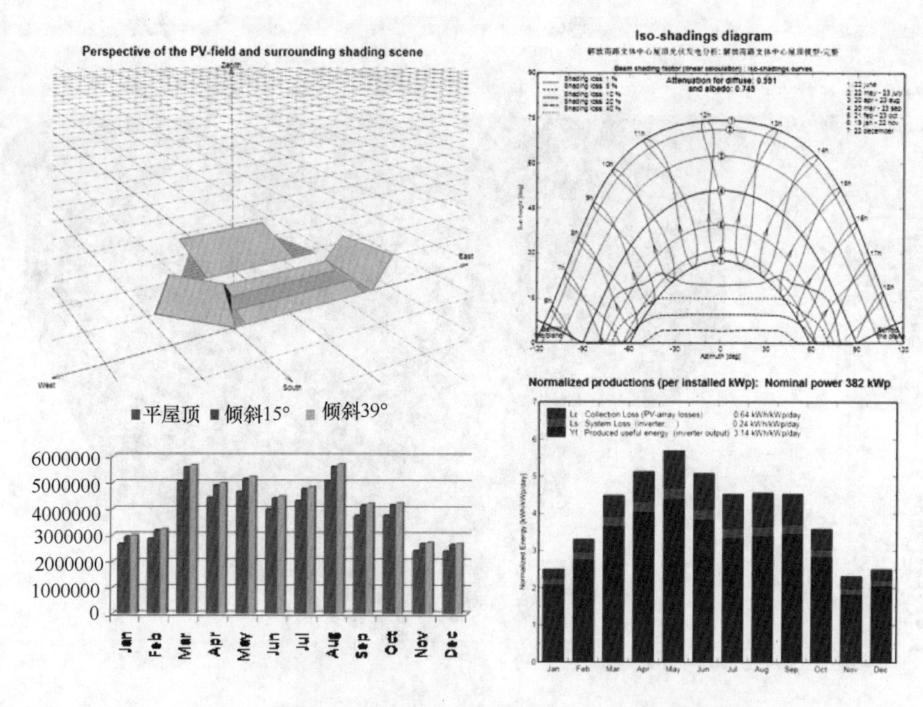

图 4.2-14 针对不同角度屋顶计算对比光伏组件发电量

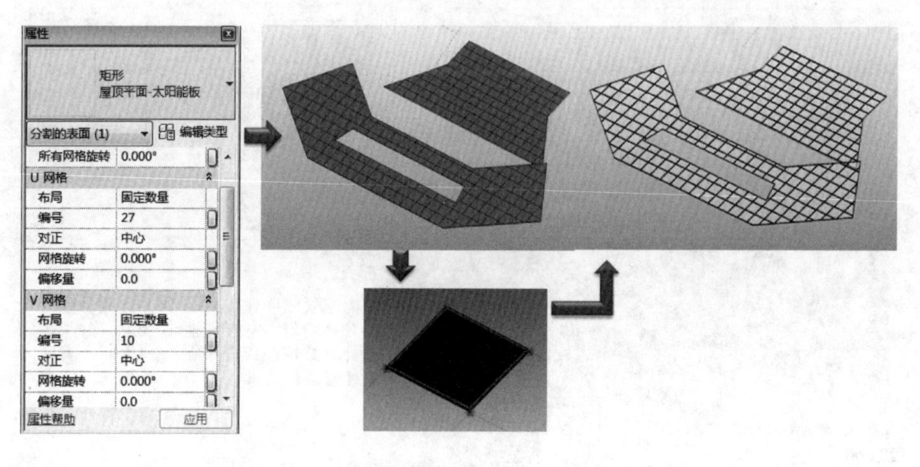

图 4.2-15 利用模型快速排布太阳能光伏板

4. 施工图设计——方案验证——成果模型

因施工图阶段主要是绿色措施的落实阶段，在此就不做过多讨论。此项目运用 Revit 系列软件，在建筑设计阶段采用协同工作模式，为不同专业设计师在设计过程中的交流沟通提供了平台，以便及时发现问题加以解决，并完成了完整的 BIM 技术成果模型（图 4.2-16）。为实现设计方案的节能效果，设计师通过 BIM 技术成果模型模拟了项目总体综合能耗和热舒适度情况，并得出结论，完成了一个闭合的可持续设计过程（图 4.2-17）。

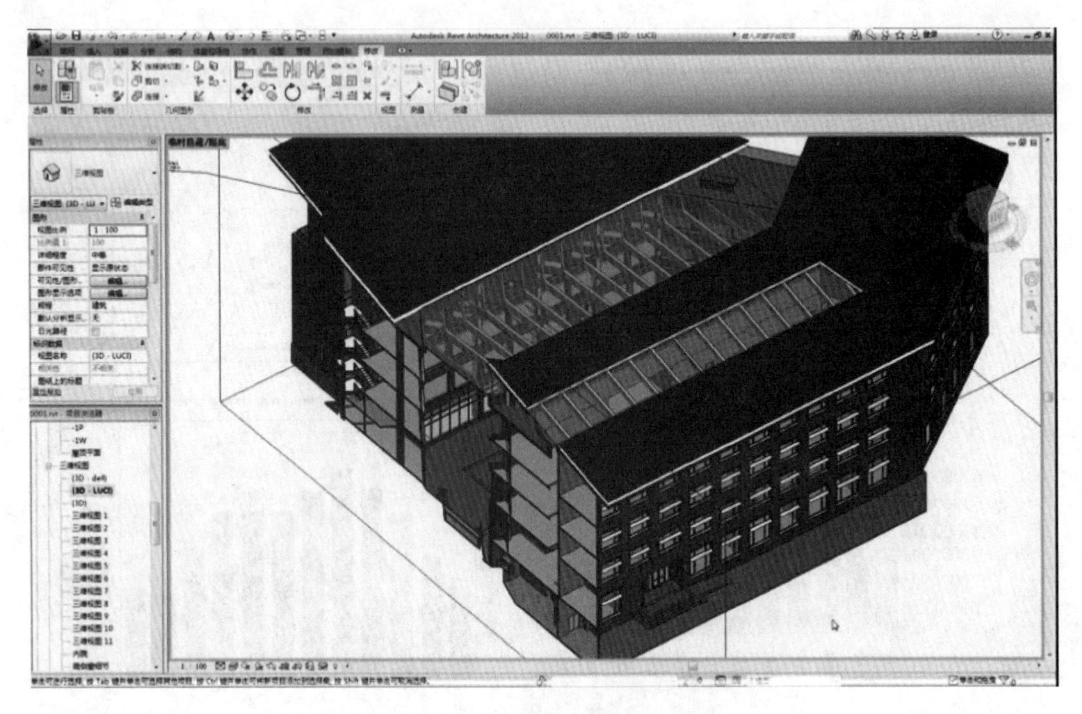

图 4.2-16　利用 Revit 进行建筑设计

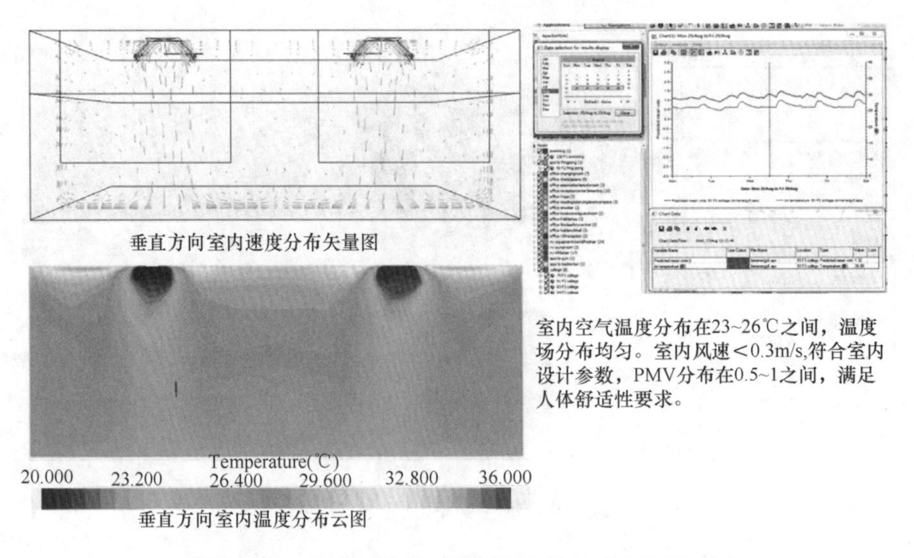

图 4.2-17　利用 BIM 模型进行室内热舒适度模拟验证

4.2.2　BIM 技术在可持续设计中应用的模式总结

通过对解放南路地区文体中心项目采用 BIM 技术实现建筑可持续性设计的实践，了解了可持续设计应用 BIM 技术的设计流程以及各参与方的协同工作模式（图 4.2-18）；同时，还对 BIM 技术的成果输出方式以及与各分析软件间的数据交换方式进行了研究；最后对 BIM 技术在可持续设计的应用标准和规范进行了探究。

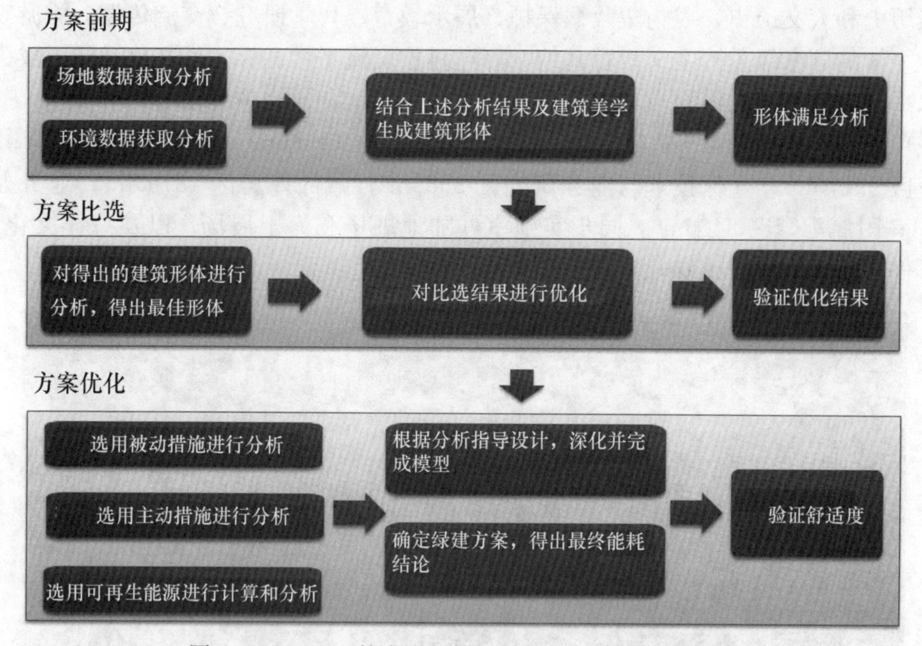

图 4.2-18 BIM 技术在可持续设计中应用的工作流程

在案例项目实践中，利用 BIM 技术建立起来的动态信息模型具有很好的统一性、完整性和关联性，同时实践了根据建筑设计不同阶段对于 BIM 技术模型不同需求进行的模型分级（图 4.2-19）。并将 BIM 技术模型作为载体，在能耗模拟、各专业碰撞检测、循环验证等可持续设计方面进行了尝试，积累了大量对于 BIM 技术主流工具和分析软件的应用经验，为今后可持续设计的 BIM 技术应用提供参考。

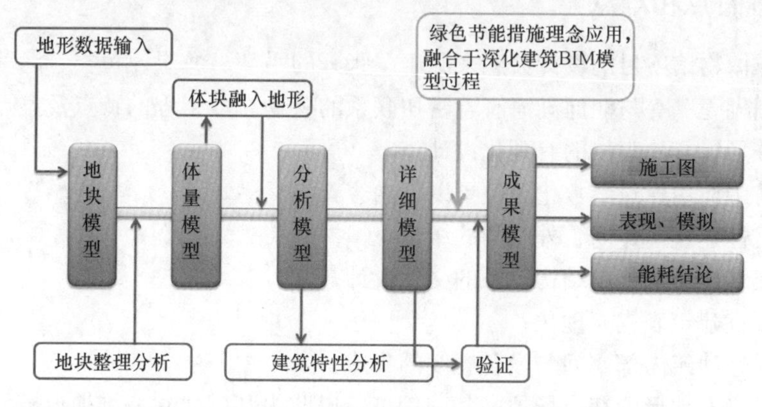

图 4.2-19 针对不同设计阶段形成的模型分级

4.3 国家海洋博物馆精细化设计

4.3.1 项目简介

国家海洋博物馆是我国首座国家级、综合性、公益性的海洋博物馆，建成后将展示海洋自然历史和人文历史，成为集收藏保护、展示教育、科学研究、交流传播、旅游观光等功能于一体的国家级爱国主义教育基地、海洋科技交流平台和标志性文化设施。成为国家最高水平、国际一流的海洋自然和文化遗产收藏、展示和研究中心。

该项目总建筑面积：80000m²，其中：公众服务区11396m²；教育交流区5157m²；陈列展览区39275m²；文保技术与业务研究区3586m²；藏品库房区13199m²；业务办公区3921m²；附属配套区3466m²。同步实施室外陆地展场和海上展场，以及海洋文化广场、道路、停车场及园林景观绿化等室外工程（图4.3-1）。

图4.3-1　海洋博物馆鸟瞰图

4.3.2　工程特点和难点

国家海洋博物馆项目的设计灵感来源于“张开的手掌、海星、鱼类、海葵、港口中的船只、白色珊瑚壳”等与江河湖海有着密切联系的事物。本工程的特点及难点就在于建筑拟态的特殊外形以及外表皮的有理化设计。

在本项目中应用建筑参数化解决了以下内容：

（1）非线性建筑形体内、外空间的结合；

（2）非线性建筑形体与结构体系的交互设计；

（3）非线性建筑表皮有理化；

（4）非线性建筑内部空间与设备管线的集成。

首先通过已有地形图获取场地的基础信息，以此为基础建立三维地形模型，并将建筑功能要求、规划条件、经济技术指标以及自然气候信息以数据信息的方式汇总到模型中，结合建筑创意进行方案设计。通过BIM对建筑和场地进行整合，高效提取相应的数据，结合设计灵感形成概念方案（图4.3-2）。

再对模型形体进行分析，得出放样截面转角处的半径变化，通过有理化形体截面，统一截面控制线的转角半径。并以优化后的截面控制线为基础，生成新的建筑形体模型，运用参数化手段，结合初步的结构体系概念将形体截面控制线扇形排布，实现形体曲率的连续并加强非线性元素（图4.3-3）。

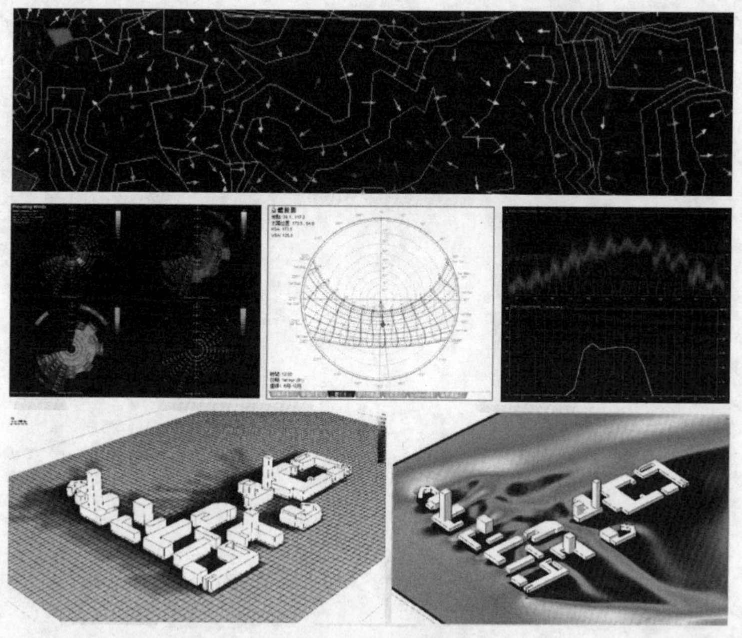

图 4.3-2 场地环境分析

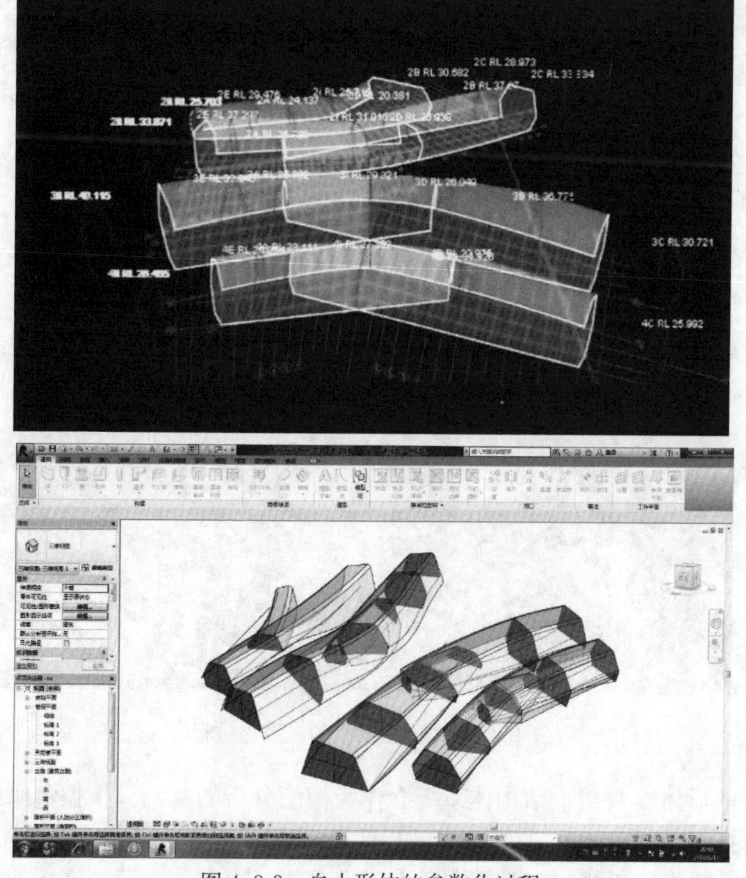

图 4.3-3 自由形体的参数化过程

通过对建筑内部功能的要求，我们对这些截面提出了尺寸的要求，如场馆的展陈位置与高度的结合，场馆的功能需要与截面定位及宽度的联动（图 4.3-4）。

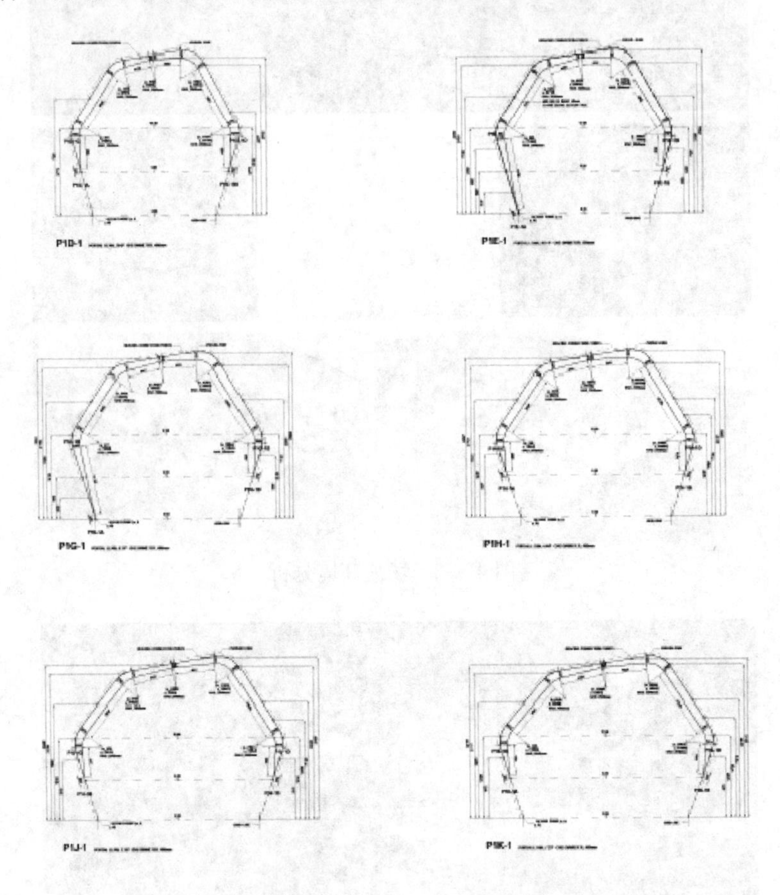

图 4.3-4　截面定位及尺寸要求

为了保证建筑能够顺利建设，组成这些截面的虚线均是通过参数严格控制的。通过这一系列的调整，我们最终确定了一个符合建筑功能要求的形体（图 4.3-5）。

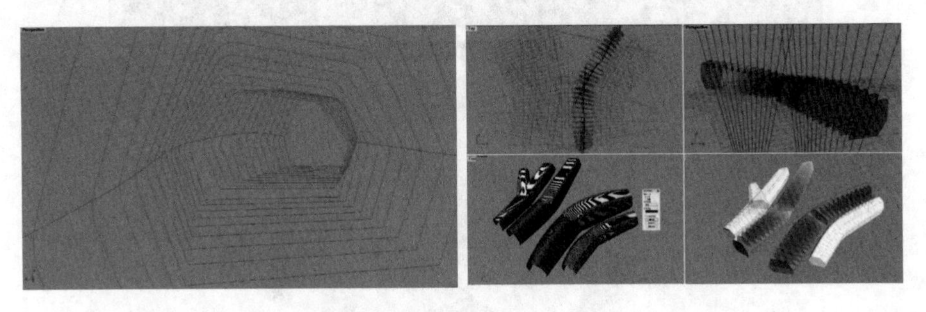

图 4.3-5　截面控制线的参数化过程

提取模型的形体以及初步结构体系概念作为模型分析的基础。根据鱼鳞纹理的创意概念结合结构斜撑概念的走向，在形体中铺设了菱形和二分之一错缝三角形的表皮划分形式，对模型快速提取嵌板规格，计算内角差方并分组。事实证明菱形嵌板的规格远少于二

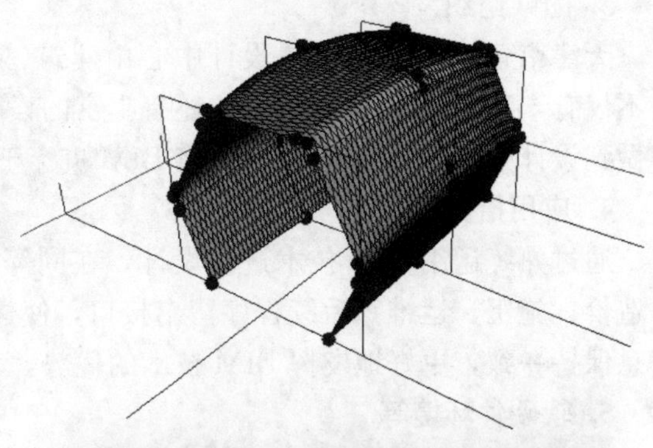

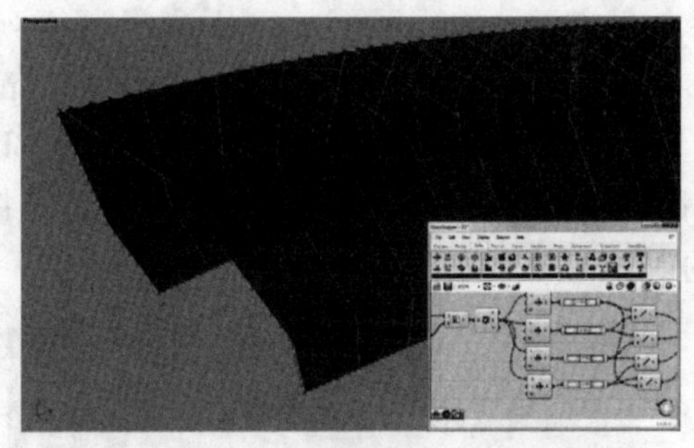

图 4.3-6 建筑表皮参数化

分之一错缝三角形，则确定表皮肌理采用菱形嵌板进行继续深化。运用参数化表皮设计最经典也是最常用的“干涉”、“渐变”方法来诠释表皮的设计。在纵向构成上，我们可以观察到建筑整体立面是从等边的六边形逐渐变形为菱形的过程。运用参数化手段对表皮进行拆分，规格化表皮等处理最终将建筑表皮嵌板规格数量控制在可接受的范围之内（图 4.3-6）。

同时结合有理化的表皮反过来微调结构斜撑的布置，使结构构成逻辑与表皮龙骨布局保持一致，最大化节省龙骨用量。

结合建筑的复杂形体和使用需求，采用了钢、混凝土混合结构形式，为精确合理地进行结构计算分析，通过 BIM 提取三维定位线，利用插件导入结构分析软件，并对相关图元赋予构件及截面属性，据此搭建结构受力模型。随后施加荷载，设定参数，利用有限元软件进行结构体系受力试算，得到合理的受力分析结果。通过各工况下内力分析图、位移变形图、周期振型图等，判断结构的受力性能，优化支撑体系布置方式，比较含钢量，最终得到最优结构布置方案。

4.3.3 BIM 组织与应用环境

1. BIM 应用目标

利用 BIM 技术可视化、参数化、精细化、信息完整等技术特点参与建筑工程项目设计全过程。

2. 实施方案

在可行性研究阶段，利用 BIM 技术建立的概要模型，清晰高效地分析项目方案，提高决策质量，大大减少时间以及经费；设计阶段，运用 BIM 技术设计的建筑模型，在充分表达设计意图，解决设计冲突的同时，每个构件本身就是参数化的体现，其自身包含了尺寸、型号、材料等约束参数，模型中每个构件都与现实中的实物一一对应，这些信息通过整合完整地传递到后期的建设、运维阶段；建设实施阶段，模型清晰准确表达设计意图的同时，在建设过程中的关键节点运用 BIM 技术进行施工模拟，既方便建造又能避免建设过程中出现事故，而通过数字化的表现形式，设计方、建设方能够选择判断出合理、安全、经济的建设方式，投资方、设计方、建设方均能够从中受益；运营维护阶段，通过前几个阶段的工作，形成了不断完善的 BIM 参数模型，其拥有建设项目中各专业、各阶段的全部信息，可以随时供业主查询使用，此 BIM 参数模型可以实时地提供建筑性能以及使用情况、建筑容量、建筑投入使用时间甚至是建筑财务方面等多种信息。

3. 团队组织

天津市建筑设计院BIM设计中心由建筑、结构和机电全专业技术骨干组成，组成人员不仅有丰富的BIM实践经验，还有丰富的设计经验及项目管理、总承包管理经验，真正做到设计师用BIM做设计，并将BIM贯穿于建筑全生命期中。

4. 应用措施

通过熟练运用BIM技术进行设计，在同等时间下，可以极大地提高设计质量，同时对造价、施工、运维等后续程序留出接口，使建设全过程（规划、设计、建造、营运）的信息保持一致，更好地发挥BIM技术的优势，获得综合效益。

5. 软硬件环境等

软件方面，本项目在Autodesk公司系列软件Revit的基础平台上，大量运用目前建筑参数化设计的主流软件：Rhino-Grasshopper及CATIA。

随着硬件技术和设备的不断发展，对BIM应用也产生了更好的技术支持。本项目结合3D打印技术，将BIM模型的海量数据根据需要实体化快速呈现，也可以看做虚拟和现实的衔接（图4.3-7）。

图4.3-7 BIM与3D技术结合打印模型

4.3.4 BIM应用

1. BIM建模——应用天津市建筑设计院BIM模型深度分级

利用BIM技术建立起来的动态信息模型具有很好的统一性、完整性和关联性，它作为载体集聚了不同设计阶段的信息，贯穿于整个设计全生命周期。随着设计阶段的不断深入，BIM的核心数据源也在不断地完善和传递。在设计过程中，设计师在不同阶段所关注的内容不同，而BIM的核心数据源也必须随着设计师在不同阶段的关注点而进行广度与深度的调整，从而使模型的精度和信息含量符合设计不同阶段的需要，因此本项目应用了天津市建筑设计院BIM模型深度等级划分的规定。各专业深度等级划分时，按需要选择不同专业和信息维度的深度等级进行组合，并注意使每个后续等级都包含前一等级的所有特征，以保证各等级之间模型和信息的内在逻辑关系。在BIM应用中，每个专业BIM模型都应具有一个模型深度等级编号，以表达该模型所具有的信息详细程度。同时模型深度尽可能符合我国现行的《建筑工程设计文件编制深度规定》中的设计深度要求，本项目满足建筑设计的三级模型深度。

2. BIM应用情况

天津市建筑设计院BIM设计中心结合多年BIM应用经验总结出一套BIM项目应用方法，即I. A. O体系。它是通过收集梳理信息对设计提出问题和要求，然后分析找到解决问题的方案，最终用分析结论指导设计。在非线性建筑设计中，以模型的发展为主线，并将I. A. O体系作为模型更新发展的方法，使BIM模型在设计过程中螺旋上升并最终完善。通过BIM在非线性建筑设计中满足建筑功能需求、并利用可持续设计理念满足室内空间舒适度（图4.3-8）要求。

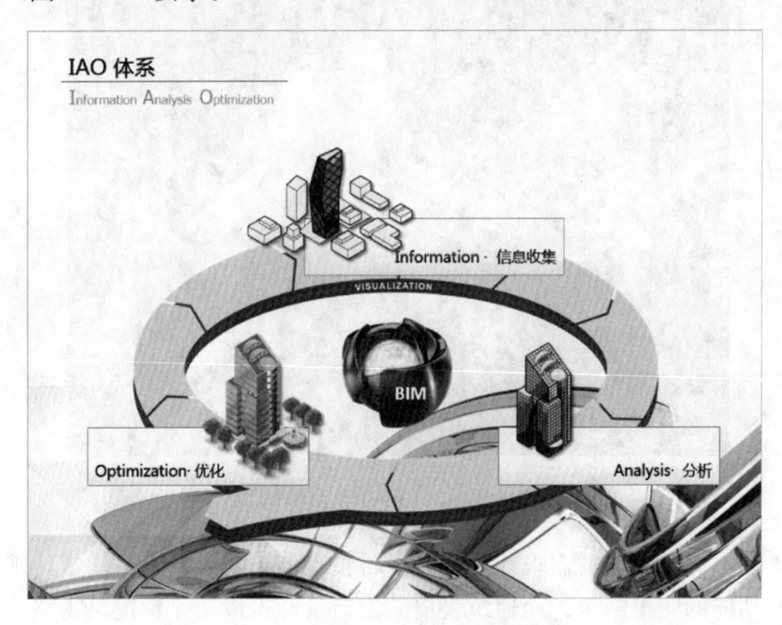

图4.3-8　BIM应用的I. A. O体系

本项目BIM应用方法如下：以建筑专业为基础，从BIM主模型中提取相关空间的信息进行日照分析，制定遮阳及光伏设备排布策略，同时将建筑形体数据提交给结构专业，结构专业针对非线性建筑形体进行节点分析，并根据分析结果进行结构优化；在机电设计方面，以建筑专业提交的形体信息和日照分析结论为基础，进行室外风环境、噪声控制、室内外舒适度等分析，指导机电方案的优化。

4.3.5　应用效果

运用BIM参与项目设计不仅提高了工作效率，直观立体地对建筑内、外部进行表达，使设计者的理念、意图等各方面信息完整地传递给建造者、使用者和管理者，同时还为造价、施工、运维等后续程序留出接口，极大地提高了设计质量和深度。

设计师利用BIM技术参与优化了项目的建筑能耗分析、日照分析、声学分析、流体分析等各项模拟分析，同时结合业主方通过BIM可以确定恰当的成本、能源及环境目标，得到更可靠的设计产品；在项目组织方面通过BIM的可视化效果，业主更多地参与设计过程提高对方案设计的理解和把控能力；在建设过程方面通过BIM可以在施工前对建筑的外观和功能做出合理评价，有助于对设计变更的管理，缩短工程建设的进度。

4.3.6　总结

1. 创新点

在项目的设计中，在BIM技术的支持下，将各专业有机地完美融合，从外观选择到结构布置，都得到全面分析、多方比较，声、光、水、暖、电等各项设计，实现了理性布置、综合考量（图4.3-9）。

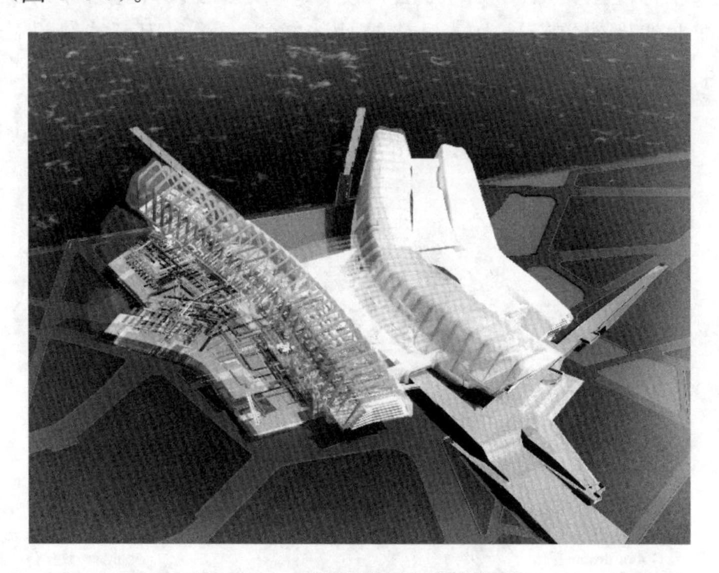

图4.3-9　海洋博物馆BIM模型

在满足人们审美与功能的需求外，做到了将技术创新融入其中。建筑外观做到了与周边环境、自身功能的完美结合，而建筑表皮的细节设计也成功诠释建筑物整体与细部的和谐统一。

在设计之初就秉承绿色建筑理念，无论是项目外部体量，还是内部采光、能耗等各项设计在满足舒适度的同时，将低碳、环保、节能作为设计标准和依据，打造出真正的绿色建筑。

2. 经验教训

目前国内尤其是在建筑设计领域，BIM技术已被从业者广泛接受，并逐步形成一定的基础应用，在设计过程中，大部分应用都处于碰撞检测、设计优化、性能分析和图纸检查等方面。而在全过程三维设计、方案推敲、施工图深化和协同设计上的应用比例较少。基于BIM的全过程设计不仅要求各专业之间配合好，还要求精确、协调、同步。因为相比于传统的工作方式，设计者们有更多的工作内容要表达，有更多的技术问题要解决，有更多管理问题要面对。所以需要重新定义和规范新的设计流程和协作模式，保证基于BIM的设计过程运转顺畅，从而提高设计工作效率，保证设计水平和产品质量，降低设计成本。通过此次项目的BIM应用实践，希望能够为BIM技术应用于建筑设计全过程的普及和推广提供参考和借鉴，来共同提高设计行业的BIM技术水平。